战略·性

新兴领域

"十四五"高等教育教材

材料科学与工程

教育部高等学校材料类专业
教学指导委员会规划教材

U0691059

材料现代测试技术

Modern Testing Technology for Materials

税安泽 主编

化学工业出版社

·北京·

内容简介

《材料现代测试技术》主要内容包括：X 射线衍射分析（X 射线衍射概述与原理、X 射线衍射方法与数据、X 射线衍射物相分析与应用），电子显微分析（电子显微学基本概念、扫描电子显微镜、透射电子显微镜、电子探针显微分析），热分析技术（差热分析与差示扫描量热法、热重分析与微商热重法、其他热分析方法），光谱分析（X 射线荧光光谱分析、紫外-可见光谱分析、红外吸收光谱分析、拉曼光谱分析、核磁共振波谱分析），材料性能与测试技术（材料的力学性能与测试技术、材料的热学性能与测试技术、材料的光学性能与测试技术、材料的电学性能与测试技术、材料的磁学性能与测试技术），其他测试分析方法（质谱分析、表面化学分析、无损检测）。

本书专业覆盖面广、应用实例多，具有材料类各专业的普适性与先进性特点，且每章后面均有思考题与练习题。本书可作为高等学校材料科学与工程中无机非金属材料、金属材料、高分子材料、生物材料、电子材料、光电材料、功能材料、复合材料等方向本科生、研究生的教材，也可作为教学、科研、实验实践、生产管理等相关人员的参考书。

图书在版编目（CIP）数据

材料现代测试技术 / 税安泽主编 . -- 北京：化学工业出版社，2024.8. --（战略性新兴领域"十四五"高等教育教材）. -- ISBN 978-7-122-46511-5

I. TB3

中国国家版本馆 CIP 数据核字第 2024K1H731 号

责任编辑：陶艳玲 　　　文字编辑：胡艺艺　邢苗苗
责任校对：张茜越 　　　装帧设计：刘丽华

出版发行：化学工业出版社
　　　　　（北京市东城区青年湖南街 13 号　邮政编码 100011）
印　　装：北京云浩印刷有限责任公司
787mm×1092mm　1/16　印张 30　字数 685 千字
2025 年 9 月北京第 1 版第 1 次印刷

购书咨询：010-64518888　　　售后服务：010-64518899
网　　址：http://www.cip.com.cn
凡购买本书，如有缺损质量问题，本社销售中心负责调换。

定　　价：89.00 元

《材料现代测试技术》作者名单

主　　编：税安泽
参编人员：吴　刚　赖学军　王文樑　吴笑梅　高俊宁
　　　　　曹姗姗　崔　洁　关　康　彭继华　房满满
　　　　　林坚钦　赵　颖

　　战略性新兴产业是引领未来发展的新支柱、新赛道，是发展新质生产力的核心抓手。功能材料作为新兴领域的重要组成部分，在推动科技进步和产业升级中发挥着至关重要的作用。在新能源、电子信息、航空航天、海洋工程、轨道交通、人工智能和生物医药等前沿领域，功能材料都为新技术的研究开发和应用提供着坚实的基础。随着社会对高性能、多功能、高可靠、智能化和可持续材料的需求不断增加，新材料新兴领域的人才培养显得尤为重要。国家需要既具有扎实理论基础，又具备创新能力和实践技能的高端复合型人才，以满足未来科技和产业发展的需求。

　　教材体系高质量建设是推进实施"科教兴国"战略、"人才强国"战略、"创新驱动发展"战略的基础性工程，也是支撑"教育科技人才"一体化发展的关键。华南理工大学、北京化工大学、南京航空航天大学、化学工业出版社共同承担了战略性新兴领域"十四五"高等教育教材体系——"先进功能材料与技术"系列教材的编写工作。该项目针对我国战略性新兴领域先进功能材料人才培养中存在的教学资源不足、学科交叉融合不够等问题，依托材料类一流学科建设平台与优质师资队伍，系统总结国内外学术和产业发展的最新成果，立足我国材料产业的现状，以问题为导向，建设国家级虚拟教研室平台，以知识图谱为基础，打造体现时代精神、融汇产学共识、凸显数字赋能、具有战略性新兴领域特色的系列教材。系列教材涵盖了新型高分子材料、新型无机材料、特种发光材料、生物材料、天然材料、电子信息材料、储能材料、储热材料、涂层材料、磁性材料、薄膜材料、复合材料及现代测试技术、光谱原理、材料物理、材料科学与工程基础等，既可作为材料科学与工程类本科生和研究生的专业基础教材，同时也可作为行业技术人员的参考书。

　　值得一提的是，系列教材汇集了多所国内知名高校的专家学者，各分册的主编均为材料科学相关领域的领军人才，他们不仅在各自的研究领域中取得了卓越的成就，还具有丰富的教学经验，确保了教材内容的时代性、示范性、引领性和实用性。希望"先进功能材料与技术"系列教材的出版为我国功能材料领域的教育和科研注入新的活力，推动我国材料科技创新和产业发展迈上新的台阶。

中国工程院院士

2024 年 8 月

在科技日新月异的今天，材料科学作为支撑现代工业与科技进步的基石，其重要性不言而喻，而材料测试技术扮演着从实验室的新材料研发到工业领域的原材料筛选和产品质量控制的全方位守护者的角色。"材料现代测试技术"是材料、化学、化工、轻工、生物、环境等专业重要的核心基础课程，在各专业人才培养与科学研究中起着非常重要的作用，使材料专业的学生掌握现代化的测试分析技术是材料领域人才培养的关键。

目前，材料测试技术的相关教材比较多，但囿于国内材料专业的发展路径，大多数教材过于偏向某一特定的材料专业方向，如过于偏向高分子材料，或无机非金属材料，或金属材料，或生物材料，或电子材料等方向。未来，大类招生、大类培养及高端复合型人才培养已成为高等教育的主要趋势，对覆盖材料类各专业方向的"材料现代测试技术"新型教材的需求逐渐紧迫。

随着科技的进步，材料分析测试技术也在不断创新与发展。特别是近一二十年在世界范围内产生并迅速发展起来的新型材料测试分析技术，如纳米尺度分析、原位分析、高通量分析、大数据与人工智能等。传统的教材需要及时更新，纳入这些高新测试分析技术的基本原理、特点和应用，使学生紧跟科技前沿，为学生进一步学习新的材料分析与表征技术、学好后续的专业课程奠定坚实的基础。

结合以上现状，本书由税安泽教授牵头，组织无机非金属材料、金属材料、高分子材料、生物材料、电子材料等多专业方向的理论教学、实验教学及测试分析经验丰富的十几位教师参与编写，各位教师科研水平高、教学能力强、人才培养经验丰富。书中详细介绍了 X 射线衍射分析、电子显微分析、热分析技术、光谱分析、材料性能与测试技术及其他测试分析方法，专业覆盖面广、应用实例多、内容丰富新颖，具有材料大类及各专业方向的普适性与先进性，出版意义重大。我欣喜获悉此书作为教育部战略性新兴领域"十四五"高等教育教材、教育部高等学校材料类专业教学指导委员会规划教材出版，意在解决新材料战略性新兴领域高等教育教材整体规划性不强、部分内容陈旧、更新迭代速度慢等问题，示范建设体现时代精神、融汇产学共识、凸显数字赋能、具有战略性新兴领域特色的材料类专业高等教育教材，愿为作序，祝愿并相信其对推进材料类各专业核心课程建设与人才培养将起到重要作用。

中国科学院院士

2024 年 8 月

　　"材料现代测试技术"是材料专业重要的核心基础课程，也是化学、化工、轻工、生物、医学、环境、建筑、土木、机械、物理、电气、电信、自动化等相关专业的一门重要课程，在培养本科生、研究生掌握各类现代测试分析技术的基本原理、基本方法、定性定量分析方法、显微结构表征方法及寿命预测规则等方面起着极其重要的作用，同时也为广大教学科研人员、科技工作者、质量监管人员等提供相关的理论基础知识及测试、分析规则与技巧。

　　材料测试分析技术的教材比较多，但目前绝大多数教材均过于偏向某一特定的材料专业方向，如过于偏向高分子材料，或无机非金属材料，或金属材料，或生物材料，或电子材料等方向。华南理工大学材料科学与工程学院是在原华南工学院相关传统优势专业基础上发展起来的，其历史可以追溯到二十世纪五十年代的华南工学院。华南工学院 1952 年开设全国第一家橡皮工学专业和全国第一批硅酸盐工学专业，1958 年开设全国第一批金属学与热处理工艺及设备专业、高分子化工和化学纤维专业，1959 年建立全国第一家电子陶瓷专业。学院现设有材料科学与工程、高分子材料与工程、功能材料、生物材料四个专业，其中材料科学与工程、高分子材料与工程、功能材料三个专业为国家级一流本科专业，材料科学与工程、高分子材料与工程两个专业通过中国工程教育认证。"材料现代测试技术"是学院所有专业的必修课，在培养方案修订、教研教改中本想统一为一个课程代码的院级共同核心专业基础课，但由于专业方向不同，各专业选用的教材不一致（偏向的侧重点不同），即使是同学院的同名课程教材也很难统一，覆盖材料类各专业方向的"材料现代测试技术"教材极为缺乏。

　　目前，大类招生、大类培养已成为主流，且高端复合型人才培养和学科交叉的需求越来越大。学院从 2019 年开始实行大类招生，上述所有专业综合成材料大类招生，且教学大纲也进行了较大修改，更趋向于宽口径、厚基础的材料大类培养，对覆盖材料类各专业方向的"材料现代测试技术"教材的需求更加迫切。此外，随着科学技术日新月异、测试分析技术与仪器推陈出新，传统的教材内容也需要更新换代。

　　综合以上材料领域科技与教育发展的新变化与新需求，由张立群院士牵头的教育部战略性新兴领域"十四五"高等教育教材建设团队对本教材的内容体系进行了多次研讨，确定了编写方案；组织了无机非金属材料、金属材料、高分子材料、生物材料、电子材料等多专业方向的理论教学、实验教学及测试分析经验丰富的十几位教师参与编写。本教材第

1篇第1～3章由林坚钦、王文樑编写，第2篇第4章由关康编写，第2篇第5章由曹姗姗编写，第2篇第6章由崔洁编写，第2篇第7章由关康编写，第3篇第8～10章由吴笑梅、税安泽编写，第4篇第11章和第12章由高俊宁编写，第4篇第13章由赖学军编写，第4篇第14章和第15章由吴刚编写，第5篇第16～20章由房满满、彭继华编写，第6篇第21章由吴刚编写，第6篇第22章由赵颖、赖学军编写，第6篇第23章由关康编写，最后由税安泽、关康负责修改、统稿。

因全书内容较多，部分内容以数字内容的形式提供，可扫码在线学习。

最后，衷心感谢马於光院士为本书写序！衷心感谢兄弟高校各位专家及学院各位老师的支持与帮助！衷心感谢化学工业出版社的大力支持与帮助！深感荣幸！由于时间仓促且编者的水平有限，书中的错误和缺点在所难免，希望广大读者批评指正！

编者
2024年8月于华南理工大学

第2篇　电子显微分析

4　电子显微学基本概念

5　扫描电子显微镜

6 透射电子显微镜

7 电子探针显微分析

第3篇　热分析技术

8　差热分析与差示扫描量热法　　　　　　　　- 214 -

9　热重分析与微商热重法　　　　　　　　　　- 230 -

10　其他热分析方法　　　　　　　　　　　　　- 238 -

第4篇　光谱分析

11　X射线荧光光谱分析

12　紫外-可见光谱分析

13 红外吸收光谱分析

14 拉曼光谱分析

15 核磁共振波谱分析

第5篇 材料性能与测试技术

16 材料的力学性能与测试技术

17 材料的热学性能与测试技术 － 370 －

18 材料的光学性能与测试技术 － 378 －

19 材料的电学性能与测试技术 － 382 －

20 材料的磁学性能与测试技术

第 6 篇　其他测试分析方法

21 质谱分析

22　表面化学分析

23　无损检测

X 射线衍射分析（X-ray diffraction analysis，简称 XRD 分析）是一种通过测量 X 射线在物质中的衍射现象来研究物质的晶体结构、相组成和其他物理性质的分析技术。XRD 技术基于布拉格定律（Bragg's law），当 X 射线照射到晶体时，晶体中的原子平面会使 X 射线发生衍射，产生特定的衍射图样。通过分析这些衍射图样，可以获得物质的晶体结构信息。X 射线衍射分析的主要步骤包括样品制备、X 射线照射、衍射图样记录和数据分析。通过对衍射图样的解析，可以确定晶体的晶格参数、晶体结构、相组成、晶粒大小、应力应变等信息。本篇分别从 X 射线衍射概述与原理、方法与数据、物相分析与应用三个方面进行介绍。

第1篇　X 射线衍射分析

1

X射线衍射概述与原理

1.1 概述

1.1.1 X射线衍射分析技术的发展

1895 年 11 月 8 日，德国维尔茨堡（Würzburg）大学物理研究所所长——威廉·康拉德·伦琴教授（Wilhelm Conrad Röntgen，1845—1923）在研究阴极射线引起荧光现象时，首次观察到一种奇特的辐射线，可使涂有氰亚铂酸钡的荧光屏发出荧光，也使黑纸包着的底片感光，能穿透手指骨骼等物质。他意识到这种现象是由阴极射线管产生的某种迄今未知的新型辐射引起的，这种肉眼看不到的新射线是一种不同于可见光的新射线，于是用数学上表示未知数的字母"X"来称呼它，取名 X 射线，后人也称为伦琴射线。之后他发现 X 射线穿过物质时会被吸收，吸收的程度与原子序数及物质的密度有关，且 X 射线能够穿透不透明的物质。1895 年 12 月 28 日，伦琴将其发现作了第一次报道，随后深入探讨 X 射线的产生、传播、穿透力等性质，使他在 1901 年成为第一位诺贝尔物理学奖获得者。

1912 年上半年，德国慕尼黑大学物理学家劳厄（Laue）成功地完成了晶体的 X 射线衍射实验，获得第一张 X 射线衍射照片，提出了一组衍射方程式。劳厄的工作奠定了 X 射线衍射结构分析的实验和理论基础。劳厄证明了 X 射线是一种电磁波，并推测当波长与晶面间距相近的 X 射线通过晶体时会产生衍射现象。这一假设得到了实验的证实，并导出了衍射方程，从而为 X 射线衍射学的形成奠定了基础。由于这同时也证实了晶体中原子排列的规律性，使晶体学得到了进一步的发展，因此，他在 1914 年荣获诺贝尔物理学奖。随后，布拉格（Bragg）父子进一步引出了简单实用的布拉格方程，发现物质被 X 射线照射时，会产生次级 X 射线。次级 X 射线由两部分组成，一部分与初级 X 射线相同，另一部分与被照射物质组成的元素有关。每种元素都能发射出特定波长的 X 射线。这种与物质所含元素有关的射线的谱线被称为标识谱（也称特征 X 射线）。X 射线照射晶体产生衍射这一事实，一方面说明了 X 射线本质是一种波长较短的电磁波，具有波粒二象性，直线传播；另一方面又说明了晶体结构的周期性。布拉格父子在 1915 年荣获诺贝尔物理学奖。

1913 年，英国物理学家贝克莱（Barkla）和莫塞莱（Moseley）开创莫塞莱定律，建立了 X 射线光谱学。

1916 年，德拜及谢乐（Debye-Scherrer）发明"粉末照相法"。

1928 年，盖革及米勒（H. Geiger-W. Müller）首次提出用盖革-米勒计数器测量 X 射线的方法。

1938 年，哈那瓦尔特（Hanawalt）建立系统的 X 射线物相定性分析方法。

1941 年，美国材料试验协会（ASTM）将衍射资料编印成索引及标准卡片，并逐年进行补充，完成粉末衍射卡数据收集与发行的初期阶段工作。

1945 年，美国海军研究室的 Friedman 设计了用于粉末研究的第一台计数器衍射仪。开始了 X 射线衍射仪的设计及商品化，并经后人逐步完善发展成目前的精密仪器。

1945 年，X 射线物相定量分析日趋广泛，20 世纪 70 年代后又发展了一系列的定量分析方法。

1969 年，成立国际组织"粉末衍射标准联合委员会（JCPDS）"，负责标准衍射数据资料的收集及卡片、索引、磁盘、光盘等的发行工作。

20 世纪 60 年代开始，衍射仪法和计算机技术结合，实现收集衍射实验数据的自动化，研制和发展了物相鉴定、结构测定等方面的计算机程序。

20 世纪 60 年代起，中国物理学会 X 射线衍射专业委员会、中国化学会晶体化学专业委员会、中国晶体学会粉末衍射专业委员会等相继成立，并多次联合举办全国 X 射线衍射学术会议，促进了 X 射线学在我国众多行业中的应用和发展。有关 X 射线衍射应用的文章广泛见诸专业的文献中。

1.1.2　X 射线应用技术简介

X 射线发展至今，已形成了三种完整的应用技术：X 射线形貌技术（radiography）、X 射线光谱技术、X 射线衍射（XRD）技术。

X 射线形貌技术（X 射线照相术）是利用物质对 X 射线透过吸收能力的差异分析物质中异物形态，用于医学上进行人体 X 射线透视（诊断放射线学和治疗放射学）和工程技术上进行 X 射线探伤。

X 射线光谱技术是利用物质中元素被 X 射线激发所产生次生特征 X 射线谱（荧光）的波长和强度分析物质的化学组成。X 射线光谱技术也称 X 射线荧光分析。即用适当能量的 X 射线照射不同元素组成的样品靶时，根据莫塞莱定律——$\sqrt{\nu} = Q(Z-\sigma)$（式中，ν 为 X 射线频率；Q 为与线系有关的常数；Z 为元素的原子序数；σ 是屏蔽因子），每种元素发射的次生 X 射线（荧光 X 射线）的频率与元素的原子序数成正比，通过晶体衍射分光测定特征荧光 X 射线的波长，从而可进行元素的定性分析。而荧光 X 射线的强度与该元素在样品中的含量成正比，从而可进行定量分析。电子探针和离子探针微区分析也都属于 X 射线光谱技术的范畴。

X 射线衍射技术是利用 X 射线在晶体、非晶体中的衍射与散射效应，进行物相的定性和定量分析、结构类型和不完整性分析的技术。X 射线衍射技术是目前应用十分广泛的一项技术。

随着科学技术的发展，X 射线衍射仪及配套的一系列分析设备得到不断改进和完善，促使 X 射线分析技术的新理论、新技术不断涌现。在原来 X 射线技术的基础上形成了四种新技术：扩展 X 射线吸收精细结构（extended X-ray absorption fine structure，EXAFS）技术，X 射线漫散射及广角非相干和小角相干、非相干散射技术，X 射线光电子能谱（XPS）技术，X 射线衍射貌相术（X-ray diffraction topography）。

EXAFS 技术是利用 X 射线穿过试样后，在吸收限高能侧（30～1000eV 范围内）显示程度不同的强度振荡现象，由 EXAFS 谱的傅里叶变换得到近邻原子的间距、配位数和无序度等结构信息。

X 射线漫散射及广角非相干和小角相干、非相干散射技术是利用晶体不完整性（畸变、缺陷、原子热运动等）使衍射强度减弱及出现漫散射或衍射线宽化现象，研究这些漫散射几何及强度，可以了解晶体点阵中缺陷的状态或其统计分布规律。当 X 射线与物质相互作用时，X 射线光子可能受到物质中电子的散射。利用 X 射线小角散射（SAXS）理论，可研究分散在另一均匀物质中尺度为零点几纳米到几百纳米散射中心（如纳米粉、薄膜、有机大分子等）的形状、大小和分布。

X 射线光电子能谱技术是利用 X 射线激发样品表面原子的光电子，根据来自不同原子的不同能级光电子的动能及强度，可推算出这些电子原来在原子内的结合能，从而能够根据不同原子的特征能级判断表面的元素组成，并可通过结合能的变化，研究原子周围的化学环境、化学位移及分子结构。

X 射线衍射貌相术是利用晶体的完整区与缺陷区 X 射线衍射强度的差异或晶体不同区域衍射方向的差异，直接显示晶体内部缺陷的分布、形状、性质和数量。X 射线衍射貌相术能对大块单晶样品作无损整体检测，从而获得位错的类型、组态、密度、柏氏矢量和应变等信息。这对检测半导体、激光、红外线及光电检测器等各种新技术领域所用单晶材料的质量非常有利。

由于 X 射线的波长位于 0.001～10nm，与物质的结构单元尺寸数量级相当，因此 X 射线技术成为物质结构分析的主要分析手段，广泛应用于物理学、化学、分子物理学、医学、药学、金属学、材料学、高分子科学、工程技术学、地质学、矿物学等学科领域。

经过不断发展，X 射线衍射分析方法和 X 射线衍射仪已经很成熟。X 射线衍射分析是一种重要的材料研究手段，它反映出的信息是大量原子散射行为的统计结果，与材料的宏观性能有很好的对应关系。

1.2　X 射线物理基础

1.2.1　X 射线的性质

X 射线本质上是一种与无线电波、可见光、紫外线、γ 射线相类似的电磁波，其波长极短，范围为 0.1～100Å（1Å=0.1nm=10^{-10}m），介于紫外线和 γ 射线之间，并有部分重叠（见图 1-1），具有波粒二象性。用于 XRD 分析的 X 射线波长为 0.05～0.25nm。

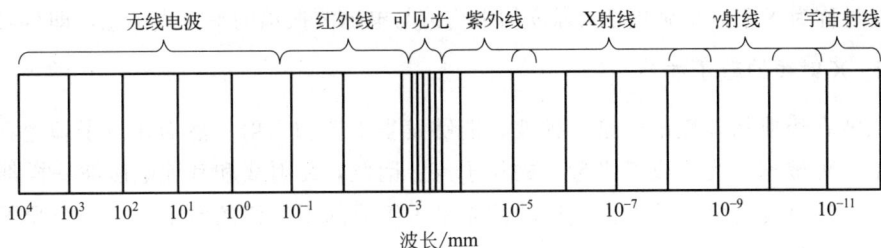

图 1-1　电磁波谱

1.2.1.1　X射线的波动性

作为一种电磁波，X 射线表现出波动性，其电场强度矢量 E 和磁场强度矢量 H 互相垂直，并且两者都在垂直于 X 射线传播方向的平面内，如图 1-2 所示。如果 X 射线在传播的过程中，其电场完全限制在 xOy 平面上，则称此时的 X 射线是平面偏振波。对于非偏振的 X 射线，其电场强度矢量 E 和磁场强度矢量 H 可以在 yOz 平面的任意方向，但二者保持垂直关系。

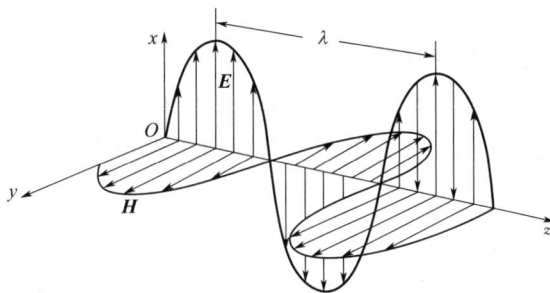

图 1-2　电磁波的电场和磁场分量与传播方向的关系

对于最简单的具有单一波长的平面偏振 X 射线，E 在 y 轴方向随时间和位置的变化具有正弦性质。对于传播方向 x 轴上的任意一点 x 和任意时间 t，波的传播方程为

$$\begin{cases} E_{x,t}=E_0\sin2\pi\left(\dfrac{x}{\lambda}-\nu t\right) \\ H_{x,t}=H_0\sin2\pi\left(\dfrac{x}{\lambda}-\nu t\right) \end{cases} \tag{1-1}$$

式中，E_0 为电场强度的振幅；H_0 为磁场强度的振幅（$E_0=H_0$）；λ 为电磁波的波长，即电场强度或磁场强度变化的一个循环周期；ν 是电磁波的频率。波长 λ 与频率 ν 之间满足关系

$$\lambda=\frac{c}{\nu} \tag{1-2}$$

式中，c 为光速，大小为 2.998×10^8 m/s。

电磁波在传播的过程中携带能量，单位时间内在垂直于传播方向的单元面积内通过的 X

射线的能量称为 X 射线的强度 I。强度的平均值与电磁波振幅的平方成正比，即 $I \propto E_0^2$。

1.2.1.2　X 射线的粒子性

电磁波在经典物理理论中是一种波，能够发生干涉和衍射；然而在量子理论看来，电磁波又是一种被称为光子或者光量子的粒子流。因此，X 射线和其他电磁波一样都具有波粒二象性。X 射线是由大量以光速运动的光量子组成的不连续的粒子流，每个光子所具有的能量 ε 和动量 p 满足二象性公式

$$\begin{cases} \varepsilon = h\nu = \dfrac{hc}{\lambda} = \dfrac{12.4}{\lambda} (\text{keV}) \\ p = \dfrac{h}{\lambda} \end{cases} \tag{1-3}$$

式中，h 为普朗克常数，约为 $6.626 \times 10^{-34} \text{J} \cdot \text{s}$；$\lambda$ 为波长，$\mathring{\text{A}}$；c 为光速；ν 为频率。

由于 X 射线的粒子特性，当 X 射线与物质交换能量时，光量子只能整个地被吸收或者发射。因此，每个光子的能量 ε 就是该波长的 X 射线的最小能量单元。不同波长的 X 射线具有不同的能量。从 X 射线的粒子性考虑，X 射线的强度取决于单位时间内通过与 X 射线传播方向垂直的单位面积上的光子数目。

波粒二象性是 X 射线的客观属性。但是，在一定条件下，可能只有某一方面的属性表现得比较明显，而当条件改变时，有可能使另一方面的属性表现得明显。例如，X 射线在传播过程中发生的干涉、衍射现象就突出地表现出其波动特性，而在与物质相互作用交换能量时则表现出其粒子特性。对于 X 射线在传播过程中表现出来的特性，具体表现哪种属性需要视情况而定。

1.2.1.3　X 射线的其他性质

X 射线与可见光相比，除具有波粒二象性的共性之外，还因其波长短、能量大而显示出其他特性。

① 穿透能力强。X 射线的波长比可见光的波长短得多。从上述的二象性公式可以看出，电磁波的波长越短，频率越高，其能量越大。X 射线的波长极短，故其能量很大，可以穿透可见光不能穿透的物质，如生物的软组织、木板、玻璃，甚至除重金属外的金属板，还能使气体电离。X 射线波长范围很大，通常将波长较短的 X 射线称为硬 X 射线，波长较长的 X 射线称为软 X 射线，此处"硬""软"指 X 射线穿透能力的强弱。所以，X 射线可用于医学 X 射线透视和金属材料的探伤。

② 折射率几乎等于 1。X 射线穿过不同媒质时几乎不折射、不反射（折射和反射极小，可忽略不计），仍可视为直线传播。所以 X 射线不可能被折射而聚焦。

③ 通过晶体时发生衍射。晶体起衍射光栅作用，因而可用 X 射线研究晶体内部结构。

X 射线光子能量的大小决定的是 X 射线的穿透力等性质，而不是 X 射线的强度。一定频率的 X 射线，其强度大小取决于单位时间内通过单位截面的光子数目。

1.2.2　X 射线的产生

当高速运动的电子与其他物质碰撞时，发生能量的交换，同时会产生 X 射线。X 射

线源主要有放射性同位素 X 射线源、同步辐射源和 X 射线机等。其中，由 X 射线机产生 X 射线是最为普遍的方法。

　　实验室中使用的 X 射线通常是由 X 射线机产生的，一般用一种类似热阴极二极管的装置获得 X 射线，这种装置称为 X 射线管。X 射线机主要由 X 射线管、高压变压器和电流调节稳定系统等部分组成，其主电路如图 1-3 所示。

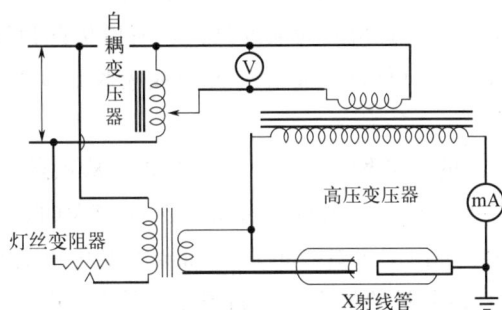

图 1-3　X 射线机主电路

　　X 射线管是 X 射线机主要的部件之一，是 X 射线的产生源，其种类很多，但使用最广的是封闭式高真空度的热阴极 X 射线管，图 1-4 是其结构示意图。X 射线管实质上是一个真空二极管，管内的高真空可减小电子运动的阻力，管壁用玻璃或透明陶瓷制成，内部主要由一个热阴极和一个阳极组成。阴极发射的电子束只有 $0.5\%\sim1\%$ 的能量转化为 X 射线，而 99% 以上被阳极和其他部分吸收变成热能，因此阳极需要水冷。热电子由于散射也会打到管的其他部位，如窗口，导致温度很高。采用超薄 Be 窗对 X 射线的吸收最小。热阴极为发射电子的灯丝，由绕成螺线形的钨丝制成；而阳极为接受电子轰击的靶面，通常是在铜质底座上镶嵌，以阳极靶材料制成，常用的阳极靶材料有 Cr、Fe、Co、Ni、Cu、Mo、Ag 和 W 等熔点高、导热性好的金属，其中以 Cu 用得最多。在软 X 射线装置中常用的是 Al 靶和 Si 靶等。阳极必须加循环水冷却，以免靶材受热熔化。其他辅助结构分别起支撑、真空密封、电子束准直、高压绝缘、冷却靶面和 X 射线的防护等作用。

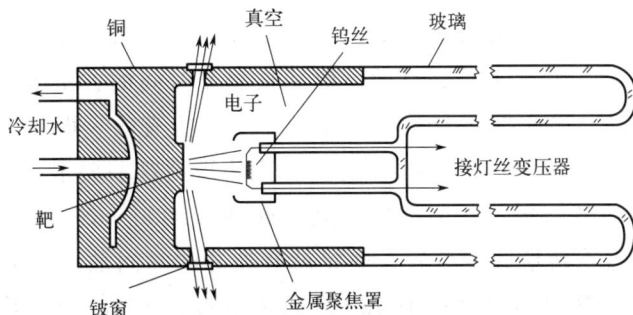

图 1-4　封闭式 X 射线管结构

X射线管工作时，阴极的钨丝被一定的电流加热到炽热（温度可达2000℃），放射出大量的热电子，电子经阴极灯丝外的金属聚焦罩聚焦成电子束后，在几万伏高电压的作用下，加速撞向阳极金属靶。在电子撞击到阳极靶表面上的瞬间，由于电子受阻突然减速，其动量从极大降到极小，能量也从一个极大值降到极小值。电子在电场加速过程中获得的动能大部分转化为热能（使阳极发热），少部分以电磁辐射即以X射线的形式释放出来，还有一小部分被阳极原子的电子吸收，造成电子跃迁，最终也以X射线的形式释放出来。由于X射线在与阳极靶面成3°～6°角处的强度最大，所以按此角度在X射线管上开2～4个窗口，让X射线射出来，窗口材料一般由对X射线吸收很少的薄铍片（约0.2mm厚）或锂铍玻璃等制成。

阳极靶上被电子束轰击的区域称为焦点，X射线正是从焦点上发出来的，焦点的形状和大小对X射线衍射图样的形状、清晰度和分辨率都有较大的影响，是X射线管的重要质量指标之一。焦点的形状是由阴极灯丝的形状和金属聚焦罩的形状决定的。一般X射线管的焦点是1mm宽、10mm长的长方形，如图1-5所示。而X射线管的窗口总是开在与焦点的长边和短边相垂直的位置，并使X射线束能以与靶面成3°～6°的角度射出。这样，在与焦点的短边相垂直的方向上的两个窗口，得到的是表观面积为1mm×1mm的正方形点焦点（点焦斑）。而在与焦点长边相垂直的方向上的两个窗口，得到的是表观面积为0.1mm×10mm的线焦点（线焦斑）。从点焦点窗口发出的X射线，其单位立体角内的X射线强度高，适于拍摄粉末照片和劳厄照片等，而从线焦点窗口发出的X射线适用于衍射仪的工作。在衍射仪衍射实验中，大部分选用线焦斑（织构测定例外）。和点焦斑相比，线焦斑的主要优点是水平发散度小，分辨率高，从而记录下来的衍射花样较真实；缺点是强度略低，垂直发散度较大（但可用索拉狭缝来改善）。

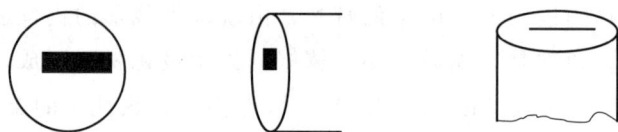

图1-5　X射线管的焦点和不同方向下的表观焦点形状

受靶面冷却能力的限制，封闭式X射线管的功率一般在500～3000W，对应的X射线强度也不是很高。在一些衍射工作中，为获得较好的衍射效果，一般可以通过延长曝光时间或提高X射线强度来达到目的，但延长曝光时间的方法效率较低，且不利于研究性质易变的样品，因此提高X射线强度的方法更为有效。提高X射线强度的主要途径是提高X射线管的功率，封闭式X射线管无法满足这一要求，解决的办法是采用可拆式X射线管和旋转阳极，让阳极以很高的转速（2000～10000r/min）转动，此时受电子束轰击的焦点不断地改变位置，热量就有充分的时间散发出去，如图1-6所示。目前旋转阳极X射线管的功率可达100kW，管电流可达1500mA，其发出的X射线强度可比通常的封闭式X射线管大很多倍。商用转靶X射线管有12kW、30kW、60kW、90kW等规格。

1.2.3　X射线的种类

正如太阳光包含有红、橙、黄、绿、蓝、靛、紫等许多不同波长的光一样，从X射线管中发出的X射线也不是单一波长（单色）的，而是包含有许多不同波长的X射线。产生的X射线含有两种类型的波谱：一种是具有连续波长的X射线，构成连续X射线谱（continuous X-ray spectrum）；另一种是在连续谱上叠加若干条特定波长的谱线，它与靶极材料有关，是某种元素的标志，称为标识谱，也称特征X射线谱（characteristic X-ray spectrum）或单色X射线谱（monochromatic X-ray spectrum）。如果在比较高的管电压下使用X射线管，并用X射线分光计实验测量其中各个波长的X射线的强度，一般可得到图1-7(a)所示的波长与强度的关系曲线。实际上这条曲线是由图1-7(b)和图1-7(c)两部分叠加而成的。也就是说，X射线管中发出的X射线可以分为两部分：其中一部分具有从某个最短波长 λ_0（称之为短波极限）开始的连续的各种波长的X射线，如图1-7(b)所示，称之为连续X射线谱，或白色X射线谱，因为它像白光一样，包含各种波长的光；另一部分则是由若干条特定波长的谱线构成的，如图1-7(c)，实验证明，这种谱线只有当管电压超过一定的数值 V_K（称为激发电压）时才会产生，而这种谱线的波长与X射线管的管电压、管电流等工作条件无关，只取决于阳极材料，不同元素制成的阳极将发出不同波长的谱线，因此称之为特征X射线谱或标识X射线谱（作为阳极材料的特征或标识）。

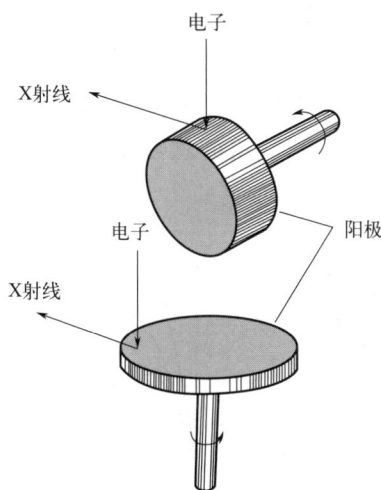

图1-6　旋转阳极结构

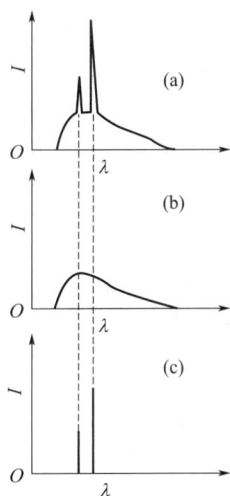

图1-7　X射线谱

1.2.3.1　连续X射线谱

大量的电子从阴极到达阳极靶面，其中有些电子经过一次碰撞就耗尽了能量，但绝大多数要经过多次碰撞，逐渐耗损能量。每个电子每次碰撞都产生一个X射线光子。由于每次碰撞所辐射光子的能量各不相同，因而就形成一个连续X射线谱。连续谱是从某个最短波长（λ_0）开始、强度随波长连续变化的线谱。产生连续谱的机理是：当高速运动的电子撞击阳极靶时，电子穿过靶材原子核附近的强电场时被减速。电子所减少的能量（ΔE）转换为所发射 X 射线光子能量（$h\nu$），即 $h\nu = \Delta E$。这种过程是一种量子过程。由于击靶的电子数目极多（当管流为 16mA 时，每秒就有 10^{17} 个电子），击靶时间不同、穿透的深浅不同、损失的动能不等，因此，由电子动能转换为 X 射线光子的能量有多有少，产生的 X 射线频率也有高有低，从而形成一系列不同频率、不同波长的 X 射线，构成了连续谱。在极限情况下，若电子将其能量完全转换为一个光子的能量，则此光子能量最大、波长最短、频率最高，因此连续谱有一个下限波长 λ_0。λ_0 与 X 射线管工作电压关系如下

$$eV = h\nu_{max} = hc/\lambda_0, \lambda_0 = hc/eV \tag{1-4}$$

式中，ν_{max} 指连续 X 射线谱中光子的频率最大值；e 为电子电荷；V 为 X 射线管管电压；h 为普朗克常数；c 为光速。把各个物理常量代入式(1-4)，管电压的单位用 kV，波长的单位用 Å，可得

$$\lambda_0 = \frac{hc}{eV} = \frac{6.626 \times 10^{-34} \times 2.998 \times 10^8}{1.6 \times 10^{-19} \times V \times 10^3} \times 10^{10} = \frac{12.4}{V} \tag{1-5}$$

从式(1-5)可以看出，最短波长 λ_0 只与 X 射线管的管电压有关，不受其他因素的影响。当 X 射线管的管电流不变时，随着 X 射线管的管电压提高，λ_0 向短波方向移动。在连续谱中，峰值对应的波长约为 $1.5\lambda_0$。

连续 X 射线谱的总强度是指图 1-7(b) 中曲线下的面积，实验证明，连续 X 射线谱的总强度与管电压 V、管电流 i 及阳极材料的原子序数 Z 满足以下经验公式

$$I = kiZVm \tag{1-6}$$

式中，k 为常数，为 $1.1 \sim 1.4 \times 10^{-9}$；$m$ 也为常数。由式(1-6)可知，管电压愈高，管电流愈大或阳极材料的原子序数愈大，则连续 X 射线谱的总强度愈大。各种因素对连续 X 射线谱强度的影响如图 1-8 所示。

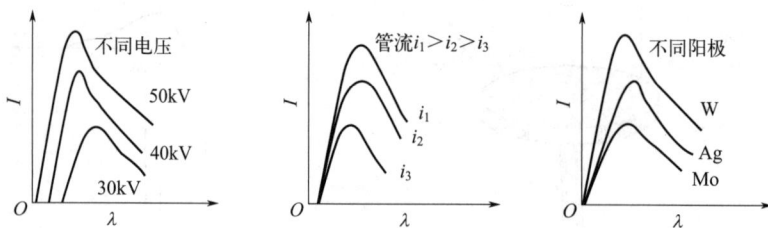

图 1-8　各种因素对连续 X 射线谱强度的影响

连续 X 射线谱只有在 X 射线衍射的劳厄照相法中才用，在其他方法中均用单色 X 射线作为光源，连续谱的存在将造成不希望有的背景信号，通常用滤波片或晶体单色器将背景谱去除。

1.2.3.2　特征 X 射线谱

当管压 V 提高到与阳极靶材相应的某一特定值时，在连续谱的某些特定的波长位置

上，会出现一系列强度很高、波长范围很窄的线状光谱。这些特征谱线的波长取决于阳极靶材元素的原子序数，与管压及管流无关，故称标识谱或特征谱。特征 X 射线谱由若干条特定波长的 X 射线构成，这些 X 射线的波长是不连续的。产生特征 X 射线的根本原因是原子的内层电子被激发引起的电子跃迁。用高速运动的电子、质子、中子以及 γ 射线、高能 X 射线均可使原子的内层电子激发跃迁。在 X 射线管中产生的特征 X 射线是由于阳极靶材原子的内层电子被高速电子激发引起电子跃迁所产生的。

特征 X 射线的产生可以从原子结构观点得到解释。按照原子结构的壳层模型，原子中的电子分布在以原子核为核心的若干壳层中，依次命名为 K、L、M、N…壳层，分别相对应于主量子数 $n=1$、2、3、4…，每个壳层中最多只能容纳 $2n^2$ 个电子。K 层电子离原子核最近，主量子数最小（$n=1$），故能量最低，其余 L、M、N…层中的电子，能量依次递增，从而构成一系列能级。在正常状况下，电子总是先占满能量最低的壳层，如K、L 层等。

从 X 射线管中的热阴极发出的电子，在高电压的加速作用下，以超高的速度撞击到阳极上时，若 X 射线管的管电压超过某一临界值 V_K 时，则电子的动能就足以将阳极靶材原子中的 K 层电子撞击出来。于是，在 K 层中就形成了一个空位。这一过程称为激发，而 V_K 称为 K 系激发电压。按照能量最低原理，电子具有尽量往低能级跑的趋势，所以当K 层中有一空位出现时，L、M、N…层中的电子就会跃入此空位，由于外层电子的能量较内层电子的能量高，多余的能量就以 X 射线的形式释放出来。当电子从外层跃跳入内层时，发出的 X 射线的频率和波长取决于两层电子的能量差，即

$$h\nu = E_{外} - E_{内} \text{ 或 } \lambda = hc/(E_{外} - E_{内}) \tag{1-7}$$

式中，h 为普朗克常数；c 为光速。

因为两层电子的能量差是一定的，所以特征 X 射线的频率和波长是恒定不变的。

由于 L 层内有能量相差很小的亚能级，同一组面网的原子不同亚能级上的电子跃迁辐射出波长稍短的 $K_{\alpha 1}$ 和稍长的 $K_{\alpha 2}$ 谱线（Cu 靶：$\lambda_{K_{\alpha 1}} = 1.54051 \text{Å}$，$\lambda_{K_{\alpha 2}} = 1.54433 \text{Å}$），它们的强度比约为 2∶1，分别对应两个不同的衍射角 $2\theta_{\alpha 1}$ 和 $2\theta_{\alpha 2}$。当原子 K 层的电子被打掉出现空位时，其外面的 L、M、N…层的电子均有可能回跃到 K 层来填补空位，并产生对应的特征 X 射线，包括 L 层电子回跃到 K 层产生的 K_α 特征 X 射线，M 层电子回跃到 K 层产生的 K_β 特征 X 射线和 N 层电子回跃到 K 层产生的 K_γ 特征 X 射线，它们共同构成 K 系特征 X 射线。与此类似，当原子 L 层的电子被打掉，L 层出现空位时，其外面的 M、N、O…层的电子也会回跃到 L 层来填补空位，由此产生 L 系特征 X 射线。同理，当原子 M 层的电子被激发时，由于 N、O 等外层电子回跃到 M 层来填补空位将会产生 M系特征 X 射线。而 K 系、L 系、M 系等特征 X 射线又共同构成此原子的特征 X 射线谱。结构分析常用的金属靶的 L 系、M 系特征 X 射线波长一般都很长，强度很弱，易被物质吸收，在衍射分析工作中很少用到，所以今后我们主要讨论 K 系标识 X 射线。特征 X 射线的产生过程如图 1-9 所示。

实际上，原子的能级结构远较上述复杂，根据量子力学的计算，L 壳层的能级实际上是由 L_1、L_2、L_3 三个子能级构成的，它们分别对应于 3 个子壳层，而 M 壳层的能级由 5

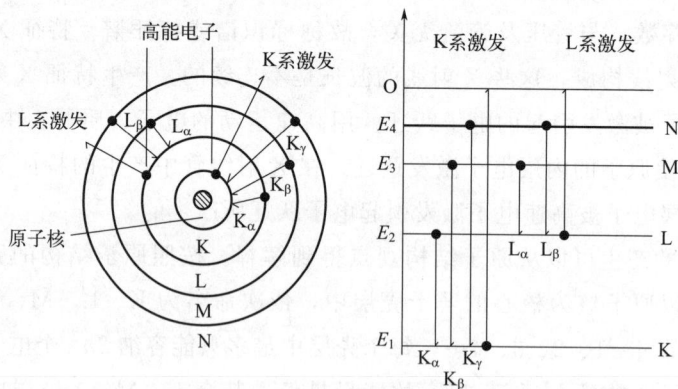

图 1-9　特征 X 射线产生原理

个子能级 M_1、M_2、$\cdots$、M_5 构成，N 层由 7 个能级构成。这些能级分别对应于主量子数 n、角量子数 l 和内量子数 j 的不同数值，如图 1-10 所示。此外，电子在各能级之间的跃迁还要服从如下的选择规则：

$\Delta n \neq 0$（同一层的电子不能跃迁）；

$\Delta l = \pm 1$（同一组的电子不能跃迁）；

$\Delta j = \pm 1$ 或 0。

根据选择规则，可能产生的部分特征 X 射线如图 1-10 所示，可以看到，K_α 线可以由 L_3 或 L_2 子壳层的电子回跃 K 层而产生，因此，K_α 线有 $K_{\alpha 1}$ 与 $K_{\alpha 2}$ 两条谱线。不过，由于 L_3 和 L_2 的能量值相差很小，$K_{\alpha 1}$ 与 $K_{\alpha 2}$ 的波长很接近，通常很难分辨，故一般用 K_α 来代表。类似的 K_β 线可以由 M_3 和 M_2 子壳层的电子回跃 K 层而产生，所以 K_β 线也有两条，但有一条非常弱，在衍射分析中可以不考虑。

特征 X 射线的波长与阳极材料的原子种类有关，与外界条件无关。莫塞莱发现特征 X 射线的波长（λ）与原子序数 Z 的平方成反比关系，满足以下方程式

$$\lambda_{K_\alpha} = K(Z-S)^{-2} \tag{1-8}$$

式中，K、S 均为常数。此式称为莫塞莱定律。

特征 X 射线的相对强度是由电子在各能级间的跃迁概率决定的。另外，还与跃迁前原来壳层上电子数量的多少有关。由于 L 层电子比 M 层电子跃入 K 层的概率大，所以 K_α 线比 K_β 线强。因为 L_3 子壳层上的电子数比 L_2 子壳层上的电子数多 1 倍，故 L_3 子壳层比 L_2 子壳层的电子跃入 K 层的概率大，所以 $K_{\alpha 1}$ 线比 $K_{\alpha 2}$ 线强。

特征 X 射线的绝对强度随 X 射线管的电流和电压的增大而增大。对 K 系谱线而言，其绝对强度 I_K 与管电流 i 和管电压 V 有如下近似关系

$$I_K = Bi(V-V_K)n \tag{1-9}$$

式中，B 为常数；n 也是常数（约为 1.5）；V_K 为 K 系激发电压，即把 K 层电子打飞激发所需的最低电压。

需要注意的是，虽然增加管电压 V 和管电流 i 可以提高特征 X 射线的绝对强度，但

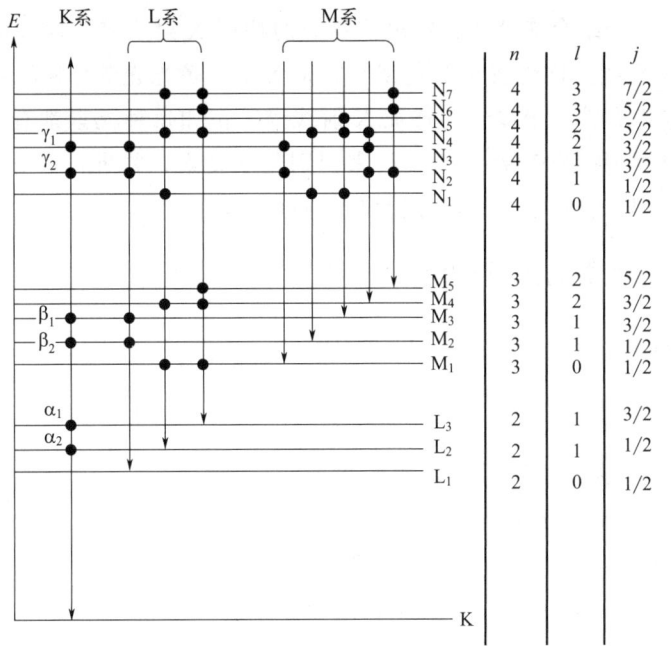

图 1-10　电子能级和可能产生的特征 X 射线

是，当管电压增加时，与特征 X 射线同时产生的连续 X 射线强度也会提高，这对那些只需要使用特征 X 射线的实验来说是不利的，因为其干扰背景信号也增大了。所以，管电压并不是越高越好，合适就行。实验表明，适宜的工作电压为 V_K 的 3～5 倍。在表 1-1 中列出了常用的几种特征 X 射线的波长以及其他相关数据。

表 1-1　常用的特征 X 射线的波长及其他相关数据

靶元素	原子序数	$\lambda_{K_{\alpha1}}$/Å	$\lambda_{K_{\alpha2}}$/Å	$\lambda_{K_\alpha}^{①}$/Å	λ_{K_β}/Å	吸收限 λ_K/Å	激发电压 V_K/kV	适宜的工作电压/kV	K_β 将被强烈吸收的元素
Cr	24	2.2896	2.2935	2.2909	2.0848	2.0701	5.93	20～25	V
Fe	26	1.93607	1.9399	1.9373	1.7565	1.7429	7.10	25～30	Mn
Co	27	1.7889	1.7928	1.7902	1.6208	1.6072	7.71	30	Fe
Ni	28	1.6578	1.6617	1.6591	1.5001	1.4869	3.29	30～35	Co
Cu	29	1.5405	1.5443	1.5418	1.3922	1.3802	8.86	35～40	Ni
Mo	42	0.7093	0.7135	0.7107	0.6323	0.6192	20.0	50～55	Nb,Zr
Ag	47	0.5594	0.5638	0.5609	0.4970	0.4855	25.5	55～60	Pb,Rh

① $\lambda_{K_\alpha} = \dfrac{2}{3}\lambda_{K_{\alpha1}} + \dfrac{1}{3}\lambda_{K_{\alpha2}}$。

通过上面的讨论可知，特征 X 射线产生的根本原因是原子内层电子的跃迁。实际上，除了用高速运动的电子可激发出特征 X 射线外，用高速运动的质子、中子以及 X 射线、γ

射线也可激发出标识 X 射线来。例如，用 X 射线照射某种物质时，若 X 射线的光子能量大于该物质的内层电子结合能就能激发出该物质的特征 X 射线来。这种由 X 射线激发而产生的次级特征 X 射线又称为荧光 X 射线，它是 X 射线荧光光谱分析的基础。

　　每种化学元素都有其特定波长的特征 X 射线谱，正如每种元素都有其特有的可见光谱一样，因此也可利用特征 X 射线的波长来识别化学元素，并进行成分分析，这就是 X 射线光谱分析的原理，它是很多近代分析仪器的理论基础。

1.2.4　X 射线与物质的相互作用

　　当 X 射线通过物质时，它的能量可分为三部分：一部分被吸收，一部分透过物质继续沿原来的方向传播，一部分被散射。见图 1-11。由于被吸收和散射，透过物质后，射线的强度衰减，在此过程中，有部分光子在与原子的碰撞过程中将能量传递给了原子，转变为热能；只有一小部分 X 射线能够保持原有能量、沿原来方向直线穿透物质并继续传播。下面将对各种相互作用分别进行讨论，严格来说，非相干

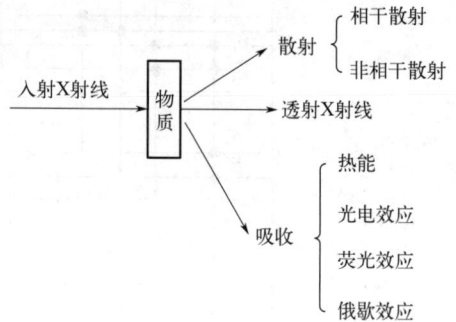

图 1-11　X 射线照射物质时的相互作用

散射也属于 X 射线被物质吸收的内容，但为了方便与相干散射比较，仍将其归入散射的内容来讨论。

1.2.4.1　X 射线的散射

　　当 X 射线照射到物体上时，部分光子由于与原子内的电子碰撞而改变前进方向，造成散射。X 射线的散射可以分为相干散射和非相干散射两种类型。

　　① 相干散射　当入射 X 射线光子与原子中束缚能较强的电子发生碰撞时，X 射线光子的能量不足以使电子摆脱原子核的束缚，此过程可视作弹性碰撞，X 射线光子被弹开，仅改变了运动方向，但能量没有损失，因此这种散射的波长与入射线的波长相同，有确定的相位关系，它们可相互干涉，形成衍射图样，所以这种散射称为相干散射，也叫汤姆孙（Thomson）散射。X 射线衍射分析利用的就是这种散射，是 X 射线衍射技术的基础。

　　② 非相干散射　当入射 X 射线光子与原子中束缚能较弱的电子（如外层电子）发生碰撞时，光子消耗一部分能量作为电子的动能，电子被撞出原子之外，X 射线光子也被弹开，但由于损失了部分能量，根据能量和动量守恒定律，非相干散射后的 X 射线波长变长了。这一过程可看作非弹性碰撞，由于各散射线的波长各不相同，不会相互干涉形成衍射图样，所以这种散射叫作非相干散射，也叫康普顿（Compton）散射。非相干散射线散布于各个方向，随散射方向变化，强度一般较低，在衍射分析中只会形成连续的背景信号，对衍射分析工作会产生不利影响。

1.2.4.2　X 射线的吸收

　　X 射线被物质吸收时，能量向其他形式转变，除了转变为热量之外，还可转变为电子

电离、荧光产生、俄歇电子形成等光电效应。

当 X 射线穿透物体时，由于受到散射、光电效应等影响，强度减弱，这种现象称之为 X 射线的吸收。

当 X 射线穿过物体时，其强度是按指数规律下降的。若以 I_0 表示入射到物体上的 X 射线束的原始强度，而以 I 表示穿过厚度为 x 的均质物体后的强度，则有

$$I = I_0 \mathrm{e}^{-\mu x} \tag{1-10}$$

式中，μ 为线吸收系数，它相应于单位厚度的该种物体对 X 射线的吸收能力，对于一定波长的 X 射线和一定的吸收体而言为常数。但它与吸收体的原子序数 Z、吸收体的密度（疏密状态）及 X 射线波长 λ 有关。实验证明，μ 与吸收体的密度 ρ 成正比，即 $\mu = \mu_m \rho$，这里的 μ_m 称为质量吸收系数，它只与吸收体的原子序数 Z 及 X 射线波长有关，而与吸收体的密度无关，它不随物质的物理状态（气态、液态、粉末或块状的固态、机械混合态、化合物或固溶体等）而改变。因此有

$$I = I_0 \mathrm{e}^{-\mu_m \rho x} \tag{1-11}$$

若吸收体不是由单一元素组成，而是由多种元素组成的化合物、混合物，如陶瓷、合金等，则其质量吸收系数是其组分元素的质量吸收系数的计权平均值，也即

$$\mu_m = \omega_1 \mu_{m1} + \omega_2 \mu_{m2} + \omega_3 \mu_{m3} + \cdots \tag{1-12}$$

式中，ω_1、ω_2、$\omega_3 \cdots$ 为吸收体中各元素的质量分数；μ_{m1}、μ_{m2}、$\mu_{m3} \cdots$ 为各元素的质量吸收系数。

线吸收系数和质量吸收系数是反映物质对 X 射线吸收能力的指标。

元素的质量吸收系数与入射 X 射线的波长及吸收物质的原子序数有关。当吸收物质一定时，质量吸收系数 μ_m 与 X 射线的波长 λ 有近似如图 1-12 的关系曲线。随波长增长，质量吸收系数增大；质量吸收系数发生突变的波长称为吸收限。在图 1-12 中，$\lambda_k = 0.158\text{Å}$ 处的吸收限为铂的吸收限。所有元素的 μ_m-λ 关系曲线均相似，只是吸收限的位置不同。吸收限是吸收元素的特征量，不随实验条件的变化而改变。

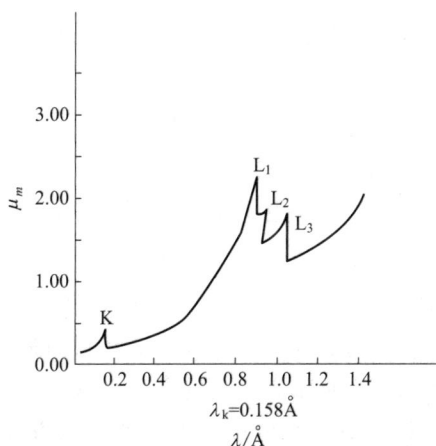

图 1-12　铂的质量吸收系数 μ_m 与波长 λ 的关系

吸收限产生的原因可用光电效应进行解释。当入射 X 射线的能量增大至大于电子结合能时，电子将被激发出。根据电子激发出前所在的电子层，分别称为 K 吸收限、L 吸收限、M 吸收限……同时，当外层电子往内层跃迁填补空穴时将产生荧光 X 射线。在各吸收限之间的区域内，质量吸收系数与入射波长、吸收物质的原子序数的关系为

$$\mu_m = K\lambda^3 Z^3 \tag{1-13}$$

式中，K 为常数；λ 为波长；Z 为原子序数。

可见，当入射 X 射线波长一定时，如果不考虑吸收限，则一般随原子序数增加，质量吸收系数增大，即重金属原子序数越大，对 X 射线的吸收系数越大，X 射线越难穿过。之所以用铅板、铅玻璃作为屏蔽 X 射线的材料正是基于这一点。

1.2.4.3 X 射线的透射

X 射线透过物质后强度的减弱是 X 射线光子数的减少，而不是 X 射线能量的减少。所以，透射 X 射线的能量和传播方向基本与入射线相同。

X 射线与物质的相互作用实质上是 X 射线与原子的相互作用，其基本原理是原子中受束缚电子被 X 射线电磁波的振荡电场加速。短波长 X 射线易穿过物体，长波长 X 射线易被物体吸收。

1.3 X 射线衍射原理

一个衍射花样包括衍射线在空间的分布规律（即衍射峰或者衍射斑点的位置）以及衍射线的强度两个最基本的特征。衍射线的分布规律是由晶胞大小、形状和取向决定，而衍射线的强度取决于原子在晶胞中的位置、数量和种类。

1.3.1 X 射线在晶体中的衍射

当光阑（孔/缝）的宽度与光的波长相当时，根据惠更斯原理，透过光阑中间点的光可成新的波源，发出球面子波，向前传播。这些子波同频率、同振幅、相位相同或者相位差恒定，在同时达到空间某处时，会叠加产生干涉，出现明暗干涉条纹。这就是光的衍射（因干涉而互相加强或者减弱）。

由于晶体是由质点（原子、离子或分子）按周期性排列构成的固体物质，因原子面间距与入射 X 射线波长数量级相当，故可视为衍射光栅。当晶体被 X 射线照射时，各原子中的电子受激发而同步振动，振动着的电子作为新的辐射源向四周放射波长与原入射线相同的次生 X 射线，这个过程实际上就是相干散射的过程。因为相干散射线的波长与入射 X 射线的波长相同，加上晶体中各个质点的排列是有规律的，由此产生的衍射线具有固定的相位差，它们可以产生干涉。在某些特定的方向上，它们会叠加增强，形成强度较大的散射线，这种散射线称为衍射线。照相底片上的那些小斑点就是由衍射线造成的。晶体中各原子对入射 X 射线产生的相干散射线可以在某些特定的方向上干涉加强，形成强度较大的 X 射线，这种现象称为 X 射线在晶体中的衍射。由相干散射线叠加形成的强度较大的 X 射线称为 X 射线的衍射线。

　　若用照相法收集衍射线，则可使胶片感光，留下相应的衍射花样（衍射光斑、衍射光环或衍射线条，不同照相法所得的衍射花样不同）；若用衍射仪法探测衍射线，则所得到的衍射花样为一系列衍射峰（晶体结晶程度越高，衍射峰越明锐）。当 X 射线照射非晶体时，由于非晶体结构为长程无序、短程有序，不存在明显的衍射光栅，故不产生清晰明锐的衍射线条（见图 1-13）。由以上衍射现象可知，衍射现象与晶体的有序结构有关，即衍射花样规律性反映了晶体结构的规律性。但是衍射必须满足适当的几何条件时才能产生。

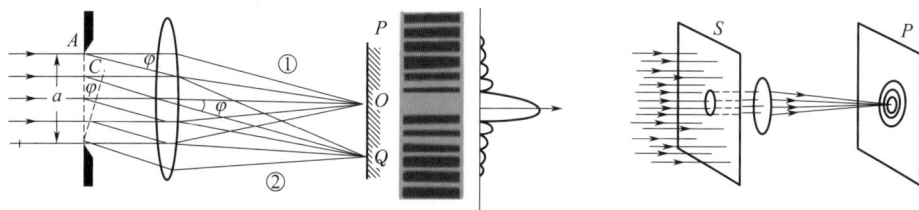

图 1-13　X 射线衍射现象

[①入射光在无衍射情况下，经过透镜聚焦后的光线路径；②入射光在发生衍射情况下
（衍射光线与入射光线夹角为 φ），经过透镜聚焦后的光线路径；a 为缝隙直径；C 为两平行光束距离]

1.3.2　X 射线衍射方程

　　衍射线的方向与晶胞大小和形状有关，X 射线在晶体中的衍射服从劳厄方程和布拉格方程。前者以直线点阵为出发点，后者以平面点阵为出发点。这两个方程均反映衍射方向、入射线波长、点阵参数、入射角关系，都是规定衍射条件和衍射方向的方程，实质上是相同的。为简便起见，两个方程的推导均假设晶体是最简单的单原子结构，对应的空间格子为原始格子，原子的尺寸忽略不计，原子中各电子发出的相干散射是由原子中心点发出的。

1.3.2.1　劳厄方程

　　1912 年，劳厄意识到晶体中相邻原子间的距离与 X 射线的波长相当，而且原子在晶体中是按一定的规律周期性重复排列的，提出有可能用晶体作为"光阑"来观察 X 射线的衍射现象。实验证明，在 X 射线的作用下，晶体中原子相干散射产生的次级 X 射线由于存在恒定的位相关系，会发生干涉现象，产生衍射线。劳厄把空间点阵看作互不平行又相互贯穿的三组直线点阵，从研究直线点阵衍射条件出发，得到了立体点阵结构产生衍射的条件，即劳厄方程。

　　设一直线点阵与晶胞的单位矢量 **a** 平行。$\boldsymbol{S}_0$ 和 $\boldsymbol{S}$ 分别代表入射 X 射线和衍射线的单位矢量 [见图 1-14(a)]。如果每个结点所代表的原子之间散射的次生 X 射线互相叠加，则要求相邻原子的光程差（Δ）为波长的整数倍。

$$\Delta = OA - BP = \boldsymbol{aS} - \boldsymbol{aS}_0 = \boldsymbol{a}(\boldsymbol{S} - \boldsymbol{S}_0) = h\lambda \tag{1-14}$$

　　式中，h 为普朗克常数；λ 为波长。式（1-14）称为劳厄方程，表示当 **a** 和 $\boldsymbol{S}_0$ 夹角为 φ_{a0} 时，在和 **a** 成 φ_a 角的方向上产生衍射。实际上以 **a** 为轴线，以 $2\varphi_a$ 为顶角的圆锥面

上的各方向均满足这一条件。同理可得，同时满足 a、b、c 和 S 关系的劳厄方程组为

$$\begin{cases} a(S-S_0)=h\lambda \\ b(S-S_0)=k\lambda \\ c(S-S_0)=l\lambda \end{cases} \qquad (1\text{-}15)$$

在劳厄方程中 h、k、l 均为整数，称 hkl 为衍射指数。X 射线衍射方向是三个分别以 a、b、c 为轴的圆锥面的交线方向 [见图 1-14(b)]。说明进入晶胞的 X 射线只有满足劳厄方程，才在空间的某些方向上出现衍射线。

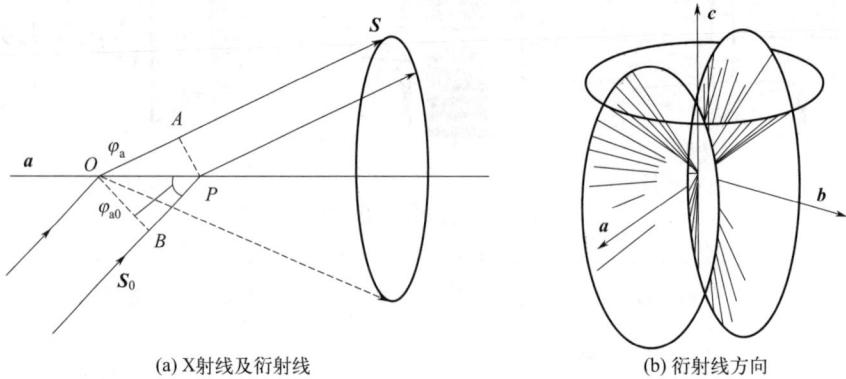

(a) X射线及衍射线

(b) 衍射线方向

图 1-14　基于劳厄方程的 X 射线及衍射线示意

1.3.2.2　布拉格方程

应用劳厄方程虽然可以决定衍射线的方向，但需同时考虑三个方程，计算麻烦，实际应用很不方便。1912 年，英国的物理学家布拉格父子（W. H. Bragg 和 W. L. Bragg）把空间点阵理解为互相平行且面间距相等的一组平面点阵（或面网），将晶体对 X 射线的衍射视为某些面网对 X 射线的选择性反射。从面网产生反射的条件出发，得到一组面网结构发生反射（即衍射）的条件，即布拉格方程，并用解理面与晶面平行的云母成功地做了实验，证实了设想的可行性。布拉格方程的导出奠定了 X 射线晶体学在材料学中得以广泛应用的基础。

晶体是由许多平行等距的原子面层层叠合而成的。例如可认为晶体是由晶面指数为 (hkl) 的晶面堆垛而成的，晶面之间的距离为 $d_{(hkl)}$，如图 1-15 所示，其中阿拉伯数字 1、2、3…表示第 1、2、3…个原子面（晶面）。

首先看顶层晶面上的情况。可证明，当散射线方向满足"光学镜面反射定律"（即散射线、入射线与原子面法线共面，且在法线两侧，散射线与原子面的夹角等于入射线与原子面的夹角）时，各原子的散射波将具有相同的位相，因而干涉加强。这是因为当满足"镜面反射"条件时，相邻两原子 A 和 B 的散射波的光程差（Δ）为零

$$\Delta=PAP'-QBQ'=AB\cos\theta-AB\cos\theta=0 \qquad (1\text{-}16)$$

可见原子 A 和 B 的散射波在"反射"方向是同位相的。同样可以证明，其他各原子的散射波也将是同位相的，因此它们将互相干涉加强，形成衍射光束。

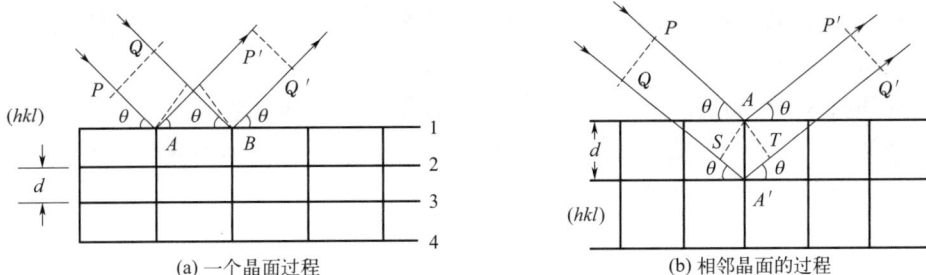

图 1-15　布拉格方程的推导过程

由于 X 射线具有很强的穿透力，透射线在未射出晶体前，可看成对下一面网的入射线，不仅晶体表面参与反射，晶体内部的面网也参与反射。所以还必须考虑各个平行的原子面间的"反射"波的相互干涉问题。图 1-15(b) 中的 PA 和 QA' 分别为入射到相邻的两个原子面上的入射线，它们的"反射"线分别为 AP' 和 $A'Q'$。从图 1-15(b) 中可以看出，它们之间的光程差为

$$\Delta = SA' + A'T = 2d_{(hkl)}\sin\theta \tag{1-17}$$

只有当此光程差为波长 λ 的整数倍时，相邻晶面的"反射"波才能干涉加强，形成衍射线，所以产生衍射的条件是

$$2d_{(hkl)}\sin\theta = n\lambda \tag{1-18}$$

式中，n 为整数。这就是布拉格方程的一般表达式，是 X 射线晶体学中最基本的公式。它与光学反射定律加在一起，就是布拉格定律。其中的 θ 角称为布拉格角或半衍射角（因通常将入射线与衍射线的交角 2θ 称为衍射角）。布拉格方程的物理意义在于规定了 X 射线在晶体中产生衍射的必要条件，即只有在 d、θ 和 λ 同时满足布拉格方程时，晶体才能对 X 射线产生衍射。

思考题与练习题

1. 随着科学技术的发展，X 射线分析技术的新理论、新技术不断涌现。在原来 X 射线技术的基础上形成了哪些新技术？

2. 请简述特征 X 射线产生的物理机制。

3. X 射线与可见光相比，除具有波粒二象性的共性之外，还因其波长短、能量大而显示出哪些特性？

4. X 射线的本质是什么？其与可见光、紫外线等电磁波的主要区别是什么？用哪些物理量描述？

5. X 射线具有波粒二象性，其微粒性和波动性分别表现在哪些现象中？

6. 过量的 X 射线对人体会产生有害影响，对于 X 射线的防护措施有哪些？

7. X 射线实验室用防护铅屏厚度通常为 1mm，试计算该铅屏对 Mo K_a 辐射的透射系数。

8. α-Fe（体心立方），点阵参数 $a = 0.286$nm，用 Cr K_a X 射线（$\lambda = 0.229$nm）照射，如

果（110）发生衍射，计算其掠射角。

9. 一体心立方晶体的晶格常数为 0.396nm，用铁靶 K_α（$\lambda = 0.194$nm）照射该晶体，可产生几条衍射线？

10. 简述从 X 射线衍射图谱中可以获得被检测样品哪些结构信息。

11. 当波长为 0.254nm 的 X 射线照射到晶体并出现衍射线时，计算相邻两个（hkl）反射线的程差，并计算相邻两个（HKL）反射线的程差。

📁 参考文献

[1] 吴雪梅，诸葛兰剑，吴兆先，等. 材料物理性能与检测 [M]. 北京：科学出版社，2012.

[2] 何飞，赫晓东. 材料物理性能及其在材料研究中的应用 [M]. 哈尔滨：哈尔滨工业大学出版社，2020.

[3] 谢忠信. X 射线光谱分析 [M]. 北京：科学出版社，1982.

[4] 曹春娥，顾幸勇，王艳香，等. 无机材料测试技术 [M]. 南昌：江西高校出版社，2011.

[5] 刘粤惠，刘平安. X 射线衍射分析原理与应用 [M]. 北京：化学工业出版社，2003.

[6] 徐风广，杨凤铃，于方丽. 无机非金属材料制备及性能测试技术 [M]. 上海：华东理工大学出版社，2013.

[7] 潘峰，王英华，陈超. X 射线衍射技术 [M]. 北京：化学工业出版社，2016.

[8] 肖国庆. 材料物理性能 [M]. 北京：中国建材工业出版社，2005.

[9] 杨南如，岳文海. 无机非金属材料图谱手册 [M]. 武汉：武汉工业大学出版社，2000.

[10] 曾幸荣. 高分子近代测试分析技术 [M]. 广州：华南理工大学出版社，2007.

2

X射线衍射方法与数据

2.1 X射线衍射方法

为了获得晶体的衍射谱图及衍射数据，需要采用一定的衍射分析方法。X射线的衍射分析方法较多，按研究对象分，可分为单晶法和多晶法（粉晶法）两类；按记录X射线的方式分，又可分为照相法和衍射仪法两类，其中照相法又有多种，有研究单晶的劳厄法、转晶照相法、回摆照相法、魏森贝格（Weissenberg）照相法和旋进照相法等，也有研究多晶的德拜法、针孔法等。下面对部分衍射分析方法进行介绍。

2.1.1 单晶衍射分析方法

2.1.1.1 劳厄法

劳厄法是用连续X射线照射固定的单晶体的衍射方法，一般都以垂直于入射线束的照相底片来记录衍射花样，在拍摄时晶体固定不动（θ不变），故又称固定晶体法。根据照相底片的位置不同，可以分为透射劳厄法与背射劳厄法，它们的实验装置示意图见图2-1。在透射劳厄法中，X射线通过准直光阑照射在晶体试样上，底片放在晶体试样的后面，常取试样与底片的距离为5cm。在背射劳厄法中，X射线穿过位于底片中心的准直光阑上的细孔，照射在晶体上，因此底片上所能接收到的是从晶体背射回来的部分衍射

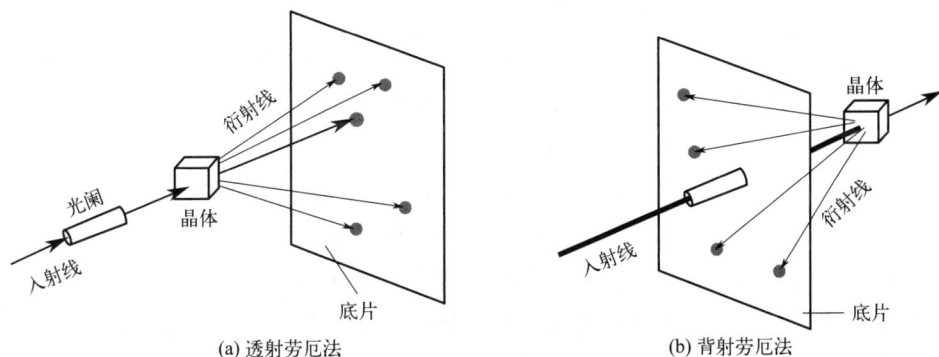

(a) 透射劳厄法   (b) 背射劳厄法

图 2-1 劳厄法实验装置

线，通常背射法中取试样与底片的距离为 3cm。不论透射还是背射劳厄法，底片上记录到的衍射花样都是由很多斑点构成，这些斑点称为劳厄斑点。背射法对试样的厚度和吸收没有特殊限制，因而其应用会更广泛。

拍摄劳厄照片时一般采用平板相机（也称劳厄相机）。为了提高劳厄斑点的强度，增加劳厄斑点的数量，应使用强度高、波长范围广的连续 X 射线谱，所以，多采用原子序数高的钨靶 X 射线管。试样可用胶泥等固定在测角器上。借助于测角器，可以使试样绕三个互相垂直的轴转动和平移，这样就可将试样安置于任意方向和位置。为了记录底片与试样的相对位置，拍照时一般要在底片前面的右上角挂一垂直的铁针，这样照片拍好后，会在底片上留下针的痕迹，作为定位标准；或是逆 X 射线衍射方向切去底片的左上角。拍摄劳厄照片所需的曝光时间随试样情况和实验条件（管流、管压、靶材）不同而有很大差异，一般透射法为半小时，背射法为 1 小时左右。

（1）劳厄图的特征及其成因

在劳厄法中，单晶体试样对入射 X 射线的方位是固定的，也即对所有晶面而言，其衍射角 θ 都固定了。但是，由于入射线束中包含着从短波极限开始的各不同波长的 X 射线，每一族晶面仍可以选择性地反射其中满足布拉格方程的特殊波长的 X 射线。这样，不同的晶面族都可以从不同方向反射不同波长的 X 射线，从而在空间形成很多衍射线，它们与底片相遇，就形成许多劳厄斑点。当然，劳厄斑点不可能无限多，这是因为晶面间距 d 小于短波极限 λ_0 的一半（即 $d \leqslant \lambda_0 / 2$）的晶面不可能产生衍射。根据劳厄斑点的位置，可以用下列方程式直接求出对应晶面的布拉格角，在透射法中为

$$\tan 2\theta = r_1 / D_1 \tag{2-1}$$

式中，r_1 为斑点和底片中心（即入射光束与底片的相交点）的距离；D_1 为试样与底片的距离。

在背射法中为

$$\tan(180° - 2\theta) = r_2 / D_2 \tag{2-2}$$

式中，r_2 为斑点到底片中心的距离（底片中心一般取在光阑的圆形螺帽的影子的圆心）；D_2 为试样与底片的距离。

观察劳厄图片，可以看到劳厄斑点都分布在系列圆锥曲线上，在透射劳厄图中，斑点分布在一系列通过底片中心的椭圆或双曲线上；而在背射劳厄图中，斑点分布在一系列双曲线上。实际上，同一圆锥曲线上的斑点，是由属于同一晶带的各个晶面反射产生的，这是因为属于同一晶带的各个晶面的反射线，是位于以晶带轴为轴、以晶带轴与入射线的夹角 α 为半顶角的一个圆锥上的，如图 2-2 所示，因此当它们与底片平面相交时就形成圆锥曲线上的劳厄斑点。当晶带轴与入射线的夹角 $\alpha < 45°$ 时，所得圆锥曲线为椭圆；当 $\alpha = 45°$ 时，得到抛物线；当 $\alpha > 45°$ 时，为双曲线；当 $\alpha = 90°$ 时，则圆锥面变为平面。所以劳厄斑点就分布在过底片中心的直线上了，当某一晶面同时属于两个或两个以上的晶带时，则此晶面所对应的劳厄斑点必定位于几个圆锥曲线的交点上。

在透射法中，不论 α 角的大小如何，底片都可能与圆锥相交，因此可出现椭圆、抛物线、双曲线、直线等各种圆锥曲线。在背射法中，因为底片只能与 α 角大于 45° 的圆锥相交，因此只能出现双曲线和直线。

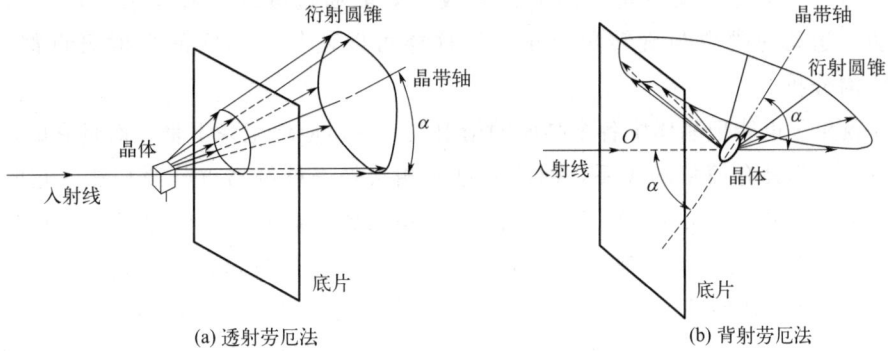

| (a) 透射劳厄法 | (b) 背射劳厄法 |

图 2-2 劳厄照片上晶带曲线的形成

（2）劳厄法的应用

劳厄法主要用来测定晶体的取向。此外，还可用来观测晶体的对称性，鉴定晶体是否是单晶以及粗略地观测晶体的完整性。如若晶体的完整性良好，则劳厄斑点细而圆，均匀清晰；若晶体完整性不好，则劳厄斑点粗而漫散，有时还呈破碎状。

2.1.1.2 转动晶体法（转晶法）

转动晶体法是用单色 X 射线照射转动的单晶体得到衍射照片的方法，可测定晶体结构（晶系）。根据晶体转动角度的不同，有旋转照相法和回摆照相法。旋转照相法是晶体在拍照的过程中作 $360°$ 转动，回摆照相法是晶体在拍照时只在一定角度范围（一般是 $15°$）内回摆。一般的转晶相机的构造如图 2-3 所示。

相机上有一个长圆筒，圆筒的轴上有一根使晶体转动的轴，轴的头上安置了小的测角样品架，可在 x、y、z 三个方向调节晶体试样的方位，圆筒的中部有入射光阑和出射光阑。衍射花样是用紧贴在圆筒壁上的照相底片来记录的，圆筒加盖后，与可见光隔绝，使底片不会曝光。拍取转晶图时，总是把晶体的

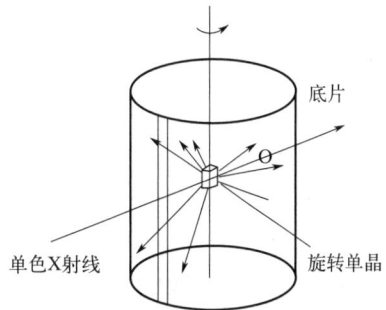

图 2-3 转晶相机

某一晶轴方向调节得与圆筒的轴一致，否则所得的衍射图很难解释。

2.1.1.3 运动底片照相法

运动底片照相法是指在照相过程中，底片随晶体一起转动的方法，有魏森贝格（Weissenberg）照相法和旋进照相法。

魏森贝格照相法的特点是照相过程中不但晶体在转动，而且照相底片也在同步移动，这样底片上除记录了衍射斑点的坐标外，还能同时记录晶体的位置，从而使斑点与晶面达到一一对应。魏森贝格照相法中所用的底片亦是圆筒形的，其轴线与晶体的转动轴相重合。底片前面还有一块遮板，亦是圆筒形的。遮板上有一个位置可调的圆

形缝隙，通过调节它，使特定方向的衍射线正好能通过缝隙。底片匣可以沿其轴线做往复运动。运动的距离与旋转角成正比，这样可以使每个晶面的衍射斑点都分开来，有利于结构分析。

旋进照相法也能把晶体中各个晶面的衍射线一一对应地记录下来，而且它的衍射斑点分布与倒易点阵具有简单的关系，因此旋进照相法是一种倒易点阵照相法。它的原理如图 2-4 所示。晶体固定在水平轴 A 上，轴 A 安装在竖直轴 B 上。底片安装在 C 轴上，水平轴 C 安装在竖直轴 D 上。轴 A 和轴 C 通过平行四边形连杆 BC、AC 连接起来，以使无论晶体围绕 AB 怎样转动，底片始终能与晶体中某一晶面相平行。环形隔板亦做运动，使底片只能记录晶体中同一倒格点平面的放射。因此，底片上的斑点分布与某一倒格面上倒格点的分布存在一一对应的简单关系。

魏森贝格和旋进照相法主要用来测定晶体的结构。

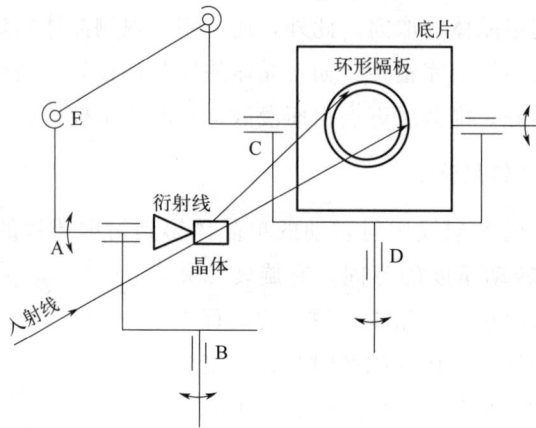

图 2-4　旋进照相法原理

2.1.1.4　单晶衍射仪法

使用照相法虽然可以直观得到单晶体的衍射图片，但都需要显影和定影，过程繁复，并且线性范围不大，衍射强度不准，因而照相法所得结果的准确性比较差。使用照相法收集衍射数据时，完成一套小分子晶体的三维数据收集一般需要数月甚至几年。在 20 世纪 20~60 年代，完成一个晶体结构的测定所需的时间常以年计。

20 世纪 60 年代末，由计算机控制的四圆单晶衍射仪开始出现，并在其后成为单晶结构测定的主要工具。随着大量精确的衍射数据的获得和计算机技术的进步，单晶衍射仪法不断得到发展和成熟，用于单晶衍射仪法的四圆单晶衍射仪的制造技术也不断得到提高。

单晶衍射仪法利用特征 X 射线逐点记录衍射点的强度，这种方法记录的强度数据准确，灵敏度高，并且能够利用计算机通过程序控制来完成衍射的自动寻峰、晶胞参数的测定、衍射强度数据的收集以及根据消光条件来确定空间群等工作。

四圆单晶衍射仪是通过探测器上的计数器来逐点记录衍射点的强度（单位时间内衍射光束的光子数）。入射 X 射线和探测器在一个平面内，称为赤道平面。晶体位于入射光与探测器轴线的交点，探测器可在此平面内绕交点旋转。因此只有那些法线在此平面内的晶面族才可能通过样品和探测器的旋转在适当位置发生衍射并被记录。如何让那些法线不在赤道平面内的晶面族也会发生衍射并能被记录呢？解决办法是让晶体作三维旋转，就有可能将那些不在赤道平面内的晶面族法线转到赤道平面内，让其发生衍射，四圆单晶衍射仪正是按此要求设计的。

四圆单晶衍射仪的构造示意如图 2-5 所示，其核心为一个尤拉环，其轴线即为测角仪的轴。单晶试样置于载晶头上，需要调整试样到尤拉环的中心，同时也在测角仪轴上。试样可以绕载晶头的轴线旋转（ϕ），整个载晶头可在尤拉环内绕环心旋转（χ），而整个尤拉环还可以绕测角仪轴旋转（ω）。这三个旋转可将空间任一方向的衍射线转到赤道平面内，即入射光和探测器轴线构成的平面内。入射光与探测器轴线的交点与尤拉环的中心相重合，也即单晶试样的位置。探测器可在赤道平面内绕交点旋转，此为第四圆 2θ，故可顺序记录下所有的衍射数据。此种转动和记录方式比较复杂，通常使用计算机进行控制。

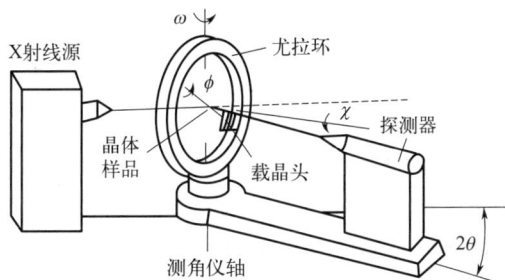

图 2-5 四圆单晶衍射仪结构

四圆单晶衍射仪的组成包括 X 射线发生装置、四圆测角仪、探测器和计算机控制系统。四圆单晶衍射仪的每个圆都由一个独立的步进电机带动运转，通过计算机控制系统控制，调整晶体坐标轴和入射 X 射线的相对取向以及 X 射线探测器的位置，使各个晶面满足衍射条件产生衍射，并记录它们的强度。

（1） X 射线发生装置

X 射线发生装置是为了提供稳定的特征 X 射线，以满足分析工作的要求。初期多使用封闭 X 射线管，而随着转靶 X 射线发生器的研发，亮度高出传统 X 射线管一个数量级的光源得以面世，故后来的设备中多使用转靶 X 射线发生器。

（2） 四圆测角仪

四圆测角仪是四圆单晶衍射仪的核心部件。它具有加工精度高并且旋转轴相交于同一点的四个圆，这是保证强度数据准确性的关键。

测角仪由 4 个圆组成，它们分别是 ϕ 圆、χ 圆、ω 圆和 2θ 圆。ϕ 圆是载晶头绕晶轴自转的圆，即载晶头可在这个圆上运动。χ 圆是安放载晶头的垂直大圆（尤拉环），其轴是水平方向的。ω 圆是使尤拉环垂直转动的圆，也就是晶体绕垂直轴转动的圆。2θ 圆是与 ω 圆同轴并带动计数器转动的圆。

ϕ 圆和 χ 圆的作用是调节晶体的取向，把晶体中某一组晶面转到适当的位置，以使其衍射线处于水平面上。ω 圆和 2θ 圆的作用是使晶体旋转到能使该晶面产生衍射的位置，并使衍射线进入计数器。

4 个圆共有 3 个轴。这 3 个轴与入射 X 射线在空间交于一点。对于商用的四圆衍射仪，其交点的误差在 $20\mu m$ 以内，晶体安放在这 3 个轴的交点上。由高稳定的 X 射线发生器发出的 X 射线照射样品后进入测角仪，按测角仪中限制光路的安排，测得样品在衍射角的光子计数。测角仪的运动由步进电机驱动。仪器在工作过程中，通过四个圆的配合，将晶体的倒易点阵结点旋转到衍射平面并与反射球相交，通过探测器检测到所有衍射点的衍射角和强度。

测角仪的坐标系是以 4 个圆的旋转轴的交点为原点的右手坐标系，通常，坐标系的取向是：ω 圆和 2θ 圆的共同轴线为 z 轴；入射 X 射线的方向为 y 轴；按右手定则，$2\theta = 90°$ 的方向为 x 轴。

（3）探测器

在 X 射线衍射仪中，X 射线不能直接测量，必须把 X 射线的强度转换成可测量的电信号，然后经过计数器转换成可以记录的数字量。探测器就是用来测量 X 射线强度的装置。

（4）计算机控制系统

除四圆测角仪外，计算机控制系统也非常重要，其作用主要是控制仪器运转以及进行结晶学数据的计算。控制系统能够引导用户以最少量的用户输入和最大量的图形反馈来完成整个的实验，使用户能够集中注意于眼前的结构测定，而不要求具备太多仪器几何原理或数据收集策略的知识。

2.1.2 多晶衍射分析方法

用单色 X 射线照射多晶体或粉末试样的衍射方法是应用范围较广的衍射方法。若用照相底片来记录衍射图，则称为粉末照相法，简称粉末法或粉晶法；若用计数器来记录衍射图，则称为粉晶衍射仪法，也叫粉末或多晶衍射仪法。这些方法可用来进行物相定性、定量分析，测定晶体结构、晶粒大小及应力状态，还可用来精密测定晶格常数等。

2.1.2.1 粉末或多晶衍射原理

所谓粉末试样是指用物理方法（锉刀、研钵等）将待分析的物质粉碎成粉末状的小颗粒，然后采用黏结剂黏合或压制等办法制成的试样；而多晶体的试样一般是指由大量小单晶体聚合而成的样品，例如一般的陶瓷、金属丝、金属板等都是多晶体。多晶体试样中，若小晶体以完全杂乱无章的方式聚合起来，则称之为理想的无择优取向的多晶体。若小晶体聚合成多晶体时，沿某些晶向排列的小晶粒比较多或很多，则称该多晶体是有择优取向的。择优取向又称为织构。在轧制的硅钢片和金属丝中，常有择优取向存在。在本节中无特别说明，则认为多晶体是无织构的理想多晶体。

试样由大量（无限多）随机取向的小晶粒组成。由于某一指数晶面在空间占有不同的方位，单色 X 射线照射在试样上的情况与运动的单晶体相似，可获得衍射花样，衍射形成圆锥面。粉末法是X射线衍射分析中最常用的方法,可用于物相的定性和定量分析、测定点阵常数、测定晶粒大小等。以德拜-谢乐法最经典,以衍射仪法最常用,应用最广。

粉末试样或多晶体试样从X射线衍射的观点来看,实际上相当于一个单晶体绕空间各个方向作任意旋转的情况。因此,当一束单色X射线照射到试样上时,对每一族晶面(hkl)而言,总有某些小晶体,其(hkl)晶面族与入射线的方位角θ正好满足布拉格条件而能产生反射。由于试样中小晶粒的数目很多,满足布拉格条件的晶面族(hkl)也很多,它们与入射线的方位角都是θ,从而可以想象成是由其中的一个晶面以入射线为轴旋转而得到的。于是可以看出它们的反射线将分布在一个以入射线为轴、以衍射角2θ为半顶角的圆锥面上,见图2-6(a)。不同晶面族的衍射角不同,衍射线所在的圆锥的半顶角也就不同。各个不同晶面族的衍射线将共同构成一系列以入射线为轴的同顶点的圆锥,如图2-6(b)所示。

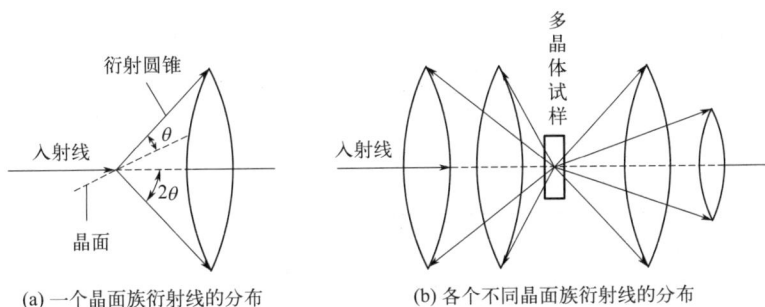

(a) 一个晶面族衍射线的分布　　　　　(b) 各个不同晶面族衍射线的分布

图 2-6　粉末产生衍射情况及其衍射线分布

如果使粉晶衍射仪的探测器以一定的角度绕样品旋转,则可接收到粉晶中不同面网、不同取向的全部衍射线,获得相应的衍射谱图。

2.1.2.2　德拜法

德拜法又称为德拜-谢乐法。德拜法使用的是圆筒形照相机,其结构如图2-7所示。所用的试样是直径为0.3~0.8mm的多晶丝,或是粉末加黏结剂等制成的细棒。试样安装在照相机中心轴的试样夹头上。调节试样夹头的定位螺丝,可以使试样的位置与圆筒形相机的中心轴线严格重合。另外,还安装有特殊装置,可使试样在拍摄过程中一直在相机的中心轴线上转动。这样可以增加参与衍射的晶粒数,使衍射线条均匀连续。沿着圆筒形相机的直径方向,有一入射光阑与出射光阑,入射X射线经过光阑准直以后,照射到试样上,有部分则穿过试样到达出射光阑,经荧光屏后被铅玻璃吸收,照相机盖紧后,可以完全不让可见光进入。

X射线底片切成长条状,紧靠照相机的圆筒形壁安装。通常有三种不同的装片法,即正装法、反装法和不对称法,如图2-8所示。其中不对称装片法较好,在测量计算衍射角时,可避免因相机半径测量不准和底片伸缩引起的误差。此外,对大口径照相机,还有采用半分式装片法的。

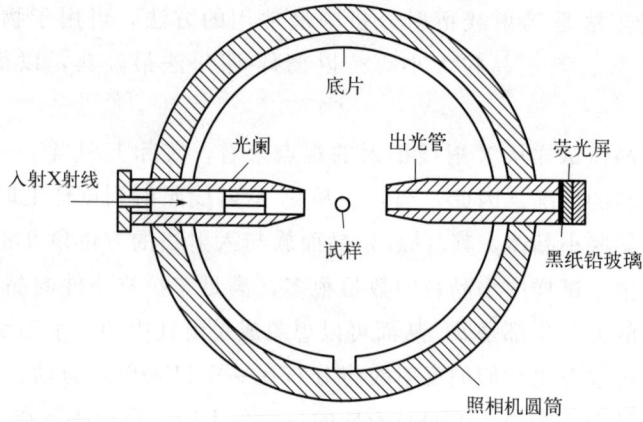

图 2-7　德拜照相机结构

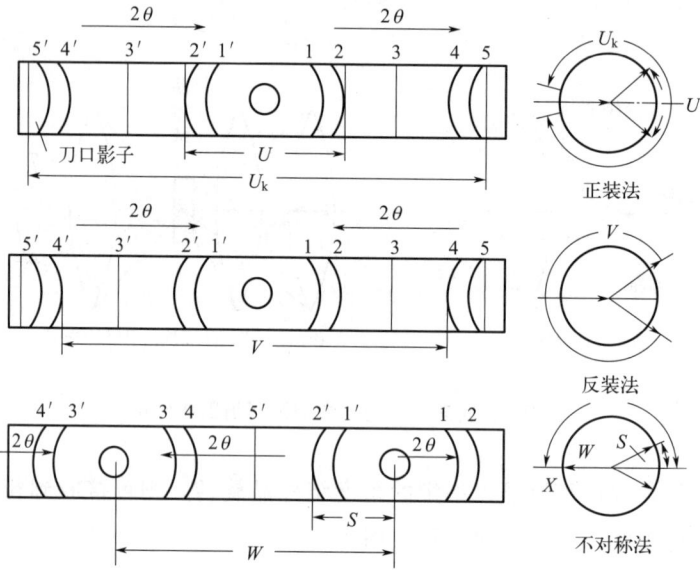

图 2-8　三种不同的底片安装方法

　　安装好底片，将相机放在相机架上，让 X 射线从射入光阑照到试样上，曝光适当的时间，然后将底片冲洗出来，就可以得到衍射照片了。

　　拍得衍射照片后，就可将照片放在合适的底片观察灯上进行测量，测量照片上相应的弧线段之间的距离，就可求出对应的衍射角，然后根据所用的 X 射线波长从布拉格方程即可算出对应的晶面间距。

　　事实上，实验过程中，照相底片在冲洗时会膨胀或收缩，照相机直径也不易测准，试样还可能装得偏离相机的轴心，这些原因都会造成角度计算的误差，采用不对称装片法可以消除这些因素造成的误差，并且不知道相机的直径也可求出 θ。

　　拍取粉末照片时，所用的单色 X 射线一般是 K_α 特征 X 射线。为了提高单色度，常用适当的滤波片来除去与 K_α 线同时产生的 K_β 谱线及连续光谱。有时为得到严格的单色X射线源，可采用晶体单色器。必须注意，选用的单色X射线波长应稍长于试样中元素的K吸收限，否则将会产生较多的荧光X射线，造成较深的背景信号，影响对衍射线的观测。此外，选用的X射线波长愈短，则出现的衍射线条愈多，使分辨率变小，导致测量计算的困难。因此X射线的波长要选择适当，使衍射线的数目不是太多，也不是太少。

粉末法中，制作试样的粉末或多晶体的晶粒都应当足够小，通常要求在$10\sim40\mu m$，可用350目筛子（孔径$44\mu m$）过筛。当晶粒太大时，受照射体积内的晶粒总数减小，满足反射条件的晶粒数也少了，放射线将呈现不连续状态，而由一些小斑点构成。为使衍射线均匀连续，在拍照过程中试样要不停地旋转。晶粒尺寸也不能太小，否则会使衍射线宽化。此外，若晶粒内部存在着的内应力或晶格缺陷较多，也会使衍射线发生宽化、漫散或位移。当试样中存在择优取向时，衍射线环强度变不均匀。

德拜法的特点是所需试样少，只要0.1mg的粉末就可进行分析。另一特点是所有从试样发出的衍射线，几乎全部都可记录在同一张底片上，便于保存。

2.1.2.3　针孔法

针孔法的实验布置完全与劳厄法相似，并且也有透射和背射两种。区别是，针孔法是用单色X射线照射粉末或多晶体试样。由于衍射图样是用与入射线垂直的平板底片来记录的，所以衍射图是由一系列同心圆组成的。

针孔法主要用来测定多晶板材或丝材的择优取向、晶粒大小，还可用来精密测定晶格常数等。薄的试样可用透射针孔法，厚的试样则用背射针孔法。

2.1.2.4　粉晶衍射仪法

在20世纪50年代之前，基本上是用照相法来进行X射线衍射分析，即以底片来记录衍射信息，但用照相法难以准确地测量衍射线的强度和线形。因而从20世纪50年代起，衍射仪法逐渐发展起来。在衍射仪中，采用可以逐个记录衍射光子的探测器。探测器每接收到一个衍射X射线光子，即把它转化成一个电脉冲，经后续电子学系统处理后输出，得到衍射图样。因此，利用衍射仪可以准确地测量衍射线的强度和线形。

近几十年来，衍射仪技术已有了很大的发展。用于测定多晶试样衍射的粉末衍射仪应用最广，已成为X射线实验室的通用仪器，也就是通常所说的X射线衍射仪。

衍射仪主要由X射线机、测角仪、探测器、记录显示系统、附属装置这五个部分构成（见图2-9）。

X射线机中有X射线管、高压变压器、管电压与管电流控制器、循环水泵等部件；测角仪包括精密的机械测角仪、光缝（指索拉狭缝、发散狭缝、防散射狭缝、接收狭缝）、样品架和探测器的转动系统等；探测器主要包括计数器及相连的电子装置；记录显示系统主要由前置放大器、线性放大器（也叫主放大器）、电脉冲高度分析器、计数率计、记录仪、定标器、打印机、绘图仪、图像显示终端、计算机处理及分析软件等组成；附属装置包括晶体单色器、高温装置和程序温度控制器等。

衍射仪工作过程大致为：X射线管发出单色X射线照射到片状试样上，所产生的衍

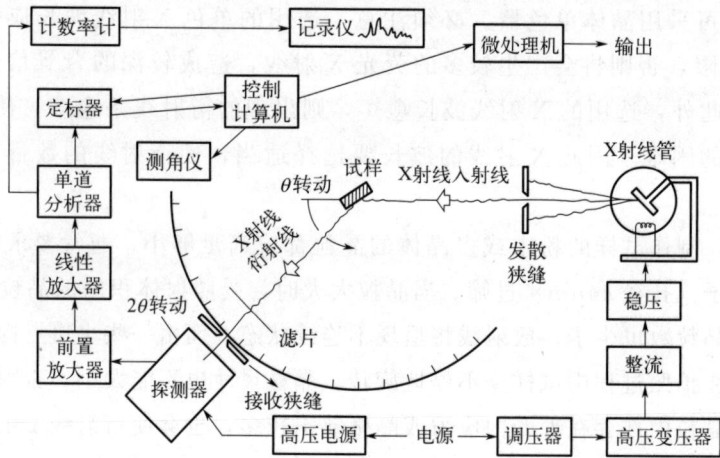

图 2-9　衍射仪结构

射线光子用辐射探测器接收，经检测电路放大处理后，在显示或记录装置上给出精确的衍射数据和谱线。这些衍射信息可作为各种 X 射线衍射分析应用的原始数据。

（1）X 射线机

X 射线机的作用是产生 X 射线，为衍射分析提供 X 射线源。其构造及工作原理已经在本章中做了详细介绍，在此不再赘述。

（2）测角仪

测角仪是衍射仪的核心，是一个精密的圆盘状机械部件。其作用是支撑试样、探测器和光路狭缝系统，使试样与探测器相关地转动并给出它们的角度位置。图 2-10 所示为衍射仪测角仪的衍射几何光路及构造（上图轴线平行于图面，下图轴线垂直于图面）。图中，O 为测角仪的轴线，Y 是片状粉晶试样，它固定在样品台上，样品台中心轴与测角仪中心轴重合，并绕此中心轴旋转。

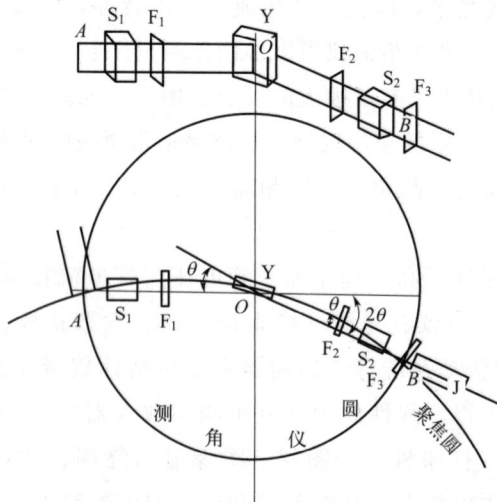

图 2-10　衍射仪测角仪的衍射几何光路及构造

　　X 射线管发出线状 X 射线源。从 A 发出的线状平行光，发散地射向试样。由试样反射形成的衍射光束，在焦点 B 处聚焦后射入辐射探测器 J 中。以 O 点为圆心、OA 为半径所作的圆称为测角仪圆，由 A、O、B 三点所决定的圆则为聚焦圆。

　　S_1 和 S_2 为索拉狭缝，由一组等间距相互平行的金属薄片组成，分别用来限制入射线和衍射线垂直方向的发散度。

　　F_1 为发散狭缝（DS）：用于限制 X 射线水平方向的发散度。

　　F_2 为防散射狭缝（SS）：用于防止空气散射等非试样散射 X 射线进入计数器。

　　F_3 为接收狭缝（RS）：用于控制进入辐射探测器的衍射线宽度。

　　防散射狭缝、索拉狭缝、接收狭缝及辐射探测器一同安装在可绕轴旋转的转臂上，其转过的角度可由测角仪上的刻度盘读出。衍射仪中样品台与转臂上的探测器始终以 1：2 的角速度同步旋转，如果事先调好测角仪，使入射线、试样表面、探测器成一条直线，则随样品台的旋转，入射线与试样表面的交角及衍射线与透射线的交角在任何时候始终能保持 θ：2θ 的关系。当试样与探测器按 θ：2θ 关系连续转动，则衍射仪就自动描绘出衍射强度随 2θ 变化的图形，如图 2-11 所示。

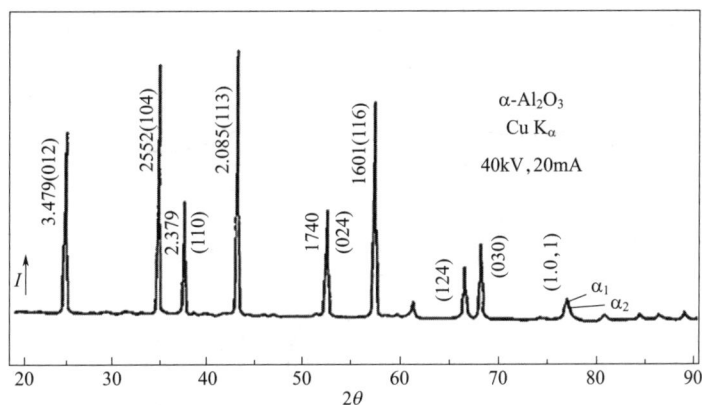

图 2-11　α-Al_2O_3 的衍射图谱

　　衍射仪是利用测角仪的聚焦原理工作的。根据平面几何可知，在一个圆中，同弧所对各圆周角相等，即 $\angle AEB = \angle AOB = \angle AFB$。若 A 点为光源，O 点为反射点，B 点为聚焦点，则此圆为聚焦圆。在聚焦圆里，光源、反射点、聚焦点均在同一圆上，这就是聚焦几何原理（见图 2-12）。从聚焦圆可见，当入射线与反射面交角为 θ，则透射线与衍射线交角为 2θ。如果试样表面与圆弧 EOF 相切，则在试样各处产生的 2θ 角衍射线束都可被探测器接收。

　　在衍射仪中，测角仪中样品台在转动，因而使聚焦圆也在变动，聚焦圆半径 r 随 θ 增大而减小（见图 2-13），其定量关系为

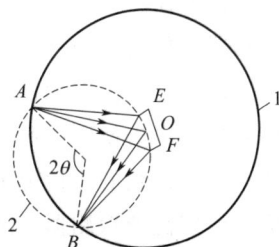

图 2-12　测角仪的聚焦几何原理

1—测角仪圆；2—聚焦圆

$$r = R/(2\sin\theta) \tag{2-3}$$

式中，R 为测角仪圆半径；r 为聚焦圆半径。

当 $\theta = 0°$ 时，A、O、B 三点在一直线上，$r = \infty$；随着 θ 的逐步增大，r 则逐步减小；当 $\theta = 90°$ 时，r 达最小值，此时，$r = R/2$。由此可见，如果要求精确聚焦，必须使试样表面在运转过程中始终与聚焦圆相切，使试样表面与聚焦圆有同一曲率。衍射仪之所以采用平板试样，目的就在于尽可能使试样满足聚焦原理，并使探测器在短暂的扫描行程中接收到更多的衍射线束，增强衍射线的强度，提高测量的准确性。但是，试样在接收入射 X 射线时，表面层和内层的晶粒产生的衍射线并不严格聚焦在同一点上。所以，要使衍射线都能精确聚焦，一方面要求平板试样与聚焦圆相切，另一方面用各种狭缝限制入射线和衍射线的发散度，则平板试样上各处产生的 2θ 衍射线基本上聚焦于 B 点，并具有一定的强度。

从聚焦圆与测角仪圆关系可见：当 θ 角小时，聚焦效果较好；随 θ 角增大，试样与聚焦圆相切程度下降，聚焦效果也下降，所以应重视 2θ 角小的衍射线。

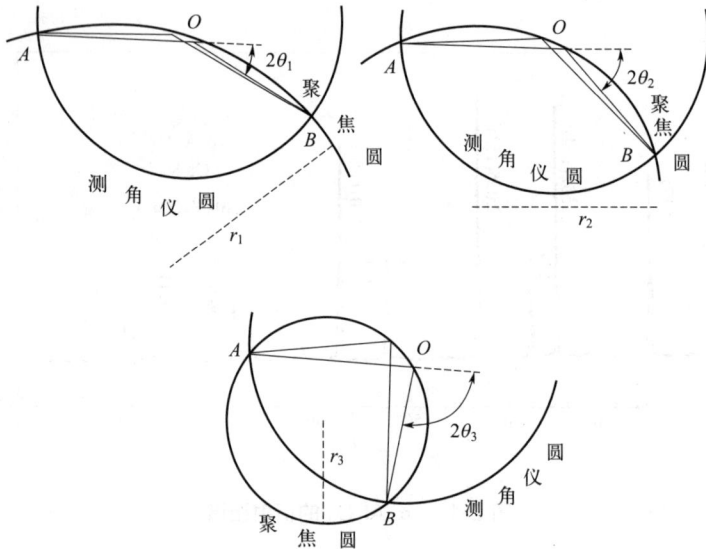

图 2-13　聚焦圆半径随 θ 的变化

(3) 探测器

探测器的作用是探测 X 射线并将接收到的 X 射线光子转变为电脉冲，是衍射仪中不可或缺的部件之一。探测器可以通过电子电路直接记录衍射的光子数，使用非常方便，已经全面取代了早先使用的照相底片的记录方法。最初的探测器是盖革计数器，但它的时间分辨率不高，计数的线性范围不大。后来，正比计数器和闪烁计数器取代了盖革计数器，成为应用最广泛的探测器。随着实验要求的提高，近几十年又发展出半导体探测器、固体探测器、阵列探测器和位置灵敏探测器等新型探测器。下面分别对部分探测器进行介绍。

① 正比计数器和盖革计数器　它们都属于充气计数管，是利用 X 射线能使气体电离

的特性来进行工作的。图 2-14 为正比计数器和盖革计数器的结构示意图。计数器的外壳一般是玻璃的，其内充有氩气、氪气等惰性气体，由一个圆筒形金属套管（阴极）和一根与圆筒同轴的细金属丝（阳极）构成。圆筒的一端用一层对 X 射线透明的材料（云母或玻片）封住，作为计数器的窗口。如果在阴阳极之间加上 600～900V 的电压，它就构成了正比计数器。图 2-15 表示气体放大倍数随计数器电压的变化情况。当电压一定时，正比计数器所产生的脉冲大小与被吸收的 X 射线光子的能量成正比。例如，如果吸收一个 Cu K_α 光子（$h\nu=9000eV$），则产生一个 1.0mV 的电压脉冲，而吸收一个 Mo K_α 光子（$h\nu=20000eV$）时，便产生一个 2.2mV 的电压脉冲。正比计数器是一种快速计数器，它能分辨输入速率高达 $10^6 s^{-1}$ 的分立脉冲。

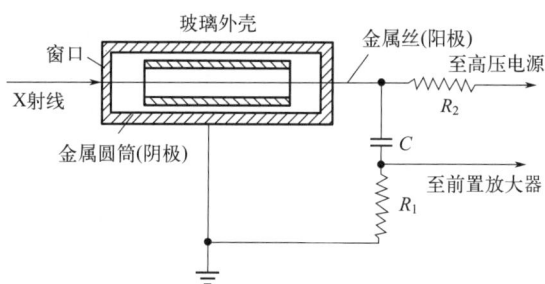

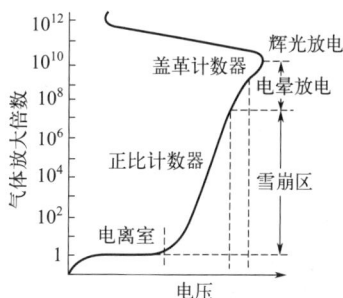

图 2-14　正比计数器和盖革计数器的结构　　　图 2-15　电压对气体放大倍数的影响

② 闪烁计数器　其是利用某些固体（磷光体）在 X 射线照射下会发出荧光的原理而制成的。图 2-16 为闪烁计数器的示意图。整个计数器装在一个密闭的套子内，以防止可见光进入。一端为约 0.3mm 厚的铍窗。当一个 X 射线光子穿透铍窗，就射入一块由铊激活的碘化钠晶体，使碘化钠晶体发出蓝色荧光。光电倍增管紧贴着晶体。由于碘化钠单晶对可见光是透明的，所以蓝光可穿过晶体及光电倍增管的玻璃壳，射到光电倍增管的光阴极上，并从光阴极上击出许多电子。光电倍增管中装有大约 10 个打拿极（倍增电极），最后还有一个阳极。从光阴极起，每个打拿极的电压逐级增高约 100V，直到阳极。因此，光阴极放出的电子射向第一个打拿极，并在第一个打拿极表面上击出更多的电子而射向第二个打拿极，如此继续下去，直到阳极。这样，射入一个 X 射线光子，就会造成大量的电子到达阳极上，因而在阳极处形成一个电流脉冲，这个过程所需的时间不到 $1\mu s$。虽然光电倍增管的电子数量倍增率可达约 10^6 个，但转变成的输出电压脉冲一般还很小，不宜用于稍长距离的传输。为此，紧接光电倍增管的阳极需要装一个前置放大器或射极输出器，把脉冲信号进行线性放大，然后再输向后续电子学系统。

③ Si(Li) 探测器（锂漂移硅探测器）　其是由锂向硅中漂移制作而成，为一类早期的半导体探测器，是利用 X 射线能在半导体中激发产生电子-空穴对的原理制成的。当 X 射线光子进入检测器后，在 Si(Li) 晶体内激发出一定数目的电子空穴对。产生一个空穴对的最低平均能量 ε 是一定的，因此由一个能量为 ΔE 的 X 射线光子造成的空穴对的数目

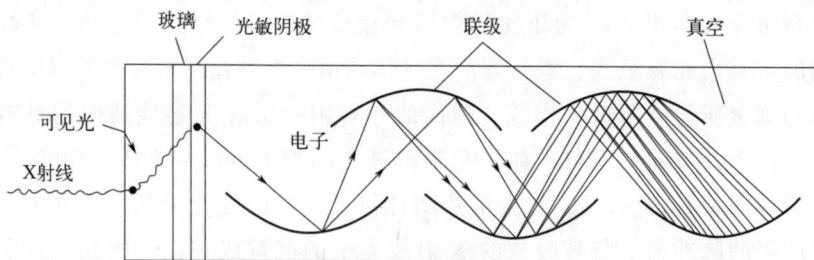

图 2-16　闪烁计数器示意

$N=\Delta E/\varepsilon$。入射 X 射线光子的能量越高，N 就越大。利用加在晶体两端的偏压收集电子空穴对，经过前置放大器转换成电流脉冲，电流脉冲的高度取决于 N 的大小。电流脉冲经过主放大器转换成电压脉冲进入多道脉冲高度分析器，脉冲高度分析器按高度把脉冲分类进行计数，这样就可以描出一张 X 射线按能量大小分布的图谱。由于 Si（Li）探测器需在低温下（$-90℃$）工作，以避免 Li 的反向迁移，保障最佳的信噪比，因此并未在衍射仪中广泛使用。

④ 探测器的性能指标　探测器的优劣常以探测效率、能量分辨率、计数损失、背底计数等来衡量。

探测效率是指输出脉冲数除以入射光子数所得的值。它与光子吸收体及窗口材料的吸收系数及厚度有关。闪烁管中，碘化钠的吸收率高，而铍窗的吸收又很小，故探测效率接近 100%。充气计数管由于其中的气体对 X 射线吸收系数小，故探测效率低，例如充氩正比计数器对 Cu K_α 和 Mo K_α 的计数效率分别只有 60% 和 10%。

能量分辨率是指探测器分辨入射光子能量的能力。由于光子转化成一次电子的过程是一个随机过程，存在着统计涨落，所以即使进入计数器的是单色 X 射线，得到的脉冲幅度（波高）也不是恒定值，而是在平均值 E 的上下有一定涨落（宽化），若用波高分析器来分析计数率与波高（即能量）的关系时，可得高斯函数型的分布曲线。设 ε 为分布曲线的半高宽，则探测器的能量分辨率 η 定义为

$$\eta=\frac{\varepsilon}{E}\times100\% \tag{2-4}$$

η 的值越小，说明探测器的能量分辨特性越好。对 Cu K_α 而言，闪烁管、正比计数器和硅（锂）探测器的能量分辨率分别为 52%、17% 和 2.7% 左右，以后者为最好，盖革管因无能量分辨率而渐趋淘汰。

背底计数是指完全没有 X 射线入射时探测器的计数，这种计数往往是由电子的热发射、热激发等引起的。闪烁管的背底计数较高，但配用波高分析器后，可控制在每秒两个以下，完全满足了衍射仪的要求。

计数损失是指漏记的多少。光子的入射时间是随机分布的，有些光子的入射时间相差很小，探测器就无法分辨，于是就产生了漏记现象。所以抗漏记性能实际上与探测器的时间分辨特性有关。盖革管的时间分辨性能最差，当计数率在 $10^3 s^{-1}$ 以上时，计数损失就比较大了。

（4）记录显示系统

记录显示系统的作用是将探测器测得的 X 射线衍射强度和测角仪测得的衍射角度记录下来，形成一张 X 射线衍射图。

从探测器来的电脉冲信号，经前置放大器和主放大器放大后，进入波高分析器，滤去过低和过高的脉冲，再进入计数率仪或定标器。计数率仪可将脉冲信号转化为正比于脉冲速率（即单位时间内的脉冲数）的直流电压。若把此直流电压输入到由电位差计构成的记录仪，就可在记录纸上描绘出 X 射线强度随时间连续变化的情况。记录纸是随探测器同步移动的，探测器的角位置也有专门装置记录在移动着的纸上，于是可得到一张描述衍射强度随衍射角连续变化情况的衍射图。

（5）附属装置

附属装置是为了达到某些特殊目的而配置的部件，例如需要测试高温下的物质结构所用的高温装置等，其中使用最多的是单色器，下面单独进行介绍。

粉晶 X 射线衍射应使用严格的单色光源，特别是作物相定量分析及薄膜、有机物等样品的小角度散射时，更是如此，所以要尽可能减小背景信号。使用滤波片可把连续谱及峰的强度降低，但使用晶体单色器效果会更好。

晶体单色器是一种 X 射线单色化装置，主要由一块单晶体构成。把单色器按一定取向位置放在入射 X 射线或衍射线光路中，当它的一组晶面满足布拉格方程时，只有一种波长发生衍射，从而得到单色光。目前，广泛使用的单色器是准单晶石墨弯晶单色器，它是由大量以六方单胞底面平行排列的小晶体构成的。该单色器除反射效率特别高外，衍射线的分布也特别均匀。单色器放在入射线光路中，可使样品产生的入射线单色化。单色器放在探测器前的衍射线束中，则可使样品产生的衍射线单色化，如图 2-17 和图 2-18 所示。

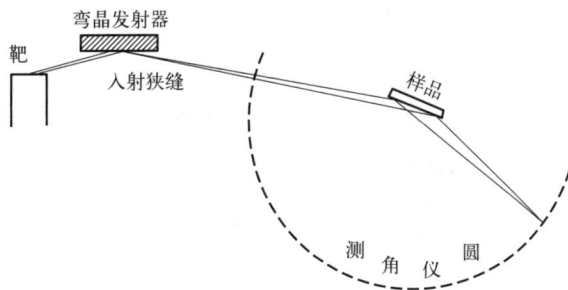

图 2-17 用单色器使入射线单色化

单色器前置可提高入射线波长的可分辨性，但从消除来自 X 射线管的杂波及消除来自样品的各种荧光 X 射线来看，单色器后置比前置好。因为可大大降低因连续谱引起的背景信号，使衍射线清晰，可进行弱峰的分析及衍射绝对强度的测量。单色器的优点是明显的，特别在微量相分析、晶体缺陷的研究及小角散射测量中都广泛使用。但加入单色器会使强度降低，这可通过使用高功率旋转阳极 X 射线发生器来弥补。

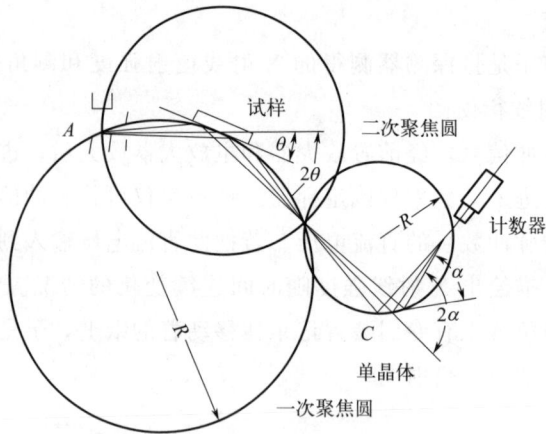

图 2-18　用单色器使衍射线单色化

2.2　X 射线衍射数据

衍射数据指代表衍射方向和衍射强度的有关数据。不同的衍射方法获得衍射数据的方式是不同的。照相法用照相底片摄取衍射谱图，经计算后获得衍射数据。衍射仪法用辐射探测器接收 X 射线衍射光子，经相关器件和计算机软件处理获取衍射谱图，直接显示代表衍射方向和衍射强度的衍射数据。

2.2.1　衍射方向

衍射方向可用布拉格角 θ、衍射角 2θ、面间距 d_{hkl} 及衍射指数 hkl 来表征。由面间距公式可知，面间距 d_{hkl} 与晶体形状及大小有关，说明衍射方向与晶胞形状、大小有关。测定晶体的衍射方向，由布拉格方程及面间距公式就可以求得晶胞的大小和形状。

衍射角 2θ 对应于所使用的 X 射线波长，波长不同，2θ 也不同，它可由实验直接测得。d_{hkl} 参数用于表明衍射是由面间距为 d_{hkl} 的衍射面产生的，对于不同波长的 X 射线，d_{hkl} 值是确定的，故在标准物相的衍射数据中用这一表示法，也是最常用的表示法。当晶体结构因故产生形变时，其面间距 d_{hkl} 将偏离原值，但衍射指数 hkl 不变，故用衍射指数 hkl 表示衍射方向是比较精确的，特别在比较不同样品同一衍射面的衍射数据时，常用衍射指数 hkl 表达。

2.2.2　衍射强度

2.2.2.1　完整晶体的衍射强度

任一晶体均可用其晶胞表示。对于无缺陷、多原子的完整晶体而言，无论其结构多么复杂，均可看成是由结构基元按相应的点阵形式排列或若干套原子（每套原子的组成及几何环境相同）按对应相同的点阵形式相互穿插而成。对于同一套原子来说，它们次生的 X

射线在满足劳厄方程或布拉格方程的 hkl 方向上总是同位相的，因而其次生的 X 射线是加强的。但是一个晶胞内各套原子散射的次生 X 射线之间就不一定是同位相的，可能发生削弱或抵消。

由于各套点阵之间相互平行且具有相同的重复周期，因此，它们各自产生衍射的条件也完全相同，都遵守布拉格方程。可见，完整晶体内部结构的复杂性并不引起衍射条件的改变，也即衍射方向不变。但是，由于原子种类不同，电子数目及分布不同，衍射能力就有所不同。另外，原子所处位置不同，它们衍射 X 射线的振幅及相位不一定相同，从而使衍射线强度有所改变。图 2-19 中两套原子面网对应的面间距是相同的，它们各自均符合布拉格方程。但两套原子面网格由于不相重合而存在一面间距，使其所产

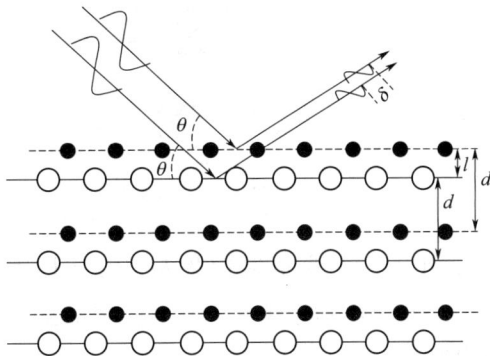

图 2-19　两套原子面网衍射波之间的干涉

生的衍射线之间存在光程差。所以，由两套原子面网格分别产生的衍射波之间相互干涉的结果将导致合成波振幅的改变，同时使衍射线强度改变。由此可见，衍射线的强度取决于所包含原子的种类及它们在晶胞中的位置。

设晶胞中有 n 个原子，其中第 j 个原子在晶胞中的坐标为 x_j、y_j、z_j，原子散射因子为 f_j。晶胞由 $\boldsymbol{a}$、$\boldsymbol{b}$、$\boldsymbol{c}$ 三个矢量确定，从晶胞原点到第 j 个原子的矢量为

$$\boldsymbol{r}_j = x_j\boldsymbol{a} + y_j\boldsymbol{b} + z_j\boldsymbol{c} \tag{2-5}$$

在某一衍射方向 hkl 中，通过原点的衍射波和通过第 j 个原子的衍射波相互间的波程差 Δ 为

$$\Delta = \boldsymbol{r}_j(\boldsymbol{S} - \boldsymbol{S}_0) \tag{2-6}$$

式中，$\boldsymbol{S}_0$ 为入射 X 射线单位矢量；$\boldsymbol{S}$ 为衍射 X 射线单位矢量。

将劳厄方程式(1-15) 整理为

$$\begin{cases} x_j\boldsymbol{a}(\boldsymbol{S} - \boldsymbol{S}_0) = hx_j\lambda \\ y_j\boldsymbol{b}(\boldsymbol{S} - \boldsymbol{S}_0) = ky_j\lambda \\ z_j\boldsymbol{c}(\boldsymbol{S} - \boldsymbol{S}_0) = lz_j\lambda \end{cases} \tag{2-7}$$

可得

$$\Delta = \lambda(hx_j + ky_j + lz_j) \tag{2-8}$$

周相差为

$$a_j = \frac{2\pi\Delta}{\lambda} = 2\pi(hx_j + ky_j + lz_j) \tag{2-9}$$

式中，λ 为波长；h、k、l 为衍射指数。考虑每个原子散射振幅（即原子散射因子 f_j）和原子的周相差，则晶胞中 n 个原子散射波互相叠加，在衍射方向上叠加而成的合成波可表示为

$$F_{hkl} = \sum_{j=1}^{n} f_j \exp\left[2\pi i(hx_j + ky_j + lz_j)\right]$$

$$= \sum_{j=1}^{n} f_j \cos 2\pi(hx_j + ky_j + lz_j)$$

$$+ \sum_{j=1}^{n} f_j \sin 2\pi(hx_j + ky_j + lz_j) \tag{2-10}$$

$$|F_{hkl}|^2 = \left[\sum_{j=1}^{n} f_j \cos 2\pi(hx_j + ky_j + lz_j)\right]^2$$

$$+ \left[\sum_{j=1}^{n} f_j \sin 2\pi(hx_j + ky_j + lz_j)\right]^2 \tag{2-11}$$

式中，F_{hkl} 为衍射指数 hkl 的结构因子，是复数，其模量 $|F_{hkl}|$ 称为结构振幅，$|F_{hkl}|^2$ 称为结构振幅平方，它代表晶胞的散射能力；f_j 为原子散射因子，代表一个原子的散射能力。

对于一般完整晶体，衍射的峰值强度与结构振幅平方成正比，即

$$I_{hkl} = K|F_{hkl}|^2 \tag{2-12}$$

$$K = f_e^2 N^2 \tag{2-13}$$

式中，N 为被 X 射线照射的晶体的晶胞数目；f_e^2 为一个电子的相干散射强度，可由汤姆孙公式给出，即

$$f_e^2 = I_e = I_0 \left(\frac{e^2}{mc^2 R}\right)^2 \frac{1 + \cos^2 2\theta}{2} \tag{2-14}$$

式中，I_e 为一个电子的衍射峰强度；I_0 为入射 X 射线强度；m 为电子质量；e 为电子电荷；c 为光速；R 为衍射线路程；θ 为布拉格角。将式（2-13）和式（2-14）代入式（2-12），则一般完整晶体衍射峰值强度公式为

$$I_{hkl} = I_0 |F_{hkl}|^2 N^2 \frac{e^4}{m^2 c^4 R^2} \frac{1 + \cos^2 2\theta}{2} \tag{2-15}$$

2.2.2.2　影响衍射强度各因子的物理意义

衍射线的强度反映了晶体物质内微观结构的信息，因此通过衍射强度的分析，能够最终完成晶体结构的分析。所以衍射强度分析是衍射分析基本理论的重要组成部分。对粉晶片状样品，在 hkl 方向衍射积分强度表达式为

$$I_{hkl} = \left(\frac{e^4}{32\pi m^2 c^4}\right)\left(\frac{I_0 \lambda^3}{R}\right)\left(|F_{hkl}|^2 P_{hkl} N^2\right)\left(\frac{1 + \cos^2 2\theta}{\sin^2 \theta \cos\theta}\right)(e^{-2M})\left(\frac{1}{2\mu}\right)V \tag{2-16}$$

式中，e 为电子电荷；m 为电子质量；c 为光速；I_0 为入射 X 射线强度；λ 为 X 射线波长；R 为衍射线的路程；N 为单位体积内的晶胞数；P_{hkl} 为多重性因子；F_{hkl} 为结构因子；θ 为布拉格角；e^{-2M} 为温度因子；μ 为线吸收系数；V 为参与衍射的体积。

由式（2-16）可见，影响实际单相粉晶的某条衍射线强度的因素是多方面的。其中，等式右边共分为 7 个部分：第 1 部分为物理常数，第 2 部分为实验常数，第 3 部分为与样

品的晶体结构有关的参数，第 4 部分为与布拉格角（掠射角 θ）有关的角因子，第 5 部分为修正原子热振动影响的温度因子，第 6 部分为导致 X 射线强度衰减的吸收因子，第 7 部分为样品中参与衍射部分的体积。了解影响衍射强度各因子的物理意义有助于对衍射强度的理解。

① 原子散射因子 f_j 和结构因子　结构因子 F_{hkl} 是指一个晶胞中所有原子散射波沿 hkl 衍射方向叠加的合成波，由式（2-10）表示。结构因子与晶胞中原子的种类（f_j）和原子的数目以及位置 x_j、y_j、z_j 有关。所以，通过结构因子的计算和测量，可以获得衍射相对强度值，也可以了解晶体的结构。

② 角因子　对粉末衍射法，$(1+\cos^2 2\theta)/(\sin^2 2\theta \cos\theta)$ 称为角因子，又称洛伦兹-偏振因子，是为修正角度因素对衍射强度的影响而引入的修正因子，是在衍射强度计算公式推导过程中，将所有与衍射角有关的项归并而成的。

晶体衍射强度方程是在假设理想晶体、入射线单色且平行的情况下推导出来的，实际上，晶体并非理想完善，入射线也并非单色平行，所以，实际衍射线并非严格布拉格方向的衍射，而是在 $\theta_{hkl} \pm \Delta\theta$ 范围内的衍射，从而引起衍射强度的偏差。另外，不同方向上原子及晶胞的散射强度及实验中某些几何因素对衍射强度的影响，都会引起衍射强度的变化。

角因子是反映衍射线强度随衍射角而变化的因素，从物理意义上来说，它反映不同方向上原子及晶胞的散射强度不同以及能参与衍射的晶粒数目的不同。

③ 温度因子　由于晶体中原子热振动引起衍射强度减弱，因此在强度计算公式中引入一个反映热振动影响因素的因子，称之为温度因子，用 e^{-2M} 表征。

实际晶体中原子（或离子）是在其平衡位置附近进行热振动，温度越高，热振动越剧烈，原子或离子偏离其平衡位置（即振动振幅）也越大，甚至可达到与衍射面间距相比拟的程度。因此这种热运动必然会对 X 射线的衍射产生显著影响，热运动使衍射线的强度减弱。这是由于晶面上原子的热振动，各原子散射的 X 射线位相不完全相同，因而使衍射强度减弱。而且衍射指数 hkl 越大，这种影响也越大。另外，热运动产生热漫散射，使背底信号加强。虽然它并不妨碍衍射强度的计算，但却对衍射图像的清晰度影响较大。热漫散射随 $\sin\theta/\lambda$ 的增加而增大。

温度因子 e^{-2M} 随 θ 增大而减小，而吸收因子随 θ 增大而增大，作用可抵消，一般只计算衍射相对强度时，可忽略两者的影响。但对于精确的 X 射线衍射分析，必须考虑温度因子 e^{-2M} 的影响。

④ 多重性因子　在粉末法中，面间距相等的晶面对应的衍射角相等，其反射可能叠加在一起，给出同一条衍射线。例如，立方晶系面间距公式为 $d = \dfrac{a}{\sqrt{h^2+k^2+l^2}}$，对应 $(\bar{1}\bar{1}\bar{1})$、$(\bar{1}11)$、$(1\bar{1}\bar{1})$、$(\bar{1}1\bar{1})$、$(11\bar{1})$、$(\bar{1}11)$、$(1\bar{1}1)$、(111) 八个面的衍射线均叠加在（111）线上，衍射强度是单一（111）衍射线强度的八倍，多重性因子为 8。所以，X 射线衍射强度正比于多重性因子 P_{hkl}。

⑤ 吸收因子　入射 X 射线通过试样时大部分被吸收。吸收程度因试样的形状和大小而异。在 X 射线粉末衍射仪中，采用计数器和平板试样，衍射强度中的吸收因子是与 θ 无关的，即对各衍射线的衰减都是近于相同的。因此，在计算相对强度时，吸收因子可略

去不用计算。

综上所述，对同一物相的同一次衍射结果，各衍射线的相对衍射强度除了 $|F_{hkl}|^2$、P_{hkl}、$(1+\cos^2 2\theta)/(\sin^2 2\theta \cos\theta)$ 和 e^{-2M} 这四项之外，其余几项是相同的或可不需计算的。在实际工作中，主要是比较衍射强度的相对变化，并不需要计算衍射强度的绝对值。如果忽略 e^{-2M}，则粉晶衍射法中的衍射相对强度可简化为

$$I_{hkl}/I_0 = (|F_{hkl}|^2)(P_{hkl})[(1+\cos^2 2\theta)/(\sin^2 2\theta \cos\theta)] \tag{2-17}$$

2.2.3　衍射数据的确定和表示

2.2.3.1　衍射线峰位的确定

衍射仪测出的衍射图上标出了强度（CPS）、2θ、d 值，而 hkl 值可从标准数据卡片或手册查出，也可通过衍射指数指标化的计算求出。对于某些特殊峰形的衍射图，则需要准确地确定峰位，即确定衍射峰对应的 2θ 位置。下面先探讨峰位的测量，然后再分析与衍射强度有关的问题。

在衍射图上，每一条衍射线表现为一个高出背底信号的衍射峰。由于入射 X 射线及衍射线有一定的分散度，再加上样品的结晶程度等因素的影响，致使在有的衍射图上衍射峰并不全都呈现狭窄且尖锐的峰形，而是有相当的宽度，且两边往往是不对称或不完全对称的。又由于衍射仪测量若出现误差，或衍射图上没有标出峰位，或需要进行结构计算时，则应重新测量或考虑用以下方法来确定峰位。

① 峰巅法　以峰顶 P_m 所对应的 2θ 值作为衍射峰的峰位（见图 2-20），即过峰顶 P_m 作直线，对应的 2θ 值则为所求。

② 交点法　以峰两侧（最近于直线处）切线的交点 P_i 所对应的 2θ 值作为峰位，即过峰两侧切线交点 P_i 作垂线，对应的 2θ 值则为所求。

③ 弦中法　以半高宽（背底线以上衍射峰高度一半处的峰宽）或 2/3 高宽、3/4 高宽……的中点（$P_{1/2}$、$P_{2/3}$、$P_{3/4}$……）连线的延长线与峰的交点 P_c 所对应的 2θ 值为准。

④ 中心法　以任意两弦的中点连线与峰的交点 P_c 所对应的 2θ 值作为峰位。

⑤ 重心法　以背底线以上整个衍射峰面积的重心所在的 2θ 值为准。用带有步进扫描装置及计算机的衍射仪可自动进行测量和计算。

以上几种方法中，当衍射峰对称性较好时，所得的结果应很接近。最常用的方法是峰巅法，因为较简便，但缺点是当测量出现误差（如对同一衍射峰重复进行扫描）时，峰位稍有变化。重心法则常在精确测定点阵参数时使用。

2.2.3.2　衍射强度的测定

（1）绝对强度

在衍射仪法中，探测器每秒脉冲数与衍射强度成正比，故在衍射图上标出的衍射强度为绝对强度，以 CPS 为单位。根据测量方法的不同，绝对强度可用峰高强度或积分强度来表示。

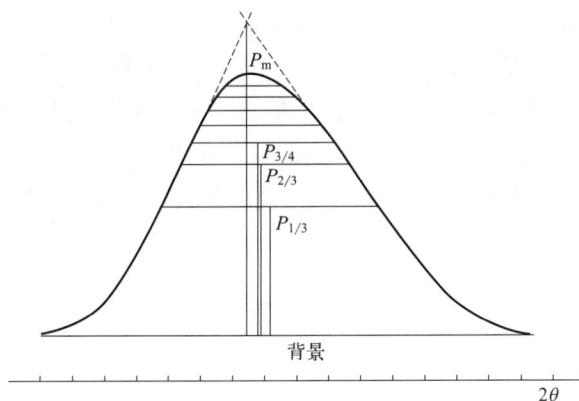

图 2-20　衍射峰的峰位（2θ 位置）确定

① 峰高强度　以减去背底信号后的峰巅高度表示衍射峰的绝对强度。峰高强度易受实验条件的影响，如当扫描速度太快，会使衍射峰变矮、拓宽并后移，从而降低了分辨率。但由于测量峰高比较简便，而物相定性分析对衍射强度要求不高，在一般的物相定性分析中，仍常用峰高强度表示绝对强度。

② 积分强度（累积强度）　以整个衍射峰在背底线以上部分的面积表示衍射峰的绝对强度。由于峰面积受实验条件的影响小，所以常用于要求衍射强度尽可能精确的物相定量分析中。

衍射峰背底的扣除，方法如图 2-21 所示，沿衍射峰两边峰谷作切线，则可分别获得峰高强度和积分强度。

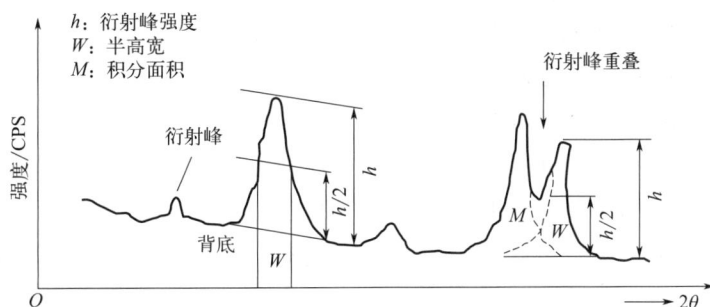

图 2-21　衍射峰去背底及衍射峰分峰

（2）相对强度

相对强度（I/I_1）可用百分制或十分制表示。对单相物质而言，相对强度是对比同一次扫描所得各衍射线绝对强度之间比值的百分率。即以最强峰的强度（I）作为 100（或 10）时，其他各衍射线对它的相对强度。

$$I/I_1 = I_i/I_{max} \times 100 \qquad (2\text{-}18)$$

此式(2-18)的最终结果取整数。例如，某物相峰高强度（CPS）分别为 7743、1651、

1275……，则对应相对强度（I/I_1）为 100、21、16……。若（I/I_1）以十分制表示时，最强衍射峰线作为 10，用罗马字母 Ⅹ 表示，其他强度值四舍五入化为小于 10 的整数，即 Ⅹ 表示相对强度在 100～95，9 表示相对强度在 94～85，8 表示相对强度在 84～75，1 表示相对强度在 14～1。偶尔出现比 10 强得多的线，则用"g"表示。

对多相物质而言，确定相对强度时，应先找出各相所对应的衍射峰，再按上述方法分别进行计算，也就是说，各峰的相对强度值是与该相最大峰值作比较而得到的。

2.2.3.3 标准衍射数据的表示

标准粉末衍射卡和索引（见第 3 章）中衍射数据的表示稍有不同。在 PDF 卡中，代表衍射方向和衍射强度的数据是分开表示的，衍射方向用 d 值和 hkl 值表示，衍射强度用衍射相对强度 I/I_1 表示，I/I_1 采用百分制。在索引中，衍射数据合并用 d_{I/I_1} 表示，I/I_1 采用十分制，如 3.30 Ⅹ 表示面间距为 3.30Å，相对强度为 10（在百分制中为 95～100）；4.275 表示面间距为 4.27Å，相对强度为 5（在百分制中为 45～54）。

思考题与练习题

1. 试从入射光束、样品形状、成像原理（埃瓦尔德图解）、衍射线记录、衍射花样、样品吸收与衍射强度（公式）、衍射装备及应用等方面比较衍射仪法与德拜法的异同点。

2. 测角仪在采集衍射图时，如果试样表面转到与入射线成 30°角，则计数器与入射线所成角度为多少？能产生衍射的晶面与试样的自由表面呈何种几何关系？

3. 简述粉末样品颗粒过大或过小对德拜花样有何影响。

4. 试总结德拜法衍射花样的背底来源，并提出防止和减少背底的措施。

5. 布拉格方程中各个参数的物理意义是什么？结合图形，阐述如何确定 X 射线衍射方向。

6. 如何通过布拉格方程和面间距公式确定晶胞的形状和大小？

7. 影响粉晶衍射强度的因子有哪些？温度因子与哪些因素有关？

8. 简述 X 射线衍射线峰位的几种确定方法。

9. X 射线衍射线中绝对强度与相对强度的物理概念是什么？它们之间有什么区别？

10. 表 2-1 为 Fe 的 X 射线衍射测量得到的角度数据，已知此次实验使用的是 Cu K_α 线，X 射线波长为 0.15418nm，Fe 属于立方晶系。（1）试依据此数据判断 Fe 的布拉菲格子类型；（2）对这些谱峰进行指标化；（3）计算 Fe 的晶格常数 a，并将计算结果和文献作比较。

表 2-1　Fe 的 X 射线衍射测量得到的角度数据

2θ /(°)	45.107	65.245	82.433	99.510	117.86	136.50
相对强度	100	15	38	10	8	3

参考文献

[1]　Ferrante L. Handbook of advanced materials testing [M]. Oxford：CRC Press，2014.

［2］　曾幸荣. 高分子近代测试分析技术［M］. 广州：华南理工大学出版社，2007.

［3］　冯端. 材料科学导论［M］. 北京：化学工业出版社，2002.

［4］　曹春娥，顾幸勇，王艳香，等. 无机材料测试技术［M］. 南昌：江西高校出版社，2011.

［5］　杨玉林，范端清，张立珠，等. 材料测试技术与分析方法［M］. 哈尔滨：哈尔滨工业大学出版社，2014.

［6］　师昌绪，李恒德，周廉. 材料科学与工程手册［M］. 北京：化学工业出版社，2004.

［7］　柯以侃，董慧茹. 分析化学手册［M］. 北京：化学工业出版社，1998.

［8］　刘粤惠，刘平安. X射线衍射分析原理与应用［M］. 北京：化学工业出版社，2003.

［9］　杨南如. 无机非金属材料测试方法［M］. 武汉：武汉工业大学出版社，1994.

［10］　潘峰，王英华，陈超. X射线衍射技术［M］. 北京：化学工业出版社，2016.

［11］　李胜利，王矜奉，张承琚. 晶体X光衍射强度与几何结构因子关系研究［J］. 四川师范大学学报（自然科学版），2001（03）：305-306.

［12］　何崇智. X射线衍射实验技术［M］. 上海：上海科学技术出版社，1988.

3

X射线衍射物相分析与应用

在材料科学工作中，经常需要知道某种材料中包含哪几种结晶物质，或是某种物质以何种结晶状态存在。一般来说，把材料中的一种结晶物质称为一个相（广义而言，一种均匀的非晶态物质也称为一个相）。因此，这类问题就称为物相分析。

物相分析并不是直接、单一的元素分析。一般元素分析侧重于组成元素的种类及其含量，并不涉及元素间的化合状态及聚集态。对元素分析可利用化学分析、光谱分析、X射线荧光光谱分析等方法。物相分析可获悉物质所含的元素，但侧重于元素间的化合状态和聚集态结构的分析。由相同元素组成的化合物，其元素聚集态结构不同，则属于不同物相。

由于X射线照射到晶体所产生的衍射具有一定的特征，可用衍射线的方向及强度来表征，而根据衍射特征来鉴定晶体物相的方法称为X射线物相分析法。

X射线物相分析的原理是：任何结晶物质都有其特定的化学组成和结构参数（包括点阵类型、晶胞大小、晶胞中质点的数目及坐标等）。当X射线通过晶体时，产生特定的衍射图形，对应一系列特定的面间距 d 和相对强度 I/I_1 值。其中 d 与晶胞形状及大小有关，I/I_1 与质点的种类及位置有关。所以，任何一种结晶物质的衍射数据 d 和 I/I_1 是其晶体结构的必然反映。

3.1 X射线物相定性分析

X射线物相定性分析是将样品和已知物相的衍射数据或图谱进行对比，一旦两者相符，则表明待测物相与已知物相是同一物相。常用的比较方法如下。

① 图谱直接对比法　直接比较待测样品和已知物相的谱图。该法可直观简便地对物相进行鉴定，但相互比较的谱图应在相同的实验条件下获取。该法比较适合于常见相及可推测相的分析。

② 数据对比法　将实测数据（2θ、d、I/I_1）与标准衍射数据比较，就可对物相进行鉴定。

③ 计算机自动检索鉴定法　建立标准物相衍射数据的数据库。将样品的实测数据输入计算机，由计算机按相应的程序进行检索。到目前为止，这种方法还在不断地完善中。

物相鉴定前，需先将已发现物相的衍射数据制成标准卡片（如国际衍射数据中心发行的

PDF卡）。每一物相都有一系列特定的衍射数据，在对物相进行鉴定时，为了迅速在几万张标准卡片中找到所需的卡片，就必须对标准卡片及相应的检索资料有所了解。

3.1.1 标准衍射数据资料简介

物相定性分析中所使用的标准衍射数据资料有粉末衍射卡以及为方便检索而编制的各种索引。

3.1.1.1 粉末衍射卡

粉末衍射卡（powder diffraction file，PDF）是1941年美国道氏化学（Dow Chemical）公司把从1938年起由哈那瓦尔特（J. D. Hanawalt）等人首创的标准衍射数据，在美国材料试验协会（ASTM）的赞助下，以3in×5in（76.2mm×127mm）的卡片形式再版并以Set 1发行。同时在ASTM、美国结晶学会、英国物理学会的共同支持下成立了用粉末衍射法进行化学分析的联合委员会。随后发行PDF的Set 2（1945年）、Set 3（1949年）、Set 4（1953年）、Set5（1955年），至此已收录了4500张卡片。1950年，鉴于卡片量的剧增，W. P. Davey设计出书本形式的检索手册。手册的每行中打印了各物相的三条最强衍射峰线、化学式及PDF编号，这就为卡片的使用提供了方便。

1969年联合委员会改名为粉末衍射标准联合委员会（The Joint Committee on Powder Diffraction Standard，JCPDS）。1978年JCPDS本部更名为国际衍射数据中心（International Center for Diffraction Data，ICDD）。将由ICDD出版的标准衍射数据卡称为ICDD卡。

直至1971年，JCPDS出版了21组卡片，已拥有21500种晶体材料的衍射数据及衍射模式。以后每年增加一组。1999年出版了第49组，每组1500～2000张不等。在众多的新卡片中，既有新物相的卡片，也有对某些旧卡片加以修正的新卡片（如 α-Al_2O_3，旧卡片号为10-173，新卡片号为37-1462）。JCPDS出版的标准衍射数据资料同时以卡片、卡集、磁盘、光盘等多种形式出版。由JCPDS出版的标准衍射数据卡称PDF卡或JCPDS卡。

PDF标准卡以衍射数据代替衍射谱图，所以，应用时只需将所测得的谱图或数据作简单的转换，就可与标准卡进行对比，而且在摄制待测图样时不必局限于使用与制作卡片时同样的波长。

PDF标准卡分为有机物和无机物两大类，每张卡片记录一个物相。卡片形式与内容如图3-1所示。

为了说明卡片的内容，可将卡片分为10个区，如图3-2所示。

PDF卡的内容分述如下：

① 区间1a、1b、1c、1d：低角区（ $2\theta < 90°$ ）的三条最强衍射峰线的面间距 d 值。1d是该物相衍射图中出现的最大面间距 d 值。

② 区间2a、2b、2c、2d：对应上述四条衍射线以百分制表示时的相对强度值。

③ 区间3列出了获得该衍射数据时的实验条件，其中：

Rad. 为所用X射线源种类，如 Cu K_{α}、Mo K_{α}；

λ 为X射线波长，单位为Å；

Filler. 为滤波片名称，注明 Mono 表示所使用晶体单色器；

	$d/\text{Å}$	Int	hkl	$d/\text{Å}$	Int	hkl
SmAlO₃ Aluminum Samarium Oxide	3.737	62	110			
	3.345	5	111			
	2.645	100	112			
Rad.Cu K$_{\alpha1}$ λ1.540598 Filler. Ge Mono d-sp	2.4948	4	003			
Guinier Cut off 3.9 Int.Densitometer I/I_{cor}.3.44	2.2549	2	211			
Ref.Wang, P., Shanghai Inst.of Ceramics,	2.1593	46	202			
Chinese Academy of Sciences, Shanghai, China,	1.8701	62	220			
ICDD Grant-in-Aid, (1994)	1.8149	6	203			
Sys.Tetragonal, S.G.	1.6727	41	222			
a 5.2876(2)b c7.4858(7)A C1.4157	1.6320	7	311			
α β γ Z4 mp Ref.Ibid	1.5265	49	312			
D_x 7.135 D_m SS/FOM F_{19}=39(.007,71)	1.3900	6	115			
	1.220	33	400			
Integrated in tensities, Prepared by heating the	1.3025	1	205			
compact powder mixture of Sm_2O_3, and Al_2O_3;	1.2462	19	333			
according to the stoichiometric ratio of SmAlO₃	1.1822	18	420			
at 1500C in molybdenum silicide-resistance	1.1677	5	421			
furnace in air for 2days.Silicon used as internal	1.1274	15	422			
standard.To replace 9-82 and 29-83.	1.1149	2	333			

图 3-1　PDF 卡片样式

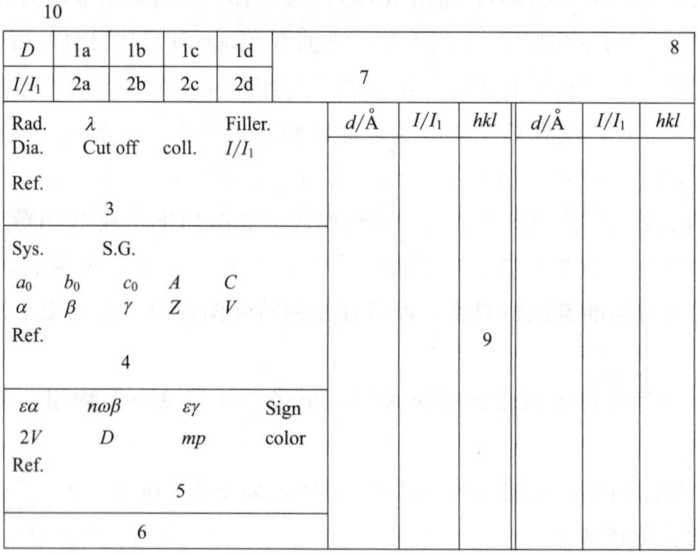

图 3-2　PDF 卡片内容区域安排

Dia. 为圆筒相机内径，注明 Guinier 表示使用纪尼叶相机；

Cut off 为所用仪器能测得的最大面间距；

I/I_1 为测量相对强度所用的方法，如 G. C. Diffractometer——盖革计数器衍射仪法，Calibraed Strip——强度标法，Visual inspection——目估法；

coll. 为光阑孔径；

I/I_{cor} 为样品最强衍射峰线 I 与刚玉（corundum）最强衍射峰线 I_{cor} 两者强度比值（样品中掺入等质量的刚玉粉），这一数据用于定量分析。

Ref. 为该区数据来源。

④ 区间 4 为物相的结晶学数据，其中：

Sys. 为晶系；

S.G. 为空间群符号；

a_0、b_0、c_0 为晶胞棱长；

A、C 为轴率，$A=a_0/b_0$，$C=c_0/b_0$；

α、β、γ 为轴角；

Z 为单位晶胞内"分子"数；

V 为单位晶胞体积；

Ref. 为该区数据来源。

⑤ 区间 5 为物相的光学及其他物理性质，其中：

$\varepsilon\alpha$、$n\omega\beta$、$\varepsilon\gamma$ 为折射率［n 为立方晶系的折射率，ε、ω 为四方、三方、六方晶系的平行光轴和垂直光轴的两个折射率；α、β、γ 为三斜、单斜、正交晶系的三个主折射率（$\alpha<\beta<\gamma$）］；

Sign 为光性符号；

$2V$ 为光轴角；

mp 为熔点；

color 为颜色，通常指偏光镜下看到的颜色；

D 为实测密度；

Ref. 为该区数据来源。

⑥ 区间 6 为样品来源、制备方式及化学分析数据等，其中除标出热处理、照相或扫描的温度之外，还标出 S.P. 为升华点；D.P. 为分解温度；T.P. 为转变点。

⑦ 区间 7 为物相的化学式和名称。对于合金以及金属的氢化物、硼化物、碳化物、氮化物、氧化物等的名称由两部分组成，第一部分是化学式，写在括弧内；第二部分由数字和大写字母组成，数字表示单位晶胞的"分子"数，大写字母代表布拉维空间格子类型，各个字母所代表的格子类型如下：

C——立方原始	B——立方体心	F——立方面心
T——四方原始	U——四方体心	R——菱方原始
H——六方原始	O——正交原始	P——正交体心
Q——正交底心	S——正交面心	M——单斜原始
N——单斜底心	Z——三斜原始	

例如（ZrO_2）12M，表示 ZrO_2 属单斜原始格子，晶胞中有 12 个"分子"。如果有两个相仅仅是具体结构不同，而其他特征均相同，则在数字后加小写字母以资区别，如（Se）32aM 和（Se）32bM。

对于具有层状结构的物相，则在其化学式或化学名称后也有诸如 2H、3R 等符号，但这些符号是表示多型的，符号中的数字代表单位晶胞内结构单元层的数目，字母表示晶系：

C——立方晶系　　　　　T——三方晶系（六方格子）

Tt——四方晶系　　　　　R——三方晶系（菱面体格子）

H——六方晶系　　　　　M——单斜晶系

O——正交晶系　　　　　Tr——三斜晶系

如果两个多型体的重复层数和晶系均相同，则在字母后加下标数字加以区别，如白云母的 $2M_1$ 和 $2M_2$。

⑧ 区间 8 为物相的化学式和矿物名或俗名。此处化学式是以点式或结构式列出，点式常被乘上适当的倍数以与区间 7 的化学式一致。矿物名加括号表示为人造矿物。有时在矿物名后附有表示多型的符号（参照区间 7 的说明）。本区右上角为表示卡片数据可靠程度的符号，其中：

★表示数据有较高的可靠性；

i 表示数据可靠性稍差，说明资料经过指标化，强度是估计的，准确性不如星号；

无符号表示数据可靠性一般；

O 表示数据可靠性较差；

C 表示数据由计算所得。

这些符号在检索手册上也标出，其含义相同。

⑨ 区间 9 为物相所有的衍射数据。包括面间距值 d，相对强度 I/I_1 值和衍射指数 hkl。在本区有时出现以下符号：

α_1——由 α_1 辐射产生的衍射线；

b——宽、弥散或模糊的线；

d——双线；

n——并非所有资料上都有的线；

nc——用所假定的晶胞不能解释的线，即并非该晶胞的线；

ni——用所给的晶胞参数不能指标化的线；

np——给定空间群所不允许的指数；

β——由于 β 线的出现或与 β 线重叠而强度不确定的线；

tr——痕迹线；

十——可能的外加指数。

⑩ 区间 10 为卡片号码。号码由中间用短横线分开的两组数据组成，前一个数据为卡片组号，后一个数据为同一组卡片的序号。如 10-173 表示第 10 组中的第 173 号卡片。如果一种物相由于衍射数据较多而需要两张卡片时，其第二张卡片在号码后加注小字母 a。对于计算的数据，在卡片上方标 "Calculated Pattern"。有的物相给出两张卡片，则第一张卡上列出峰值强度，第二张卡列出积分强度，此第二张卡的号码后加注一个大写字母 A。

单张卡片易于携带但也易丢失，所以，查找 PDF 时，应注意抽卡或放卡时要对准卡号，否则将很难在几万张卡中再找到该卡。

卡片集是将几组卡片按号码序编辑成册，如1~5组为一集，6~10组为一集，为了迅速从数万张卡片中找出所需的卡片，可使用卡片索引。随着计算机技术的发展，一般的物相鉴定可由计算机自动进行。但对于多相物质，仍需人工对结果进行鉴定。

3.1.1.2　粉末衍射卡索引

随着X射线物相分析技术的推广和发展，JCPDS编制出版的卡片越来越多。要从如此多的卡片中找出合适的卡片来核对。假如没有专门的方法是很难进行的。为此各国的晶体分析工作者想了很多办法，有的是采用编索引方法、有的是采用在卡片上打洞固定的方法，最先进的是用电子计算机自动核对卡片等。其中最普及的办法是查找索引。

粉末衍射卡索引分为"有机"和"无机"两类，每类又分为字母序索引及数字索引两种。其中，字母序索引有化学名称索引和矿物名称索引；数字索引有哈那瓦尔特（Hanawalt）索引和芬克（Fink）索引。表3-1列出几本检索手册，使用者由此可对其包括的索引有初步的了解。

表 3-1　粉末衍射卡检索手册

手册名称	出版时间
Powder Diffraction File Alphabetical Indexl Inorganic Phases	1988 年
Powder Diffraction File Search Manuall Hanawalt Methodl Inorganic Compounds	1988 年
Powder Diffraction File Search Manuall Fink Methodl Inorganic Compounds	1988 年
Powder Diffraction File Search Manuall For Common Phasesl Inorganic and organic Alphabetical · Hanawalt · Fink	1981 年
Minaeral Powder Diffraction File Search Manual Chemical Name · Hanawalt Fink · Minaeral Name	1986 年
Powder Diffraction File Alphabetical Index	1995 年
Powder Diffraction File Hanawalt Index	1995 年

3.1.2　物相定性分析方法及步骤

物相定性分析就是确定试样中所含的物相。试样中所含物相的数目不同，物相定性分析的情况也稍有不同。

如果标准数据库中有待测物相的标准数据，且待测试样能获得细而均匀的粉末及明锐而有足够强度的衍射谱，则完全可以获得成功的物相鉴定。

在进行物相鉴定时，考虑到实验误差及试样与标准试样的差异，允许实测的衍射数据与索引或卡片数据有一定的误差。要求 d 值尽量符合（误差约为±％）；相对强度误差可较大，至少变化趋势或强弱次序应尽量相符。另外，实测数据与索引或卡片标准数据对比时，应注意保持整体观念，因为并不是一条衍射线代表一个物相，而是一套特定的 "d-I/I_1" 数据才代表某一物相，因此，一般情况下，若有一条强衍射峰线完全对不上，则可以否定该物相的存在。以下分别以单一物相和多相物质为例加以说明。

3.1.2.1　单一物相分析

单一物相的鉴定方法及步骤如下。

① 计算相对强度　首先，根据试样的具体情况采取适当的制样方法，由衍射仪法获得相应的衍射图及衍射数据。因为只有一种物相，所有衍射数据均属于这一物相，故可先计算其相对强度，然后视所采用索引的种类，将衍射数据按不同的要求排列，例如用字母序索引及 Hanawalt 索引，则按强度大小排列，如用 Fink 索引，则按 d 值大小排列（详见各索引用法）。

② 确定使用索引的种类　对单一物相的鉴定，可视实际情况来选择索引。若大致可估计试样的名称或要判断某一物相是否存在时，可直接用字母序索引。

将字母序索引的三强衍射峰线数据与实测数据的三强衍射峰线核对，则可快速作出判断。当使用数字索引时，通常使用 Fink 索引比较快捷。因为实测数据以 d 值递减排列，与 Fink 索引排列比较一致，只要数据准确，所有的数据都为同一相，用 Fink 索引容易查到。

③ 查索引　根据选取的索引方法，列出数据编排，按照编排在索引中进行查询并核对数据，找到该物相的卡片号码。

④ 查卡片　根据卡片号码取出卡片，把卡片上面的数据跟待测物相的实测数据进行对比，最终确定物相。

单一物相的鉴定步骤如图 3-3 所示。

3.1.2.2　多相物质分析

多相混合物质的衍射谱图是由构成试样各相的衍射谱图叠加而成的，某一相的衍射线位置不因其他相的存在而改变。如果各相的吸收系数类似，则相对强度也不受其他相存在的影响。固溶体的衍射谱图则是以主晶相的衍射谱图为主，即与主晶相谱图相似。

由于索引或卡片列出的是同一物相的标准数据，查对的数据必须在同一物相的数据之间进行，而从多相试样实测数据中选出的数据未必是同一物相，因此，若试图从复合物相实测数据的组合、编排人手进行查对，将具有很大的盲目性。应当设法从复相数据中先查

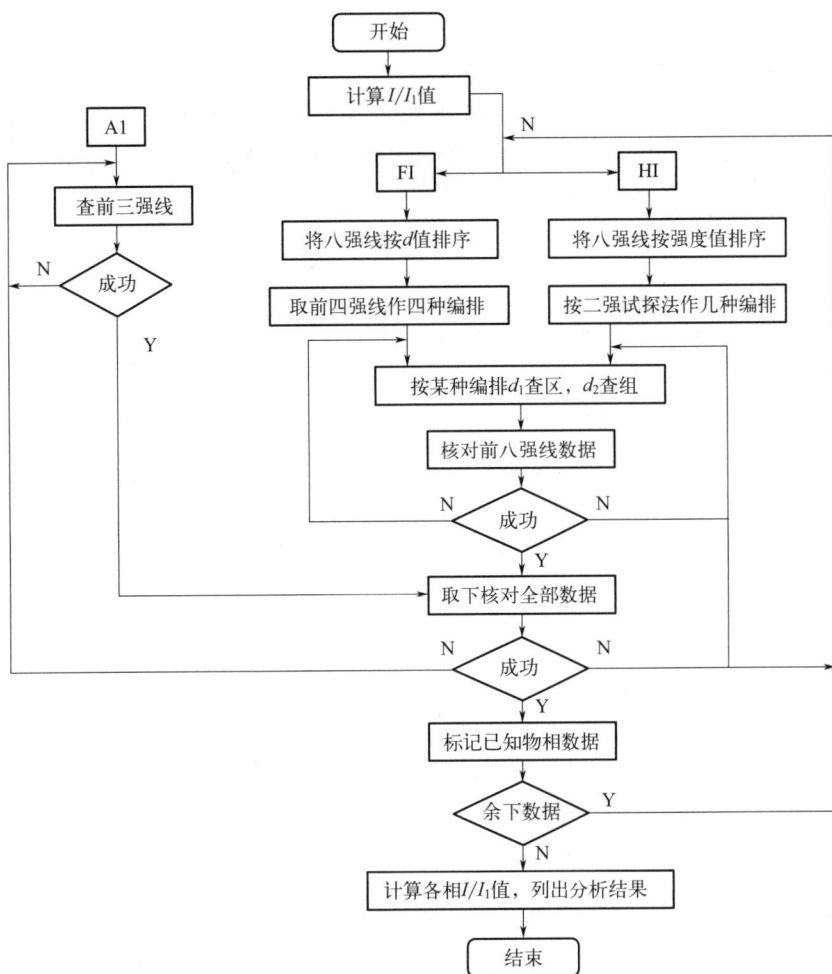

图 3-3 单一物相鉴定步骤

出一相，再对余下的数据进行查对，每查出一相就减小一个难度。直至剩下最后一相，则用单相分析的方法处理。为了能快速鉴定复合物相中的各物相，可以根据不同的情况，以先易后难的原则，逐一查出各物相。

若对样品有所了解，可先推断可能存在的物相，再试查名称索引，找出第一相。然后再查其他相。例如，在进行硅酸盐水泥熟料样品的相分析时，估计其主要物相有硅酸三钙（C_3S）、硅酸二钙（C_2S）、铝酸三钙（C_3A）。采用名称索引逐一找出它们的标准衍射数据，再与实测数据核对。

若从实测数据中看出某相的特征线，则可用名称索引找出该相的数据进行查对。例如，发现有 $d=3.34\text{Å}$ 及 4.26Å 的强衍射峰线时，就可估计有石英的存在。

若对样品不甚了解，可先了解样品的来源，再用光谱分析、化学分析或 X 射线荧光法测定待分析物相的化学成分，估计可能存在的物相，以便进行有效的检索。当使用数字索引时，可用二强组合试探法进行探查，只有当两强衍射峰线同属一相时，才可能再找出该相其他的数据作进一步核对。依次一相一相地检出，直至全部实测数据都得到解释为止。

多相物质鉴定的一般方法如下。

① 衍射强度归一化　计算出全部衍射数据的相对强度。由于多相样品实测数据包含了各物相的衍射数据，所以在多相物质鉴定前计算全部衍射数据相对强度值，并不是某一物相的相对强度值，故称为"衍射强度归一化"，其作用在于易于分辨所有衍射数据的强度分布情况，且有利于对重叠线的分析。这一点与单相物质鉴定前求 I/I_1 值是有所区别的。直到最后找出所有物相后，才分别计算各物相相对强度。

② 鉴定第一相　假如了解所测样品的化学元素、组成，可先用试探法查字母序索引，或用二强组合试探法查数字索引，找出第一种物相。

③ 妥善处理余下数据　当确定第一种物相后，标记其数据，将余下的数据重新归一化，再按单相的方法确定剩余数据对应的物相。依次，逐一确定所有的物相。在开始进行第二相、第三相……的鉴定时，应注意重叠线的问题。即若第一相与其他相的某一衍射线重叠时，则当确定了第一相后，此重叠线对应的衍射数据不可剔除，应继续留用。多相鉴定步骤可如图 3-4 所示。

如果实测数据比较准确，用 Fink 索引检索较用 Hanawalt 索引快和方便。如果所分析的是固溶体的衍射图，其数据就会和固溶体的某个端组分（主晶相）的衍射数据相似。如果所分析的是含有少量次晶相的多相物质的衍射图，则大部分衍射数据与主要物相的数据相似。用 Fink 索引可按 d 值的排序快速检索出。

3.1.3　计算机自动检索方法

从上述内容可知，X 射线物相鉴定的过程，是把待测样品的衍射数据或图谱与已有的标准数据或图谱进行对比的过程。这个过程，需要花费较多的时间和精力，且需要丰富的知识和经验，即使对有经验的工作人员来说，当碰到复杂的多相混合样品时，也会感到棘手。目前，利用计算机进行全自动检索可以解决人工检索费时、烦琐的问题。

计算机检索始于 20 世纪 60 年代。1967 年 Johnson 和 Vand（约翰逊和范特）公布了多晶粉末衍射花样的电子计算机检索程序，后被 JCPDS 所接受。1974 年，JCPDS 介绍推广了 J-V 的检索程序，随后，JCPDS 又建立了独立于检索程序的数据库。但这些程序和数据库都是在大型机上运行，实验室常用的微机无法使用这种程序和数据库。近年来，随着完全微机化的全自动射线衍射仪的逐步普及，计算机自动物相检索得到进一步的发展，而且还可自动进行定量分析、指标化、点阵常数、晶粒大小分布、小角散射等的测定工作。例如，日本理学（Rigaku）公司的 D/max-B 系列的衍射仪就使用了 6 个检索程序：

① 含 947 个相的 NBS 程序；

② 含 2716 个相的 JCPDS FEP（常用相）程序；

③ 含 3549 个相的 JCPDS 矿物索引；

④ 含 6000 个相的 JCPDS 金属和合金程序；

⑤ 含 31799 个相的 JCPDS 全部无机相程序；

⑥ 含 11378 个相的 JCPDS 有机相程序。

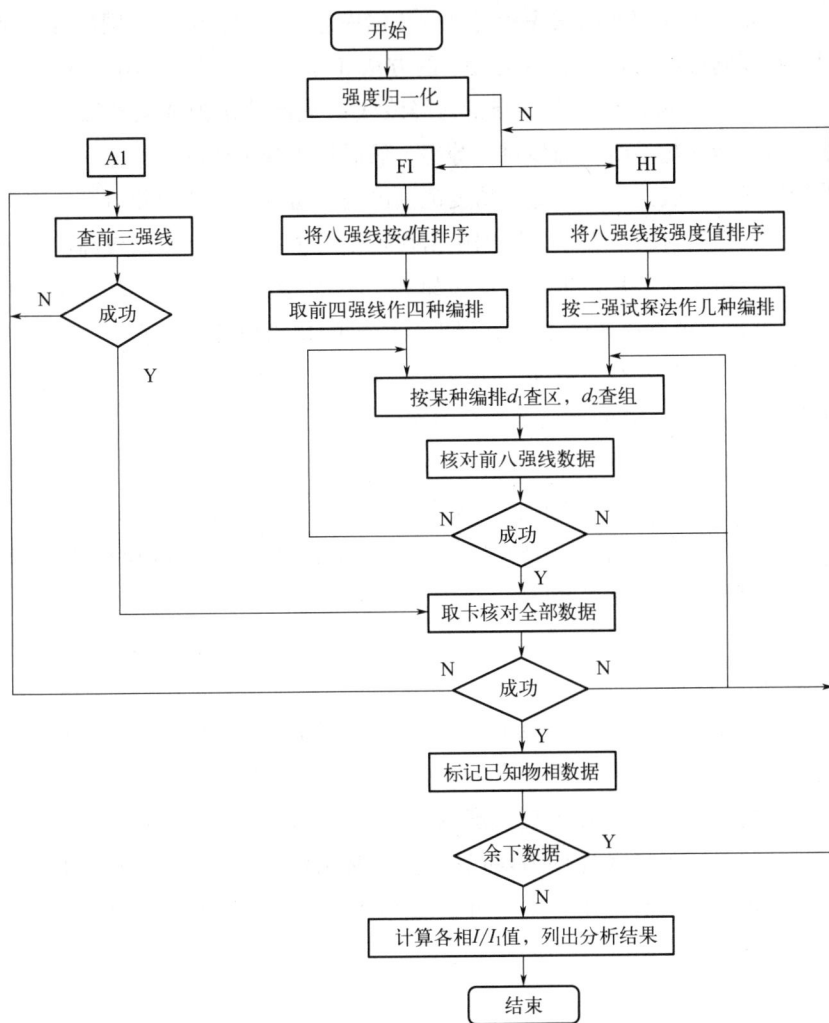

图 3-4　多相物质鉴定步骤

　　其中 JCPDS 全部无机相程序存在四片 1.2MB 的软磁盘上，检索时需要更换磁盘。我国天津南开大学测试中心、南京大学、复旦大学等单位在计算机检索、定量分析、指标化、点阵常数测定等软件开发、应用和推广方面做了大量的工作，也取得了一定的成绩。

　　计算机自动检索进行物相鉴定的原理和过程与人工检索并无差异，不同的只是由计算机来做出判断，选出最佳的配对，从而做出鉴定。

　　用计算机检索，首先要建立数据库，即把标准数据储存到计算机中去。储存的数据主要是面间距 d 值和相对强度值 I/I_1。但由于这两个数据的误差 Δd 和 $\Delta(I/I_1)$ 随 d 和 I/I_1 的变化而改变，为了使实测数据和标准数据对比时，对于不同 d 值的衍射线都有一定的误差范围，因此有些检索法不直接用 d 和 I/I_1 值建立数据库，例如 J-V 检索法是用 $1/d$ 和 $5\lg(I/I_1)$ 建库。数据库储存的其他数据还应包括与样品化学组成、名称等有关的基本信息。数据库所用的数据一般取自 JCPDS 的 PDF，因为 PDF 包括的标准数据最多且可靠性较大。

计算机检索是按事先编制的程序和建立的数据库进行对比检索。不同的程序对比检索的方法也不同。在编制程序时，先要给定检索的方法和原则。例如，是用 Hanawalt 索引的八强衍射峰线法，还是用 Fink 索引的八强衍射峰线法；是否以 d 值或其他数据匹配的好坏作为主要判据；是否考虑化学组成的核对；等等。然后将未知试样的数据输入，计算机即按一定的程序进行检索。一般是先在较低的精度范围内进行粗检，即选出相对命中率较高的系列卡片，若卡片上三强衍射峰线在试样数据中出现，则被选中。然后再以较高的精度要求，即设置各种标准、对粗选的卡片再进行对比。如 D/max-B 系列检索的 d 值误差范围，当 $2\theta = 0.2° \sim 0.3°$；强度误差范围在 40%。凡在误差范围内的物相均可能被检出，所以，初选出的可能物相会很多，应再输入有关数据（如试样化学成分、物理性质等），将物相按可靠性因子 R 值（根据 Johnson-Vand 的定义计算）的次序分类、筛选，由计算机判断实际存在的物相。最后将相对命中率较高的卡片输出，作为检中的卡片，从而对待测物相做出鉴定。由计算机检索出的物相是否与实际物相相符，最终还需靠人的经验做出最后的判断。

通常，对于简单的物相鉴定，使用字母序索引或数字索引是方便的。但对于多相试样的鉴定，使用计算机检索则具有快速、简便等优势。例如用 J-V 的检索程序，可在 2min 内对含有 6 个物相的粉晶混合试样进行检索和鉴定。所以，用计算机自动检索进行物相鉴定是今后发展的必然趋势。

为了配合计算机检索的应用，JCPDS 发行了新的粉末衍射卡版本（称 PDF-2，包含物相的单胞、晶面指数、实验条件等全部数据）及其 CD-ROM 产品，此粉晶衍射卡版本包含约 60000 个物相，可全部存入高密度的 CD-ROM 中。从 J-V 检索法后，第二代检索算法（Snyder，1981）就已经发展为现代的检索/对比软件，使用 CD-ROM 数据库，可在大约 60s 内完成物相的识别工作。2025 年，JCPDS 发行的粉末衍射卡版本已到 PDF-5＋，其包含了 1104100＋套特色衍射数据。

3.2　X射线物相定量分析

3.2.1　物相定量分析原理

X 射线物相的定量分析是用 X 射线衍射方法测定样品中各种物相的相对含量（质量分数）。例如，黏土矿物中的 $\alpha\text{-}SiO_2$ 的含量、淬火钢中奥氏体含量、$\alpha\text{-}Al_2O_3$ 粉中残余 $\gamma\text{-}Al_2O_3$ 含量的测定等。这些都不能用元素分析方法来测定。

物相定量分析原理：每种物相的衍射线强度随其相含量的增加而提高，由强度值的计算可确定物相的含量。

多相试样中各相的衍射强度随该物相的含量增加而加强，但由于各种因素的影响，并不一定成线性的正比关系。进行物相定量分析时，对强度的测试及分析精度要求较高。

3.2.1.1　单一物相的衍射线强度

在确定的实验条件下，对于一种物相的某一条衍射线而言，第 2 章给出的由衍射仪测定单相粉晶的某条衍射线强度的绝对值表达式(2-16)中的前五项可视为常数 D。再将

$C=\dfrac{D}{2}$ 代入，则式（2-16）可改写为

$$I=C\frac{V}{\mu} \tag{3-1}$$

可见，由于单相物质的线吸收系数 μ 是定值，所以衍射强度 I 与参与衍射的体积 V 成线性关系。

3.2.1.2　多相混合物中某物相的衍射线强度

多相混合物中任一物相 j 的某条衍射线的强度不仅与 j 相在混合物中的含量有关，而且与混合物各相吸收作用有关。若设多相混合试样中第 j 相参与衍射的体积为 V_j，其密度为 ρ_j，质量为 W_j，质量分数为 x_j，体积分数为 f_j。设混合试样的质量为 W，密度为 ρ，参与衍射的体积为 V，线吸收系数为 μ，质量吸收系数为 μ_m。则有

$$W_j=V_j\rho_j \tag{3-2}$$

$$x_j=\frac{W_j}{W} \tag{3-3}$$

$$f_j=\frac{V_j}{V} \tag{3-4}$$

$$\mu=\rho\mu_m \tag{3-5}$$

$$\rho=\frac{W}{V}=\frac{f_j\rho_j}{x_j} \tag{3-6}$$

将式（3-1）推广到多相物质中，则多相混合物中第 j 相的某条衍射线强度为

$$I_j=C_j\frac{f_j}{\mu} \tag{3-7}$$

式中，C_j 为试样中与第 j 相相关的常数。

式（3-7）中 I_j 是以线吸收系数 μ 和体积分数 f_j 表示的。现利用式（3-5）和式（3-6），将式（3-7）变换为以质量分数 x_j 和质量吸收系数 μ_m 表示的形式

$$I_j=\frac{C_j x_j}{\rho_j\mu_m} \tag{3-8}$$

式（3-8）是多相混合物 X 射线物相定量分析的基本公式。式中 $\dfrac{C_j}{\rho_j}$ 是 j 相某一特定衍射线的特征性常数。可见，混合物的衍射谱为混合物中各相衍射谱的权重叠加，各相的权重因子与该相在混合物中的体积或质量分数有关。μ_m 不为 j 相的质量吸收系数，而是整个待测试样的总质量吸收系数。

若试样中有 n 个相，则

$$\mu_m=\sum_{j=1}^{n}x_j\mu_{m_j}=x_j\mu_{m_j}+(1-x_j)\mu_{m\mathrm{M}}=x_j(\mu_{m_j}-\mu_{m\mathrm{M}})+\mu_{m\mathrm{M}} \tag{3-9}$$

对应

$$I_j=\frac{C_j x_j}{\rho_j\left[x_j(\mu_{m_j}-\mu_{m\mathrm{M}})+\mu_{m\mathrm{M}}\right]} \tag{3-10}$$

式中，μ_{m_j} 为 j 相的质量吸收系数；μ_{mM} 为基体（混合物中除 j 相以外的其余部分）的质量吸收系数。

若试样中只有 A、B 两相，则 $x_A + x_B = 1$，对应的有

$$I_A = \frac{C_A x_A}{\rho_A(x_A \mu_{m_A} + x_B \mu_{m_B})} \tag{3-11}$$

若 A、B 两相为同质多晶体，则 $\mu_{m_A} = \mu_{m_B} = \mu_m$，因为质量吸收系数与元素的结合状态无关，则有

$$I_A = \frac{C_A x_A}{\rho_A \mu_m} \tag{3-12}$$

此时 I_A 与 x_A 成线性关系。

对于多相混合试样而言，由于物质吸收的影响，多相物质中各相的吸收系数不同，从而使各相衍射强度 I_j 与其含量 x_j 不成线性关系。这种由于基体吸收引起 I_j 与 x_j 并不成线性的现象称为基体吸收效应，简称基体效应。

3.2.2　物相定量分析方法

基体效应给 X 射线定量分析带来了一定的困难。多相混合试样的各种定量分析方法的关键问题都是处理试样吸收的影响。通常采用实验处理或简化计算等方法解决基体效应的影响，从而在式（3-8）的基础上引出了各种定量分析方法。以下对几种常用定量方法作简要的介绍。

3.2.2.1　内标法

为了消除基体效应的影响，在试样中加入某种纯物质 s 相作为标准物质来帮助分析，以求得原试样内各物相含量的方法称为内标法。内标物应是原试样中没有的纯物质（如 $\alpha\text{-}Al_2O_3$、CaF_2 等）。在内标法中，待测相 j 相与基体 M（M 可以是单一的相，也可以由几个相组成）以及标准物 s 相共同组成一个多相混合物。

把质量为 W_s 的标准物与质量为 W_0 的原试样均匀地混合在一起，则加了标准物的混合试样中待测相 j 相和标准相 s 相的质量分数分别为

$$\begin{cases} x_j = \dfrac{W_j}{W_s + W_0} \\[3mm] x_s = \dfrac{W_s}{W_s + W_0} \end{cases} \tag{3-13}$$

则待测相 j 相在原试样中的质量分数 x_j' 为

$$x_j' = \frac{x_j}{1 - x_s} \tag{3-14}$$

在同一实验条件下，测定混合试样中 s 相和 j 相的某一条较强衍射线强度，由式（3-8）有

$$\begin{cases} I_j = C_j \dfrac{x_j}{\rho_j \mu_m} \\[3mm] I_s = C_s \dfrac{x_s}{\rho_s \mu_m} \end{cases} \tag{3-15}$$

两式相除，有

$$\frac{I_j}{I_s}=\frac{C_j\rho_s x_j}{C_s\rho_j x_s}=\frac{c'_j x_j}{c'_s x_s} \tag{3-16}$$

当规定所有待测样品都混入相同质量分数 x_s 的标准物，则 x_s 为常数，式（3-16）可变为

$$\frac{I_j}{I_s}=C_s^j x_j \tag{3-17}$$

式中，$C_s^j=\dfrac{\left(\dfrac{c'_j}{c'_s}\right)}{x_s}=\dfrac{c'_j}{c'_s x_s}$，与 s 相和 j 相的性质有关，也与所选的衍射线波长有关，还与 s 相的加入量有关。当 s 相、j 相、衍射指数 hkl、波长 λ 及 x_s 一定时，它为常数。此时 x_j 正比于 $\dfrac{I_j}{I_s}$，即相含量与强度比成直线关系。式（3-17）是内标法定量分析的实用公式。由于该式不存在 μ_m，也就排除了基体效应的影响。

应用式（3-17）时，需先求出 C_s^j 值，而 C_s^j 值可由实验测定。方法是先配一系列由固定 x_s 值的标准物 s 相和已知 x_j 值（至少三种比例）的待测相 j 相纯样组成的二元系标准混合样；在同一实验条件下，分别测定这些标准混合样中 j 相和 s 相的衍射线强度 I_j 和 I_s，然后以 $\dfrac{I_j}{I_s}$ 为纵坐标，x_j 为横坐标，绘出定标曲线（标准曲线），它应该是一条过原点的直线，直线斜率就是常数 C_s^j 的值。

测定待测试样中 j 相含量时，在试样中加入与定标时同样质量分数 x_s 的标准物 s，并以定标时同样的实验条件测定 I_j 和 I_s，然后由式（3-17）式算出 x_j 值或查定标曲线求出 x_j 值。

内标物应是对称性高、成分简单又容易制得的纯样物质，例如 α-Al_2O_3、NaCl、CaF_2 等。内标物应具有较少的衍射线、分布较为均匀，并应尽可能不与试样中其他物相的衍射线重叠，且至少有一条主要的强衍射峰线与待测相的某条主要强衍射峰线接近。测量时通常就选择这样的一对衍射线作为对比的标准。

例如，以萤石为标准物，用内标法测定碳酸盐岩中白云石、方解石和石英含量（由 Raish 提出）。具体方法如下：

① 将样品充分研磨，过 320 目筛，并缩分为 4g。

② 称 0.4g 已通过 320 目筛的纯萤石（CaF_2）粉末作为标准物，使之与未知样品均匀混合。

③ 用衍射仪法，测定各物相和标准物的一个特定衍射峰强度。所选的衍射线为：石英的 101 峰（对应 $d=3.34Å$）、萤石的 111 峰（对应 $d=3.16Å$）、方解石的 104 峰（对应 $d=3.04Å$）、白云石的 104 峰（对应 $d=2.88Å$）。当用 Cu K_α 辐射时，这四个峰的 2θ 均在 26°～31°的范围内。强度测定一般可用峰高强度，精确测定时用积分强度。

④ 分别计算每一物相和内标物的特定衍射线强度比值：$I_{白云石104}/I_{萤石111}$、$I_{石英101}/$

$I_{萤石111}$、$I_{方解石104}/I_{萤石111}$。

根据图 3-5 的标准曲线，分别直接读出白云石、石英和方解石的组分百分比。现测得 $I_{石英101}/I_{萤石111}=2.2$，查图 3-5(b) 可知，此样品中石英的最佳组分百分比为 17%，但可能在 14.5%～19.7% 范围内。再由式(3-14) 可求出石英在原试样中的组分百分比 x'_j 值。

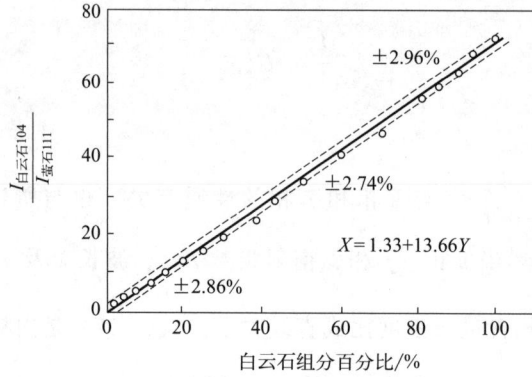

(a) 内标法的白云石-萤石标准曲线

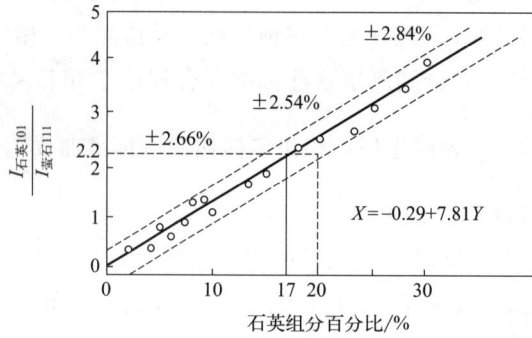

(b) 内标法的石英-萤石标准曲线

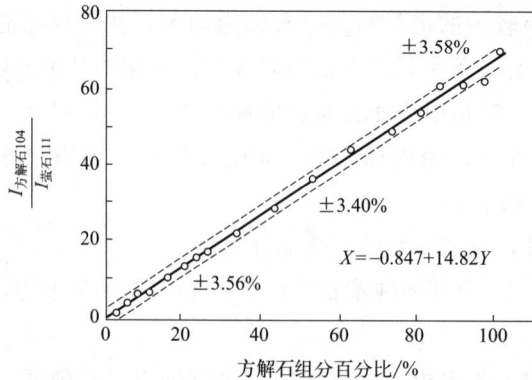

(c) 内标法的方解石-萤石标准曲线

图 3-5　内标法的标准曲线

[实线为最小二乘法的最佳拟合；两条虚线为相对于实线具有 95% 的可信范围（仿 H. D. Raish）]

　　内标法的特点是在样品中加入一定量的内标物，这使内标物在各种情况下都与样品中待测物处于同一条件下，因而它们受基体吸收、实验条件等的影响程度一般也都相同。因此，$\dfrac{I_j}{I_s}$ 值不会随样品组成或实验条件的不同而产生误差。不过在实际工作中，应尽可能使各次的实验条件相同。

　　内标法的缺点是必须根据实际情况选择内标物，而有些物质的纯样难以获取。需配置多个二元标准混合样，且内标物的加入量要严格一致。

3.2.2.2　K值法（基体清洗法）

　　F. H. Chung 对内标法加以改进，引入常数 K，所形成的定量分析法称 K 值法或基体清洗法（"清洗"掉基体效应的影响），实际上也是内标法的一种。此 K 值就是内标法中定标曲线的斜率。

　　在 K 值法中，将刚玉 $\alpha\text{-Al}_2\text{O}_3$ 作为通用内标物或称清洗剂（当样品待测物相中含 Al_2O_3 时，可考虑选其他标准物），求 K 值的方法是将式（3-16）改写为

$$\frac{I_j}{I_c} = K_c^j \frac{x_j}{x_c} \qquad K_c^j = \frac{c_j}{c_c} \tag{3-18}$$

　　式中，x_c 为刚玉的质量分数；I_c 为刚玉最强衍射峰线强度。

　　为求 K_c^j 值，需要先配一个二元系标准试样，使刚玉与待测相 j 相的纯样各以 50% 质量比混合，此时 $\dfrac{x_j}{x_c}=1$。则可得

$$K_c^j = \frac{I_j}{I_c} \tag{3-19}$$

　　将此二元系标准试样中 j 相和刚玉的最强衍射峰线代入此式，即可求出 K_c^j 值。这个 $\dfrac{I_j}{I_c}$ 值被广泛采用，且在粉末衍射标准数据卡或索引中列出，用 $\dfrac{I}{I_c}$ 表示，称为参比强度。例如，刚玉的 $\dfrac{I}{I_c}=1$，石英的 $\dfrac{I}{I_c}=3.6$。如果最强衍射峰线与其他线重叠，则可根据次强衍射峰线的强度进行换算得出。

　　对于含有 n 个相的试样，欲求 j 相的含量，可将式（3-18）写为

$$x_j = x_c \frac{I_j}{K_c^j I_c} \tag{3-20}$$

　　此式就是 K 值法定量测定物相含量的公式。x_c 为加入试样中的刚玉的质量分数，是已知的。K_c^j 为待测物相的参比强度，也是已知的。因此，只需在含刚玉的混合试样中测出 j 相及刚玉两者最强衍射峰线的强度，即可由式（3-20）求出 x_j，再由式（3-14）求出 j 相在原试样中的含量 x_j'。如果各相 x_j' 的加和值 $\Sigma x_j' < 1$，则表明试样中有非晶相或漏测的低含量相。如果定性分析的结果可靠（无漏测）时，则利用 K 值法可测定试样中非晶物质的含量。

大多数物相的参比强度 K_c^j（即 $\dfrac{I}{I_c}$）值可查阅 PDF 卡或索引，但还有许多物相的 K_c^j 值没有收录，已有的数据也只精确到小数点后一位。因此，在定量分析前，最好事先配置待测物相与刚玉等质量的标准混合样，自己测定参比强度值。

K 值法有以下特点：

① K 值法的 K_c^j 与 x_c 无关，且为一常数。

② K 值法无须绘制定标曲线。只要配置一个二元系标准试样，且内标物的质量分数 x_c 可随意，由计算就可求得 K_c^j 值。而内标法的定标曲线一般至少要测三点，即至少需配置三个试样。

③ K 值具有通用性。K 值有常数的含义，对一定的辐射条件和衍射线对来说，K_c^j 是恒定的。即一个精确测定的 K_c^j 值具有通用性，可用于任何一个多相混合物的物相定量分析，即使有非晶相的存在，也不受干扰，并可将其定量。

实际上 K 值法可看成是一种改进的内标法，既可避免基体吸收的影响，又应用简便。所以，K 值法已得到广泛应用，另外，无论是 K 值法还是内标法，制备标样或向待测样中添加标准物质时，要求粉粒充分细小（1μm 左右），混合也要充分均匀。K 值测一点即可确定，但最好用有充分厚度的试样，而且一点也要多次重复测定。

下面具体举例说明 K 值法的应用。

在由 ZnO、KCl、LiF 组成的三相混合物中，加入一定量刚玉粉作为标准物，所得实验数据和计算结果见表 3-2 和表 3-3。

表 3-2 求参比强度值的数据（据 F. H. Chung）

试样	衍射强度/CPS	参比强度 K_c^j 的计算值	JCPDS 的参比强度值
$ZnO：Al_2O_3 = 1：1$	8178：1881	4.35	4.5
$KCl：Al_2O_3 = 1：1$	4740：1223	3.88	3.9
$LiF：Al_2O_3 = 1：1$	3283：2487	1.32	1.3

表 3-3 求各物相含量的数据（据 F. H. Chung）

物相	质量/g	实际含量/%	衍射强度/CPS	混合试样中含量 x_j/%	原试样中含量 x'_j/%
ZnO			5968	41.14	50.56
KCl	3.7377	82.04	2845	21.99	27.09
LiF			810	18.40	22.33
Al_2O_3	0.8181	17.96	599		

如求 ZnO 含量时，先配 ZnO 和刚玉质量比为 1：1 的标样，测此标样中 ZnO 和刚玉的最强衍射峰线强度，得 $I_{ZnO} = 8178CPS$，$I_c = 1881CPS$。则 $K_c^j = \dfrac{8178}{1881} = 4.35$，而 JCPDS 卡或索引中 ZnO 的参比强度为 4.5。然后在原始试样中加入 0.8181g 的刚玉粉，其 $x_c = 17.96\%$。以相同的实验条件测含有刚玉粉的混合试样中 ZnO 和刚玉的最强衍射

峰线，得 $I_{ZnO}=5968CPS$，$I_c=599CPS$。把相关数值代入式(3-20)中，可求得 ZnO 在混合试样中的含量为 0.4114，再由式(3-14)可得 ZnO 在原试样中的含量为 0.5056。

由上面例子可见，K 值法除了不需配制一系列标准试样，不必绘制定标曲线之外，还因所需测定的数据是由同一次扫描过程获得的，所以使来自仪器和试样制备的误差减至最低程度。上述两例结果误差在 0.3% 以下（使用单色器和脉高分析器）。

3.2.2.3 绝热法（自清洗法）

绝热法是由 K 值法简化而来。首先考虑一个两相（设为 j 相、R 相）混合物，此时有

$$x_j + x_R = 1 \tag{3-21}$$

将式（3-15）改写为

$$\begin{cases} \dfrac{I_j}{I_c} = K_c^j \dfrac{x_j}{x_c} \\[4mm] \dfrac{I_R}{I_c} = K_c^R \dfrac{x_R}{x_c} \end{cases} \tag{3-22}$$

将两式相除，可得

$$\frac{I_j}{I_R} = \frac{K_c^j x_j}{K_c^R x_R} \tag{3-23}$$

将 $x_j = 1 - x_R$ 代入，可解得

$$\begin{cases} x_R = \dfrac{1}{1 + \dfrac{K_c^R I_j}{K_c^j I_R}} \\[6mm] x_j = \dfrac{1}{1 + \dfrac{K_c^j I_R}{K_c^R I_j}} \end{cases} \tag{3-24}$$

式中，K_c^j、K_c^R 为 j 相、R 相的参比强度；x_j、x_R 为 j 相、R 相的质量分数；I_j、I_R 为 j 相、R 相的最强衍射峰线衍射强度。

在式(3-24)中不存在与吸收因子有关的任何参数。这表明，在两相混合物中，不需另加标准物，一种物相自动地成为另一种物相的标准物；反之亦然，从而依靠自身就清除了基体效应的影响。因此，只需知道参比强度值并测出两相的衍射强度之比，就可按式(3-24)计算出它们的含量。

实际上参比强度值未知也无妨。因为由式(3-22)可知，只需配制 1∶1 等质量的两相标准混合试样（此时有 $x_j = x_R$），测定它们相应衍射线的强度比，即为两相参比强度值之比。

在物相全部为结晶相的情况下，对于一个由 n 个相组成的多相混合物而言，可以看成类似于上述两相混合物中一个是单相，另一个是 $n-1$ 个相组成的混合物，即

$$\sum_{j=1}^{n} x_j = 1 \tag{3-25}$$

则式（3-24）中分母可写为

$$1 + \frac{K_c^j}{I_j} \sum_{j=2}^{n} \frac{I_j}{K_c^j} \tag{3-26}$$

因此，对于含 n 个物相的混合物中任一 j 相而言，其质量分数 x_j 为

$$x_j = \frac{1}{1 + \frac{K_c^j}{I_j} \sum_{j=2}^{n} \frac{I_j}{K_c^j}} \tag{3-27}$$

注意，如果混合试样中有非晶相存在，则式（3-27）的关系不成立。

例如，对于表 3-4 所列的四相混合物试样（此时 Al_2O_3 不为内标物，而是作为混合物试样中的待测物相之一而存在，其含量也需测算），按式（3-27）计算，可得到 ZnO 的质量分数 $x_j = 0.4133$。类似地还可求出其余三种物相的质量分数，其结果见表 3-4。

表 3-4　用绝热法求得的四种物相含量数据

物相	参比强度 K_c^j	衍射强度 I_j/CPS	质量分数 x_j/%
ZnO	4.35	5968	41.33
KCl	3.88	2815	22.14
LiF	1.32	810	18.48
Al_2O_3	1.00	599	18.04

绝热法（自清洗法）不需添加标准物，因此它比 K 值法更简便。特别是当有的物相某条衍射线与刚玉的衍射线重叠，此时绝热法就显得更为有利。但是，如果样品中存在非晶相，则绝热法就不能使用，而 K 值法不受此限制。

3.2.2.4　计算机在定量分析中的应用

多相混合物的定量分析是繁杂费时的，应用计算机不但可节省时间，还可提高测量的精度和结果的准确性。目前，全自动 X 射线粉末衍射仪具有测量、收集、运算、处理数据，并最终给出定量分析结果的功能。

在定量分析前，先定性地扫描出试样的谱图，找出待测相衍射线的始角和终角以及适宜的分析条件。然后将待测量谱线的始角和终角按顺序输入计算机，若使用 K 值法或内标法还应将 K 值及斜率值输入。当选好实验条件后，衍射仪会自动寻找标准物质的始角和终角，并开始扫描、计数；记录仪也开始绘图；显示屏随之开始图像显示，直至扫描到终角，停止计数。然后再测量背底，并自动扣除背底得出净强度。当所有待测谱线都测完之后，按一定的计算机程序进行运算和数据处理，最后得出各物相的质量分数。

对于那些得不到纯样、需由理论计算求 K 值的物相定量分析，可通过编制有关的程序在计算机上完成。

3.3 X射线衍射分析应用

3.3.1 X射线衍射分析的主要应用

物相分析是X射线衍射分析法最常见的一种应用，除此之外，X射线衍射分析法还有其他众多的应用，已渗透到物理、化学、地质矿产、生命科学、材料科学以及各种工程技术领域之内，成为一种重要的实验手段和分析方法。如将与之密切相关的散射、干涉及吸收限精细结构分析等包括在内，则其主要应用可归纳如下。

(1) 利用布拉格衍射的峰位及强度分析的应用

① 晶体结构分析

（a）晶体结构测定；

（b）物相的定性和定量分析；

（c）相变的研究；

（d）薄膜结构分析。

② 晶体取向分析

（a）晶体取向、解理面、惯析面等的测定；

（b）晶体形变的研究；

（c）晶体生长的研究；

（d）多晶材料织构的测定和分析。

③ 点阵参数的测定

（a）固溶体组分的测定；

（b）固溶体类型的测定；

（c）固溶度的测定（测定相图中相区边界）；

（d）宏观弹性应力和弹性系数的测定；

（e）热膨胀系数的测定。

④ 衍射线形分析

（a）晶粒度和嵌镶块尺度的测定；

（b）冷加工形变研究和微观应力的测定；

（c）层错的测定；

（d）有序度的测定；

（e）点缺陷的统计分布及畸变场的测定。

(2) 利用衍衬成像及X射线干涉仪观察、分析、研究近完整及完整晶体的应用

① 动力学衍射理论的研究；

② 宏观晶体缺陷的观察、分析；

③ 单个微观晶体缺陷的观察、分析，测定Burgers矢量；

④ 晶体生长机理的研究；

⑤ 晶片弯曲度及弯曲方向的测定；

⑥ 点阵参数的高精度测定；

⑦ 折射率的测定；

⑧ 晶体结构因数的测定。

（3）利用大角度相干漫散射强度分布分析的应用

① 固溶体中原子类聚及短程序的测定；

② 时效过程的预沉淀现象研究；

③ 热漫散射的研究；

④ 非晶态物质结构及结构弛豫的测定；

⑤ 弹性系数及弹性振动谱研究。

（4）利用小角度散射强度分布分析的应用

① 回转半径的测定（测定微细粉末或微小散射区形状、尺度及分布状态）；

② 大分子分子量的测定；

③ 生物组织结构的测定；

④ 固体内部及某些表面缺陷的研究；

⑤ 纤维的研究。

（5）利用非相干散射强度分布研究的应用

① 研究原子中电子的动量分布；

② 直接测定金属的布里渊区中费米面形状；

③ 进行化学键的研究。

（6）利用吸收限精细结构分析的应用

① 测定晶态及非晶态物质的局域短程结构；

② 测定生物大分子中金属配位体的距离；

③ 表面吸附分子状态的研究；

④ 测定催化剂中金属原子的价态及配位环境。

因篇幅原因，就不一一介绍了，下面简要介绍几种较常见的应用方法。

3.3.2　X射线衍射分析的其他应用

3.3.2.1　结晶度的测定

结晶度测定常用于非晶态析出晶相的过程中，结晶完整程度及含量的测定。如果材料在热处理时析出某些晶相，并随温度的提高结晶的完整程度逐渐提高，晶相含量也不断增加，则其衍射峰会从弥散逐渐变为明锐，衍射峰的半高宽依次变窄，面间距变小。这是由于随结晶度的提高，原子的排列逐渐有序化，从而使面间距变小。所以，这样的试样可以由面间距的测定推出结晶度。结晶度的测定有以下方法。

（1）绝对结晶度的测量

绝对结晶度测量有如下两种方法。

① 纯样法　若需要测某种物质的结晶度，而且有该物质100%的晶态样品（或100%非

晶态样品）。那么可以先测出该物质纯晶态或纯非晶态整个扫描范围内的全部衍射峰的积分强度 I_{c100} 或测出纯非晶态的全部散射强度 I_{a100}。绝对结晶度可由下面的公式计算出来

$$x_c = 1 - \frac{I_a}{I_{a100}} \times 100\% \tag{3-28}$$

$$x_c = \frac{I_c}{I_{c100}} \times 100\% \tag{3-29}$$

式中，I_a、I_c 是从实测样品的衍射（散射）谱中分离出来的非晶散射强度和晶体衍射强度（各峰的积分强度之和）。

这一方法适用于从非晶态中析出化学成分不同的晶相的情况。例如，从玻璃态中析出多种微晶相，这一方法也是适用的。这种方法计算结果有 100% 纯态标样的标定，因此，计算结果精度高。

② 差异法 要得到完全非晶态或完全晶态的物质是困难的。例如，淀粉总是由多种状态的成分组成，无法将它们“炼纯”成纯非晶或纯晶体。很多有机物和高聚物都是这样。假定结晶相百分数正比于扫描范围内的衍射峰积分强度之和，非晶相百分数正比于非晶散射峰积分强度，即

$$x_c = PI_c \qquad\qquad x_a = QI_a$$

式中，P 和 Q 为常系数。两式相除且 $x_c + x_a = 1$，整理可得

$$x_c = \frac{I_c}{I_c + KI_a} \times 100\% \tag{3-30}$$

式中，$K = \dfrac{Q}{P}$。对于同一种试样来说，K 是一个常系数。

假设有两个结晶度为 x_{c_1} 和 x_{c_2} 的试样，相应的非晶度为 x_{a_1} 和 x_{a_2}。两试样的结晶度和非晶度之差为

$$\Delta x_c = x_{c_2} - x_{c_1}$$

$$\Delta x_a = x_{a_2} - x_{a_1}$$

由 $x_c = PI_c$ 和 $x_a = QI_a$，可得

$$\Delta x_c = P(I_{c_2} - I_{c_1})$$

$$\Delta x_a = Q(I_{a_2} - I_{a_1})$$

且有 $\Delta x_c = \Delta x_a$，$K = \dfrac{Q}{P}$，从而有

$$K = \frac{I_{c_2} - I_{c_1}}{I_{a_2} - I_{a_1}} \tag{3-31}$$

求出 K 值后，可代入式(3-30)计算出绝对结晶度。

(2) 相对结晶度的测量

假定从非晶态形成的晶态物质化学组成相同，没有择优取向，晶相和非晶相对 X 射

线的衍射和散射能力相同。可令式(3-30)中的 $K=1$，此时可采用简单的计算公式

$$x_c = \frac{I_c}{I_c + I_a} \qquad (3-32)$$

例如，一个样品的衍射谱中，晶体部分的衍射强度加上·非晶体的散射强度之和为100，而所有衍射峰的强度之和为75，那么结晶度为75％。这显然是一个不精确的近似。但是，如果扫描范围比较宽，样品不存在择优取向，晶相和非晶相的化学组成基本相同（对X射线的吸收系数基本相同），可以认为此方法具有相对比较意义。实际上，为求得纯晶相和纯非晶相是非常困难的，使用混合法求 K 值也不一定计算得准确。这种方法计算相对结晶度是目前普遍使用的一种方法。

3.3.2.2　微晶粒径的测定

假若晶体中没有不均匀应变等晶格缺陷存在，那么衍射线宽化纯属是由晶粒尺寸太小而引起，可以证明有下列关系

$$D_{hkl} = K \frac{\lambda}{\beta \cos\theta} \qquad (3-33)$$

式中，D_{hkl} 是垂直于 (hkl) 面方向的晶粒尺寸，Å；λ 为所用 X 射线波长；θ 为布拉格角；β 是由晶粒细化引起的衍射峰 (hkl) 的宽化，rad；K 为一常数，具体数值与宽化度 β 的定义有关。式(3-33)称为谢乐方程。若 β 取衍射峰的半高宽 $\beta_{1/2}$，则 $K=0.89$，若 β 取衍射峰的积分宽度 β_i，则 $K=1$。所谓积分宽度 β_i 是指衍射峰的积分面积（积分强度）I_i 除以峰高 I_m 所得的值，也即 $\beta_i = \dfrac{I_i}{I_m}$。

谢乐公式的适用范围是微晶的尺寸在 $10 \sim 1000$Å。用衍射仪对衍射峰宽度进行测量时，实际上还包括有仪器本身的宽化在内，为此先要用标准试样测定仪器本身的宽化，进行校正。所用的标准试样没有不均匀应变且嵌镶块尺寸足够大，所以不存在试样本身引起的衍射峰宽化的物质。一般可取过 350 目筛但不过 500 目筛的、粒度为 $25 \sim 44\mu m$ 的石英粉，经 850℃ 退火后作为标准试样。另外还要对 K_α 双线进行分离，求得 $K_{\alpha 1}$ 所产生的真实宽度，才能代入谢乐公式计算晶粒尺寸。还要注意谢乐公式所得的晶粒尺寸 D_{hkl} 是与所测衍射线的指数 (hkl) 有关的，一般可选取同一方向的两个衍射面，如 (111) 和 (222)，或 (200) 和 (400) 来测量计算，以作比较。

3.3.2.3　晶胞点阵参数的精确测定

晶胞点阵参数是晶体的重要特征参数。在一定的外界条件下，化学成分一定的大多数固态物质都具有一种稳定的晶体结构，其晶胞参数是确定的。因而可以应用衍射图进行晶体的鉴定分析，这就是前面所介绍的物相分析。但是，结构一定的结晶物质，因其化学成分的变化或所经历的外界物理化学因素的作用的差异，其晶格的晶胞参数又是可以在一定的范围内变化的。这种结构上的微小变化与晶体物理、化学性质的变化有着本质的联系，可以应用于研究晶体物质的键能、密度、热膨胀、固溶体类型和性质、固态相变、相图的相界、催化剂研究、宏观应力等，对于矿物，晶胞参数的变化可以反映其形成的地质环境、确定类质同象系列中的矿物成分，从而为地质找矿服务。

　　但是，晶胞参数的这些变化是极其微小的，一般仅为 10^{-4}Å 数量级。要反映如此微小的变化，必须进行精确测量。

　　用衍射仪法测定晶胞点阵参数的依据是衍射线的位置，即 2θ 角，在衍射花样已经指标化的情况下，可通过布拉格方程 $2d\sin\theta=\lambda$ 和面间距公式计算点阵参数。表 3-5 给出了各晶系晶面间距的计算公式。

表 3-5　各晶系晶面间距的计算公式

晶系	晶面间距计算公式
单斜	$\dfrac{1}{d^2}=\left(\dfrac{h^2}{a^2}+\dfrac{l^2}{c^2}-\dfrac{2hl\cos\beta}{ac}\right)\bigg/\sin\beta^2+\dfrac{k^2}{b^2}$
正交	$\dfrac{1}{d^2}=\dfrac{h^2}{a^2}+\dfrac{k^2}{b^2}+\dfrac{l^2}{c^2}$
六方和三方	$\dfrac{1}{d^2}=\dfrac{4}{3}\times\dfrac{h^2+hk+k^2}{a^2}+\dfrac{l^2}{c^2}$
四方	$\dfrac{1}{d^2}=\dfrac{h^2+k^2}{a^2}+\dfrac{l^2}{c^2}$
立方	$\dfrac{1}{d^2}=\dfrac{h^2+k^2+l^2}{a^2}$

　　表 3-5 中 d 表示晶面族（hkl）之间的距离，称为晶面间距；a、b、c、β 为晶胞参数。如果要精确测定晶胞参数，首先要对晶面间距测定中的系统误差进行分析。晶面间距 d 的测定准确度取决于衍射角的测定准确度，可分为两方面对此进行讨论。

（1）衍射角的测量误差 $\Delta\theta$ 与 d 值误差 Δd 的关系

　　微分布拉格方程可以得到

$$\frac{\Delta d}{d}=-\Delta\theta\cot\theta \tag{3-34}$$

　　从上式可见，对于在较高角度下产生的衍射，同样大小的 $\Delta\theta$ 值引起的 Δd 值较小，当 θ 接近 $90°$，由 $\Delta\theta$ 产生的 Δd 也趋于零（见表 3-6）。另外，较高角度衍射的衍射角对晶体 d 值的变化或差异更加敏感。所以，无论是为了精确测定晶胞参数或者是为了比较结构参数的差异或变化，原则上都应该尽可能使用高角度衍射线的数据。

表 3-6　当 $\Delta\theta=0.01°$ 时，对于不同衍射角的晶面所引入的 d 值测定的相对误差 $\Delta d/d$

$\theta/(°)$	10	20	40	60	80
$(\Delta d/d)/\%$	0.099	0.048	0.021	0.010	0.003

（2）衍射角测定中的系统误差

　　所谓精确测定包括了两方面的要求：首先测定值的精密度要高，偶然误差要小；其次要求测定值要正确，系统误差也要小，并且要进行校正。多晶衍射仪的 θ 角测定值对于尖锐并且明显的衍射线有很好的精度，可以达到 $\pm0.01°$ 的水平。衍射角测定中的系统误差有以下两方面的来源：一是物理因素带来的，如 X 射线折射的影响及波长色散的影响等；二是测量方法的几何因素产生的，如测角仪的机械零点误差及试样表面离轴误差等。前者仅在极高精确度的测定中才需要考虑，而后者引入的误差则是精确测定时必须进行校正的。

（3）精确测定晶胞参数的方法

为了精确测定晶胞参数，必须得到精确的衍射角数据。衍射角测量的系统差很复杂，通常用下述的两种方法进行处理。

① 用标准物质进行校正　现在已经有许多可以作为标准的物质，其晶胞参数都已经被十分精确地测定过。因此可以将这些物质掺入被测样品中制成试片，应用它已知的精确衍射角数据和测量得到的实验数据进行比较，便可求得扫描范围内不同衍射角区域中的 2θ 校正值。这种方法简便易行，通用性强，但其缺点是不能获得比标准物质更准确的数据。

② 外推法精确计算点阵常数　这是修正晶胞参数的方法。假定实验测量的系统误差已经为零，那么从实验的任一晶面间距数据求得的同一个晶胞参数值在实验测量误差范围内应该是相同的，但实际上每一个计算得到的晶胞参数值里都包含了由所使用的 θ 测量值系统误差所引入的误差（例如，若被测物质属立方晶系，其 θ 角测定十分准确，那么依据任何一个 θ 数据所计算的 α_0 值都应在测量误差范围之内，而与 θ 值无关，然而实际上 α_0 的计算值是与所依据的 θ 值相关的），大多数引起误差的因素在 θ 趋向 $90°$ 时其影响都趋向于零，因此可以通过解析或作图的方法外推求出接近 $90°$ 时的 θ 数据，从而利用它计算得到晶胞参数值。

3.3.2.4　宏观内应力的测定（数字内容）

3.3.2.5　织构的测定（数字内容）

思考题与练习题

1. 简述 X 射线物相定性分析的原理及常用分析方法。

2. 简述单一物相及多相物质定性分析的方法及步骤。

3. 实测数据有时出现个别衍射线的缺失，其原因可能是什么？

4. 简述 X 射线物相定量分析的原理及常用分析方法。

5. XRD 测试样品制备所遵循的原则是什么？

6. 结晶度测定的原理是什么？测定方法包含哪几种？

7. 谢乐公式中各参数的意义是什么？谢乐公式适用于微晶的尺寸范围是多少？

8. 衍射角测量过程中产生误差包括哪些方面？如何更精确地测定晶胞参数？

9. 宏观内应力测定的影响因素包括哪些？如何对宏观内应力进行分析测定？

10. 对于 Fe_3O_4 和 Fe_2O_3 混合物的衍射图样，两相最强线的强度比 $I_{Fe_3O_4}/I_{Fe_2O_3}=0.8$，借助于索引的参比强度值计算 Fe_2O_3 的相对含量。

参考文献

[1] 杨传铮.物相衍射分析［M］.北京：冶金工业出版社，1989.

[2] 南京大学地质学系矿物岩石学教研室.粉晶X射线物相分析［M］.北京：地质出版社，1980.

[3] 陆金生.X射线衍射物相定性分析的进展［J］.冶金分析与测试（冶金物理测试分册），1984（05）：54-57.

[4] 周玉.材料分析方法［M］.北京：机械工业出版社，2000.

[5] 吴万国，丁音琴，黄清明.X射线定性分析方法：哈纳瓦尔法［J］.福建分析测试，2003（04）：1876-1878.

[6] 林树智.X射线定量相分析（上）［J］.理学X射线衍射仪用户协会论文集，1990，3（2）：123-132.

[7] 林树智.X射线定量相分析（下）［J］.理学X射线衍射仪用户协会论文集，1991，4（1）：152-159.

3

电子显微分析（electron microscope analysis，EMA）是一种利用电子束代替光束来观察和分析物质微观结构的技术。由于电子的波长比可见光短得多，电子显微镜能够提供远高于光学显微镜的分辨率，使得研究者可以观察到纳米级甚至原子级的细节。电子显微分析主要包括透射电子显微镜（transmission electron microscope，TEM）和扫描电子显微镜（scanning electron microscope，SEM）两种类型。TEM 通过将高能电子束穿透样品，形成图像来研究样品的内部结构。TEM 可以提供样品的高分辨率图像，并且能够进行电子衍射分析，以确定晶体结构和相组成。SEM 则通过扫描电子束在样品表面形成图像，主要用于观察样品的表面形貌和组成。SEM 可以提供样品的三维形貌信息，并且通过 X 射线能谱分析可以获得样品的元素组成信息。电子显微分析技术广泛应用于材料科学、生物学、化学、物理学等领域。通过电子显微镜，研究者可以深入了解材料的微观结构、缺陷、晶粒大小、相组成等信息，从而为材料的设计、优化和应用提供重要的科学依据。本篇分别从电子显微学基本概念、扫描电子显微镜、透射电子显微镜、电子探针显微分析四个方面进行介绍。

第2篇　电子显微分析

4 电子显微学基本概念

4.1 电子显微镜发展简史

1925 年 Louis Victor de Broglie 首先提出电子波动性理论，认为电子波长远比可见光短，次年 Davisson 和 Germer、Thomson 和 Reid 两个研究组分别独立进行了电子衍射实验，证明了电子具有波动性，为电子显微镜的诞生奠定了理论基础。1932 年 Knoll 和 Ruska 的论文中首次使用电子显微镜这个名称，并实现了电子透镜成像的想法，在如图 4-1 所示的仪器上获得了电子图像。为此 Ruska 获得了 1986 年的诺贝尔物理学奖。当今 TEM 已经成为材料表征最有效和最常用的工具，研究的尺度范围包括原子、纳米（1nm 到 100nm）以及微米量级或者更大。

图 4-1　Ruska 和 Knoll 在柏林建造的透射电子显微镜

4.2 分辨率

显微镜一般指放大肉眼看不到的东西后进行观察的设备，最常用的是光学显微镜（visible-light microscope，VLM）。

人眼能分辨的两点间的最小距离为 0.1～0.2mm，假设有充足的照明，这个最小距离取决于我们眼睛的视力情况，这个最小距离就是眼睛的分辨率或更准确地说是分辨能力。所以，任何能给出细节好于 0.1mm 的图片（或者称之为"图像"）的设备，都可以叫作显微镜，它的最大有效放大倍数由分辨率决定。由于电子比原子小，因此，理论上可能建立一个能看到原子以下量级的显微镜。

TEM 的分辨率对不同功能的设备有不同的含义。一般用光学显微镜中经典的瑞利判据来表示 TEM 图像的分辨率。根据瑞利判据，能分辨的最小距离 δ 可近似表示为

$$\delta = \frac{0.61\lambda}{\mu\sin\beta} \tag{4-1}$$

式中，λ 为辐射波长；μ 为介质的折射率；β 为放大镜的收集半角。为简化起见，$\mu\sin\beta$ 通常被称为数值孔径，近似为单位 1，即分辨率大约等于光波长的一半。对于可见光谱中的绿光，λ 大约是 550nm。与之相比，TEM 采用高能电子作为光源，其波长在 0.001nm 量级，由式(4-1)可知 TEM 能够达到的最好分辨率会非常高$\left(近似为 1.22\frac{\lambda}{\beta}\right)$。

20 世纪初，de Broglie 的著名方程给出了电子波长 λ（nm）和能量 E（eV）之间的关系，如果忽略相对论效应，可将它近似表示为

$$\lambda = \frac{1.22}{E^{1/2}} \tag{4-2}$$

从式(4-2)可知，对于 100keV 的电子，λ 约为 4pm（0.004nm），它远小于原子的直径。

在 Ruska 早期电子透镜工作之后，相关研制工作进展很快。20 世纪 70 年代中期，许多商业的 TEM 就能分辨出晶体中的单个原子列，高分辨透射电子显微镜（HRTEM）随之诞生。图 4-2(a) 给出了一幅典型的 HRTEM 图像——尖晶石结构中的孪晶界，孪晶面为（111），白点是原子列，可以很容易地看到孪晶界处原子排列的取向改变。

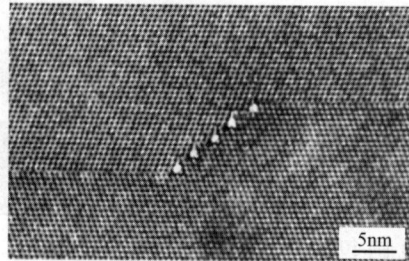

(a) HRTEM图像

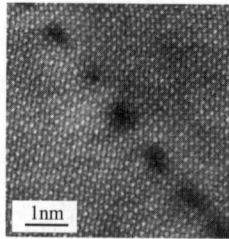

(b) 传统TEM图像　　(c) Cs-TEM图像

图 4-2　典型显微成像

近年来，球差（Cs）和色差（Cc）校正器的发展在电子显微镜领域具有里程碑的意义。引入球差和色差校正后，最大的优点是可以得到清晰的原子结构图像，对不同能量的

电子进行滤波，还可以提高较厚样品的图像质量。球差校正的图像分辨率可达到 0.1nm 以上。图 4-2(b) 和（c）分别为在传统电镜与球差（Cs）校正电镜上得到的高分辨图像，从中可以看出明显的差别。

4.3 电子的基本性质及与物质的相互作用

电子既有粒子性，又有波动性，这种波粒二象性阐明了量子物理中的一个巨大难题。事实上，和 G. I. Taylor 著名的杨氏双缝实验一样，TEM 也证明了电子具有粒子性和波动性。在杨氏双缝实验中，尽管使用了很弱的光源以至于任何时间只有一个光子通过这个仪器，但还是得到了干涉花样。透射电镜中电子束流值为 $0.1 \sim 1 \mu A$，对应大约每秒有 10^{12} 个电子通过样品平面。但是，我们会看到，对于 100keV 能量的电子，它的速度大约是 $1.6 \times 10^8 \, m/s$，所以电子之间就以约 1.6mm 的距离分开。这意味着在任何时候样品内都不会超过一个入射电子。然而电子衍射和干涉发生了，两者都属于波动现象，这意味着不同电子波之间具有相互作用。

电子是一种"电离辐照"。它能通过把一部分能量转移给样品中单个原子使内壳层电子摆脱原子核的紧束缚。

使用电离辐照的优点之一是可以产生宽范围的二次信号，如图 4-3 所示。其中许多信号都可以用在分析型电子显微镜（AEM）中，给出样品的化学信息和其他许多细节。AEM 用的是能量色散 X 射线谱（XEDS）和电子能量损失谱（EELS），例如图 4-4(a) 是图 4-4(b) 所示 TEM 样品中一个很小区域的 X 射线谱，能谱中有某些元素的特征峰，由此可确定这些区域的元素分布情况。这些谱图可以转化为定量数据来描述与微结构不均匀性相关的化学元素的变化，如图 4-4(c) 和图 4-4(d) 所示。

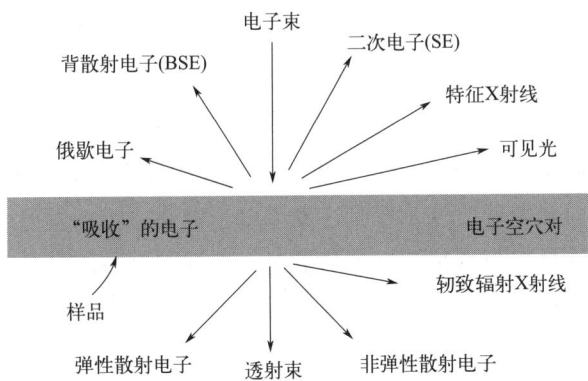

图 4-3　高能电子和薄样品相互作用时产生的各种信号

有些信号在 SEM 中应用（厚样品），大多数信号可以用在不同类型的 TEM 中。图中显示的方向并不总是代表信号的实际方向，但大体上表示了信号最强的位置或能被检测到的方向。

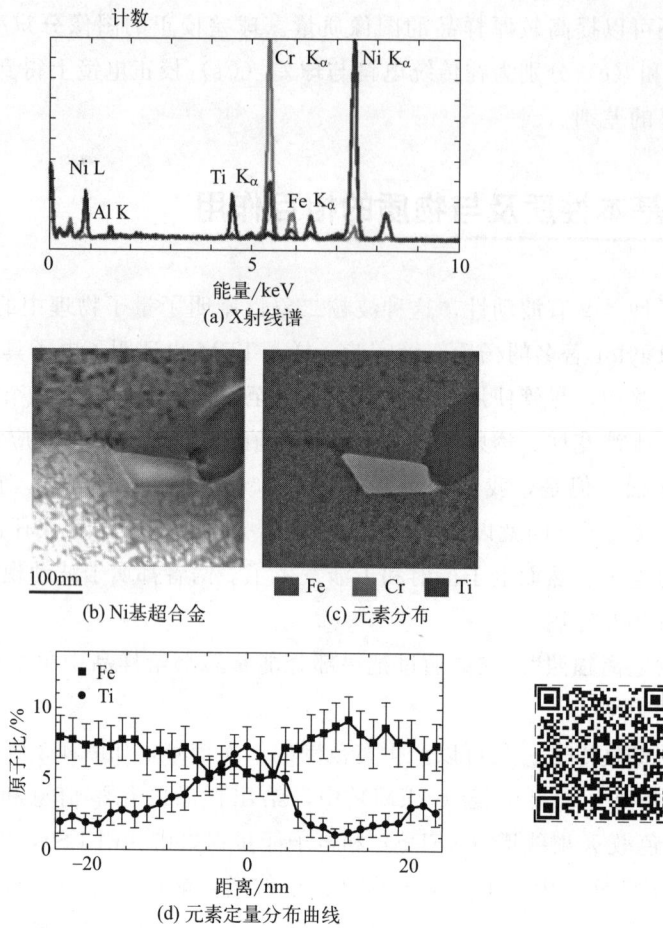

(a) X射线谱

(b) Ni基超合金　　(c) 元素分布

(d) 元素定量分布曲线

图 4-4　AEM 示例

[（a）为（b）图中 Ni 基超合金的 X 射线谱，给出 3 个不同区域内化学元素的特征峰；

（c）为各个区域的元素分布，与（a）图中不同灰度的能谱相对应；（d）为横穿

（c）图中一个小的基体析出相的元素定量分布曲线]

　　入射电子束与物质试样碰撞时，电子和组成物质的原子核以及核外电子发生相互作用，使入射电子的方向和能量改变，有时还发生电子消失、重新发射或产生别种粒子、改变物质性态等现象，这种现象统称为电子的散射。根据散射中能量是否发生变化，可将散射分为弹性散射和非弹性散射两类。如果碰撞后，电子只改变方向而无能量改变，这种散射称为弹性散射，这是电子衍射和电子衍衬像的基础。如果碰撞后，电子的方向与能量都改变了，这种散射称为非弹性散射，电子在非弹性散射中损失的能量被转变为热、光、X射线、二次电子发射等的能量。电子的非弹性散射是扫描电镜像、能谱分析、电子能量损失谱的基础。

4.3.1　电子的弹性散射

　　卢瑟福散射理论是用来解释 α 粒子散射的一种经典理论。该理论把原子核对电子的相

互作用与核外电子的相互作用看成两个完全孤立的独立过程，忽略了核外电子对核的屏蔽效应。它可近似地描述电子的弹性散射和非弹性散射过程，能定性地说明问题。

假如我们所研究的客体是一个单原子，它由带正电的原子核和带负电的核外电子组成。图 4-5 分别描述了入射电子与单个原子作用的过程。入射电子受带正电的核吸引而发生偏转，受核外电子排斥而向反方向偏转。由于电子质量与核质量相比非常小，在碰撞过程中，可以认为原子核基本固定。原子核对运动电子的吸引力服从距离平方反比定律，即核对入射电子的引力为

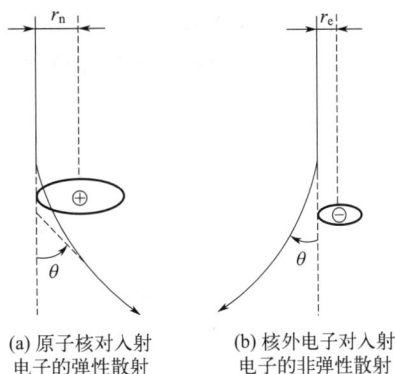

$$F_n = -\frac{Ze^2}{r_n^2} \tag{4-3}$$

(a) 原子核对入射   (b) 核外电子对入射
电子的弹性散射   电子的非弹性散射

式中，Z 是原子序数；e 是电子的基本电荷，是一常数，为 1.602×10^{-19} C。原子核对入射电子

图 4-5 原子引起电子束偏转

的散射主要是弹性散射，电子轨迹为双曲线形［如图 4-5(a) 所示］，散射角 θ 取决于入射电子与原子核的距离 r，r 越小，则散射角 θ 越大。

核外电子对电子的排斥力为

$$F_C = \frac{e^2}{r_e^2} \tag{4-4}$$

核外电子对入射电子的散射主要是非弹性散射。比较式(4-3) 和式(4-4)，可知电子在物质中的弹性散射大于非弹性散射 Z 倍，原子序数 Z 越大，弹性散射就越重要，反之，非弹性散射就越重要。

电子受到散射角大于 θ 的散射的概率为

$$\frac{dN}{N} = \frac{\pi \rho N_A e^2}{A\theta}\left(1+\frac{1}{Z}\right)\frac{Z^2}{V^2}t \tag{4-5}$$

式中，ρ 是物质的密度；N_A 是阿伏伽德罗常数；A 是原子量；V 是加速电压；Z 是原子序数；θ 是散射角；t 是试样厚度。式(4-5) 表明：试样越薄（t 越小），原子越轻（Z 越小），加速电压越高（V 越大），则电子的散射概率越小，穿透本领越大。

原子对电子的散射远较对 X 射线的强（$10^3 \sim 10^4$ 倍），故电子在物质内部的穿透深度要比 X 射线弱得多，所以透射电镜样品要求做得薄。

原子核外电子对入射电子的散射过程较复杂，当为大角度散射时，入射电子可以从试样表面反射出去，这称为背散射。

以上是电子受一个原子的散射，事实上电子受到原子集合体的散射。在弹性散射的情况下，各原子散射的电子波相互干涉，使合成电子波的强度角分辨率受到调制，称为衍射。

电子受到试样的弹性散射是电子衍射谱和电子显微像的物理依据，它可以提供试样晶体结构及原子排列的信息。与 X 射线相比，电子受试样强烈散射这一特点（电子衍射强

度比 X 射线衍射高 $10^6 \sim 10^8$ 倍），使得透射电镜可以在原子尺度上观察结构的细节。

4.3.2 电子的非弹性散射

核外电子对入射电子有散射作用，但因电子与电子质量相当，相互碰撞几乎全是非弹性散射，入射电子损失的能量除大部分转变为热能外，还可能产生以下几种机制。

4.3.2.1 特征 X 射线

如果入射的电子具有足够的能量，射到原子内壳层（如 K 层），将一个电子打出去，留下一个空穴，这时上层的电子会填充这个空穴，而产生特征 X 射线（characteristic X-ray）（见图 4-6）。不同原子序数 Z 的元素有不同的临界电离能（critical ionization energy），原子序数大的元素有较大的临界电离能。特征 X 射线用于透射电镜和扫描电镜中的 X 射线能谱分析，它可以检测物质中的元素种类。

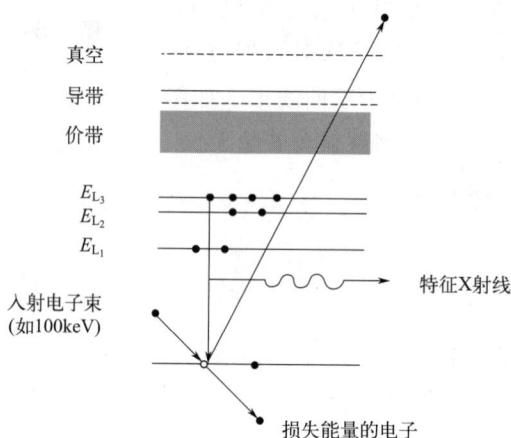

图 4-6 特征 X 射线

4.3.2.2 二次电子

二次电子（secondary electron）是被入射电子在样品的导带和价带里打出来的电子，只需小的能量（$E < 50eV$）就可打出二次电子，通常不包含与元素有关的信息。如果二次电子在样品表面（$5 \sim 10nm$），则很容易逸出表面，所以在扫描电镜中二次电子被用来表征样品表面信息。二次电子的数量与电子束和表面的夹角有关，因此，二次电子像用于表征样品的表面形貌。

4.3.2.3 背散射电子

背散射电子（back scattered electron，BSE）指被固体样品中原子核"反弹"回来的一部分入射电子，背散射电子来自样品表层几百纳米的深度范围，随原子序数的增加而增加，不仅能用作形貌分析，还可用来显示原子序数衬度，定性地用作成分分析。背散射电子主要用于扫描电镜。

4.3.2.4 俄歇电子

假如入射电子有足够的能量使内层电子（例如 K 层）激发，在原子内层产生空穴，这时外层电子可能向内跃迁填补空穴，释放出的能量被其他外层电子吸收，使一个外层电子发射出去，该电子称为俄歇电子（Auger electron），如图 4-7。俄歇电子的能量与电子所处的壳层有关，故俄歇电子也能给出元素的信息，俄歇电子对轻元素敏感（X 射线对重元素敏感）。俄歇电子的能量为几百电子伏特至几千电子伏特。俄歇电子的平均自由程小于 1nm，它们只能从很靠近表面的地方逸出，故俄歇电子能给出表面的化学信息，利用俄歇电子做表面分析的仪器称为俄歇电子谱仪（AES）。

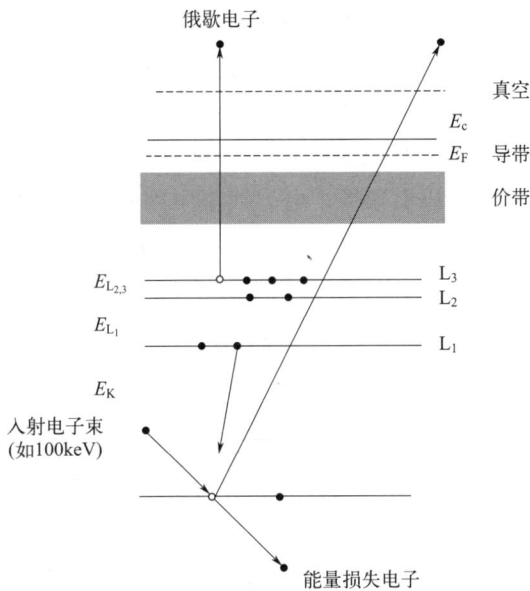

图 4-7 俄歇电子

4.3.2.5 透射电子

透射过试样的电子束携带着试样的成分信息。如把发射的特征 X 射线及俄歇谱看作是电子受试样非弹性散射"弹出去"的能量的一种形式，那么交出这部分能量的入射电子将继续前进成为透射电子，通过对这些透射电子损失的能量进行分析，也可以得出试样中相应区域的元素的组成，得到作为化学环境函数的核心电子能量位移的信息。这就是电子能量损失谱的基础。

4.3.2.6 辐照损伤

电子束与样品的相互作用也可以对样品带来不利的影响，这就是辐照损伤（irradiation damage）。电子束辐照可以打断某些材料的化学键合，如聚合物，也可以将某些原子从格位碰撞出去。减少辐照损伤的办法是：①尽可能用最大的电压，减小散射截面；②在没必要时，不要使用高亮度小束斑的电子束；③使样品尽可能薄。

4.4　电磁透镜及其像差

电镜利用电磁透镜提供磁场，电子束在磁场中高速运动，受到磁场偏转实现聚焦成像。电磁透镜结构见图4-8(a)，铁芯外壳是电工软铁，内部缠绕线圈，称为绕组，通过激磁电流。铁芯内中心孔间隙S处的磁场最强，称为极靴。磁场中任意点的磁场强度 H 可分解为水平强度 H_r 和垂直强度 H_z，见图4-8(b)，由于 H_r 随不同位置而变化，H_z 在间隙中心取最大值，到两端逐渐减小，而 H_r 在中心位置为零，在间隙两端有最大值，见图4-8(c)。H_r 和 H_z 合成磁场作用，使电子在穿过透镜中心孔时被旋转聚焦，汇聚于光轴上，这与光学透镜类似。磁场强度 H 与透镜的安匝数 NI 有关，即与线圈匝数 N 和流过电流 I 成正比。电磁透镜的焦距 f 与 H 成反比，H 越高，f 越短，通常称为强磁透镜或短焦透镜，成像分辨率好。另外一种为长焦透镜，成像衬度好。电镜使用这两类电磁透镜组合，构成电子光学系统，实现成像功能。间隙两侧为南北磁极，等位线和磁力线正交，通过间隙向两端伸展，形成汇聚场，电力线呈中间凸起状，相当于"凸透镜"，电子束通过中心部位被强磁场偏转聚焦，直径为 d_0 的物体成像为 d_1。

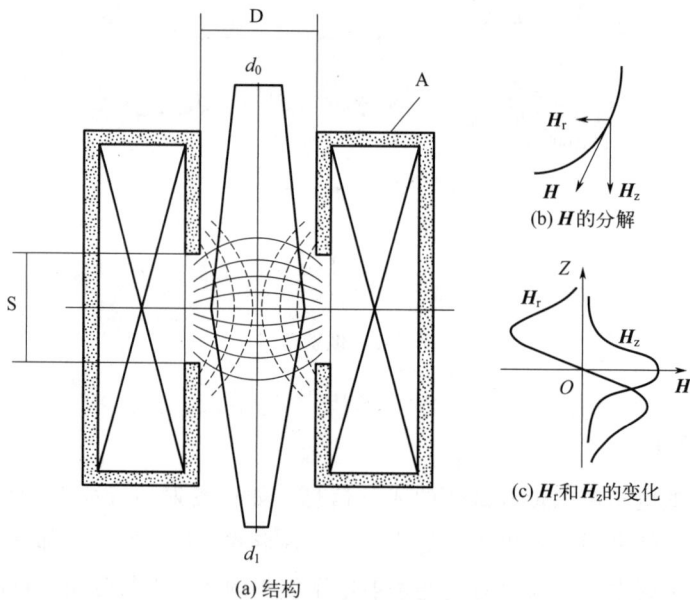

(a) 结构

(b) H的分解

(c) H_r和H_z的变化

图 4-8　电磁透镜

A—铁芯；D—中心孔；S—极靴；虚线——磁力线，等位线与磁力线垂直

当用放大镜读报纸时会发现，镜片中心附近的文字清晰可辨，而在镜片边缘的文字模糊不清，而且黑色的文字周围均有五彩的色边。这是失真的图像，是由透镜成像的像差造成的。电磁透镜也有像差，它不能把一个理想的物点聚焦为一个清晰可辨的像点。图4-9为电磁透镜的四种像差。

4.4.1 球差

在透镜磁场中，球差是由远离光轴运动的电子比近轴区域运动的电子受到更强的偏转导致的。换言之，电子通过透镜时距离光轴越远，则透镜对它的聚焦作用越强，造成某一理想物点发射出的电子经透镜成像后不能汇聚为一点，而是在像面前方形成一个直径为 d_s 的弥散斑，见图 4-9(a)。

$$d_s = \frac{1}{2} C_s \alpha^3 \qquad (4\text{-}6)$$

式中，C_s 为球差系数；α 为像方孔径半角。C_s 与电子束电压 E_0 和透镜焦距 f 有关，是常数。如果使用小孔径光阑，限制孔径角 α 不要太大，则 d_s 明显减小，即球差对最终电子束斑直径的贡献减小，分辨率提高。

4.4.2 色差

电压 E_0 的变化或者磁场强度 $\boldsymbol{H}$ 的波动都会改变物点出射电子的聚焦点位置，从图 4-9(b) 可见，能量为 E_0 和 $E_0 + \Delta E$ 的电子通过透镜后所走的路径不同，不能聚焦在同一个点，对能量高的电子偏转能力强，这样不同能量的电子在相面前会聚成一个直径为 d_c 的弥散斑

$$d_c = \frac{\Delta E}{E_0} C_c \alpha \qquad (4\text{-}7)$$

式中，C_c 为色差系数；α 为像方孔径半角；$\frac{\Delta E}{E_0}$ 为电子束电压的相对变化量。C_c 为常数，与透镜焦距 f 有关。如果透镜电流或电子束电压均稳定在 10^{-6} 水平，H 和 E_0 的变化量就不大。减小 α 也可以减少 d_c 所造成的影响。

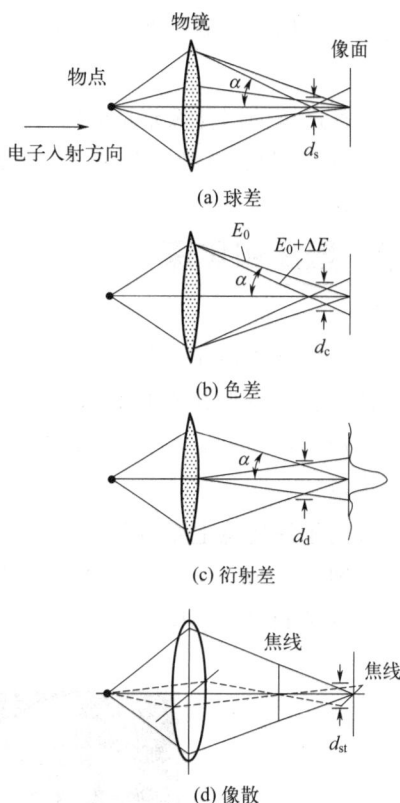

(a) 球差

(b) 色差

(c) 衍射差

(d) 像散

图 4-9 电磁透镜的像差

4.4.3 衍射差

假设上述两种像差不大，物点的像仍然会有一定的尺寸，这是由于电子波动性和物镜光阑所引起的衍射效应。如果使用小孔光阑，会使透过物镜的电子束流减小，衍射影响会更明显。从图 4-9(c) 可见，衍射造成物点在像面上有一个强度分布，在轴向产生一个直径为 d_d 的弥散斑

$$d_d = 1.22 \frac{\lambda}{\alpha} \qquad (4\text{-}8)$$

只就衍射像差而言，λ 越小，α 越大，d_d 对分辨率的贡献越小。

4.4.4　像散

上面讨论的物镜均认定其磁场是轴对称均匀的。但实际情况不然，由于加工误差，铁芯材料不均匀，或者绕组松紧程度不同等都会造成透镜磁场的不对称。假定透镜磁场是椭圆对称，当透镜电流变化时，从物点发射的各束电子将被聚焦在两个相互垂直的焦线上，而不是一个圆形会聚点，这就是像散，使分辨率下降。电磁透镜均为会聚透镜，球差和色差不能完全消除，因此在电磁透镜设计上尽量减少像差系数，利用小孔径光阑、提高电源稳定性和选用短波电子束，可以减少球差、色差和衍射差，利用消像散器可以消除像散的影响。

电磁透镜的四种像差是同时存在的，若直径为 d_0 的物体经透镜成像为 d_1，透镜的四种像差对 d_1 都有贡献，会使 d_1 变大，图像分辨率变差。

4.5　景深和焦深

显微镜的景深是一种度量尺度，也就是我们所观察的物体在多大范围内能同时保持清晰图像。焦深则指在保证图像清晰的条件下，像平面在像空间内可移动的距离。即景深对应于物空间，而焦深对应于像空间。与分辨率一样，这些性质是由显微镜的透镜决定的。

大的景深透镜主要用在 SEM 中，使表面形貌有很大变化的样品产生准三维的清晰图像，如图 4-10 所示，这一点对 TEM 也很重要。图 4-11 是晶体中位错的 TEM 图像，这些位错开始和终止于样品的某个位置，但事实上它们从上到下贯穿了整个样品。

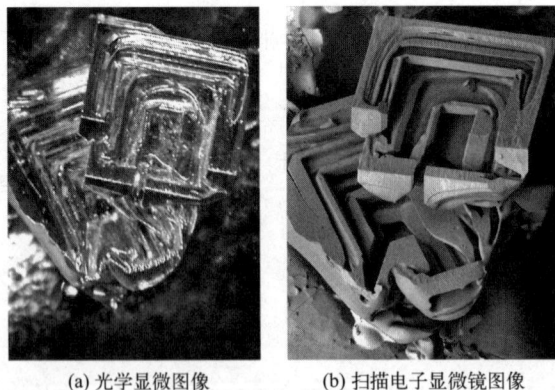

(a) 光学显微图像　　　　　(b) 扫描电子显微镜图像

图 4-10　光学显微图像与扫描电子显微镜图像的对比

［由（a）和（b）比较可以看出，（b）呈现出大景深］

穿过图像中间带中的位错位于和另一个带成 $90°$ 的滑移面上，并从顶到底贯穿整个薄样品，且在整个样品厚度内可以很好地聚焦。

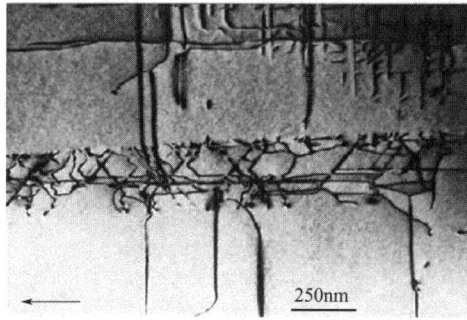

图 4-11　GaAs 晶体中位错的 TEM 图像（暗线）

4.6　衍射

Thompson、Reid、Davisson 和 Germer 分别指出，电子通过晶体时会发生衍射。Kossel 和 Miillenstedt（1939）认识到将电子衍射应用到 TEM 中的可能性。电子衍射是 TEM 中不可或缺的一部分，它可用于研究晶体结构（尤其是晶体缺陷）。而纳米材料的结构对其性质有很大的影响，因此对于材料科学家和纳米技术人员来说，电子衍射是非常重要的技术手段。图 4-12(a) 是一张电子衍射花样，包含了晶体结构、晶格周期距离、样品形状等信息。衍射花样与对应样品的图像相关，插图为对应的图像。如果将平行的 TEM 电子束会聚成一聚焦的电子束，即可得到很明亮的会聚束电子衍射花样 ［图 4-12(b)］，由此可对极小的晶体进行全面的晶体学对称性分析，包括点群、空间群的测定等。引入像差校正之后，我们可以得到更小区域（球差校正）内更为锐利（色差校正）的衍射花样。

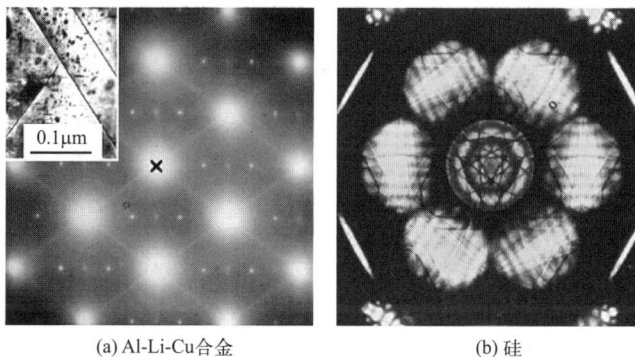

(a) Al-Li-Cu合金　　　　　　(b) 硅

图 4-12　含有多种析出相的 Al-Li-Cu 合金（见插图）的 TEM 电子衍射花样与硅的会聚束电子衍射花样

如图 4-12(a) 中间的点（×）包含直接穿过样品的电子，其他衍射点和线是被不同晶面散射的衍射电子。图 4-12(b) 衍射花样中最亮的中心斑对应透射电子束，透射电子束旁边的衍射点和环是由散射束引起的。

衍射花样中（以及所有分析信息）的晶体学信息都与样品的图像相关联。总之，电子显微镜可以产生原子分辨率的图像，产生各种信号来表征样品的化学成分与晶体学信息，而且总能得到聚焦的清晰图像。同时，也有许多原因使得某些结构问题并不能总是可以用 TEM 来解决。

思考题与练习题

1. 简述电子显微镜和光学显微镜的异同点。
2. 简述电子显微镜和光学显微镜的理论分辨率极限。
3. 计算能量为 10keV X 射线的波长。
4. 电磁透镜的像差是怎样产生的？如何消除和减小像差？

参考文献

[1] 刘文西，黄孝瑛，陈玉茹．材料结构电子显微分析 [M]．天津：天津大学出版社，1988.
[2] 威廉斯，大卫．透射电子显微学：材料科学教材 [M]．影印版．北京：清华大学出版社，2007.
[3] 威廉斯，卡特．透射电子显微学 [M]．影印版．北京：高等教育出版社，2015.
[4] 进藤大辅，及川哲夫．材料评价的分析电子显微方法 [M]．刘安生，译．北京：冶金工业出版社，2001.

5

扫描电子显微镜

5.1　扫描电子显微镜的发展和特点

　　扫描电子显微镜（scanning electron microscope，简称扫描电镜或 SEM）的基本组成是透镜系统、电子枪系统、电子收集系统和观察记录系统以及相关的电子系统。现在公认扫描电镜的概念最早是由德国的 Knoll 在 1935 年提出来的，1938 年 von Ardemie 在透射电镜上加了个扫描线圈做出了扫描透射显微镜（STEM）。第一台能观察厚样品的扫描电镜是 Zworykm 制作的，它的分辨率为 50nm 左右。英国剑桥大学的 Oatley 和他的学生 McMullan 也制作了他们的第一台扫描电镜，到 1952 年他们的扫描电镜的分辨率达到了 50nm。到 1955 年扫描电镜的研究才取得较显著的突破，成像质量有明显提高，并在 1959 年制成了第一台分辨率为 10nm 的扫描电镜。第一台商业制造的扫描电镜是 Cambridge Scientific Instruments 公司在 1965 年制造的 Mark I "Steroscan"。Crewe 将场发射电子枪用于扫描电镜，使得分辨率大大提高。1978 年做出了第一台具有可变气压的商业制造的扫描电镜，到 1987 年样品室的气压已可达到 2700Pa（20Torr）。目前，采用场发射枪的高分辨扫描电镜和可变气压的环境扫描电镜（也称可变压环扫电镜）已经普及。目前的高分辨扫描电镜可以达到 1～2nm 的分辨率，且最先进的高分辨扫描电镜已具有 0.4nm 的分辨率，还可以在扫描电镜里做 STEM。现代的环境扫描电镜可在气压为 4000Pa（30Torr）时仍保持 2nm 的分辨率。

　　由于扫描电镜的景深远比光学显微镜大，可以用它进行显微断口分析，且样品不必复制，可直接观察，非常方便。另外，扫描电镜样品室的空间很大，可以装入很多探测器。因此，目前的扫描电镜已不仅仅用于形貌观察，它可以与许多其他分析仪器组合在一起，使人们能在一台仪器中进行形貌、微区成分和晶体结构等多种微观组织结构信息的同时分析，如果再采用可变气压样品室，还可以在扫描电镜下做加热、冷却、加气、加液等各种实验，扫描电镜的功能大大扩展。在材料研究过程中，经常要进行形貌观察，了解材料的微观结构、断口形貌、成分分布、元素含量等，扫描电镜的形貌观察、微区成分分析可进行同位分析，所以应用广泛。扫描电镜在材料、地质、矿物、医学、生物学等许多领域都有广泛的用途，是无机材料显微分析的主要手段。

5.2　扫描电子显微镜的基本结构和原理

5.2.1　基本原理

　　图 5-1 是扫描电镜的结构。扫描电镜是用类似电视摄影显像的方式，在扫描线圈的磁场作用下，利用细聚焦高能量电子束在试样表面逐点扫描时激发出来的各种物理信号（如二次电子、背散射电子）来调制成像。由电子枪发出的电子束经过栅极静电聚焦后成为 $\Phi=50\mu m$ 的点光源，然后在加速电压（$1\sim30kV$）作用下，经两三个透镜组成的电子光学系统，电子束被会聚成几纳米大小聚焦到试样表面。在末级透镜上有扫描线圈，它的功能是使电子束在试样表面扫描。由于高能电子束与试样物质的相互作用，产生各种信号（二次电子、背散射电子、吸收电子、X 射线、俄歇电子、阴极荧光等），这些信号被相应的接收器接收，经放大器放大后送到显像管（CRT）的栅极上，调制显像管的亮度。由于扫描线圈的电流与显像管的相应偏转电流同步，因此试样表面任意点的发射信号与显像管荧光屏上的亮度一一对应。也就是说，电子束打到试样上一点时，在显像管荧光屏上就出现一个亮点。而我们所要观察的试样在一定区域的特征，则是采用扫描电镜的逐点成像的图像分解法显示出来的。试样表面由于形貌不同，对应于许多不相同的单元（称为像元，是指电子束在试样上获取信息的区域，像元的面积越小，图像分辨率越高，可提供的信息越丰富），它们在电子轰击后，能发出数量不等的二次电子、背散射电子等信号，依次从各像元检出信号，再一一传送出去。传送

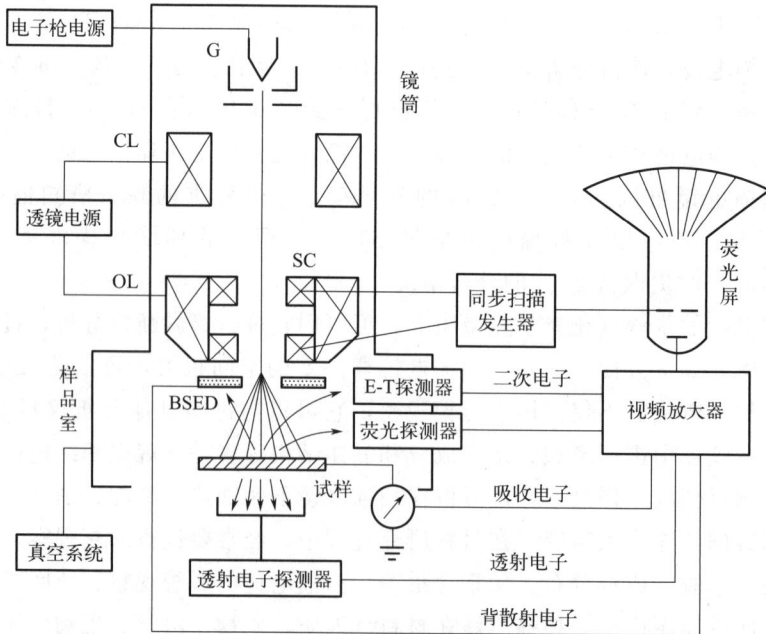

图 5-1　扫描电镜结构

G—电子枪；CL—聚光镜；OL—物镜；SC—扫描线圈；BSED—背散射电子探测器

的顺序是从左上方开始到右下方，依次一行一行地传送像元，直至传送完一幅或一帧图像。采用这种图像分解法，就可以用一套线路传送整个试样表面的不同信息。为了按照规定的顺序检测和传送各像元处的信息，就必须把会聚电子束在试样表面做逐点逐行的运动，也就是光栅状扫描。

5.2.2 扫描电镜的工作方式

在扫描电镜中，用来成像的信号主要是二次电子，其次是背散射电子和吸收电子。用于分析成分的信号主要是特征 X 射线和背散射电子，阴极发光和俄歇电子也有一定的用处。下面分别介绍这几种信号。

5.2.2.1 二次电子

二次电子从试样表面 5~10nm 层内发射出来，能量为 0~50eV。二次电子对表面状态非常敏感，能非常有效地反映试样表面的形貌。由于二次电子来自试样的表面层，入射电子还来不及被多次散射，因此产生二次电子的面积主要与入射电子束的束斑大小有关（图 5-2）。束斑越细，产生二次电子的面积越小，故二次电子的空间分辨率较高，一般可达 3~6nm。若采用场发射电子枪，空间分辨率甚至可达到 0.4~2nm。二次电子的产生数量随原子序数的变化不如背散射电子那么明显，也即二次电子对原子序数的变化不敏感。二次电子的产生数量主要取决于试样的表面形貌，故二次电子主要用于形貌观察。

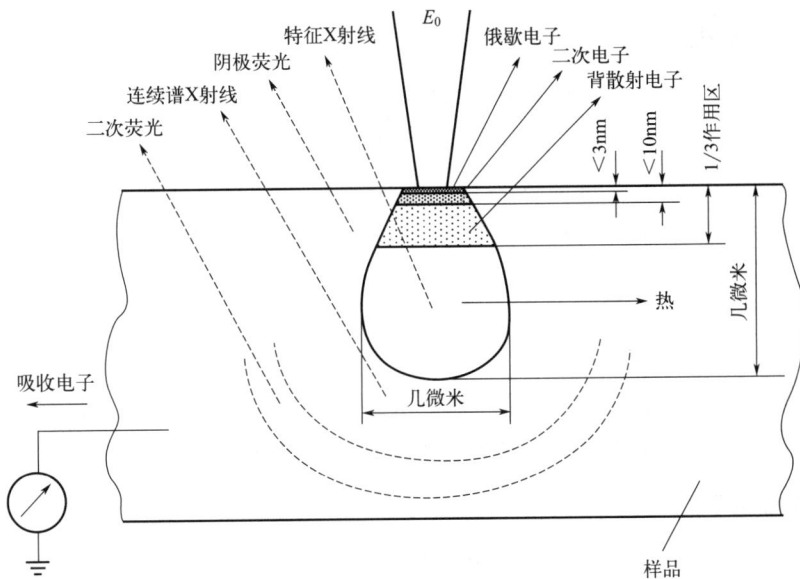

图 5-2 电子束在试样中的散射

5.2.2.2 背散射电子

背散射电子是入射电子在试样中受到原子核卢瑟福散射而形成的大角度散射的电子。背散射电子一般是从试样 0.1~1μm 深处发射出来的电子，能量接近入射电子的能量。由于进入试样较深，入射电子已被散射开，因此背散射电子来自比二次电子更大的区域，故背散射电子像的分辨率比较低，一般为 50～200nm。若采用场发射电子枪，背散射电子成像分辨率可达 6nm。背散射电子的优点是它对试样的原子序数变化敏感，它的产生数量随原子序数的增加而增加，适于观察元素组分的空间分布。背散射电子的成像衬度主要与试样的原子序数有关，与表面形貌也有一定的关系。由于背散射电子来自试样的较深处，故背散射电子像能反映试样离表面较深处的情况。

对于薄试样，例如在透射电镜下做扫描透射像（STEM），背散射电子成像分辨率也可达到 6～10nm。

5.2.2.3　吸收电子

入射电子中的一部分电子与试样作用后，能量损失殆尽，无法逃逸出试样表面，这部分电子就是吸收电子。若在试样和地之间接上一个高灵敏度的电流表，就可以测得试样对地的信号，这个信号是由吸收电子提供的。假定入射电子的电流强度为 I_0，背散射电子流强度为 I_b，二次电子流强度为 I_s，则吸收电子产生的电流强度 $I_a = I_0 - (I_b + I_s)$。由此可见，逸出表面的背散射电子和二次电子数量越少，吸收电子信号强度越大。若把吸收电子信号调制成图像，则它的衬度恰好与二次电子和背散射电子图像衬度相反。由于不同原子序数部位的二次电子产生数量基本上是相同的，所以产生背散射电子较多的部位（原子序数大）其吸收电子的数量就较少，反之亦然。因此，吸收电子也能产生原子序数衬度，吸收电子像的分辨率主要受到信号信噪比的限制，一般为 0.1～1μm。

5.2.2.4　特征 X 射线

当试样原子内层电子被入射电子激发或电离时，会在内层电子处产生一个空缺，原子就会处于能量较高的激发状态，此时外层电子将向内层跃迁以填补内层电子的空缺，从而释放出具有一定特征能量的特征 X 射线。特征 X 射线是从试样 0.5～5μm 深处发出的，它的波长与原子序数之间满足莫塞莱定律

$$\lambda = \frac{1}{(Z-\sigma)^2} \tag{5-1}$$

式中，σ 是常数。

不同的波长 λ 对应于不同的原子序数 Z。根据这个特征能量，可以知道在所分析的区域存在什么元素。能谱仪就是利用这个原理来做试样成分分析的。

5.2.2.5　俄歇电子

俄歇电子从试样表面几个原子层的厚度（约 1nm）发出，它的能量一般为 1000eV。由于俄歇电子能给出材料表面的信息，故俄歇电子常用于表面成分分析。用俄歇电子进行分析的仪器称为俄歇电子谱仪（AES），俄歇电子谱仪需要在超高真空（UHV）下工作，它在扫描电镜中用得不多。

5.2.3　扫描电镜的结构

扫描电镜由电子光学系统、信号检测和放大系统、图像显示与记录系统、真空系统以

及电源系统等几个部分组成。电子枪产生电子束，在加速电压的作用下，经过 3 个磁透镜聚焦成直径为 5nm 或更细的电子束；通过扫描线圈控制电子束在试样表面逐点扫描；用各种探测器来收集试样产生的各种信息；在显示器上显示图像，通过相机拍照记录。图 5-3 是扫描电镜的外形和电子光学构造原理示意图。下面分别介绍扫描电镜的主要部分。由于扫描电镜的有些部分与透射电镜类似，我们重点介绍与透射电镜的不同处。

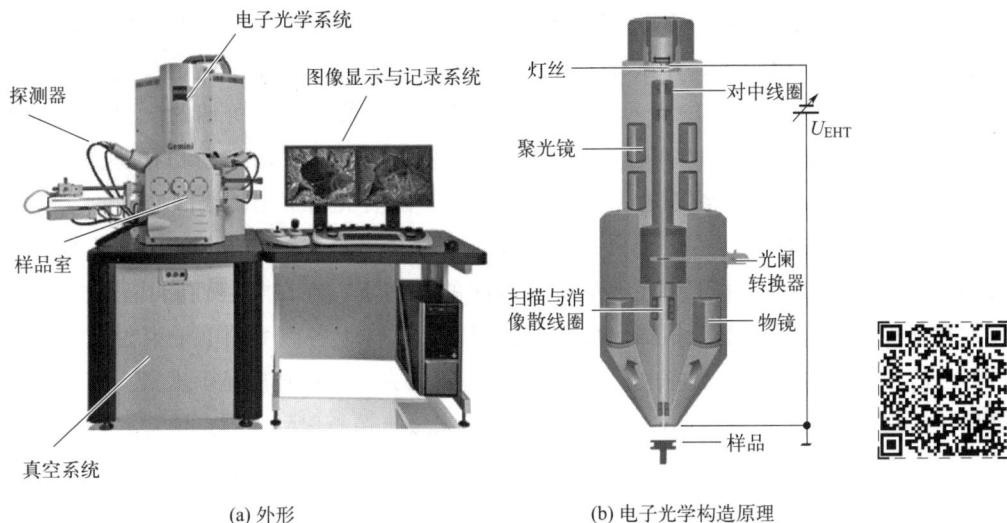

(a) 外形   (b) 电子光学构造原理

图 5-3　ZEISS EVO 系列扫描电子显微镜外形及其电镜的电子光学构造原理

5.2.3.1　电子光学系统

① 电子枪　扫描电镜的电子枪与透射电镜的电子枪相似，都是为了提供电子源，但两者使用的电压是完全不同的。透射电镜的分辨率与电子波长有关，波长越短（对应的电压越高），分辨率越高，故透射电镜的电压一般都使用 $100 \sim 300kV$，甚至 $400kV$、$1000kV$。扫描电镜的分辨率与电子波长直接关系不大，与电子在试样上的最小扫描范围有关。电子束斑越小，电子在试样上的最小扫描范围就越小，分辨率就越高，但还必须保证在使用足够小的电子束斑时，电子束还具有足够的强度，故通常扫描电镜的工作电压为 $10 \sim 30kV$。场发射电子枪既可提供足够小的束斑，又有很高的强度，是扫描电镜的理想电子源，它在高分辨扫描电镜中有广泛的应用。

② 电磁透镜　扫描电镜中的各电磁透镜都不作为成像透镜用，而是作为会聚透镜用，它们的功能是把电子枪的束斑逐级聚焦缩小，使原来直径为 $50\mu m$ 的束斑（如果使用普通钨灯丝电子枪的话）缩小成一个只有几个纳米大小的细小斑点。这个缩小的过程需要几个透镜来完成，通常采用三个聚光镜，前两个是强磁透镜，负责把电子束斑缩小，而第三个透镜比较特殊（习惯上称其为物镜），它的功能是在试样室和透镜之间留有尽可能大的空间，以便装各种信号探测器。物镜大多采用上下极靴不同且孔径不对称的磁透镜，主要是为了不影响对二次电子的收集。另外物镜中要有一定的空间用于容纳扫描线圈和消像散器。这些电磁透镜可以把普通热阴极电子枪的电子束束斑缩小到 6nm 左右，若采用六硼

化镧和场发射枪，电子束束斑还可进一步减小。

　　③ 扫描线圈　它是扫描电镜中必不可少的部件，作用是使电子束偏转，并在试样表面做有规律的扫描。这个扫描线圈与显示系统中的显像管的扫描线圈由同一个锯齿波发射器控制，两者严格同步。扫描线圈通常采用磁偏转式，大多位于最后两个透镜之间，也有的放在末级透镜的物空间内。扫描电镜的放大倍数 $M = \dfrac{L}{l}$，其中 L 为荧光屏长度（它是固定的），l 为电子束在试样上扫过的长度。放大倍数 M 是由调节扫描线圈的电流来改变的，电流小，电子束偏转小，在试样上移动的距离小（L 小），M 就大，反之，M 就小。一般扫描电镜的放大倍数在 10 万～50 万倍，而且放大倍数是连续可调的。图 5-4 给出了电子束在试样表面进行扫描的两种方式。进行形貌分析时都采用光栅扫描方式［图 5-4 (a)］，当电子束进入上偏转线圈时，方向发生转折，随后又由下偏转线圈使它的方向发生第二次转折。发生二次偏转的电子束通过末级透镜射到试样表面。在电子束偏转的同时还带有一个逐行扫描动作，电子束在上下偏转线圈的作用下，在试样表面扫描出方形区域，相应地在显像管的荧光屏上也扫描出成比例的图像。试样上各点受到电子束轰击时发出的信号可由信号探测器接收，并通过显示系统在显像管荧光屏上按强度显示出来。如果电子束经上偏转线圈后未经下偏转线圈改变方向，直接由末级透镜折射到入射点位置，这种扫描方式称为角光栅扫描或摇摆扫描 ［图 5-4(b)］，它用于电子通道花样分析。

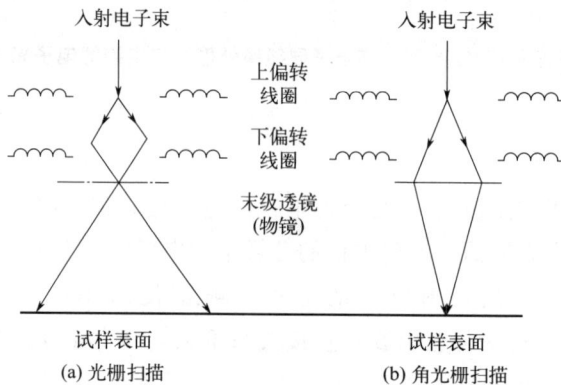

图 5-4　扫描电镜中电子束在试样表面进行的两种扫描方式

　　④ 样品室　扫描电镜的样品室（图 5-5）除了放置样品外，还要安置信号探测器。所有的信号探测器都在样品室之内或周围，因为有些信号的收集与几何方位有关，故样品室在设计时要考虑如何对各类信号检测有利，还要考虑同时收集几种信号的可能性。故样品室的设计是非常讲究的。

　　样品室中最主要部件之一是样品台，样品台应该能够容纳大的试样（大约 100mm），还要能进行三维空间的移动、倾斜（90°～100°）和转动 360°，活动范围很大，又要精度高、振动小。样品台的运动可以手动操作，也可用计算机控制，样品台在三维空间的移动精度可达到 $1\mu m$。

图 5-5 扫描电镜的样品室及二次电子、背散射电子探测器

5.2.3.2 信号检测和放大系统

信号检测和放大系统的作用是检测样品在入射电子作用下产生的物理信号，然后经视频放大送入显示系统，作为荧光屏亮度的调制信号，显示图像。不同的物理信号，要用不同类型的检测系统。它大致可分为三大类，即电子探测器、阴极荧光探测器和 X 射线探测器。描述任何信号探测系统有三个重要参数：①检出角-探测器轴线与样品表面的夹角；②收集角-探测器接收信号的立体角；③转换效率-探测器产生某个信号响应的百分比。

（1）二次电子探测器

二次电子探测器由闪烁体、光导管和光电倍增管组成，是最常用的电子探测器，也用于检透射电子和部分背散射电子，如图 5-6 所示。

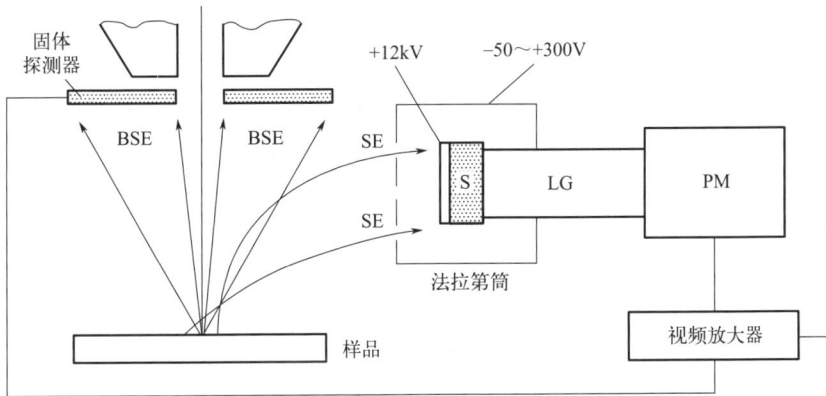

图 5-6 二次电子与背散射电子探测器

S—闪烁体；LG—光导管；PM—光电倍增管固体探测器

闪烁体前表面涂有光敏材料，并镀有薄铝层，加 12kV 正高压，既可阻挡杂散光干扰，又可吸引和加速二次电子。闪烁体后面与光导管连接。当检测二次电子时，在探测器

前端的法拉第筒上加＋300V 的正偏压，大范围吸引二次电子，显著增加检测立体角，法拉第筒也称收集器。如果收集器加－50V 的负偏压可阻止所有二次电子，只使部分高能背散射电子收集到闪烁体上。检测透射电子时将探测器置于样品的下方。

该探测器的工作原理：信号电子撞击并进入闪烁体后，将引起电离，当离子与自由电子重新复合时，产生光子，这些光子沿着具有全反射性能的光导管送至光电倍增管又转换成大量电子，并且被放大，输出可达 10mA 左右，经视频放大器放大后作为荧光屏亮点的调制信号。这个原理实际上是信号电子先转换为光子，再大量转换成电子的过程。把探测器的闪烁体取下，就是阴极荧光探测器。阴极荧光信号本身就是光子，其后检测过程同上。也可以安装性能更加完善的专用阴极荧光探测器。这种探测器的优点是增益高、噪声小、频带宽，且能与电视扫描速度兼容，可以实时观察图像，自 20 世纪 60 年代 Everhart 与 Thornley 研制成功后，至今仍在大量使用，也称 E-T 探测器。

（2）背散射电子探测器

图 5-6 所示为固体探测器，为环形，置于物镜下方，不用时可以移动至远离光轴的位置，有的直接附着在物镜下表面上。背散射电子具有较高的能量，出射样品后走直线运动轨迹，直接轰击固体表面被收集。另外一种背散射电子探测器称 Rubenson 探测器，利用大立体角的闪烁体置于物镜下方收集背散射电子，原子序数分辨率高。

5.2.3.3　图像显示与记录系统

利用视频放大器的输出信号调制荧光屏亮度，显示样品的扫描图像，供观察、照相记录，或者存储电子文档。在透射电镜和光镜中，物体上的每个部位均是同时成像或曝光。扫描电镜不然，物体上每个像素是在扫描过程中逐点成像。为保证图像质量，要求每个像素发射的信号电子数量不能少于 1000 个，才能在荧光屏上形成必要的衬度。实际上电子束在每个像素上停留的时间极短，以扫描一张图像的时间 50s 为例，每个像素的停留时间只有 $\frac{50}{10^6}=0.00005\text{s}$，扫过一行所用的时间仅为 $\frac{50}{1000}=0.05\text{s}$。为了使电子束在每个像元上的持续时间长，以便激发出更多的信号电子，通常选用较长的扫描时间成像。在样品条件许可下，扫描时间越长，越能明显改善图像的信噪比和分辨率。有些热敏样品不耐电子束辐照，须在 10～20s 时间成像，可用图像处理技术降低噪声。

现在的扫描电镜均采用数字帧存储器采集数字图像，并显示在荧光屏上，这是图像存储的第一步。在扫描一帧图像过程中可以利用图像处理技术，例如：多帧叠加、像素平均、递归滤波等等，提高图像质量，而后放入帧存储器内并呈现给用户。这个实时在线采集过程通常只需 20s 就可以获得满意的图像。下一步就是把这张图像以某种数字存档格式存储在计算机的硬盘中，用户使用闪盘或光盘拷贝这个文件，这就是图像的电子文档，它可以在任何一台计算机上调出、打印。

扫描电镜常用的数字存档格式有三种：.BMP、.TIF(.TIFF)、.JPG(.JPEG)。其中，.BMP 格式直接保存了每个像素的所有数值，数据没有经过任何压缩，图像质量没有损失，通常 1024 像素×1024 像素×256 级灰度的图像需用 1MB 的存储空间。这种格式最简单，也最好用。.TIF 格式能够保存更多的信息，不限于图像，甚至能保存诸如其他硬件的设置信息等，可记录很多内容。其优点是可以处理 24 位的图像，数据受到中等压缩，一张图像尺寸约占 650kB。.JPG 格式把图像数据中人眼不太敏感的细节部分去掉，显著提高了数据压缩率，但又不影响对图像细节的判断，所占尺寸约 100kB，这种格式的图像与前两种格式的图像在高倍率下相比，边缘细节上要粗糙，但是对于一般不需要高分辨率的图像，这种格式也够用了。目前计算机都备有海量存储器，前两种格式也在大量应用。

5.2.3.4　真空系统

提供适当的真空度，确保镜筒内电子束通行无阻地到达样品。通常采用二级串联式抽真空。第一级为旋转式机械泵（RP），抽到 10^{-2} 以上的低真空，第二级为油扩散泵（DP），将真空度进一步提高到 $10^{-5}\sim10^{-6}$，达到电镜的真空度要求，但扩散泵的油蒸气会回流到镜筒中，被电子束分解，造成样品污染，因此可采用无油机械泵和涡轮分子泵（TMP）串联，这是一种"干"的抽真空系统，可以达到 10^{-6}。在用场发射电子枪时，电子枪部位的真空度要求 10^{-9} 以上，这时还要加装离子泵（IGP）抽真空。以上真空度单位均为"Torr"。

5.2.3.5　计算机控制系统

现代扫描电镜的功能全部由计算机控制，包括：真空控制、灯丝加热、电子枪合轴、高压补偿、最佳束流和束斑尺寸、扫描速度、调焦、亮度和衬度调节、样品五个自由度的移动（也称五轴自动）、消像散、图像处理和分析、图像存储等等，大大简化了操作。扫描电镜可以与能谱或波谱仪联网，交换数据，甚至远距离操作。

5.2.3.6　电源系统

由稳压、稳流及其相应的安全保护电路组成，为扫描电镜各部分提供稳定可靠的电源，一般要求电压和电流的稳定度变化在 10^{-6}V 和 10^{-6}A 以上，保证扫描电镜的性能。

5.3　扫描电镜像的衬度形成原理

在扫描电镜中，电子与样品作用产生的信息，经探测器收集、放大器放大后，将信号一一对应地调制显示器上相应各点的亮度，从而获得样品的放大图像。通过调节扫描线圈的电流，改变电子束在样品上的扫描范围来调节放大倍率。由于图像在显示器是满屏显示，故放大倍率为显示屏尺寸除以扫描区尺寸。电子束与样品相互作用，由于样品微区特征的差异，例如形貌、原子序数或化学成分、晶体结构或取向等，产生的信号强度不同，导致荧光屏上出现不同亮度的区域，获得扫描图像的衬度。图像衬度 C 定义为

$$C=\frac{I_{\max}-I_{\min}}{I_{\max}}$$

式中，$I_{\max}$ 和 $I_{\min}$ 代表扫描区域中两点被检测信号的强度。衬度表示了与样品性质有关的信息。讨论图像衬度时，必须把样品与探测器作为一个封闭系统考虑。另外，样品本身的性质确实存在差异，这是观察到图像衬度的前提。利用某种探测器将差异检测出

来，而且在后期处理过程还能得到改善。人眼能够在荧光屏上察觉出的最小衬度值约为5%，低于该值就分辨不出亮暗变化。扫描电镜像的衬度来源有三个方面：①样品本身性质（表面凸凹不平、成分差异、位向差异、表面电位分布）。②信号本身性质（二次电子、背散射电子、吸收电子）。③对信号的人工处理。

5.3.1 二次电子发射规律及其成像衬度

5.3.1.1 二次电子产生的规律

① 二次电子产生数量与入射电子束能量的关系　设 δ 为二次电子的产生数量，即每个入射的电子（称为初始电子）所能激发出的二次电子产额（$\delta = \dfrac{I_s}{I_p}$，其中，$I_s$ 是激发出的二次电子电流，I_p 是初始电子电流），δ 与入射电子束能量的关系如图 5-7（a）所示。对大多数材料来说，这条曲线有相同的形式，该曲线的特点是：当入射电子束能量低时，δ 随电子束能量 E 的增加而增加；而当电子束能量高时，δ 随能量的增加而逐渐降低。在某一个能量 E_{max}，二次电子的产生数量最多。金属材料的 E_{max} 大致为 $100 \sim 800\text{eV}$，绝缘体的大致为 2000eV。二次电子产生数量与入射电子束能量的关系出现极大值。可这样理解这种现象，随着入射电子束能量增加，激发出的二次电子束自然增加，但入射电子进入试样的平均深度也在增加，故激发出的二次电子向外逃逸也越来越困难，因而入射束的能量大于 E_{max} 后，反而会使激发出的二次电子产额减少。

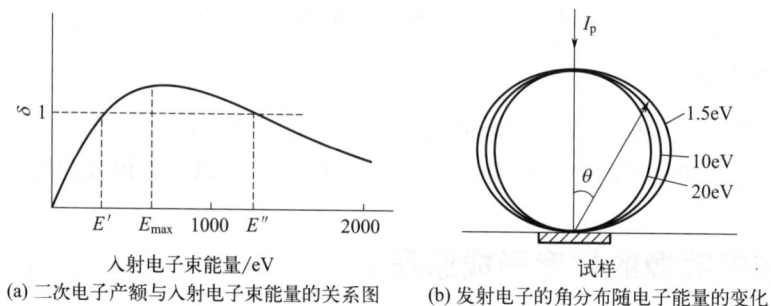

(a) 二次电子产额与入射电子束能量的关系图　　(b) 发射电子的角分布随电子能量的变化

图 5-7　二次电子产额与入射电子束能量的关系图与发射电子的角分布随电子能量的变化

② 发射二次电子的角分布　通过对三组能量分别为 1.5eV、10eV 和 20eV 的二次电子进行测量［见图 5-7(b)］，发现每组二次电子都按余弦规律分布，而与试样晶体结构无关。这是因为沿垂直于试样表面方向逸出时，二次电子所经的路径最短，被吸收的可能性最小，故产额最多。所以，在实际工作中将二次电子探测器正对着试样的表面法线方向上，可以得到最大的二次电子信号。

③ 二次电子产额与入射电子束角度的关系　设 α 为入射电子束与试样表面法线之间的夹角，对光滑试样表面，当初始电子束能大于 1kV 时，二次电子的产额 $\delta = \dfrac{1}{\cos\alpha}$（当初

始电子束能低于 1kV 时，并且试样表面的粗糙度比电子束直径还小，入射角对二次电子的产生数量没有影响）。α 越大，入射电子越靠近试样表面层。从图 5-8 可以看出 $\alpha_2 > \alpha_1$，入射电子束②的路径比入射电子束①更靠近试样表面，就有较多的二次电子跑出试样表面。要得到强的二次电子信号，往往要倾动试样，也就是改变入射电子束的角度（改变 α），使之有更多的二次电子激发出来。

一般入射电子束与二次电子探测器之间的夹角为 90° 或稍大些，当倾动试样时，电子束的入射角与二次电子的收集角也同时改变，故必须同时考虑这两个角度的影响。为了得到一个好的二次电子图像，不仅要考虑信号的强弱，还要考虑全聚焦情况和表面阴影，所以通常电子束相对于试样表面的入射角选在 45° 左右。

图 5-8　入射角与二次电子发射的关系

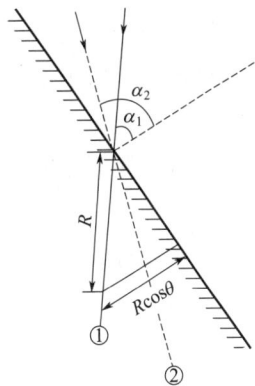

5.3.1.2　二次电子像的衬度

（1）形貌衬度

对扫描电镜而言，入射电子的方向是固定的，但由于试样表面有凹凸，导致电子束对试样表面不同处的入射角不同。二次电子对表面形貌十分敏感，不同区域倾斜度不一样，产生二次电子的数量不同，表面不同部位对于探测器收集信息的角度也不同，从而使试样表面不同区域形成不同的亮度。如图 5-9 所示，试样中 A、B 两平面的入射角 α 是不同的，由二次电子的发射规律知道，入射角 α 越大，二次电子产额 δ 越高。在扫描电镜中，二次电子探测器的位置是固定的，故试样表面不同取向的小平面相对于探测器的收集角也不同，发射出的二次电子数量不同，图像上的亮度也不同。例如，A 区的入射角比 B 区大，发射的二次电子要多。另外，探测器相对于 A 区方位也比 B 区更有利，即 A 区的信号比 B 区的信号大，所以图像上 A 区要比 B 区亮。

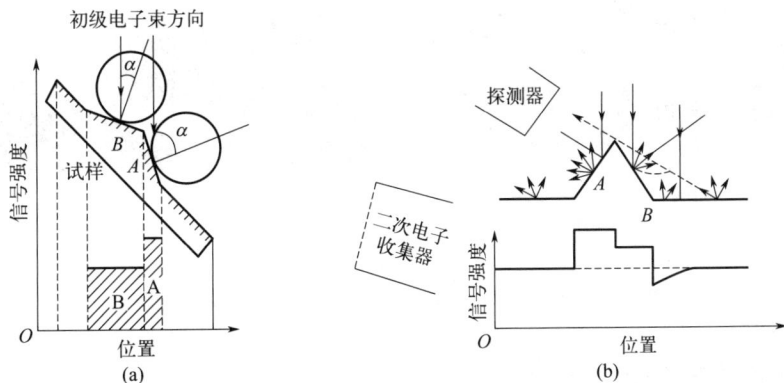

图 5-9　表面形貌引起的衬度

二次电子能量较低，平均自由程很短，只能在试样的浅表面（5～10nm）内逸出。通常说扫描电镜的分辨率是指二次电子像的分辨率。扫描电镜是通过电子束在试样上逐点扫描成像，故任何小于电子束斑的细节都不可能显示在荧光屏上，也就是说扫描电镜的分辨率不可能优于电子束斑的直径。在理想的情况下，二次电子像的分辨率等于电子束斑的直径，所以二次电子探测器前边的收集极常加有一定的正电场。它使得二次电子可沿着弯曲的路径而到达探测器，这样背对探测器的表面所发出的二次电子，也可以到达探测器。这就是二次电子像没有尖锐的阴影，显示出较柔和的立体衬度的原因。

图 5-10 为实际样品中二次电子被激发的一些典型例子。可以看出，凸出的尖端、小颗粒以及比较陡的斜面处，二次电子产额较高，在荧光屏上这一部位就亮一些；平面上二次电子的产额较低，亮度较低；在深的凹槽部虽然也能产生较多的二次电子，但这些二次电子不易被探测器收集到，因此槽底的衬度显得较暗。图 5-11 是一组典型的扫描电镜二次电子像，显示材料的表面形貌。

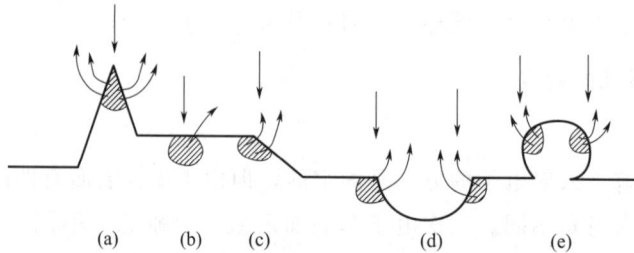

图 5-10　实际样品中二次电子的激发过程

[（a）凸出尖端；（b）平面；（c）斜面；（d）凹槽；（e）小颗粒]

(a) 六方片状氢氧化钙晶体

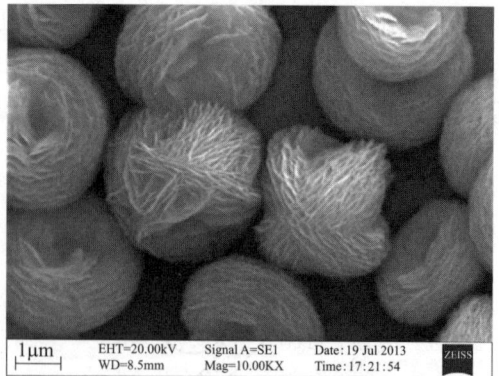

(b) 花瓣状硅酸锆晶体

图 5-11　氢氧化钙与硅酸锆晶体扫描电镜二次电子像

（2）原子序数差异造成的衬度

如图 5-12 所示，二次电子的产额随原子序数 Z 的变化不如背散射电子产额随原子序数变化那样明显。原子序数不同引起的差异不显著（原因为二次电子主要来自原子的外层价电子激发），且关系不确切，常常被表面导电镀膜所掩盖。当原子序数 Z 大于 20 时，二次电子的产额基本上不随原子序数变化，只有 Z 小的元素的二次电子产额与试样的组成成分有关，故二次电子衬度像一般不被用来观察试样成分的变化，而被用来观察表面形貌的变化。

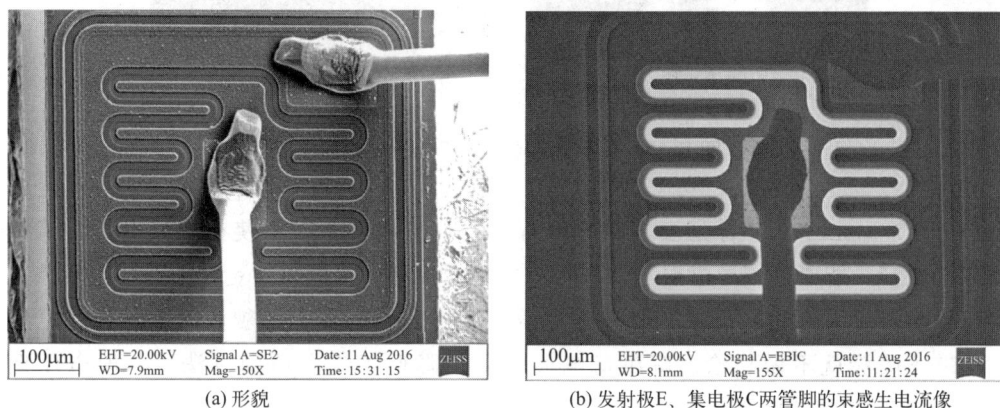

(a) 形貌 　　　　　　　　　　　(b) 发射极 E、集电极 C 两管脚的束感生电流像

图 5-12　三极管样品的形貌图像及发射极 E、集电极 C 两管脚的束感生电流像

（3）电压差造成的衬度

试样表面若有电位分布的差异，会影响二次电子的发射。二次电子在正电位区逸出较困难，而在负电位区逸出较容易，故正电位区发射的二次电子少，在图像上显得暗，而负电位区发射二次电子多，在图像上就显得亮，这就形成了电压衬度（通常电位差为十分之几伏特时才能看出电压衬度的变化）。另外，试样表面的几何形貌也会影响电压衬度，如试样表面起伏太大，会减弱图像上由于电位差引起的衬度变化。故观察电压衬度，试样表面要平整。

（4）束感生电流造成的衬度

当高能电子束照射到有势垒的半导体样品时，由于高能电子与半导体的相互作用会产生大量的电子空穴对，在势垒区两边一个扩散长度内，产生的少子能扩散到势垒区，受势垒区内部电场的作用而被分离。空穴被拉向 P 区而电子被拉向 N 区（在 PN 结势垒情况下），从而在势垒区的两边产生电荷的积累和束感生电势。如果将电子束感生的电势引出，经放大器放大去调制示波管的亮度，就能获得一幅感生电势像。若把束感生电流信号引出放大用以控制显像管亮度，形成的像则称为束感生电流像。

（5）荷电（充电）现象

对导体而言，入射电子束感应产生的电荷将通过试样接地而导走，故试样没有电荷的累积。但非导体上多余的电荷就不能导走，产生局部充电现象，使二次电子像产生过强的衬度，即那些部位的像变得很亮（见图 5-13）。

导电材料和非导电材料主要区别之一是它们的二次电子最大产额是不同的，导电材料的 δ_{max} 为 $0.6 \sim 1.7$，而非导电材料的 δ_{max} 为 $1 \sim 20$，且随电阻的增加产额也随之增加。因此，为了消除荷电现象，要在非导电材料表面喷涂一层导电物质（如碳、金等，涂层厚

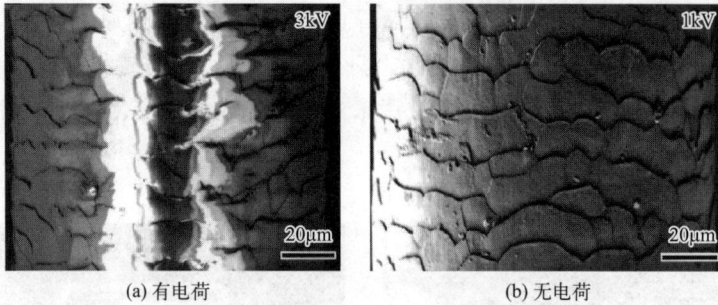

(a) 有电荷   (b) 无电荷

图 5-13　头发在有电荷和无电荷时的图像

度一般为 $10\sim30nm$）。喷涂层要与试样台保持良好的电接触，以使在非导电材料试样表面累积的电荷，能通过该导电层与试样台上的地线接通，将电荷导走，消除荷电现象。导电涂层虽然可以去除充电现象，但它也掩盖了试样表面的真实形貌。现在做扫描电镜工作，能够不喷涂就不做喷涂。解决荷电通常采用降低工作电压的方法，一般电压低于 $1.5kV$ 就可以消除充电现象。

5.3.2　背散射电子发射规律及其成分衬度

5.3.2.1　背散射电子的发射规律

① 背散射电子系数 η 与入射电子束能量和原子序数的关系　η 是背散射电子的系数，表示一个初始电子能产生一个能量大于 50eV 而小于初始能量的电子的概率。背散射系数 η 随靶的原子序数 Z 的增加而增加［图 5-14(a)］。而入射电子束能量对 η 的影响很小，对低原子序数的试样（$Z<30$），η 随入射电子束能量的增加而逐渐降低；对于高原子序数（$Z>30$）的试样，η 随能量增加而缓慢增加［图 5-14(b)］，最后趋向约为 0.5。

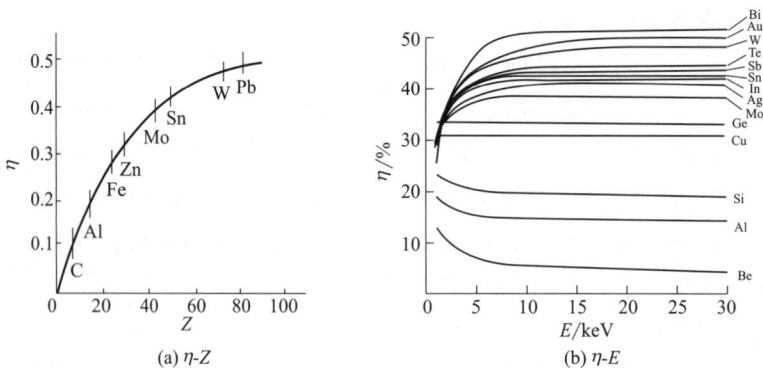

(a) η-Z (b) η-E

图 5-14　背散射电子系数与原子序数和入射电子束能量的关系

② 入射电子方向对背散射电子系数的影响　当电子束垂直入射时，背散射电子的分布近似余弦规律，发射的方向是随机的。当电子束倾斜入射时，背散射电子的角分布呈一个向前的棒形（见图 5-15）。随着入射角 α 的增加，背散射电子系数也相应增加。当入射

角接近掠射角时，背散射电子系数接近于 1。

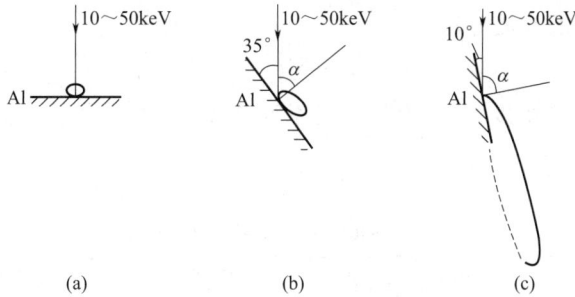

图 5-15　电子束倾斜入射时背散射电子的角分布

探测器的位置直接影响背散射电子检测效率，这与背散射电子发射的方向有关。探测器通常置于物镜下方，与样品正对面的位置，即处于高检出角部位，见图 5-16，探测器是由 A 和 B 两片组成，对收集高能背散射电子非常灵敏。可根据需要，利用电子线路对 A、B 两路信号进行"＋"或"－"操作，分别得到显示衬度的成分像或形貌像。A、B 两个探测器求和，相当于一个大立体角 Ω 探测器，检测效率高。这种探测器可以检测平整或粗糙样品，检测平均原子序数差异的分辨率可优于 1。

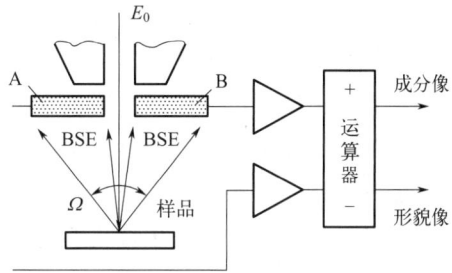

图 5-16　固体背散射电子探测器
（A、B 为两个半圆形硅片，中间有一圆孔，通过电子束）

5.3.2.2　背散射电子成分衬度

由图 5-14 知道，在原子序数 $Z<40$ 的范围内，背散射电子的产额对原子序数十分敏感。故在进行分析时，从试样上平均原子序数较高的区域中比从平均原子序数较低的区域中得到更多的背散射电子，也就是说平均原子序数较高的部位要比平均原子序数较低的部位亮，这就是背散射电子原子序数衬度的原理。因此我们可以利用原子序数造成的衬度变化对材料进行定性的成分分析，试样中重元素区域对应于图像上的亮区，而轻元素区域则对应暗区。在进行高精度的分析时，必须先对亮区进行标定，这样才能获得满意的结果。

由于背散射电子能量大，而且是直线运动，当在前进方向遇到障碍物时，受到阻挡不能进入检测器，从而产生形貌衬度，形成背散射电子形貌像。

与二次电子相比，背散射电子的能量较高。背散射电子的轨迹是直线，能进入探测器的背散射电子仅限于朝着探测器方向呈直线轨迹的背散射电子，即收集到的是从反射台到探测器所张的立体角内的背散射电子，不在立体角范围内的就接收不到。因而背散射电子像有明显阴影，阴影部分的细节由于太暗可能不清晰。

样品如果是由几种不同元素组成的化合物，其背散射电子系数 η 随平均原子序数 $\overline{Z}$ 的增加而上升。在图像中平均原子序数高的区域比原子序数低的区域亮，利用背散射电子像的衬度可以判断样品内相应区域间原子序数的差别，也便于进一步对样品进行各相组织的微区分析。

平均原子序数 $\overline{Z}$ 的计数方法

$$\overline{Z} = \sum C_i Z_i \tag{5-2}$$

式中，C_i 为某元素浓度；Z_i 为某元素原子序数。

例如，计算 SiO_2 的平均原子序数 $\overline{Z}$（表 5-1）。

表 5-1　SiO_2 平均原子序数的计算

元素	原子序数 Z_i	原子量 W_{t_i}	原子数	$C_i = \dfrac{W_{t_i}}{W_{t_{si}} + 2W_{t_o}}$	$C_i Z_i$	$\overline{Z}(SiO_2) = \sum C_i Z_i$
Si	14	28.09	1	0.467	6.538	10.79
O	8	16.00	2	0.532	4.256	

原子序数相近的两个元素产生的衬度低，而原子序数相差大的元素衬度强得多。例如：通过计算 Al-Si 的衬度为 6.7%，而 Al-Au 的衬度为 69%。

利用背散射电子的原子序数衬度来分析晶界上或晶粒内部不同种类的析出相是十分有效的。因为析出相成分不同，激发出的背散射电子数量也不同。这样我们就可从背散射电子像亮度的差别，再根据我们对试样的了解，定性地判断析出物的类型（见图 5-17）。

我们已经知道，二次电子像主要对形貌敏感，背散射电子像主要对成分敏感，但二次电子像中也会有背散射电子的影响，而背散射电子像中也常常伴随有二次电子的影响。因此二次电子像的衬度，既与试样表面形貌有关又与试样成分有关。只有利用单纯的背散射电子，才能把两种衬度分开。采用的方法如下：可以采用一对探测器收集试样同一部分的背散射电子，然后将两个探测器收集到的信号输入计算机处理，可分别得到放大的形貌信号和成分信号。

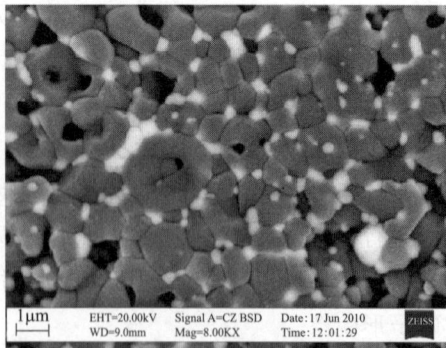

<table>
<tr><td align="center">(a) 氧化锆增韧氧化铝陶瓷</td><td align="center">(b) Pt-Pd复合碳材料催化剂</td></tr>
</table>

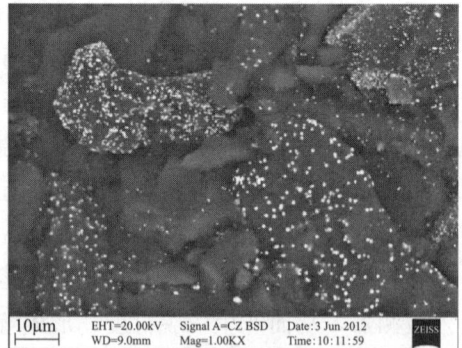

图 5-17　氧化锆增韧氧化铝陶瓷背散射电子像和 Pt-Pd 复合碳材料催化剂的背散射电子像

图 5-18 中的 A 和 B 表示一对探测器，如对一成分不均匀但表面抛光平整的试样做成分分析，A、B 探测器收集到的信号大小是相同的，把 A 和 B 的信号相加，得到的是信号放大一倍的成分像；把 A 和 B 的信号相减，则成一条水平线，表示抛光表面的形貌像

［图 5-18(a)］。若分析有均一成分表面有起伏的试样的 P 点，P 位于探测器 A 的正面，A 收集到的信号较强，而 P 是背对探测器 B，B 收集到较弱的信号。把 A 和 B 的信号相加，二者正好抵消，这就是成分像；若把 A 和 B 二者相减，信号放大就成了成分像［见图 5-18(b)］。如果待分析的试样成分既不均匀，表面又不光滑，将 A、B 信号相加得成分像，相减得形貌像［见图 5-18(c)］。

用背散射电子进行成分分析时，为了避免形貌衬度对原子序数衬度的干扰，要对被分析试样进行表面抛光。而用二次电子像进行表面形貌分析时，则要很好地保护好原始的表面。

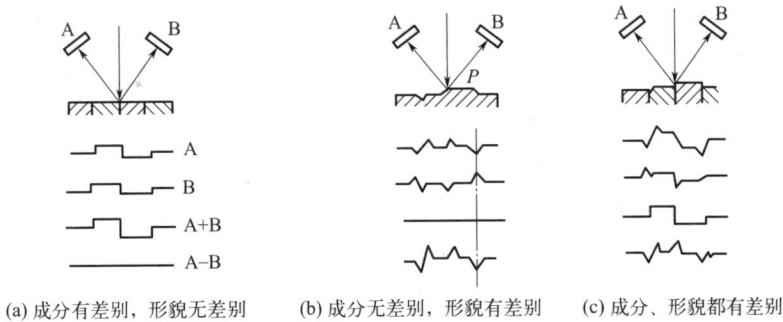

(a) 成分有差别，形貌无差别　　(b) 成分无差别，形貌有差别　　(c) 成分、形貌都有差别

图 5-18　信号加减处理

5.3.3　吸收电子像的成分衬度

吸收电子的强度等于入射电子减去背散射电子和二次电子的强度。由于二次电子随原子序数变化不大，但背散射电子强度与原子序数相关，所以样品背散射电子强的区域，则吸收电子就弱，将样品的吸收电子信号放大，输入视频放大器，输出即为吸收电子像，其衬度与背散射电子像相反。

5.3.4　扫描透射电子像

如果试样适当薄，入射电子照射时会有一部分电子透过试样，其中既有弹性散射电子，也有非弹性散射电子，其能量大小取决于试样的性质和厚度。这部分透射电子可以用来成像，也就是通常所说的扫描透射电子像（STEM 像），如图 5-19 所示。

STEM 像基本上不受色差的影响，像的质量要比一般透射电镜像好，若用电子能量分析器，选择某个能量 E_0 的弹性散射电子成像，像的质量更佳。由于能量损失 ΔE 与试样成分有关，所以非弹性散射电子像，即特征能量损失电子像，也可用来显示试样中不同元素的分布。

STEM 像通常是在 TEM 上取得，因为它要求试样要薄。现在的超高分辨扫描电镜，为了提高分辨

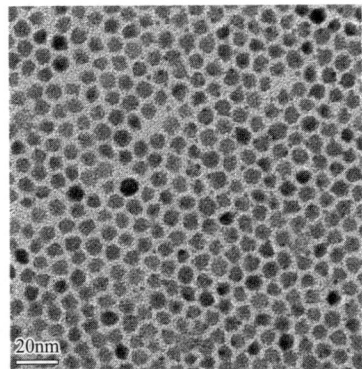

图 5-19　STEM 模式下的 CdS 量子点

率，可将试样放入物镜内的样品台（in-lens sample holder）。这种样品台只能使用厚度为几毫米的试样，这种扫描电镜可以做 STEM 像。为区别于通常在 TEM 上做的 STEM，这种在扫描电镜上做的 STEM 称为 STEM-in-SEM。

5.3.5 阴极荧光像

有些物质在高能电子束轰击下会发荧光，其发光能力常与这些物质中存在激活剂有关。这些激活剂可以是基体物质中浓度较低的杂质原子，也可以是物质中由于非化学计量比产生的某种过剩元素或晶格空位一类的缺陷。换句话说，有些物质在电子轰击下自身会发光，有些物质要借助于杂质原子活化后才能发光。其波长既与杂质原子有关，也与基体物质有关，因此，当入射束轰击试样时，用显微镜观察试样发光颜色或用分光仪对所发射的光谱作波长分析，就可鉴别出基体物质和所含物质。用光电倍增管接收这些信号并用它们来成像就可以显示杂质及其晶体缺陷分布情况。现代的扫描电镜有些就配有阴极荧光谱仪（CL 谱），可以在扫描电镜下观察所研究试样是整体发光还是只在某些部位发光。如不同部位发光是不一样的，CL 谱就可分析各个不同部位发光的波长和强度。例如研究 ZnO 纳米线的发光，可以研究是在纳米线的根部发光，还是头部发光，还是中间部分发光，各部分发光的波长有何不同，等等。扫描电镜上配置的 CL 谱对研究发光材料和半导体材料非常有用，对地质学的研究也很有用，如研究锆石。

5.3.6 电子通道衬度像

电子通道衬度成像（electron channeling contrast imaging，ECCI）是在扫描电镜中基于背散射电子的通道效应观察和表征材料中的晶体学缺陷的技术。电子通道效应是指在成分均匀的晶体材料中，背散射电子的强度随入射电子束与晶面的相对取向而改变的效应。当入射电子束与晶面之间的夹角较大，背散射电子较容易逃逸出试样表面，从而产生较强的背散射电子信号，在图像中显示较高的衬度；相反，入射电子束与晶面之间的夹角越小时，晶面间形成通道，背散射电子多数进入试样内部，逸出试样表面的背散射电子越少，信号越弱，图像越暗，如图 5-20。

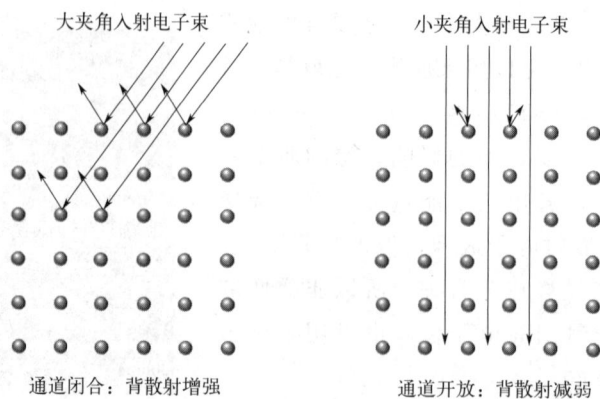

图 5-20　电子通道衬度成像原理

ECCI 相较于传统的透射电镜观察，具有快速、便捷和无损等特点，相较电子背散射衍射则具有更高的分辨率。目前，ECCI 可以观察位错结构、晶界、变形带、晶粒取向等晶体学特征结构，如图 5-21 所示。

(a) 铝合金晶料　　　　　　　　　　(b) 高锰钢

图 5-21　铝合金晶粒及高锰钢中位错与层错的电子通道衬度像

ECCI 信号深度与加速电压值相关，在 30kV 加速电压下可获得 50～100nm 深度的表层信息，平面空间分辨率可高达 8nm。要获得清晰的 ECCI，样品表面需要洁净平整，从而尽最大可能滤掉形貌衬度且没有机械应力损伤；同时要求样品表层无残余应力，表层晶体信息未受到破坏。常规的机械抛光、电解抛光和振动抛光等方法，均可制备出用于背散射成像观察的样品。采用离子研磨抛光仪，可以获得大面积的 ECCI 观察区域。

5.4　扫描电镜图像质量与操作要点

在扫描电镜中，一幅高质量的图像应该满足三个条件：第一是分辨率高，显微结构清晰可辨；第二是衬度适中，图像中无论黑区还是白区中的细节都能看清楚；第三是信噪比好，没有明显的雪花状噪声。三者之间有着必然的内在联系，其中分辨率是最重要的指标。目前扫描电镜分辨率已优于 1nm，图像质量也显著提高，可实现纳米尺度的研究。全面了解影响图像质量的各种因素和它们之间的关系，对充分发挥仪器的性能是非常必要的。

5.4.1　衬度阈

当收看某个远方电视台节目时，荧光屏上会出现很多雪花状噪声，重叠在图像上，亮度起伏不定，从而掩盖了图像细节，常言道"信号太弱"，这种随机噪声限制了信息量。扫描电镜成像同样存在这个问题，解决的方法是设法提高信噪比。为了在荧光屏上得到必要的衬度，在样品上的每个像素至少需要产生 1000 个信号电子。为此，增加入射电子束的强度和延长扫描每帧图像的时间，使电子束在样品每个像素上产生更多的信号电子，提高图像衬度和分辨率。因此，样品衬度 C 与束流 i_b 和帧扫描时间 t_f 存在一定的关系，即

$$i_b > \frac{4 \times 10^{-12}}{\epsilon C^2 t_f} (\text{C/s 或 A}) \tag{5-3}$$

式中，ϵ 为探测器收集效率，通常 ϵ 为 0.25，即每四个激发样品的电子对应收集得到一个信号电子（背散射电子或二次电子），这与探测器的性质和所检测的信号电子有关。式(5-3) 为衬度阈公式。从式(5-3) 可知，为了在选定的帧扫时间和收集效率下检测图像中两点的衬度 C，束流 i_b 有个最低下限值。另外，如果已经选定某个 i_b，从公式可以计算出图像对应的衬度值（如表 5-2 所示）。如果样品本身特性不能形成这个衬度值，就不可能将样品与随机起伏的背景信号噪声区分开。

表 5-2   样品衬度与束流对照表

衬度 C/%	10	5	0.5
束流 i_b/A	10^{-11}	10^{-10}	10^{-8}

5.4.2　分辨率限度

电子束与样品相互作用过程中产生的各种物理信号来自不同的取样深度，选用不同的信号成像，就会得到不同的分辨率。二次电子能量低，一般小于 $50eV$，在样品中穿行的平均自由程不足 $10nm$，只能从表面浅层里出射，在这个区域里，入射电子与样品原子仅发生有限次数的散射，基本上未经横向扩散就激发出大量二次电子。因此，认为在样品上方检测到的二次电子主要来自与扫描束斑直径相当的区域。在理想情况下，二次电子像的分辨率应等于束斑直径。另外，二次电子对微区形貌最敏感，所以扫描电镜分辨率的确定是以二次电子像为依据，各生产厂家均遵循这个规定，二次电子像的分辨率即为扫描电镜分辨率。

分辨率是衡量仪器性能的一个重要的综合性指标，在扫描电镜中，最终获得的分辨率受四个主要因素的限制：①仪器的电子光学限度；②样品的自然衬度；③样品中信号的取样区限度；④周围环境的影响。以下逐一讨论。

5.4.2.1　电子光学限度

电子光学系统的作用是将 d_0 的电子源逐级缩小，提供一个直径最小的扫描束斑 d_{min} 和最大的束流 i_{max}，以满足图像分辨率和衬度要求。在理想状态下，如果电子光学系统的缩小倍率 M 足够大，就可以获得无限小的最终扫描束斑 d_p，电镜的分辨率非常高。但实际并非如此，电子光学系统的像差造成最终束斑总是一个有限尺寸的弥散斑，这就是分辨率的电子光学限度。

像差的影响主要是球差（d_s）、色差（d_c）和衍射差（d_d），像散可以消除掉。把理想束斑 d_k 和 d_s、d_c、d_d 作为误差函数考虑，最终束斑 d_p 为

$$d_p = (d_k^2 + d_s^2 + d_c^2 + d_d^2)^{1/2} \tag{5-4}$$

$$d_k = \left(\frac{i}{B\alpha^2}\right)^{1/2} \tag{5-5}$$

式中，B 为电子枪亮度因子；α 为孔径角。

通常前级聚光镜所形成的电子束交叉斑直径比较大，透镜像差影响相对较小。物镜是最终束斑形成透镜，束斑直径被进一步缩小，物镜像差对分辨率的影响最为重要。电子束斑大小是提高分辨率的关键，使用高亮度场发射电子枪、减小电子光学系统像差、改进检测系统等等，均为减小束斑直径行之有效的方法。

5.4.2.2　样品的自然衬度

当观察光盘表面的污染斑，或硅片表面的镀膜层时，不论如何按照获得最佳图像的条件来调整电镜，都不能得到一幅高倍的满意图像，有时甚至误认为仪器出了毛病。这类样品包括玻璃、光亮镀层、抛光材料等等，表面相当光滑或平坦，各个相邻部位的信号电子产额变化不大，即样品本身具有的自然衬度低，为了便于观察，根据衬度阈公式可知，要选用大的电子束流，这时束斑 d_p 显著变大，因此不能得到分辨率好的高倍图像。有时需要倾斜样品或借助微分放大功能处理图像，突出微小信号强度的差别。现在各厂家采用的标样为碳上的镀金颗粒。碳的二次电子产额低，但表面分布很多二次电子产额高的金颗粒，这种样品的自然衬度高，获得高分辨率图像比较容易。

5.4.2.3　取样区限度

在实际观察样品时会出现这类情况，在小束斑直径下能够获得足够的束流观察到对应的衬度，但图像有些部位的细节仍然不清晰，特别是观测非均相样品时。其原因是样品上观察区域的空间分辨率明显大于束斑尺寸。这就是样品取样区对分辨率的影响。例如，某样品由两种原子序数相差大的元素组成，两相之间有原子尺度的分界面，但在检测背散射电子信号时发现其强度在边界处是逐渐变化的，如图 5-22 所示。因此背散射电子像中没有两相明显清晰的边界，这是相互作用区对分辨率的影响。

样品出射的二次电子主要是由电子束激发产生，但实际情况要复杂得多。在图 5-23 中，二次电子探测器置于样品上方，它总共接收四部分信号电子——SE_1、SE_2、SE_3、BSE_4，前三类为二次电子。其中 SE_1 来自电子束入

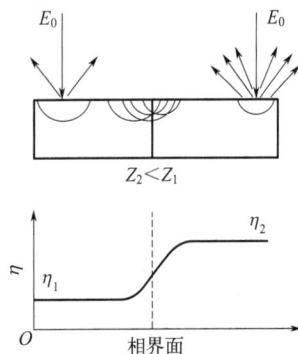

图 5-22　取样区造成的边界效应

射区，是有用的成像信号，反映微观细节，它的取样区 L 小于 $10nm$，可以形成高分辨率图像；SE_2 是深处背散射电子在出射样品过程中产生的，且远离电子束入射区，其范围可能达到入射电子在样品内的整个扩散区，取样深度为微米量级，所占比例大，在重元素中可达 50% 以上，形成图像中明亮的背景信号，降低了图像衬度，影响分辨率；SE_3 是出射的背散射电子激发样品室内零部件所产生的，所占比例小，对图像影响不大；BSE_4 是以小立体角直射探测器的背散射电子，对图像形成阴影效果。这四种电子出处各异，但探测器不能区分，全部收集，成像信号来自较大的相互作用区，使分辨率下降，这也是取样区对分辨率的限制。

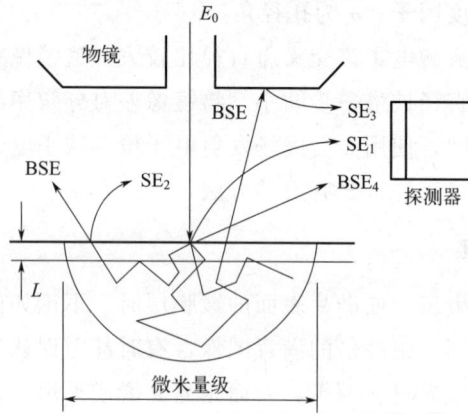

图 5-23　探测器收集信号的组成

　　为了提高图像分辨率，必须设法抑制那些造成背景信号的二次电子 SE_2。在常规扫描电镜中只能减小加速电压，使作用区变小，但电子束亮度会明显下降，图像衬度和信噪比变差。在场发射扫描电镜中，物镜内安装环形二次电子探测器，见图 5-24，在小工作距离或低加速电压下操作，SE_1 被物镜下部安装的静电透镜加速，从物镜极靴内孔直上，会聚到探测器表面，SE_2 和其他电子被排斥，分辨率显著改善。探测器选用钇铝石榴石（YAG）晶体代替闪烁体，灵敏度更高。从图 5-25 可见不同探测器对图像衬度和分辨率的影响。使用二次电子探测器获得的高倍照片，每个颗粒的微观细节非常清楚，可见，探测器的改善对提高分辨率有益。

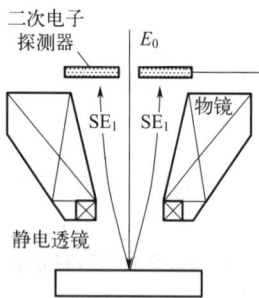

图 5-24　物镜内探测器

(a) 常规E-T探测器　　　(b) 二次电子探测器

图 5-25　SiC 颗粒成像

5.4.2.4　周围环境的影响

　　电镜实验室的周围环境必须满足仪器安装规定的各项要求，尤其是地基震动、杂散磁场和接地电阻，直接影响仪器的分辨率。当存在较大的杂散磁场和低频振动时，会影响信号电子的运动轨迹或造成电子束畸变，致使图像轮廓粗糙，出现尖角和毛刺，亮度不稳定，有时还会叠加上干涉条纹。场发射扫描电镜是超高精度仪器，对周围环境提出更高要求，甚至在仪器附近大声说话和机械噪声都会引起高倍图像失真。

5.4.3　电子束斑直径与电流的关系

电子束的最终束斑尺寸 d_p 直接影响图像分辨率。人们总希望电子光学系统可以提供最小的束斑 d_{min}，又可获得最大的束流 i_{max}，因此必须建立 i_{max} 与 d_{min} 之间的关系。最终束斑直径 d_p 从式(5-4) 导出

$$d_p = (d_k^2 + d_s^2 + d_c^2 + d_d^2)^{1/2} \tag{5-6}$$

将各直径分别代入式(5-6)，得

$$d_p^2 = \left[\frac{i}{B} + (1.22\lambda)^2\right]\frac{1}{\alpha^2} + \left(\frac{1}{2}C_s\right)^2\alpha^6 + \left(\frac{\Delta E}{E}C_c\right)^2\alpha^2 \tag{5-7}$$

式中，前两项为衍射和球差的影响，当加速电压在 $10\sim30\text{kV}$ 时第三项色差不考虑。将式(5-7) d_p 相对孔径角 α 进行微分求最大值，得到一个最佳的 α_{opt}，这时束流 i 应该最大，束斑直径应该最小，其关系如下（即束斑直径和束流的理论限度）

$$d_{min} = 1.29 \times C_s^{1/4}\lambda^{3/4}\left[7.92 \times \left(\frac{iT}{j_c}\right) \times 10^9 + 1\right]^{3/8} \tag{5-8}$$

$$i_{max} = 1.26 \times \left(\frac{j_c}{T}\right) \times \left(\frac{0.51d^{8/3}}{c_t^{2/3}\lambda^2} - 1\right) \times 10^{-10} \tag{5-9}$$

$$\alpha_{opt} = (\alpha/C_s)^{1/3} \tag{5-10}$$

式中，j_c 为电流密度，A/cm^2；T 为绝对温度，K；括号外的系数部分表示了当束流 i 为零时的束斑极限直径，实际上束流是不可能为零的。该公式可简化为

$$i_b = KC_s^{-2/3}Bd^{8/3} \tag{5-11}$$

式中，$i_b = i_p$；K 为常数；B 为电子枪亮度因子；C_s 为球差系数。

从式(5-11) 可见，电子束流与束斑直径按 $\frac{8}{3}$ 次方的关系影响图像质量。首先，对于低倍图像，利用聚光镜调节加大束斑尺寸，束流会大幅度上升，图像质量明显提高；其次，选用较高的加速电压，提高电子枪亮度，束流显著增加，可以选用小束斑成像，提高图像分辨率；最后，使用锥形物镜，其球差系数仅为常规物镜的十分之一，束流提高五倍。另外，利用高亮度场发射电子枪，i_b 与 d_{min} 之间为 $\frac{3}{2}$ 次方关系，这意味着给定束流所对应的束斑比热阴极情况下小得多，适于小束斑、强束流工作，有利于高分辨成像。

5.4.4　操作要点

现代扫描电镜的操作步骤大部分由计算机控制，使用者把样品放入仪器，抽真空、加高压、调焦和变倍、图像亮度和衬度自动调节、拍照和记录图像。整个过程很简单。但是，为了获得满意的图像，在使用仪器前，应该根据研究课题的要求，选择合适的仪器工作条件，了解主要操作步骤对仪器性能发挥的影响，确定成像方式，这对于使用者是必要的。

5.4.4.1 电子光学系统合轴

扫描电镜的电子光学系统由电子枪、聚光镜、物镜和物镜光阑组成，为保证电子束沿这些部件的轴线穿行，必须调节这些部件同轴，这就是"合轴调整"，也称"轴线对中"。合轴好的系统成像最亮，像差最小，分辨率明显改善。

① 电子枪与透镜合轴　扫描电镜的聚光镜和物镜是一体化安装，出厂前它们的光轴已经合好，使用过程中的合轴调整以该光轴为基准。电镜工作时电子枪经常开或关，灯丝尖端会有轻微变形，所以每天开机后最好进行一次合轴调整，只需转动合轴旋钮控制电子束偏转，使图像最亮即可。当更换新灯丝后，有的电镜还需要调整电子枪平移机构进行预合轴。现代电镜通常提供自动合轴功能，操作简单。

② 物镜光阑合轴　为了获得高倍、高分辨图像，物镜光阑的选用与合轴调整是关键。通常物镜光阑靠近下极靴安装，有四档不同直径的孔供选择，例如 $50\mu m$、$100\mu m$、$200\mu m$、$300\mu m$，见图 5-26。可以通过镜筒外的把手，把需要的光阑推入光路。选用小孔光阑，不但改善景深，而且可以减小像差，提高图像分辨率。如果小孔光阑不合轴，对于

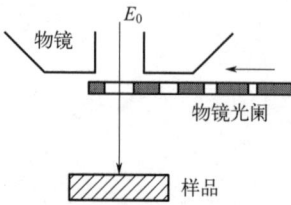

图 5-26　四孔物镜光阑

图像质量的影响要比选用大孔光阑严重得多，而且在调焦过程中图像随之移动，高倍图像移动幅度更大，图像也不清晰，这也是判断光阑是否合轴的有效方法。因此光阑中心必须仔细与透镜合轴，其步骤如下：微调控制光阑 X、Y 方向移动的旋钮，再调焦，观察图像是否还有移动，两个操作反复进行，直到高倍图像不随调焦过程移动，物镜光阑就已合轴。有的电镜提供调焦摇摆功能（focus wobble），选用该功能，如果光阑不合轴，图像不但晃动，而且摇摆，可反复调节 X、Y 位置电控合轴，直到图像不移动，就可以关闭摇摆

器，该法省去每次交替手动聚焦操作。用上万倍图像进行光阑合轴调整效果好。对于选用大孔光阑或只需要几百倍图像，光阑稍有偏离影响不大。物镜消像散调整要在光阑合轴的基础上进行。整个的合轴过程也可利用法拉第杯监测束流，合轴后的束流应该是最大值。

5.4.4.2 加速电压的选择

加速电压对于钨丝枪通常选 15～20kV，场发射枪选 5～10kV，然而这并不是绝对的。有些热敏样品，例如纤维、橡胶、塑料、食品、有机物或生物材料等等，高加速电压会引起热损伤或荷电效应，分别见图 5-27，对于这类样品即使镀了导电膜层也无济于事，必须选用 10kV 以下的加速电压或减低束流操作。有时为了观察样品表面细节，加速电压高电子束穿透太深，表面细节看不到，因此需选用 1～5kV 的低加速电压观察。低电压操作时，对仪器进行调整需要有一定经验。

5.4.4.3 工作距离的选择

图 5-28 是由聚光镜和物镜组成的电子光学系统，左右两图的光路在物镜以上的部分均相同，只是物镜光阑下部的工作距离 WD 不同。电子源 d_0 经聚光镜缩小到中间像 d_i，然后以相同的孔径角 α_0 被物镜进一步缩小，形成样品上的最终束斑 d_p。从图可见物镜的

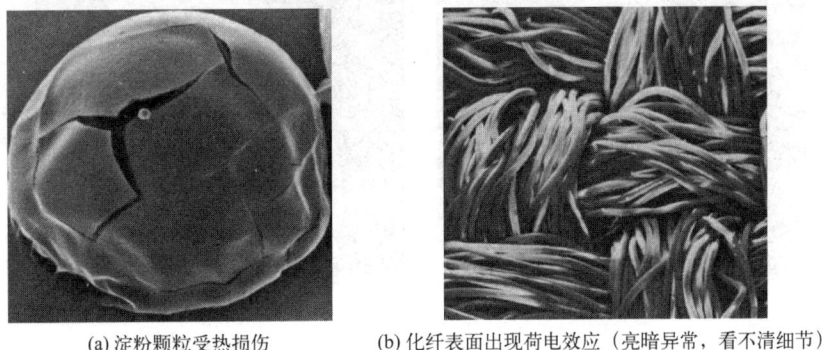

(a) 淀粉颗粒受热损伤　　　(b) 化纤表面出现荷电效应（亮暗异常，看不清细节）

图 5-27　加速电压过高引起样品损伤与荷电效应

缩小倍率为 $\dfrac{S_1}{WD}$，当工作距离 WD 增加，见右图，其缩小倍率减小，因此样品上的束斑变大，使分辨率下降，但孔径角 α 减小，景深增加。利用短工作距离，如左图，优点是束斑尺寸小，改善分辨率，但景深差。通常工作距离可在 $5\sim30\mathrm{mm}$ 范围内选用，观察高分辨率图像时可选用小于 $5\mathrm{mm}$，而观察粗糙断口表面时可选用 $30\mathrm{mm}$，以获得最大景深，如图 5-29。

5.4.4.4　物镜消像散

　　物镜存在像散，就无法获得清晰的高倍图像。多数电镜均有自动消像散功能，但是对几万倍的图像不起作用，必须利用消像散器手动消除像散。

　　① 像散的识别　对高倍图像聚焦总是不清晰是像散的影响。聚焦的含义是指利用调焦旋钮或鼠标反复调节物镜的聚焦能力，使电子束会聚在样品表面，这时束斑直径最小，也称为正焦点（on focus）位置，图像应该最清晰。调整焦点位置是个反复过程，总是从欠焦（under focus）位置到正焦点，再到过焦（over focus）位置，或者反过来，见图 5-30。如果在

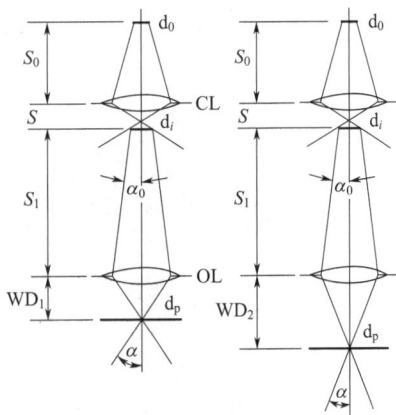

图 5-28　工作距离的选择

欠焦和过焦两个位置图像在相互垂直方向上出现模糊，并拉长，证明有像散，图像即使在正焦点也不清晰。

　　② 像散的消除　首先将图像聚焦到正焦点位置，交替调节消像散器的 X、Y 控制，再反复调焦，判断图像是否拉长，如果仍然有像散，但有变小的趋势，再重复上述过程，直到图像从模糊到清楚是以同心方式变化，像散就消好了，图像在正焦点位置最清晰。消像散最好选择一个圆形特征物进行。图 5-31 为消像散实例。

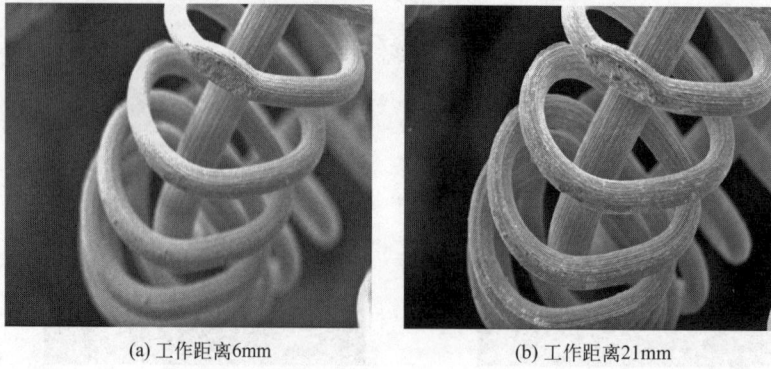

(a) 工作距离6mm　　　　　　　　(b) 工作距离21mm

图 5-29　钨灯丝表面细节（放大 400×）

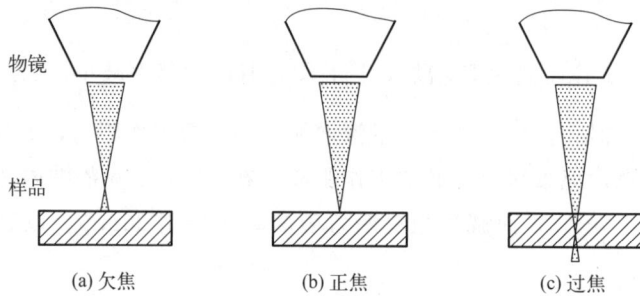

物镜

样品

(a) 欠焦　　　　　　　(b) 正焦　　　　　　　(c) 过焦

图 5-30　调焦过程

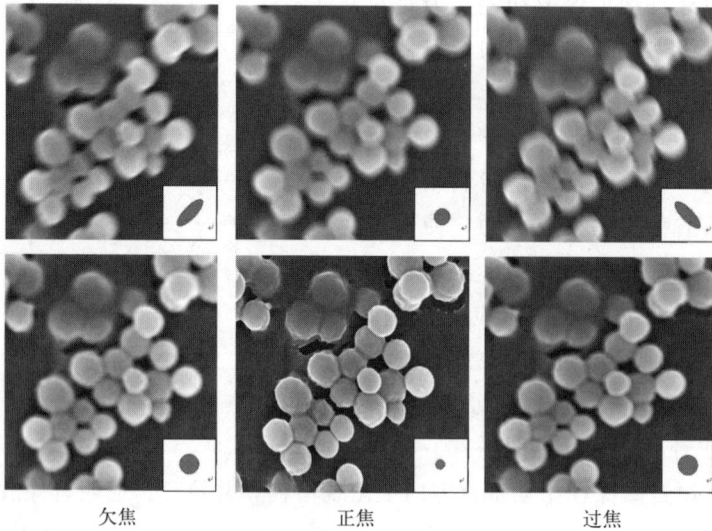

欠焦　　　　　　　　正焦　　　　　　　　过焦

图 5-31　判断像散存在与消除

（图中为 SiO_2 纳米颗粒，放大倍率 $30k×$。上排：像散存在，在欠焦和过焦位置图像拖尾，
两个拖尾方向相互垂直。正焦点图像不清楚。下排：像散消除后，在欠焦和过焦位置图像是同心模糊，
没有拖尾。正焦点图像清楚。每幅照片右下角为对应电子束斑形状示意图）

电镜使用久了，像散会增大，不管如何消像散，甚至几千倍图像都不清楚，多数是由物镜光阑脏了造成的。光阑孔只有微米级大小，周围如果黏附有污染物，例如颗粒样品与样品台没有固定牢，会飞溅起来并黏附在光阑孔边，电子束通过光阑孔时，束斑变成非轴对称，引起较大的像散。因此，物镜光阑要定期清洁。

5.5　低真空与环境扫描电镜

对于某些导电性差的材料，例如半导体、集成电路、印制板、电脑零件、纸张、纤维，或者含水的动植物样品，要求直接观察微观形貌，使用常规高真空扫描电镜受到限制。现在各电镜厂家均可提供低真空（low vacuum）或可变压力（variable pressure）操作模式，通常在电镜型号后缀有 LV、VP 或者 N(nature)，以便识别。这类扫描电镜具备两种工作模式，即高真空模式（HV）和低真空模式（LV）供选择。

环境扫描电镜（environmental scanning electron microscope，ESEM）的开发又是技术的重大突破，拓宽了电子显微技术的应用领域。早在 1987 年，澳大利亚科学家提出了环境电镜的理念和装置，1989 年由美国 Electro Scan 公司推出第一台商用环境扫描电镜，简称环扫电镜。如今环扫电镜已经占有扫描电镜市场相当大的份额，开辟了全新的应用领域，被应用于大量过去不可能进行的课题，推动了材料、半导体、生命科学、动植物学、冶金、化工、轻工、农林、医药、环保、矿产、石油、考古等领域的分析工作。

5.5.1　低真空扫描电镜原理与特点

① 直接观察不导电材料或动植物样品　常规扫描电镜样品室的真空度保持小于 10^{-3} Pa 高真空，对样品有严格要求。而 LV 模式下样品室的真空压力可以调节，通常在 $1\sim130$ Pa 可变，有的可以变化到 300Pa 或 500Pa。样品室的真空度不太高，仍然有大量的气体分子存在，入射电子和信号电子把样品附近的气体分子，诸如 O、N 电离，这些离子在附加电场作用下向样品运动，中和表面积累的电子，消除充电现象，选用较高的加速电压可以正常工作。

② 样品制备简单　动植物样品不必固定、脱水、镀膜，可直接观察，避免复杂的制备过程。

③ 适合观察放气样品　某些样品多孔，或者不致密，内部吸附大量气体，例如水泥、陶瓷、粉末冶金制品等，放入样品室抽真空，由于样品放气，达到真空需要很长时间。采用 LV 模式，可以明显提高工作效率。

④ 为复合材料动态拉伸观察提供方便　不导电复合材料在拉伸实验前通常镀膜，但在拉伸过程中，随材料的伸长，导致电膜破裂，所感兴趣部位严重充电，不能看清形貌。但若采用 LV 模式，可解决这个难题。

⑤ 适合对非导电样品直接进行成分检测　某些样品由于还有其他检测项目，不允许进行导电处理，虽然可以选用低加速电压直接观察，但不能进行成分分析。利用低真空模

式，可以选用 $15\sim30\mathrm{kV}$ 的加速电压观察样品，既可消除样品充电，又能直接检测样品成分。

5.5.2　仪器

带有 LV 模式的扫描电镜在真空系统、探测器系统和物镜光阑上有较大的变化。

5.5.2.1　真空系统

为保证样品室的真空可调，真空系统使用一个压差光阑，实现两级真空。电子枪镜筒利用机械泵和扩散泵抽真空，保持高真空状态。LV 模式下的样品室只利用机械泵抽真空，并通过一个针阀，自动调节进入样品室的空气量，改变样品室的低真空状态，压差光阑确保镜筒以上的高真空不受影响。有的电镜使用两个机械泵分别控制。对于有可变压力模式（VP）的场发射电镜，真空系统更独特，利用三个压差光阑，使真空系统分四区。电子枪由单独离子泵抽真空（$10^{-8}\mathrm{Pa}$），下部是缓冲区，由另一个离子泵抽真空（$10^{-4}\mathrm{Pa}$），镜筒部分由分子泵和机械泵抽真空（$10^{-3}\mathrm{Pa}$），在 LV 模式下，隔离阀关闭，把镜筒与样品室隔开，样品室由机械抽真空，压力在 $1\sim130\mathrm{Pa}$ 可调，这种系统能够保证样品室在低真空状态下不会影响高真空区，提供高质量电子束，而电子枪灯丝的寿命又不受影响。

5.5.2.2　探测器系统

常规探测器的闪烁体和光电倍增管上都加有上千伏的高压，因此必须在高真空环境下工作，如果在低真空下会引起放电、打火，甚至损坏。因此 LV 模式下的探测器有特殊的要求，现在采用的探测器有以下几种。

①背散射电子探测器（BSED）　样品射出的背散射电子由于能量高，不受残余气体分子的影响，可以直接到达探测器。有的简易台式扫描电镜甚至只安装一个背散射电子探测器，分别用于高真空和低真空两种模式。由于背散射电子来自样品较深的部位，图像的形貌细节较差。

②可变压力二次电子探测器（VPSED）　在 VP 模式下，样品附近的二次电子在电场作用下被加速，电离气体分子，产生大量电子，这些电子再去电离气体分子产生电子，这是"雪崩放大效应"，而这些电子在电离的过程中还会释放出大量光子，这些光子携带二次电子的信息，被 VPSE 探测器接收，见图 5-32(a)。背散射电子引起的电离还不到低能二次电子的 1%，所以这种探测器提供的是二次电子图像。在场发射电镜的 VP 模式下，分辨率可达 2nm（30kV）。

这种探测器在常规 E-T 探测器闪烁体的前方装置一个微孔差分板（microlens differential barrier），加 500V 电压，其作用有二：①相当一个"差分泵"，把闪烁体空间和样品室的高低真空分割开来，闪烁体空间利用专门的小型分子泵抽真空，即使工作在 LV 模式，仍然保持高真空状态。②闪烁体上的 10kV 高压静电场穿过微孔，经过微孔板的 500V 电压的作用，每个微孔部位如同显微透镜一样，聚焦由探测器前部收集帽采集的大量二次电子，经加速后被闪烁体收集。这种探测器充分发挥 E-T 探测器的优点，灵敏度高，信号反应速度快。在 LV 模式下可以提供高分辨率的形貌细节，图 5-32（b）为原理简图。

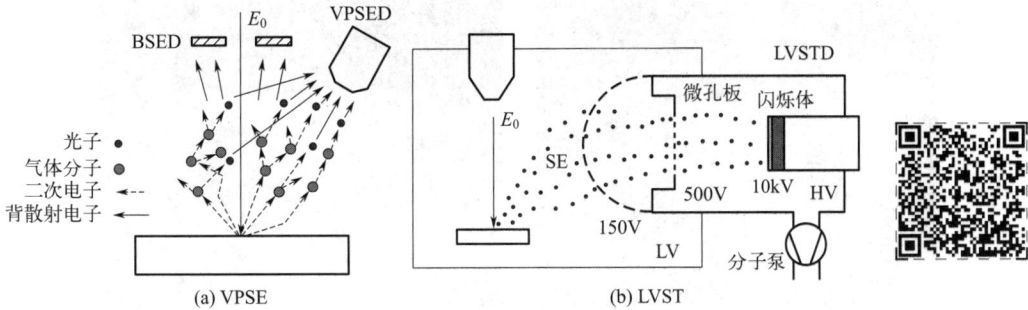

图 5-32　德国 Zeiss 公司的 VPSE 探测系统和捷克 TESCAN 公司的 LVST 探测系统

5.5.2.3　物镜光阑

常规扫描电镜的物镜光阑通常安装在物镜下极靴附近，可以有效地减少像差，提高图像分辨率。但在低真空模式，样品室内的残留气体容易污染光阑孔。多数具有 LV 模式的扫描电镜的物镜光阑均安装在物镜上部，位于高真空区域。

5.5.3　操作

5.5.3.1　低真空目标值的选择

低真空目标值的选用没有一个固定的规则，因样品的特性而异。样品的绝缘程度越高，样品室的真空度要求越低，对于含水样品同样如此。一般先关高压，转入 LV 模式，选用小于 50Pa 的低真空目标值，通常只需数秒钟，样品室真空度达到目标值后，即可开高压进行观察。目标值选用应该就低不就高，1Pa 可以解决充电问题的话，就不要选 2Pa。目标值的选择应连续可调。低真空如果数百帕，会引起新的问题，电子束受到气体分子严重散射，图像质量变差，不能获得高倍图像。

5.5.3.2　含水样品的观察

在 LV 模式下，含水样品或者经过初步冷冻干燥的样品，仍然会失去水分，造成观察假象。对这类样品进行观察时应快速进行。另外每次观察样品最好逐个进行，不要把几个样品一起放入样品室。观察含水样品的最佳方法是在 LV 模式下利用低温冷冻样品台，样品中的水分可以保持，不必镀膜，直接观察，避免脱水造成的假象。

5.5.3.3　探测器的选择

LV 模式下背散射电子形貌像类似"阴天"拍摄的照片，有些"郁闷"，而二次电子像光鲜明亮、立体感强，形貌清晰。LV 模式的二次电子探测器是最佳选择。这类探测器现各厂家均有专利产品，其原理结构介绍甚少，是电镜的选购件，有条件的应该配备。图 5-33 为金线焊点的低真空二次电子像，图 5-34 是玻纤经过浓度 5% 盐水浸泡晾干后的形貌，图 5-35 是消毒纱布的形貌。其中两种纤维均不导电，利用低真空直接观察，玻纤上的盐颗粒和棉纤上的 Ag 颗粒清晰可见，两者均为背散射电子像。

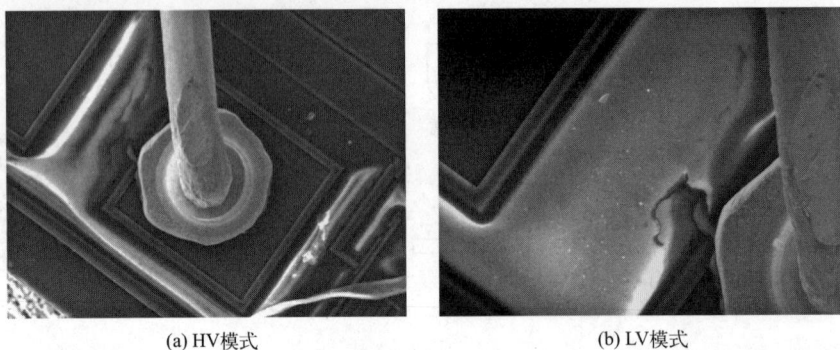

(a) HV模式　　　　　　　　　　　　(b) LV模式

图 5-33　金线焊点（25Pa， LVST 探测器）

［(a) 硅部位在 HV 模式下严重充电，见白色区域（20kV，1000×HV 模式）；

(b) 在 LV 模式下，硅表面的缺陷和颗粒清晰可见（20kV，2000×LV 模式）］

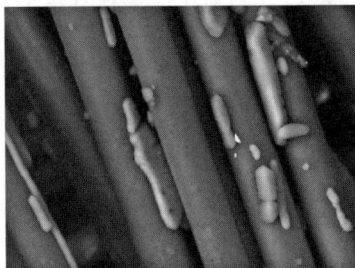

图 5-34　玻纤与盐结晶

（20kV，1500×LV 模式，50Pa，BSE 探测器）

图 5-35　消毒纱布与 Ag 颗粒

（20kV，1500×LV 模式，50Pa，BSE 探测器）

5.5.4　环境扫描电镜概念

常规扫描电镜工作在高真空环境，限制了其应用范围。为直接观察非导电材料或含水样品，出现了低真空工作模式（LV 模式）。但是对于新鲜动植物、潮湿或含水含气材料、高分子、黏合剂、油性物质等等，低真空模式仍然不能满足该类材料的要求。例如：生羊毛或棉纤维均含水、黏附油脂和灰尘、不导电，据说澳大利亚人为了在自然状态下直接观察羊毛，促使澳大利亚羊毛工业注重环扫电镜的研发。

"环境"是指样品室的真空压力、温度、气氛等工作条件，可以根据样品的特征或研究课题进行设置和调整这些参数。样品室可通入水蒸气或混合气体，气压最高可达3000Pa，使样品可以在比较接近天然的"环境"下检测，大部分不导电或含水样品均可直接观察。图 5-36 为水的三态平衡相图，A 点为三相共存条件：压力 609Pa，温度 0℃。如果样品在电镜中处于这个环境可以保持水分，直接观察样品的自然状态。这是一个临界状态，实现困难。在 LV 模式下，压力最高可调到 500Pa，常温样品所含水分仍在气相区，所以在观察过程中水分还在不断蒸发，如果使用样品冷台，样品温度保持在冰点以下，水分冻结得以保持。B 点为水饱和蒸气压条件：2700Pa，22℃。这是在常温状态下，调整样品周围压力等于或大于 2700Pa，可进行含水样品的原生态观察。环扫压力条件在 500～3000 可调，为不同类型样品的直接观察提供了较宽的选择范围。环扫电镜可以利用样品加热台，材料加温最高可达 1500℃，观察温度对材料特性影响的动态过程。因此，具有"环境"功能的电镜称为环扫电镜，其本质是一种工作模式，即环扫模式（ESEM 模式）。环扫电镜的核心技术是多重压差真空系统和气体二次电子探测器。

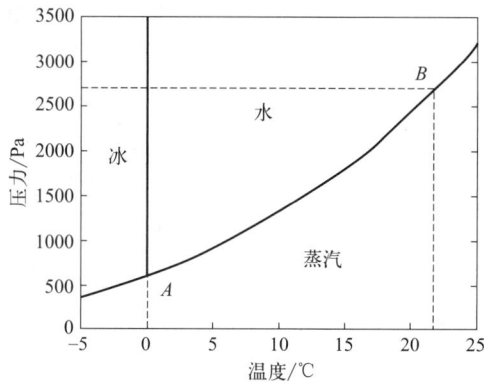

图 5-36　水的三态平衡相图

5.5.4.1　真空系统

在 LV 模式中已经讨论了真空度分区的概念，在 ESEM 模式同样利用几个压差光阑、真空阀和机械泵把电镜的真空系统分割为几个真空度按梯度变化的区域。从电子枪室向下，真空度逐渐下降，样品室的真空度可以下降到最低值（3000Pa），而又不影响镜筒以上部分的正常工作。从图 5-37 可见在物镜下极靴附近有一真空夹层，夹层上下各有一个压差光阑（也称限压光阑，PLA1、PLA2），夹层直通机械泵，保持 1～20Pa 的压力，这形成样品室与镜筒间的一个真空缓冲过渡区。当镜筒和样品室抽真空时，压差系统完全由计算机程序控制，自动开启或关闭相应的阀门，达到事先设定的真空值。为控制样品中或样品周围的湿度，样品室与一水瓶相连，向样品室注入水蒸气。为了适应某种应用，也可以引入其他气体，例如氧、氩、甲烷。从 ESEM 模式转到 HV 模式也很方便，只需夹层和样品室同时与高真空通道接通。

环扫电镜有三种工作模式：HV、LV、ESEM。按样品室的真空范围大致划分如下：HV 模式真空度＜10^{-3}Pa，LV 模式真空度为 1～500Pa，ESEM 模式真空度为 500～3000Pa。

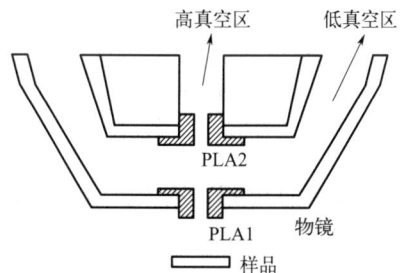

图 5-37　末级压差光阑组合

5.5.4.2 气体二次电子探测器

(1) 原理

在 ESEM 模式下使用的探测器称为气体二次电子探测器（gaseous secondary electron detector，GSED），紧靠下压差光阑安装，正对样品，可以在高气压下工作。GSED 由抑制电极和探测环组成，两者均加几百伏正偏压，吸引样品出射的二次电子，这些原生二次电子被加速，与气体分子相互作用，使其电离，产生额外的二次电子（也称环境二次电子）和正离子。这种加速、电离的过程不断重复（倍增），使原生二次电子信号呈比例级数放大，探测环收集到这些信号直接送入放大器，经过放大后的输出电压 V_{out} 很好地反映了输入信号，最终在荧屏上成像。抑制电极是样品出射的背散射电子（BSE）的陷阱。如果没有抑制电极，BSE 直接激发物镜下表面产生大量 3 型二次电子（SE_3），被探测环接收，影响图像衬度。由于探测环的面积远小于抑制电极，直接收集到的 BSE 的比例很小，对图像分辨率影响不大。图 5-38 为原理简图。

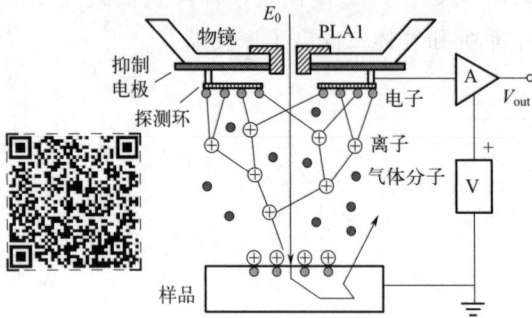

图 5-38 工作在 ESEM 模式下的气体二次电子探测器的原理

(2) 特点

a. 探测器驱动不需要几千伏的高压，可以在低真空气体环境下工作，故可较好地观察潮湿或含水样品。

b. 信号的放大是靠气体电离进行，不需要闪烁体和光电倍增管。GSED 对光和热不敏感，可以直接观察发光材料，可以利用样品加热台。

c. 对于非导电样品，表面有负电荷沉积时，会吸引正离子与其中和，消除充电效应。绝缘体不需要导电处理就可直接观察。可以安装拉伸台，原位研究聚合物或复合材料机械拉伸变形过程中形貌等参数的动态过程。

d. 探测器检测二次电子信号是依赖样品室内适量气体的电离，气体实际上是一种探测介质。改变探测器偏压可以调节信号增益和适用不同的气体。由于水蒸气获取方便、无毒、容易电离、成像性能好，因此是常用气体。

5.5.4.3 限度与措施

① 真空度 因为 ESEM 模式下的低真空并非大气压力，样品的水分仍会蒸发，只是相对 LV 模式而言，蒸发较慢。因此在 LV 模式下提到的操作注意事项在 ESEM 模式下同样适用。

② 工作距离（WD） 通常指样品表面到物镜极靴底部间的距离。在 ESEM 模式下，WD 的大小对成像质量影响大。高能电子束离开电子枪，经过多重压差系统，由于真空度

呈梯度降低，而受到气体分子的碰撞越来越强，直到出射 PLA1 光阑后，受到更强烈的碰撞，使入射电子束斑明显变大。另外，那些被碰撞出去的高能电子，也称"裙边电子"（skirt electron），在远离主电子束的入射区域激发样品的二次电子，必然降低图像的衬度。因此选用低工作距离对成像有益。实验证实当距 PLA1 光阑 1～2mm 之内、压力 1330Pa 时，检测到的信号绝大部分来自电子入射区的二次电子。WD 过长造成信号收集效率低、成像质量差；WD 过短也会影响气体分子碰撞效果。WD 的选择要根据样品的特性和样品室的环境条件而定，注意摸索最佳的 WD。如果在 WD 短的情况下工作，样品表面的高度起伏不能相差太大，注意样品移动时不要碰到探测器和光阑。

③ 冷台的使用　在 ESEM 模式下，冷台温度和样品室压力的设置非常重要。为保持生物样品的原生态，温度和压力设置必须使样品中的游离水处于临界状态，即水分不蒸发也不凝结，但针对不同生物样品，温度和压力条件也是不相同的，这需要在实践中积累经验。

④ 操作　从 HV 模式转换到 ESEM 模式，必须安装气体二次电子探测器，操作软件也要相应转换，前后要十几分钟，并不是按一下鼠标就可操作。若再转换回 LV 模式，需要更长的时间等待。

在 HV 模式观察生物样品，样品均经过处理和制备，表面镀膜，样品在电子束下相当稳定，操作者不需忧虑样品，只需按照常规操作，获得高质量图像是轻而易举的事。但在 ESEM 模式直接观察含水样品，未经制备，通常二次电子产率低，信噪比差。因此，对加速电压、束斑直径、扫描速度、衬度亮度都要根据经验进行选择。另外，由于不同样品的性能差异大，样品室真空度的选择也要摸索。ESEM 模式观察含水样品的操作有一定难度，必须花时间摸索规律，注意积累经验。这类样品的图像衬度一般比较昏暗朦胧，但只要能够提供微区细节，也是可以接受的。

⑤ 污染　在 ESEM 模式下对含水、含油污的样品进行观察，从结构设计上保障不会对镜筒和样品室造成污染。当电子来低真空区通过距离（BGPL）在 1～2mm 时，即使样品有分解的水分或油气蒸发出来，也会被 PLA1 和 PLA2 光阑之间的真空夹层抽走，不会进入镜筒。但实际上紧靠样品的气体探测器会被污染，因此探测器有速拆机构，可以定期拆下清洁。

长期工作在 ESEM 模式，样品室内的水蒸气可以认为是个"污染源"。样品室内温度最低的是能谱探测器，水蒸气会使探测器晶体结冰。探测器接近样品，超薄窗口表面会有水或油滴凝集，使窗口增厚，探测元素的灵敏度下降。样品室内的其他零部件，例如闪烁体、物镜极靴和样品工作台都会受影响。如果有油污染后果更严重。对付这类问题，用户无计可施。

基于以上原因，ESEM 模式的应用受到某些限制。能否在高真空下直接观察含水样品？现有另一种选择，利用样品环境台，简称湿台，见图 5-39。样品置于环境室（environmental cell）内，样品台上盖有超薄膜密封，放入电镜，电子束可以穿透薄，样品产生的背散射电子可以出射成像。电镜在高真空下操作，相当方便。

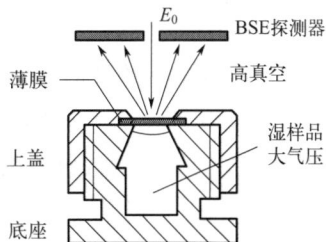

图 5-39　湿台结构

环扫电镜不仅能够直接观察绝缘或含水样品,而且可以对样品动态性能进行实时观测和记录,把样品室作为原位实验室或者反应釜,可以完成许多创新的研究工作。例如水化和再结晶过程、加热和冷却过程、应力拉伸过程等等,ESEM 是独一无二的方法。图 5-40 和图 5-41 为两个 ESEM 模式应用实例。

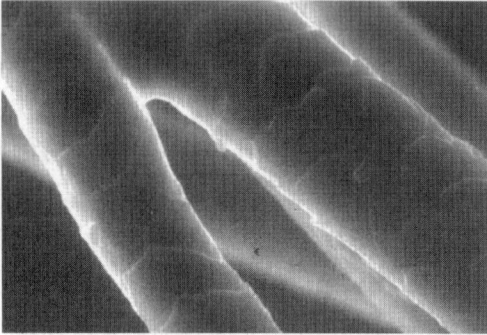

图 5-40 湿羊毛

[25kV,1000×800Pa,左上方两根纤维交汇处有水迹(Philips XL30 ESEM-FEG)]

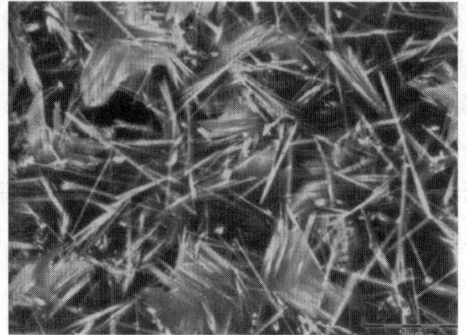

图 5-41 石膏:水胶= 0.7

(1h后的 BSE 像湿台,HV 模式)

5.6 低电压技术

扫描电镜通常使用 10~30kV 加速电压工作,可获得优质图像。微区成分分析也能提供可靠的定性定量结果。然而对于某些热敏或者导电性能差的样品,例如,半导体和器件、合成纤维、溅射或氧化薄膜、纸张、动植物组织、高分子材料等等,有时不允许进行导电处理,而要求直接观察。这对扫描电镜提出了新课题,近代各厂商推出的电镜具备低加速电压下的操作功能,即选用 1~5kV 或更低的加速电压,适合上述样品的观察。这促进了低加速电压成像技术的发展。

5.6.1 优点

5.6.1.1 增强样品表面形貌和成分衬度

根据电子束与样品相互作用的原理,选用低加速电压,即意味着使用低能电子束,入射样品后受到散射的扩散区域小,相互作用区接近表面。利用 Kanaya-Okayanama 电子射程公式估算电子束 E_0 分别在 30.0kV、15.0kV、5.0kV、2.5kV、1.0kV、0.5kV 下在钢(主要是 Fe)中的散射范围,见表 5-3。

$$R_{K-O} = \frac{0.0276 A E_0^{1.67}}{Z^{0.89} \rho} (\mu m)$$

式中,A 为原子量(55.85);Z 为原子序数(26);ρ 为密度(7.78g/cm³)。

表 5-3　电子束能量与散射范围关系表

电子束能量/kV	30.0	15.0	5.0	2.5	1.0	0.5
电子束散射范围	3.1μm	0.99μm	160nm	50nm	10nm	3.4nm

可见，高能电子束在样品内入射较深，从样品出射的二次电子和背散射电子的范围远大于低能电子束的作用范围。低能电子束与样品的作用区小，更接近表面，即低能电子束入射浅，有利于表面形貌成像。

图 5-42 是 20kV、3kV 下金属镀层横截面的二次电子像。从图 5-42(a) 的灰度差异清楚可辨镀层至少有 3 层。当用能谱仪确定每层成分时发现有明显的 C 和 O 存在。为确定 C 和 O 的来源，用 3kV 成像，发现在镀层表面上不同部位被一层附着物覆盖，如图 5-42(b) 所示。检测清洁区域的成分，C 和 O 含量少。用背散射电子成像，表面的附着物全是黑色，没有细节，进一步说明 C 和 O 是来自附着物。

(a) 20kV，4000×　　　　(b) 3kV，4000×

图 5-42　金属镀层横截面的二次电子像

常规加速电压观察半导体或绝缘体时，样品必须镀导电膜，这时形貌衬度是唯一的成像衬度，膜层完全掩盖了样品不同元素出射电子产率的变化，不能观察到样品的成分衬度。选用低能电子束，样品不用镀膜，可直接观察样品的形貌和成分衬度，充分反映出材料的原貌。

5.6.1.2　减少或消除样品的荷电效应

扫描电镜中的样品充电（charging）现象，通常是对不导电材料而言。这类样品如果未经导电处理，而且与地未形成通路，电子束在表面连续扫描时，由于电子束不断地注入，表面很快积累大量负电荷，当表面负电场足够强时，会排斥入射电子，并偏转二次电子，图像亮度不稳定，图像发生畸变或不规则移动，这种现象为荷电效应。因此处理这类样品，镀导电膜是不可缺少的步骤。但对于某些样品，在完成电镜分析之后，还要进行其他表征，不能镀膜，这时可在低加速电压下操作。

图 5-43 为不同固体材料的电子发射特性曲线。横坐标为入射电子束的能量 E_0，纵坐标为材料的电子产额，包括二次电子产额 δ、背散射电子产额 η。

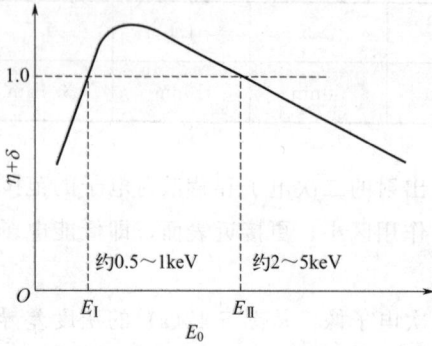

图 5-43　固体材料电子发射特性与
入射电子束能量的关系曲线

对于固体样品存在 $\delta + \eta > 1$ 区域，根据定义：

$$\begin{cases} \delta = \dfrac{n_{SE}}{n_i}\ (n_{SE}\ \text{为二次电子数}; n_i\ \text{为入射电子数}) \\ \\ \eta = \dfrac{n_{BS}}{n_i},\ (n_{BS}\ \text{为背散射电子数}; n_i\ \text{为入射电子数}) \end{cases}$$

分别代入上式，得出该区 $n_{SE} + n_{BS} > n_i$，即出射电子的总数大于入射电子数，样品带正电，这种状态不稳定，样品的正电位限制继续发射二次电子，样品电位急剧下降到 E_I 或 E_{II}。此时，$\delta + \eta = 1$，即 $n_{SE} + n_{BS} = n_i$。表示样品出射电子数与入射电子数相等，样品不发生充电效应。当加速电压小于 E_I 或大于 E_{II} 时，由于出射电子数剧降，样品充电严重。因此选用合适的低加速电压，在 E_I 和 E_{II} 范围内便可直接观察未经导电处理的非导体样品，样品不会充电，并且可以避免样品制备过程带来的各种假象或失真。

5.6.1.3　减小电子束辐照损伤

在常规加速电压下观察纸张、动植物样品或高分子材料，这类样品导热率低，如果未经镀膜处理或者导电处理不当，电子束会引起样品热漂移，严重时造成表面起泡、凹陷、刻蚀、甚至破裂。这是因为入射电子不能顺利接地，而在样品内部受到非弹性散射，释放出能量转变为热能，使样品显著温升，造成分子电离或化学键断裂所致，这种现象为样品辐照损伤。在观察集成电路或者硬盘读写磁头之类的零件，材料导电性能差，高能电子束不仅使样品充电，而且会使局部区域电位陡升而击穿，观察这类样品加速电压不能超过 5kV。另外，高能电子束会分解样品室的残留碳氢化合物，使碳沉积在样品表面，形成扫描范围的黑区，这是样品污染，在低加速电压下观察，这个污染黑区更明显。选用低加速电压操作，可减少样品的辐照损伤和污染。

5.6.2　限度

对低电压操作的优点人们早已认识，但在常规扫描电镜上选用小于 3kV 的加速电压观察样品，图像分辨率低，质量下降。其中主要限度是空间电荷效应、电子光学系统像差和杂散磁场的影响。

（1）空间电荷效应

空间电荷效应是指电子枪阴极附近的电子相互作用。在发叉式三极电子枪中，空间电荷密布于阴极与栅极之间，并于阴极前产生一个势垒。电子枪从设计上保证在 $20 \sim 30$kV 范围内工作时，阴极电子有足够的能量克服这个势垒发射出来，最后形成稳定的"饱和"束流。但在低电压操作时，阴极发射的许多电子能量低，不足以越过这个势垒而又返回阴极，这个空间电荷效应导致电子枪亮度显著下降，因此不能提供足够的束流成像，限制了电子束会聚，致使图像暗，分辨率不高。

（2）电子光学系统像差

低电压操作，当加速电压 $E_0 < 5\text{kV}$ 时，必须考虑电磁透镜色差的影响。从色差公式可知：$d_c = \dfrac{\Delta E}{E_0} C_c \alpha$。假定色差系数 C_c 和孔径半角 α 不变，电子束能量的分散量 ΔE 为常规值 3eV，这样计算出的 d_c 在 2kV 时要比在 30kV 时大 15 倍，而且空间电荷效应还会导致 ΔE 显著增加。此时，色差对聚焦电子束斑最终尺寸的影响不容忽视，有时比球差影响还严重，将直接造成图像分辨率下降。

（3）杂散磁场的影响

低能电子束运动速度慢，以较长的时间穿过镜筒，容易受到镜筒内杂散静电场和磁场的作用。特别是为提高束流而减弱聚光镜激励时，这种影响更加显著。通常镜筒内部件表面的氧化物和污染层在受到杂散电子轰击后产生大约 1V 的表面电位，使低能束电子的运动轨迹发生畸变。另外，当光轴附近的表面吸附灰尘颗粒或纤维时，表面电位不稳定，影响更严重，造成聚焦束斑有较大的像散。空间电荷效应和杂散磁场的影响导致了电子枪亮度严重下降和电子光学系统像差变大，从而限制了图像分辨率的提高和信噪比的改善。

5.6.3 仪器

近代扫描电镜采用多项新技术，使低电压操作性能获得明显改善。其中主要是使用场发射电子枪（FEG）和实现"着陆电压"（landing voltage）的设想，其次是改进探测系统、减小透镜像差等。

（1）提高电子枪亮度

即使设计完备的显微镜，如果照明光源不够亮，是看不清样品的，所以提高电子枪亮度是低电压操作的关键。改变普通三级电子枪的几何关系，可以提高亮度。例如：提高阳极位置，即减少阳极与栅极之间的距离，或采用两个以上的阳极。采用双阳极系统，当第一阳极电压为 1.5kV，E 为 $1 \sim 2\text{kV}$ 时，电子枪亮度提高 10 倍。这两种方式均使阳极正电位更加接近栅极和阴极，在阴极表面产生强电场，有助于阴极电子束克服空间电荷势垒发射出来，提高电子枪亮度。改变电子枪的固定偏压，采用多偏压设计，可以提高电子枪的发射能力。

高端扫描电镜采用场发射枪，目前这是最理想的光源。它的亮度是普通灯丝的 1000 倍；电子能量散布 ΔE 仅为后者的 1/10，在低电压下色差影响小，而且电子源尺寸小于 10nm。在 1.5kV 下，二次电子像的分辨率优于 5nm。

（2）实现"着陆电压"的设想

让电子束自光源出射后始终以高压态势在光路中高速运动，直到样品附近才减速，提供所要求的最终电压值，这称为着陆电压。在电镜光路附近安装一条电子束加速管（beam booster），顶端与场发射电子枪的第二阳极封接，高能电子束在管中高速穿行通过镜筒，只在出射物镜下表面之前被预先设定的反电位减速，实现最终的"着陆电压"。这样可以避免上述的各种限度，提高低电压操作性能。

加速管在材料选择和表面处理上保证理想的磁屏蔽效果，最大限度地减小杂散磁场的影响，另外，这种结构使得加速电压降低时，电子枪的虚拟电子源在光轴上的移动距离最小，避免低电压下束斑在样品表面上的大范围离焦。

(3) 探测系统的改进

在常规电镜中，二次电子探测器置于物镜下方的一侧。低电压操作时，为了提高分辨率往往把样品上升到很高，即减小工作距离，以至于样品高于探测器轴线，图像的亮度和衬度显著下降，调焦困难，有"伸手不见五指"的感觉。另外，探测器前方的 $+300V$ 收集电压，将低能电子束横向拉长，使束斑变形。为此，要把探测器提高，置于物镜上方或在物镜之内，前者称为透过物镜探测器（TLD），后者称为物镜内探测器（In lens D），二次电子绕着物镜内孔的磁力线旋转上升进入探测器，明显提高图像质量。特别适合收集短工作距离下或者位于物镜中的样品发射的信号。后者称为"浸没式"物镜，样品位于物镜上下极靴之间，这里是高分辨区域。但由于样品大小受到极靴尺寸的限制，这种方式使用不方便。关于物镜内探测器在第 5.4 节中有描述，用 YAG 或 YAP（铝酸钇 $YAlO_3$）单晶代替涂覆闪烁体，对低于 5kV 以下的响应明显优于后者，探测灵敏度和效率大幅度提高。现在也有背散射电子物镜内探测器，可有效地收集在 5kV 以下激发的背散射信号。

5.6.4　操作

(1) 选择合适的加速电压值

观察导电样品对加速电压的要求不严格，但是直接观察非导体样品时，由于 E_I 和 E_{II} 随样品材料和表面特性而变化，而且不同材料相差较大，无法给出一个确定的数据。通常 E_I 为几百电子伏特，E_{II} 为 $1\sim5kV$，所以应在选定的低电压值附近按 100eV 的档次细调，观察表面充电情况。在保证不充电的条件下，尽量选用较高的低电压值。表 5-4 为直接观察某些非导电材料的 E_{II} 值，可供参考。

表 5-4　某些非导电材料的 E_{II} 值

材料	E_{II} /kV	材料	E_{II} /kV
电阻	$0.55\sim0.70$	GaAs	2.6
尼龙	1.18	石英	3.0
聚氯乙烯	1.65	氧化铝	4.2
涤纶	1.82		

(2) 增加束流

使用常规扫描电镜，增加束流可以提高图像亮度。可通过减少电子枪偏压、用大孔径物镜光阑、减小聚光镜激励等方法来增加束流。这样获得的低电压图像的放大倍率受到较大限制，多为几百倍图像，直接观察不导电样品难度大。

(3) 调整光轴对中和消像散

改变加速电压，必然引起光轴偏离，特别在低电压下，光轴偏离更严重。因此，每次改变加速电压，必须仔细合轴，使束流最大，图像最亮。操作时最大限度地消像散，这是绝对必要的。在观察高倍图像时，反复调焦和消像散会花较多时间。电子束分解样品室的残留碳氢化合物，使碳沉积在样品表面，造成扫描区域内的二次电子产率显著下降，形成黑区，样品被污染，在低加速电压下这个黑区更明显，图 5-44 黑区是在"选区扫描"（reduce area 或者 scan raster）小窗口内进行反复调焦造成的。因此，拍照时应该移动样品避开这个黑区，或者尽量避免利用选区扫描方式调焦和消像散。

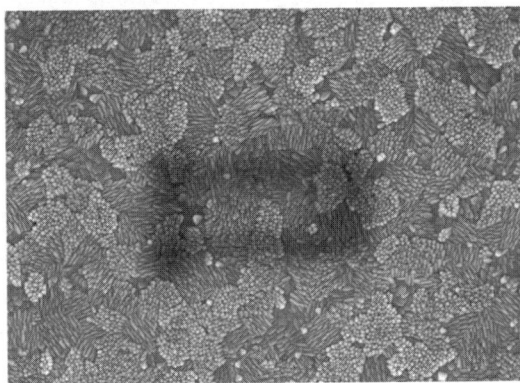

图 5-44　ITO 导电玻璃

(30k×，5kV)

（4）选择检测方式

样品放到较短的工作距离位置，通常 WD 小于 5mm，工作距离短，电子束斑直径小，有利于提高分辨率。另外，选用 In lens 探测器，二次电子可以走过较短的距离进入物镜被探测器收集，图像信号强。对于导电样品可获得较高的图像分辨率。

（5）利用图像处理系统

低电压下的图像通常较暗，而且噪声大。可在拍照时选用较长的扫描时间，并启动实时降噪功能，改善图像信噪比。图像亮度和衬度可在后期图像处理调整。注意，低电压下图像精细聚焦是后期进行图像处理的前提。

5.7　电子背散射衍射技术

众所周知，测定材料的晶体结构及晶体取向的传统方法是 X 射线衍射和透射电镜中的电子衍射。X 射线衍射可获得材料晶体结构及取向的宏观统计信息，但它不能将这些信息与材料的微观组织形貌与成分相对应；而透射电镜可获得电子衍射和电子衍衬像，可以把材料微观组织形貌的观察和晶体结构与取向分析相结合，甚至再利用能谱仪，还可得到材料成分信息。但透射电镜得到的信息往往是微区的、局域的，无法得到宏观统计信息（除非材料是均匀的）。这两种分析方法各有所长，相辅相成。能否将两者的优点结合起来，既可得到微观的晶体结构与取向信息，又能获得宏观的统计信息呢？20 世纪 80 年代发展起来的电子背散射衍射（electron backscattering diffraction，EBSD）技术就具有这个特点。目前 EBSD 技术已成为研究材料形变、回复和再结晶过程的一个非常有效的手段，特别是在微区结构分析方面已发展成为一种新的方法。

5.7.1　原理

电子束入射到样品的某个深度受到散射，改变传播方向。一方面如果部分散射束相对于某个相互平行的晶面（hkl）以符合布拉格衍射定律（$n\lambda = 2d\sin\theta$，d 为晶面间距，θ 为入射角，λ 为电子波长，n 取整数）的 θ 角入射，即发生相干散射，则该晶面就会使原散射方向上的散射强度明显减弱，而另一方面会在特定区域上产生较高的散射强度。由于电子散射是在各个方向上，会存在一组晶面均满足上述衍射条件，其衍射束构成一个以 $90° - \theta$ 为半顶角的两个对顶的空间辐射圆锥，锥体轴线与晶面垂直，两个锥体的衍射强度不同，一明一暗，并从样品表面出射，如果用一个平面截交两个锥体，在平面上截出两条双曲线，由于 θ 角很小（一般约 $0.5°$），而锥体顶角又很大，两条双曲线接近直线，并且相距很近，这两条双曲线被称为菊池线对（Kikuchi bands）。晶体中的其他晶面族也会产生类似的菊池线对，从而构成电子背散射花样（electron backscatter patterns，EBSP）。完整的 EBSP 应该包括三维空间所有的晶面。每一对菊池线对应晶体中一组晶面，而线对间距反比于晶面间距，菊池线交叉处，称菊池极，代表一个晶体学方向。

图 5-45 为原理简图。计算机自动确定菊池线对的位置、宽度、强度、夹角等，并与对应的晶体学理论值比较，最终标出各晶面和晶带轴的指数。由此进一步计算出所测晶粒相对于样品坐标系的取向，并识别和标定晶体的取向。

实验证明，EBSD 花样来自样品表面下很浅的区域，几乎小于 50nm 范围，在这个范围内，入射电子仅受到有限次数的散射，其中向前方散射的电子能量损失小于 200eV（30kV），这些电子被晶面弹性散射后，仍然基本保持入射电子的能量，可以认为是高能背散射电子。样品倾斜 $70°$，表层高能背散射电子容易出射，形成清晰的菊池线对。另外，样品大角度倾斜使相互作用区体积明显减小，改善空间分辨率。图 5-46 为经过背底扣除后的 Al 的 EBSD 花样。

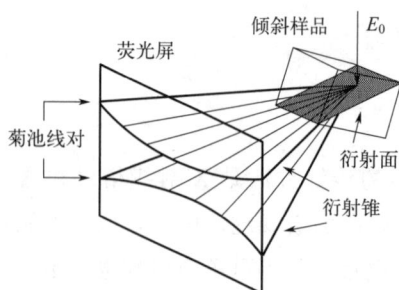

图 5-45　菊池线对产生原理

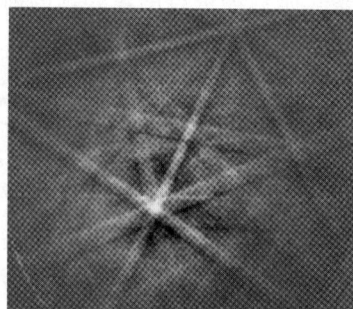

图 5-46　Al 的 EBSD 花样

5.7.2　装置

关于菊池花样，在透射电镜观察厚样品时就会出现。在扫描电镜中，于光滑样品表面同样观察到背散射电子形成的电子通道花样（electron channeling patterns，ECP），实质就是菊池花样，均用于描述材料的晶体学特征。到 20 世纪 90 年代，随着计算机性能的突飞猛进，对花样的采集、识别和标定的高度智能化，覆盖了 11 个晶系。几家欧美公司先后推出安装在扫描电镜上的 EBSD 装置，如图 5-47 所示。

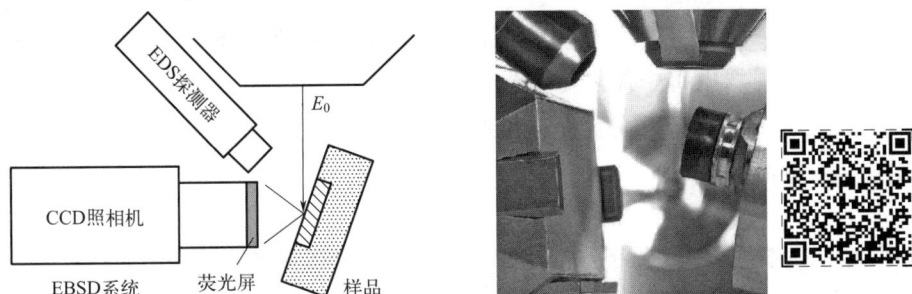

图 5-47　EBSD 和 EDS 系统在电镜样品室中安装

EBSD 系统硬件部分包括一台高灵敏 CCD 探测器，水平安装于样品室，其轴向与样品台倾斜轴垂直，其高度至少保证样品工作距离不小于 20mm，这样的几何位置，使样品倾斜角不小于 70°，该角度可以直接读出，不必换算。样品产生的 EBSD 花样投射到镀有磷膜的荧光屏上，将电子信号转换为光信号，通过成像透镜被 CCD 接收，信号经放大和扣除背底，以菊池图像的形式送入计算机。

控制系统控制电子束在样品上的扫描位置和扫描范围，实现在指定方位上的线扫描或者面扫描两种工作方式，连续采集、积累、存储和处理图像。也可以控制样品台连续运动。利用功能强大的软件对花样进行快速识别、标定和后续计算，因此可以在短时间内获得大量晶体学信息。能谱仪（EDS）探测器安装在 CCD 探测器的上方，最好是在同一个垂直面内。两个探测器的轴线与电子束相交于样品表面同一点。这样可以方便地获取同一部位的图像、成分和晶体学信息。现在 EDS 与 EBSD 已经一体化，操作时两者可同时工作，提供化学分析和晶体学信息，对物相鉴定非常方便。

5.7.3　应用

EBSD 技术的优势在于能够在较大范围内任选视野，在亚微米尺度进行晶体结构快速分析，包括取向、晶界特性、晶粒尺寸直接测量、断裂或失效分析、应变评估等，将晶体空间组元的大量信息与显微结构直接联系起来。

(1) 材料织构的研究

金属材料经加工后，晶体结构会出现择优取向，即为晶体织构。材料的许多物理性能会随着织构而出现各向异性，例如弹性、磁性、塑性、强度等。利用 EBSD 检测样品中每种取向的显微分布和所占的比例，建立取向与材料性能改变之间的联系，为材料的深加工提供可行的依据。

(2) 相鉴定

对于某些化学成分相近的矿物、氧化物或碳化物，利用电子探针分析，只能分析各元素含量，不能进行相鉴定。利用 EBSD 进行相鉴定是最有效的方法。例如，合金中碳化物是六方还是斜方对称，可以分别测定它们的 EBSD 花样，予以鉴别。同理，EBSD 还可以区分钢中的铁素体和奥氏体、区分成分相近的物相。

（3）测定晶粒尺寸和形状分布

根据定义，一个晶粒相对样品表面只有单一的晶体学取向，利用 EBSD 在样品表面进行扫描，测定电镜视场中每个晶粒的取向，完成晶粒取向成像分布图（orientation mapping，OM），颜色不同表示取向各异，将取向与位置对应起来，见图 5-48。结合测量软件，真实测定各个晶粒尺寸。

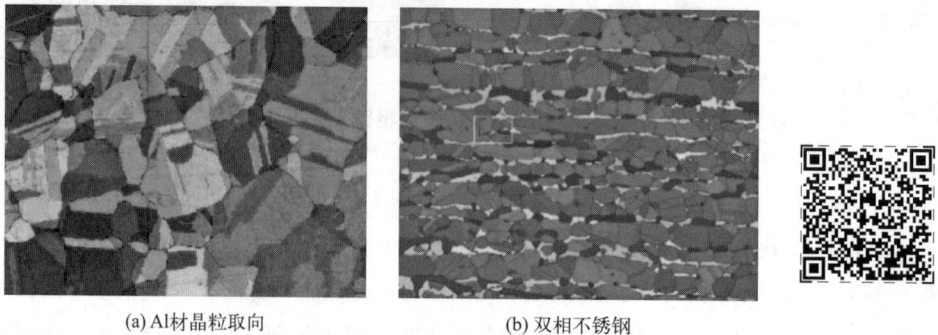

(a) Al材晶粒取向　　　　　　　(b) 双相不锈钢

图 5-48　Al 材晶粒取向成像分布图（不同颜色表示晶粒取向的差异）及双相不锈钢中的相分析

（4）界面的研究

EBSD 可测量样品中每个晶体的取向，那么不同区域或不同晶体的取向差异也可以获得。根据相邻晶体的取向差，则能研究晶界或相界。利用取向测量数据结合显微组织原位观察，研究界面的原子迁徙、偏析、沉淀、断裂和腐蚀等等。

（5）应变评定

菊池花样的清晰程度反映了晶体结构完整性的差异。如果材料微观区域存在残余应力或者塑性应变会造成晶格弯曲变形，菊池花样就变得模糊。所以利用 EBSD 花样的质量可以直观区分应变区的位置分布和大致评定应变程度。

5.7.4　限度与措施

（1）空间分辨率

空间分辨率是能够正确标定两个花样所对应在样品上两点的最短距离。空间分辨率主要取决于电镜束斑尺寸和加速电压大小，在钨灯丝或场发射电镜中，空间分辨率分别为 $0.5\mu m$ 和 $0.1\mu m$。减小加速电压或束流、选用小光阑都可以有效提高空间分辨率。

（2）角分辨率

角分辨率表示标定晶体取向结果的准确度，用标定的取向与该点的理论取向的差值表示，目前角分辨率优于 $1°$。角分辨率主要取决于加速电压和束流大小，两者越高，花样越清晰，分辨率也越高。此外，样品表面状态越好、样品原子序数越大，产生的衍射信号越强，角分辨率也越高。

(3) 样品制备

由于 EBSD 花样来自样品浅表层小于 50nm 的范围，因此要求被测样品表面状态要好，分析部位没有形貌起伏、没有机械磨痕、没有氧化层或应变层、没有污染。样品制备过程要达到以上要求，使表面薄层性质与样品内部完全一致。对于金属样品制备通常是镶样、研磨和抛光，样品检测面光滑如镜。再通过电解抛光或离子减薄法进行最终抛光，有效地消除表面加工的应变层。经电解抛光的样品，表面光滑平整、无变形层，但为获得合适的电解液和工艺参数需要实验和摸索，只适用导电样品。离子减薄法适用于各类样品，如果减薄仪的样品台可以水平移动，会得到面积较大的分析区，是制备 EBSD 样品的理想方法之一，图像质量好，但耗时较长。矿物、陶瓷和半导体，减薄处理后表面镀碳导电膜，厚度控制小于 10nm，适当提高加速电压仍可获得花样。

样品制备不当会引起假象和误识别，前面提到 EBSD 花样模糊，表示晶格有塑性应变。假如没有消除制样引进的应变层，就无法断定模糊花样是否来自样品本身的晶格缺陷。另外，如果某个分析区的花样不完整，这个区域是否为非晶化还是高应变区，只能在确定样品正确制备后才能下结论。

5.7.5　几种衍射技术的比较

分析显微组织和晶体学特征的传统方法有光镜（OM）、透射电镜（TEM）、扫描电镜（SEM）、X 射线衍射（XRD）等技术。光镜可以提供样品的晶粒尺寸和形态，但受放大倍率的制约，对微晶分析无能为力。TEM 利用选区电子衍射和高分辨成像技术研究微区晶体结构和取向，但样品为薄膜，只能对微区内有限的晶粒进行分析，其检测结果很难反馈到大块样品，样品制备和检测方法耗时费力；XRD 测定对象是大块样品或粉末压片，物相分析不受样品应变层的影响，但该法没有选区或点衍射功能，检测出的晶体物相结构为宏观统计分析，不能提供各晶粒取向在宏观材料中的分布状况；SEM 的选区电子通道花样（SAECP）技术，利用电子束在选区内摇摆，背散射电子生成菊池花样，分析晶体取向，但分辨率较差，受透镜像差和束斑离焦的影响，分辨率限度为几个微米，又因为是弱衬度成像，对样品制备要求更严格。另外，目前只有个别电镜有摇摆束功能，多数电镜选用功能完善的 EBSD 技术。

EBSD 技术是继 X 射线衍射和电子衍射后的一种微区物相鉴定的新方法，每秒可快速采集数百个点的晶体学信息，又可以在样品上进行线或面扫描采集信号，使该法在晶体学分析上既有 TEM 微区分析特点又有 XRD 对大样品进行统计分析的特点。目前 EBSD 空间分辨率和角分辨率分别为 $0.1\mu m$ 和 $1°$，只限于分析到亚微米尺度的晶粒，对于材料的纳米晶粒和位错分析仍要依赖 TEM。但随着设备改进和软件开发，EBSD 技术必然会获得更广泛的应用。

思考题与练习题

1. 简述扫描电镜中电子束与样品相互作用产生的信号种类、采集探头和这些信号包含的信息。

2. 简述高质量扫描电镜图像包括的要素。

3. 扫描电镜成像衬度主要来自哪些因素？

4. 影响扫描电镜分辨率的因素有哪些？

5. 简述常规扫描电镜对测试样品的基本要求。

6. 扫描电镜电子光学系统合轴的目的是什么？如何判断是否存在物镜像散并进行消除？

7. 环境扫描电镜在真空系统和探测系统上有什么特点？

8. 简述低电压技术的主要特点和应用场合。

9. 简述电子背散射衍射的基本原理和用途。

10. 现有一块抛光后表面光洁未经腐蚀处理的多晶铜片，在扫描电镜中采用什么信号成像可以高效清晰地观察到样品中的晶粒？为什么？

11. 简述电子背散射衍射技术的基本原理及其优势。

参考文献

[1] 张大同. 扫描电镜与能谱仪分析技术 [M]. 广州：华南理工大学出版社，2009.

[2] Zaefferer S. Electron channelling contrast imaging（ECCI）：an amazing tool for observations of crystal lattice defects in bulk samples [J]. Microscopy and Microanalysis，2017，23（S1）：566-567.

[3] Goldstein J I，Newbury D E，Michael J R，et al. Scanning electron microscopy and X-ray microanalysis [M]. 4th ed. Berlin：Springer，2018.

[4] 工业和信息化部电子第五研究所. 扫描电镜和能谱仪的原理与实用分析技术 [M]. 2 版. 北京：电子工业出版社，2022.

6

透射电子显微镜

6.1 透射电子显微镜的基本结构

在观察电子显微像和电子衍射花样以及进行各种分析时，设定电子显微镜的最佳观察条件是很重要的，因此必须充分了解电子显微镜的各个构成部分的原理和掌握恰当的操作方法。

一台透射电子显微镜就其总体可以分为三个部分，分别是：①电子光学部分（照明系统、成像系统、观察和记录系统）；②真空部分（各种真空泵、显示仪表）；③电子学部分（各种电源、安全系统、控制系统）。

其中电子光学部分是电子显微镜的核心部分，真空和电子学部分是辅助系统，本章主要介绍电子光学部分。传统的透射电子显微镜如图 6-1 所示，它的剖面图见图 6-2。

电子从透射电子显微镜最上面的电子枪发射出来，镜体内是真空状态。发射出的电子在加速管内被加速，通过照明系统的电子透镜照射到试样上。透过试样的电子被成像系统的电子透镜放大、成像。从观察室的窗口可以观察像，也可将观察到的像用照片或其他形式记录下来。电子显微镜可分成以下几部分：

① 照明系统（电子枪、高压发生器和加速管、照明透镜系统和偏转系统）；

② 成像系统（物镜、中间镜、投影镜、光阑）；

③ 像的观察与记录系统；

④ 试样台和试样架；

⑤ 真空系统。

其中，成像系统是电子光学部分最核心的部分。

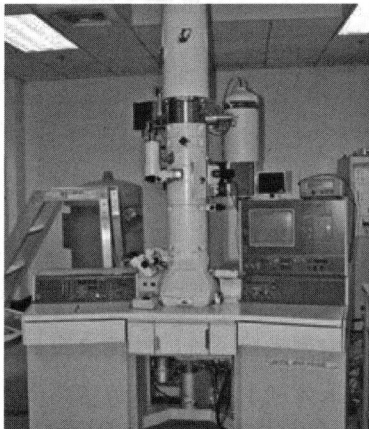

图 6-1　透射电子显微镜（JEM-2010F）的外观

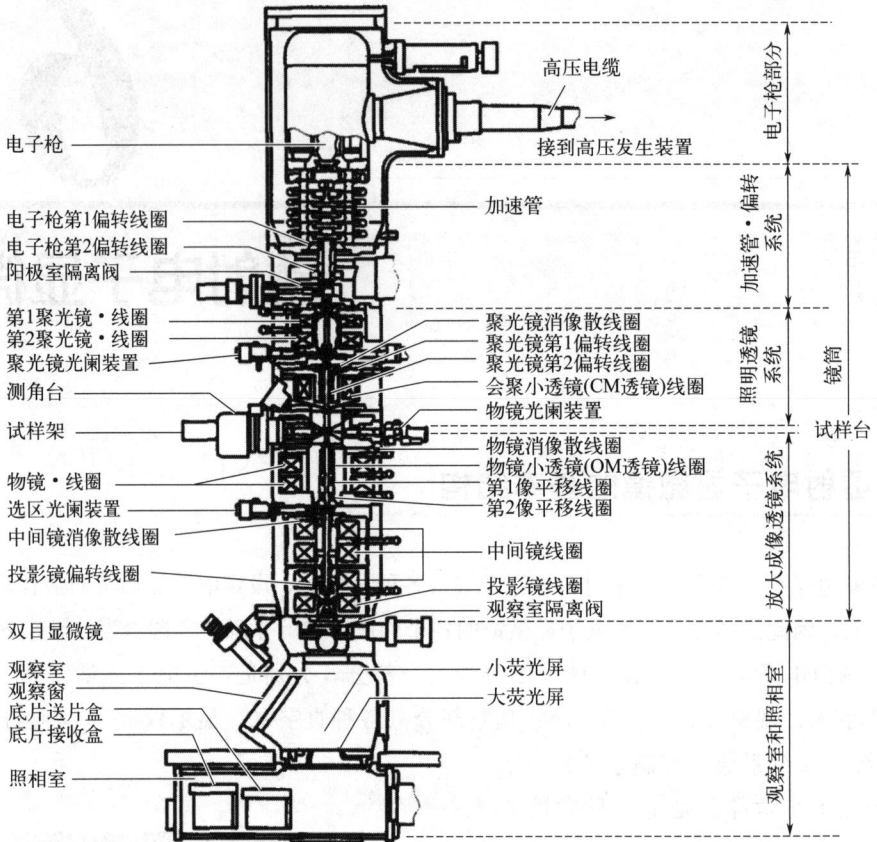

高压电缆

接到高压发生装置

电子枪部分

电子枪

加速管

加速管·偏转系统

电子枪第1偏转线圈
电子枪第2偏转线圈
阳极室隔离阀

聚光镜消像散线圈
聚光镜第1偏转线圈
聚光镜第2偏转线圈
会聚小透镜(CM透镜)线圈
物镜光阑装置

照明透镜系统

镜筒

第1聚光镜·线圈
第2聚光镜·线圈
聚光镜光阑装置

测角台

试样架

试样台

物镜·线圈
选区光阑装置
中间镜消像散线圈

物镜消像散线圈
物镜小透镜(OM透镜)线圈
第1像平移线圈
第2像平移线圈

放大成像透镜系统

中间镜线圈

投影镜偏转线圈

投影镜线圈
观察室隔离阀

双目显微镜

观察室
观察窗
底片送片盒
底片接收盒
照相室

小荧光屏
大荧光屏

观察室和照相室

图 6-2   透射电子显微镜（JEM-2010F）主体的剖面

6.1.1 照明系统

照明系统（illumination system）由电子枪部分和聚光镜系统组成。它们的功能是为成像系统提供一个亮度大、尺寸小的照明光斑。亮度是由电子发射强度决定的，而光斑的大小主要由聚光镜系统的性能决定。因为电子显微镜一般是在一万倍以上的高放大倍率下工作，而荧光屏上的亮度与放大倍率的平方成正比，因此电子枪的照明亮度比光学显微镜的光源强度高很多，至少亮 10^5 倍。

6.1.1.1 电子枪

用来"照射"样品的可靠电子源是 TEM 最重要的部分之一，要从昂贵的显微镜中获得最好的图像和其他信号，就需要最好的可用电子源。由于对电子束的要求非常严格，因此目前只有两种电子源满足要求：热电子发射和场发射电子源。热电子发射电子源用的是钨灯丝（现在用得比较少）或六硼化镧（LaB_6）晶体，场发射电子源用的是很细的针状钨丝。电子枪（electron gun）是产生电子的装置，它位于透射电镜的最上部。电子枪的种类不同，电子束的会聚直径、能量的发散度也不同，这些参数在很大程度上决定了照射到试样上的电子的性质。

（1）热电子发射与热电子枪

把任何一种材料加热到足够高的温度，电子都会获得足够的能量以克服阻止它们离开的表面势垒。这个势垒 Φ 称为"功函数"，为几个电子伏。

热电子发射机制可以用 Richardson 定律表述，该定律将发射源的电流密度 J 与工作温度 T（单位为 K）联系起来

$$J = AT^2 e^{-\frac{\Phi}{kT}} \tag{6-1}$$

式中，k 是玻尔兹曼常量，$k = 8.6 \times 10^{-5}\,\text{eV/K}$；$A$ 是 Richardson 常数，$\text{A/(m}^2 \cdot \text{K}^2)$。$A$ 的具体数值取决于电子源的材料。

LaB_6 是现代 TEM 中常用的热电子源。LaB_6 晶体被用作三极式电子枪的阴极，如图 6-3 所示。除了阴极还有一个称为韦氏极圆筒的"栅极"和一个中心有孔的接地阳极，这三部分的形状如图 6-4 所示，该图为元件分解图。阴极与连接有高压电源的高压电缆相连。LaB_6 晶体通常被绑在金属（例如铼）丝上通过电阻加热形成热发射。

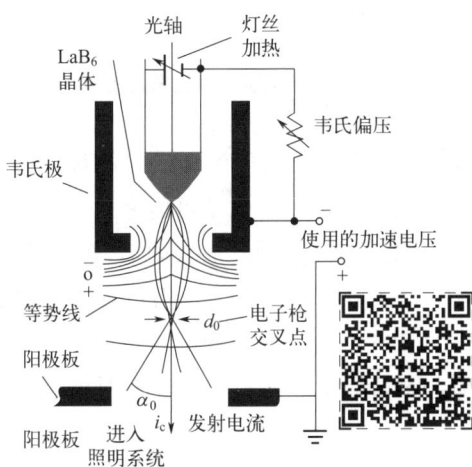

图 6-3 热电子枪结构

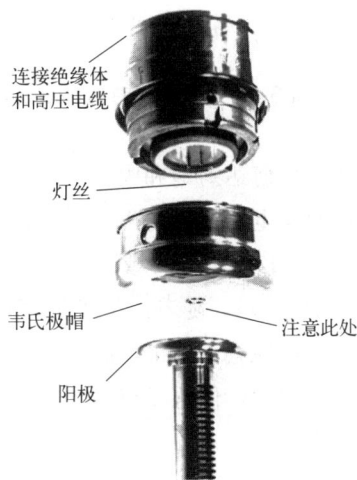

图 6-4 热电子枪的三个主要部分

（从上至下依次为阴极、韦氏极和阳极）

从阴极发射出的电子，相对于接地阳极，具有所选择加速电压（例如 100kV）的负电势，通过这个电势差电子被加速，就可以获得 100keV 的能量和大于光速一半的速度。要控制通过阳极孔的电子束进入显微镜，可以在韦氏极圆筒上加一个小的负偏压。从阴极发射出的电子受负电场作用，会聚到韦氏极和阳极之间的一个交叉点上，可以分别控制阴极加热和韦氏极偏压，枪的电路设计也可以使得发射电流和韦氏极偏压同步增加，这种设计称为"自偏压"枪，灯丝发射电流再进一步增加不会再增加进入显微镜的电流，这称为饱和情况，所有热电子源应在饱和情况或略低于饱和情况下工作。在过饱和状态工作没有任何好处，只会缩短灯丝寿命。但在远低于饱和状态下工作，会减少进入样品的电流，这样就会减弱从样品中出来的信号强度。

在饱和状态下工作不仅能优化电子源寿命，还可以获得最佳亮度。交叉点大小就是亮度方程中用到的电子源尺寸，交叉点处的发散角对应方程中的 α_0，交叉点处的电流就是发射电流 i_e。如图 6-5(a) 所示，如果韦氏偏压太低 [图 (a) ⅰ]，α_0 将不会很小，如果偏压太高 [图 (a) ⅲ]，阴极发射电流会被抑制，这两种情况下 α_0 都很低。最佳的 α_0 是在中等偏压的时候 [图 (a) ⅱ]，如图 6-5(b) 所示。

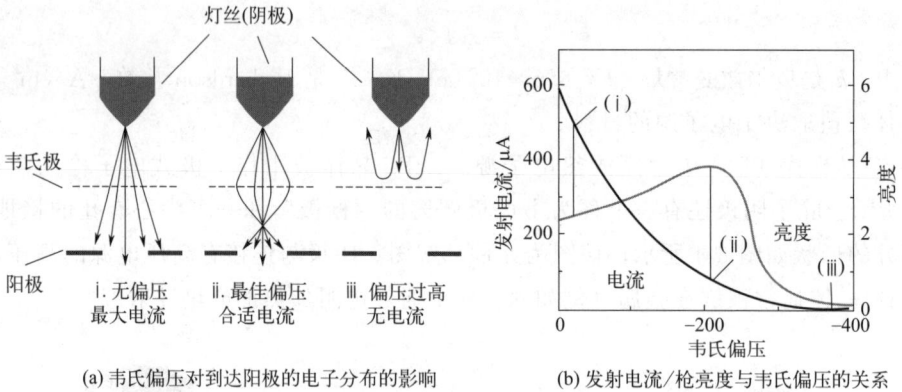

(a) 韦氏偏压对到达阳极的电子分布的影响　　(b) 发射电流/枪亮度与韦氏偏压的关系

图 6-5　韦氏偏压对到达阳极的电子分布的影响及发射电流/枪亮度与韦氏偏压的关系

那么如何达到饱和呢？标准的方法是观察 TEM 观察屏上电子源交叉点的像，这个图像显示的是电子源发射出的电子的分布。当热电子发射开始时，电子可能来自灯丝中心的针尖和/或针尖周围区域。既然 LaB$_6$ 电子源有确定的晶面 [图 6-6(a)]，欠饱和像如图 6-6(b) 所示，随着电子发射增加，发射光环塌缩到中心的亮斑上，仍然可以观察到一些细节。当观察不到细节时，阴极才真正饱和，见图 6-6(c)。电子源的像也可以用来给电子枪组件对中，使电子束方向沿着 TEM 的光轴，这是除了调整饱和之外要对电子枪做的另一件事。

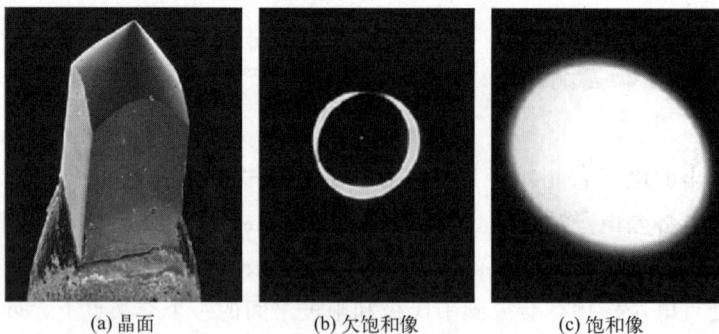

(a) 晶面　　(b) 欠饱和像　　(c) 饱和像

图 6-6　LaB$_6$ 电子源的晶面、欠饱和像与饱和像

在 SEM 中，总是需要很小的电子束斑，而不是宽电子束，生产厂家已经将电子枪仔细调整过，使其在饱和状态下具有最优值，操作者也不需要再对韦氏极做额外的操作。在

TEM 中，特别是在进行宽束模式操作时，不需要优化但可能需要增加电流密度使图像看起来更亮。这点可以利用"电子枪发射"控制，通过减小韦氏极偏压来实现。

（2）场发射与场发射枪

场发射电子源，通常叫作 FEG（对于场发射枪，读作"F-E-G"或"feg"），其工作原理和热电子源有着本质区别。场发射的基本原理是：电场强度 E 在尖端急剧增加，这是因为如果把电压加到半径为 r 的（球形）尖端，则

$$E = \frac{V}{r} \tag{6-2}$$

称细针为"针尖"（tips）。原子探针场离子显微镜（APFIM）技术是材料表征中另一种比较成熟的实验手段。APFIM 用非常细的针状样品，因此有许多可用的专门技术来帮助生产场发射针尖。钨丝是最容易加工成细针尖的材料之一，可以加工出半径小于 $0.1\mu m$ 的针尖。如果把 1kV 的电压加在这个针尖上，那么 E 为 $10^{10} V/m$，这就大大降低了电子隧穿钨表面的功函数。隧穿过程和半导体器件中的一样。这么高的电场强度会在针尖上产生相当大的应力，所以材料必须结实，以保证不变形。类似 LaB_6 热电子发射，场发射与钨针尖的晶体取向相关，（310）是最好的取向。

场发射要求针尖表面必须干净，即表面没有污染和氧化，这可以在超高真空（UHV）条件（$10^{-9} Pa$）下实现。这种情况下，钨工作温度为外界环境温度，这个过程叫作"冷"场发射。另外，也可以在真空度较低的环境中加热针尖，同时保持干净的针尖表面。由于电子发射中热能起很大作用，事实上电子不是隧穿过势垒的。对于这种"热"场发射，将表面用 ZrO_2 处理，可以改善发射特性，特别是光源的稳定性，这种肖特基（Schottky）发射源是目前最流行的。

FEG 在很多方面都比热电子枪简单。为使 FEG 工作，要把它做成相对于两个阳极的阴极。第一个阳极和尖端相比具有几千伏的正电势，产生"拔出电压"，因为它会产生强场使电子从针尖隧穿出来。第一次启动时，要缓慢增加拔出电压，使热机械振动不至于损坏针尖。这就是使用 FEG 要执行的唯一实际操作，它总是由计算机来控制的。

第一阳极提供拔出电压把电子从针尖中拉出来；第二阳极把电子加速到 100keV 或更高。

如图 6-7(a) 中，两个阳极像静电透镜一样使电子形成很小的交叉点，有时在第二个阳极后还会加一个额外的（枪）透镜。图 6-7(b) 为 FEG 针尖，显示出非常细的钨针尖。

电子被第二个阳极以合适的电压加速，阳极产生的场像静电透镜一样使电子束产生交叉点，如图 6-7(a) 所示。这个透镜控制着有效电子源的大小和位置，但并不灵活。在电子枪中加一个磁透镜能给出更可控的电子束和更大的亮度。电子枪中透镜缺陷（也叫作透镜像差）对电子源大小的确定很重要。

对于场发射电子枪，真空非常重要，在 $10^{-5} Pa$ 的真空中，在不到一分钟时间内基底上就会形成一个单分子的污染层。而在 $10^{-8} Pa$ 的真空中，要花 7h 才能形成一个单分子层。冷场发射需要清洁的表面，即使在超高真空（UHV）条件下针尖表面也会被污染。随着时间增加，发射电流下降，必须增加拔出电压来补偿。但最终需要通过"闪蒸"（flashing）针尖去除污染，即通过反转针尖上的电势，"吹掉"表面原子层，或者把针尖

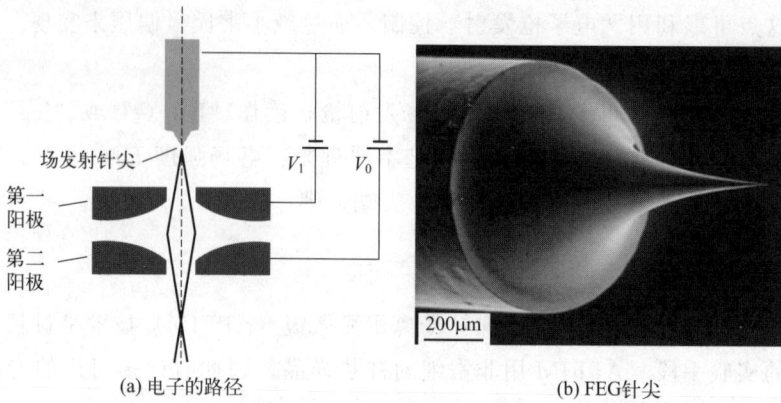

(a) 电子的路径   (b) FEG针尖

图 6-7   场发射源中电子的路径及 FEG 针尖

迅速加热到约 5000K 使污染物蒸发。对于大多数冷场发射电子枪，当拔出电压增大到一定值时，自动进行闪蒸。由于肖特基场发射枪持续被加热，不会形成相同的表面污染层，所以不需要闪蒸。

下一代超亮场发射电子源很可能基于碳纳米管，其亮度已经超过 10^{14}A/（m² · sr），尽管目前这种实验结果的可靠性相差很远，此技术变为 TEM 电子源之前，它很可能会在扫描探针显微镜的针尖或平板显示技术电子发射体中发展起来。

（3）高压发生器和加速管

将电子枪产生的电子加速需要高电压，产生这种高电压的装置是高压发生器。利用这个高电压加速电子的部分就是加速管，通常将放置高压发生器的容器称为高压缸。高压发生器和透射电镜主体是通过高压电缆连接起来的，从高压发生器输出的电压发生变化时，将引起色差。因此，应当使这种电压变化尽可能小。

6.1.1.2 照明（聚光镜）系统

照明（聚光镜）系统是从电子枪发射出电子并将电子以发散束或聚焦束（通常称为"探针"或"点"电子源）的形式照射到样品。照明（聚光镜）系统包括多个聚光镜（称作 C1、C2 等），且有两种基本操作模式：平行束和会聚束。平行束主要用于 TEM 成像和选区衍射（SAD），而会聚束主要用于扫描成像（STEM）、X 射线与电子能谱分析以及会聚束电子衍射（CBED）。

（1）平行束的 TEM 操作

传统 TEM 模式中，在适当的放大倍数下（20000×～100000×）通过调节聚光镜（C1、C2）可以得到直径几微米的平行电子束来照射样品。如图 6-8 所示，C1 透镜首先形成电子枪交叉截面的像。当电子源为热电子源时，原始的交叉截面直径可能有几十微米，所成的像可以缩小一个数量级或更多，而当电子源为 FEG 时，电子源的尺寸可能小于需要作用在样品上的束斑尺寸，所以可能需要放大交叉截面（因此聚光镜不是总起到会聚作用）。要形成平行束，最简单的方式是减弱 C2 透镜使之形成 C1 交叉截面的欠焦像（目前使用的 TEM 的聚光镜都多于两个），如图 6-8(a) 所示。图 6-8(a) 中的电子束并不严格平行于光轴，这种情况下，$\alpha < 10^{-4}$ rad（0.0057°），这样的电子束可以认为是平行束。

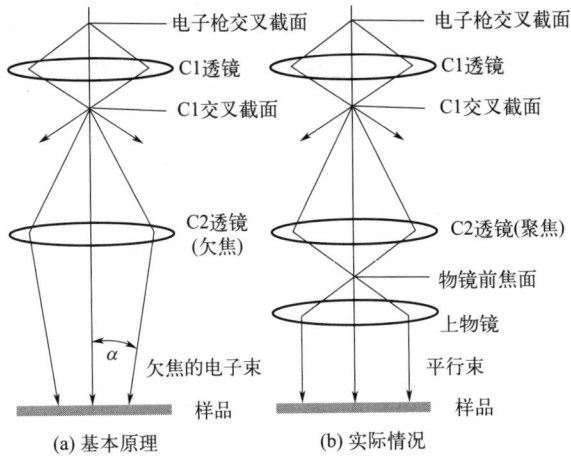

图 6-8　TEM 中的平行束操作

［(a) 为基本原理图，只利用 C1 和欠焦的 C2 透镜。(b) 为大多数 TEM 的实际情况。利用 C1 和

C2 使电子源所成的像位于上物镜的前焦面上，这样在样品平面上就会形成平行束，因此上物镜有时称作 C3 透镜］

　　STEM 和 AEM 中需要用到很小的电子束斑时，物镜上极靴可以当作聚光镜 C3 使用，用来控制照射到样品上的电子束，如图 6-8(b) 所示。此时，聚焦 C2 透镜可以在上物镜极靴的前焦平面（FFP）上形成像（交叉截面像），之后通过上物镜作用产生平行束。几乎所有用于材料表征的 TEM 上都配有所谓的聚光物镜（c/o 镜）系统，而在专用的 STEM 以及大约 1980 年之前制造的和主要用于生物样品成像的 TEM 上没有 c/o 镜系统。

　　要获得非常锐利的选区衍射斑点（SADP）和原则上最好的经典图像衬度，平行束照明是非常有必要的。实际上解释经典图像时通常也是假设电子束是平行的。通常要将 C2 欠焦使入射到样品上的照明区域覆盖整个荧光屏。为了保持照明区域恰好覆盖整个荧光屏，放大倍数越高，越要增强 C2（使电子束平行度降低），这样样品上被电子束照射的区域就会减小。

　　在平行束 TEM 模式下，如要用于形成衍衬像和 SADP 时，通常不需要改变 C1，因此 C1 位于制造商推荐的适中设置上。唯一的一个变量是 C2 光阑，小光阑可以减小作用在样品上的束流。然而，如果用较小的光阑就会减小电子束的会聚角，也就会使电子束更加平行，如图 6-9 所示。

　　由图 6-9 可知，光阑越小，电子束平行度越高，

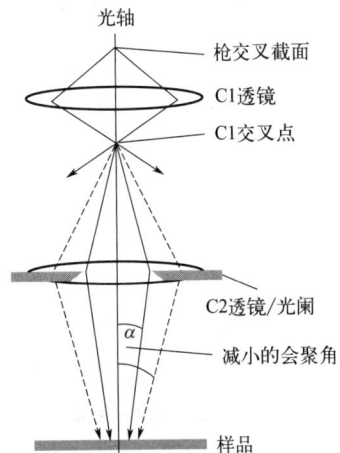

图 6-9　C2 光阑对电子束平行度的影响

到达样品的电子总数越少。

（2）会聚束（S）的 TEM 模式

有时需要提高电子束的聚焦程度，使样品某些特定区域的电子束强度增加。如果想使样品的照明区域最小，可以简单地通过 C2 透镜聚焦而非散焦来实现，并且会在样品上形成 C1 交叉截面的像，如图 6-10 所示。这样可以通过观察电子源的像来调整电子源的饱和度或测量束斑尺寸。当 C2 处于这样的聚焦状态时，电子束平行度最低，会聚度最高。

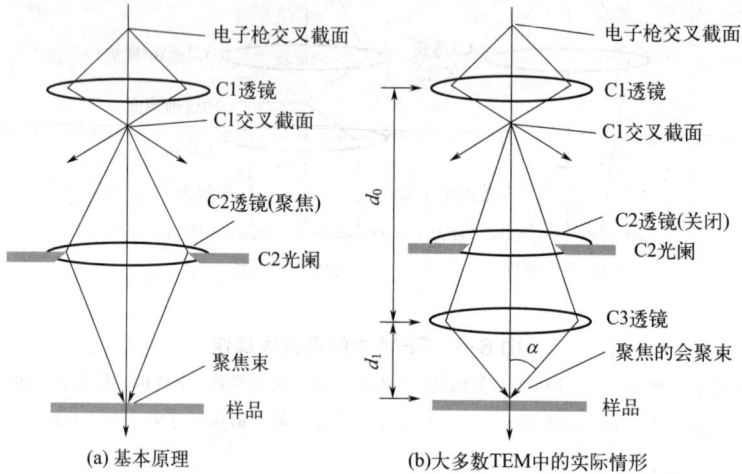

图 6-10   TEM 中的会聚束/探针模式

[（a）基本原理：聚焦的 C2 透镜产生的非平行的会聚束作用在很小的样品区域内。

（b）大多数 TEM 中的实际情形：把上物镜极靴当作 C3 透镜使用，会形成非常小的探针和比较大的会聚角]

有时需要特意地在样品上形成聚焦的会聚束，可以使用另一种基本方式来操作照明系统：会聚束（探针/点）模式。使用这个模式时，不会立即看到样品的有用图像，而且电子束的会聚破坏了相干度和图像衬度，所以要看到图像，必须使用扫描的电子束。照明系统的这种操作模式对 STEM 和 AEM 而言是标准模式。如果有 FEG，可以用 C1 和 C2 聚光镜将电子束会聚到埃量级的探针。但是，使用热电子源时不可能仅用两个聚光镜 [图 6-10（a）]就能将比较大的热电子源交叉点会聚成尺寸小于几个纳米的探针。因此，为了得到尺寸远小于 1nm 的探针用于分析或其他功能，通常的办法是引入 C3 透镜或 c/o 镜。只有当物镜是由两个拥有独立线圈的分离的极靴组成时才能这样做，然后我们就可以使上物镜强度远高于一般程度，并减弱或关闭 C2，如图 6-10（b）所示。从图 6-10（b）中可以看出，尽管关闭了 C2，C2 光阑仍控制着作用到样品上的电子束的会聚角。与平行束模式一样，C2 光阑越小，会聚角就越小。实际上，聚光镜的构造比图 6-10（b）所示的基本原理要复杂得多。一台 TEM 装配的透镜越多，光路越灵活，能执行的操作也越多。

（3）平移和倾转电子束

有些操作需要在样品上平移电子束（例如，将微小的电子束移动到感兴趣的区域进行微区分析）。同样，有时需要使电子束倾转以偏离光轴，使它以一定的角度照射到样品上形成中心暗场像、空心锥像/衍射、旋进衍射。平移和倾转操作对于保持电子束平行于光轴是必不可少的。两种操作都是通过改变电位器（称之为扫描线圈）的电流从而产生一个局域磁场来偏转电子束（而非聚焦）。镜筒里有数个扫描线圈，一些用于平移电子束，另一些用于倾转电子束。用来说明平移和倾转过程的光路图如图 6-11 所示。

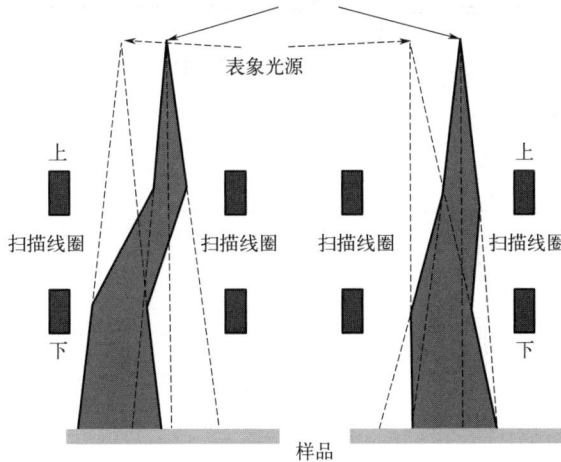

图 6-11   用样品上方的扫描线圈平移和倾转电子束

（平移使电子束在样品不同区域之间移动但保持电子束平行于光轴，
相反，倾转电子束是让电子束从不同角度照射样品的同一区域）

用于 STEM 成像的扫描电子束必须始终平行光轴移动，模拟标准 TEM 中的平行束模式。这种扫描可以用两套扫描线圈通过两次倾转电子束来完成（一套在另一套的上面），可以保证电子束与光轴在上物镜极靴的前焦面上相交。那么无论电子束从什么地方进入上物镜，都会被倾转到平行于光轴的光路上（有时为了平移必须倾转）。这种复杂的调整是由计算机控制的，就像许多现代 TEM 上的其他操作程序一样，当选择特定的模式（这里指 STEM）时会自动完成这个调整。

6.1.2   成像系统

6.1.2.1   TEM 成像系统：形成衍射花样和像

物镜收集的是来自样品出射面的电子，散射后的电子会在后焦面上形成衍射花样，重新组合后就会在像平面上成像。当使用 TEM 时，首先需要掌握的操作是观察衍射花样（衍射模式）。在所有后续成像过程中，根据这个衍射花样，用物镜光阑选择具有特定散射角的电子来成像。

a. 衍射模式：要观察衍射花样，必须调整成像系统透镜使物镜后焦面成为中间镜的物平面。这样衍射花样就会投影到荧光屏 CCD 上，如图 6-12（a）所示。

b. 像模式：如果想观察像，就需要重新设置中间镜使它的物平面为物镜的像平面。那么像就会投影到荧光屏 CCD 上，如图 6-12（b）所示。

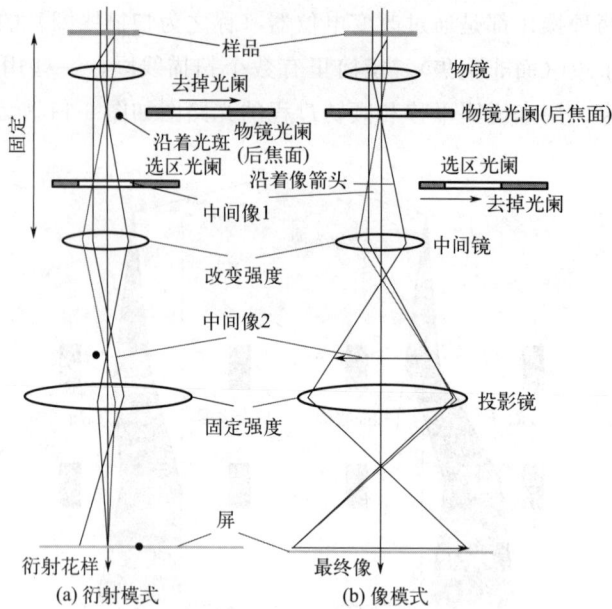

图 6-12　TEM 成像系统的两种基本操作

[（a）衍射模式：将衍射花样投影在屏上；（b）像模式：将像投影在屏上。
两种情况下中间镜分别选择物镜后焦面和像平面作为它的物平面]

（1）选区电子衍射

如图 6-12(a) 所示，衍射花样包含被电子束照亮的所有样品区域的电子。这样的衍射花样并不是很有用，因为样品通常是弯曲的，而且入射束通常很强而损坏荧光屏或使 CCD 相机饱和。因此可以通过一个基本的 TEM 操作来选择用于产生衍射花样的特定样品区域，同时降低荧光屏上衍射斑点的强度。有两种方式可以减小样品上对衍射花样有贡献的照明区域：

① 使电子束尺寸变小。

② 在样品上方插入光阑，只有穿过光阑的电子才会照射在样品上。

如图 6-13 所示，在像平面插入一个光阑，将会在样品平面产生一个虚光阑。

第一种方式包括使用 C2 和/或 C3 在样品上会聚电子束，也用这个方法来形成 CBED 花样。会聚电子束会破坏平行度，衍射花样中的斑点不再明锐，而是扩展成盘。如果希望通过平行电子束得到衍射花样，标准方法是使用选区光阑。这种情况下不能在样品平面插入光阑，因为空间已被样品占据。如果在样品共轭平面上插入光阑，即成像透镜的某个像平面上，那么就会在样品平面上生成一个虚拟光阑，通常采用这种做法，这个操作称为选区电子衍射（SAD），如图 6-12(a) 所示。所选择的共轭面是物镜的像平面，如图 6-13 所示，把 SAD 光阑插入物镜像平面，并且使选区光阑在光轴上对中就形成选区电子衍射花样（SADP）。把像平面投影到荧光屏或 CCD 上就可以看见这个光阑的像，然后可以调整它使其对中。

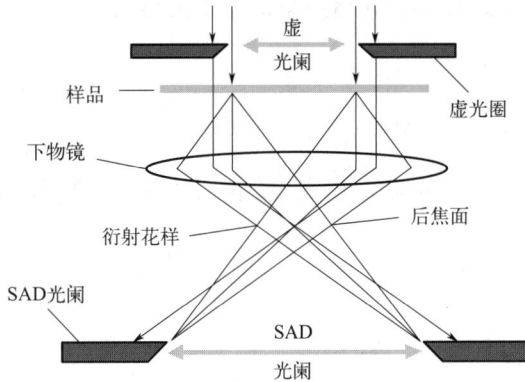

图 6-13 形成 SADP 的光路图

选区光阑移出物镜光阑时，任何照射到虚拟光阑限制区域外的样品上的电子运动到像平面过程中都会撞击到光圈上，这些电子就对投影到荧光屏上的衍射花样没有贡献了。实际上，并不能制备尺寸小于 $10\mu m$ 的光阑，而通常光阑到样品平面的缩小倍数仅大约为 25 倍，这使得最小光阑选区约为 $0.4\mu m$，这个尺寸还达不到我们的期望值，特别是在今天的纳米世界。

SADP 通常以固定的放大倍数显示在荧光屏上。与 X 射线衍射或手持照相机相类比，定义一个叫作"相机长度"（L）的距离。这个距离对应记录平面到衍射花样的距离，它不是真实相机中的真实距离。选择合适的 L 值可以使荧光屏和记录介质上的衍射花样中衍射斑点间距或衍射环比较容易区分开。这个放大倍数可以通过调整中间镜来改变。

需要指出，有 c/o 透镜时标定相机长度很困难。如果改变聚光镜焦距会改变衍射交叉截面的位置，而且如果用中间镜重新聚焦 SADP，测量的相机长度 L 也会变。

注意：在所有早期的 TEM 教科书中，SAD 是唯一的标准衍射技术，这导致一些显微镜工作者只用 SAD 来获取衍射信息。CBED 技术能提供许多补充的衍射信息，材料和纳米科技领域所有 TEM 操作者都可以使用这项技术，但是下列情况仍然需要形成 SADP：

① 当需要选择一个衍射斑点形成明场（bright field，BF）或暗场（dark field，DF）像时。

② 当衍射点彼此很接近，并且在 CBED 花样中彼此重叠时。

③ 当在衍射花样中寻找精细结构时，例如弥散的条纹。

④ 样品对电子束敏感时。

其他所有情况下，衍射花样中的衍射极大值能提供最重要的信息时，推荐使用 CBED。

（2）明场像和暗场像

当 SADP 投影在荧光屏或 CCD 上时，可以用它进行 TEM 中两个最基本的成像操作。无论观察哪种样品，SADP 都会包含一个明亮的中心斑点，这个斑点包含了透射电子和部分散射电子［如图 6-14（a）～（c）所示］，具体分布由样品性质决定。TEM 操作的另一个基本原则是如果想观察像（即物镜像平面），需要在物镜后焦面上插入一个光阑，即物镜光阑。当在 TEM 中成像时，用中心斑成像，或者用部分或全部散射电子成像。选择透射束，得到明场（BF）像。选择不包含透射束的电子则得到暗场（DF）像。

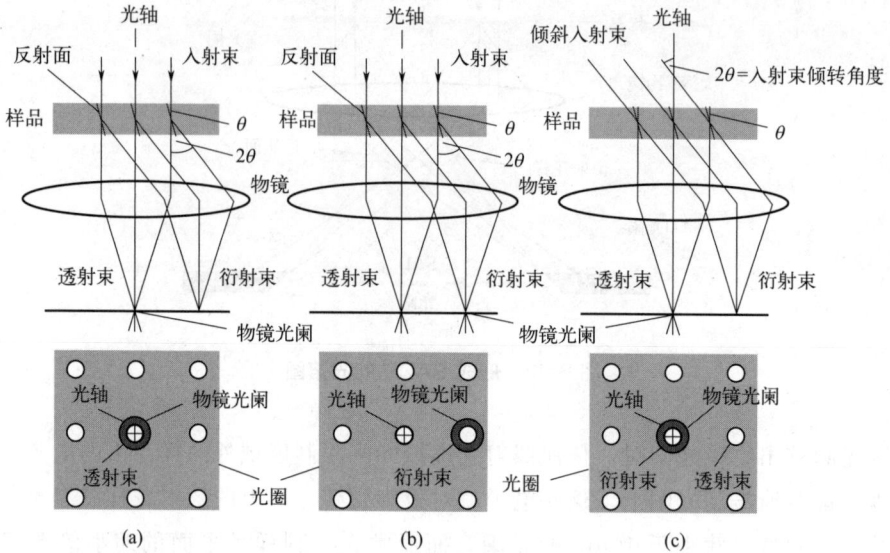

图 6-14　光路图说明

[如何把物镜/物镜光阑结合起来产生由透射束形成的明场像（a）；

由偏离光轴的衍射束形成的移动光阑暗场像（b）；倾斜入射束使衍射束在光轴上而得到的中心暗场像（c）]

　　初学者很容易混淆 SAD 光阑与物镜光阑的插入和移出，而且经常插错光阑，或当光阑应该移出时没有移出。因此初学者必须经常练习获得 SADP 和明场或暗场像，从而熟练掌握应该在什么时候插入什么光阑。两个光阑都是在物镜下方插入，物镜光阑是在物镜后焦面（BFP）上插入，所以它比位于像平面的 SAD 光阑更接近透镜（即在镜筒中更高的位置）。记住，如果观察衍射花样，应插入（下面的）SAD 光阑，（上面的）物镜光阑要退出，如果想观察像，物镜光阑应该插入，而退出 SAD 光阑。

　　观察图 6-14(b)，物镜光阑选中的电子偏离光轴，这是由移动光阑去选择散射电子造成的。由于这些离轴电子受像差和像散的影响，在老式 TEM 上这种通过光阑偏离光轴得到的 DF 像很难聚焦，并且当改变物镜强度时图像会在屏上移动。有一种替代 DF 像的方法，因为总是可以把散射电子移到光轴上，从而得到暗场像，该操作称为中心暗场（CDF）成像。

6.1.2.2　STEM 成像系统：形成衍射花样和像

　　如果想用很细的电子束探针形成 STEM 图像，那么物镜的光学系统要比 TEM 中的更复杂。需要记住的是电子束在扫描时其方向不能改变（这与 SEM 不同，SEM 中电子束绕样品上方的一点旋转）。如果入射方向改变，电子散射（特别是衍射）会随着入射角改变而变化，所以图像衬度解释起来很难。STEM 的电子束必须始终平行光轴扫描，这样即使扫描时，电子束也类似 TEM 中的平行束。

　　如图 6-15 所示，实现电子束平行光轴扫描的方法是用两对扫描线圈使电子束以上物镜（C3）极靴前焦面为支点扫描。C3 透镜可以确保所有从中心点来的电子都平行光轴，

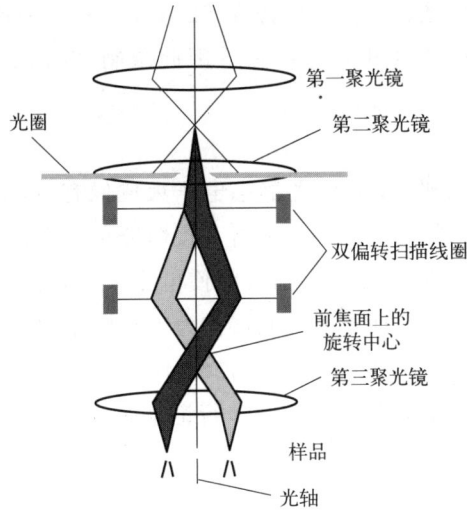

图 6-15 利用 C3 透镜（通常被关闭）与物镜上极靴之间的两组扫描线圈扫描会聚的电子束从而形成 STEM 像

（二次偏转过程可以确保电子束在样品表面扫描时始终平行于光轴）

而且 C1 透镜交叉点会在样品平面成像。如果物镜是对称的而且下物镜极靴足够强，物镜后焦面上会形成静态衍射花样［即使电子束在扫描，这个花样也不会移动，因为衍射花样与物镜前焦面（FFP）共轭，如图 6-16 所示］。如果停止电子束扫描，将在后焦面形成 CBED 花样，而且能投影到 TEM 荧光屏上。

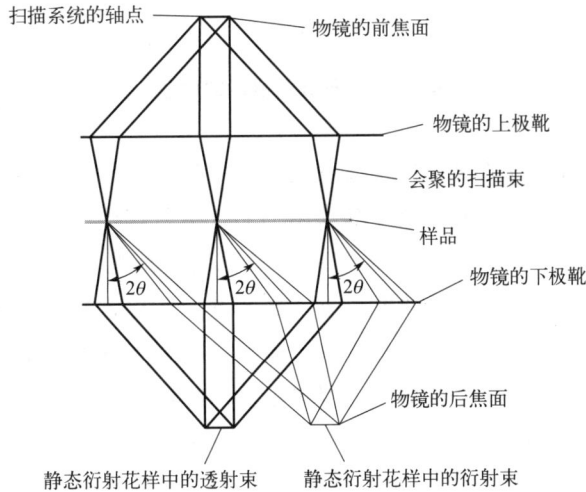

图 6-16 形成 STEM 像的必要前提——物镜后焦面生成一幅固定的（会聚束）衍射花样

（通过样品不同区域而被散射相同 2θ 角的电子会聚焦到后焦面相同的点上）

STEM 的成像质量取决于会聚电子束。会聚束具有像差，因为它是由一个透镜形成的。因此，STEM 的成像质量只依赖于一个透镜（不依赖成像透镜），使用这种成像方式的一个最大优点是可以不用透镜成像，就像在 SEM 中一样，所以成像透镜的缺陷不会影响图像分辨率，分辨率只由电子束尺寸控制。因此限制 TEM 图像质量的色差在 STEM 像中就不会存在，这有利于厚样品的研究。

（1）明场 STEM 像

扫描模式成像的基本原理与 TEM 的静态电子束成像有着本质区别。TEM 模式是选择从样品某一区域散射出来的部分电子，并将其投影分布在荧光屏上。扫描像形成的原理如图 6-17 所示。简单地说，通过调节扫描线圈使电子束在样品上扫描，同时利用这些线圈在计算机显示屏上同步显示，而电子探测器作为来自样品的电子和显示屏上所显示图像之间的转换器。由于有时需要多达 2048 条扫描线才能在记录屏上构成一幅图像，所以产生一幅 STEM 像的过程比 TEM 像慢：它是串行记录而非并行记录。

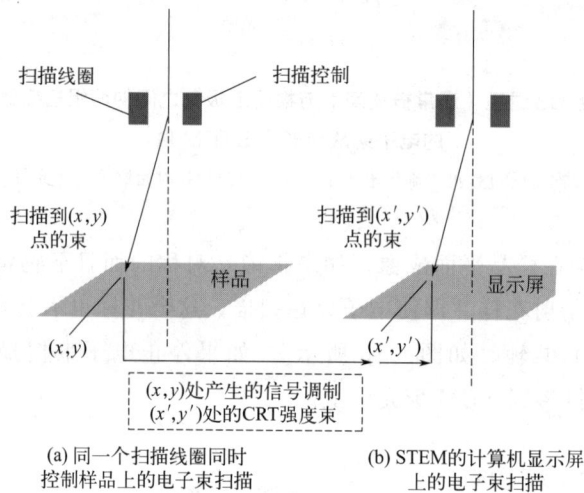

图 6-17　形成扫描像的原理

这个过程的原理和其他任何扫描束设备是完全一样的，例如 SEM 和 STM（扫描隧道显微镜）。记住，要形成 TEM 明场像，需要在 TEM 衍射花样所在平面插入光阑，只允许透射束电子通过并进入成像系统。在 STEM 模式下用的是电子探测器，与光阑的使用方式完全相同：只允许对成像有贡献的电子进入探测器。所以把 BF 探测器（半导体或闪烁探测器）放到显微镜的光轴上，如图 6-18(a) 所示，这样不管电子束在样品的什么位置上扫描，只允许透射电子进入探测器 D，从探测器输出的可变信号通过放大系统可以调制计算机显示器上的信号，从而形成明场像。

（2）暗场 STEM 像

这个过程与 TEM 中的暗场像类似。通过选择散射电子而不是透射电子来形成暗场像。请记住，在 TEM 中通过倾转入射束使用于成像的散射电子沿光轴向下运动，并通过物镜光阑选择。而在 STEM 中，所使用的方法有很大的差别。用衍射花样对中控制可以很容易实现这一点，也可以通过移动 C2 光阑实现。但更倾向于采用前者，因为后者会破坏照明系统的对中。

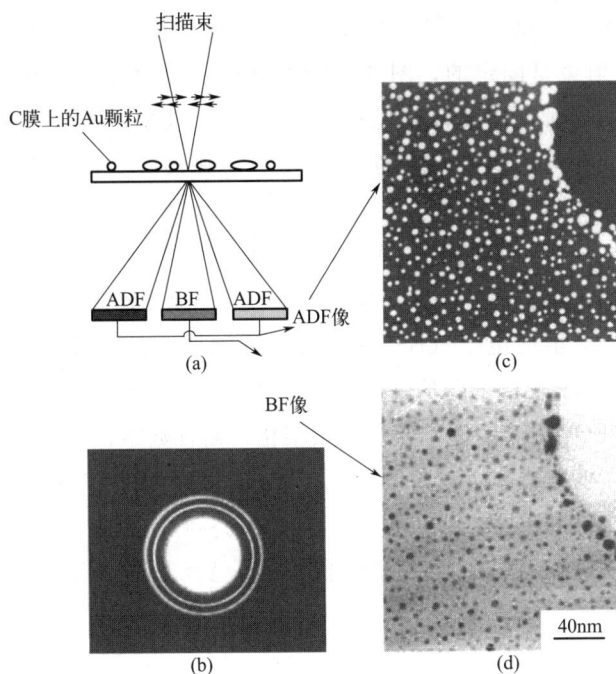

图 6-18 STEM 像的形成过程

[BF 探测器放置在后焦面的共轭面上去收集透射束（a），中心环形 DF 探测器用来收集选区
电子衍射花样（b）中的衍射电子。每个探测器上的信号都被放大并可以调制 STEM 的计算机显示，
产生样品（C 膜上的 Au 颗粒）的互补的 ADF 像（c）和明场像（d）]

通常使用环绕着 BF 探测器的环形探测器来实现暗场像，而不用 BF 探测器实现暗场像，这样所有的散射电子就都可以进入探测器，称为环形暗场（ADF）像。如图 6-18（a）所示，ADF 探测器与光轴同心，中间有孔，其内放置 BF 探测器。在这个简单例子中，通过收集选区电子衍射花样 [图 6-18（b）] 中的电子，最后得到互补的 ADF 像 [见图 6-18（c）] 和明场像 [见图 6-18（d）]。还有一种围绕 ADF 的环形探测器，接收高角度散射电子形成高角环形暗场像（HAADF，或称为 Z 衬度）。这时，Rutherford 散射效应最大，而衍射衬度被平滑掉。

6.1.3 像的观察与记录系统

为了研究材料的结构，最终从 TEM 中得到材料的图像或衍射花样，需要做的是学习如何操作如此昂贵的 TEM，以及花费数小时用于样品制备等。这些图像和衍射花样只是不同的电子强度分布，首先必须通过某种方式对它们进行观察，然后决定是否需要保存这些结果以供进一步的分析研究。这个过程分两部分：首先是图像探测（和显示），其次是图像记录。由于电子成像和存储技术的不断进步，图像的探测和记录这两个领域也都在快速更新。

6.1.3.1 电子探测和显示

图像和衍射花样反映的是电子被薄样品散射后形成的两种不同的二维电子强度分布

信息。用什么方式探测和显示它们，取决于用 TEM 模式还是 STEM 模式。对于传统 TEM 模式，因为入射束是固定的，图像和衍射花样都是静态的，所以在显微镜镜筒内可以轻易地把图像和衍射花样投影到观察屏上。例如 TEM 图像是物镜像平面上电子密度变化的模拟图像，在电子离开像平面到被投射到观察屏之间不能以任何方式操纵图像或图像衬度。

当使用 STEM 模式时，图像不是静态的，而是伴随着很小的探针扫描观察区域后逐渐形成的图像。在这些情况下，可以用不同类型的电子探测器来探测电子信号。如果要探测二次电子（SE）或背散射电子（BSE）信号，探测器要放在样品测角台附近。如果希望得到前向散射的电子所形成的图像，例如在 TEM 荧光屏所看到的情况，探测器要安装在 TEM 观测室里。所探测到的信号通常要数字化，而且数字化的扫描图像作为模拟图像出现在荧光屏上。通常荧光屏简称为"CRT"，它是"阴极射线管"（cathode-ray tube）的英文首字母缩写，是从早期电子物理学中传下来的称呼。现在，将图像或者衍射花样显示在 TEM 镜筒旁受 TEM 主机控制的平面显示器上已经变得越来越普遍。

6.1.3.2   荧光屏

TEM 中的观察屏上涂有一层材料，例如 ZnS，它可以发出波长约为 450nm 的光。通常会对 ZnS 进行掺杂，使其发出波长接近 550nm 的绿光。所以你看到的都是深浅不同的绿色荧光屏，选择绿色是因为它位于可见光谱的中间，是最让眼睛放松的颜色。只要放出的光足够强，对观察屏的主要要求就是 ZnS 颗粒要足够小，小到肉眼不能分辨单个颗粒。这意味着颗粒尺寸<100nm 是可以接受的。观察屏涂层所用的 ZnS 颗粒尺寸约为 $50\mu m$，对高分辨率的屏，ZnS 颗粒更小，约为 $10\mu m$。

现代 TEM 仍依赖模拟荧光屏是很奇怪的，终结它的时代即将来临。最新的 TEM 就没有观察屏，所有的信息均显示在和镜筒分离的计算机终端面板上。这种设计突破了几十年来的 TEM 设计，具有明显的优势：

① 屋里的任何人（或者实际上通过互联网连接的所有人）均能看到图像和衍射花样，这提供了一种更好的教学环境。

② 不需要有光射出来用以观察和记录信息。

③ TEM 镜筒可以放置在和操作者不同的房间里，因为操作者的存在必然会降低高性能电镜的分辨能力。

采用数字显示和记录的方式提供了在出版或展示前对图像或衍射花样进行处理以增强或抑制信息的可能性。这里存在明显的科学道德上的考虑，因为科学界希望出版的数据具有足够的背景信号信息以便于别人重复和核实实验，所以如果对数字图像进行了处理，最好能同时出版没有处理过的数据，从而使别人能够看出你进行了哪些数据处理。

6.1.3.3   电子探测器

除荧光屏外，还可以采用一些其他方法来探测电子。这些电子探测器在 STEM 和 AEM 中起主要作用（在 SEM 中也一样）。实际上这个问题对 STEM 成像过程很重要。这种探测器通常是半导体（Si p-n 结）探测器或闪烁体光电倍增探测器中的一种。

（1）半导体探测器

透彻理解半导体探测器的工作原理需要掌握一定的固体物理知识。这里只简要介绍一下探测器的原理。

半导体探测器是一种掺杂的单晶硅片（经常不准确地称为固态探测器），可以通过两种方式在 Si 表面下形成 p-n 结使 Si 变成对电子敏感的探测器。一种类型的探测器是通过对 Si 掺杂产生 p-n 结，这种掺杂打破了电荷载流子的浓度平衡，在 p-n 结交界处形成一个没有自由载流子的区域，称为"耗尽层"，把导电金属层蒸发到两个表面上形成欧姆接触。另一种类型的探测器为面垒探测器（有时叫肖特基二极管），通过在高阻 n 型 Si 表面蒸镀一薄层 Au 或在 p 型 Si 表面蒸镀一层 Al 制得，如图 6-19 所示。该蒸镀的表面层可作为接触电极，同时也在 Si 内部形成耗尽层和 p-n 结。

当把其中一种探测器放入高能电子束中时，大部分电子能量转移到了 Si 的价带电子上，从而将价带电子激发到导带，形成电子-空穴对。TEM 的高能电子束导致大量电子和空穴的形成，无须外加偏压，p-n 结中的内偏置场就可以将电子和空穴有效地分开。因为电子和空穴在 Si 中的运动相当快，只需要几纳秒就可以收集大约 $1\mu m^2$ 面积上的大部分载流子。所以半导体探测器对入射电子信号相当敏感。整个过程的最终结果就是将入射电子信号转化为连接在两个表面上的外电路中的电流。

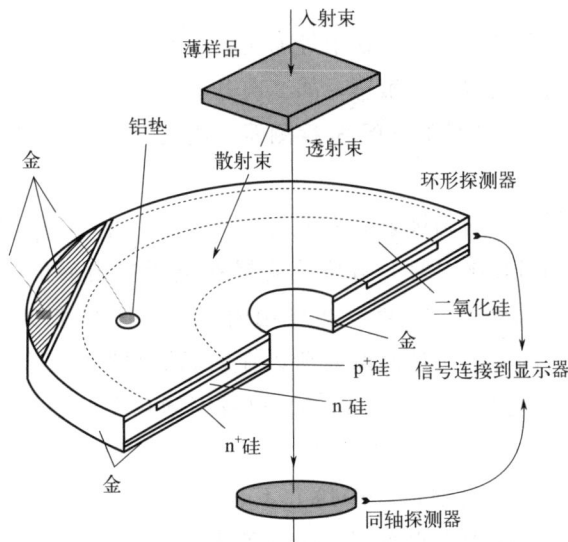

图 6-19　面垒半导体探测器

（可以用来探测前向散射的高能电子，位于光轴的小的圆形探测器
探测透射电子，周围同心的广角环形探测器用来探测散射电子）

由于室温下在 Si 中产生一个空穴-电子对需要 3.6eV 的能量，一个 100keV 的电子理论上能产生大约 28000 个电子，这表明探测器最大增益为 3×10^4，但实际上由于金属接触层的吸收以及 Si 表面电子和空穴的复合（死层区域），探测器实际增益会有所损失，实际获得的增益约为 2×10^4。

　　这些半导体探测器对于收集和放大电子信号是非常有效的。但不幸的是，它们的固有电容较大，对信号强度的快速改变不是很敏感，这种信号强度的变化在 STEM 成像的快速扫描过程中很可能发生。换言之，半导体探测器带宽很窄（通常为 100kHz），这一性质使它们不适用于信号强度存在较大幅度变化的情况。可以通过减小探测器面积来降低电容，但这样一来信噪比就会降低，而也正是因为信噪比最终限制了所有扫描图像的质量。

　　半导体探测器的一些优点：

　　① 易于制作加工。

　　② 更换便宜。

　　③ 只要材料平整就可以切成任何形状。

　　半导体探测器也有一些缺点：

　　① 大的暗电流，暗电流指没有信号入射到探测器时存在的电流，起源于电子-空穴对的热激发，或有光线落入了未涂层的探测器上。因为 TEM 中的探测器不可避免地有金属欧姆接触，光不能穿过金属层，所以光还是一个小问题。目前，也可以通过把探测器冷却到液氮温度来减小热激发，但这种措施不是很实际，会在真空中引入很容易聚集污染物的冷表面，所以还是需要忍受由热激发而导致的噪声。

　　② 噪声是半导体探测器的内在性质，对低强度信号，它的探测效率很低，但对高强度信号几乎可以上升到 1。

　　③ 电子束能损坏探测器，特别是在中等加速电压显微镜中。

　　④ 半导体探测器对低能电子不敏感，如二次电子。

　　尽管存在这些缺点，这两种类型的 Si 探测器远比闪烁探测器结实耐用。

（2）闪烁体光电倍增探测器

　　闪烁体和荧光屏中发生的阴极射线发光过程类似，当电子撞击时闪烁体也可发出可见光。观察一个静态的 TEM 图时，希望荧光屏在电子撞击后的一定时间内持续放出光，所以选择长延迟的闪烁体。当然，当使用闪烁体探测快速变化的信号时，例如在扫描成像中，希望发射的光能迅速衰减。所以在闪烁探测器中不使用 ZnS，而是使用其他材料，例如 Ce 掺杂的钇铝石榴石（YAG）以及不同掺杂的塑料和玻璃，这些材料的延迟时间为纳秒量级，而 ZnS 是微秒量级。一旦把入射电子信号转化成可见光，从闪烁体发出的光就可以被光电倍增管（PMT）系统放大，倍增管系统通过光纤和闪烁体连接。图 6-20 给出了 TEM 中用来探测二次电子的闪烁体光电倍增探测器的示意图，这种设计和 STEM 中探测初次散射电子的探测器是一样的。样品产生的二次电子（SE）向后螺旋通过极靴，被高压加速到闪烁体上，产生可见光，通过光纤输送到光电阴极，将可见光转换成电子。在用于调制显示屏之前，电信号被 PMT 中的几个电极（中间级）放大。

　　用于 STEM 或 SEM 中的闪烁体表面通常涂有 100nm 厚的 Al 层，用来反射显微镜中产生的光，使它不能进入光电倍增管中，一旦进入就会给信号增加噪声。如果探测器在显微镜的测角台中，而且如果样品是阴极射线发光体，这些光可能来源于样品本身，或者可能是热电子源产生的光线穿过镜筒后被样品抛光过的表面反射进入探测器。

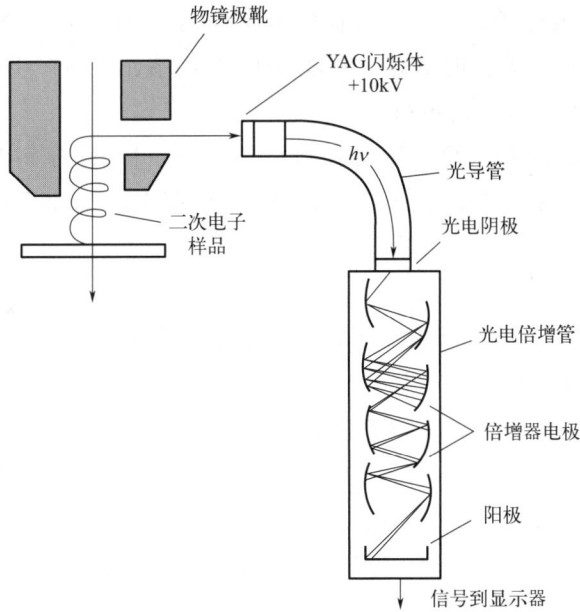

图 6-20 闪烁体光电倍增探测器

闪烁体光电倍增探测器的优点如下。

① 增益非常高，整个探测系统的增益是 10^n 量级，具体取决于光电倍增管中倍增管电极的数目 n。增益为 10^8 是很常见的（和半导体探测器的约 10^4 相比）。几种商用闪烁体探测效率都接近 0.9，反映了这种探测器良好的性能。

② 和半导体探测器相比，闪烁体的噪声低，带宽在 MHz 范围，所以低强度图像和 TV 速率的图像都能很容易地显示出来。TV 速率的数字信号成像具有很大的优越性，如果恰当地处理和显示，就可以在正常室内照明情况下观察、存储和记录，也就不必在黑暗中操作（S）TEM 了。

闪烁体光电倍增探测器的缺点：

① 闪烁体没半导体探测器耐用，对辐射损伤很敏感，特别是长时间暴露在电子束下时。

② 闪烁体光电倍增探测器和半导体探测器相比更贵重和庞大，既不适合放置在 TEM 测角台内，也不容易加工成多探测器结构。但塑料闪烁体适合加工成可进行大角度收集的探测器形状，例如在许多 SEM 中使用的 Robinson BSE 探测器。

总的来说，对 TEM/STEM 系统中多数类型的电子探测更倾向于使用闪烁体光电倍增探测器而非半导体探测器，然而务必注意减小高强度电子束，以免损坏探测器和降低探测效率。因此，当操作闪烁探测器时要加倍小心。

（3）电荷耦合器件探测器（CCD）

记录图像和能谱的电子技术已日趋完善，其性能逐渐接近传统的模拟方法。CCD 摄像机正成为实时 TV 记录图像和衍射花样的标准。CCD 摄像机也可用作二维阵列来并行收集 EELS 和能量过滤像。

CCD 是存储由光或电子束产生的电荷的金属-绝缘体-硅设备。CCD 阵列由成千上万个像素组成，这些像素为单独的电容，通过每个 CCD 单元下面产生的势阱而相互绝缘，所以能收集正比于入射束强度的电荷。

目前 TEM 中的 CCD 最大尺寸是 4k×4k，但这个尺寸会随时间而增加。尽管通常尺寸在 $10 \sim 15 \mu m$，单个帧目前可以小到 $6 \mu m$。要形成一个图片，必须读取阵列。可以通过改变所加电势达到此目的，电势沿着阵列中的线顺序地将每个势阱中的电荷转移到输出放大器中。

读取 CCD 的帧时取决于图像的尺寸和读取探测信号的技术。超高速 CCD 摄像机可以大于 10^5 帧/s，但是在标准 TEM 中如此高的速率并没有多大用处。然而，值得注意的是，时间分辨的 TEM 是一个越来越重要的领域，在这种专用设备中，就需要超快记录了。通常帧时小于 0.001s，远小于标准的 TV 速率 0.033s，可用于原位记录快速过程。但是帧时也可以达到几分钟（例如，用于获取暗的衍射花样中的弥散散射）。显然曝光时间越长，图像越容易受外界的振动、漂移等的影响，所以长的曝光时间并不好，例如收集 HRTEM 图像。

CCD 探测器的一些优点如下。

① 在冷却状态下，即使在输入信号很低的情况下，仍具有很低的噪声和较高的探测效率（>0.5）。

② CCD 动态范围很广，很适合记录强度跨度很大的衍射花样。

③ 对输入信号线性响应，而且对大量像素的响应非常均匀。

CCD 存在一些缺点，尤其是它们的价格，但是就像任何基于摩尔定律的技术一样，CCD 的价格一直在降低。然而，当太多的信号充满像素点，信号就会溢到周围的像素点，也就产生了"开花"这种现象，这是一个问题。这个问题可以通过在装置中构建一种反开花或者溢出排出结构来显著改善。除了这些次要的因素以外，显然 CCD 或其他电子技术最终都会用于记录和存储所有 TEM 图像、衍射花样和能谱。

6.1.4 真空系统和样品杆

除了 TEM 的电子源、透镜及各种探测仪器，盛放样品的样品杆和真空系统也非常重要，如果不认真关注这两部分，得到的实验数据质量会严重下降。

在向 TEM 传送样品时，样品表面的环境压强在几秒钟内就可以减小 10 个数量级，达到样品台杆的真空度，从而可以把样品送进 TEM 中。跨过这么大的一个真空范围，通过样品杆可以实现对样品的控制。必须通过样品杆来实现对加载在样品上的实验参数的调节，最基本的要求是应该能够横向移动样品来观察不同的区域；并且为了使成像最佳，还应该能够在垂直方向移动样品。此外，还将介绍如何对所研究的材料进行倾斜、旋转、加热、冷却、拉伸以及加偏压。遗憾的是，样品杆同样也会引起样品的振动、漂移和污染，同时可能会产生 X 射线，使自己想要的分析质量大大降低。因此样品杆的保护是极其重要的，破损或磨损的样品杆都会降低从电镜中得到的数据的质量。如果不小心，价值一万美元的样品杆很容易就能限制数百万美元的 TEM 的性能。

6.1.4.1　真空系统

原子对电子的强烈散射决定了 TEM 的多功能特性以及使用薄样品的必要性。气体对电子的散射也很强，所以无法在空气中将相干性好、可控的电子束发射到较远距离，因此所有的电镜都在真空下运行。除了使电子束不受干扰地通过电镜外，高真空对于保持样品清洁也很重要。由碳氢化合物、水蒸气等造成真空负担加重的污染物引起的样品污染，对于电镜的很多方面来说都是一个问题。幸好现在大多数 TEM 的真空系统都比较干净，可全自动运行且操作简易。

① 粗真空泵　最常见的粗真空泵是机械（转动）泵，由皮带轮带动离心转子做往复机械运动，从进气阀把空气吸入到腔内，再从出气阀排出。这种泵的性能可靠，价格相对较便宜，只是噪声大，存在油污染，只能获得约 10^{-1}Pa 的真空。机械泵应安放在 TEM 房间外，并通过一种不传递振动的管线与镜筒相连。机械泵常用碳氢油（烃油）作为媒质，如果使用这种泵，从泵到真空的管线应该含有一个前级阱来凝结捕获油蒸气，以免沉积在镜筒内。

② 涡轮分子泵　利用涡轮机将电镜中的空气排出。涡轮分子泵有许多高速运转（通常转速为 $20000 \sim 50000$r/min，甚至更高）的部件。其结构非常简单，如图 6-21 所示。涡轮泵不用油，所以不会有碳氢化合物污染电镜，最好的涡轮泵工作起来很安静且几乎没有振动。事实上，现代涡轮泵已经用于预抽测角台，这在低温转移技术中是很重要的。涡轮泵在环境压强下可以缓慢启动，随着压强降低转速逐渐提高，最终在足够高的转速时提供一个高真空环境。然而，通常还需要一个无油机械泵作为涡轮泵的前级泵。

③ 离子泵　其不用油，所以不会污染 TEM 镜筒，也没有运转部件，完全通过离子化过程排出气体。离子泵从阴极发射电子，这些电子在磁场中螺旋运动并将空气分子电离，电离后的空气分子又被吸附到阴极上。高能气体离子从阴极射出钛原子，之后在整个系统中凝聚下来，主要凝聚在阳极柱上吸附气体原子。这样离子泵就有两种排气方式：一种是通过阳极表面的化学吸附，另一种是通过阴极的电吸引。两电极间的离子电流越小，真空度就越低，所以离子泵可以作为自己的真空计。一般直接在 TEM 测角台或电子枪腔室里加一个离子泵，以便集中将这些重要部分抽成真空。离子泵在电镜中很常见，其工作流程如图 6-22 所示。

图 6-21　涡轮分子泵（有外套和无外套）

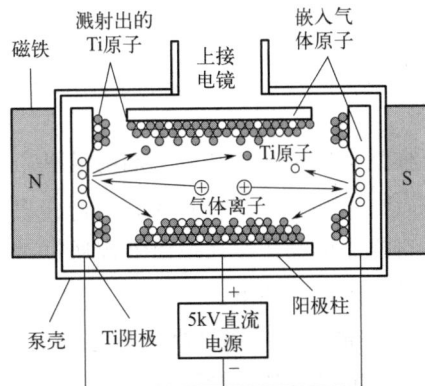

图 6-22　离子泵工作示意

④ 完整的真空系统   常规 TEM 至少有两个独立的抽气系统：一个抽取镜筒，一个抽取荧光屏和照相室。单独抽取照相室是因为底片是破坏真空的主要原因之一，因为含有 AgI 乳胶颗粒的底片会释放吸附其上的大量空气分子。所以，这部分通常由机械泵和扩散泵级联抽真空，而测角台则用独立的离子泵、涡轮分子泵、吸附泵或它们的级联来抽取真空。如果使用的是场发射枪，需要独立的 UHV 抽气系统来抽电子枪处的真空，该真空抽取系统通常由几个离子泵组成。真空系统的每一部分都需要低真空泵（机械泵或涡轮泵），只有抽到足够高的真空后，HV/UHV 泵才能启动。

在大多数 TEM 中测角台和电子枪处的真空度要比照相室的高，所以照相室或荧光屏部分和镜筒其他部分之间用一个差动泵光阑隔开。高质量数字记录设备的出现将不再需要照相室中的底片，由此带来 TEM 真空度的提高比任何抽气技术的改进都要好。

6.1.4.2   样品杆和测角台

为了观察样品，需要把样品装载在样品杆上并一同插入 TEM 的测角台里。因此，在 TEM 中有不可分割的两个关键部分，即样品杆和测角台。除了样品杆，测角台也很关键，设计合理的测角台对计算机控制的 TEM 很有必要。

TEM 的样品杆很重要，因为样品要放在物镜间，而物镜的各种像差决定着 TEM 的分辨率。实际上容纳样品的小槽直径为 2.3mm 或 3.05mm，所以样品或支撑微栅也必须具有同样尺寸。侧插式样品杆用途更为广泛，它们的出现使电镜可以第一次使用更大尺寸的样品。

（1）侧插式样品杆

侧插式样品杆现在已成为标准样品杆，尽管近几年它们在设计上有了根本改变。传统设计如图 6-23 所示。

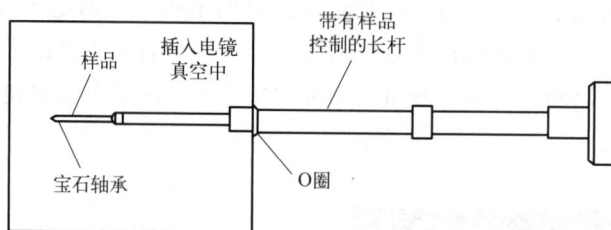

图 6-23   测角台中的侧插式样品杆的主要部件

样品被固定在样品杆一端的槽里。样品杆一端装有宝石（通常为蓝宝石）与测角台上的宝石轴承啮合，使得对样品的操作更加平稳。样品杆中含有 O 圈的一端被密封到真空里，对样品的操作是在镜筒外部通过对样品杆的控制来实现的。

其关键部件如下。

① O 圈   与电镜镜筒机械连接的一种部件。为提高真空，有些样品杆有两个 O 圈，两圈之间的部分独立抽取真空。

② 宝石轴承   这是另一个与镜筒的机械连接。推动该轴承就可以使样品前后、左右

移动。就像 O 圈一样，必须保持轴承清洁，否则样品会不稳定。

③ 样品槽　用来直接盛放样品，这样就会在镜筒内产生杂散电子和 X 射线。所以分析电镜样品杆上的样品槽是由 Be 制成的，以减少 X 射线的产生，否则会影响微区分析。

④ 固定环或螺丝　用来固定槽中的样品。

假如刚开始接触 TEM，会惊奇地发现 TEM 的一个特征就是样品杆种类繁多。图 6-24 给出的是各种不同设计的侧插式样品杆。

① 单倾样品杆　这是最基本的样品杆，初学者都应该用它来练习。它只能绕着杆轴旋转。单倾杆相对便宜、耐用，在衍射衬度的研究中通过样品倾转也能得到很多有用的数据。

② 块材样品杆　这种样品杆用于表面成像和衍射，例如在 STEM 中利用 SE 或 BSE，或者在 TEM 中用反射电子衍射和成像。块材样品要比一般的 3mm 样品大（通常约为 10mm×5mm）。所以如果能制成这样大尺寸的薄样品，这种样品杆的取样区域就会比较大（图 6-25）。

图 6-24　几种不同设计的侧插式样品杆

图 6-25　能装大尺寸样品的块材样品杆

③ 双倾样品杆　由于能够灵活地控制样品取向，这是最常用的样品杆。这种灵活性对于晶体样品成像和衍射研究非常重要。

④ 倾斜-旋转样品杆　通常喜欢平行于倾斜轴（沿着样品杆）来转动样品，该样品杆恰好能满足这个要求。这也是侧插式样品杆的主要优势之一：因为倾斜轴总是平行于样品杆，所以通常可以进行大角度的倾转。

(2) 原位样品杆

为了在 TEM 观察中能够改变样品条件，已经发展了一些特殊的样品杆。换句话说，在 TEM 里面可以对样品做一些实验（例如加热、冷却、拉伸、扭转、压缩等）。见图 6-26 和图 6-27。

① 加热样品杆　在传统的透射电镜中这种样品杆能加热到 1300℃左右，这个温度可以通过装在样品槽上的热电偶来测量。在高电压电镜中，由于其极靴间隙较大，从而能加热到更高温度。

② 冷冻样品杆　这种样品杆可以达到液氮温度或液氦温度，既有单倾杆，也有双倾杆。由于其表面污染较小，因而是 XEDS、EELS 和 CBED 研究的最佳选择。同时不仅是

原位研究超导材料的必备附件，也是研究聚合物和生物组织的理想工具。但应该注意，冷冻样品杆就像一个小的吸附泵一样，实际上很容易吸附污染物。因为必须要改变样品相对周围环境的温度，所以会引起样品的漂移，需要一定的时间才能使整个系统稳定下来。

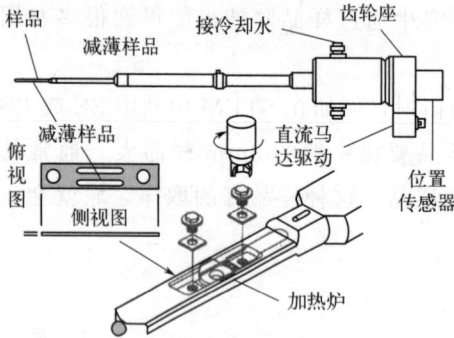

图 6-26　同时配有拉伸和加热部件的原位样品杆

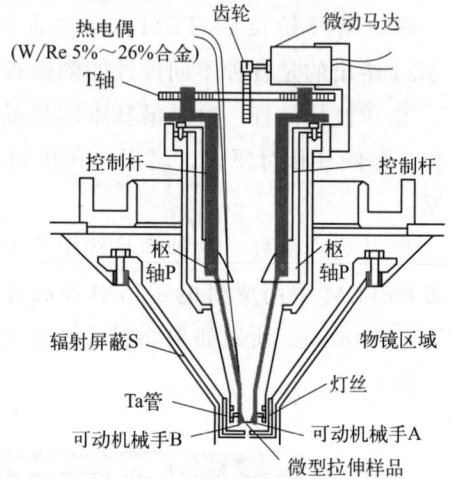

图 6-27　配有加热-拉伸功能的顶插式原位样品杆

③ 低温转移样品杆　通常一些样品要在低温液体、乳胶及组织中制备。该样品杆能够把这些冷冻样品转移到 TEM 中，而不会出现空气中的水蒸气在样品表面结冰的现象。

④ 拉伸样品杆　这种样品杆是把样品两端固定，通过压力传感器或者螺纹装置在其中的一端加载载荷。样品通常处于一定的张力下，两固定点中间的样品会变薄。摄像机是必不可少的附件，有了它可以很容易实时观察位错运动及断裂的动态变化等。可以通过改变载荷大小来研究循环过程和张力的变化规律，而且应变率也是一个很容易控制的变量。样品在加载载荷情况下也可以同时加热。

6.2　透射显微术电子像衬度原理

透射电子像的形成取决于入射电子束与材料相互作用，当电子逸出试样下表面时，由于试样对电子束的作用，使得透射电子束强度发生了变化，因而，透射到荧光屏上的强度是不均匀的，这种强度不均匀的电子像称为衬度像。

电子像的衬度（contrast）是指试样的两个相邻部分的电子束强度差，设试样的一个部分的电子束强度为 I_1，另一个部分的电子束强度为 I_2，则电子像的衬度 C 可表示为

$$C = \frac{I_1 - I_2}{I_2} = \frac{\Delta I}{I_2} \tag{6-3}$$

通常，人眼不能观察到衬度小于 5％的差别，甚至对区分 10％的衬度差别也有困难。如果能把像用数字化的方法记录下来，则可以用电子学方法把衬度增加到人眼能分辨的程度。

　　下面简要介绍透射电子显微像的几种衬度。质量-厚度衬度（简称质厚衬度，见图 6-28）是由于材料的质量厚度差异造成透射束强度的差异而形成的，在聚合物和生物材料中经常用到。衍射衬度（又称衍衬）是由于试样各部分满足布拉格条件的程度不同以及结构振幅不同而产生的，衍射衬度（图 6-29）主要用于晶体材料，它在透射电子显微镜中用得最多。质厚衬度和衍射衬度都是由于试样不同区域散射能力有差异而形成了电子显微像上透射振幅和强度的变化，质厚衬度和衍射衬度属于振幅程度。另一类衬度是相位程度，当试样很薄（一般在 10nm 以下），试样相邻晶柱出射的透射振幅的差异不足以区分相邻的两个像点的程度，这时得不到振幅程度。但我们可以利用

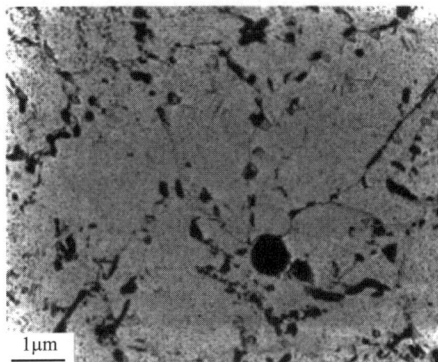

图 6-28　Cr-Mo 钢中一些小析出物萃取复型样品的质量-厚度衬度像

电子束在试样出口表面上相位不一致，使相位差转换成强度差而形成衬度，这种衬度称为相位衬度。如果我们让多束相干的电子束干涉成像，可以得到能反映物体真实结构的相位衬度像——高分辨像［图 6-30(a)］。高分辨像是一种相干的相位衬度像。另一种相位衬度像是原子序数衬度像（Z contrast image），其衬度正比于原子序数 Z 的平方［图 6-30 (b)］。原子序数衬度像是非相干的相位衬度像。相位衬度和振幅衬度可以同时存在。当试样厚度大于 10nm 时，以振幅衬度为主；试样厚度小于 10nm 时，以相位衬度为主。

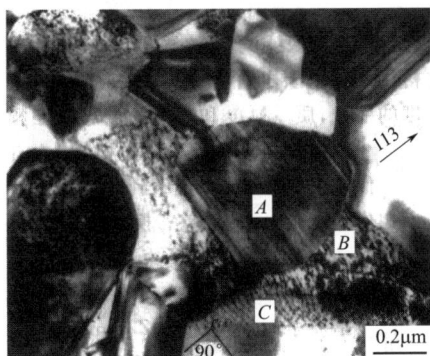

图 6-29　钢的衍射衬度像

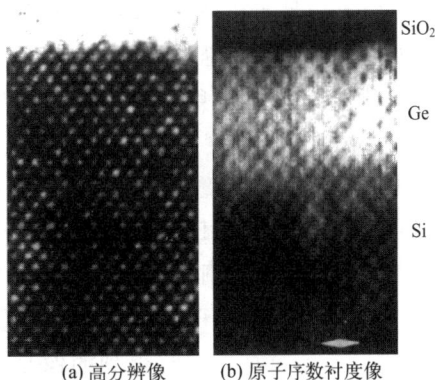

(a) 高分辨像　(b) 原子序数衬度像

图 6-30　Si/Ge/非晶 SiO$_2$ 的相位衬度像

6.2.1　质厚衬度

　　当电子束通过试样时，电子与物质相互作用，产生散射与吸收。由于透射电子显微镜试样通常很薄，吸收现象可忽略。

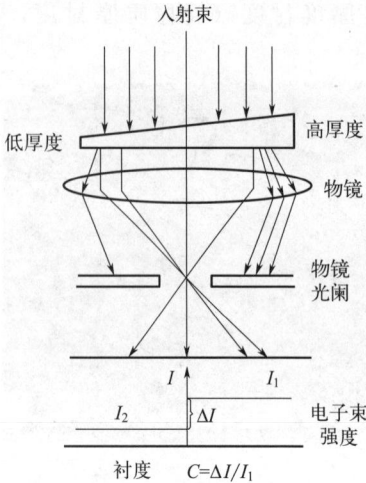

图 6-31　质厚衬度的形成

质厚衬度的形成主要取决于散射电子的数量。当产生散射时，如散射角大于一定值，一部分散射电子不能通过物镜光阑，使到达荧光屏的电子数减少，由于试样各部分对电子的散射能力不同，使得通过物镜光阑的透射电子数目不同，从而引起电子束的强度差异，形成衬度（图 6-31）。

散射本领大、透射电子数少的样品部分所形成的像要暗些，反之，则亮些。对于非晶样品，入射电子透过样品时碰到的原子数目越多（或样品越厚），样品原子核库仑电场越强（或原子序数或密度越大），被散射到物镜光阑外的电子就越多，而通过物镜光阑参与成像的电子强度就越低，即衬度与质量、厚度有关，故这种衬度称为质厚衬度。

6.2.2　衍射衬度

质量-厚度衬度是根据材料不同区域厚度或平均原子序数的不同而形成的衬度，但当薄晶体样品的厚度大致均匀（除了样品穿孔处的边缘部分），平均原子序数也没有太大差别时，薄晶体的不同部位对电子的散射或吸收将大致相同。故这类样品不能利用质厚衬度来得到满意的图像反差，必须用衍射衬度来成像。

衍衬是由晶体试样满足布拉格反射条件程度不同及结构振幅不同而形成的衍射强度的差异而导致的衬度。假设晶体薄膜里有两晶粒 A 和 B（图 6-32），A、B 取向不同，其中 A 与入射束不满足布拉格衍射条件，强度为 I_0 的入射束穿过试样时，A 晶粒不产生衍射，透射束强度等于入射束强度，即 $I_A = I_0$；而入射束与 B 颗粒满足布拉格衍射条件，产生衍射，衍射束强度为 I_{hkl}，透射束强度 $I_B = I_0 - I_{hkl}$。如果用物镜光阑，让透射束通过物镜光阑，而将衍射束挡掉，则在荧光屏上，A 晶粒比 B 晶粒亮，这时得到的像是明场像。如果把物镜光阑孔套住某个 hkl 衍射斑，让对应于衍射点 hkl 的电子束通过，而把透射束挡掉，则 B 晶粒比 A 晶粒亮，这时得到的像是暗场像。而明场像的衬度特征是跟暗场像互补的（图 6-33），即某个部分在明场像中是亮的，则它在暗场像中是暗的，反之亦然。

在衍衬成像中，某一最符合布拉格衍射条件的 (hkl) 晶面组起十分关键的作用，它直接决定了图像衬度。特别是在暗场像条件下，像的亮度直接等于样品上相应物点在光阑所选定的那个方向上的衍射强度。正因为衍衬像是由衍射强度差别所产生的，所

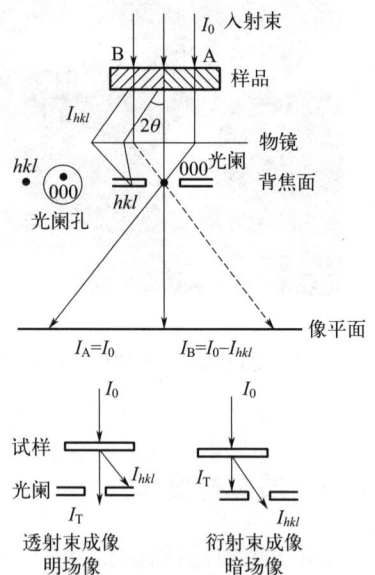

图 6-32　衍射衬度的形成

以，衍衬图像是样品内不同部位晶体学特征的直接反映。

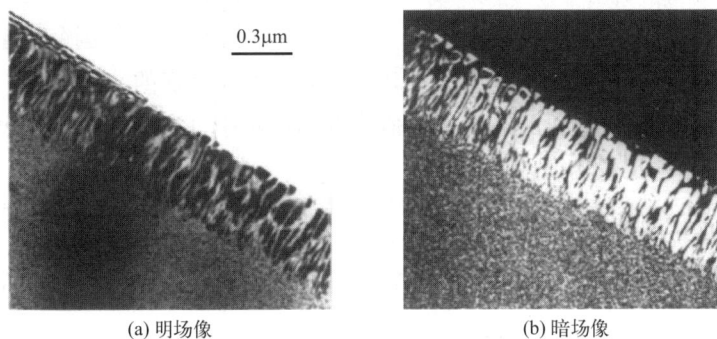

(a) 明场像　　　　　　(b) 暗场像

图 6-33　互补的明场像和暗场像

6.2.3　相位衬度

相位衬度显微术也称高分辨透射电子显微术（HRTEM），它能使大多数晶体材料中的原子列成像。

HRTEM 始于 20 世纪 50 年代，1956 年 Menter 用 TEM 直接拍摄了酞菁铜［（001）面间距 1.26nm］和酞菁铂的晶格像。但当时对高分辨成像的机理不够清楚，且那时 TEM 的分辨率也不高，故在这以后的十几年内，HRTEM 没有得到进一步的发展，仅仅作为鉴定电镜分辨率的一种方法（晶格条纹法）。20 世纪 70 年代初，Ijima 用分辨率为 0.35nm 的 TEM 拍到了一例复杂氧化物的可直接解释的像，这时 Cowley 和 Moodie 提出的用电子衍射的多片层传播动力学理论来计算电子衍射波振幅与相位的技术也趋于成熟，为解释 HRTEM 像提供了理论基础。

20 世纪 70 和 80 年代，由于电镜技术的不断完善，一般大型 TEM 已能保证 0.144nm 的晶格分辨率和 0.2～0.3nm 的点分辨率。HRTEM 发展很快，除了能观察反映晶面间距的晶格条纹像外，还能拍摄反映晶体结构中原子或原子团配置情况的结构像。目前 HRTEM 已是电镜技术中普遍使用的方法，由于 HRTEM 的分辨率已达到了 0.1～0.2nm（若采用球差校正技术，分辨率可达到亚埃尺度）。它在材料微结构的研究，特别是纳米材料的研究上，发挥了很大的作用。

目前生产的 TEM 一般都能做 HRTEM，但这些 TEM 被分成了两类：高分辨型的和分析型的。两者的区别是，高分辨型的 TEM 配备了高分辨物镜极靴和光阑组合，这使得样品台的倾转角很小，从而可获得较小的物镜球差系数；而分析型的 TEM 为了要做各种分析，需要有较大的样品台倾转角，物镜极靴与高分辨型的不一样，这就影响了分辨率。一般来说，200kV 的高分辨型 TEM 的分辨率为 0.19nm，而 200kV 的分析型 TEM 的分辨率为 0.23nm，其实在 0.23nm 的分辨率下，对大多数材料，拍高分辨像也已足够了。

高分辨像是相位衬度像，是所有参加成像的衍射束与透射束之间因相位差而形成的干涉图像，理论证明在弱相位体近似下高分辨像的衬度 C 为

$$C(X,Y)=2\delta V_{\rm t}(X,Y)$$

式中，δ 是相互作用常数；$V_{\rm t}(X,Y)$ 是晶体势在 z 方向的投影。上式告诉我们高分辨图像衬度和晶体的二维厚度投影电势 $V_{\rm t}(X,Y)$ 直接相关，也就是说我们在高分辨像上看到的一个点像实际上相当于在 z 方向排列的一列原子在平面的"投影像"。

要满足弱相位体近似，样品必须非常薄，例如，对于 $Ti_2Nb_{10}O_{27}$ 来说，样品厚度必须小于 0.6nm，才满足弱相位体近似。

在高分辨像中，原子是暗的还是亮的呢？ Scherzer 的研究表明，当 TEM 的欠焦量 $\Delta f=\sqrt{\dfrac{4}{3}C_{\rm s}\lambda}$ 时，HRTEM 像的分辨率最高，可以达到 $0.66\lambda\,\dfrac{3}{4}C_{\rm s}^{\frac{1}{4}}$ 的分辨率。这时，对于薄晶体，原子一般呈现暗衬度，即原子是最暗的。这个条件又称为 Scherzer 欠焦条件，只有当这个条件满足，且满足弱相位体近似时，我们看到的高分辨像才是晶体结构像。

HRTEM 像有两种。

(1) 一维晶格像 (一维结构像)

它是使电子束从某一组晶面产生反射而成像的。从一维结构像可得到该组晶面的配置细节，从而可直接测得晶面间距，观察孪生、晶粒界面和长周期层状晶体的结构。图 6-34 是 Bi 系超导氧化物的一维结构像，在严格满足布拉格衍射条件下，两条纹之间的距离就是晶面间距。

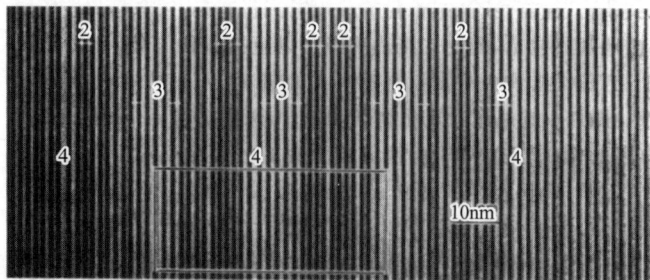

图 6-34　Bi 系超导氧化物的一维结构像

(2) 二维晶格像 (二维结构像)

它是采用一个晶带的反射而成像的，要求有一个沿晶带轴的准确入射方向。二维结构像和实际晶体中原子或原子团的配置有很好的对应性，可用来研究位错、晶界等复杂和有畸变的结构。图 6-35(a) 给出了尖晶石/橄榄石界面的二维晶格像，从图中可以很清楚地看出界面原子的排列情况，这种像在材料的界面研究中有广泛的应用。

图 6-35(b) 显示了 InAsSb 和 InAs 异质结的结构，很容易看出在这个材料中存在位错。注意，我们用衍衬像只能看到位错的"反映"，并没有直接看到位错，只能间接地观察位错，而用二维晶格像可以直接看到位错。

随着 HRTEM 技术的发展和电镜本身的进步，人们已可用 HRTEM 直接观察单原子像。图 6-36 就是超导氧化物结构像，可以看出每个原子列有自己的像（黑点），图中的插图告诉我们各个黑点对应什么原子。在这张图中，除了氧原子未能显示外（氧原子的观察很困难），其他 Cu、Tl 和 Ba 原子均已显示出来。

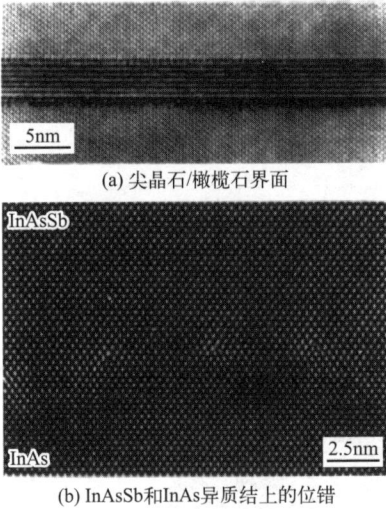

(a) 尖晶石/橄榄石界面

(b) InAsSb 和 InAs 异质结上的位错

图 6-35　二维晶格像

图 6-36　$Tl_2Ba_2CuO_6$ 超导氧化物的结构像

（拍摄：400kV 电镜、沿 [010] 入射）

应当指出，只有在弱相位体近似及 Scherzer 欠焦条件下拍摄的 HRTEM 像才能正确反映晶体结构。实际上，弱相位体近似的要求很难满足。当样品厚度超过一定值时，往往使弱相位体近似条件失效，这时，尽管仍可拍摄得到清晰的高分辨像，但 HRTEM 像的衬度与晶体结构的投影已经不是一一对应关系。图 6-37 显示硅单晶 [110] 入射的 HR-TEM 像随厚度的变化，照片中白色背底中的黑点（图 6-37 中的 b）随着厚度从 6nm 变到 21nm 而变成黑色背底上的白点（图 6-37 中的 e），即出现图像衬度反转。从图中还可看出，随着厚度的改变，像点的分布规律也会改变。不仅厚度会影响 HRTEM 像，欠焦量 Δf 的改变对图像影响也极大。图 6-38 显示硅单晶 [110] 入射的 HRTEM 随欠焦量 Δf 的变化情况，可以看出 HRTEM 像随欠焦量的变化而变化，不仅出现衬度反转，像点的分布规律也会改变。

从图 6-37 和图 6-38 可见，HRTEM 像可随厚度和欠焦量而改变，故得到一张 HR-TEM 像后，不能简单地说这张像对应什么晶体结构，而必须先做计算机模拟计算，就所研究的材料的结构，在不同的厚度与欠焦量下计算 HRTEM 像，得到一系列的 HR-TEM 模拟像，将其与实验获得的像相比较，从而确认实验得到的 HRTEM 像中各像点代表什么原子，故对 HRTEM 像的解析一定要慎重。HRTEM 像的计算机模拟对 HR-TEM 像的解析起着十分关键的作用，但计算模拟像，必须先搞清楚所研究材料的结构。

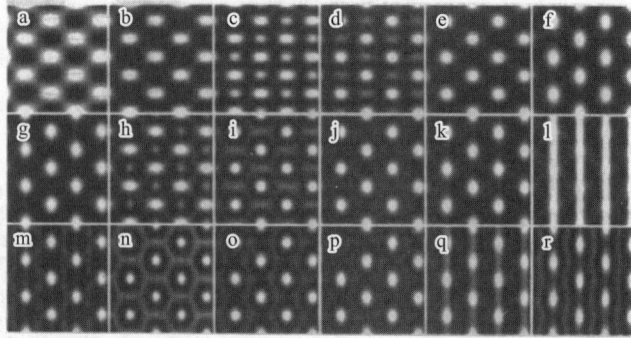

图 6-37　硅单晶 [110] 入射的高分辨电子显微像随厚度的变化（以 200kV 电镜、离焦量 65nm 计算）

［a～r 对应试样厚度从 1mil（毫英寸，1mil＝0.0254mm）变到 86nm（每张图的厚度变化为 5nm）的 HRTEM 像的变化］

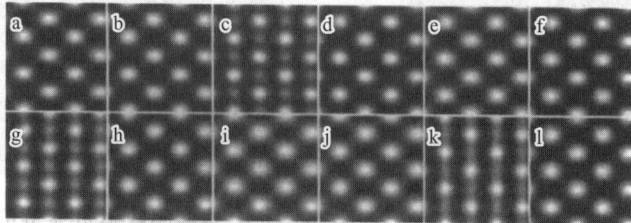

图 6-38　硅单晶 [110] 入射的高分辨电子显微像随欠焦量的变化（以 200kV 电镜，厚度 6nm 计算）

［a～l 对应试样的欠焦量从过焦 20nm 变到欠焦 90nm（每张图的欠焦量变化为 10nm）的 HRTEM 像的变化］

6.2.4　TEM 中的电子衍射

衍射衬度的产生是因为样品不同区域的衍射束强度不同。衍射条件的改变或样品厚度不同时，会引起衍射强度的变化。在 TEM 衍射中，可以观察到斑点（很多斑点）。这些"斑点"有时是小而微弱的点，有时是较大的圆盘，它们本身包含了"结构"及其他信息。一些电子衍射花样中甚至会有一些线条。我们需要知道怎样去利用衍射花样所包含的信息。衍射花样直接反映了样品小区域的晶体学信息，这种功能是 TEM 最重要的特性之一，因为可以以此为桥梁将晶体结构与所看到的图像关联起来。

为什么在 TEM 中使用衍射？下面从讨论一幅实验衍射花样开始。图 6-39 给出的是一张拍摄的硅的薄样品的衍射花样。这幅衍射图的主要细节特征是存在很多斑点，且斑点的大小、强度存在变化（它们之间存在关联）。

如图 6-39 所示，显示了中心的强透射斑和一系列来自不同原子面的衍射斑。这种有明锐斑点的衍射花样在电子束欠焦时最易获得。

我们第一次看到这样的衍射花样，可能会有以下疑问：

图 6-39　实验观察到的衍射花样

这是什么？能从中得到什么？为什么要观察它？图片尺度是由什么决定的？点间的距离或线的位置由什么决定？想要了解样品的哪些性质呢？对于一个材料学家，完美晶体常常是很枯燥的，且往往可以通过其他的技术手段更好地进行研究，例如 X 射线衍射（结构表征）和电子微探针（化学成分分析）等，尽管新的电子显微镜技术可能会改变这一情形。当样品不完美时，尤其是当材料缺陷对所被关注的材料特性有益的情况下，利用 TEM 研究是非常好的选择。

通过分析 TEM 衍射花样可以解决以下问题：

样品是晶体吗？晶体和非晶材料的衍射性质存在很大差异吗？

如果是晶体，那么样品的晶体学特性（晶格常数、对称性等）是怎样的？

样品是单晶吗？如果不是，晶粒的形貌是怎样的？晶粒尺寸有多大？晶粒粒径分布如何？等。

相对于电子束，样品或单个晶粒的晶体取向是怎样的？

样品中是否有多个相？如果有，它们之间的取向关系是怎样的？

一般而言，若能看到斑点，则样品至少是部分结晶的。相比 SEM 和光学显微镜，确定局域（小到纳米量级）晶体学取向的能力是 TEM 的一大优势。利用会聚束电子衍射花样可以更精确地确定晶体取向（可以精确到 $0.001°$）。

衍射斑点的几何构型与晶体材料有关。斑点状衍射花样本身包含丰富的信息，同时也是理解其他衍射花样的基础。根据一组材料共同的标准衍射花样，不需要将花样标定就可以迅速地确定特定晶体取向，甚至特定晶界和孪晶界等。例如，对于某一特定晶体取向，所有立方晶体都给出同样的斑点排列，尽管有些斑点强度可能为零。

6.2.4.1 TEM 和衍射相机

电子衍射于 1930 年左右开始应用于材料研究，所用的衍射相机在外形上很像 X 射线管。如果以后深入研究 TEM，会发现许多早期关于电子衍射的讲义对于深入理解 TEM 很有帮助。在阅读这些讲义时，考虑发展过程中的历史背景是很有益的。比如，许多早期文章中光路图的光轴都是水平的，其中一个原因是早期的理论分析都是从 X 射线衍射（XRD）的拓展而发展起来的，或者是由同时使用 X 射线或电子衍射相机的研究者发展起来的。这两种情况下，仪器光轴的方向均为水平的，类似于仍在使用的可见光光路。现代电子显微镜的光轴通常都是竖直方向的，尽管电子束可以在镜筒的底部或顶部产生。实际上，不止一台早期的 TEM，如 Philips EM100，具有水平光轴，且电子束直接对准观测者。这样的设计和电视机类似，但是 TEM 使用的是高能电子。

这里讨论的是斑点的位置而不是它们的强度。这种分析方法不同于众多的 X 射线研究。在 TEM 中通常不进行电子束强度测量，因为电子束在典型 TEM 样品中会经历多次衍射。与粉末 X 射线衍射（XRD）中的情形类似但不完全相同，后者衍射在不同晶粒上同时发生。可以将电子衍射花样和 XRD 进行比较。对于 X 射线，如果研究对象是单晶，为了"看到"所有的衍射束，需要旋转晶体或采用"白光"辐射源（本质是使用一定范围的波长）。而电子衍射却完全不同，采用单一波长仍能看到许多衍射束。两种技术在用感光胶片记录衍射花样所需的时间上也有差异，XRD 通常需要数分钟或数小时来记录，除非采用同步辐射源或使用位置敏感探测器来记录每一个光子，而电子衍射花样在小于 1s 的时间内就能被记录，尽管通常为了使"电子束充分散开"（入射束平行度更好），会采取相对长一些的记录时间；对于感光胶片需要几秒到一分钟或更长的时间。

许多有关电子衍射的讨论都是直接来自 XRD 分析。这样既有优点也有缺点，取决于是否熟悉 XRD。在考虑衍射时，切记电子和 X 射线有很大差别：

① 电子比实验室中使用的 X 射线具有更短的波长。

② 电子与散射原子的原子核及核外电子都具有库仑相互作用，所以电子散射更为强烈。

③ 由于电子为带电粒子，电子束易于操控。

特别重要的是电子束可以在样品上方有一小段距离偏离光轴，然后再穿透样品；这种偏离对衍射花样最明显的影响是整个衍射花样会相对显示屏发生平移。入射束相对于晶体方向发生变化会导致一些精细效应。

6.2.4.2　电子衍射原理

(1) 原子面的散射

这里将推导布拉格定律，并引入一个矢量符号。图 6-40 显示了一入射波前 W_I 被两原子面散射，产生出衍射波前 W_D。W_D 是否对应于一个衍射束取决于原子的散射是否同相，而这是由入射束、衍射束与衍射面间的夹角决定的。各个波同相的条件就是劳厄条件。为便于分析，先将其简化为图 6-41 和图 6-42 所示情况，图中定义了波的传播矢量，简称为波矢或 k 矢量。下面从考虑两个原子的散射开始。

请注意，在这里已不明确区分波和电子束的概念了。只考虑平面波波前，即波前是平面，且 k 垂直于波前。图 6-41(a) 和 (b) 中定义了矢量 k_I、k_D 和 K，并给出了一个如下重要的方程（矢量关系）

$$K = k_D - k_I \tag{6-4}$$

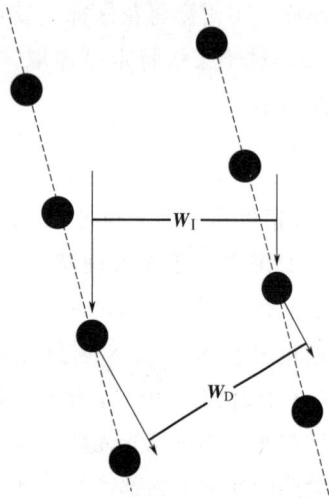

图 6-40　两原子面的散射（分别为入射和衍射波前）

式中，k_I 和 k_D 分别为入射波和衍射波的 k 矢量；K 为由于衍射而产生的 k 矢量的改变量。以上分析的一个重要特点是它对任何 k_D 均成立，亦即对任何 K 值成立；这里的 θ 角不一定是布拉格角。

从劳厄方程可知，相邻散射中心散射的光程差是波长的整数倍，那么衍射波就具有相同的相位，因此

$$|k_I| = |k_D| = \frac{1}{\lambda} = K \tag{6-5}$$

式中假设衍射过程中电子的能量守恒，即发生弹性散射。根据图 6-41(c) 并利用简单的三角函数关系可以写出 θ 的表达式

$$\sin\theta = \frac{\dfrac{|\boldsymbol{K}|}{2}}{|\boldsymbol{k}_{\mathrm{I}}|} \tag{6-6}$$

或

$$|\boldsymbol{K}| = \frac{2\sin\theta}{\lambda} \tag{6-7}$$

当 λ 以 nm 为单位时，$|\boldsymbol{K}|$ 和 $|\boldsymbol{k}_{\mathrm{I}}|$ 的单位均为 nm^{-1}。因而 $\boldsymbol{K}$ 和 $\boldsymbol{k}_{\mathrm{I}}$ 称为倒格矢。注意该散射过程是发生在晶体内部的，因此所有 $\boldsymbol{k}$ 矢量都适应于晶体中的电子（而非真空中）。

如果将上述讨论拓展，考虑被两点（可以看作原子所在位置）散射的波之间的干涉，可以得到图 6-42 中所描绘的情形。图 6-42 本质上是 Young 用来演示光波动性的双缝截面图，定义两个平面 P_1 和 P_2，两者均正交于长度为 d 的矢量 $\boldsymbol{CB}$。光线 R_1 比光线 R_2 多传播了 $AC+CD$ 的距离。由简单的几何关系可得

$$AC+CD = 2d\sin\theta \tag{6-8}$$

$$|\boldsymbol{K}| = \frac{2\sin\theta_B}{\lambda} \tag{6-9}$$

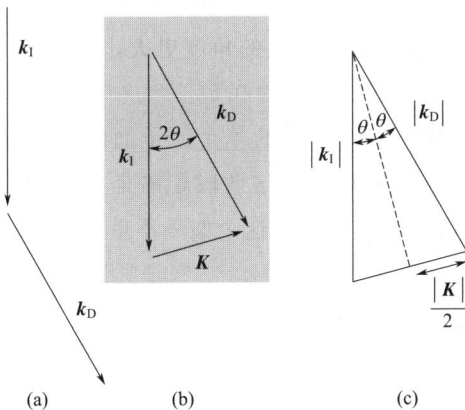

(a)　(b)　(c)

图 6-41　散射矢量的定义

［（a）入射波前法线为 $\boldsymbol{k}_{\mathrm{I}}$，衍射波前法线为 $\boldsymbol{k}_{\mathrm{D}}$；（b）$\boldsymbol{K}$ 为矢量差（$\boldsymbol{K} = \boldsymbol{k}_{\mathrm{D}} - \boldsymbol{k}_{\mathrm{I}}$）；（c）$\sin\theta$ 定义为 $\boldsymbol{K}/2\boldsymbol{k}_{\mathrm{I}}$］

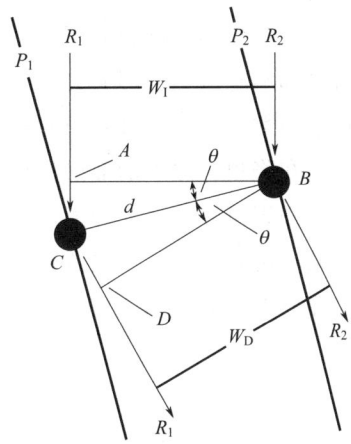

图 6-42　两电子束被不同平面 P_1 和 P_2 上的两点 C 和 B 散射

（两光线通过的距离不同，路程差为 $AC+CD$）

（2）晶体的散射

布拉格角是 TEM 中最重要的散射角：在布拉格角处，电子波是干涉相长的。进一步分析图 6-42，在特定的情况下，当 θ 等于布拉格角时，式(6-6)可改写为

$$|\boldsymbol{K}| = \frac{2\sin\theta_B}{\lambda}$$

当 θ 为 θ_B 时，式(6-7)中的路程差为 $n\lambda$，其中 n 是任意整数，式(6-7)变为

$$n\lambda = 2d\sin\theta_B$$

如果 $n=1$，此即为布拉格定律

$$2\sin\theta_B = \frac{\lambda}{d}$$

在布拉格角时

$$2\sin\theta_B = \lambda\,|\boldsymbol{K}|$$

所以，在布拉格角时，矢量 $\boldsymbol{K}$ 的大小有一个特殊值，即 $\boldsymbol{K}_B$。

$$\boldsymbol{K}_B = \frac{1}{d}$$

定义这个矢量 $\boldsymbol{K}_B$ 为 $\boldsymbol{g}$，即 $\boldsymbol{K}_B = \boldsymbol{g}$。

以上一系列推导步骤可能略显呆板，但是结论却极为重要。布拉格定律以及用来证明它的几何分析在讨论中会经常用到，所以深究它到底能给出什么信息是很有价值的。尽管它并不是所看到现象的严格处理方法，但是布拉格定律对衍射过程给出了一个非常有用的物理图像，因为衍射原子面对入射电子束就像镜子一样。因此，衍射电子束或者衍射花样上的斑点也常称作"反射"，并且经常称矢量 $\boldsymbol{g}$ 为衍射矢量。上述推导只是简单几何方法。

这种推导布拉格定律的方法不够严谨的原因在于（它仅仅给出了正确的结果），它只能应用于一定掠射角下的散射，出射和入射电子束位于散射面同一侧，不是透射。

所有图中的角度相对于 TEM 中的衍射情况都是夸大了的。通常在成像时感兴趣的布拉格角都不超过 1°（尽管许多重要的信息可能呈现在衍射花样上的角度更大，10°~20°）。记住这些数字的数量级是很有用的。10mrad 等于 $0.573°$，即大约 0.5°。

现在将单个原子的散射推广到原子面。考虑如图 6-43 所示的单个原子面的散射。由几何学知识可知，当光线 R_1 通过距离 EJ、通过距离 HF 时，这两段距离是相等的。因此，某一特定平面不同位置的原子产生的散射不会产生路程差。这个似乎不重要的结论意味着能对图 6-42 的结论进行推广。

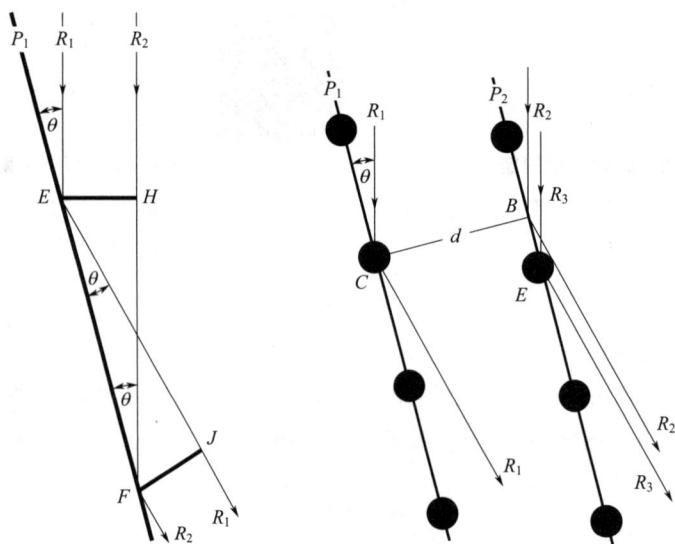

图 6-43   两电子束被同一平面的两点 E 和 F 散射

（此简图表明两电子束通过了相同的距离，因为三角形 EHF 和 FJE 是全等的）

原子（散射中心）在两个平面上如何分布并不重要；分别位于平面 P_1 和 P_2 上任意两点的散射将会产生相同的路程差 $2d\sin\theta$，图 6-44 总结了这个结论。如果 $\theta=\theta_B$，光线 R_1、R_2 和 R_3 都是同相散射。

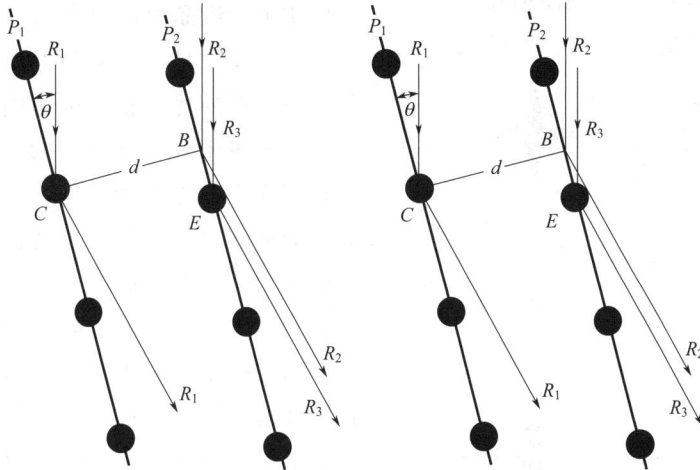

图 6-44　两平面上 3 个点的散射

（点 B 和 C 处散射的路程差为 $2d\sin\theta$，点 C 和 E 处散射的路程差也为 $2d\sin\theta$。
因此如果 $2d\sin\theta=n\lambda$，在衍射束方向上所有点的散射都是同相的）

接下来，将该分析推广到存在很多平行平面的情况，相邻平行平面的间距为 d，如图 6-45 所示。在布拉格衍射这一特殊条件下，入射束与布拉格衍射束间的散射角为布拉格角的 2 倍（$2\theta_B$）。

布拉格反射矢量 g 垂直于衍射平面。图 6-45 表明当矢量 K 等于 g 时发生布拉格衍射。

如图 6-45，平面的方向满足布拉格衍射条件（θ_B 是入射角）。注意到衍射平面和入射束是不平行的。产生的衍射斑点（倒格点）标记为 G、$2G$ 等。从原点（O）到第一衍射点 G 的矢量 g 垂直于衍射平面。

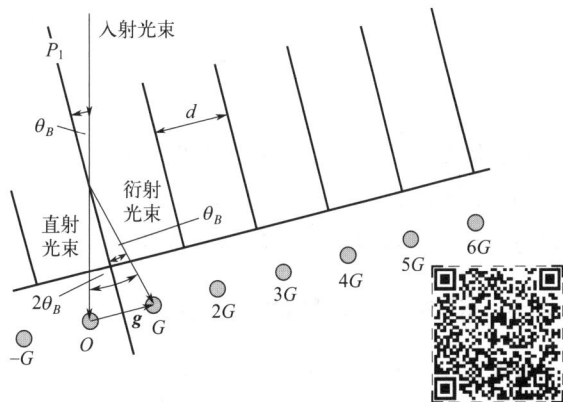

图 6-45　一系列距离为 d 的平行平面的衍射

6.2.5　倒易点阵

倒易点阵是与正点阵相对应的量纲为长度倒数的一个三维空间（倒易空间）点阵。倒易点阵具有如下性质：

① 倒易矢量 g_{hkl} 垂直于正空间点阵的（hkl）晶面，且它的长度等于正点阵中相应晶

面间距的倒数，即

$$|\boldsymbol{g}_{hkl}| = \frac{1}{d_{hkl}} \qquad (6\text{-}10)$$

② 倒易点阵中的一个点 hkl 代表正空间点阵中的一组晶面 (hkl)。

倒易点阵是衍射波的方向与强度在空间的分布。它的优点在于可用倒空间的一个点或一个矢量来代表正空间的一组晶面，矢量的长度代表晶面间距的倒数，矢量的方向代表晶面的法线。这样，一组正空间的二维晶面就可用一个倒空间的一维矢量或零维的点来表示，正空间的一个晶带所属的晶面可用倒空间的一个平面表示，使晶体学关系简单化。通过倒易点阵可以把晶体的电子衍射斑点直接解释成相应晶面的衍射结果，也可以说，电子衍射斑点就是与晶体相对应的倒易点阵中某一截面上阵点排列的结果。

只有当晶体是无穷大时，倒易阵点才是一数学点。实际晶体有一定的大小，其倒易点会宽化，晶体越小，倒易阵点宽化越大。各种晶体形状的倒易阵点的宽化情况如图 6-46 所示。如晶体是一个一维拉长的晶须，其倒易阵点在与此晶须正交平面内展成一个二维的倒易

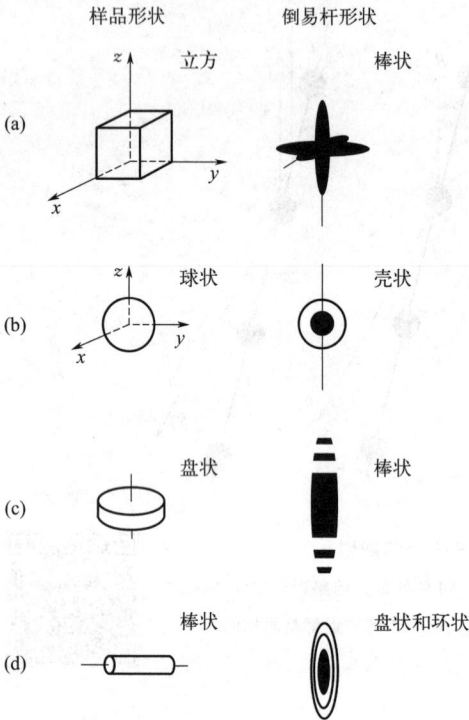

图 6-46　倒易杆的形状

片；如晶体是一个二维的晶片，其倒易阵点在此晶片的法线方向拉长成一个一维的倒易杆（大部分透射电镜样品的情况就是如此）；对于一个有限大小的三维晶体，其倒易阵点也有一定的大小，晶体越小，其倒易阵点越大。

6.2.6　衍射花样与晶体几何关系

研究衍射花样与晶体几何关系的目的是由衍射花样推知晶体的结构，或由衍射花样确定已知晶体的位向。

在透射电镜中（见图 6-47），我们在离试样 L 处的荧光屏上记录相应的衍射斑点是 G''，O'' 是荧光屏上的透射斑点，照相底片上中心斑点到某衍射斑的距离 r 为

$$r = L\tan 2\theta$$

考虑到能满足布拉格定律的角度 θ 很小，故 $\tan 2\theta \approx 2\theta$，再由布拉格定律 $2d\sin\theta = \lambda$，可得

$$rd = L\lambda$$

式中，d 是满足布拉格定律的晶面间距。入射电子束的

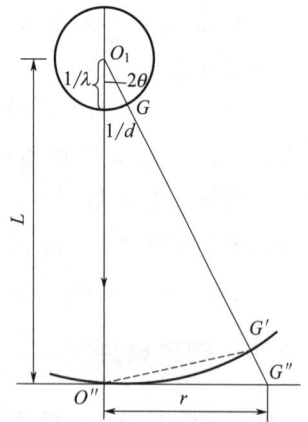

图 6-47　电子衍射的几何关系

波长 λ 和试样到照相底片的距离 L 是由衍射条件确定的（包括实验的仪器及所有常数），在恒定的实验条件下，$L\lambda$ 是一个常数，称为衍射常数（或仪器常数）。L 称为相机常数或相机长度（camera length）。

$rd = L\lambda$ 是一个近似公式，但用于电子衍射谱的分析已足够准确。在实际工作中，一般 $L\lambda$ 是已知的，从衍射谱上可量出 r 值，然后算出晶面间距 d。还可先求出晶面间距，然后算出某些晶面的夹角，可以说这是利用电子衍射谱进行结构分析的依据。

电镜中使用的电子波长很短，即埃瓦尔德（Ewald）球的半径 $1/\lambda$ 很大，Ewald 球面与晶体的倒易点阵的相截面可视为一平面，称反射面。电子衍射花样实际上是晶体的倒易点阵与 Ewald 球面相截部分在荧光屏上的投影，仪器常数 $L\lambda$ 相当于放大倍数。

6.2.7　选区电子衍射

透射电子显微镜可以做多种电子衍射，如选区电子衍射、会聚束电子衍射以及微衍射，其中选区电子衍射是最基本的也是用得最多的一种电子衍射。选区电子衍射的基本思路是在透射电镜所看见的区域内选择一个小区域，然后只对这个所选择的小区域做电子衍射。选区衍射可把晶体试样的微区与结构对照地进行研究，从而得到一些有用的晶体学数据，例如微小沉淀相的结构和取向、各种晶体缺陷的几何特征及晶体学特征，选区电子衍射方法在物相鉴定及衍衬图像分析中用途极广。

（1）真实中心平面

真实中心平面是一个垂直于光轴并包括样品架的轴线的平面（图 6-48）。这个平面在物镜中的位置称为真实中心高度。只有当样品的高度被调节到真实中心高度，也即样品被置放在真实中心平面，这时倾转样品台，图像不会移动。在透射电镜合轴时，必须首先把样品置于真实中心高度。当把样品装到样品架上并将其插入透射电镜时，首先要将样品调节到真实中心平面。调节步骤为：将样品台过 0°正反方向各转动 30°，观察样品的像是否在转动样品台时移动。若移动则调整样品台的高度（沿着镜筒轴线方向），直至将样品台正反转动 30°样品的像不再移动，这时样品处于真实中心平面。

（2）选区光阑

为了对某一区域进行选区衍射，需要让电子束只照射到要做选区衍射的区域，很自然的想法是在样品的同一平面（物镜的物平面）放一选区光阑，光阑大小指的是金属圆片中心孔的直径，选区光阑的作用是只让电子束通过光阑选定的区域做选区衍射。但样品所在平面已有样品，不可能插入选区光阑。解决的办法是不把选区光阑放在物平面，而将其放在与物平面共轭的物镜的像平面（图 6-49），这样做除解决了无法在物平面插入选区光阑的难处，还有一个好处是可以利用物镜的放大倍数 M 而使用较大的选区光阑。这是因为，当选区直径为 $1\mu m$ 时，若在物平面放选区光阑，选区光阑的孔要做到 $1\mu m$ 的直径，若将选区光阑放在物镜的像平面，假设物镜的放大倍数是 100，只要做一个直径为 $100\mu m$ 的光阑，它在物镜的物平面虚拟光阑的大小就是 $1\mu m$。采用这种方法，可以在目前的光阑制作水平下，做出最小的选区光阑。

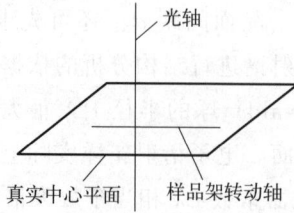

图 6-48　真实中心平面　　　图 6-49　物平面共轭物镜像平面

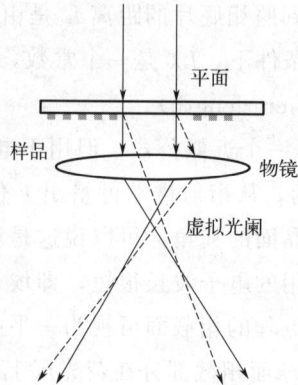

6.2.8　选区衍射的操作

① 先将样品调整到处于真实中心平面，并使要做选区衍射的区域处于荧光屏中间。

② 在物镜像平面内插入选区光阑（其孔径可根据需要而选择），在荧光屏上只看见那个想要分析的微区；调整中间镜电流使选区光阑边缘的像在荧光屏上非常清晰，这时中间镜的物平面与选区光阑的平面相重合。调整物镜电流使样品在荧光屏上有清晰的像，这时物镜的像平面与中间镜的物平面相重合。

③ 减弱聚光镜电流，使得照明的电子束的光斑尽可能大，以得到更趋于平行的电子束（选区电子衍射要求平行电子束照射）。

④ 将物镜光阑从光路中退出。

⑤ 降低中间镜激磁电流，使中间镜的物平面落在物镜的后焦面上，使电镜从成像模式转变为衍射模式，这时就可看见电子衍射谱。在现代电镜中，只要按下衍射按钮就可达到此目的。用"衍射聚焦"旋钮将衍射的中心斑点调得最小最圆，以得到好的衍射谱。

6.2.9　电子衍射的计算机分析

现在的微型计算机的处理能力已有惊人的发展，它的性能已可与以前的小型计算机和工作站计算机相媲美，并且它的价格低。它一般广泛地用于处理和分析电子显微镜的数据，如标定电子衍射谱等。用计算机来标定电子衍射谱的优点如下：

① 高效率人工标定一个电子衍射谱有时要试探许多不同的指数，然后用角度去验证我们选的指数是否合适，这需要花费不少时间。而计算机计算数据极快，可以在很短的时间里，试探许多不同的指数的组合并判断该指数的组合是否合适，可以大大提高衍射谱标定的效率。

② 客观性人工标定时，有时有好几种指数的组合都有可能，较难决定哪种指数的组合最佳。另外，人工标定时，一旦找到了某种指数的组合是可以的，往往就不再试探其他的指数的组合了。而计算机则不然，因为它算得快，它可以计算各种可能的指数的组合，从中找出最好的结果，即计算机分析的结果更加客观。

③ 可分析各种对称性材料（特别是非立方对称性）对立方晶系材料的电子衍射谱的标定，采用人工标定还较简单，但对非立方晶体材料的电子衍射谱，用人工做，计算量很大也很复杂，这时用计算机来标定，优势就更突出了。

下面介绍几种常用的分析电子衍射谱的软件：

① EMS（Electron microscopy imagine simulation software）　这是 PC 用的软件，可计算电子显微像和电子衍射花样、晶体结构。

② Desktop Microscopist　这是 Virtural Laboratories 公司的 Macintosh 用的软件，可进行电子衍射、会聚束电子衍射花样的分析。

③ ELD（Commercial package for Windows）　这是 PC 用的软件，与 CRISP 软件组合起来使用，输入电子衍射花样，就能进行指标化等电子衍射解析和晶体结构的分析。

④ RISP　这是 Calidris 公司的 PC 用的软件，输入 TEM 像，可进行傅里叶变换（FFT）等的图像处理和晶体结构分析。

⑤ DIFPACK　这是 Gatan 公司的 Macintosh 用的软件，它可与 Digital Micrograph 软件组合起来用，输入电子衍射花样，就可进行电子衍射分析。

⑥ Digital Micrograph　这是 Gatan 公司的 Macintosh 用的软件，它可进行慢扫描 CCD 照相机和像过滤器（GIF）的控制，以及 TEM 像的解析和图像处理。

⑦ Mac Tempas　这是 Total Resolution 公司的 Macintosh 用的软件，它可按照多层法计算高分辨电子显微像和进行电子衍射花样的计算。

⑧ Mss Win32　这是 JEOL 公司的 PC 用的软件，它可按照多层法计算高分辨电子显微像和进行电子衍射花样的计算。

⑨ TriMerge　这是 Calidris 公司的 PC 用的软件，它可把连续倾斜试样得到的一系列电子衍射花样输入进去，建立试样的三维结构。

⑩ TriView　这是 Calidris 公司的 PC 用的软件，显示用 TriMerge 软件建立的三维结构。

6.2.10　电子衍射谱

(1) 单晶、多晶和非晶电子衍射谱比较

单晶的电子衍射谱的特点是有具有一定对称性的衍射斑点，中心的亮点是透射斑点，对应 000 衍射，越靠近 000 斑点的衍射斑点的指数越小，越远离 000 斑点的衍射斑点的指数越大。

完全无序的多晶体可以看成是一个单晶围绕一点在三维空间作 4π 球面角旋转，因此多晶体的倒易点是以倒易原点为中心、(hkl) 晶面间距的倒数为半径的倒易球面。此球面与 Ewald 球相截于一个圆，所有能产生衍射的斑点同理扩展成圆环。多晶体的电子衍射谱的特点是一个个的同心环。环越细，表示多晶体的晶粒越大；环越粗，多晶体的晶粒越小。

非晶的电子衍射谱一般由几个同心的晕环（diffused ring）组成，每个晕环的边界很模糊。

因为单晶体、多晶体和非晶体的电子衍射谱完全不同，通过观察电子衍射谱的形状，

可以很方便地确定所研究的物质是单晶体、多晶体还是非晶体。

（2）织构试样的衍射谱

在电子衍射工作中常会遇到一些由弧段构成的环状花样（图 6-50），这表明试样具有择优取向。有织构的多晶试样相当于在晶体中有一特定的晶轴，沿着某个方向排列，例如，气相沉积、溶液凝析以及电解沉积等产物往往与衬底物质有一定的结晶学关系，常出现带有织构的多晶物质。这种试样的合成倒易点阵是由纤维轴的转动而获得的，于是每个倒易点扩展成连续环，且每一倒易面由一套同心圆构成。电子衍射谱是由弧段构成的环状花样。

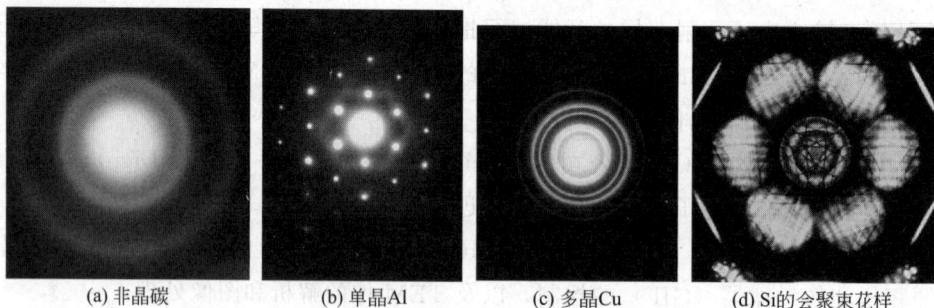

| (a) 非晶碳 | (b) 单晶Al | (c) 多晶Cu | (d) Si的会聚束花样 |

图 6-50　用 100kV TEM 电镜得到的几种衍射花样

（3）二次衍射

晶体对电子的散射能力很强，衍射束的强度与透射束强度相当，因此，衍射束又可以看成是晶体内新的入射束，继续在晶体内产生二次布拉格衍射或多次布拉格衍射，这现象称为二次衍射（double diffraction）或多次衍射（multiple diffraction）。其电子衍射谱就是在一般的单晶衍射谱上出现一些附加斑点，这些二次衍射斑点有的可能与一次衍射斑点重合而使一次衍射斑点的强度出现反常，有的不重合，这就导致了出现一些通常结构因子为零的禁止反射的衍射斑点。当然，多次衍射效应给我们进行电子衍射谱的强度分析带来了一定的干扰。

（4）高阶劳厄带

简单电子衍射谱上所有衍射斑点都满足晶带定律，由于 Ewald 球的半径不是无穷大，因此，除了通过原点的倒易面上的阵点可能与 Ewald 球相截外，与此平行的其他倒易面上的阵点也可能与 Ewald 球相截，从而产生另外一套或几套斑点。这些斑点满足广义晶带定律：

$N=0$，为零阶劳厄带（即简单电子衍射谱）。

$N\neq0$，为高阶劳厄带（N 阶劳厄带）。

$$hu+kv+lw=N, N=0,\pm1,\pm2\cdots$$

零阶与高阶劳厄带结合在一起就相当于二维倒易平面在二维空间的堆垛。高阶劳厄带提供了倒空间中的三维消息，弥补了二维电子衍射谱不唯一的缺陷，高阶劳厄带的分析对于相分析和研究取向关系极为有用。图 6-51 给出了一个零阶与高阶劳厄带一起出现的例子。

（5）菊池线

若试样厚度较大时（100～150nm），且单晶又较完整，在衍射照片上除了点状花样外，还会有一系列平行的亮暗线。其亮线通过衍射斑点或在其附近，暗线通过透射斑点或在其附近，当厚度再继续增加时，点状花样会完全消失，只剩下大量亮、暗平行线对。这些线对称为菊池线（Kikuchi lines）对。图 6-52 中暗线 1～4 表示相交于极点 P 的衍射面迹线，在图中画出了菊池线 1 和 2 的延长线，根据晶面间距 d 值可以标定菊池线对。

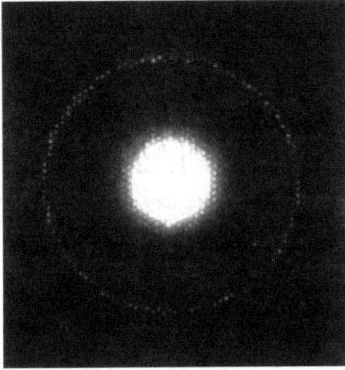

图 6-51　零阶与高阶劳厄带　　　　　图 6-52　菊池线对

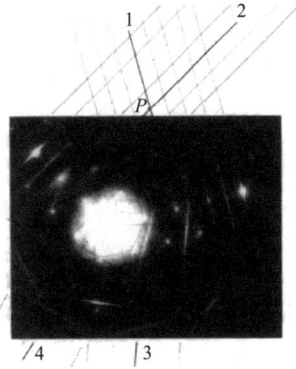

菊池线是由经过非相干散射失去较少能量的电子随后又受到弹性散射所产生的。菊池线衍射花样对晶体的转动非常敏感，而单晶衍射斑点对小范围的转动（如几度）不敏感。菊池线主要用途为：精确测定晶体的取向，校正电子显微镜试样倾动台的倾转角度等。

6.3　新型分析电子显微术及其应用

人类对微观世界的探索从未停止，1930 年 E. Ruska 发明电子显微术，1936 年第一篇关于轴像差的不可避免性，即球面像差和色差的论文面世。1947 年 Scherzer 提出了球差校正和色差校正的方法，但是直到 1998 年，Haider 等人才实现了可以提高透射电子显微镜（TEM）分辨率的球差校正器。其间，科学家们开始对 STEM 系统的球差进行补偿，于2003 年通过四极-八极校正器在分辨率方面实现了大的突破。从那时起，高分辨球差校正电子显微镜技术引发了科研工作者的广泛关注，成为一种被广泛接受的工具。在球差校正透射电子显微、电子能量损失谱等技术的支持下，分析电子显微技术突飞猛进，多种多样的制样手段，几乎适用于所有试样，近年发展起来的多种原位样品杆，还有丰富多彩的配件能够提供材料多个维度的信息，因此，分析电子显微术已成为微观分析最为重要的手段之一。

6.3.1　扫描透射电子显微术

6.3.1.1　扫描透射电子显微镜的发展历程及特点

扫描透射电子显微镜（scanning transmission electron microscope，STEM）是一种结

合了扫描电子显微镜特点的透射电子显微镜。世界上第一台扫描透射电子显微镜于1938年由西门子公司的 Manfred von Ardenne 在德国主持研制成功，但其分辨率性能并不如当时的普通透射电镜。1970年，芝加哥大学的 Albert Crewe 团队用配备有最新发明的冷场发射电子枪的 STEM 直接观测到了单个重原子。这也是人类首次用电子显微镜观测到单个原子。1973年，Humphreys 等人首次提出高角环形暗场探测器的概念，并指出，当环形暗场探测器内角增加到更高角度后，图像的衬度将不再是与原子序数 Z 成正比，而是大约与 Z 的平方成正比。1988年，美国 Oak Ridge 国家实验室的 Pennycook 和他的同事首次观测到 $YBa_2Cu_3O_{7-x}$ 和 $ErBa_2Cu_3O_{7-x}$ 的低指数晶带轴的高分辨 HAADF 像。从此 STEM 成像达到真正意义上的原子分辨率水平。

2003年，Batson 等人将球差矫正器应用于透射电镜中，把电子束斑尺寸减小到 0.078nm，使原子图像实现了前所未有的清晰度。这样不仅 HAADF 衬度像本身直接显示样品中的元素分布，还可以对衬度像中的每一个原子柱进行原位的 EELS 分析，从而直接辨别与像点对应的原子种类、成键情况及其电子结构。

6.3.1.2 扫描透射电子显微镜的基本原理简介

扫描透射电子显微镜的成像基本原理如图 6-53(a)。首先通过一系列线圈将电子束会聚成一个细小的束斑并聚焦在样品表面，利用扫描线圈精确控制束斑逐点对样品进行扫描。同时在样品下方安装具有一定内环孔径的环形探测器来同步接收被散射的电子。当电子束扫描样品某个位置时，环形探测器将同步接收信号并转换成电流强度显示在相连接的电脑显示屏上。这样，样品上的每一点与所产生的像点一一对应。当探测器的电子接收角度包括部分未被样品散射的电子和部分散射的电子，由于接收角度不同，在实验过程中可同时收集一种或几种信号，得到同一位置材料不同的图像。这些图像往往包含材料的不同信息，可以对材料的分析起到互相补充的作用。

在 STEM 模式下，电子枪发射的电子束，经过加速系统和会聚镜系统后，以会聚束的形式照射样品，并且由偏转线圈控制电子束在样品上进行扫描。在扫描的同时，会聚电子束和样品进行相互作用，样品会对电子束产生散射。其探测器布置在样品的衍射平面上。现有的仪器上通常配置有一个或多个环形探测器，用于收集不同散射角上的电子束强度信号。对于每个扫描点，将探测器收集到的电子强度信号使用像素阵列的方式排列，即获得在当前扫描区域的 STEM 图像。

与此同时，在样品的上方放置一个 X 射线能谱仪，就可以在得到样品图像的同时得到相关成分信息。同样，如果采用除 ADF（环形暗场）以外的其他环形探头，通过收集从环形探测器内环通过的电子使其经过磁棱镜光谱仪就可得到电子能量损失谱（EELS），从而得到高能量分辨率的元素成分、配位及化合价信息。在扫描透射电子显微镜中最常用的成像技术就是高角环形暗场像（HAADF 像）。如图 6-53(a) 所示，HAADF 探头通过内孔滤掉大部分布拉格散射和未发生散射的电子，主要收集高角散射的电子。高角散射电子主要由入射电子束与样品中原子内壳层 1s 态电子相互作用发生卢瑟福散射所决定。

当电子束扫描至样品某一位置时，相当于会聚束电子衍射（CBED）模式。虽然此时由入射电子束激发的布洛赫波之间的干涉将导致探测器平面内的各个衍射盘和重叠区域包

(a) HAADF成像与谱模式   (c) 高分辨图像

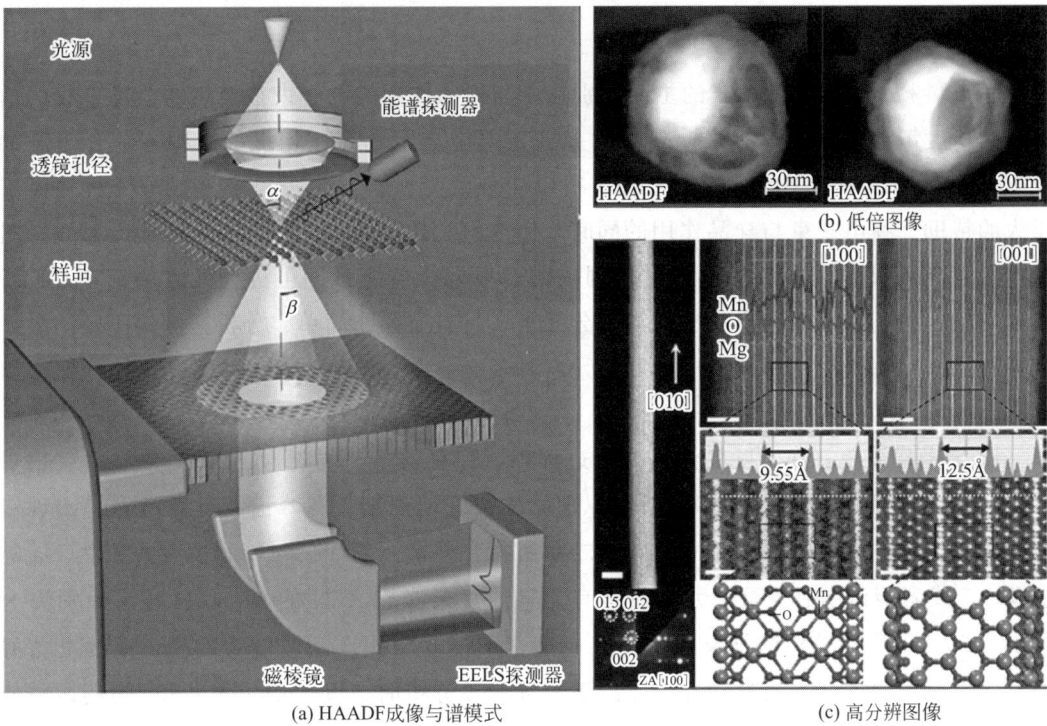

图 6-53　STEM 中 HAADF 成像与谱模式及典型的 HAADF 低倍和高分辨图像

含复杂的相干特征，但 HAADF 像只显示探测器收集的总的电子信号强度，且 HAADF 探头的几何尺寸是单个衍射盘大小的数倍，所以大部分干涉效应将被平均掉，从而不会显示在 HAADF 像中。因此电子束在扫描过程中，HAADF 像只显示电子信号强度随扫描位置的变化而波动。另外，由于 1s 态电子分布非常局域且没有色散，理论上说被 1s 态电子散射的电子束随着样品厚度的增加并不会发生串扰（即电子束斑会聚在某原子柱上，近邻原子柱位置也会有电子强度分布），而在实际实验中，对于较厚的电镜样品会发生电子束的串扰现象，这主要源于有色散的非局域电子对入射电子的散射，但串扰效应不影响 HAADF 像的非相干特性。另一方面，声子对入射电子的散射导致被散射电子的能量和动量发生改变。电子能量的变化将进一步破坏入射电子的相干性；而动量的波动则使电子散射方向偏离布拉格散射方向，从而导致衍射模式下电子强度呈现弥散分布。

　　如果我们将声子散射作用分解为垂直和平行于电子束方向的两个分量，由于 HAADF 探测器的几何结构已经破坏了电子在垂直分量上的相干性，声子散射在垂直方向的作用便不太明显。在平行于电子束方向，探测器的形状对电子的相干性则没有任何影响，但声子散射将平均掉电子束方向的电子分量因样品厚度变化而出现的振荡，使图像中强度的变化只反映样品中不同位置化学成分的变化。这种非相干高分辨像不同于传统的高分辨透射电子显微像，一般不会随着样品的厚度和电镜的聚焦变化发生衬度的迅速反转，即图像中的亮点一直是亮点，暗的区域一直是暗的，不会随着欠焦

量等的变化而致使暗区变亮。

6.3.1.3 STEM 结合 EDS

STEM 模式与 TEM 模式的主要区别在于与样品作用的电子束是聚焦的，且采集的信号是高角度散射电子。近年来，随着球差校正电镜技术和高速相机的出现，结合 STEM 及 EDS，使得原子级别分辨的元素分布得以实现，为材料在原子尺度上成分分析提供了很大的帮助。在电子束与样品作用的同时，用 Si/Li 漂移探头收集样品释放的 X 射线，然后按照 X 射线能量大小、信号强度排列成谱，根据峰值能量即可进行元素的标定。EDS 可以定性、半定量地确定样品中的大部分元素，且具有操作简单、分析速度快以及结果直观等特点，常用来分析材料微区成分的元素种类与含量，而且早已成为扫描电镜 SEM 和透射电镜 TEM 的标准配件之一。

EDS 操作简单，在实际使用和分析过程中，却有很多"坑"。如果谱简单（只有很少的峰，且峰与峰之间没有叠加），自动识别就能很好地识别，各峰谱越复杂越容易出现错误识别现象。比如，峰很多，而且各峰之间还相互叠加（Zn 的 L_α 峰很容易识别为 Na 的 L_α 峰），或者能谱中有较重的元素或稀有元素的复杂峰族（Ta 的 M_α 峰就容易识别为 Si 的 K_α 峰）。对定性分析的结果保持怀疑态度，不仅要寻找自己所期望的峰，还要准备好发现你没有预料的峰。当自动标识无法满足进一步分析时，以 Periodic Table 为例调整使用 Periodic Table 中的 Makers 进行峰调整，在 Makers 面板上双击某个元素，可去掉该元素的所有峰。

特别需要注意的是，我们在分析时必须注意常见元素的重叠峰（如 S 的 K_α 与 Mo 的 L_α 重叠）、杂峰。还要熟悉制样和测试过程会造成哪些仪器假峰，熟悉以上步骤即可快速去除不需要的峰，为接下来的定量分析作准备。例如，常见的病态重叠 Pathological over-laps 中，近邻过渡金属的 K_α、K_β 线很可能重合，比如 Ti/V、V/Cr、Mn/Fe 和 Fe/Co；4.47keV 处的 Ba 的 L_α 线很可能与 4.51keV 处的 Ti 的 K_α 线重合；Pb 的 M_α 线（2.35keV）、Mo 的 L_α 线（2.29keV）和 S 的 K_α 线（2.31keV）可能重合 Ti、V 和 Cr 的 L_α 线（0.45~0.57keV）与 N、O 的 K 线（0.39keV 和 0.52keV）。重合制样和测试易造成的元素离子束减薄以及聚焦离子束（FIB）制样，很可能引入 Pt、Ga；此外，样品的减薄和保存都有可能氧化；电解双喷溶液可能引入对应的元素，如高氯酸溶液引入 Cl；超薄切片虽然不改变化学组分，但是新鲜切面很容易在大气中被腐蚀，甚至会严重改变样品的缺陷结构；测试时使用 Cu 网、Mo 网则大概率会引入 Cu 和 Mo，因此如果需要测 Cu 时，尽量选用 Mo 网，可以以此去掉载网成分的影响。

还需要注意的是，在 STEM 模式下，由于电子束是聚焦的，因此经常会对试样造成辐照损伤。损伤的原理为高能电子对试样造成了刻蚀，或电荷累积产生的热量对试样局部造成了损坏。对试样区域进行能谱面分布分析后，可能会造成阵列状辐照损伤（如中心点阵状的孔洞）。辐照损伤会对试样造成破坏，使分析结果失真。为防止辐照损伤的发生，一方面可增加试样的导电性，另一方面可降低加速电压、减小束斑强度，减少电子与试样的相互作用。

6.3.2　电子能量损失谱及其分析

6.3.2.1　电子能量损失谱原理

在入射电子束与样品的相互作用过程中，一部分入射电子只发生弹性散射并没有能量损失，另一部分电子透过样品时则会与样品中的原子发生非弹性碰撞而损失能量，且有能量损失的这部分电子主要为向前散射（<10mrad），所以利用环形探测器收集弹性散射电子成像的同时，通过图 6-53(a) 所示方法收集并显示穿过环形探测器内孔的非弹性散射电子，就可得到样品的化学成分及微结构信息。具体来说，具有不同能量的电子在磁棱镜（实际上就是一个扇形铁磁体）内受磁场的作用沿着半径为 R 的圆弧形轨迹前进，从而在磁场的作用下发生至少 90°的方向偏转。相同能量的电子偏转相同的角度，且能量损失越多的电子发生的偏转角度越大。接着将具有相同能量损失但传播方向不一致的电子重新聚焦在像平面上一点。如此我们便得到了以电子能量损失为横坐标、以电子强度分布为纵坐标的电子能量损失谱（EELS）。该过程中磁棱镜原理和三棱镜对自然光的散射相似，这就是将其称为磁棱镜的原因。EELS 能谱仪通常作为电镜的附件产品安装在透射电镜镜筒位置下方，电子束可直线到达的最底端。

我们知道 EDS 已经可以识别和定量分析元素周期表中碳元素以上的所有元素，并且对于某些材料而言可以达到原子级别的空间分辨率。那么我们为什么还要用 EELS 这种手段去对材料进行表征呢？理由是 EELS 可以探测元素周期表中的所有元素，尤其擅长于轻元素的探测，并且可以分析出大量原子分辨率的化学和电子结构信息，从而了解材料的成键、价态、原子结构、成分、介电性能、能带宽度以及样品厚度等信息。

6.3.2.2　电子能量损失谱特征及其信息

（1）零损失峰

零损失峰（zero-loss peak，ZLP）来源：①入射电子束中未与样品发生交互作用的电子；②弹性散射，被样品中原子核折射，有方向改变；③入射到样品中的电子，引发原子晶格振动，导致声子激发，由于声子激发的能量损失（ΔE）很小，小于 0.1eV，仪器难以分辨声子激发损失的能量，故而把它归为零损失。通常情况下，不会收集零损失峰，因为其强度太大，极易损坏闪烁器或饱和光电二极管阵列。零损失峰主要用于调整谱仪及能量标定，零损失峰呈对称明锐高斯分布，其半高宽显示谱仪可达到的分辨率水平。在校对零峰时，我们需要将电子束聚集在样品相对厚一点的位置来保护 CCD，而在随后的成分分析或成像过程中，一般排除 ZLP 信号只收集包含元素特征的能量范围内的电子信号。对于某些能损谱的特定应用而言，可只选择 ZLP 范围的电子而将有能量损失的电子排除在外，然后再成像或者形成衍射花样，这是一项非常有用的技术，因为此时用于成像的电子的单色性非常好，相当于消除了透射电镜中色差的影响。目前已开发了将单色器与谱仪组合的电子显微镜，实现了零损失峰的半高宽小于 0.1eV 的能量分辨率。

（2）低能损失区

等离子峰（plasmon peak）：能量损失范围为 0～50eV。它是透射电子与样品价电子交互作用形成的。价电子受到扰动后脱离原子平衡位置做集体位移振动，其振荡频率与价电子密度成正比。一些导体或半导体材料有大量自由电子，视为"电子气"。在入射电子作用下，电子气开始振荡，入射电子能量损失为 E_p，其中

$$E_p = h\omega_p$$

式中，h 为普朗克常数；ω_p 为等离子振荡频率，由离子振荡引起的峰强与样品厚度有关。在非金属或绝缘体样品的 EELS 中，在 $0 \sim 50eV$ 范围，也可记录到等离子峰，这类样品虽然没有足够的自由电子，能量损失可理解为由于各种"束缚态"的电子被激发，也称为被电离，其中能量低于 $15eV$ 的损失来自分子轨道上电子的激发，高于 $15eV$ 的损失则归因于键壳的电子被激发。

在低能损失谱范围内，最显著的特征就是等离子峰，它主要对应于价电子（金属中的导电电子）的集体振荡，这种振荡行为类似于往湖中扔一块石头后荡起的涟漪，只不过等离子振荡会由于晶格的阻尼和电子跃迁而迅速衰减。等离子峰对应的能量与价电子的态密度相关，而其宽度反映了单电子跃迁（产生电子-空穴对）的衰减效应。因此，我们可以利用等离子峰鉴定物相，由等离子体能量估算合金的组成。另外，我们也可以从等离子峰的强度来估计样品的厚薄，如果 EELS 中只有一个等离子峰，则说明样品很薄；如果出现了几个等离子峰，则说明样品较厚。在单散射条件下，可以用如下公式计算样品的厚度

$$t = \lambda_P I_P / I_0$$

式中，λ_P 是等离子平均自由程；I_P 是第一个等离子峰强度；I_0 是零损失峰的强度。在低能损失谱范围内，能损谱主要反映了电子从价带到导带的跃迁，而材料的电子特性主要由价电子决定，所以低能损失谱除了等离子峰之外还包含诸如成分、价键、介电常数、能带宽度、自由电子密度以及光学特性等有用信息。当高能入射电子转移足够能量到价带中的电子上，价电子将跃迁到导带中的未占据态，这就是价电子的带内或带间跃迁。例如，通过电子与分子轨道（比如 π 轨道）相互作用，将在低能区域产生特征峰，有时也会造成等离子峰的移动。通过特征峰的强度变化和位置改变等特征，我们就可以确定其特有的相。但如果从高能入射电子转移的能量不足以使价带中的电子跃迁到导带上，则带间跃迁不能发生，因此电子能量损失谱中该能量范围内的电子强度将接近探测器的噪声水平。这部分能量范围就显示了禁界跃迁区，这也正好对应该材料的能带宽度。

(3) 高能损失区

高能损失区一般是指能量损失大于 $50eV$ 以上的区域，主要由电离损失峰、能量损失近边结构和广延精细结构三部分组成。主要来源于原子内壳层电子被激发至费米能级以上的"空态"所发生的过程。当电子束传递给内层电子（如 K、L、M 层等）足够能量时，电子会摆脱原子核的引力场发生电离。内层电子的电离损失 EELS 和 XEDS 是一个现象的两个不同方向。EELS 可以像特征 X 射线一样直接给出原子的特征信息。从壳层理论我们知道，原子核周围 K、L、M 等壳层上的电子能量是不一样的，相对于外壳层价电子，越靠近原子核的内壳层，电子被原子核束缚得越紧。换句话说，当高能入射电子与样品中的原子发生相互作用时，要让内壳层电子摆脱原子核的束缚，入射电子需要损失更高的能量。所以高能区域的电子能量损失谱由高能入射电子使材料中内壳层电子被激发而形成。电离损失在 EELS 谱中通常被称为"边"而非峰。内层电子电离是个高能过程，以最轻的

固体元素 Li 为例，发射一个 K 层电子需要约 55eV 的能量，这也解释了为何电子损失通常会发生在大于 50eV 以上的"高能损失"区域。随着原子序数 Z 增大，电子与原子核的结合越紧密，激发 K 层电子所需的能量更高，即 K 边能量更高。当能量大于 2keV 时候，K 边强度剧烈下降，通常采用 L 边或 M 边处理 Z 值大的原子。磁棱镜谱仪的能量分辨率较高，更容易区分能谱中电子层不同能态导致的微小变化。例如，K 层电子在第一区域产生单一的 K 边；L 层电子在 2s 或 2p 轨道，1 个 2s 电子逸出产生一个 L1 边，一个 2p 电子逸出会产生 L2 或者 L3 边。依据电离能是不能区分 L2 和 L3 边的，因此这个边被称为 L2,3。又由于内层电子被激发的概率要比等离子激发概率小 2～3 个数量级，所以其强度很小，因此记录一个电子能量损失谱时，将内层电离损失区的谱放大几十倍再与零损失区、低能损失区一同显示，理想的电离损失峰通常为三角形或锯齿形，其始端能量等于内壳层电子电离所需的最低能量。

定义对于某一受原子核束缚的内壳层电子发生电离所需要的最低能量为电离阈值 E_c。当转移到壳层电子上的能量 $E > E_c$ 时，由于电离散射截面的减小，电离概率反而逐渐降低。因此在谱中，能量为 E_c 时电子强度呈现激增，随着能量的进一步增加，电子强度逐渐降低到背景水平。总体来看，电离损失峰为近似三角形状或锯齿形状。电离峰的起始位置对应于内壳层电子电离所需的最低能量，元素及不同轨道电子电离所需最低能量的唯一性使得通过观察能损谱中电离峰的起始位置来确定元素的种类成为可能。正是由于这种电离损失峰，能损谱成为微区成分在轻元素范围内重要的分析手段。比如，对于 Li，需要大约 55eV 的能量才能电离一个 K 壳层的电子，所以相对应的能损电子会在高能损失区 55eV 附近位置出现一个电离峰。另外，相对于等离子激发，电离非弹性散射截面相对较小，且由于平均自由程较大，以致内层电子被激发的概率要比等离子激发概率小 2 到 3 个数量级。随着元素原子序数的增加，K 壳层电子被原子核束缚得更紧，相应 K 壳层电子激发需要更大能量，且电离非弹性散射概率减小。

在电子能量损失谱中，大约 1000eV 以上，K 壳层电子电离峰强度将大幅降低且信噪比明显变差，这将不利于元素的鉴别和成分分析。所以对于原子序数大的元素，我们一般使用它的 L 和 M 电离峰。

(4) 能量损失近边结构

在大于电离阈值 E_c 约 50eV 范围内，电子能量损失谱存在明显的精细结构振荡，这就是能量损失近边结构（energy-loss near-edge structure，ELNES）。当样品中的内壳层电子从入射电子获得足够能量时，壳层电子将从基态跃迁到激发态，而在内壳层留下一个空穴。但如果获得的能量不足以使其完全摆脱原子核的束缚成为自由电子，那么内壳层电子只能跃迁到费米能级以上导带中某一空的能级。此时从入射电子获得的能量等于所激发壳层电子跃迁前后所处能级能量之差。虽然电子跃迁到导带中任意能级都是可能的，但导带中能级是分立的，且每一能级所能容纳电子的能力也是不一样的。又因电子跃迁而从入射电子获得的能量正好和能损谱中入射电子的损失能量相对应，我们可以通过电子能量损失谱中能损电子的强度分布得到样品中导带能级分布和态密度等电子结构信息。因为电子能级分布和态密度（电子在一定能量范围内的相对分布）对原子间的成键和价态非常敏感，这些将直观地在 ELNES 上反映出来。例如，金属 Cu 氧化成 Cu_2O 和 CuO 后，Cu 的 L 系 ELNES 也发生明显变化，通过对比未知化合价态的铜的能损谱图与这些标准单一化合价态的标准谱图或其不同比例的线性拟合谱图，就可以判断铜元素的化合价态。目前这一方法已广泛应用于判断某些过渡金属（例如 Fe、Co、Ni 等）在不同化合物中的化学价态。

（5）广延能量损失精细结构

随着能量增加，近边精细结构的振幅逐渐减小，若在随后几百电子伏特范围内没有其他电离边，而我们还可以观测到微弱的强度振荡，称之为广延能量损失精细结构（extended energy-loss fine structure，EXELFS），这主要是由电离原子的近邻原子对从电离原子中激发出的自由电子的散射引起的。通过 EXELFS 振荡，可以得到电离原子位置以及近邻原子的信息，所以对非晶态和短程有序材料的研究将非常有用。利用 EXELFS 可以得到一个特定原子周围的径向分布函数（radial distribution function，RDF）。径向分布函数（又名对关联函数）为相距参考粒子 r 处粒子的密度。

EXELFS 与同步加速器 X 射线能谱中扩展 X 射线吸收精细结构（EXAFS）非常相似，明显不同的是，EXAFS 是对全部入射 X 射线的吸收，而 EXELFS 是由对一小部分入射电子的能量吸收引起的，EXAFS 和 EXELFS 都能给出强局域原子关联材料的结构信息。原则上，两种技术给出的是原子细节信息，有了原子的细节信息就能解决大多数体结构。然而传统的 EXAFS 的限制是：3keV 以下的 X 射线低能 K 边吸收谱不易得到，对于穿透型 EXAFS，这要求样品非常薄，光路的背底很小，此外由于 X 射线不容易被聚成亚微米的斑，所以其空间分辨率相对较低。EXELFS 能给出纳米空间分辨率的原子结构和电子结构，再有就是 TEM 用薄的样品在真空中操作，比低能 EXAFS 更适合研究原子序数小的 K 边或者高原子序数的 L 边。虽然 EXAFS 也能够进行 RDF 测量，但只适合原子序数大于 18 的元素，而 EXELFS 则没有此限制。所以 EXELFS 很适合用于非晶硅等含有低原子序数元素的玻璃以及准晶结构等。特别是对于玻璃材料，由于短程有序，往往只能用这种技术才能得到其原子结构信息。同测量半导体材料的介电常数一样，EXELFS 要求透射电镜样品必须非常薄（越薄越好），因为 EXELFS 调制主要来源于单次散射，而样品厚度的增加会导致复散射强度增强，从而掩盖弱的 EXELFS 峰。所以在实际中为了得到 RDF，一般需要先扣除背底，接着进行去卷积处理，最后再进行傅里叶变换。得到 RDF 之后，我们就能知道特定原子周围的局部原子环境。RDF 中峰强度表明距离电离原子特定距离上存在原子的概率。比如在石墨 RDF 中，在 0.14nm 处有一个很强的峰，它对应石墨中碳原子间距（0.14nm）。

6.3.2.3　电子能量损失谱应用

当电子进入材料时，电子与材料内部原子发生了静电力相互作用，一部分电子被散射而改变方向，并且其中大多数产生能量损失。对于特定元素，电子通过后的能量损失具有特征性，并且入射电子激发元素不同电子壳层的电子所需要的能量不同。电子能量损失谱（EELS）即利用了电子非弹性散射的这些特性来分析样品的原子结构和化学特性，包括：原子的种类及含量、原子的化学状态以及原子与近邻原子的相互作用。相比 EDX，EELS

的空间分辨率更高且元素定量更精确，尤其适合分析轻元素的组分和原子化学状态。此外，透射电镜中 EELS 能够分析的元素范围受电子束加速电压的影响，通常电压越高，EELS 能够分析的元素范围越大。EELS 可以将非弹性散射的电子投影成可解释和量化的能量谱，利用特定能量的电子形成图像甚至衍射花样，亦可以通过谱成像组合成谱和图像。

采集 EELS 数据时设定的谱值范围有限（目前单次最大只能采集能量损失差值在 1000eV 内的元素），而不同元素损失的能量大小差别往往很大，因此单次采集经常会出现难以获得样品内所有元素的信息的问题。EELS 背底高、来源复杂，去除背底的方式不同就会影响对特定元素和特征峰的分析。此外，由于电子束穿过厚样品时会发生多次散射，因此 EELS 多用来研究厚度较薄的样品。但总的来说，EELS 功能齐全、分辨率高（能量分辨率和空间分辨率），是研究材料成分和电子结构的一种极其有效的分析方法。

6.3.3 原位透射电子显微分析

6.3.3.1 原位透射电子显微发展

起初，透射电镜只用来作为一种成像工具，能够对处于稳定状态的纳米材料进行形貌、结构和成分上的表征，随着纳米科技和材料学的发展，研究人员不再局限于对纳米材料应用性能的挖掘，而开始渐渐着重于纳米材料动力学行为机理的探索。常规的表征手段无法实时监测纳米材料在外场激励或不同气氛下的微结构演变，难以精确构建材料结构与性能之间的关系。解决上述问题最好的办法就是借助某种技术直接观察并记录外场作用下不同环境中纳米材料的实时动力学行为，利用 TEM 实时观察和记录样品在外场作用下的结构、成分、特性演变。

原位透射电子显微分析方法是实时监测和记录位于电镜内部的样品对于不同外部激励信号动态响应过程的方法，是当前材料结构表征科学中最新颖和最具发展空间的研究领域之一。最早的原位透射电镜实验可追溯至 1960 年代对金属疲惫性的探索，科学家们在电镜中引入力学样品台，尝试观察挤压和拉伸过程中位错的产生与演变。但受限于样品台的尺寸和当时透射电镜的分辨率，这些实验大多是从衍射衬度像和电子衍射谱中获得结构变化信息的。此外，研究高能电子束辐照下材料的损伤机制和原位电阻丝加热也是早期原位 TEM 实验的主要方向。通过在透射电镜中引入外场激励样品，可以实时追踪材料在电子束刻蚀、力致形变、热致相变、电化学等过程中的结构演变行为，对揭示反应的本征机理至关重要。原位 TEM 技术不但丰富了纳米尺度下开展实验研究的方法，同时拓宽了透射电镜在不同领域中的应用，为直接从原子尺度探索纳米材料的构效关系，揭示材料各种特性的物理本质提供了可靠的实验手段和研究方法，为纳米科学与技术的进一步发展创造了新的契机。

简言之，通过对样品施加力、热、光、电、气体和液体环境等不同外场，同时利用透射电镜观察材料结构和化学组成等对外场作用的动态反应，并通过相应的成像技术对样品的微结构演变进行实时监控，为理解纳米材料的动力学行为提供实验基础。目前较为普遍应用的原位 TEM 技术可以分为两种：原位样品杆与环境透射电镜。

6.3.3.2　原位样品杆技术

原位样品杆技术主要依托具有特殊构造的样品杆，由样品杆引入各种物理和化学实验所需条件，从而实现电镜内部对样品服役过程中结构、组分等信息的实时观察和记录。随着电镜技术的发展和微纳加工技术的成熟，目前已经能够生产出尺寸足够小、精度足够高，可直接用于商用透射电子显微镜的多种可施加外场原位样品杆，使得"将多功能纳米实验室建在透射电子显微镜里"的构想逐渐得以实现。借助不同的特殊设计，人们成功将"多功能纳米实验室"引入到电镜内部，不仅在透射电镜里面实现包括电学、力学、发光、吸收和熔化等物理实验，还实现了相变、生长、溶解、氧化、还原和催化等化学实验。原位样品杆技术的优势在于成本相对低廉，无须改造电镜本身结构。

（1）原位加热样品杆技术

热场加载下的原位透射电镜研究温度是影响材料行为和状态的重要因素之一，是材料制备和加工必须考虑的参数之一。原位研究温度导致小尺度晶体的结构和化学成分的演化对于理解纳米材料的结构和结构稳定性具有非常重要的意义。而透射电镜是进行这类研究的理想工具。目前可以在透射电镜中将样品温度降到液氮或液氦的温度，也可以将样品加热到上千摄氏度。原位加热透射电镜在理解温度对材料行为和状态影响方面发挥了很大作用。

目前可控加热方式的样品杆有两种，一种为宏观电阻丝加热的样品杆，另一种为利用近年来兴起的微机电系统（micro-electro-mechanical system，MEMS）加热技术所研制的样品杆。DENS Solutions 公司设计了基于 MEMS 芯片的单倾和双倾加热样品杆，最高可实现 1300℃ 加热，由于 MEMS 芯片上电极尺寸仅有几十微米大小，宏观导线的连接方式不再适用。

（2）原位力学样品杆技术

纳米材料的力学性能也是科研工作者们关心的问题。对材料施加一定的应力，可以观察材料的形变，材料微结构的变化，定量研究速率限制的变形过程和变形机理，借此深入理解材料的力学性能等。研究薄膜和纳米颗粒的变形过程，建立起塑性形变的物理模型，可以指导新型材料的加工制备过程，也可以为材料的实际应力服役提供科学指导。材料的力学实验通常可以通过原位的拉伸挤压样品杆装置实现，通过微机械手实现纳米级别的位移。

为了实现在透射电镜中力场加载，研究者们设计了不同种类的特殊样品杆，像拉伸杆等。通过这些样品杆，可以实现对样品进行不同方式的加载，如通电、加热、拉伸、压痕和弯曲等。在不同加载方式下，研究者们深化了对材料的结构加工力学性能之间内在联系的认识。原位拉伸实验通过拉伸基片带动黏附在基片上样品形变的拉伸样品杆，常用于块体减薄样品和薄膜样品的原位拉伸实验。由于透射电镜本身和样品杆的限制，早期原位拉伸实验中材料变形过程的观察还局限在原位形貌像上，尚未达到原子尺度上的原位观察。

TEM 中研究应力条件下材料微观结构的演化规律有助于理解材料变形机理。而在TEM 中实现对样品施加外力，应解决小空间内施加面内应力，以及样品杆结构改造匹配施加应力部件的技术问题，而受空间尺寸限制，目前商业化公司研制的原位力学装置多为单倾力学样品杆，双倾力学样品杆多来自实验室研究人员对商业化样品杆的改造与集成。力学样品杆，按驱动源形式可分为机械电机驱动、压电陶瓷驱动、电驱动和热驱动等方式。

（3）力热耦合样品杆技术

力热耦合样品杆需要在 TEM 和样品杆前端样品台允许的小空间范围内实现对样品加热的同时并对其施加面内应力，此类样品杆需要解决在样品杆内部引入到样品杆前端多电极引线的技术问题，原子尺度的力热耦合样品杆还应解决倾转机构与多电极引线的兼容性问题，以保证倾转与电极信号的稳定性。近年来实验室研发的力热耦合功能样品杆多采用小尺寸 MEMS 结构，但由于力热耦合零部件所需电极引线较多（6 个以上电极），使得目前的力热耦合样品杆系统仅能应用于具有较大样品杆前端尺寸的 JEOL TEM。朱勇课题组开发了力热一体化 MEMS 平台，该平台以静电梳齿结构作为驱动器拉伸样品，集成在 MEMS 平台上的加热器为基于单晶硅结构本身的焦耳加热而无额外的加热层，可通过改变加热器电压来控制样品区域温度（室温～600K）。

Zhang 等设计了基于 V 型梁驱动的 MEMS 拉伸装置，该装置可用于商业化双轴倾转样品杆（Gatan 646 型）中，MEMS 电极通过与样品杆预留的接线柱引线相连接实现对 V 型梁通电，进而产生位移对样品进行拉伸实验，此装置的优势在于制造的 MEMS 系统能够直接应用于商业化双轴倾转样品杆，在保留双轴倾转的同时进行原子尺度拉伸实验。

（4）气相/液相样品杆

将气体封闭在样品杆内，使用时气体不会进入电镜的真空系统，从而保证电镜的高真空工作环境。气体仓一般是利用非晶的 SiN 薄片封装，同时还保证了电子束的穿透性。相比而言，气体样品杆可控制的压力值更高。人们可以在此封闭的体系引入压力为 0.005～0.1MPa 的氮气、氧气、氢气、甲烷和一氧化碳等气体氛围，或者离子液体、有机试剂与一定浓度的酸溶液等，同时也可以进行高温加热，成功实现了直观监测纳米颗粒在电化学过程中形貌、结构和组分的变化，纳米颗粒相变、形核、移动、生长、聚结及晶体缺陷形成机理，生物细胞功能化的分子机制等。

纳米粒子在液体环境中的运动、结构演变等也是研究者关注的内容，因此发展了液体透射电镜技术。利用液体透射电镜可以原位液体观察纳米粒子的生长、氧化刻蚀、电化学反应等。近年来得益于微加工技术、微流控技术以及电镜本身技术研发的推动，原位 TEM 发展迅速。利用原位 TEM 观察液体，可以很好地描述纳米尺度下材料的大小、形状、界面结构、电子状态及化学成分的动态变化。这种原位实时地观察液态样品的方式，相比先将液态样品"冰冻"成固态的非原位方法，可以避免额外因素的影响，能够动态地观察到液态样品的变化。原位液体 TEM 芯片为细胞里生物活性研究、生物矿化（生物体内无机矿物的形成过程）、纳米颗粒的低成本合成和电化学反应储能机理研究等纳米条件下液态物质的研究提供了可能。因而，可用于原位液体 TEM 的 MEMS 芯片的研究与发展成为人们关注的热点之一。

观察液体样品时，为防止液体泄漏污染电镜，必须将液体密封在一个腔室内；其次，液体样品层必须薄到能使电子束穿透，通常液体层厚度在 100nm 量级。近年来，人们使用微纳加工技术根据不同实验需求，设计出多种功能化且易于简单控制的原位微纳实验平台，诸如：构造流道设计的流体池，添加热丝设计的加热液体池，添加电极设计的电化学液体池。

（5）原位光/电样品杆

在电学原位样品杆电路和电极结构的基础上，采用蓝宝石基底作为发光 LED 载体，利用银胶在改造的基片上焊接不同波长的微型 LED 芯片作为光源，利用多电极引出外电路引入微型 LED 芯片作为发光源对其进行光电双功能升级改造，并通过优化光电双功能基片供电电源系统以保障 TEM 清晰成像，这类电学测试样品杆能同时测试样品的光学和电学特性，且透射电子显微镜成像清晰稳定。近年来大热的电池材料领域里，研究者们就是基于这类样品杆，将原位透射技术引入锂离子电池的研究，对阴极材料在充电后体积膨胀、塑性形变和粉碎的破坏后果有了直观的认识。这一研究促进了人们对电池中微观过程进行实时观察研究，也对决定电池性能和寿命的机制有了更完全的理解，使得锂离子电池中的电化学反应研究上升到一个新的起点，见图 6-54。

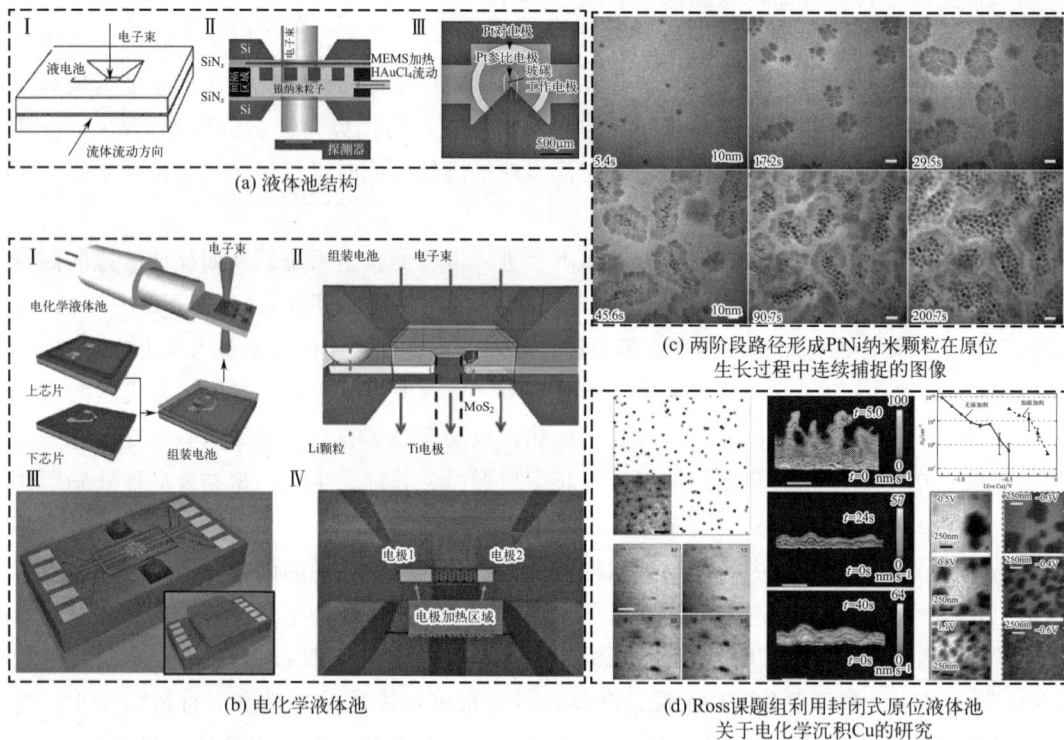

图 6-54　光电双功能改造的样品杆的相关研究

［图 (a) 中：Ⅰ流动液体池结构；Ⅱ加热液体池结构；Ⅲ电化学结构。
图 (b) 中：Ⅰ120nm 厚的金电极电化学液体池；Ⅱ90nm 厚钛电极
电化学液体池；Ⅲ多电极液体池；Ⅳ Pt 加热器扫描电镜图像］

6.3.3.3　环境透射电子显微镜技术

环境透射电子显微镜（environmental transmission electron microscope，ETEM）是在透射电子显微镜的基础上，对电镜本身或者样品杆加以改造，使得温度、气氛等可以作用到样品上，借助透射电子显微镜的先进成像技术，可以实时地以原子尺度观察材料在环境下的变化，也称原位（in situ）研究。借助 ETEM 技术，可以进行各类化学反应过程的观察、同种材料不同相态之间转变过程的观察、各类纳米器件工作原理的实时观察等，适用于纳米催化剂、燃料电池及气敏元器件等多个领域。

与常规透射电镜相比，原位透射电镜的真空系统引入了差分泵和差分光阑，简称差分泵电镜真空系统。通常是在电镜样品室的上、下方加装一对或更多差分光阑，并在差分光阑之间加入抽气管路，此设计可以将气体直接导入电镜的样品室（可达 3000Pa 左右）而不会影响镜筒内其他部分的真空状态。样品室中的样品处于气体氛围内，而且直接面对入射电子束，电镜成像分辨率不会受到太大影响，环境透射电镜技术借鉴了气相样品杆技术的优势，在提供特定气体环境，如氧气、氮气、氢气、氨气以及水蒸气等条件下，摒弃了氮化硅窗口层，电子束直接穿过样品，从而进一步提高了电镜的成像分辨率。

结合原位加热样品杆技术，对样品的原位加热也可以在有气体氛围的情况下安全进行，并且在实验条件下可以实现原子级分辨率，有望实现在原子尺度上研究基本物理和化学过程的本质。对纳米材料生长、新能源材料及纳米催化方面的研究有极大的助益。当然，就目前的技术而言，ETEM 也有缺点，例如只能局限于提供气体环境，暂时还不能提供液体环境，液体环境还需借助原位液体杆；而且气体的种类也受到很大限制，其制造成本较高。ETEM 与原位样品杆的结合真正意义上实现了 TEM 微反应室的构建，对于认清材料反应过程及机理非常重要。这也是目前研究的热点，结合其他分析手段在很多领域有望获得新的突破性进展。

6.3.4　三维重构的原理及其应用

6.3.4.1　三维重构技术的原理

传统透射电镜技术只能提供三维物体在二维空间内的投影图，物体的大部分区域在投影图上都是重叠的，容易引起理解偏差。因此，开发新的工具和技术探索纳米材料形貌、结构、组分和物理特性在三维空间内的分布是极其重要的。TEM 三维重构技术是电子显微术、电子衍射与计算机图像处理相结合而形成的一种有效且高分辨率的三维重构方法。三维重构能重现样品在三维空间中的形貌。它打破了传统透射电镜得到的二维图像不能直观准确地表征材料三维空间构造的限制，已逐渐应用于各种材料分析和表征方法，尤其在生物科学、纳米材料、半导体材料等领域得到日益广泛而重要的应用。

通常的三维重构技术要求系统具有很高的稳定性，因此放大倍数只能维持在十万倍以内，且对样品本身也有一定的要求。因此，尽管很多高校科研机构配置了三维重构附件，但由于这项新技术需要具有一定的理论基础和实际操作经验，目前在国内材料研究中的应用并不广泛。

目前，获取 TEM 三维重构图像的步骤通常是先将样品沿某一个倾转轴旋转，每隔一个小角度拍摄一张电子显微像，得到一系列按照一定规律排列的二维图像。然后采用反投影算法（back projection algorithm）将二维投影像重构成一个三维像。重构技术的原理是基于中心截面定理：任何实空间的三维物体沿电子束方向投影的傅里叶变换都是该物体所对应的傅里叶空间中通过中心且垂直于投影方向的一个截面。因此，通过收集不同角度下成像样品的显微投影图像，经傅里叶变换之后就可以获得一整套的三维倒易空间数据，对该数据进行反傅里叶变换，就可以获得样品在实空间的三维结构图，示意图如图 6-55 所示。

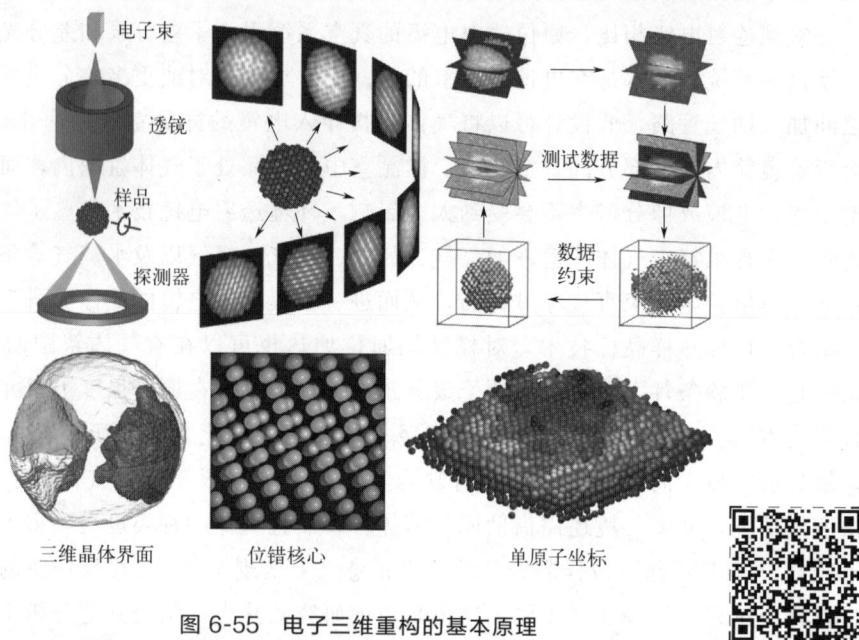

图 6-55　电子三维重构的基本原理

目前能够用来重构的途径很多，有的用 MATLAB 或 C++写代码运行，有的用商业化软件如 Tomviz 和 Inspect 3D 等进行重构。三维重构的操作流程包括：载入数据、重取样、图像漂移校正、旋转轴校正和三维重构。其中图像漂移校正步骤是重构中最基础的一步，目的在于将每张图片中感兴趣的样品区域移动/拖拽到整张图片的中心位置。在 Inspect 3D 中，通过滤波函数识别样品的轮廓，计算每张图片中样品区域中心位置的坐标，移动图片使样品的中心位置处于数据集的同一位置。除此之外，必须进行旋转轴校正，其目的是使漂移校正之后图片的几何旋转轴与样品实际旋转轴重合。旋转轴的校正可分为移动和旋转两个步骤，只有参数设置合适，才能够使样品中每张切片上的特征区域变得清晰。旋转轴的移动以中心位置的切片清晰为准，旋转应同时兼顾上下两个位置的切片。图像漂移校正和旋转轴校正是三维重构技术中至关重要的两步。利用数学算法将经过漂移校正和旋转轴校正的图片进行重构。

三维图像重构出来之后利用可视化软件（如 Avizo）对其进行形貌的观察和分析，比如：从不同的切面观察、不同的角度观察、对特定的局部进行观察等。重构图形的分辨率与样品尺寸大小和投影序列中图片的数量有关。具体来说，采集的投影图越多，样品尺寸越小，分辨率就越高。在实际应用中，为减弱电子束对样品的辐照损伤并将采集时间保持在一个合理的范围内，采集三维重构图形的数据时每隔 $1°\sim2°$ 记录一次图像，使用精确的、多次迭代的重建技术，分辨率大约是物体直径的 1/100。值得注意的是，在三维数据的采集过程中，样品的倾斜角度范围不能太窄，否则重构物体会沿着信息缺失的方向被拉长。研究表明，倾转范围在 $150°$（如 $-75°\sim75°$）及其以上时可以将伪像控制到最小，物体的形状和大小不会出现大的误差。此外，采用双旋转轴系统也可以大大减少缺失的信息量，±50°倾角记录的双轴序列中缺失信息的比例与±70°倾角记录的单轴序列中缺失信息的比例大致相同。

6.3.4.2　三维重构 TEM 的应用

近几年，透射电镜的三维重构技术在结构生物学及材料学中取得了快速发展，已广泛应用于研究蛋白质的结构及一些材料的内部结构的分析。1988 年，Spontak 等人利用明场像三维重构技术研究了生物学中染色的聚合物切片和嵌段共聚物的内部网络。2000 年，Koster 等人采用了同样的方法研究了沸石材料的孔隙率。

透射电镜三维重构技术可作为一种确定纳米颗粒立体结构的直观有效的方法。因此，有两类试样尤为适合用三维重构技术表征：一是纳米颗粒催化剂在载体上的分布；二是掺杂材料在聚合物中的分布。此外，螺旋材料在手性催化、手性拆分以及手性光学材料等领域的潜在应用价值引起了研究者的广泛兴趣，手性的判断在研究应用中也显得尤为重要。单一的透射电镜和扫描电镜的二维图像不能作为准确判定螺旋材料手性的唯一依据，透射电镜三维重构技术亦可作为一种直观有效的方法确定螺旋材料的手性。

尽管 20 世纪 80 年代末 TEM 三维重构技术已开始应用于材料科学，但直到最近十年，随着新型重构成像模式的引入、透射电镜控制的自动化、新重建算法的出现以及计算速度的提高和简化，重构技术的普及程度才有所提高。根据样品的种类和所需要的信息，可以选择不同的 TEM 成像模式。在生物工程和非晶无机体系中，可以采用明场像技术进行三维重构，因为质厚衬度像满足"投影要求"，即记录的信号应该是某种物理性质的单调函数。但晶体材料的明场像中存在衍射衬度和菲涅尔条纹，会导致重构结果出现严重的伪像（artifacts）。STEM 模式下的 HAADF 图像是不相干相位衬度像，对原子序数敏感，几乎可以完全消除衍射衬度，满足"投影要求"，是重构技术的理想信号源。在近些年的研究中，STEM 重构技术多用于研究晶体的形貌和晶向，尤其是在催化剂领域，因为催化剂的形貌和晶体取向是影响催化剂性能的重要因素。STEM 重构也可以被用来确定介孔结构的实空间结晶学和观测合金析出物的形态和分布。例如，MCM-48 介孔二氧化硅具有双螺旋结构，结合电子衍射和 HRTEM 的分析结果表明该体系中存在一个额外的孔隙体系，STEM 重构技术在三维空间直接观察到这一点，并确定了空间群的对称性。当然对于样品厚度特别大和质量密度非常高的物体，散射更多地发生在环形探测器的外侧，无法提供更多的信号信息，STEM-HAADF 图像将不再适合用于重构成像。

此外，在前面几小节中，STEM 成像模式中通过信号对原子序数的依赖性可以间接地确定成分信息，使用电子能量损失谱 EELS 和能量色散 X 射线谱 EDS 探测器接收到的信号，可以直接用来绘制材料的二维成分图，进而获得元素在三维空间内的分布图，这种技术手段称为化学元素敏感的三维重构技术或四维重构技术。这里的四维不是传统意义上理解的三维空间和一维时间，而是结构和元素在三维空间内的分布，实质上是四个参数，因此也称作化学元素敏感的电子重构技术（chemical sensitive electron tomography）。

化学元素敏感的三维重构技术在对结构复杂（如多孔结构等）、元素分布不均匀物质的表征中发挥着重要的作用，对研究界面、晶体缺陷、相析出、元素再分布和偏析、材料的生长机制和外场驱动下的动力学行为等意义重大，目前已在锂离子电池、催化剂、纳米材料生长机制等研究上发挥了重要作用，是促进透射电子显微学迅速发展的最有力的手段之一。

6.3.5　冷冻电镜技术

生物大分子（如蛋白质和核酸等）作为结构生物学的重点研究对象之一，掌握其结构信息可以在分子水平上理解组织和细胞内发生的动态过程，进而帮助生物学家更好地认识生命活动的过程。由于生物样品在高能电子束辐照下极易损伤，因而只能在低电子剂量条件下进行成像。而传统 TEM 成像在低电子剂量条件下获得的图像面临衬度弱、信噪比低、低频缺失等亟待解决的问题。而冷冻或低温可以有效地缓解高能电子束对样品造成的辐照损伤，而且可以大幅降低样品的反应活性，提高样品的稳定性，于是冷冻电镜（cryogenic electron microscope，cryo-EM）应运而生。

冷冻电镜一般包括冷冻透射电子显微镜（cryogenic transmission electron microscope，cryo-TEM）和冷冻聚焦离子束-扫描电子显微镜（cryogenic focused ion beam-scanning electron microscope，cryo-FIB-SEM）。cryo-TEM 结合了冷冻技术和 TEM 较高的空间和能量分辨率，可以实现纳米甚至是原子尺度的成像。同时 cryo-TEM 也可以对微小的晶体（生物大分子、化学小分子、天然产物等）进行衍射即微晶电子衍射（microcrystal electron diffraction，MicroED），然后收集电子衍射数据从而对生物大分子进行结构解析。此外 MicroED 也可与冷冻聚焦离子束技术相结合，可以将尺寸稍大但仍不适用于 X 射线晶体学的晶体减薄，将适用于 MicroED 的晶体尺寸范围扩大至几十微米，大大拓宽了 MicroED 技术的应用范围，填补了 MicroED 和 X 射线晶体学之间的空隙。

过去的几十年里，两方面的技术革新大大地推进了冷冻电子显微镜的结构解析分辨率，如今成为了结构生物学最有力的研究手段，这主要归功于直接电子探测装置和冷冻技术两项技术。直接电子探测装置的发明实现了对显微镜中的电子直接响应从而记录数字化的电子显微像，提高了图像信号的高效率传递。还可以实现对同一样品区域高速多帧的图像采集，从而通过数字图像处理消除样品漂移产生的信号损失，提升图像的质量。多帧图像的采集可以对样品电子辐照强度的情况进行分析，在生物冷冻样品的电子显微镜观察中尤其重要。此外是新型冷冻电镜图像处理软件算法的发明。几十年来发展起来的基于统计的图像处理算法对于提高冷冻电子显微镜生物大分子图像的信噪比具有重要的作用，逐渐发展成为单颗粒冷冻电镜方法。21 世纪初，概率统计的概念被引入到单颗粒冷冻电镜领域里来，很快被发现很适合于解决冷冻电子显微图像的低信噪比问题，从而迅速在冷冻电子显微图像处理的很多方面得以应用。以上两项技术革新恰逢其时，相辅相成，将冷冻电子显微镜的分辨率解析能力在短短的 2～3 年里即从 8～10 埃推至 3～4 埃，实现了冷冻电子显微学的"分辨率革命"。

自从 2013 年高分辨率的 TRPV1 结构被发表以来，单颗粒冷冻电镜方法解析出的近原子分辨率结构数目呈指数上升，分辨率也逐年提高。更为重要的是，很多以前应用 X 射线晶体学和核磁共振波谱学无法解析的复杂生物大分子复合物在冷冻电子显微镜下都很快被解析出高分辨率结构了。若干极其重要的生物学过程的本质机理在冷冻电子显微镜下被揭开了神秘面纱。冷冻电子显微学距离直接观察到生物大分子中的原子只有一步之遥了。此外，结合三维重构技术，冷冻电子显微镜单颗粒技术（cryo-electron microscope single partical analysis，cryo-EM SPA）可以实现小至血红蛋白尺寸大小的蛋白颗粒、大至几百万道尔顿量级的蛋白质颗粒的三维成像。

"整合"结构生物学集多种方法于一身，以便在细胞 z 和分子水平上构建更全面的动态过程图景。结构生物学的一个基本原理是，一旦研究人员能够以足够的分辨率直接观察到大分子，就有可能理解其三维结构与生物功能之间的联系。

2020 年，清华大学李赛研究员与浙江大学李兰娟院士领衔的科研攻关团队利用冷冻电镜断层成像（cryo-electron tomography，Cryo-ET）和子断层平均重构技术（subtomogram averaging，STA）首次解析了新冠病毒从内到外的全病毒三维结构，从拿到样品到解析出结构，李赛研究员课题组仅耗时 100 天，如图 6-56 所示。病毒表面 S 蛋白分辨率最高达 7.8 埃，这充分显示出冷冻电镜断层成像技术在解析超大分子机器原位结构方面的独特优势和强大能量。这一研究成果不仅加深了对于新冠病毒组装与入侵宿主机制的了解，对疫苗及抗体药物的研发亦具有重要作用。

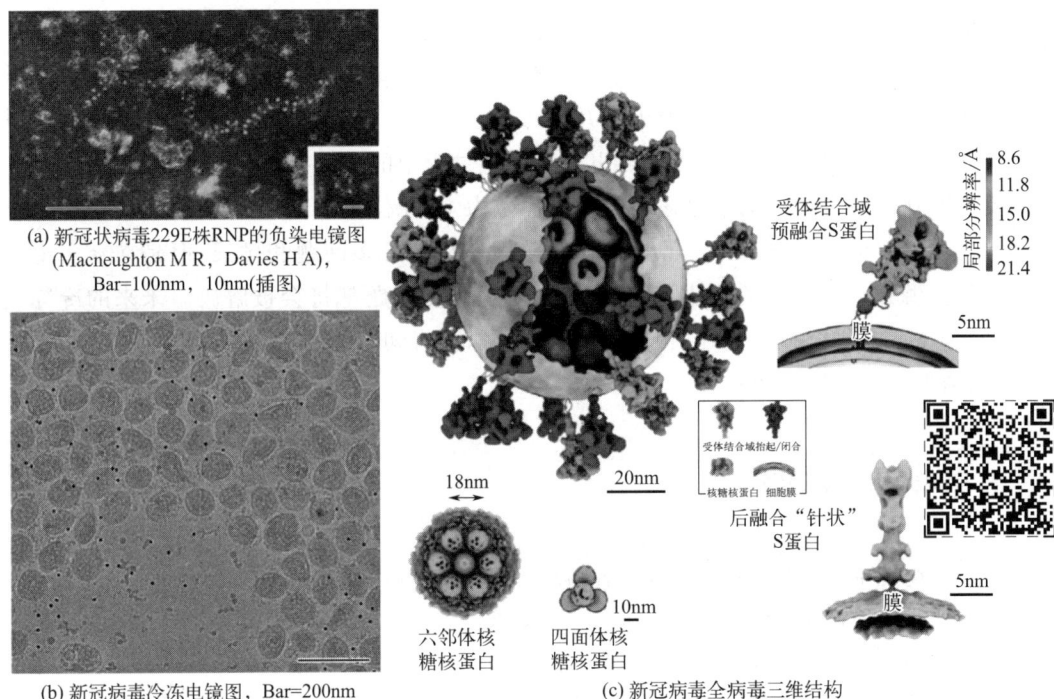

(a) 新冠状病毒229E株RNP的负染电镜图
(Macneughton M R，Davies H A)，
Bar=100nm，10nm(插图)

(b) 新冠病毒冷冻电镜图，Bar=200nm

(c) 新冠病毒全病毒三维结构

图 6-56　新冠病毒的结构

需要指出的是，冷冻电镜的新技术突破仍在不断涌现，包括电镜自身硬件系统、成像系统、自动化控制系统、海量电镜数据、高效高分辨率处理软件等，研究者们利用冷冻电镜解决了非常多的科研问题，在生命科学、生物医学研究、药物研发及疫苗设计等多个领域发挥着越来越重要的作用。可以说冷冻电镜和蛋白质晶体学方面的进步和新技术掀起了一场结构生物学革命，冷冻电镜技术必将为蛋白质科学、生物医学及细胞生物学的发展提供更大的机遇。

冷冻电镜在生命科学领域得到了广泛的应用和认可。2017年,诺贝尔化学奖授予了在冷冻电镜领域有突出贡献的科学家。除此之外,冷冻电镜也是表征辐照敏感材料的有力工具,它允许在样品不暴露于空气的条件下快速冷却样品并保留其原始结构,实现对辐照敏感材料的纳米甚至是原子尺度的成像。低温不仅可以有效地缓解高能电子束对样品造成的辐照损伤,也可以大幅降低样品的反应活性,提高样品的稳定性。而且减小电子剂量、提高成像信噪比、缩短曝光时间、降低温度以及减小加速电压等冷冻电镜的主要技术要点都可以在一定程度上缓解辐照损伤。因此,在2017年,冷冻电镜首次被应用于观察金属锂的纳米结构,并取得了一些前所未有的结果,从此也在电池领域备受关注和蓬勃发展。结合冷冻技术和TEM较高的空间和能量分辨率,与EDS及EELS等多种分析谱仪联用,cryo-TEM还可以进行微区元素分布和价态分析。

目前cryo-TEM在能源科学中的应用仍然处于起步阶段,相关制样和成像方法主要借鉴结构生物学,尚未针对能源材料与界面问题发展出成熟的操作流程。此外,目前大部分冷冻样品杆只有冷冻功能,并未兼容其他热、电、力等外场调控功能。而原位外场调控下所测得的性能将更接近材料的真实服役情况,与冷冻电镜结合可以探究不同温度下的外场调控引起的材料结构变化。例如,冷冻电镜与原位电场结合可以探索材料在不同温度尤其是低温下工作中的结构变化,为军工、航天以及科考抢险等实际低温条件下使用的电池设计提供指导。此外,冷冻加电双功能可以保存电化学反应过程中的非平衡态,便于研究反应路径和中间反应产物。施加的外场信号还可以包括原位力学、原位磁学、原位光学以及原位电子束辐照等。虽然目前冷冻电镜在能源科学中的应用还存在许多问题和挑战,但是在众多电子显微学和能源领域研究人员的共同努力下,相信现有的问题都将会被解决。未来的冷冻电镜在结构分析、电化学和催化等领域都将大放异彩,亦将朝着分辨率更高、成像更高效、功能更强大、结果更可靠等方面发展。

思考题与练习题

1. 透射电镜主要由几大系统构成?各系统之间关系如何?

2. 照明系统的作用是什么?它应满足什么要求?

3. 成像系统的主要构成及其特点、作用是什么?

4. 分别说明成像操作与衍射操作时各级透镜(像平面与物平面)之间的相对位置关系,并画出光路图。

5. 什么是电子背散射衍射?比较电子衍射与X射线衍射的优缺点。

6. 简要说明多晶(纳米晶体)、单晶及非晶衍射花样的特征及形成原理。

7. 什么是衍射衬度?其衍衬成像原理是什么?它与质厚衬度有什么区别?

8. 说明什么是明场像、暗场像和中心暗场像。

9. 薄膜样品的基本要求是什么?具体工艺过程如何?双喷减薄与离子减薄各适用于制备什么样品?

10. 衍衬运动学理论的最基本假设是什么?怎样做才能满足或接近基本假设?

11. 电子束入射固体样品表面会激发哪些信号?它们有哪些特点和用途?

12. 二次电子像和背散射电子像在显示表面形貌衬度时有何相同与不同之处？说明二次电子像衬度形成原理。

13. 磁透镜的像差是怎样产生的？如何来消除和减少像差？

14. 透射电镜中有哪些主要光阑？分别安装在什么位置？其作用如何？

15. 对比限制 XEDS 和 EELS 空间分辨率和探测极限的异同。

16. 为什么在 STEM 中二次电子成像比散射电子成像更有用，而在 SEM 中它们是等同的？

17. 查阅文献，总结有多少种实验可以进行原位 TEM 研究。

18. 实空间中物体的尺寸与倒空间中的尺寸有怎样的关系？在怎样的条件下，对于所有的 h、k 和 l，(hkl) $[hkl]$ 相互平行？

19. 列出测量样品厚度的多种方法以及各自最主要的优势和不足。

20. 样品厚度是如何影响劳厄条件满足程度的，又是如何影响点阵常数计算精度的呢？

21. 如果样品是磁性的，如何影响样品制备方法的选择？TEM 还是 STEM 的选择？

参考文献

[1] Bonanni A，Kiecana M，Simbrunner C，et al. Paramagnetic Ga N：feand ferromagnetic（Ga，Fe）N：the relationship between structural，electronic，and magnetic properties[J]. Physical Review B，2007，75（12）：125210.

[2] Wan Y，Zhang Z，Xu X，et al. Engineering active edge sites of fractal-shaped single-layer Mo S2 catalysts for high-efficiency hydrogen evolution[J]. Nano Energy，2018，51：786-792.

[3] Norimatsu W，Hirata K，Yamamoto Y，et al. Epitaxial growth of boron-doped graphene by thermal decomposition of B4C[J]. Journal of Physics：Condensed Matter，2012，24（31）：314207.

[4] 刘忍肖，张丽娜，李学毅，等. 半导体量子点光谱特性标准样品及高分辨透射电子显微镜粒径定值研究[J]. 中国科学：物理学 力学 天文学，2011，41（09）：1023-1028.

[5] Urban K W. The new paradigm of transmission electron microscopy[J]. MRS Bulletin，2007（32）：946-952.

[6] Jia Chunlin，Mi S B，Urban K，et al. Atomic-scale study of electric dipoles near charged and uncharged domain walls in ferroelectric films[J]. Nature Materials，2008（7）：57-61.

[7] 袁志山，张显峰，冯朝辉，等. 铝锂合金显微组织高分辨电子显微研究[J]. 冶金分析，2011，31（4）：35-38.

[8] Sun Q，Zhang X Y，Ren Y，et al. Interfacial structure of {10-12} twin tip in deformed magnesium[J]. Scripta Materialia，2014，90/91：41-44.

[9] Sun Q，Zhang X Y，Shu Y，et al. Two types of basal stacking faults within {10-12} twin in deformed magnesium alloy[J]. Materials Letters，185（2016）：355-358.

[10] Sun Q，Zhang X Y，Ren Y，et al. Observations on the intersection between {10-12} twin variants sharing the same zone axis in deformed magnesium alloy[J]. Materials Characterization，2015，109：160-163.

[11] Casimir A，Zhang H，Ogoke O，et al. Silicon-based anodes for lithium-ion batteries：effectiveness of materials synthesis and electrode preparation[J]. Nano Energy，2016，27：359-376.

[12] Nishi Y. Lithium ion secondary batteries：past 10 years and the future[J]. Journal of Power Sources，

2001,100(1/2):101-106.

[13] Etacheri V,Marom R,Elazari R,et al. Challenges in the development of advanced Li-ion batteries:a review[J]. Energy & Environmental Science,2011,4(9):3243-3262.

[14] Song B,Ding Z,Allen C S,et al. Hollow electron ptychographic diffractive imaging[J]. Physical Review Letters,2018,121(14):146101.

[15] Cai R,Guo S,Meng Q,et al. Atomic-level tunnel engineering of todorokite MnO_2 for precise evaluation of lithium storage mechanisms by in situ transmission electron microscopy[J]. Nano Energy, 2019,63:103840.

[16] Yamazaki T,Kawasaki M,Watanabe K,et al. Artificial bright spots in atomic-resolution high-angle annular dark field STEM images[J]. Journal of Electron Microscopy,2001,50:517.

[17] Yamazaki T,Watanabe K,Kikuchi Y,et al. Two-dimensional distribution of as atoms doped in a Si crystal by atomic-resolution high-angle annular dark field STEM[J]. Phys. Rev. B,2000,61:13833.

[18] Reinald H,Eckhard P,Dietrich H,et al. A study of intermixing in perovskite superlattices by simulation-supported c s-corrected HAADF-STEM[J]. Phys. Status Solidi A,2011,208:2144.

[19] Niedziolka K,Pothin R,Rouessac F,et al. Theoretical and experimental search for Zn Sb-based thermoelectric materials[J]. Journal of Physics:Condensed Matter,2014,26(36):365401.

[20] Im J H,Yang S J,Yun C H,et al. Simple fabrication of carbon/TiO_2 composite nanotubes showing dual functions with adsorption and photocatalytic decomposition of rhodamine B[J]. Nanotechnology,2012,23(3):035604.

[21] Masaharu T,Mika M,Hisayo K,et al. Synthesis of Au@Ag@Cu trimetallic nanocrystals using three-step reduction[J]. Cryst Eng Comm,2013,15:1345-1351.

[22] David B,Willianms C,Carter B. Transmission electron microscopy[M]. Berlin:Springer,2009.

[23] 许名权,李傲雯,周武. 低电压 STEM-EELS 在纳米催化剂结构表征中的应用[J]. 电子显微学报, 2020,39,5:537-543.

[24] Song B,Ding Z,Allen C S,et al. Hollow electron ptychographic diffractive imaging[J]. Physical Review Letters,2018,121(14):146101.

[25] Cai R,Guo S,Meng Q,et al. Atomic-level tunnel engineering of todorokite MnO_2 for precise evaluation of lithium storage mechanisms by in situ transmission electron microscopy[J]. Nano Energy, 2019,63:103840.

[26] Miao J,Ercius P,Billinge S J L. Atomic electron tomography:3D structures without crystals[J]. Science,2016,353(6306):2157.

[27] Kawase N,Kato M,Nishioka H,et al. Transmission electron microtomography without the"missing wedge" for quantitative structural analysis[J]. Ultramicroscopy,2007,107(1):8-15.

[28] Spontak R J,Williams M C,Agard D A. Three-dimensional study of cylindrical morphology in a styrene-butadiene-styrene block copolymer[J]. Polymer,1988,29:387-395.

[29] 张佳星,陈勇,李赛. 冷冻电镜断层成像技术破解重构新冠病毒全分子结构难题[J]. 电子显微学报,2020(6):787-789.

7 电子探针显微分析

7.1 X射线能谱仪基础知识

材料学科以及地质、生物和医学各领域都需要了解微米量级区域内的化学组成情况，电子探针显微分析（electron probe micro analysis），又称电子探针微区分析，是一种卓有成效的分析技术，对块状样品可以分析几个立方微米体积内的元素，对于薄样品分析体积还要小得多。微区分析已经成为科研和生产中不可缺少的技术手段。

微区分析的核心技术是检测从样品出射的特征 X 射线的波长或能量。利用晶体衍射分光检测关注的特征 X 射线波长，称为波长色散谱仪（wavelength dispersive spectroscopy），简称波谱仪（WDS）；检测特征 X 射线能量，称为能量色散谱仪（energy dispersive spectroscopy），简称能谱仪（EDS）。波谱仪出现较早，由于是使用聚焦电子束检测样品上某个微小区域的化学成分，所以形象地称此类仪器为电子探针显微分析仪。到 20 世纪 70 年代初，随着 Si（Li）探测器的问世，出现了能谱仪。自此以后，由于能谱仪结构简单、使用方便，使用越发广泛。特别是功能强大的计算机，使能谱仪功能更强大。

这里重点说明能谱分析技术，而对波谱仪只作简要描述，但许多讨论内容对两种方法都适用。

7.2 X射线的产生和与物质的相互作用

当高能电子进入样品后，原子会处于不稳定的高能激发态。在激发后的瞬间（约 10^{-12} s 内），原子便恢复到最低能量的基态，在这个过程中，一系列外层电子向内壳层空位跃迁，释放出多余的能量，产生特征 X 射线和俄歇电子。

特征 X 射线能量 E 或波长 λ 与样品原子序数 Z 存在函数关系

$$E = A(Z-C)^2$$

式中，A 和 C 是与 X 射线有关的常数。这是利用特征 X 射线对材料进行元素成分分析的理论依据。

7.2.1　临界激发能 E_c

在原子结构中，核外电子分布在不同的壳层。将电子从各自壳层激发电离出来的最小能量称为临界激发能、激发电位或 X 射线吸收边，用 E_c 表示。在原子中不同壳层的电子存在不同的临界激发能。表 7-1 列出 Si、Nb、Pt 的部分壳层 E_c 值，可见 E_c 随着原子序数的增加而变大；同一元素的近核壳层比远核壳层的 E_c 大。对于 X 射线微区分析，通常要求入射电子束能量要超过被分析元素 E_c 的 2～3 倍，使原子被充分激发，以便获得足够强度的特征 X 射线。

表 7-1　Si、 Nb、 Pt 的 K 壳层和 L 壳层的 E_c　　　　单位：keV

壳层	Si	Nb	Pt
K	1.84	18.99	78.39
L_3	0.15	2.70	13.88
L_2	0.10	2.46	13.27
L_1	0.10	2.37	11.56

7.2.2　特征 X 射线辐射

假定原子 K 壳层电子被激发电离出现一个空位，附近 L 壳层的一个电子跃迁到这个空位，使原子能态降低，这个过程就产生 K_α 辐射；如果一个 M 壳层电子填充 K 壳层的空位，就会产生 K_β 辐射。同理，如果 L 壳层电子被激发留出空位，被 M 壳层电子填充，就会产生 L_α 辐射，见图 7-1。所以这种 X 射线反映了不同元素原子内部壳层结构的特征，因此称为特征 X 射线辐射。由于 L 壳层和 K 壳层相距最近，所以从 L 壳层向 K 壳层发生跃迁的概率最大。因此 K_α 辐射的强度大于 K_β 辐射。又因为 M 与 K 壳层的能量差大于 L 与 K 壳层的能量差，所以 K_β 辐射的能量比 K_α 辐射高。高能电子能够激发出 K 辐射，肯定有足够的能量激发出 L 和 M 辐射。从原子核向外，相邻电子层的能量差越来越小，所以较外部相邻电子层的跃迁辐射能量要比内层跃迁辐射能量低，也就是说，对于某一原子，各谱线能量关系如下：$M_\alpha < L_\alpha < K_\alpha$。

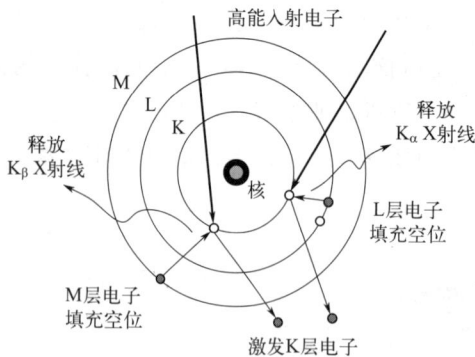

图 7-1　特征 X 射线产生示意

7.2.3　特征 X 射线的能量和波长

在正常状态下，原子序数大于 10 的原子 K 壳层和 L 壳层的电子是填满的。如果一个 K 壳层电子被激发，外壳层电子发生跃迁，释放出特征 X 射线，其能量和波长的关系式如下

$$E = hc/\lambda$$

式中，h 为普朗克常数；c 为光速。E 通常以 eV 为单位，波长 λ 以 nm 为单位，则特征 X 射线的波长和能量的关系式为

$$E = 1239.6/\lambda$$

例如：Cu K_α 能量为 8.048keV，其波长为 0.154nm。

7.2.4 电子壳层与跃迁

从图 7-1 可见，核外电子分布在 K、L、M、N 壳层上。但原子的能级结构远较上述复杂，即使在同一壳层上的电子，其结合能都略有差异，因此，除 K 层外，L、M、N 壳层分别由 3、5、7 个次壳层组成。每个壳层符号和可以容纳的最多电子数见表 7-2。

表 7-2 K 壳层和 L、 M 次壳层符号与容纳的电子数

壳层符号	K	L_1	L_2	L_3	M_1	M_2	M_3	M_4	M_5
电子数	2	2	2	4	2	2	4	4	6

当内壳层电子被电离出现空位时，除去 L_1、M_1 次壳层电子外，其余次壳层电子均可以实现向内壳层空位跃迁，释放出不同能量的特征 X 射线。例如：L_3 次壳层电子跃迁到 K 层，释放出 $K_{\alpha1}$，其能量 $= E_K - E_{L_3}$。

电子在各能级之间的跃迁服从的选择规则可以见之前的章节。

7.2.5 特征 X 射线的命名和谱线系

特征 X 射线的命名一般是根据产生特征谱线的原子始态和终态来定义。例如：K 层出现空位，即 K 为始态，决定了谱线为 K 系谱线，如果 L 壳层电子跃迁填补空位，产生的谱线为 K_α，即 L 壳层为终态，若终态为 M 壳层，则谱线为 K_β。以此类推可以获得其他线系的命名，见图 7-2。

在能谱分析中，由于谱峰较宽，能量分辨率相对较低，因此能量接近的 X 射线不能区分开来，例如：Cu $K_{\alpha1} = 8.048$keV，Cu $K_{\alpha2} = 8.028$keV，只用 Cu K_α 表示，其能量为 8.04keV，显示为一条谱峰。原子序数 $Z > 10$ 的元素，K 系包括 K_α 和 K_β 谱线；$Z > 20$ 的元素，除去 K 系外还有 L 系谱线；当 Z 超过 50 的元素，还有 M 系谱线出现。图 7-3 为五种不同原子系数元素的能谱图：随着原子序数的增加，原子壳层越复杂，被激发产生的特征 X 射线由 K 系向 L 系和 M 系过渡。

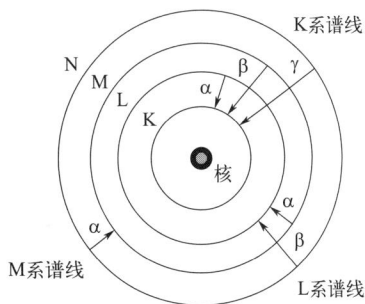

图 7-2 X 射线的命名

7.2.6 谱线的权重

虽然不同的外壳层电子都可能跃迁填充内壳层出现的空位，从而产生不同能量的特征 X 射线，但每种跃迁的概率不同，故用"权重"表示形成某线系内每条谱线的相对概率，简称"线权"。之前提到的 K_α 的线权为 1，K_β 为 0.1，意味着产生 K_α 谱线的概率是 K_β

的十倍，遵循"近者优先"的规律。应注意线权只限于某个线系之内谱线之间比较，例如 K_α 和 K_β。在不同线系之间的线权没有比较意义。线权实际上是一族谱线的峰高比，有助于定性识别能谱图中的谱峰。

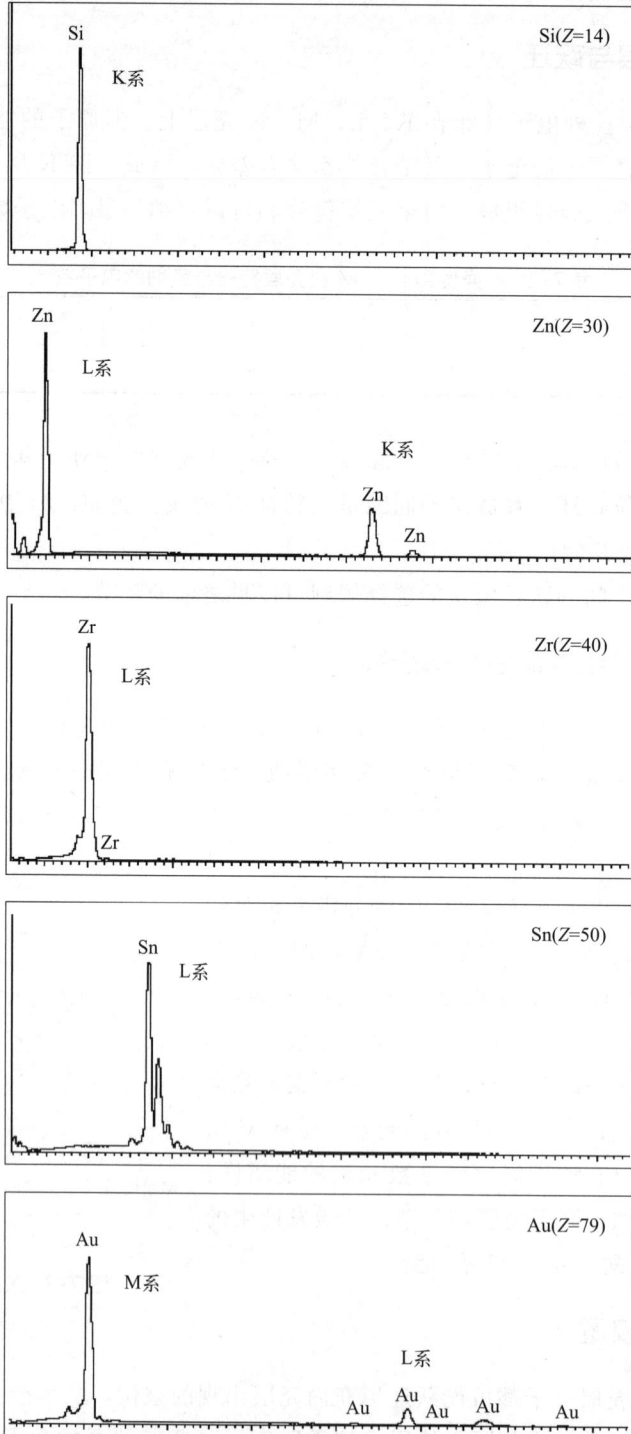

图 7-3　五种不同原子系数元素的能谱图

7.2.7　特征 X 射线产额

电子在壳层间跃迁释放能量，同时产生特征 X 射线和俄歇电子。两者产率利用荧光产额 ω 来描述。定义特征 X 射线产额为 ω，则俄歇电子产额为 $1-\omega$。对于低原子序数的原子，X 射线产额低。ω 随原子序数的增大而接近 1。对于某个原子序数的原子，K 谱线的 ω 最大，L 谱线次之，M 谱线最小，见图 7-4。可以推断，俄歇电子产额是随原子序数的减小而增大，而特征 X 射线产额反之。对于碳和氧这类超轻元素，利用俄歇电子能谱仪分析比 X 射线分析更有利。俄歇电子能量低，携带表面几个纳米层的成分信息，是表面化学分析的一个主要信号电子。

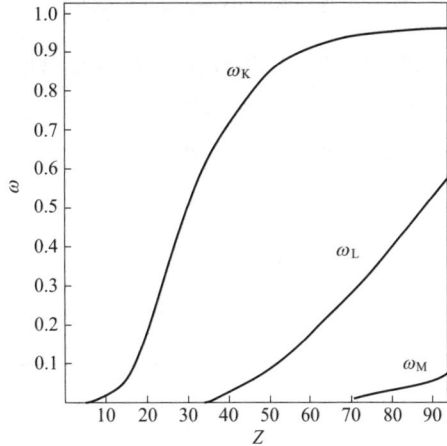

图 7-4　特征 X 射线产额（ω）与原子

7.2.8　连续谱 X 射线辐射

入射电子与原子相互作用产生特征 X 射线辐射，同时还产生连续谱 X 射线辐射，见图 7-5。

连续谱 X 射线是非特征辐射，它的能量与样品材料成分无关。如图 7-6 所示，当电子束激发样品时，同时产生特征和连续 X 射线，特征 X 射线谱峰叠加在连续谱背底上。连续谱贯穿整个横坐标，而且在每个部位都有强度值，如果某个低含量元素，其特征谱峰的强度可能被连续谱掩盖了，这个元素就检测不到。在定量计算中连续谱背底必须扣除。

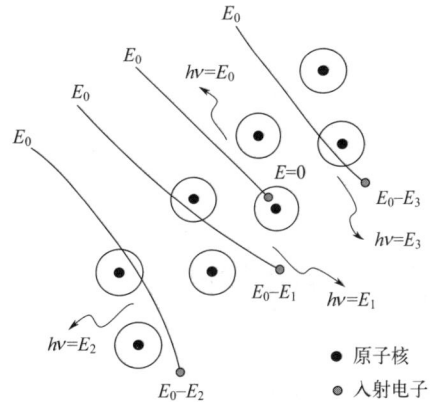

图 7-5　产生连续谱 X 射线辐射示意

（是由电子束在原子实的
库仑场中的减速所引起的）

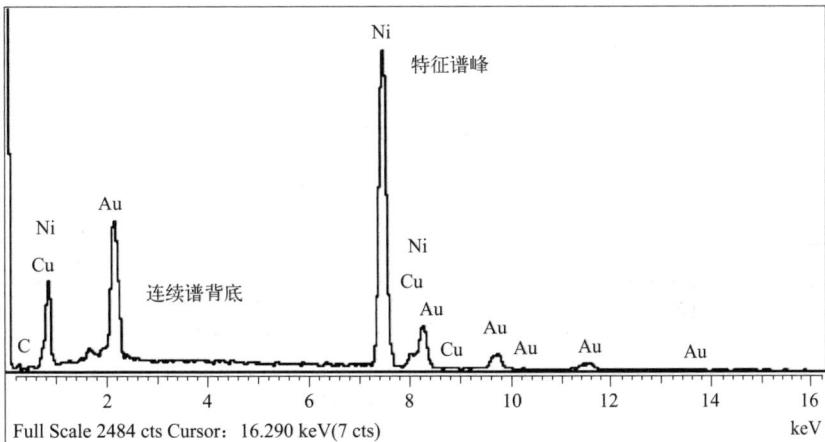

Full Scale 2484 cts Cursor: 16.290 keV(7 cts)

图 7-6　某样品能谱图

7.2.9　X 射线吸收与二次发射

样品深处产生的特征 X 射线在出射过程中会受到样品中其他原子的吸收，如果被吸收的 X 射线有足够的能量，可以激发另一个原子产生特征 X 射线，这称为二次发射，或称为二次荧光激发（见图 7-7）。在定量分析中，X 射线的吸收和荧光必须校正。

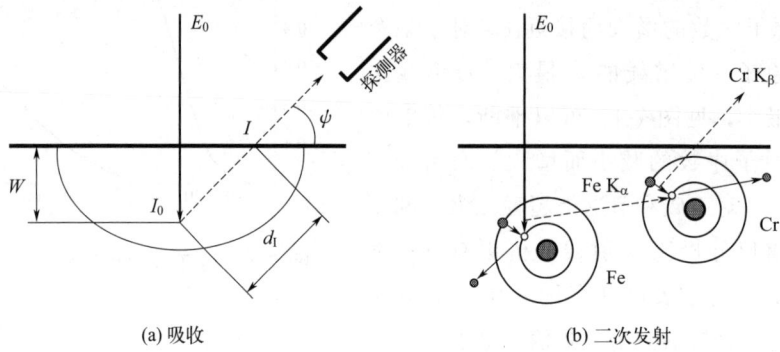

(a) 吸收　　　　　　　　　　　(b) 二次发射

图 7-7　X 射线吸收与二次发射

[（a）X 射线吸收，d_{I} 为吸收程，X 射线出射强度 I 小于初始强度 I_0；
（b）X 射线二次发射，$Fe\ K_{\alpha}$ 激发 $Cr\ K_{\beta}$]

7.3　X 射线能谱仪

7.3.1　仪器结构

X 射线能谱仪主要由探测器、放大器、脉冲处理器和计算机等构成。图 7-8 为能谱仪的流程方框图。

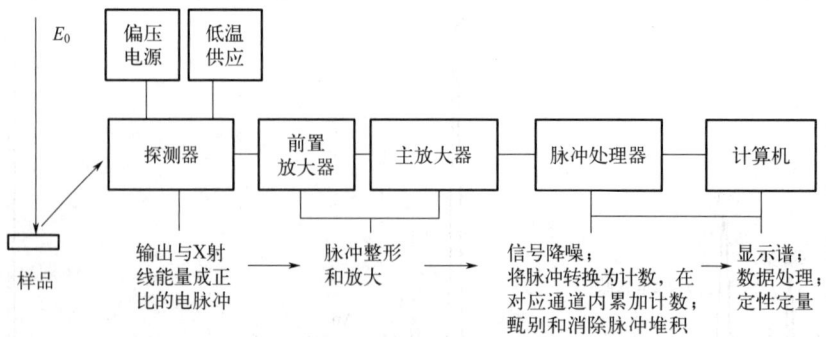

图 7-8　能谱仪流程方框图

7.3.2 工作原理

7.3.2.1 探测器

（1）锂漂移硅探测器

锂漂移硅探测器（lithium-drifted silicon detector），简称 Si（Li）探测器，或称硅锂探测器，是能谱仪的关键部件，它是由超薄窗口、锂漂移硅晶体、场效应管、液氮罐构成，如图 7-9 所示。X 射线光子被锂漂移硅检测器吸收，当光子进入检测器后，被转化为电子-空穴对。

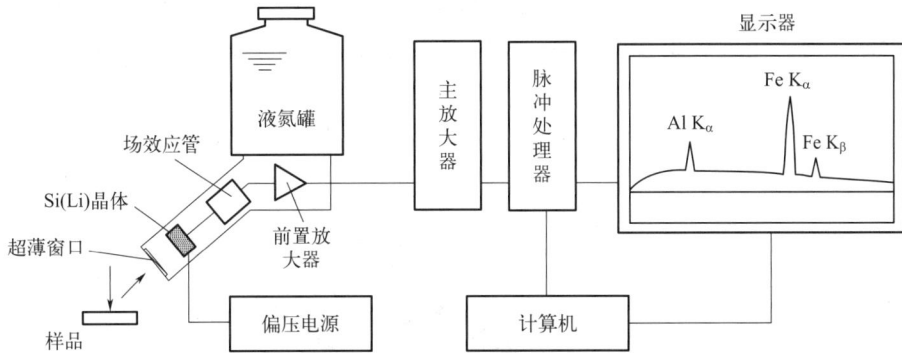

图 7-9　配置锂漂移硅探测器的能谱仪结构示意

利用加在晶体两端的负偏压收集电子-空穴对。图 7-10 为 Si（Li）晶体结构示意图。

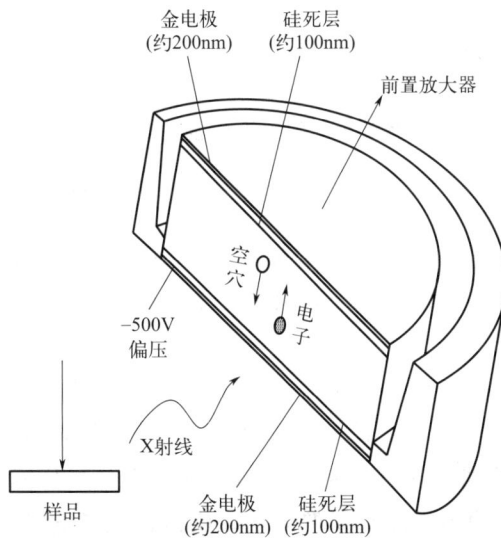

图 7-10　Si（Li）晶体结构

（X 射线穿过窗口到达晶体，首先经过金电极和硅死层，

在硅的活性区内电离 Si 原子，形成电子-空穴对，在偏压下运动到两级，电荷送入前置放大器）

（2）硅漂移探测器

锂漂移硅探测器多年来已成为能谱仪的基本配置。但硅晶体必须长期保持在液氮低温下才能正常工作，给使用造成不便，另外由于结间电容大，探测器的死时间长，限制了探测器计数率的提高。硅漂移探测器（silicon drift detector，SDD）在 20 世纪 80 年代后期由德国人最早制备，可以在室温下工作，并提供高计数率，但在分辨率和轻元素检测性能方面尚不如硅锂探测器，到 90 年代 SDD 的性能不断改进，逐渐商品化，首先用于 X 射线荧光（XRF）检测领域。曾装在美国的火星探测车上，快速检测火星土壤和岩石成分。

① SDD 的工作原理　SDD 的核心是高纯 n 型硅片，如图 7-11 所示。当 X 射线入射到晶体内形成电子-空穴对后，梯度电场迫使信号电子向阳极漂移，在阳极形成电荷信号，直接反馈送到场效应管（FET），实现电荷脉冲的首次放大，并输出电压脉冲信号，送入后续放大器处理，完成 X 射线的采集。空穴则漂向底面或 p 型材料环而消失。

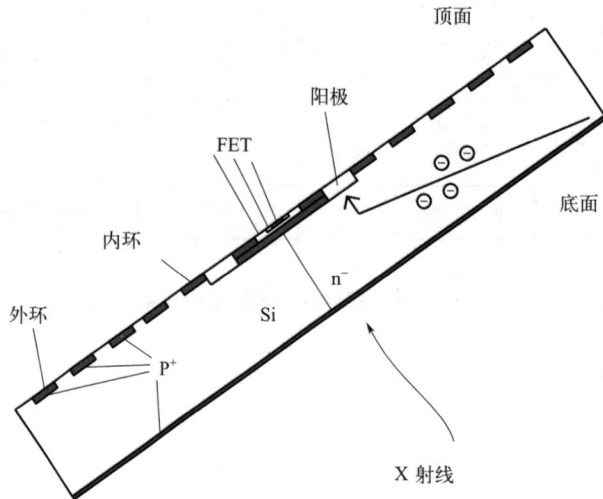

图 7-11　探测器 Si 晶片结构

② SDD 的特点

a. 性能达到或超过硅锂探测器。与硅锂探测器相比，在相同活性区面积下，SDD 的分辨率与硅锂探测器相当；另外，对于低能端谱峰和 C、O、N 或过渡族元素的 L 系谱峰均显示了优越的检测性能。

同时 SDD 有非常低的死时间，可以在很高的 X 射线计输入和输出计数率下工作，而且分辨率不下降，如图 7-12 所示，而硅锂探测器的分辨率随输入计数率上升而显著变差。SDD 每秒钟可以采集和处理数万个 X 射线计数，配置高效优质脉冲处理器，大大提高了元素面分布的采集速度和明显提高其图像质量。能谱仪配备 SDD 可以对材料进行快速 X 射线微区分析，能谱采集速度比硅锂探测器快十倍左右。

由于 SDD 硅片的结构相当复杂，技术难度大，成品一致性差，而且两者之间有干扰。为此，第五代 SDD 采用外部场效应管，硅片和场效应管分别制备实现最佳化，虽然分辨率比内置场效应管方式略有下降，但整个探测器的稳定性和分析性能更加优越。

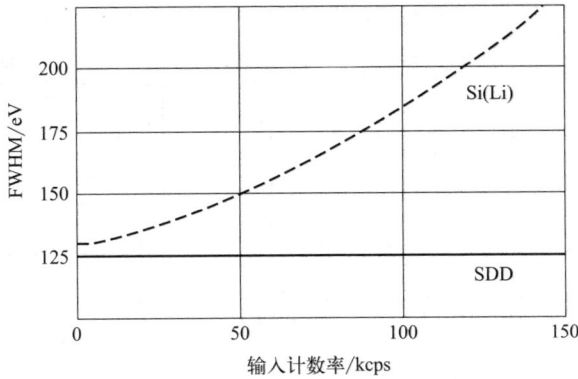

图 7-12　两种探测器分辨率（FWHM）与输入计数率的关系曲线（活性面积均为 10mm²）

b. 可以在室温下工作。SDD 在室温下可以正常工作，不需要液氮或其他相关的制冷设备，使用极为方便。SDD 整套系统体积小、重量轻、没有震动，保证长期稳定工作。

7.3.2.2　前置放大器与主放大器

经由电子-空穴对接收的电压信号很弱，经前置放大器转化为电流脉冲，如图 7-13 所示。

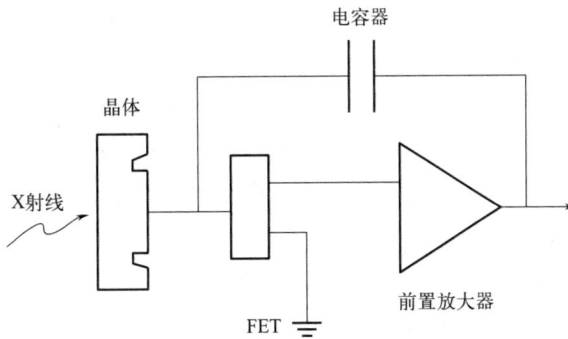

图 7-13　晶体与 FET 和前置放大器的连接

主放大器将前置放大器输出的电压脉冲幅度进一步放大，并利用脉冲处理器将脉冲整形和降低噪声，便于后期处理。

7.3.2.3　脉冲处理器

将上述电压脉冲经模数转换为脉冲计数后送入计算机内存。脉冲高度分析器按高度把脉冲分类并计数，描绘出一张特征 X 射线按能量大小分布的谱图。该谱图存盘，以便进行定性分析和定量计算，见图 7-14。

能谱仪同时检测样品出射的全部 X 射线，也称为能量色散谱仪。因此，能谱仪是按

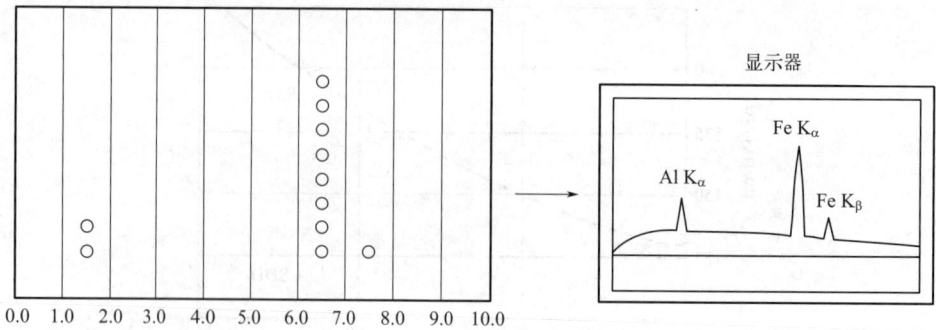

图 7-14　脉冲计数存储和谱图显示

特征 X 射线能量展谱的仪器。

7.4　X 射线能谱仪应用软件

　　能谱仪利用强大的计算机，提供多种应用软件，使用更加快捷，人为干预越来越少，保证分析结果的准确、可靠和一致性。

　　① 定性分析　在采谱过程中自动识别（Auto ID）和标识元素谱峰，定性分析快速准确，提供谱峰重构功能；快速智能元素线扫描和面分布检测；能够自动标识谱峰，存储样品每一扫描位置（X，Y）的能谱图；能从图像上的任何位置创建谱线、线扫描和面分布图；可自动去除和峰与逃逸峰的干扰。

　　② 定量分析　有完全无标样法以及有标样法；提供几种常用的定量分析程序，可自动扣除本底和使用先进的基体修正方法，保证定量结果的准确性和一致性。

　　③ 图像处理和图像分析　能谱仪可将模拟图像转变为数字图像，通过灰度调整或伪彩、边缘锐化或降低噪声等功能提高图像质量，提供一幅容纳更多信息的新图像，这就是图像处理。在此基础上利用功能软件从图像中获取一系列数据，则称为图像分析。能谱仪通过数字扫描发生器与电镜联网，能谱仪控制电镜，实现数字扫描和样品台移动，可以检测大量颗粒样品的成分，程序自动进行化学分类和统计。对枪击残留物的鉴定、对硬盘生产中颗粒物的监控、对矿物进行定量相分析等等，均大量使用能谱仪的图像分析功能。

7.5　X 射线分析限度

　　① 最低检测限　用最低检测限 C_{DL} 来表示和区分最小谱峰的能力。C_{DL} 随多种因素的影响而变化，对于低于 Na 以下的轻元素均不能准确检测，而对于中等原子序数的元素，在最佳工作条件时，C_{DL} 约 1000ppm，相当于最低检测浓度为 1‰。

　　② 探测器效率　Si（Li）探测器的效率较宽，接收能量在 1.5～15keV 范围的 X 射

线，效率接近 100%。然而在低能端探测效率明显下降，这主要是探测器前面的窗口对低能 X 射线的严重吸收所致。在高能端由于高能 X 射线可能完全穿透硅晶体射出，使探测器效率也下降。Be 窗探测器的元素检测范围是 $_{11}Na \sim _{92}U$（左下角为原子序数）。检测时，只要入射电子束的能量选择合适，周期表中的元素均可以被激发出能量在 $1 \sim 10keV$ 范围的特征 X 射线，提供探测器高效检测，见表 7-3。

表 7-3 元素的特征谱峰系

原子序数	元素符号	特征谱峰系
11～30	Na～Zn	K
31～42	Ga～Mo	K L
44～56	Ru～Ba	L
57～72	La～Hf	L M
73～83	Ta～Bi	L M
90～92	Th～U	L M

为了检测 B、C、N、O、F 等超轻元素，利用超薄塑料膜代替 Be 窗，厚度小于 $1\mu m$，结构简单，使用方便，元素检测范围是 $_4Be \sim _{92}U$。

③ 空间分辨率 微区分析的目的是对块状样品的微小体积进行检测。样品被电子束激发产生 X 射线最小的体积远远大于二次电子的生成区，也就是 X 射线的空间分辨率要比二次电子像的分辨率差得多。X 射线空间分辨率与加速电压和样品的原子序数、密度有关，见图 7-15。

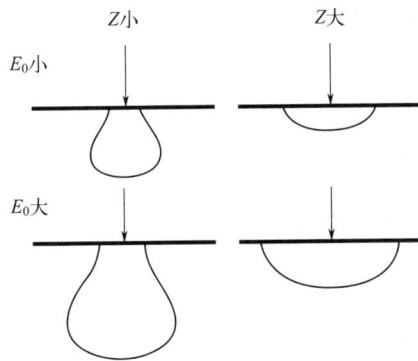

图 7-15 X 射线产区与加速电压 E_0 和样品原子序数 Z 的关系

（E_0 大，X 射线产区体积大，空间分辨率差，反之亦然；Z 大，X 射线产区体积小，空间分辨率好，反之亦然）

在实际工作中，如果检测样品中小于几个微米的颗粒或物相，或者是亚微米厚的镀层，所获得的能谱叠加了大量来自特征物下面基体的成分，这时必须考虑空间分辨率的影响，才能正确解释分析结果。如果必须分析这类微小特征物，可在其周围采集一个基体的能谱，与特征物能谱比对予以扣除。

改善空间分辨率与减小电子束斑直径或提高放大倍率无关。分析块状样品，最小空间体积是在微米数量级，所以称之为微区分析。

改善空间分辨率有以下方法：

① 选用较低加速电压　可以适当减小电子束的穿入深度，减小 X 射线的产生范围。但加速电压过低，对大多数元素不能充分激发 K 系谱线，分析时只能使用 L 或 M 系谱线。这类谱线多条，而且靠近，对谱峰分辨不利，计算也比用 K 线误差大。

② 薄片法　可以把块状样品割成微米厚的薄片，利用能谱仪进行检测，由于相互作用区显著减小，电子束没有横向扩散的体积，见图 7-16。

③ 萃取法　适用于对金属样品的夹杂物、二次相粒子的成分检测。把样品表面深度腐蚀，使微小粒子大部分突出表面，容易从基体上剥离。将样品蒸镀约 20nm 厚的碳膜，把粒子包裹起来。利用化学法腐蚀基体，使碳膜与基体分离，表面的粒子被完好地萃取下来，见图 7-17。把碳膜放入透射电镜中检测粒子成分。

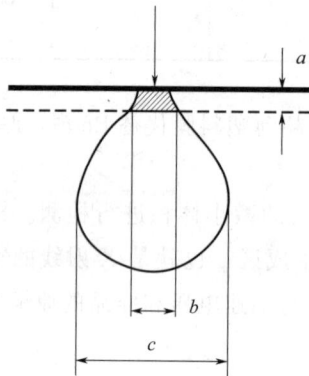

图 7-16　薄片法

a—薄片厚度；b—薄片的空间分辨率；
c—块状样品的空间分辨率

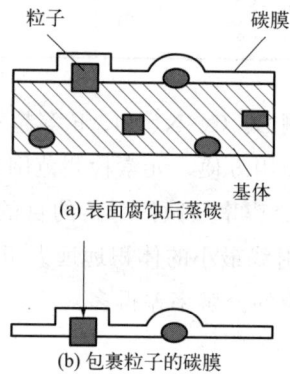

图 7-17　萃取法

(a) 表面腐蚀后蒸碳

(b) 包裹粒子的碳膜

7.6　X 射线能谱仪分析技术

7.6.1　与采谱有关的参数

在能谱操作版面上有几个参数：采谱时间（acquisition time）、采集计数率（acquisition rate）、死时间（dead time，DT）、活时间（live time，LT）、处理时间（process time）。应该熟悉这几个参数的含义以及相互关系，以便选择最佳操作条件。

7.6.1.1　采集计数率

采集计数率表示系统每秒可处理的 X 射线光子数，单位 cps（counts per second），通常是指脉冲处理器的输出计数率。为了进行定性和定量分析，必须采集数万个计数，如果计数率太低，就需要较长的采谱时间。如果计数率过高，加入探测器的光子过多，处理器无法区别两个或几个光子同时到达的情况，就计入在几个光子能量之和的通道，形成和峰，但样品中并不存在与这个和峰能量对应的元素，定性分析时要把它除去。

7.6.1.2 采谱时间

为了定量分析，从统计意义考虑，必须采集足够多的计数，即谱峰应该有足够的面积。采谱时间长，可改善峰背比，微量元素的谱峰也可显现。一般定性分析，可以设定几十秒甚至更短时间，在采谱过程中可根据需要随时停止。

这里的采谱时间是真实时钟时间，与计数率、活时间和死时间有关。

7.6.1.3 死时间与活时间

通常探测器接受大量的X射线光子，但系统脉冲处理器在某一时间区段内只能处理一个先期到达的计数脉冲，通道处于关闭状态，拒绝下一个到达的计数脉冲进入，并将其排斥掉，反而造成输出计数率下降。这个占用时间称为死时间。

与DT对应，系统存在活时间，这是系统等待接收和处理信号的时间区段。采谱设定的时间通常为LT。采谱时最好控制计数率，使DT小于20%范围。

7.6.1.4 处理时间

系统的脉冲处理时间也称为时间常数。时间常数越短，意味计数脉冲处理过程越快，允许更多的X射线光子进入处理器，输出计数率上升，死时间变短，但谱峰变宽，即谱峰分辨率下降。表7-4列出6挡时间常数对计数率和死时间的影响。从图7-18可见时间常数与分辨率和峰背比之间的关系。图7-19是几个参数的关系曲线。

表 7-4 时间常数对计数率与死时间的影响关系（样品为W，采谱时间80s）

时间常数	1	2	3	4	5	6
计数率/cps	3300	3200	3100	2900	2600	2100
DT/%	1	2	4	9	19	34

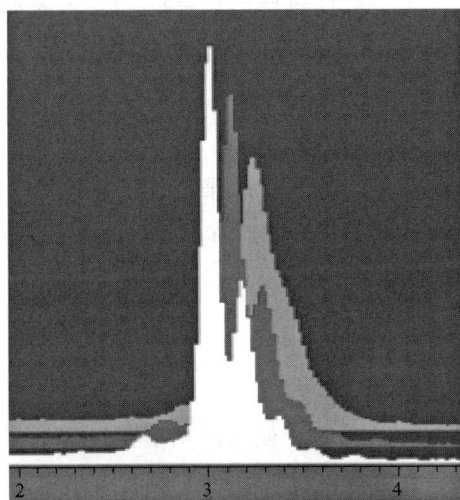

图 7-18 时间常数对Ag谱峰分辨率和峰背比的影响

（三个谱峰从前到后时间常数分别为6、4、1，前面谱峰分辨率和峰背比明显优于后面谱峰）

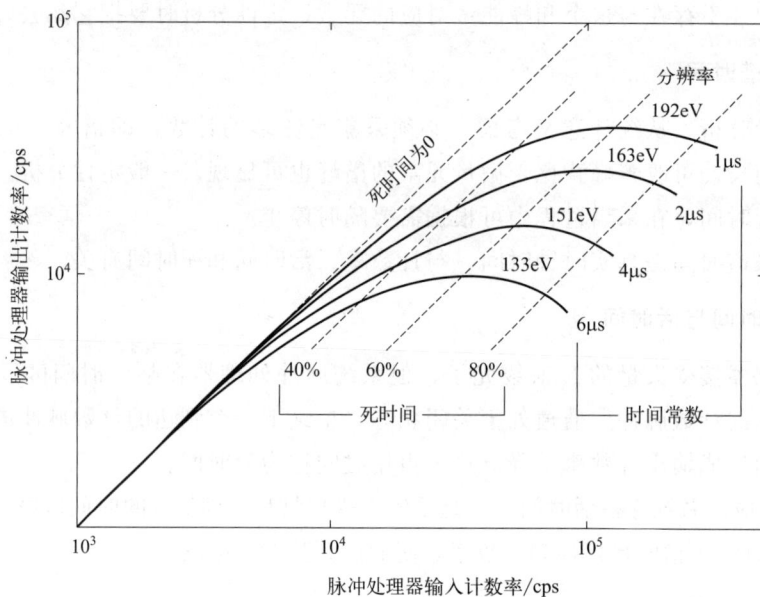

图 7-19　计数率、死时间、时间常数和分辨率的关系曲线

为定量分析时间常数设为 5，谱峰分辨率好，峰背比高，有利于重叠峰识别。进行元素面分布采集，时间常数可选 1 或 2，有较高的输出计数率，节省采集时间，并可获得更多的计数。平时采谱只需要注意调整计数率在合适的范围即可。

7.6.1.5　电镜加速电压的选择

电镜加速电压的选择主要考虑合适的过压比和较高的空间分辨率这两个因素。为了对某条谱线进行精确的分析，必须得到足以检测的特征 X 射线强度，这要求入射束电子有足够的能量，才能有较高的激发效率，一般用过压比 $U = E_0/E_c$ 来表示，E_c 为所要分析谱线的临界激发能。选 $U = 2 \sim 3$ 的范围比较合适。由于材料不同，元素的 E_c 范围很宽，而电镜的加速电压上限多在 30kV，因此选择加速电压时要考虑 E_c 最大的元素，使其 X 射线能够充分激发。

同时选择 E_0 时必须考虑空间分辨率。在保证合理的激发特征谱线时，E_0 应该选用较小的值。过高的加速电压使电子束在样品内穿透较深，横向扩散较大，使空间分辨率明显变差，同时出射的 X 射线在样品中吸收衰减程度也会增加。

7.6.1.6　X 射线吸收程

在定量分析中，X 射线吸收修正是重要的校正因子。电子束在样品深处激发的 X 射线，在出射样品的过程中受到样品基体的吸收，使实际出射强度降低了。图 7-20 所示为出射角不同的两个探测器，d_l 和 d_h 为穿行路程，也称 X 射线吸收程。

①　X 射线出射角 ψ　由于出射强度与吸收程按指数关系变化，高出射角探测器，相对吸收程较短，X 射线吸收少，可以获得较高的检测强度，对定量计算有利。当 ψ 角大于 30°时，出射强度变化趋于平缓，出射角 40°或 52°两者对吸收的影响不超过 5%。

② 加速电压 E_0 的选择　既要保证分析谱线有足够的过压比，又不至于使电子束入射样品太深。如果加速电压太高，会造成 X 射线在样品中走过较长的出射路程，受到较大的吸收。

③ 样品形貌　例如材料断口、颗粒，甚至研磨表面的残留起伏，都会影响吸收程。分析这类样品应注意电子束、样品和探测器三者的几何关系，尽量减少吸收程的影响。选择分析点，应使其面向探测器，d_1 最短，吸收影响小。图 7-21 和图 7-22 分别为颗粒和粗糙样品成分检测示意图。

如果必须分析背向探测器的部位，可把样品转动使其面向探测器。检测时根据计数率大小也可判断分析点的部位，计数率如果很低，被检测部位可能不对准探测器，或者在凹坑或孔洞部位，出射的 X 射线被周围轮廓挡住了。在分析粗糙面或颗粒样品成分时，选择电子束在特征物表面扫描方式代替点分析，可减小出射角的影响。

至此，可以采集一个能谱，横坐标为 X 射线能量（keV）或称谱峰能量，纵坐标为 X 射线计数（counts）或称谱峰强度，元素特征谱峰位于连续谱背底之上，见图 7-23。

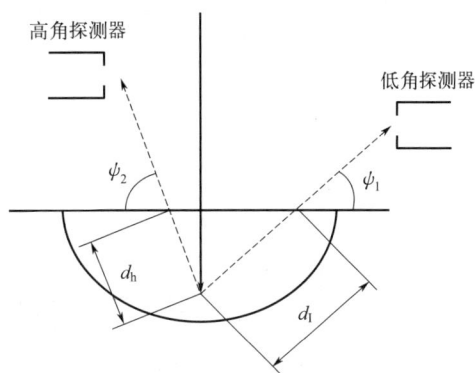

图 7-20　探测器高低出射角（ $\psi_2 > \psi_1$ ）对吸收程的影响

（由于 $d_1 > d_h$，所以通常探测器均选择高出射角位置安装）

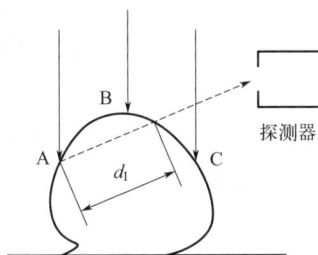

图 7-21　颗粒样品成分检测

（应该选择面向探测器的部位 B 或 C 采谱；部位 A 背向探测器，出射 X 射线要走过一段附加吸收程 d_1 才能达到探测器，可将样品转动，使部位 A 面向探测器采谱）

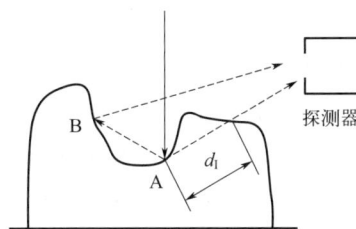

图 7-22　粗糙样品成分检测

（检测孔洞或凹坑部位的成分应注意：部位 A 的 X 射线经过一段附加的吸收程，到达探测器，计数率明显下降，而且可能激发 B 部位的 X 射线，造成误识别）

7.6.2　定性分析

元素定性分析涉及两方面内容：①确定样品中各元素的组成；②确定元素在样品中的分布状态。

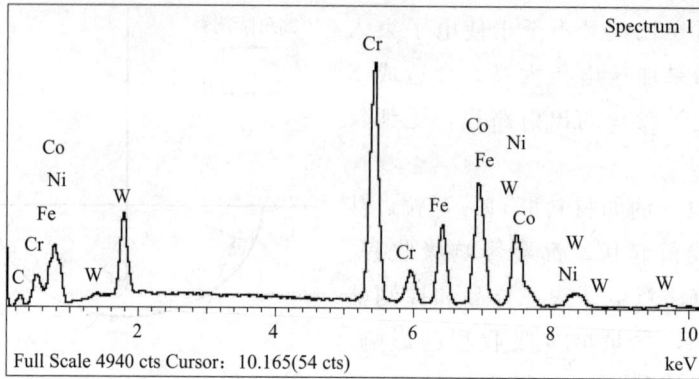

图 7-23　五元合金（Cr-Co-Fe-W-Ni）能谱

（采谱条件：加速电压 20kV；计数率 1800cps；采谱时间 120s）

7.6.2.1　确定元素组成

定性分析就是要识别和标定能谱中出现的所有谱峰分别属于哪个元素。定性分析的依据就是识别元素的特征 X 射线能量，其在采谱过程中，不论谱峰多少和强度高低，这些标准谱线将自动与谱峰对齐，并标出元素符号，样品内含有的元素一目了然。

7.6.2.2　低强度谱峰的识别

这类谱峰矮，由于没有足够的计数而形状不规则。首先要确认能谱中是否存在某一低强度微小谱峰，而非背底计数的统计起伏。如果适当延长采集时间会使微小谱峰积累较多的计数，而达到上述要求，识别程序将会自动标定元素。但如果元素含量低于检测极限，再延长采集时间也无济于事。

低强度谱峰来源有三类：样品的微量元素、某元素的低强度谱峰、系统产生的假峰，例如和峰（sum peak）与逃逸峰（escape peak）。前两类利用 KLM 系标准谱线均可准确识别。在检测纯元素或某个高含量元素时，即使在正常计数率下也会出现和峰，其强度与计数率的平方根成正比。当检测元素原子序数在 15（P）～28（Ni）的强谱峰时，有可能出现逃逸峰。定性分析时要注意识别和峰与逃逸峰，并予以扣除。有的定性分析程序可以自动识别这两个假峰。

7.6.2.3　重叠峰的识别

谱峰有一定的宽度，相邻谱峰会重叠。表 7-5 列出常见的部分重叠谱峰。

表 7-5　常见的部分重叠谱峰　　　　　　　　　　　　单位：keV

部分重叠谱峰	$Ti\ K_{\alpha}(4.1)$ $Ba\ L_{\alpha}(4.7)$	$S\ K_{\alpha}(2.31)$ $Mo\ L_{\alpha}(2.29)$ $Pb\ M_{\alpha}(2.35)$	$Al\ K_{\alpha}(1.9)$ $Br\ L_{\alpha}(1.8)$	$Si\ K_{\alpha}(1.4)$ $Ta\ M_{\alpha}(1.71)$ $W\ M_{\alpha}(1.77)$	$Mn\ K_{\alpha}(5.0)$ $Cr\ K_{\beta}(5.5)$	$C\ K_{\alpha}(0.28)$ $K\ K_{\alpha}(0.27)$

(1) 重叠峰特征

重叠峰通常较宽、谱峰形状不对称、与单元素的 KLM 系标线对不齐。对于几个浓度高的元素重叠峰，即高强度重叠峰，上述特点明显，容易识别。浓度低的元素若重叠在一起，变成一个小"馒头"峰，识别和剥离要格外注意。

(2) 重叠峰识别和剥离

① 利用 Auto ID 在 Conform element 步骤选定 Auto ID，Auto ID 容易识别高强度重叠峰。

② 利用多条谱线 例如：S 或 Al 谱峰处是否有 Pb 或 Br，可增加采谱时间，积累较多的计数，若 Pb 的 L 系谱峰或 Br 的 K 系谱峰出来，说明有 Pb 或 Br 存在。

③ 利用 "Overlay spectrum reconstruction" 功能 根据识别出的谱峰重构一个谱叠加在原始谱上，从两个谱的拟合程度可以确定是否有元素漏掉。图 7-24 是 ZrO_2 陶瓷 Zr L_α 谱峰，黄色为原始谱，红线为重构谱。从图 7-24 可见，在 Zr 谱峰左侧与 Hf 之间的黄区仍有未识别谱峰。把 Rb、Sr、Y 三种元素输入，重构谱与原始谱拟合较好。Hf、Rb、Sr、Y 均为杂质元素，定量计算其含量见表 7-6，它们的特征谱峰能量值见表 7-7。

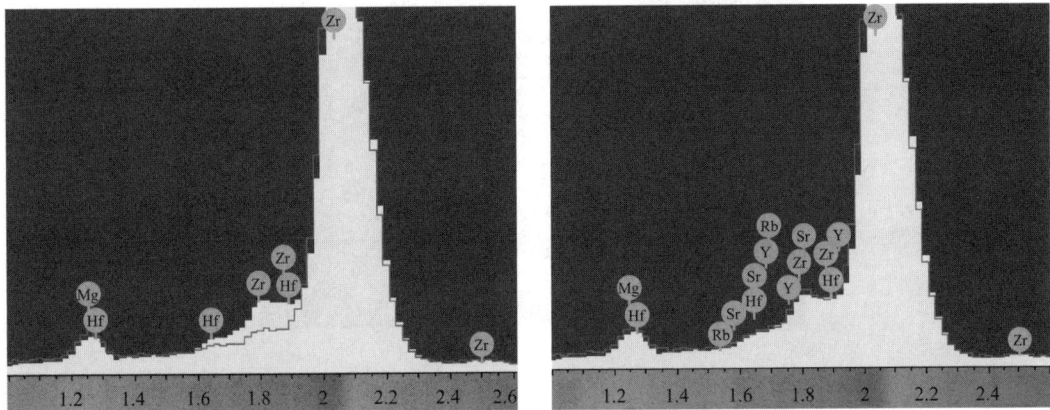

图 7-24 ZrO_2 陶瓷的 Zr L_α 谱峰

表 7-6 ZrO_2 陶瓷中杂质的质量分数

杂质	Hf	Rb	Sr	Y
质量分数	1.59	0.82	3.38	1.08

表 7-7 Zr 与杂质元素谱峰的特征谱峰能量

元素谱峰	Hf M_α	Rb L_α	Sr L_α	Y L_α	Zr L_α
能量/keV	1.64	1.69	1.81	1.92	2.04

从两表可见，这些元素含量低，而且特征 X 射线能量接近，其谱峰严重重叠，但定

量分析程序利用最小二乘法拟合技术对这些低强度重叠谱峰均可以有效剥离，并计算出含量结果。

自动识别有时会在重叠峰附近标出某些似是而非的谱峰，样品可能并没有这些元素。因此必须熟悉样品，才能得到正确的识别。对低强度重叠峰识别，当存在未知元素时，要特别注意，最好借助其他方法，例如，应用波谱仪进一步确定。

7.6.2.4 确定元素或相组织的分布

这是对于非均质样品而言，例如：钢中夹杂物、陶瓷样品不同相组织等等。能谱仪提供两种定性分析手段，而且非常直观。

(1) X 射线线扫描 (X-ray line scan)

可以提供样品中元素沿某条扫描线上的分布。在该零件的截面图像上从样品内部向表面拉一条直线，电子束沿线扫描的过程中，采集各镀层的特征 X 射线，将它们的计数值变化分别以曲线形式显示在荧屏上，每条曲线的高低起伏反映该元素在扫描线上浓度的变化。如图 7-25 所示。需要指出，用各元素成分曲线相互进行浓度比对无任何意义。

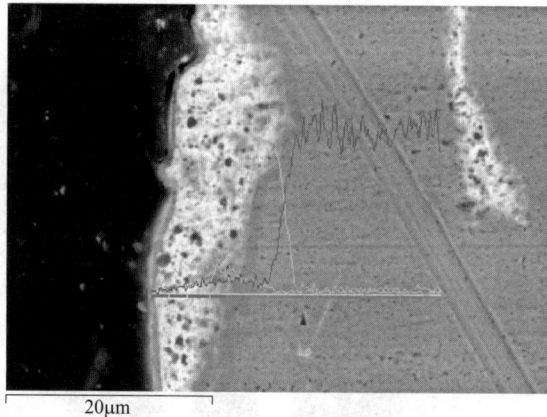

图 7-25 柴油机轴瓦剖面

(内表面是高 Pb-Sn-Cu 合金，为提高耐磨性，加入 2.5% 的纳米 Al_2O_3 组分。曲线为 Al 分布曲线)

(2) X 射线面分布 (X-ray mapping) 图

让电子束在样品某个区域内反复做光栅扫描，采集区域内所有元素的特征 X 射线，每采集一个特征 X 射线光子，在荧屏上的对应位置打一个亮点，亮点集中的部位，该元素含量高，这是该元素的面分布图。如果样品由十多个元素组成，可以同时得到对应的面分布图。

应用元素面分布技术应该注意的几个问题：

① 采谱时用较大的束流和计数率，脉冲处理时间可选最小值，提高输出计数率，使分布图有足够的计数积累，便于辨认。

② 样品表面形貌会造成假象，低凹部位产生的 X 射线会被周围的起伏所阻挡，在分布图中出现黑区或阴影，这不意味着低凹部位没有成分信息。

③ 分布图中元素集聚区的边界可能不清楚，这是由于 X 射线空间分辨率的影响，使界面"变宽"，适当减小加速电压，可改善边界的清晰度。

图 7-26 为利用元素面分布技术确定轴瓦表面 Fe 的分布实例。分别做出 Fe 和 Pb 的特征 X 射线在视场范围内的分布图，左下图 Fe 的部位均为浅色，右下图凡是有 Pb 的部位均为浅色。这些浅色区域与图像中的颗粒部位一一对应，从而确定了轴瓦表面上 Fe 的分布。

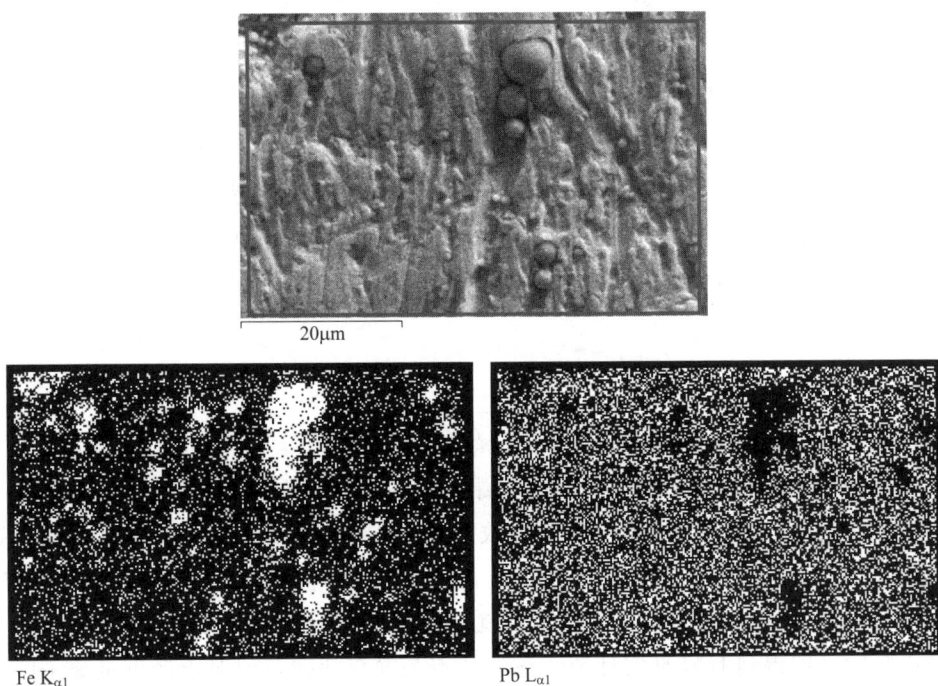

图 7-26 确定轴瓦表面圆颗粒成分和分布

7.6.3 定量分析

定量分析指确定样品中各元素的含量或浓度。依据是能谱中各元素特征 X 射线的强度值。这些强度值与元素的含量有关，谱峰高意味着含量高。实际谱峰强度与含量并不成简单正比关系。把这些检测出的谱峰强度通过各项修正转换为样品的出射强度，再经样品基体修正换算为元素的含量，可以通过能谱定量分析软件来完成。

7.6.3.1 扣除背底

能谱背底在定量分析过程中没有用，要予以扣除。背底形状为非线性，见图 7-23。扣除背底现在商业程序使用的是背底模拟法或数字滤波法。

① 背底模拟法 基于经验公式模拟出背底形状，予以扣除。公式如下

$$I_E = [K_1(E_0 - E) + K_2(E_0 - E)^2] P_E f_P E$$

式中，I_E 为能量为 E 的背底强度；P_E 为探测器效率；f_P 为样品初始吸收因子；

K_1 和 K_2 是拟合背底曲线的两个未知因子；E_0 是参考值，在保证合理的激发特征谱线时，E_0 应该选用较小的值。利用上述公式可以计算出整个背底范围的能量值，并重构一个背底拟合曲线，重叠在谱上，拟合程度很直观。

② 数字滤波法　也称"高帽法"，已成功地应用于许多分析程序中。该法不基于任何公式，利用形状如同高帽的数字滤波器对能谱一组相邻通道按滤波器的数值取平均值，然后将其赋予一个新谱的中心通道。获得经过滤波后的新谱，已扣除背底，并且消除了各通道的计数统计涨落，对谱峰起到平滑作用。该法的特点是对全谱各个强度值的滤波作用一视同仁，自动进行，克服人工设置背底窗口位置可能造成的误差，对低能段轻元素分析有利。

7.6.3.2　探测器效率计算

X 射线从样品入射到探测器，先要穿过 Be 窗口（厚度约 $8\mu m$）、镀金电极（约 200nm）和硅死层（约 100nm），才能到达硅片活性区（2~5mm），X 射线受到吸收。以上因素决定了探测器对任意能量的 X 射线的探测效率。如果窗口受污染变厚，会造成低能端背底拟合偏离较大，需要增加窗口厚度值，重新试计算探测器效率。数字滤波法不受这些因素影响。

7.6.3.3　重叠峰剥离

如果被分析的谱峰有重叠，必须将它们剥离开，才能计算每个谱峰的真实强度。常用的方法有两种——重叠因子法和多重最小二乘法，它们均是数学处理方法。

① 重叠因子法　相邻纯元素的重叠计数部分是个固定值，该值与纯元素谱峰计数比率称为重叠因子，范围为 0~1，用于衡量重叠程度。例如检测时出现 A、B 两个重叠峰，处理时将 A 峰计数乘以 A 对 B 的重叠因子就得到 A 峰在 B 峰内的重叠计数值，将其从 B 峰计数内扣除，即得到 B 峰真实计数。该法特点是简单快捷，但对于严重重叠谱峰的剥离不够准确。

② 多重最小二乘法　假设两个元素的重叠峰由两个纯元素的高斯峰相加而成，通过最小二乘法计算找两个高斯峰的最佳幅度，构成一个计算谱，使它与重叠峰完全拟合。这两个纯元素谱峰的计数反映了两个谱峰的真实强度。该法可以剥离严重重叠的谱峰，但对峰位漂移非常敏感，因此谱仪要精确校准和稳定。

7.6.3.4　强度 K 比值的确定

在相同条件下测定样品某元素与标样元素的 X 射线相对强度，分别为 I_i、$I_{(i)}$，代入样品中元素 X 射线强度与浓度的关系式

$$\frac{C_i}{C_{(i)}} = \frac{I_i}{I_{(i)}}$$

式中，C_i 和 $C_{(i)}$ 分别表示样品和标样某元素的浓度值。若是纯元素标样，$C_{(i)} = 100\%$，则上式为

$$C_i = \frac{I_i}{I_{(i)}} = K_i$$

这就是样品中某元素 X 射线强度的 K 比值，称为 Castaing 第一极近似式。但这种处

理只把每个元素产生 X 射线作为孤立事件来考虑。实际上 X 射线与样品中各原子相互作用对谱峰强度影响很大，因此必须进行样品基体校正，才能获得元素的真实强度比，最后按下式换算为元素浓度

$$C_i = [基体校正]K_i$$

7.6.3.5　基体校正

基体校正有几种方法，这里主要介绍常用的 ZAF 法和 Phi-rho-z 法。

(1) ZAF 法

$$C_i = [ZAF]_i K_i$$

式中，[ZAF] 是基体校正的三个因子：Z 为原子序数校正因子，A 为吸收校正因子，F 为荧光校正因子。

① 原子序数校正因子 Z　当样品的平均原子序数与标样有较大差异时，两者之间的背散射电子产率和对电子阻挡本领均不同，直接影响产生的 X 射线强度，必须进行 Z 因子校正。如果样品与标样的原子序数相近，而且选用较大的过压比，Z 校正因子近似为 1，不需要校正，但会引起较大的吸收校正。见表 7-8。

表 7-8　原子序数校正（采谱条件：　15kV，Ψ= 40°）

项目	K	Z	A	F	ZAF	浓度/%
Pb-M	0.108	1.600	1.067	1.000	1.708	18.56
Si-K	0.340	0.963	1.147	1.000	1.094	37.33
O-K	0.145	0.941	3.217	0.999	3.029	44.11

② 吸收校正因子 A　它是基体校正中最重要的校正因子。样品产生的 X 射线在离开样品前，受到基体的吸收，实际出射强度降低了，必须进行 A 因子校正。见表 7-9。

表 7-9　吸收校正（采谱条件：　20kV，Ψ= 40°）

项目	K	Z	A	F	ZAF	浓度/%
Al-K	0.006	0.901	3.504	1.000	3.155	2.00
Cu-K	0.977	1.003	1.000	1.000	1.003	98.00

③ 荧光校正因子 F　在多元样品中，某元素的特征 X 射线不全是由电子束产生，其中一部分是被周围高能 X 射线激发出，这部分 X 射线称为 X 射线荧光，要利用 F 因子校正。相对前两个校正因子，F 校正影响小，见表 7-10。

表 7-10　荧光校正（采谱条件：　30kV, Ψ= 40°）

项目	K	Z	A	F	ZAF	浓度/%
Cr-K	0.067	0.907	1.019	0.746	0.746	5.00
Fe-K	0.932	1.000	1.000	1.000	1.018	95.00

（2）Phi-rho-z 法

在电子束作用区内每个单位体积产生的 X 射线密度不同，与单位体积内的电子轨迹的数量和长度以及过压比有关。用 $\Phi = f(\rho Z)$ 函数描述 X 射线分布与深度的关系，ρZ 为质量深度，见图 7-27。一旦精确地得到该曲线，就可以对比吸收前后的强度进行 A 校正，同时比较样品和标样的强度进行 Z 校正，完成定量计算。因此拟合这条曲线的方程越精确，也就是与实验数据越吻合，定量结果越好。该法分析精度优于 ZAF 法，特别是对于吸收严重的元素分析。

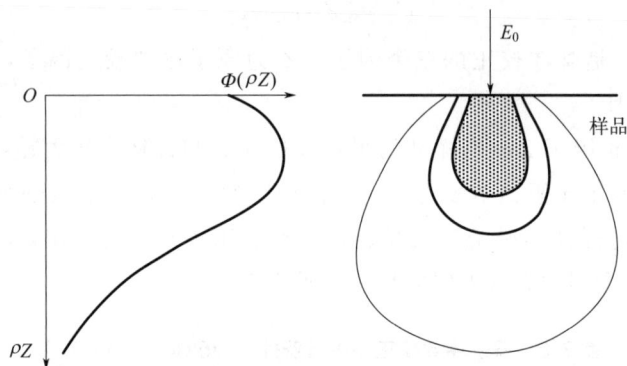

图 7-27　X 射线强度深度分布函数 $\Phi(\rho Z)$

法国人 Pouchou 和 Pichoir 提出 XPP 法，用指数函数描述深度分布函数曲线的形状，积分式内包含 Z 和 A 校正，可通过蒙特卡罗模拟计算，该法分析吸收严重的样品，例如重元素与轻元素共存时，结果明显优于其他方法。

7.6.3.6　无标样定量分析

从能谱探测器与样品之间的位置关系可知，探测器的收集立体角是固定的，对于 1.5keV 以上的 X 射线的探测效率接近 100%，即使对于低能 X 射线，探测效率也是按一定的规律变化，因此可以进行无标样定量分析。

无标样定量分析方法可以分为两类。

第一类是将标样的数据事先采集好，作为一个虚拟标样包提供给用户，定量分析前对能谱作一次优化处理，根据现场的电镜束流、样品的工作条件和谱仪稳定性对标样包做适当修正，即可进行定量分析。这类分析方法与上述使用标样的分析方法并无实质差别。

第二类是根据理论计算出各纯元素的强度值，然后与样品强度值比较，进行基体校正。这两类方法大大简化了分析步骤，而且在通常情况下仍具有相当好的分析结果。

样品的微量元素不能提供足够的计数，造成较大的统计误差。另外，背底扣除的好坏对低强度谱峰计数的影响远大于高强度谱峰，所以微量元素的相对误差较大。如果样品中有多个微量元素存在，采谱时必须选择合适的加速电压，增加采集时间，以获得较好的峰背比。最好有其他分析方法提供的成分结果进行比对。

7.6.3.7 轻元素分析

轻元素通常指原子序数小于钠（$_{11}\mathrm{Na}$）的那些元素。无论用波谱仪还是能谱仪进行分析都面临相同的问题，影响分析结果的准确性。

① 轻元素的特征 X 射线产额低　在采集谱时，计数不足，谱峰较低，谱峰形状不规则。

② 轻元素的特征 X 射线能量低　在样品基体内容易被吸收，产生大量的俄歇电子。而从表层出射的 X 射线在探测器窗口又受到吸收，定量分析要做较大的吸收校正，带来误差。

③ 样品表面污染　样品室内残留油分子和样品表面污染物沉积在样品表面。在观察图像时，减小放大倍率，如果有一长方形的黑区，说明表面已被污染；如果在采谱时发现碳峰增长较快，也是表面污染造成的，应使用分子泵和无油机械泵清洁样品室。

④ 谱峰位移和干涉　也称为轻元素化学位移。轻元素 X 射线位移与样品中化学键性质有关。这种现象在波谱仪中容易观察到。在能谱仪中，电荷不完全收集效应会严重影响最小二乘法的谱峰剥离。

⑤ 标样的选择　电子探针分析对标样有严格要求：组分准确、均匀性好、在电子束下稳定、表面平整。标样可为纯元素，若平均原子序数与样品相近的化合物、矿物或合金更好。轻元素分析需要选用合适的标样。

7.6.4　能谱仪与波谱仪的比较

7.6.4.1　波谱仪

波谱分析是电子探针显微分析的传统方法，在许多方面可与能谱分析两者相互补充。其工作原理基于 X 射线在晶体内部发生衍射的布拉格定律（Bragg's law）

$$n\lambda = 2d\sin\theta$$

式中，d 为晶面间距，已知；θ 为 X 射线与晶面的夹角；λ 为 X 射线波长；n 为整数。

当样品产生的 X 射线入射到晶面上，改变晶体相对样品的距离，也就是改变 θ 角，满足上式时，就有一束波长为 λ 的强衍射束产生，其余 X 射线被明显削弱。输出的谱图显示特征 X 射线强度与波长的关系。

波谱仪接收效率低，只有一小部分入射束被衍射计数，因此，使用时要用较大的束流。为了提高谱仪效率，设计上要求样品、晶体和探测器三者共在一个聚焦圆上，并采用弯晶，见图 7-28。晶体移动时，为保证上述几何关系，探测器也要随动，而且样品高度必须精确调整到特殊的工作距离位置，谱仪机械结构相当复杂。

直进式波谱仪是常用的结构，见图 7-29。除满足上述几何条件外，X 射线出射角 ψ 保持固定，晶体沿着出射角方向移动，以改变 X 射线在晶面的入射角，从而检出对应的波长。晶体移动，聚焦圆以样品为中心滚动，探测器保持在同一聚焦圆上随动。从该图可见 $\sin\theta = \dfrac{L}{2R}$，代入 Bragg 公式，检测出的第一极衍射波长为

$$\lambda = 2d\sin\theta = \frac{2dL}{2R} = \frac{dL}{R}$$

式中，$\dfrac{d}{R}$ 为常数，所以特征 X 射线波长 λ 与 L 成正比。可以直接把 L 值标定为特征 X 射线的波长值。

样品产生的特征 X 射线入射到弯晶，满足 Bragg 定律的一束 X 射线被晶面强衍射，汇聚在探测器上，被检测计数。样品、晶体和探测器三者共圆。

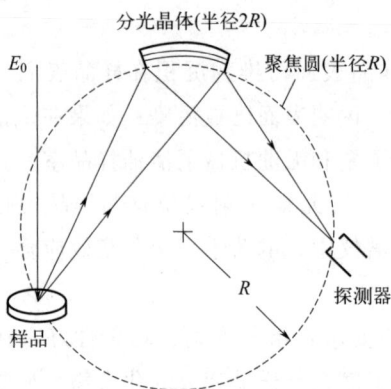

图 7-28   波谱仪工作原理   图 7-29   直进式波谱仪原理

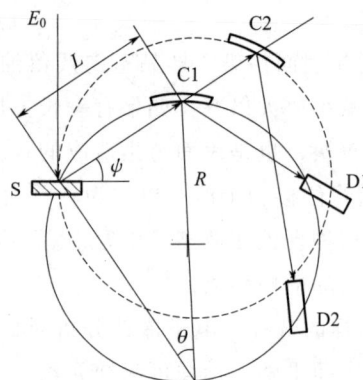

R 为聚焦圆半径，L 为谱仪长度。晶体从 C1 移动到 C2，可以检测出某特征波长。能谱仪与波谱仪性能的比较见表 7-11。

表 7-11   能谱仪与波谱仪性能比较表

项目	能谱仪	波谱仪
几何收集效率 $(\Omega/4\pi)/\%$	<2 探测器可移动距样品很近	<0.2 晶体不能无限度地靠近样品
探测器量子效率/%	100 （X 射线能量 1.5~10kV）	−30
可检测元素范围	$_4\text{Be}\sim{_{92}\text{U}}$	$_4\text{Be}\sim{_{92}\text{U}}$
分辨率/eV	130 出现谱峰重叠	2~5 相邻谱峰均可分开
定量最大计数率/cps	−2000，峰背比差， 为全谱计数率	−50000，为某一元素的计数率， 峰背比好，背底扣除简单
最低检测限/ppm	−1000	优于 500， 有利于微量元素检测
谱的接收范围 （指瞬间检测）	同时检测不同能量的 X 射线，提供全谱	仅提供满足衍射条件的单一谱峰

续表

项目	能谱仪	波谱仪
探针束流/A	$10^{-10} \sim 10^{-11}$ 束斑小，可在高倍图像下采谱	$10^{-7} \sim 10^{-8}$ 束斑大，只能在低倍图像下采谱
分析速度	快速收集和处理计数，几分钟可 完成一个全定量分析	逐一检测谱峰波长，耗时长， 有时需用几道谱仪同时工作
硬件与使用	简单，易操作	复杂，操作麻烦
售价	便宜	价格是能谱仪的几倍

从表 7-11 可见，传统的弯晶波谱仪由于晶体远离样品，所以收集效率低，通常利用高电压和大束流采谱，检测的空间分辨率低，电镜图像不能在高倍下同时观察。另外一种称为"平行束 X 射线波谱仪"，结构简单，如同能谱仪一样安装。利用高效毛细管（capillary）采集光学系统，近距离收集样品出射的 X 射线，采集立体角大，在相同电镜条件下，采集信号强。这种谱仪可在 5kV 电压、小束流下采谱，过渡族金属的 L 谱线均可清晰分辨。最低检测限明显优于传统波谱仪。

7.6.4.2　能谱仪与波谱仪的集成化

两种谱仪各有优缺点，如果同时安装在扫描电镜上，可以取长补短，充分发挥其性能。能谱仪效率高，波谱仪擅长分析微量或超轻元素。两者结合使用，可以获得满意结果。波谱仪装有两块常用晶体，倾斜安装在样品室上，X 射线出射角与能谱仪相同，倾斜谱仪对工作距离要求不严格，如果能谱仪探测器装有可变窗口准直器，可同时收集能谱和波谱。在扫描电镜上安装集成化谱仪是最佳配置。

思考题与练习题

1. 简述 X 射线的定义、本质与性质。
2. 简述 X 射线的能量、波长和频率之间的关系。
3. 简述 X 射线物相定性原理。
4. 选择物相特征峰的原则是什么？
5. X 射线定量分析方法是什么？
6. 简述能谱仪和波谱仪的区别。
7. 简述能谱仪的主要构成部分。
8. 简述波谱仪的基本原理。
9. 影响 X 射线空间分辨率的因素有哪些？
10. 简述改善 X 射线空间分辨率的方法。
11. 简述轻元素分析可能面临的问题。

参考文献

［1］　刘文西，黄孝瑛，陈玉茹．材料结构电子显微分析［M］．天津：天津大学出版社，1988.

［2］　威廉斯，大卫．透射电子显微学：材料科学教材［M］．北京：清华大学出版社，2007.

［3］　威廉斯，卡特．透射电子显微学［M］．北京：高等教育出版社，2015.

［4］　进藤大辅，及川哲夫．材料评价的分析电子显微方法［M］．北京：冶金工业出版社，2001.

［5］　黄孝瑛．材料微观结构的电子显微学分析［M］．北京：科学出版社，2006.

［6］　刘粤惠，刘平安．X射线衍射分析原理与应用［M］．北京：化学工业出版社，2003.

热分析（thermal analysis）是测量物质的物理或化学性质随温度变化的一种分析技术。它是利用物质在温度变化过程中，由于发生物理、化学变化而显示出来的热效应、体积变化、质量变化等特性来分析判断试样的相组成、了解试样的热变化特性的一种方法。

热分析（TA）的定义是：在程序控制温度下测量物质的物理性质与温度和时间关系的一种技术。这里的测量样品指试样本身或其反应产物，包括中间产物。该定义包括三方面内容：一是程序控温，一般指线性升降温，也包括恒温、循环或非线性升降温，或温度的对数或倒数程序；二是选一种观测的物理量 P（如热学、力学、光学、电学、磁学、声学等）；三是测量物理量 P 随温度 T 的变化关系。在热分析中，物质在一定温度范围内发生的变化包括：①自身的物理、化学变化；②与周围环境作用而发生的物理、化学变化。热分析的核心就是研究物质在加热或冷却过程中发生的物理、化学变化。按国际标准，热分析技术有 9 类 17 种。最常用的热分析包括热重法（TG）、差热分析（DTA）、差示扫描量热法（DSC）三大技术。

与其他测试分析技术相比，热分析具有以下特点：①不受试样分散或团聚的影响；②无论试样是否是晶体，只要在温度变化过程中有物理、化学变化发生就可以使用热分析；③热分析是在动态条件下快速研究物质热特性的有效技术，其结果是一个过程的动态变化，特别有利于物理、化学变化过程的研究与分析；④试样经过热分析测试后，已发生了相应的物理、化学变化，故不可重复使用。

热分析在材料研究与生产领域应用十分广泛。在无机非金属材料领域中的主要应用包括：①了解原料在加热时的变化特征，鉴定其物相组成；②研究矿化剂的效能；③研究固相反应机理；④确定熔融、结晶的温度；⑤研究与制定烧成制度与烧成曲线；⑥根据热分析曲线，研究新工艺、新配方、产品缺陷等。在金属材料领域中的主要应用包括：①测定金属的相变温度；②研究金属的相组成；③研究金属的相图；④研究金属的氧化、腐蚀；⑤研究金属的热稳定性等。在高分子材料领域中的主要应用包括：①分析聚合物的配方；②研究聚合物的热稳定性；③研究聚合物的热裂解机理；④研究聚合物的化学反应动力学；⑤分析聚合物的化学结构、聚集态结构；⑥测定聚合物的玻璃化温度 T_g；⑦测定聚合物的结晶熔点 T_m 及结晶度；⑧预测聚合物的加工温度等。

差热分析与差示扫描量热法

差热分析（DTA）是在程序控制温度下测量试样与参比物之间的温度差和温度关系的一种技术。差示扫描量热法（DSC）是在程序控制温度下测量保持试样与参比物温度恒定时输入试样和参比物的功率差与温度关系的一种技术。两者均是测定物质在不同温度下，由于发生物理化学变化而出现的热变化，即吸热或放热现象。当试样发生任何物理或化学变化时，所释放或吸收的热量使试样温度高于或低于参比物的温度时，相应的在差热曲线上得到放热或吸热峰。参比物是指在整个测温范围内无热效应的物质。

8.1 差热分析的基本原理

DTA 的基本原理如图 8-1 所示。试样与参比物分别放在加热炉中的两只坩埚里，坩埚底部装有热电偶。试样在加热过程中产生的热效应经热电偶转变为电信号，此微弱信号经放大传送到记录系统。根据比较参比物与物质在加热过程中特定温度下吸、放热现象来研究物质的各种性质。有热效应的物质和在一定温度范围内没有热效应的参比物在相同条件下同时加热或冷却时，若试样没有产生热效应，则试样与参比物的温差 ΔT 为常数；当试样产生吸热效应时，$\Delta T < 0$；当试样发生放热效应时，$\Delta T > 0$。记录试样与参比物温度差（ΔT）和温度（T）或时间（t）关系的曲线称为差热曲线（DTA 曲线）。

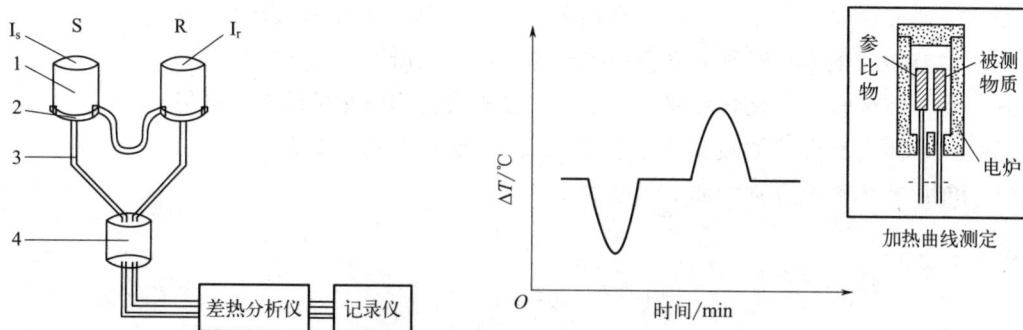

图 8-1 差热分析基本原理

I_s—试样；I_r—参比物；1—坩埚；2—微量差热电偶板；3—微量差热电偶丝；4—微量支承杆

一般的差热分析装置由加热系统、温度控制系统、信号放大系统、差热系统和记录与数据处理系统等组成，有些型号的产品也包括气氛控制系统和压力控制系统。

加热系统提供测试所需的温度条件，根据炉温可分为低温炉（<250℃）、普通炉、超高温炉（可达2400℃）；按结构形式可分为微型、小型的立式和卧式。系统内的加热元件及炉芯材料根据测试范围的不同进行选择。

温度控制系统用于控制测试时的加热条件，如升温速率、温度测试范围等。它一般由定值装置、调节放大器、可控硅调节器、脉冲移相器等组成。随着自动化程度的不断提高，大多数已改为微电脑控制，提高控温精度。

信号放大系统是通过直流放大器把差热电偶产生的微弱温差电动势放大、增幅、输出，使仪器能够更准确地记录测试信号。

差热系统由样品室、样品坩埚及热电偶等组成。样品室根据差热分析的使用温度而选用不同的材料。材料应具有良好的热传导性能和耐高温性能。样品坩埚材料亦根据使用温度而异，通常有石英坩埚、刚玉质坩埚以及钼、铂、钨等坩埚。热电偶是差热分析中的关键性元件，既是测温工具，又是传输温差电动势的工具。热电偶一般应满足下列条件：①温差电动势大，与温度成线性；②测量温度范围广；③电阻随温度变化小；④稳定性及抗老化性能好；⑤便于制造，强度要高。

热电偶的测温原理是：热导率不同的两种金属组成的闭合回路的温差电动势 E_{AB} 与两焊点间的温度差 ΔT 成正比，如图8-2所示。两种不同的导体或半导体A和B组合成闭合回路，若导体A和B的连接处温度不同（设 $t_1 > t_2$），则在此闭合回路中就有电流产生，也就是说回路中有电动势存在，这种现象叫作热电效应。同时，在两种不同的金属之间形成 E_{AB}（温差电动势），其值与温差（$t_1 - t_2$）成正比。

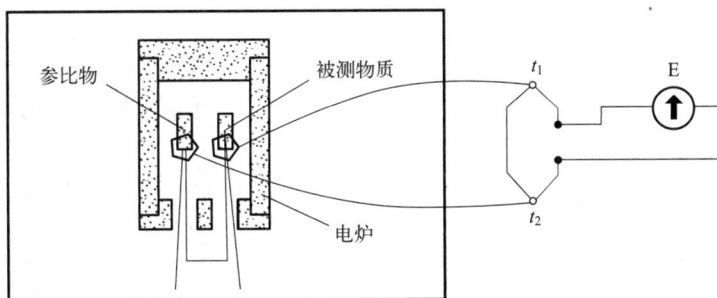

图8-2 热电偶测温原理

可以在热电偶回路中接入电位计E，只要保证电位计与连接热电偶处的接点温度相等，就不会影响回路中原来的热电势。

$$\Delta T = T_S - T_R$$

记录与数据处理系统目前使用微机进行自动控制、记录和进一步的分析处理，直接计算出所需要的结果和数据，由打印机输出，包括专用微型计算机或微机处理。

气氛控制和压力控制系统能够为试验研究提供气氛条件和压力条件，增大了测试范围。图 8-3 为差热分析仪结构方框图，图 8-4 为部分加热炉及差热分析仪的结构。

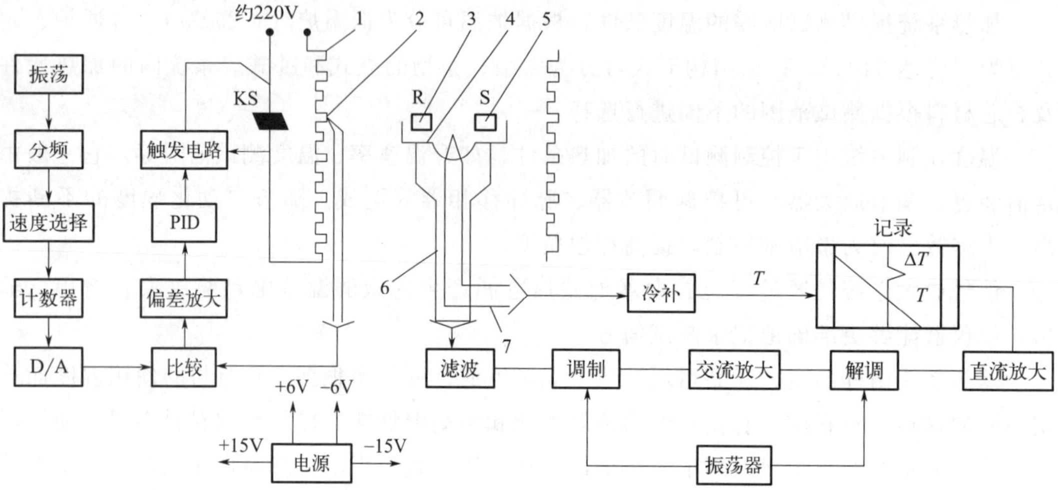

图 8-3   差热分析仪结构方框图

1—电炉；2—控温热电偶；3—参比物；4—坩埚；5—试样；6—差热电偶；7—测温热电偶

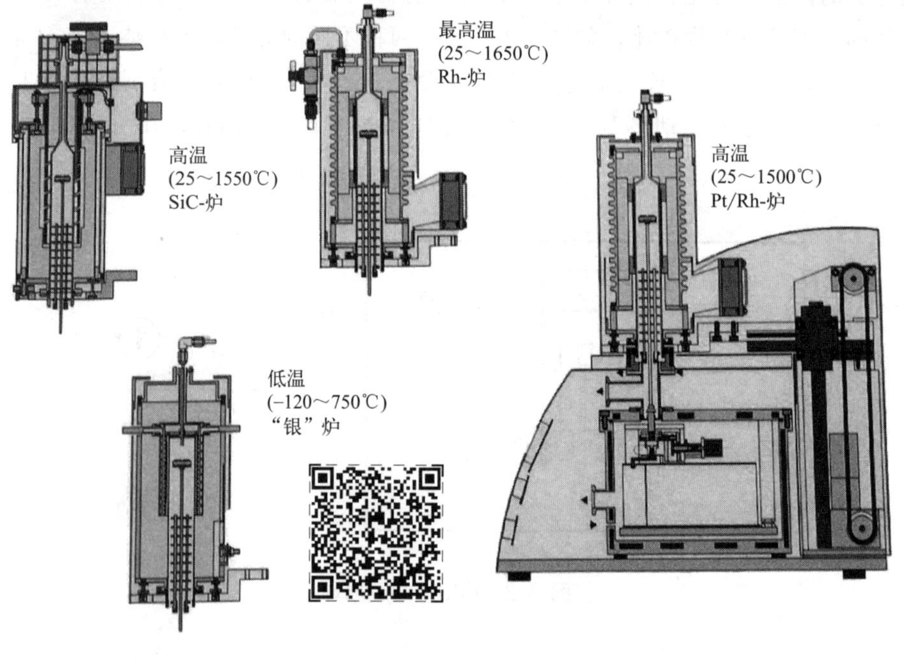

图 8-4   部分加热炉及差热分析仪的结构

8.2   差热分析曲线的术语及几何要素

DTA 曲线是指试样与参比物间的温度差和温度或时间关系的曲线，通常纵坐标为温度差，向上表示温差大于零，向下表示温差小于零；横坐标为温度或时间，自左向右增加。

DTA 曲线的相关术语有：

① 试样——是研究的现实物质，无论稀释与否。

② 参比物——是已知物质，在研究的温度范围内是热惰性的。

③ 样品——指试样与参比物。

④ 温差热电偶（ΔT 热偶）——或称差热电偶，是测量温度差的热电偶系统。

⑤ 测温热电偶（T 热偶）——或称温度电偶，是测量温度的热电偶系统。

⑥ 加热速率——是温度增加的速度，一般用℃/min 表示，当温度曲线为线性时，加热速率为常数。

每种物质都有其特征的热效应，也有各自的差热曲线几何形状。DTA 曲线的几何要素包括：

① 零线——以记录起始点为起点所作平行于横坐标的理想直线，即试样和参比物间的温差 $\Delta T = 0$ 的直线。

② 基线——$\Delta T \neq 0$ 的平行于横坐标的直线（或 ΔT 近似于 0 的曲线），试样无热效应产生。基线与零线不重合或不平行的现象称为基线漂移，这是由试样与参比物之间的热容和热导率不同而造成的，在低温阶段更明显，分析时要注意避免漏峰。有时还会有两段基线高度不同的现象，这表明试样经过一个热效应过程以后，热容和热导率等热力学常数发生了改变。如图 8-5 中的 AB、CD、EF 所示。从实验条件、仪器等角度引起基线漂移的主要原因还有：加热速度过快、试样座在炉内不对中、热电偶不对中或老化、热电偶接触不良、参比物选择不当等。

③ 吸热峰——偏离基线向下后又回到基线的部分，试样发生吸热效应所致，如图 8-5 中曲线 BC 段所包含的图形。

④ 放热峰——偏离基线向上后又回到基线的部分，这是试样发生放热效应所致，如图 8-5 中曲线 DE 段所包含的图形。

⑤ 起始温度（T_i）——热效应起始温度，即曲线开始偏离基线的点所对应的温度。如图 8-5 中 T_i 所示。

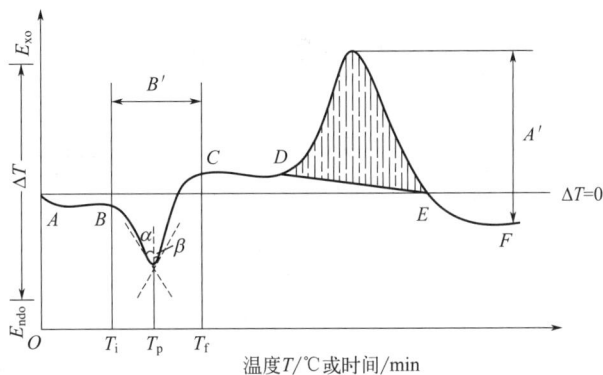

图 8-5　DTA 曲线

（E_{xo} 表示放热；E_{ndo} 表示吸热）

⑥ 结束温度（T_f）——曲线回到基线的点所对应的温度。这一点意味着一个热效应过程的结束。如图 8-5 中 T_f 所示。

⑦ 极大值温度（T_p）——或称峰值温度，峰最高点所对应的温度，也即在一个热效应过程中偏离基线最大时的温度。如图 8-5 中 T_p 所示。

由于曲线偏离基线时无明显的转折点，故 T_i、T_f 难以确定。一般采用外推法来确定这个温度点，即以峰的起始边上拐点的切线与外推基线的交点所对应的温度作为热效应起始温度，称外推起始点温度，以 T_{eo} 或 T_e 表示。根据国际热分析协会（ICTA）共同测定的结果，认为这种方法确定的温度点最接近热力学平衡温度。用同样的方法可在热峰终边确定热效应结束温度。将上述两条切线延长得到一交点，此点所对应的温度即为峰值温度 T_p。

⑧ 热效应幅度（峰幅 A'）——表示热峰偏离基线的最大距离。如图 8-5 中 A' 所示。

⑨ 热效应面积（S）——热峰曲线与基线所包围的面积。当峰前后的基线有变动时，则以峰前后偏离基线的点的连线（称内插基线）与峰曲线所包围的面积（如图 8-5 的阴影部分）。

峰幅 A' 和热效应面积 S 这两个参数是进行定量分析时的重要参数。

⑩ 热峰宽度（B'）——或称热峰范围，从 T_i 至 T_f 热峰所经历的温度或时间区间。如图 8-5 中 B' 所示。

⑪ 热效应斜率比——表示热效应的不对称性（或峰形的不对称性）。以截距 $\dfrac{T_i T_p}{T_p T_f}$ 表示其斜率变化

$$\frac{\tan\alpha}{\tan\beta}=\frac{T_i T_p}{T_p T_f}$$

热效应斜率比不仅反映出试样热反应速度的变化而且具有定性意义，可以用来区分结构相近的某些矿物。例如在黏土矿物的差热分析中，若 $\dfrac{\tan\alpha}{\tan\beta}=0.78\sim 2.39$ 时，属高岭石；$\dfrac{\tan\alpha}{\tan\beta}=2.50\sim 3.80$ 时，则是多水高岭石。

8.3 影响 DTA 曲线的因素

影响差热分析的主要因素有三个方面：仪器因素、实验条件和试样。

(1) 仪器因素的影响

① 加热方式、炉子形状和尺寸的影响。常用的加热方式是电阻炉、红外辐射与高频感应加热等。试样和参比物是否放在同一容器内、热电偶置于样品内外、炉子采用内加热还是外加热、加热池及环境的结构几何因素等，均对 DTA 的测量结果带来较大影响。因此，不同仪器测得的结果差别较大，甚至同一仪器的重复性欠佳。因此，在设计及选择炉子时应综合考虑各种因素，使其结构尽可能合理。

② 样品支持器的影响，尤其是均温块体的结构和材质是影响差热曲线的基本因素之一。坩埚作为样品支持器的一个部件，对差热曲线也有影响。样品支持器的时间常数越小，仪器越稳定，越能准确记录样品的瞬间热行为。如图 8-6 所示，对于草酸钙（$CaC_2O_4 \cdot H_2O$）的 DTA 曲线，铂金支持器比刚玉支持器获得的 DTA 曲线峰较尖锐且相邻峰分辨率高。

③ 热电偶的位置、类型、尺寸也会对 DTA 曲线产生影响。热电偶种类不同，适应的温度范围不同，灵敏度不同。热电偶的位置靠中心一些、细一些，灵敏度高一点。如图 8-7，

接点式差热电偶较平板式差热电偶在检测菱铁矿的差热分析时灵敏度更高，能将菱铁矿（$FeCO_3$）碳酸盐分解的吸热峰（532℃）及氧化亚铁氧化的放热峰（577℃）分辨出来。

④ 仪器电路系统的工作状态的影响，其中影响最大的是仪器的微伏直流放大器的抗干扰能力、信噪比和稳定性及对信号的响应能力。

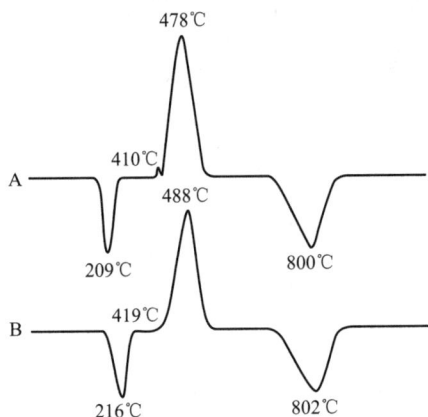

图 8-6　不同样品支持器条件下
草酸钙的 DTA 曲线

A—铂金支持器；B—刚玉支持器

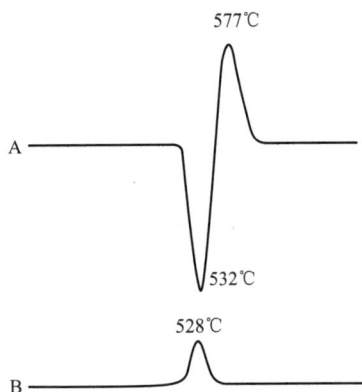

图 8-7　不同差示扫描热电偶条件下
菱铁矿的 DTA 曲线

A—接点式差热电偶；B—平板式差热电偶

(2) 实验条件的影响

① 升温速率。其是对 DTA 曲线产生最显著影响的实验条件之一。当升温速率增大时，$\dfrac{\mathrm{d}H}{\mathrm{d}t}$ 越大，即单位时间产生的热效应增大，极大值峰温通常向高温方向移动，峰的面积也会增加。升温速率提高时，分辨率降低，相邻峰容易重合。如图 8-8 所示，对高岭石进行差热分析实验时，随着升温速率的提高，其失去结构水的吸热峰越尖锐，热效应增大，极大值峰温向高温方向偏移。如图 8-9 所示，二水石膏（$CaSO_4 \cdot 2H_2O$）逐步失去 3/2 结晶水、1/2 结晶水的两个吸热峰随着升温速率的提高，峰形越来越尖锐，分辨率逐渐下降。图 8-10 与图 8-11 也说明了同样的影响规律。

选择升温速率时还应考虑：试样反应速度、传热性质与相邻峰的影响。当试样反应速度较快时，升温速率对出峰温度及峰的形状影响不大（只要达到某一反应温度，就能瞬时全部反应，形成明锐的反应峰，如 β-SiO_2 与 α-SiO_2 之间的晶型转变）；当试样反应速度中等时，升温速率慢，则热效应分散，峰宽而矮，极大值峰温降低，升温速率快时，峰尖而窄，极大值峰温升高；当试样反应温度很慢时，则反应峰不易观察，DTA 方法无效，比如 α-SiO_2、α-磷石英及 α-方石英之间的转变。

试样的导热性能较差时，若升温速率快，则试样内外温差较大，热效应不明显，检测误差较大；试样的导热性能较好时，升温速率可快些。当升温速率较慢时，相邻峰分辨率较高。

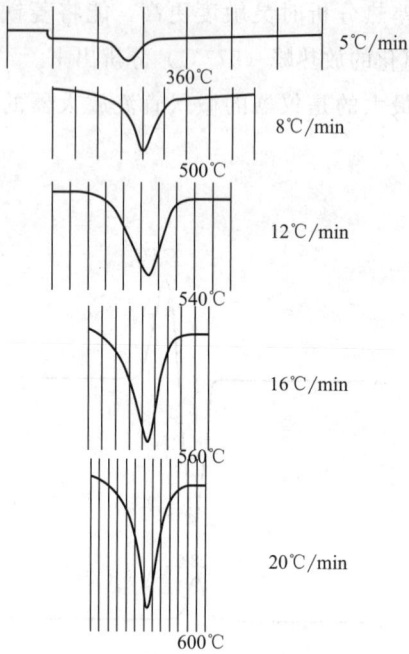

图 8-8　升温速率对高岭石脱水效应的影响

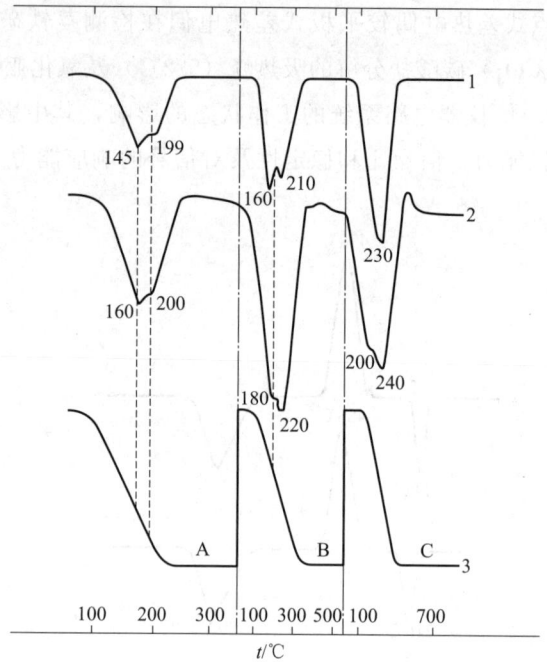

图 8-9　不同升温速率下石膏热分析的比较

A—5℃/min；B—10℃/min；C—20℃/min；
1—DTG 曲线；2—DTA 曲线；3—TG 曲线

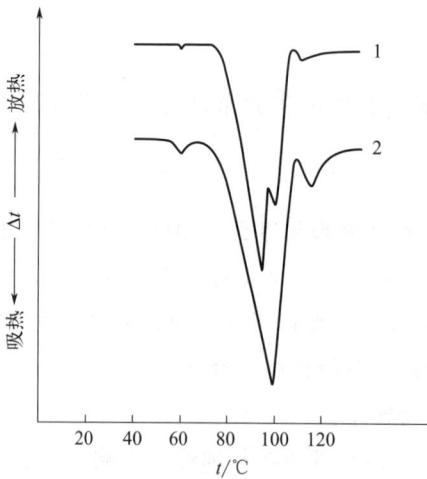

图 8-10　升温速率对胆甾丙酸酯
DTA 吸热峰的影响

1—20℃/min；2—30℃/min

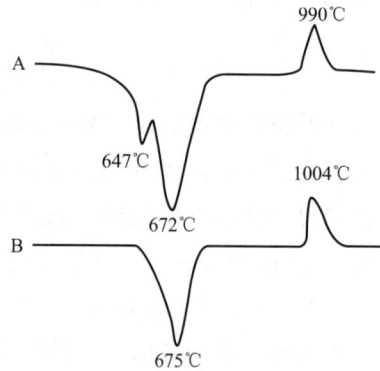

图 8-11　不同升温速率下坑头晶
（尖晶石：$MgAl_2O_4$）的 DTA 曲线

A—10℃/min；B—20℃/min

② 气氛。其对 DTA 测定的影响主要由气氛对试样的影响来决定。若使用静态气氛，往往实验结果的重复性不好，这主要由于试样局部的气氛组成和压力无法控制。而在动态气氛中，试样可以在选定的压力、温度和气氛中完成反应的变化过程，故可获得重复性较好的 DTA 结果。如图 8-12 $Cd(OH)_2$ 在不同气氛中的 DTA 曲线所示，在 N_2 气氛中，只

在 473～573K 出现吸热峰，属于脱水反应，而在 CO_2 气氛中，由于脱水反应同时还伴随着 CdO 转变成 $CdCO_3$，因此在 673～773K 还有一个 $CdCO_3$ 的分解反应峰。如图 8-13 $SrCO_3$ 的热分解反应，在不同气氛中曲线的形状、峰的温度亦不相同。

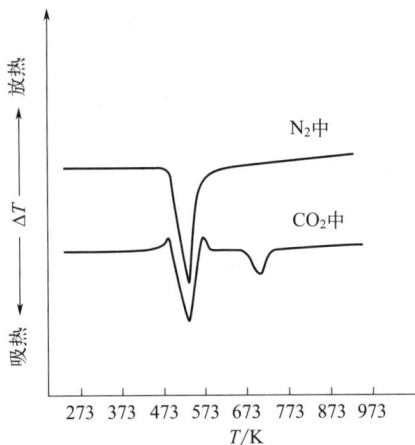

图 8-12　不同气氛（N_2、CO_2）下
Cd(OH)$_2$ 的 DTA 曲线

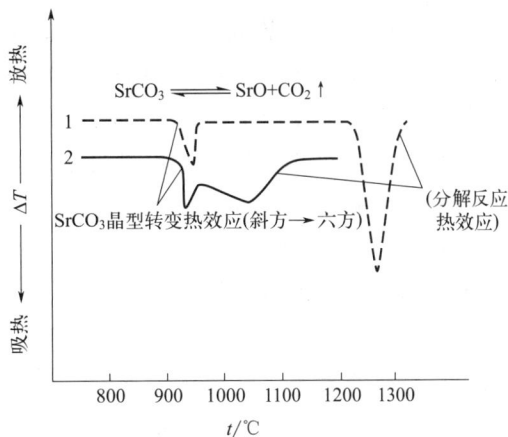

图 8-13　气氛对 $SrCO_3$ 热分解的影响
1—在 CO_2 气氛中；2—在 O_2 气氛中

③ 压力。对于不涉及气相的物理变化，如晶型转变、熔融、结晶等变化，转变前后体积基本不变或变化不大，那么压力对转变温度的影响很小，DTA 峰温基本不变。但对于有些化学反应或物理变化要放出或消耗气体，则压力对平衡温度有明显的影响，从而对 DTA 的峰温也有较大的影响。如热分解、升华、汽化和氧化等。如图 8-14 所示，$PbCO_3$ 在 CO_2 气氛下的差热曲线，随着压力的增大，吸热峰向高温方向偏移。图 8-15 反映了不同物质在空气与真空气氛中加热时，DTA 曲线的差异。

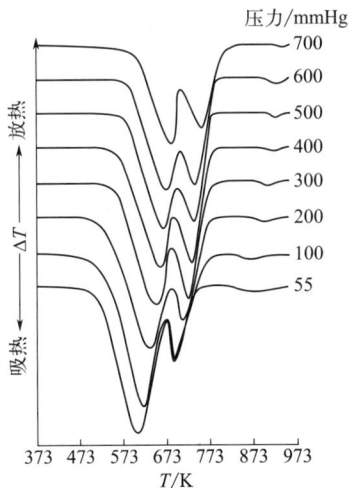

图 8-14　不同压力下 $PbCO_3$ 于 CO_2
气氛中的差热曲线

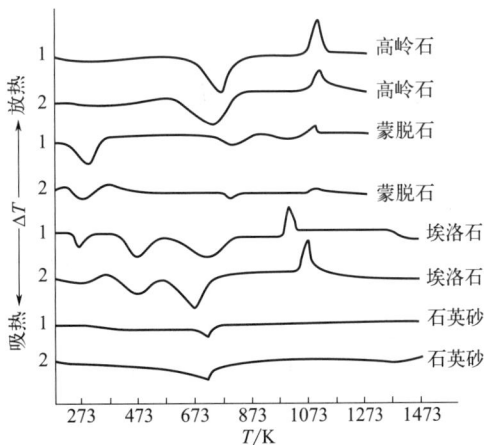

图 8-15　压力对试样热反应温度
及差热曲线形态的影响
1—空气中加热的试样；2—真空中加热的试样

(3) 试样的影响

试样的导热系数和热扩散系数都会对 DTA 曲线产生较大的影响。其中，试样的用量、粒度、装填方式和均匀性等都是在 DTA 实验中必须加以注意的因素。

① 试样用量。其对热效应的大小和峰的形状有明显的影响。试样量增加，峰面积增加，并使基线偏离零线的程度增大。试样量小，DTA 曲线出峰明显，分辨率高，基线漂移也小。但试样用量过少，会使本来很小的峰不能检测出来。如图 8-16 所示，当试样量很少时，$CaSO_4 \cdot 2H_2O$ 的 DTA 曲线上检测不到其结晶水分步脱去的两个热效应。

② 试样粒度尺寸。试样粒度大小影响表面活性、比表面积、导热系数等。有气体参加或有气体放出的反应，粒度减小使气体扩散受阻，导致反应受妨碍，

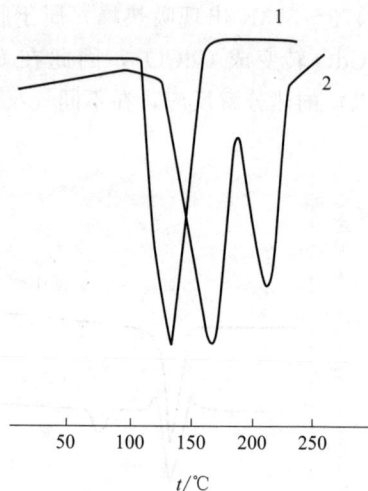

图 8-16 $CaSO_4 \cdot 2H_2O$ 的 DTA 曲线

1—5.1mg；2—126.1mg

分解压力加大，使峰高下降，峰宽变大。如图 8-17 所示，不同粒度硝酸银的 DTA 曲线上吸热峰的峰形、峰位是不同的。当粒度较粗时，由于受热不均，热峰温度偏高，温度范围较宽；随着粒度变小，热峰变小。对于研磨将导致结构破坏的这类试样，颗粒度对热分析曲线的影响非常显著。如图 8-18 粉磨前后斜纤蛇纹石所示。

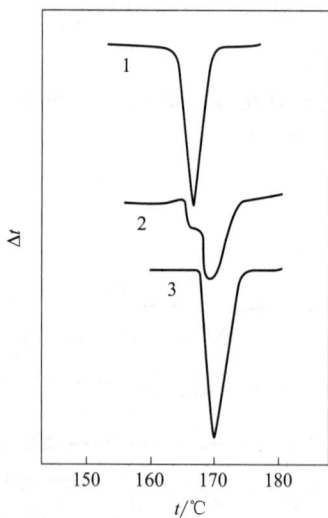

图 8-17 $AgNO_3$ 的 DTA 曲线

1—原始试样；2—粗磨试样；3—细磨试样

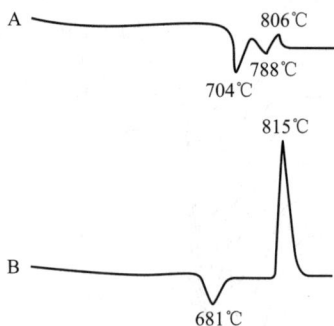

图 8-18   不同粒度斜纤蛇纹石的 DTA 曲线

A—未经研磨（纤维状）；B—经研磨（粉末状）

③ 试样的装填及覆盖情况。试样装填较松散时，空气含量较多，试样的导热系数较小，DTA 曲线上表现为峰宽增大；试样堆积较紧密时，导热系数较大，曲线的峰宽会减小。覆盖试样将明显导致 DTA 曲线热反应的起始反应温度、极大值峰温向高温分向偏

移。如图 8-19 所示，覆盖后菱铁矿的碳酸盐分解温度滞后 15℃，氧化亚铁的氧化反应温度滞后 20℃。试样覆盖可防止试样沸腾或分解逸出，获得较理想的基线。但为了让试样本身热反应所产生的气体和水蒸气自由流通，需敞开试样。

④ 参比物（热中性体）。当参比物的热容、热传导系数、细度、量及装填情况与试样接近时，可避免基线飘逸。对黏土、硅酸盐试样，可选用高温煅烧过的 α-Al$_2$O$_3$ 或纯高岭土（苏州土）；对碳酸盐试样，可选用高温煅烧的 MgO。

⑤ 稀释剂。是指掺入试样中的物质，可以是参比物或其他热惰性物质。其作用：防止试样烧结；调整热容、导热系数，改善基线；定量分析——配置不同浓度工作曲线；试样少，贵重时，加入稀释剂以填满容器；提高透气性，防止喷溅；降低灵敏度。

如图 8-20，当稀释剂 Al$_2$O$_3$ 比例增加时，气氛中的氧难以扩散到 FeCO$_3$ 周围，FeCO$_3$ 分解产生的 CO$_2$ 也难以扩散出去，导致其分压增加，阻碍 FeCO$_3$ 分解反应的进行。

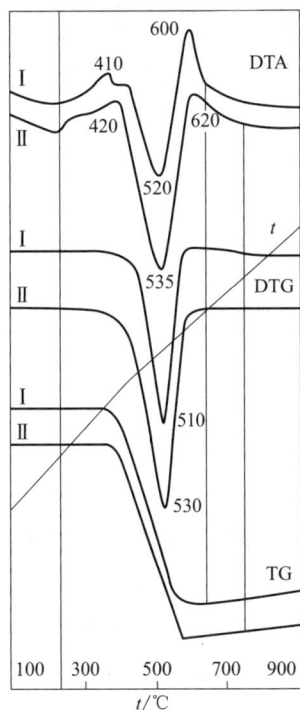

图 8-19 菱铁矿的热分析曲线

Ⅰ—未覆盖试样；Ⅱ—覆盖试样

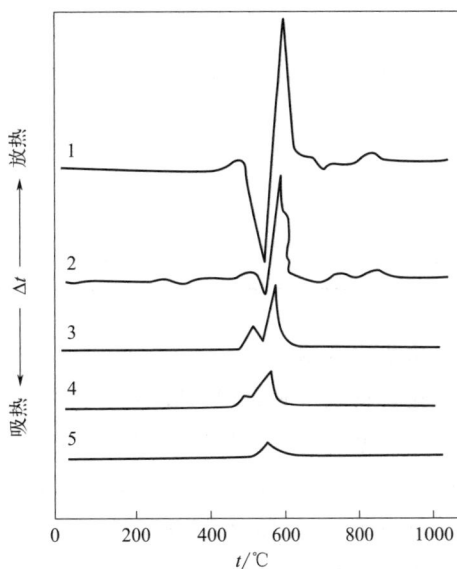

图 8-20 FeCO$_3$ 和 Al$_2$O$_3$ 以不同
比例混合后的 DTA 曲线

1—40% FeCO$_3$ 和 60% Al$_2$O$_3$；

2—35% FeCO$_3$ 和 65% Al$_2$O$_3$；

3—33% FeCO$_3$ 和 67% Al$_2$O$_3$；

4—30% FeCO$_3$ 和 70% Al$_2$O$_3$；

5—26% FeCO$_3$ 和 74% Al$_2$O$_3$

8.4　差热分析的应用

凡是在加热、冷却过程中，因物理化学变化而产生吸热或放热效应的物质，都可用差热分析法鉴定。DTA 定性分析，就是通过实验获得 DTA 曲线，根据曲线上吸、放热峰的形状、数量、特征温度点，即曲线的特定形态来鉴定分析试样及其热特性。定量分析一般是采用精确测定峰面积或峰高的办法，然后以各种形式确定矿物在混合物中的含量。

在材料领域，物质的物理化学变化与热效应的典型特征如表 8-1 所示。以下简要介绍一些物质的 DTA 曲线典型特征与应用。

表 8-1　物质的物理化学变化与热效应的典型特征

物理变化	热效应		化学变化	热效应	
	吸热	放热		吸热	放热
晶体转变	√	√	化学吸附		√
熔化	√		脱水	√	
蒸发	√		分解	√	√
升华	√		脱溶剂		
解吸	√		在气氛中氧化		√
吸收	√		在气氛中还原	√	
凝聚		√	固相反应	√	√
吸附		√	燃烧		√

（1）含水化合物

含水化合物脱水时表现为吸热。峰的温度、峰的形状与含水类型、含水量及矿物结构有关。不同类型的含水，其失去的温度是不同的。吸热峰形貌与含水量的多少有关。峰狭窄，表明含水少，失水速度快；峰较平缓，表明含水多，失水速度慢。利用脱水吸热峰出现的特征可以辨别不同的黏土物质。三种类型含水化合物差热曲线示意图如图 8-21 所示。

（2）高温下有气体放出的物质

高温下有气体放出的物质在 DTA 曲线上表现为吸热效应。如图 8-22 所示碳酸钙在 800～900℃发生吸热效应，对应为碳酸钙分解为氧化钙和二氧化碳，TG 曲线上表现为失重。如图 8-23 所示，不同类型物质放出气体时的温度不同，差热曲线的形态不同，利用这些特征可以区分鉴定不同的物质。

（3）变价元素的氧化与还原

氧化反应多表现为放热，还原反应多表现为吸热。例如：Fe^{2+} 氧化成 Fe^{3+} 时，在 613～723K（340～450℃）有放热峰。大部分含铁氢氧化物在 573～773K 有明显的放热效应，峰值温度的变化范围与矿物结构及实验条件密切相关，如图 8-24 所示。

（4）物质的化合与分解

物质化合通常表示出放热特征，物质的分解通常表示出吸热特征。如图 8-25 所示，高岭土（以高岭石矿物 $Al_4[Si_4O_{10}]$ 为主的黏土）的 DTA 曲线，在 $400 \sim 650 \, ^\circ\!C$ 失去结构水，高岭土结构破坏，形成非晶质的偏高岭土，呈现一尖锐的吸热峰；继续升温至 $950 \sim 1000 \, ^\circ\!C$ 时，无定形的氧化铝析晶成 γ-Al_2O_3，为放热峰，至 $1200 \sim 1250 \, ^\circ\!C$，$SiO_2$ 与 Al_2O_3 化合形成莫来石，为放热峰。

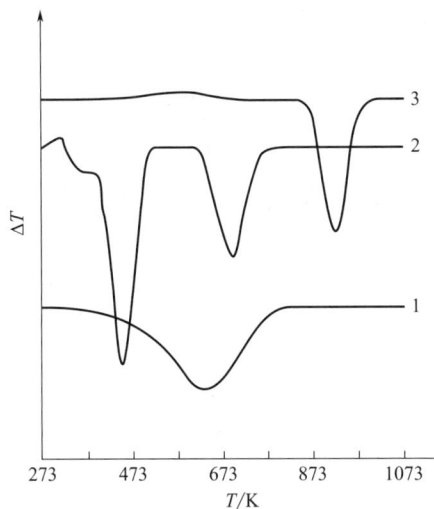

图 8-21 三种类型含水化合物差热曲线

1—方沸石 $Na[AlSi_2O_6]H_2O$；
2—赤矾 $CoSO_4 \cdot 7H_2O$；3—水铝石 α-$AlO(OH)$

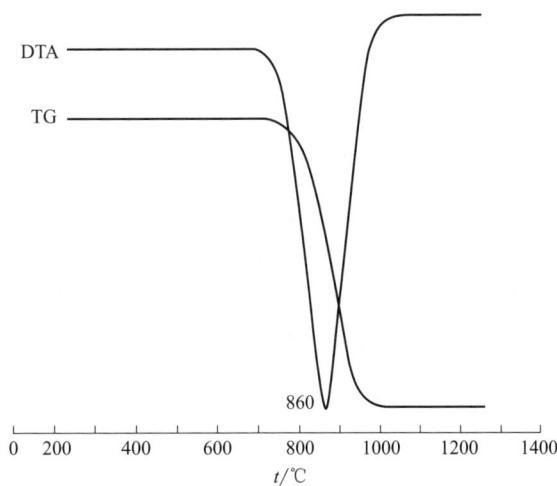

图 8-22 碳酸钙的差热曲线

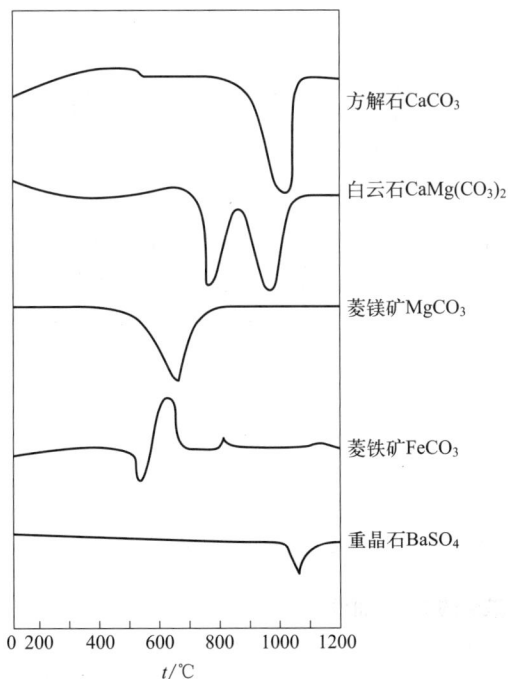

图 8-23 几种碳酸盐、硫酸盐矿物的差热曲线

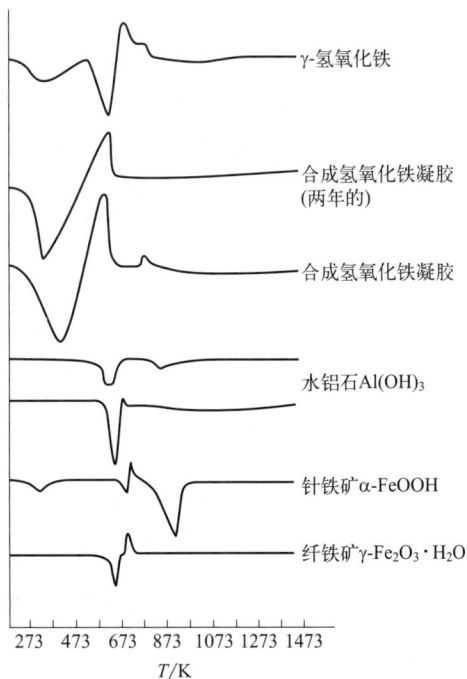

图 8-24 某些含铁的氢氧化物的差热曲线

（5）非晶态物质的结晶

熔体转变为非晶体，非晶体转变为晶体的过程为放热效应，反之为吸热效应。在研究非晶态材料的相变过程中，差热分析是一种不可缺少的重要方法。利用差热分析技术可以获得玻璃在加热过程中的一些特征温度，如玻璃转变温度 T_g、析晶温度 T_x、析晶峰温度 T_p、熔化温度 T_m、熔化过程终止温度 T_l 等（如图 8-26 所示），可根据这些特征温度计算出各种指标来对玻璃热稳定性进行评价。图 8-27 为不同组分玻璃的 DTA 曲线。

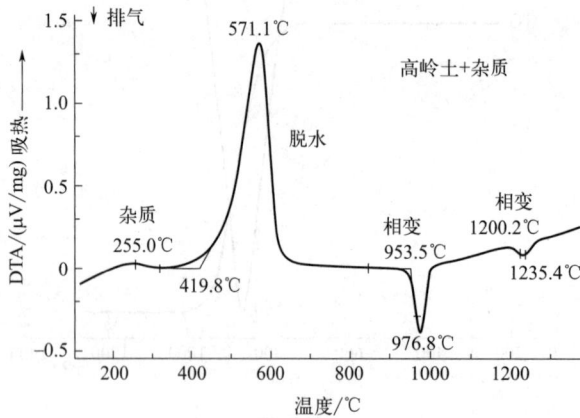

图 8-25 高岭土的 DTA 曲线

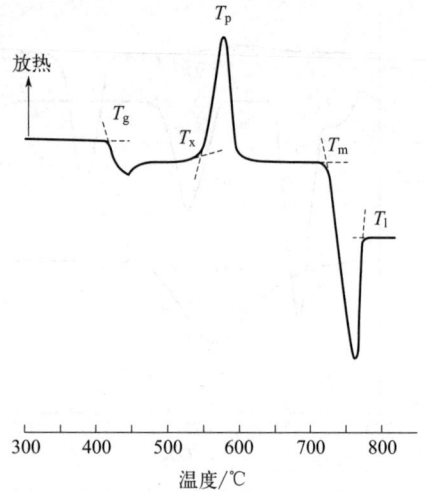

图 8-26 DTA 曲线上玻璃的各特征温度

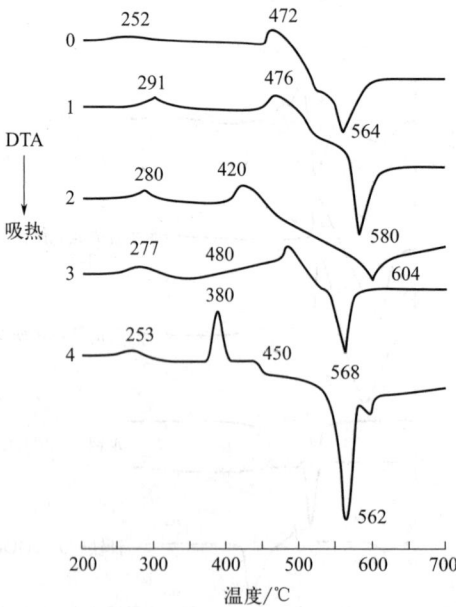

编号	转变温度 T_g/℃	析晶温度 T_x/℃	熔化温度 T_m/℃
0	252	472	564
1	291	476	584
2	280	420	604
3	277	480	568
4	253	380	562

图 8-27 不同组分玻璃的 DTA 曲线

0—$33.3P_2O_5 \cdot 66.7V_2O_5$；1—$10Li_2O \cdot 30P_2O_5 \cdot 60V_2O_5$；2—$20Li_2O \cdot 26.7P_2O_5 \cdot 53.3V_2O_5$；

3—$30Li_2O \cdot 23.3P_2O_5 \cdot 46.7V_2O_5$；4—$40Li_2O \cdot 20.7P_2O_5 \cdot 40V_2O_5$

(6) 晶型转变

石英在加热过程中发生晶型转变，其转变可分为两种类型：一类是可逆的高温缓慢转变，α-石英、α-鳞石英与α-方石英之间的晶型转变，由于其转变速率非常慢，在 DTA 曲线上看不到转变现象；另一类是可逆低温的快速转变，如 β-石英与 α-石英之间的晶型转变，由于其转变速率快，在 DTA 曲线上能清晰地观察到相变的现象，如图 8-28 所示。对于快速可逆的晶型转变，通常由低温晶型向高温晶型转变时表现为吸热现象，而在冷却过程中，由高温晶型转变为低温晶型时表现为放热现象。石英的各种晶型转变温度、热效应及体积变化如表 8-2 所示。

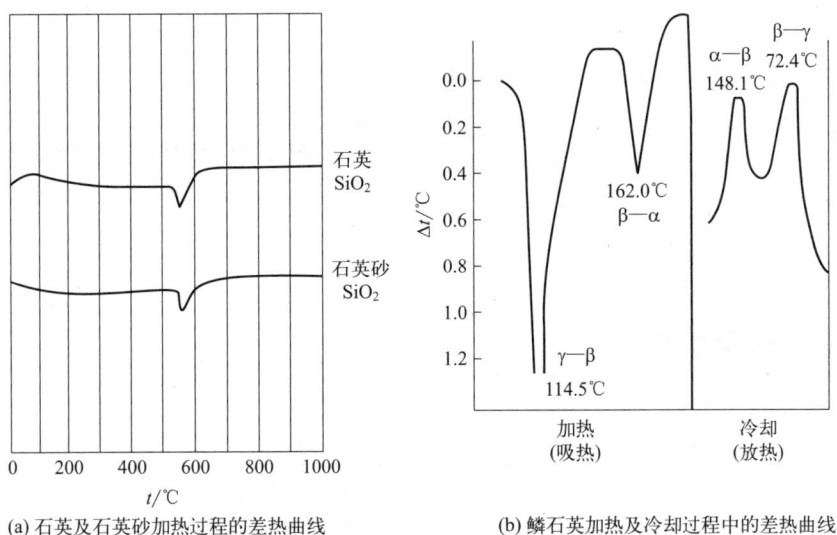

(a) 石英及石英砂加热过程的差热曲线   (b) 鳞石英加热及冷却过程中的差热曲线

图 8-28 石英及鳞石英的差热曲线

表 8-2 石英的晶型转变温度、热效应及对应的体积变化

晶型转变名称	晶型转变温度/℃	DTA 曲线上的热效应	体积变化/%
β-石英→α-石英	573	吸热	+2.4
α-石英→α-磷石英	870	观测不到	+12.7
α-石英→α-方石英	1200～1350	观测不到	+17.4
α-磷石英→α-方石英	1470	观测不到	+4.7
α-方石英→熔融石英	1713		+0.1
β-方石英→α-方石英	100～270	吸热	+5.6
γ-磷石英→β-磷石英	117	吸热	+0.6
熔融石英→α-方石英	1200		-0.4

利用石英相变（β→α）反应快速且可逆的特点，可以通过加热及冷却过程中 DTA 曲线上的吸放热效应来判断原料中游离石英的存在。如图 8-29 所示，如果用于陶瓷生产的高岭土原料中混有游离状态的石英，则在升温曲线上因为 β-石英→α-石英的吸热峰在

573℃，与高岭土失去结构水的吸热峰重叠，在升温阶段的 DTA 曲线上看不出该特征吸热峰，但在降温过程中，由于 α-石英→β-石英的可逆晶型转变在 573℃时有一明显的放热特征。

（7）有机质的燃烧

有机质的燃烧往往是放热反应，放热峰比较宽大。如煤炭中的挥发分 $C_m H_n$ 类物质约 390℃即可燃烧，固定碳 $500 \sim 650$℃可以燃烧，石墨往往要大于 800℃才能燃烧。利用该特性，可以分析烟煤、无烟煤的着火点温度和燃烧特性。

DTA 方法常用于研究物质在高温过程中的物理化学变化，如脱水、分解、相变及高温材料（水泥、玻璃、陶瓷、耐火材料等）的形成规律，为材料研究提供参考依据。如果与其他热分析方法联用和结合起来一起分析，则可获得更多的数据与信息，可更加全面地进行分析与判断。

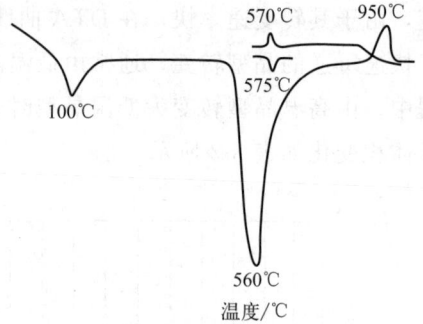

图 8-29　含有石英的高岭土加热及冷却过程中差热曲线特征

8.5　差示扫描量热法

DSC 是在程序控制温度下，测量被测物质和参比物的功率差与温度关系的一种技术。可分为功率补偿型差示扫描量热法和热流型差示扫描量热法。功率补偿型 DSC 技术：无论试样吸热或放热，试样和参比物温度都要处于动态零位平衡状态，即可以通过功率补偿使试样和参比物之间的温差 ΔT 始终等于 0。热流型 DSC 技术：给予试样和参比物相同的功率下，测量试样和参比物间的温度差 ΔT（$\neq 0$），然后根据热流方程将 ΔT 转换成 ΔQ（热量差，与 ΔT 成正比）作为信号输出。

功率补偿型 DSC 的特点：试样和参比物分别具有独立的加热器和传感器，如图 8-30 所示。有两个控制系统：一个控制温度，使试样和参比物在预定的速率下升温或降温，另一个用于补偿试样和参比物之间产生的温度差。通过功率补偿使 $\Delta T = 0$，以补偿的功率算热流率。功率补偿型 DSC 的优点：温度控制精确、响应时间快、冷却速度快、分辨率

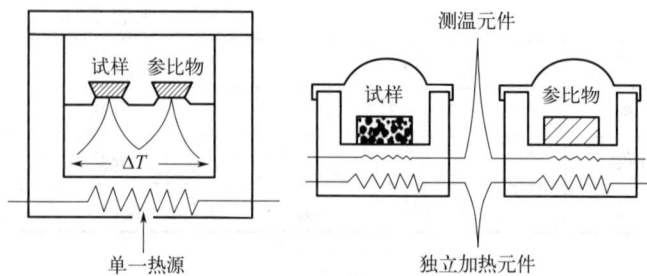

图 8-30　DTA 和功率补偿型 DSC 加热元件

高。而且，试样与参比物之间始终保持温差为零，避免了试样与参比物之间热量传递导致的系统误差，因此其灵敏度与检测精度均高于 DTA 方法。

热流型 DSC 的特点：利用康铜盘把热量传输到试样和参比物，并且康铜盘还作为测量温度的热电偶结点的一部分。热流型就是在给予试样和参比物相同的功率下，测量试样和参比物两端的温度差，然后根据热流方程将 ΔT（温度差）转化成 ΔQ（热流量差）作为信号输出。热流型 DSC 的优点：基线稳定，灵敏度高。其示意图如图 8-31 所示。

高分子材料在升温过程中的热效应与其受热历史（冷却、应力、固化等）有关，也可能因为存在水分、添加剂或残余物而影响材料本身的性能，因此采用差示扫描量热仪研究聚合物材料时需要采用二次升温的方式消除热历史才能获取较为准确的数据。如由于聚合物固化不完全，第一次升温过程中玻璃化转变温度偏低，且会出现明显的固化放热峰；而存在的水分在升温过程中会挥发，从而出现明显的吸热峰掩盖材料本身的特征信号；此外，第一次升温过程中玻璃化转变存在明显的应力松弛峰。

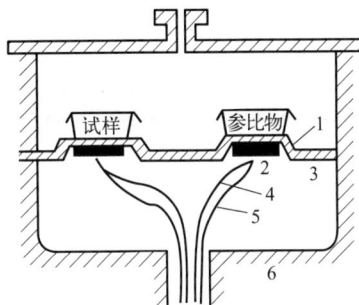

图 8-31　热流型 DSC
1—康铜盘；2—热电偶结点；3—镍铬板；
4—镍铝丝；5—镍铬丝；6—加热块

由于差示扫描量热仪可以控制样品的升/降温速率，在聚合物材料中的应用非常广泛，除了可以研究玻璃化转变、熔融和结晶相变过程外，还可以测定比热、聚合物的氧化诱导期，研究反应动力学、多晶型和材料的相容性等。

✎ 思考题与练习题

1. 石膏、高岭土、$BaCO_3$、石英、聚合物典型的 DTA、DSC 曲线有何典型特征？
2. DTA 出现热效应的原因是什么？
3. DTA 仪由哪几部分组成？
4. 影响 DTA 曲线的因素有哪些（除仪器本身因素外）？
5. DTA 与 DSC 各有何特征？在应用上有何区别？

📁 参考文献

［1］ 曹春娥，顾幸勇，王艳香，等. 无机材料测试技术［M］. 南昌：江西高校出版社，2011.

［2］ 张锐. 现代材料分析方法［M］. 北京：化学工业出版社，2007.

［3］ 曾幸荣. 高分子近代测试分析技术［M］. 广州：华南理工大学出版社，2007.

［4］ 杨南如，岳文海. 无机非金属材料图谱手册［M］. 武汉：武汉工业大学出版社，2000.

9 热重分析与微商热重法

热重分析是应用最早的热分析技术，通常与 DTA 或 DSC 和 TMA 或 DMA 联用，在材料测试分析中应用广泛。

9.1 热重分析与微商热重法的定义

热重（TG）分析是指在程序控制温度下，测量物质的质量与温度之间关系的技术。从热重分析可派生出微商热重法（DTG），其横坐标为温度或时间，纵坐标为重量变化率，由上向下表示减少。DTG 曲线上呈现的各种峰与之热重（TG）曲线各个重量变化阶段相对应，其峰面积与样品对应的重量变化成正比。DTG 方法的特点是：①可同时记录 TG 和 DTG 两条曲线。②DTG 曲线与 DTA 曲线具有可比性，前者与质量变化有关且重现性好，后者与热量变化有关不易重现。两者比较能判明峰的性质是由重量变化引起的还是由热量变化引起的。③DTG 曲线较 DTA 曲线能精确地反映出起始反应温度、达到最大反应速率的温度和反应终止温度。④DTG 曲线较 TG 曲线能更好地反映失重各阶段的差异，分辨力更高。

热重分析的原理是：物质在加热或冷却过程中除产生热效应外，还有质量变化，质量变化特点与其组成、结构和性质有关。质量随温度变化关系的曲线称为 TG 曲线。TG 曲线的纵坐标为余重（mg）或余重比例（%），向下表示量减少，反之为量增加；横坐标为温度（℃或 K）或时间（s 或 min）。DTG 的横坐标与 TG 相同，纵坐标为质量变化速率 $\frac{dm}{dT}$ 或 $\frac{dm}{dt}$，单位为 mg/min（%/min）或 mg/℃（%/℃）。图 9-1 为 TG 与 DTG 曲线的示意图。

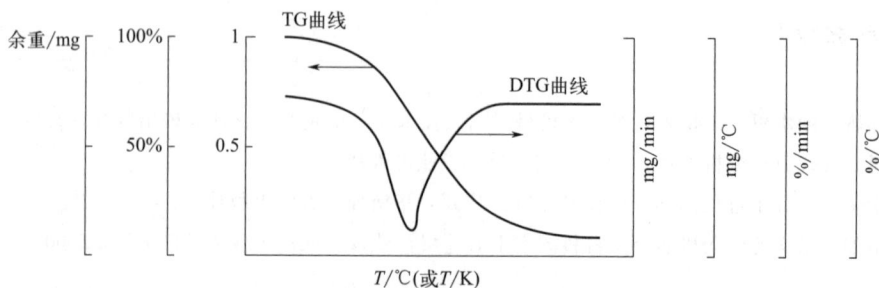

图 9-1 TG 与 DTG 曲线

9.2　热重曲线及影响因素

9.2.1　热重曲线及其几何要素

典型的热重曲线如图 9-2 所示。国际热分析协会（ICTA）的命名委员会作了名词术语规定。曲线上的 AB 段叫平直段（平台），即热重基线，是 TG 曲线上质量保持不变的区段。质量变化积累到热天平可以检测时（B 点）的温度叫起始温度，以 T_i 表示。质量变化积累到最大值（如 C 点）的温度叫终止温度，以 T_f 表示。T_i 与 T_f 之间的温差叫反应区间。

TG 曲线上的特征温度值包括：①起始温度 T_i，TG 曲线开始失重偏离基线的温度，该温度影响因素较多，因而重复性较差。②特定失重温度 T_x，取失重量为 x（x=5%、10%、20%、50% 等）时的失重温度。③最大失重速率温度 T_p，TG 曲线上折点温度，常为两平台之间的中点，DTG 曲线上的峰值温度，此时失重速率最大，也叫峰值温度，利用 DTG 可以更好地确定 T_p。④终止温度 T_f，TG 曲线上下一个平台开始，DTG 曲线回到基线时的温度。⑤外推起始、终止温度，为了避免 T_i、T_f 重复性较差的缺点，还可以用失重部分的切线与平台延长线的交点来求得外推起始和终止温度（如图 9-2 所示 T_i'、T_f'）。对于高分子类材料外推起始温度可以用国际标准局（ISO）取法或美国材料试验协会（ASTM）的方法来确定。如图 9-3 所示，TG 曲线上失重 20% 和 50% 两点作直线与平台延长线的交点 B，为 ISO 法确定的起始温度（高分子材料的分解温度）；TG 曲线上失重 5% 和 50% 两点作直线与平台延长线的交点 C，为 ASTM 法确定的起始温度（分解温度）。

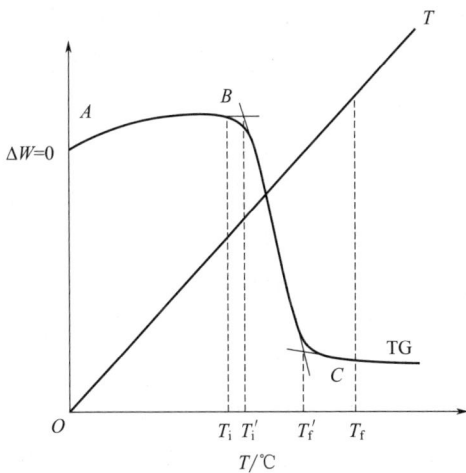

图 9-2　热重曲线

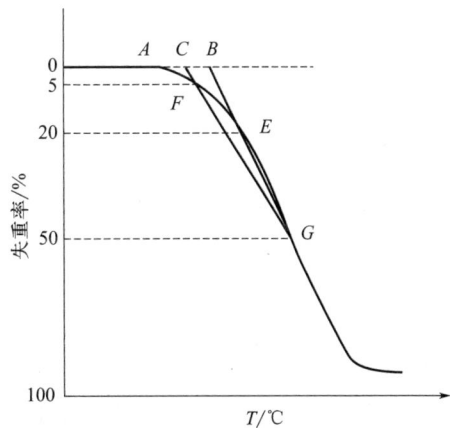

图 9-3　TG 曲线测定热稳定性的 ISO 法和 ASTM 法

9.2.2　影响热重曲线的主要因素

影响热重曲线的因素有仪器本身的因素和实验条件。仪器本身的因素主要有浮力、对流和挥发物的再凝聚，其影响程度因热天平（方式）而异。随着热分析仪的发展，从仪器的设计和制造上已经可以消除一些影响，但每次的实验数据还会受试样状况及样品皿、气氛和升温速率等的影响，因此选择合适的实验条件是准确获得 TG 数据的基础。

（1）仪器因素及解决办法

① 浮力与试样基线　浮力的产生是因为试样周围的气体随温度升高而发生膨胀，密度减小，导致表观增重，引起 TG 基线上漂。解决办法是在相同条件下预先作一条基线，消除浮力效应引起的 TG 曲线漂移。

② 挥发物的再凝聚　在热重分析中，由试样受热分解或升华而逸出的挥发物，有可能在热天平的低温区再冷凝。这不仅会污染仪器，也会导致试样表观失重偏低，待温度进一步上升后，这些冷凝物会再次挥发引起假失重，使 TG 曲线出现混乱，导致结果不准确。在试样盘的周围安装一个耐热的屏蔽套管，或者采用水平结构的热天平，尽量减少试样的用量并选择合适的吹扫气体流量以及使用较浅的样品皿等可以有效减少挥发物的再凝聚。

（2）实验条件

① 样品状况　样品量、粒度和装填紧密度都可能影响样品的反应热、热导率和比热容，进而对 TG 曲线产生影响。样品量越大，信号越强，但样品内外部温差增大，一般会导致 TG 曲线向高温方向偏移，如图 9-4 所示。此外，挥发物逸出也会影响曲线变化的清晰度。因此，样品用量应在热天平灵敏度范围内尽量减少，一般 5～10mg 为宜。在做 TG 分析时，还应注意样品粒度均匀，批次间尽量一致，并且在样品皿中铺平且接触面越大越好。但有时为了提高微量变化的灵敏度，也可以增加样品量。

② 样品皿（坩埚）　材质种类很多，一般主要有铝、白金和陶瓷，其中铝制样品皿主要用于 500℃ 以下的 TG 测试，而白金和陶瓷样品皿则用于 500℃ 以上的 TG 测试。选择样品皿时，首先要考虑样品皿与试样、中间产物和最终产物不发生化学反应，还要考虑其耐温范围。此外，样品皿的形状以浅盘为好，实验时将试样薄薄摊在其底部，不加盖，以利于传热和生成物的扩散。当坩埚深而窄时，气体扩散比较困难，容易导致热重曲线向高温方向偏移。一般选用质量轻、传热好、气体扩散容易的惰性坩埚。

③ 气氛种类　样品所处的气氛对 TG 曲线有显著影响。实验前，应考虑气氛与热电偶、样品皿和仪器部件有无化学反应，是否有爆炸或中毒的危险。常用于 TG 实验的主要有 N_2、He 和空气三种。其中样品在 N_2 或 He 中的热分解一般是单一的热分解过程，而在空气或 O_2 中的热分解是热氧化过程，氧气可能参与反应，因此 TG 曲线有可能明显不同。He 的热导率比 N_2 大，尽管成本高，但做低温（因 N_2 接近其液化温度）或可能与 N_2 在高温下发生反应的特殊样品时，必须用 He。

气氛处于静态或动态对 TG 曲线影响也较大。TG 实验一般采用动态气氛，以便及时带走分解物，但应注意流量对样品分解温度、测温精度和 TG 曲线形状的影响。静态气氛通常用于分解前的稳定区域，或为了减少温度梯度和热平衡时使用。否则，有气体生成时，气体组成会发生变化，从而影响反应速率。

气氛对热重曲线有显著的影响。如图 9-5 所示，$CaCO_3$ 在真空、空气和 CO_2 三种不同气氛中测得热重曲线，其分解温度相差近 $600℃$。这是由于 CO_2 抑制了 $CaCO_3$ 的继续分解，导致其分解温度大大提高。同样，如采用密封坩埚，样品的分解温度也会大大提高。

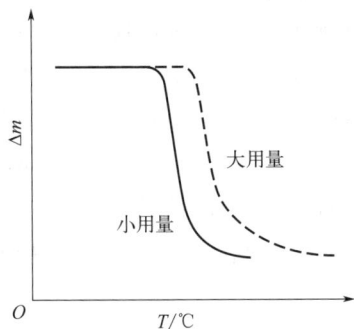

图 9-4　样品量对热重曲线的影响

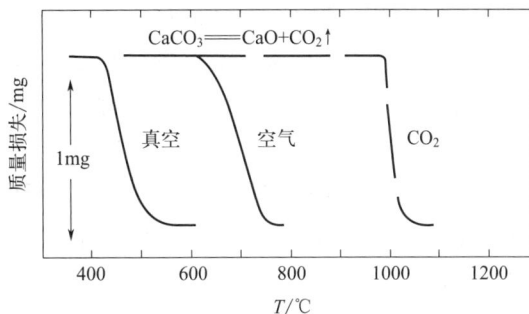

图 9-5　周围气氛对 $CaCO_3$ 热重曲线的影响

④ 升温速率　不同的升温速率对 TG 结果也是有影响的。升温速率增加，热重曲线向高温方向偏移，导致起始温度和终止温度偏高。这是由电加热丝与样品之间的温度差和样品内部存在的温度梯度所致。升温速率太大，有时会掩盖相邻的失重反应，甚至把本来应出现平台的曲线变成折线；升温速率越小，分辨率越高，但升温速率太小又会降低实验效率。对传热差的高分子试样一般选用 $5\sim10℃/min$，对传热好金属试样一般可选用 $10\sim20℃/min$。在特殊情况下，也可以选择更低的升温速率，如共聚物和共混物，采用较低的升温速率可以观察到多阶分解过程，而升温速率高则有可能将其掩盖。如可利用改变升温速率来分离相邻反应；以 $2.5℃/min$ 的升温速率测定 $NiSO_4 \cdot 7H_2O$ 的热重曲线，只测得一水化合物的失水平台；当以 $0.6℃/min$ 的速率测定时则可测得六水化合物、四水化合物、二水化合物和一水化合物的失水平台。

9.3　热重分析方法的应用

热重分析发展早、应用范围广，凡是在加热过程中有质量变化的物质均可使用。主要有：①矿物原料的组分定性、定量；②无机和有机化合物的热分解；③蒸发、升华速度的测量；④反应动力学（活化能和反应级数测定）研究；⑤催化剂和添加剂评定；⑥吸水和脱水测定；⑦确定反应中间产物及工艺条件和参数。

试样在程序控制温度下发生质量变化，利用这一现象可以对试样的组分进行定性与定量分析。热重法测定重复性还不够理想，测定的误差也比较大。当然通过对实验条件和参数的严格选择，不断提高仪器的精度，特别是数据处理技术的应用，可使热重测定的重复性和精确性得到较大改善。与化学分析及其他分析方法相比，热重法定量分析的优点是：

试样无须热处理、分析不用试剂、操作和数据处理简单方便等。热重法定量分析的要求是：热重分析曲线相邻的两个失重过程必须有一个明显的平台（基线），并且该平台越明显误差越小。

（1）根据矿物的失重曲线推算混合物中各自的比例

以碳酸盐矿物白云石和方解石混合试样为例（假设试样中白云石的质量分数为 $X_白$，方解石的质量分数为 $X_方$，则 $X_白 + X_方 = 1$），试样称重 200mg，其热重曲线如图 9-6 所示。在 770～810℃白云石矿（$MgCO_3 \cdot CaCO_3$）由 $MgCO_3$ 分解放出 CO_2，质量损失为 28.5mg，相当于失重率 $m_m = 14.25\%$；在 869～940℃，第二次质量损失为 $CaCO_3$ 分解放出 CO_2，这包括从白云石分解出来的 $CaCO_3$ 及方解石本身的 $CaCO_3$ 分解出来的 CO_2，质量损失为 65.0mg，相当于失重率 $m_c = 32.5\%$。因为白云石矿（$MgCO_3 \cdot CaCO_3$）从 $MgCO_3$ 和 $CaCO_3$ 分解出来的 CO_2 是等物质的量的，所以白云石中 $CaCO_3$ 的质量损失率相当于白云石中 $MgCO_3$ 的质量损失率，即等于 14.25%。根据图 9-6 中的公式可以计算出白云石的质量分数为 59.75%，方解石质量分数为 41.48%。

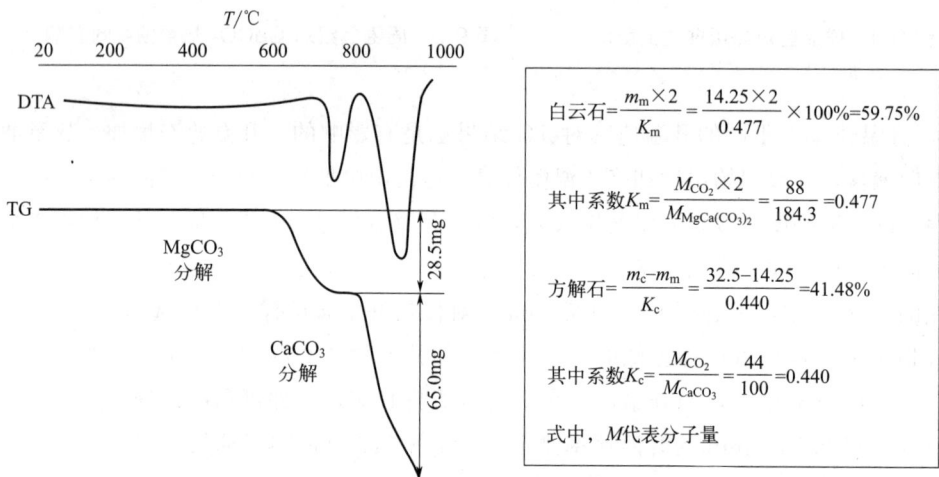

$$白云石 = \frac{m_m \times 2}{K_m} = \frac{14.25 \times 2}{0.477} \times 100\% = 59.75\%$$

$$其中系数 K_m = \frac{M_{CO_2} \times 2}{M_{MgCa(CO_3)_2}} = \frac{88}{184.3} = 0.477$$

$$方解石 = \frac{m_c - m_m}{K_c} = \frac{32.5 - 14.25}{0.440} = 41.48\%$$

$$其中系数 K_c = \frac{M_{CO_2}}{M_{CaCO_3}} = \frac{44}{100} = 0.440$$

式中，M 代表分子量

图 9-6　白云石和方解石混合试样的 TG 曲线及各自质量分数的计算过程

同理，利用高岭石和锂蒙脱石的脱水温度不同及失重率的不同可分析两者混合物中各自的质量分数。纯高岭石于 560℃失去全部结构水，失重量约为 12.40%；纯锂蒙脱石 100℃左右失去吸附水，质量分数约 10%，630℃失去结构水，失重 10.60%。根据混合物失重曲线可计算各自质量分数。

（2）确定化合物热分析过程的中间产物

根据如图 9-7 所示 $CuSO_4 \cdot 5H_2O$ 的 TG 曲线，判定各失重过程的反应及产生的中间产物。实验条件为试样质量为 10.8mg，升温速率为 10℃/min，采用静态空气，在铝坩埚中进行。各阶段对应的质量分别为：$m_0 = 10.80$mg，$m_1 = 9.25$mg，$m_2 = 7.69$mg，$m_3 = 6.91$mg。

$CuSO_4 \cdot 5H_2O$ 的热失重过程分析如下。

① $CuSO_4 \cdot 5H_2O \longrightarrow CuSO_4 \cdot 3H_2O + 2H_2O\uparrow$

　　249.5　　　　　　213.5　　　　36

计算失重率：$36 \div 249.5 = 14.4\%$

实际失重率：$(10.80-9.25)/10.80 = 14.4\%$，与上述方程正好吻合。

② $CuSO_4 \cdot 3H_2O \longrightarrow CuSO_4 \cdot H_2O + 2H_2O\uparrow$

　　213.5　　　　　　177.5　　　　36

计算失重率：$36 \div 213.5 = 16.9\%$

实际失重率：$(9.24-7.69)/9.25 = 16.8\%$，与上述方程基本吻合。

③ $CuSO_4 \cdot H_2O \longrightarrow CuSO_4 + H_2O\uparrow$

　　177.5　　　　　　159.5　　　18

计算失重率：$18 \div 177.5 = 10.1\%$

实际失重率：$(7.69-6.91)/7.69 = 10.1\%$，与上述方程正好吻合。

因此可以判断 $CuSO_4 \cdot 5H_2O$ 在加热过程中（0～248℃），结晶水分三个阶段失去，首先在 45～78℃ 失去 2 个结晶水生成 $CuSO_4 \cdot 3H_2O$，在 100～118℃ 再失去 2 个结晶水生成 $CuSO_4 \cdot H_2O$，最后在 212～248℃ 失去 1 个结晶水生成无水硫酸铜。

在溶剂热辅助法控制合成纳米 ZnO 中，中间产物的热重分析如图 9-8 的 TG 及 DTG 曲线所示。

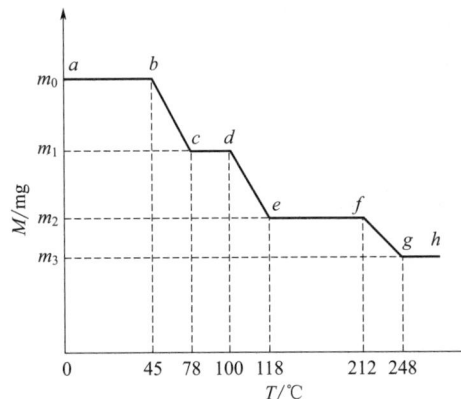

图 9-7　$CuSO_4 \cdot 5H_2O$ 的 TG 曲线

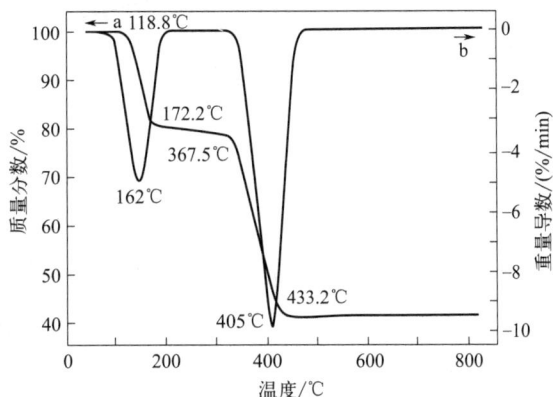

图 9-8　中间产物 $ZnC_2O_4 \cdot 2H_2O$ 的热重图

a—热重曲线（TG）；b—热重导数曲线（DTG）

① $ZnC_2O_4 \cdot 2H_2O \longrightarrow ZnC_2O_4 + 2H_2O$

这个反应的理论失重为 19.05%，与实验结果一致。此结果也间接证明了获得的中间产物为 ZnC_2O_4。另一个峰在 405℃，试样失重 38%，应归结为 ZnC_2O_4 的热分解。

② $ZnC_2O_4 \longrightarrow ZnO + CO\uparrow + CO_2\uparrow$

此反应的理论失重为 38.09%，与实验结果也一致。剩余产物非常稳定，应为纳米 ZnO。

(3) 聚合物复合材料成分分析

许多复合材料含有无机添加剂，它们的热失重温度往往高于聚合物材料，因此可以根

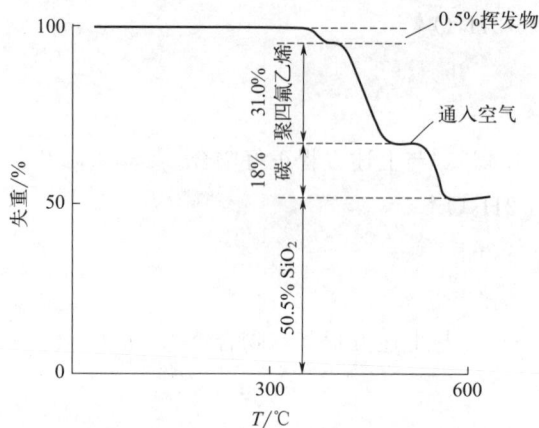

图 9-9　TG法分析含填料的聚四氟乙烯成分

据 TG 曲线进行分析判断。图 9-9 为混入一定量碳和二氧化硅的聚四氟乙烯 TG 曲线。在 400℃ 以上聚四氟乙烯开始分解失重，留下碳和 SiO_2 在 600℃ 左右通过空气加速碳的氧化失重，最后残留物为 SiO_2。根据失重曲线，容易分析出聚四氟乙烯的质量分数为 31.0%、C 为 18.0%、SiO_2 为 50.5%，其余为挥发物（如吸附的湿气和低分子物）。

如果聚合物材料中添加了增塑剂，在常压下增塑剂的沸点很可能与聚合物材料的热分解温度接近，导致 TG 曲线难以区分，难以计算增塑剂含量。如果采用真空则能降低增塑剂的沸点使其显著低于聚合物材料的降解温度，由此可以定量分析复合材料组成。图 9-10(a) 是添加增塑剂的天然橡胶（NR）/丁苯橡胶（SBR）/白炭黑

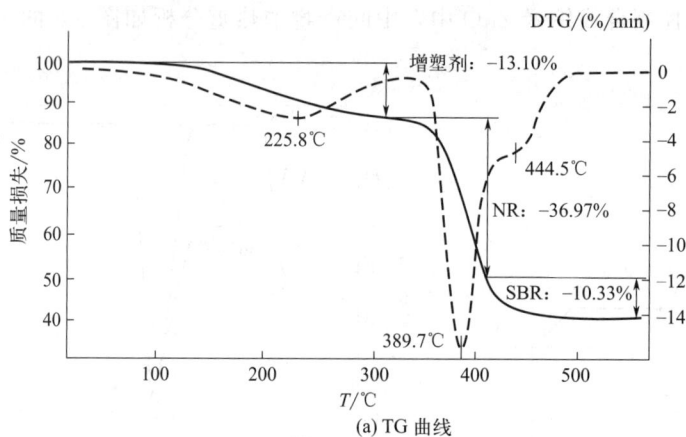

(a) TG 曲线

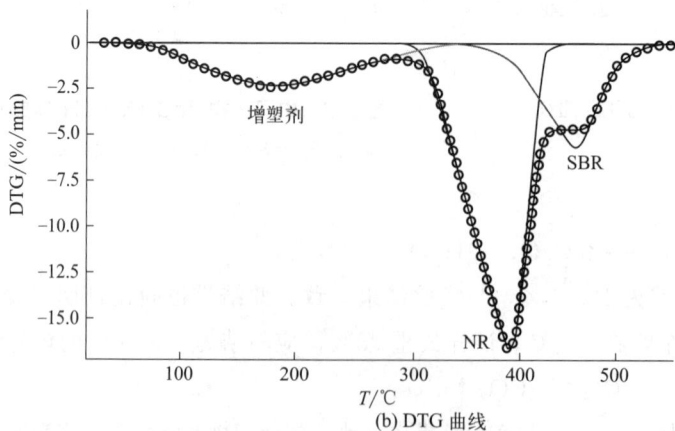

(b) DTG 曲线

图 9-10　添加了增塑剂的天然橡胶（NR）/丁苯橡胶（SBR）/白炭黑复合材料的热失重测试

的复合材料在真空下的 TG 曲线，增塑剂、NR 和 SBR 的热失重峰分别为 225.8℃、389.7℃、444.5℃，直接通过 TG 曲线进行计算可以得到增塑剂、NR 和 SBR 占复合材料的质量分数分别为 13.10%、36.97% 和 10.33%。

如果采用上述热失重结果的 DTG 曲线进行分峰处理［如图 9-10（b）所示］，则可以计算得到增塑剂质量分数为 14.9%。相较于 TG 曲线的计算结果，DTG 曲线分峰处理后可以得到更为精确的增塑剂质量分数。

思考题与练习题

1. 黏土矿物中水的三种存在形式是什么？各自的脱水特征是什么？

2. TG 曲线的特点及其主要影响因素有哪些？

3. 碳酸氢钠的热重分析结果显示，在 $100 \sim 225℃$ 分解放出水和二氧化碳，所失质量占样品质量的 36.6%，其中 CO_2 占样品质量的 25.4%，请写出碳酸氢钠加热时的反应式。

4. 请根据草酸钙的热重曲线（图 9-11）判定其热分解中间产物及反应式。

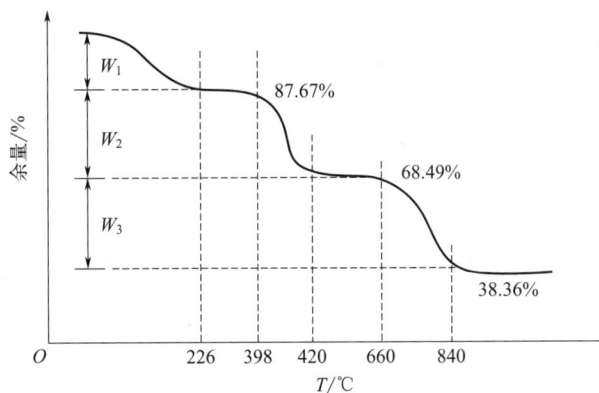

图 9-11　$CaC_2O_4 \cdot H_2O$ 热分解 TG 曲线

参考文献

[1]　曹春娥，顾幸勇，王艳香，等 . 无机材料测试技术［M］. 南昌：江西高校出版社，2011.

[2]　张锐 . 现代材料分析方法［M］. 北京：化学工业出版社，2007.

[3]　曾幸荣 . 高分子近代测试分析技术［M］. 广州：华南理工大学出版社，2007.

[4]　杨南如，岳文海 . 无机非金属材料图谱手册［M］. 武汉：武汉工业大学出版社，2000.

其他热分析方法

随着科学技术的迅速发展及新材料的物理、化学性能研究需要，热分析方法取得了较快的进展。以下介绍几种其他的热分析方法。

10.1　热膨胀分析法

（1）热膨胀分析的基本原理

物质的体积或长度随温度升高而增大的现象称为热膨胀。该性质与物质的结构、键型及键力大小等密切相关。热膨胀（TD）法是在程序控制温度下，测量物质在可忽略的负荷下尺度与温度关系的一种技术，相应记录的曲线称为热膨胀曲线。热膨胀曲线通常以某一方向的膨胀率或膨胀速率微分值为纵坐标，以温度或时间为横坐标。

热膨胀法可分为线热膨胀法和体积热膨胀法。线热膨胀法是测量试样一维尺寸随温度的变化情况，温度升高1℃时，沿试样某一方向上的相对膨胀（或收缩）量称为线胀系数；体积热膨胀法是测量试样体积随温度的变化情况，温度升高1℃时，试样体积膨胀（或收缩）的相对量称为体胀系数。

（2）热膨胀仪结构

热膨胀仪主要分为温度控制系统和位移测量系统两部分，并配合记录仪进行自动记录。主要由四个部分组成：①电源；②测量单元，含加热用电炉、样品支架（石英、氧化铝两种支架分别用于低温和高温的测定）；③控制单元；④记录单元。图10-1为德国耐驰DIL402C热膨胀仪结构示意图。

（3）热膨胀分析方法的应用

热膨胀分析可以得到物体的热膨胀系数，也可以用它来研究材料的相转变、烧结过程、晶体结构变化和聚合物分解等。

① 确定材料的热膨胀系数　如图10-2所示，测得石英的热膨胀曲线后，可根据以下公式求出热膨胀系数

$$\alpha = \frac{(dL)_p}{(dT)_p} \times \frac{L}{L_0} = \frac{(dL/dt)_p}{(dT/dt)_p} \times \frac{1}{L_0}$$

式中，L_0 为试样在测量轴向室温 T_0 时的参比长度；L 为在测试轴向温度 T 时的长

度；dL 为试样在恒压 p 下，在时间间隔 dt 的长度改变量；dT 为在恒压 p 下，在时间间隔 dt 的温度改变量。可用如下关系式给出材料在恒压下三维的任意方向的平均线胀系数 $\bar{\alpha}$（以 K^{-1} 为单位）

$$\bar{\alpha} = \frac{\Delta L}{\Delta T} \times \frac{1}{L_0}$$

式中，ΔL 为在 T_1 和 T_2 两个温度间试样的长度变化；L_0 为试样在测量轴向室温时的参比长度；ΔT 为温度变化，等于 $T_2 - T_1$。

计算得到石英的热膨胀系数为 $0.6015 \times 10^{-6} K^{-1}$。

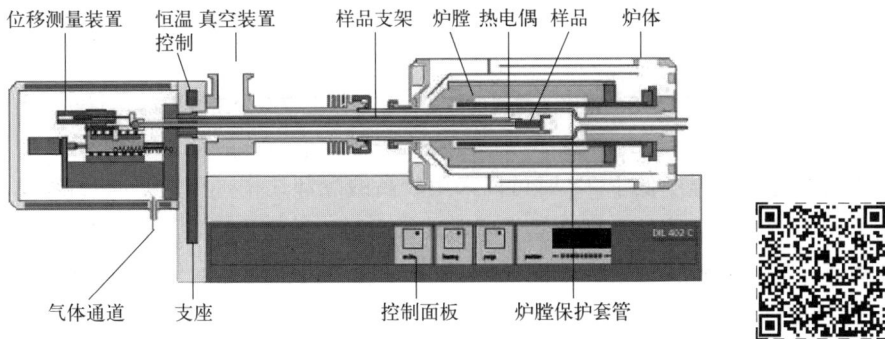

图 10-1　德图耐驰 DIL402C 热膨胀仪结构

② 判定材料的烧结温度　陶瓷坯体在烧结过程中会发生一系列复杂的物理化学变化。坯体在烧结过程中，孔隙率逐渐降低，密度不断增大，通常将坯体孔隙率最小、密度最大时的状态称之为烧结。烧结时的温度为烧结温度。若温度继续上升，试样会出现膨胀而产生气泡、角棱局部熔融等情况，称之为过烧现象。烧结温度与开始出现过烧的温度范围称为烧结温度范围。坯料的烧结温度范围与其化学组成及颗粒组成密切相关。高温热膨胀法可用于判定坯料的烧结温度范围。当开始烧结时，坯料开始出现收缩，当过烧时，坯料反而出现膨胀。如图 10-3 为碳化硅材料的热膨胀和膨

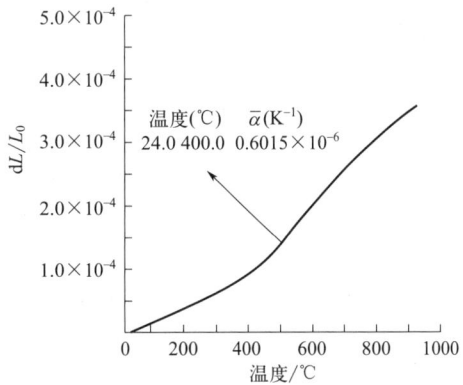

图 10-2　石英的热膨胀曲线

胀速率微分曲线。由于烧结助剂的影响，材料在 1200.6℃ 开始烧结过程。主要的收缩过程发生在 1424.5℃（外推起始点）。在 1789.5℃ 以上的效应则应由添加剂的挥发所引起。

③ 判定材料的玻璃化转变温度与软化温度　玻璃化转变温度 T_g 是材料的一个重要特性参数，材料的许多特性都会在玻璃化转变温度附近发生急剧的变化。以玻璃为例，在玻璃化转变温度，由于结构发生变化，玻璃的众多性能（如热容、密度、热膨胀系数、电导率等）都发生了变化。软化温度也叫玻璃软化点，由于玻璃属于非晶体，没有固定的熔点，加热后会逐渐软化最后变成黏流态。玻璃化转变温度 T_g 可以看作玻璃制品的最高使用温

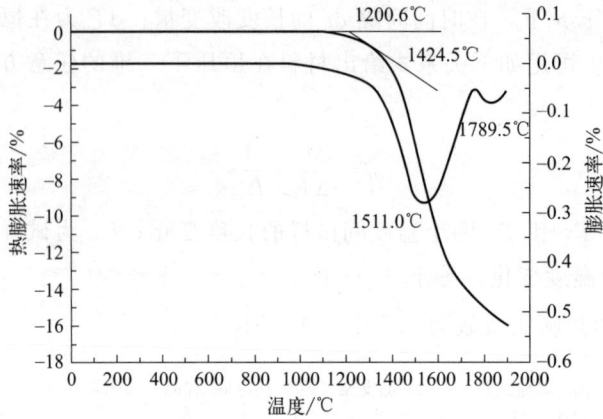

图 10-3　碳化硅材料的热膨胀和膨胀速率微分曲线

度。在制造过程中，当温度低于 T_g 时可以采用较高的冷却速率，节约时间与能源。温度达到软化温度时，意味着玻璃的黏度已低到可以进行吹制。通过测定热膨胀曲线，可以快速简便地确定这两个特定的特征温度。如图 10-4 所示，玻璃化转变温度位于热膨胀曲线切线外延交点，也就是斜率变化的起始点（524.5℃）；由曲线的峰值温度可确定软化温度为 572.6℃。

④ 确定相变温度　由于材料在发生相结构变化时，总伴随着热膨胀的不连续变化，故可以通过热膨胀曲线上的变化来判断相变化。如图 10-5 所示，PZT（Nb）Zr/Ti＝97.5/2.5 的热膨胀曲线在 218℃出现小峰，在 223℃时出现弯曲，表明在该温度点材料出现了相变。

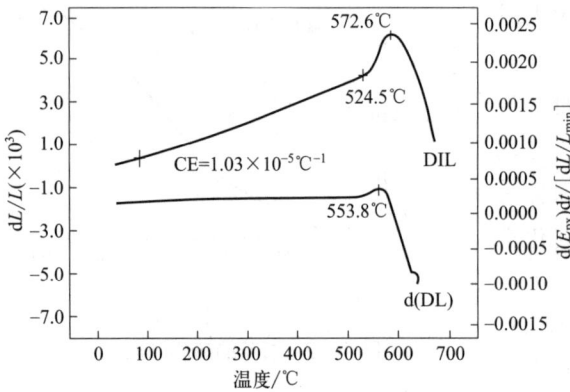

图 10-4　玻璃样品的热膨胀曲线

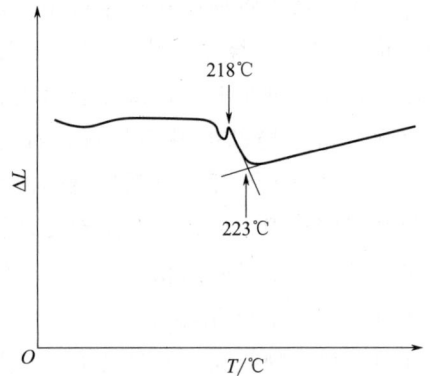

图 10-5　PZT（Nb）Zr/Ti＝97.5/2.5 的 TD 曲线

10.2　热机械分析法

在程序控制温度下，给试样施加一恒定负荷，试样随温度（或时间）的变化而发生形变，测量这一形变过程，再以温度对形变作图，得到温度-形变曲线，这一技术就是热机械分析。热机械分析仪有两种类型，即浮筒式和天平式。负荷的施加方式有压缩、弯曲、针入、拉伸等，常用的是压缩力。热机械分析法分为静态热机械分析（thermomechanical analysis，TMA）和动态热机械分析（dynamic thermomechanical analysis，为 DMA）。

在程序温度控制下，测量物质在受非振荡性的负荷时所产生的形变随温度变化的一种技术，称为静态热机械分析技术。它实际是在程序控制温度下，测量材料在静态负荷下的形变与温度的关系。静态热机械分析技术是在热膨胀方法的基础上发展起来的，它不仅可以代替热膨胀仪，而且与热膨胀仪相比，具有如下的特点：①可以改变试样中所受负荷的大小，使用热机械分析仪所测得物质的热形变曲线，因所受负荷大小而异，故负荷大小就成为一个参数，若使该负荷大小与物质实际使用状态相近，这种热形变曲线就可能更有实际应用价值。此外，改变负荷大小可以使形变曲线更加明朗化。②备有各种不同的探头。一般静态热机械分析仪配有线膨胀、体膨胀、压缩、延伸、针入（即穿透）和弯曲等不同形式的探头。它可以用来测定各种材料的热膨胀系数、杨氏模量、软化点、收缩率、熔点、蠕变和应力松弛等，从而确定这些材料的玻璃化转变温度、烧结过程和各种材料的热-力学性能。

在程序控制温度下，测量物质在振荡负荷下的动态模量或阻尼随温度变化的一种技术，称为动态热机械分析。它是指试样在交变外力作用下的响应。它所测量的是材料的黏弹性即动态模量和力学损耗，测量方式有拉伸、压缩、弯曲、剪切和扭转等。可以得到保持频率不变的动态力学温度谱和保持温度不变的动态力学频率谱。高聚物是一种黏弹性物质，因此在交变力的作用下，其弹性部分和黏性部分均有各自的反应，而这种反应又随着温度的变化而变化。动态热机械方法广泛应用于热塑性与热固性塑料、橡胶、涂料、金属与合金、无机材料、复合材料等领域。测量材料的储能模量（刚性）、损耗模量（阻尼）、黏弹性、蠕变与应力松弛、玻璃化转变、软化温度、二级相变和固化过程。

材料的力学性质是由内部结构通过分子运动所决定的，有机大分子的运动单元具有多重性，可以是整个有机大分子链、链段、链节、侧基等。在不同的温度下，对应于不同运动单元的运动，表现出不同的力学状态。这些力学状态特点及各力学状态的转变可以在温度-形变曲线（热机械曲线）上得到体现。因此，通过测定聚合物的温度-形变曲线可以了解聚合物分子运动与力学性质的关系，并可分析聚合物的结构形态，如结晶、交联、增塑、分子量等。同时还可以得到聚合物的特征转变温度，如 T_g、T_f、T_m 等，这对评价聚合物的耐热性、使用温度范围和加工温度等具有一定的实用性。

如图 10-6 所示是非晶态聚合物的热机械曲线。随温度变化出现三种力学状态，即玻璃态、高弹态和黏流态，曲线开始突变时的温度分别为玻璃化温度 T_g 和黏流温度 T_f。

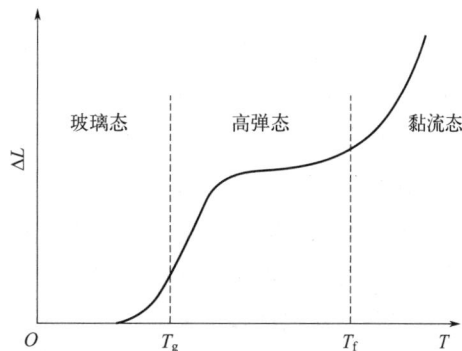

图 10-6　非晶态聚合物的热机械曲线

10.3　热释光法

热释光法是利用电介质在升温过程中产生的发光现象来鉴别电介质的一种方法，光强对温度记录所得到的曲线叫辉光曲线。

热释光现象可用能带理论加以说明。由于晶体中原子排列的有序性，形成电子周期性的电位场，电子便处于如图 10-7 所示的结构带的能级中，禁带中不存在电子。在绝对零度，绝缘体和半导体中的电子存在于满带，导带无电子，而导体在导带亦存在电子。升温时，绝缘体和半导体中的电子因热能的作用亦有少数电子由满带跃迁到导带，而在满带形成空穴。如果晶体中存在杂质或晶格缺陷，这部分就会形成陷阱，电子就会被陷阱捕获。被陷阱捕获的电子在升温或经天然 γ 射线等的作用而得到与陷阱深度相当的能量（如热能）的电子就会跃迁到导带。经历若干过程与空穴再结合，而以光的形式释放能量。因此可从光强最大时的温度和升温速度来推算电子陷阱的深度，而且辉光曲线上峰的数目对应于不同深度电子陷阱的种类。

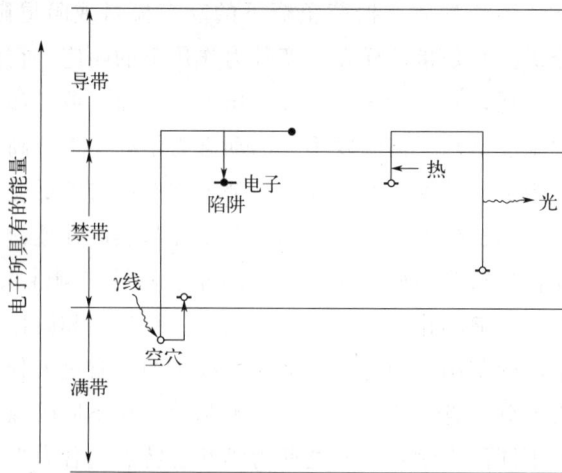

图 10-7　能带结构与热释光发光过程

热释光测定年代装置由加热系统、光测量和微计算机几部分组成。将粉末状样品直接或间接放在电热板上，一旦加热，热电偶将加热的信号输入 X-Y 记录仪的 x 轴，这样热释光对温度的坐标图就可以在加热过程中直接测得。热电偶的信号同时输入伺服控制系统，以便伺服系统控制通过加热板的变压器电流。光的测量由探测、转换和记录三部分组成。当光打到阴极时，光电材料将光子转换成电子，每一个从光阴极发射的电子到达阳极时已变成几百万个电子，这样在阳极产生一个连续的电子脉冲。阳极输出的信号通过脉冲放大器和甄别器把选择出来的脉冲输入光子率表。率表将信号分成两种，一种转换成电压接入 X-Y 记录仪，另一种接入峰值积分仪，将需要的光子信号转换成数字信号，输入微机系统。微机系统由同步显示和数据处理两部分软件组成。

陶瓷器由自然界黏土烧制而成，地球上的黏土有很多的天然放射性元素，这些天然的放射性元素和适量的磷光物质石英等晶体，可视为每年提供大小恒定的固定照射剂量的放射源。而陶瓷器中的矿物晶体如石英、长石、方解石等晶格缺陷受到上述放射性核素发出的 α、β 和 γ 放射线照射时，会产生自由电子，这些电子常被晶格缺陷俘获而积聚起来。在石英、长石晶粒被加热到 1500℃ 以上时，这些被俘获的电子会从晶格缺陷中逃逸出来，并以发光的形式释放能量，即热释光。陶器烧制时能达到 800℃ 以上的高温，其中的俘获电子全部归位。当成品陶器投入使用或埋藏于地下后，又会在来自自然界的各类射线的辐射下，重新获得俘获电子。俘获电子的累积数目与陶器烧制后所经历的时间成正比，通过测定这些俘获电子的数目就可以确定陶器样品的年代。

10.4　热分析的联用技术

一种热分析方法与另一种或几种热分析方法或其他分析手段联合使用的技术，如 TG-DTA、TG-DSC、TG-MS、TG-GC、TG-IR 等，可收到互补、互相验证的效果，从而获得更全面、更可靠的信息。

在联用技术中，有同时联用（simultaneous）和组合联用（combined）两种形式。前者是指在同一时间对同一试样使用两种或两种以上的热分析手段，后者是指使用不同的热分析手段对同种试样（不一定是同一个）分别进行分析测试。一般来说，同时联用效果好，但难度大。同时联用的优点有：试样的受热过程和实验环境完全相同；一台同时联用装置比两台或三台单独仪器的造价低；比单独使用两种或三种测试手段更节约时间；得到的数据更全面，且统一了数据因试样或仪器原因导致的偏差。总的来说，热分析的联用技术有下列三种形式。

① 同时联用技术　在程序控制温度下，对一个试样同时采用两种或多种分析技术，如 TG-DTA/DSC 联用。将热重分析 TG 与差热分析 DTA 或差示扫描量热法 DSC 结合为一体，利用同一试样在同一实验条件下同步得到 TG 和 DTA/DSC 的信息。如图 10-8 所示典型的 TG-DSC 联用曲线，同时包括 DTG 曲线。从同一张图可清楚地看到 DSC 所显示热转变的同时相应 TG 曲线的变化，从中可求出分解温度、分解焓、分解的最大速率和余重等。

② 串联联用技术　在程序控制温度下，对一个试样同时采用两种或多种分析技术，第二种分析仪器通过接口与第一种分析仪器相串联，如热重-傅里叶变换红外光谱（TG-FTIR）的联用。这样可同时连续地记录和测定试样在受热过程中所发生的物理-化学变化，以及在各个失重过程中所生成的分解或降解产物化学成分，从而将 TG 的定量分析能力和 FTIR 的定性分析能力结合为一体，并已在材料的热性能方面显示其广泛的应用前景。

③ 间歇联用技术　在程序控制温度下，对一个试样采用两种或多种分析技术，仪器的链接形式与串联联用相同。但第二种分析技术是不连续地从第一种分析仪取样，如 DTA-GC（气相色谱）的联用。DTA-GC 联用既可得到热分析曲线又可分析相应的分解

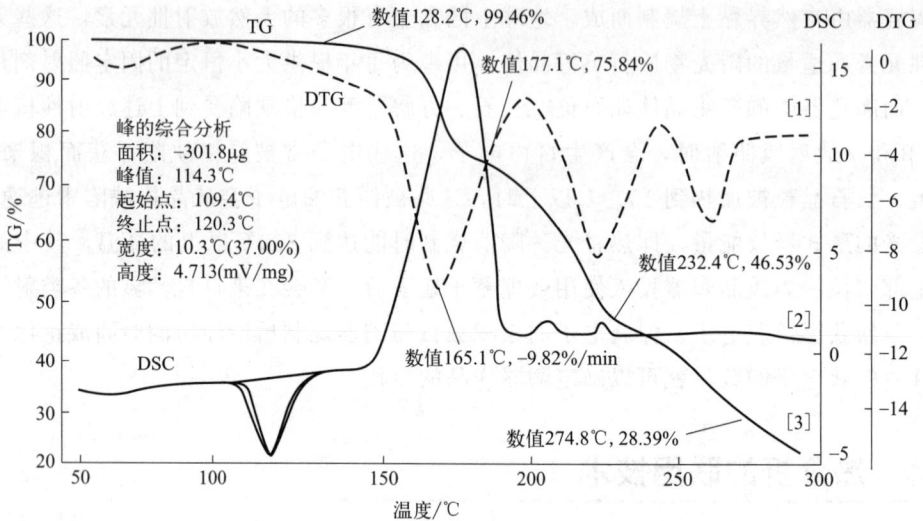

图 10-8 典型的 TG-DSC 联用曲线

[1] —DTG 曲线；[2] —DSC 曲线；[3] —TG 曲线

产物，对研究热分解反应机理极为有用。由于热分析是一种连续的测定过程，而气相色谱从进样到出峰需要一定的时间间隔。所以在热分析仪与气相谱联用时，就要通过一个接口把他们串联起来。这种接口可以在一定时间间隔通过载气把分解的气体产物贯入色谱柱进行分析。

热分析联用装置，特别是色谱、质谱等仪器与热分析仪器的联用，可使热分析的宏观测试结果与物质的微观组成与结构联系起来，为研究物质在加热过程中所引起的各种变化提供了更加丰富的信息。

10.5 综合热分析技术在材料研究中的应用（数字内容）

10.5.1 部分综合热分析规律与样品物理化学变化的对应关系

10.5.2 在制定烧成制度方面的应用

10.5.3 在矿物合成中的应用

10.5.4 在解析干燥、脱脂和排胶过程中的应用

10.5.5 判定脱水反应具体过程

思考题与练习题

1. 举例说明热膨胀分析在材料研究中的应用。
2. 热膨胀系数的大小与哪些因素有关？为什么？
3. 热膨胀系数测定时为什么需要对比空白测试结果？
4. 简述各种热分析方法在无机材料领域内的应用。
5. 各种热分析方法的特点是什么？

参考文献

[1]　曹春娥，顾幸勇，王艳香，等 . 无机材料测试技术 ［M］. 南昌：江西高校出版社，2011.
[2]　张锐 . 现代材料分析方法 ［M］. 北京：化学工业出版社，2007.
[3]　曾幸荣 . 高分子近代测试分析技术 ［M］. 广州：华南理工大学出版社，2007.
[4]　杨南如，岳文海 . 无机非金属材料图谱手册 ［M］. 武汉：武汉工业大学出版社，2000.

　　光谱分析是一种根据物质的光谱确定化学组成、结构和含量，从而鉴别物质的方法。光谱是复色光经过色散系统（如棱镜、光栅）分光后，被色散开的单色光按波长（或频率）大小而依次排列形成的谱图，全称为光学频谱。原子内层电子跃迁的能量较大，主要对应 X 射线波段。原子内层能级的跃迁能量较大，一般对应于 X 射线或深紫外波段。价电子的跃迁能量一般在紫外、可见光波段，窄禁带半导体的跃迁可到近红外波段。分子的振动和转动能级跃迁能量较小，一般对应光谱中红外和微波波段。原子核和电子自转能级跃迁的能量更小。

　　光谱分析可采用多种方法进行分类。按照所采集光谱与物质的作用方式可分为吸收光谱、发射光谱和散射光谱三种。发射光谱是指物质通过电致、热致或光致激发等过程获得能量，变为激发态原子或分子，当从激发态过渡到低能态或基态时产生发射光谱。而当物质所吸收的电磁辐射能满足该物质的原子核、原子或者分子的两个能级间跃迁所需能量时，将产生吸收光谱。当一定频率的电磁波照射到物质，在发生散射的过程中光子与物质分子发生能量交换，所采集的光谱称为散射光谱。拉曼散射即光子通过声子得失与晶格交换能量，从而研究物质结构。

　　按照能级跃迁发生的位置可分为原子光谱和分子光谱。原子光谱是由原子外层或内层电子能级的变化产生的，主要为线光谱，如原子发射光谱（AES）、原子吸收光谱（AAS）、原子荧光光谱（AFS）、X 射线荧光光谱（XFS）等。分子光谱是由分子的电子能级、振动和转动能级的跃迁产生的，一般为带光谱，如紫外-可见分光（UV-Vis）光谱、红外（IR）光谱、拉曼（Raman）光谱、分子荧光光谱（MFS）、分子磷光光谱法（MPS）、核磁共振谱（MR）等。红外光谱是分子振转能级跃迁产生的光谱，属于分子光谱，同时又有红外发射和红外吸收光谱两种，常用的一般为红外吸收光谱。

主要光谱分析方法

类型	方法名称	激发方式	作用物质	检测信号
发射光谱法	X 射线荧光光谱法	X 射线（0.01～2.5nm）	原子内层电子的逐出，外层能级电子跃入空位（电子跃迁）	特征 X 射线（X 射线荧光）
	原子发射光谱法	火焰、电弧、火花、等离子炬等	气态原子外层电子	紫外、可见光
	原子荧光光谱法	高强紫外、可见光	气态原子外层电子跃迁	原子荧光
	分子荧光光谱法	紫外、可见光	分子	荧光（紫外、可见光）
	分子磷光光谱法	紫外、可见光	分子	磷光（紫外、可见光）
	化学发光法	化学能	分子	可见光

类型	方法名称	激发方式	作用物质	检测信号
	Mossbauer 光谱法	γ射线	原子核	γ射线
	X射线吸收光谱法	X射线放射性同位素	$Z>10$ 的重元素原子的内层电子	X射线
吸收光谱法	原子吸收光谱法	紫外、可见光	气态原子外层电子	紫外、可见光
	紫外-可见分光谱	紫外、可见光	价电子	紫外、可见光
	红外光谱	红外光	分子振动、转动	红外光
	核磁共振谱	$0.1\sim900$MHz 射频	原子核磁量子,有机化合物分子的质子	吸收
	电子自旋共振波谱	$10\sim80$GHz 微波	未成对电子	吸收
	激光光声光谱	激光	分子(气、固、液体)	声压
	激光热透镜光谱	激光	分子(溶液)	吸收
散射光谱法	拉曼光谱	激光	分子	散射

11

X射线荧光光谱分析

1895 年，德国物理学家威廉·康拉德·伦琴发现了 X 射线，为 X 射线荧光光谱仪的发明提供了前提条件。随后在 1909 年，英国物理学家查尔斯·格洛弗·巴克拉发现了从样本中辐射出来的 X 射线与样品原子量之间的联系。四年之后，同样来自英国的物理学家亨利·莫塞莱发现了一系列元素的标识谱线（特征谱线）与该元素的原子序数存在定量关系，即为莫塞莱定律，从而为 X 射线荧光光谱分析技术奠定了理论基础。早在 1923 年，赫维西就提出了应用 X 射线荧光光谱进行定量分析，但由于受到当时探测技术水平的限制，该法并未得到实际应用。经过几十年的发展，X 射线荧光分析已成为成分分析的常用手段之一。X 射线荧光光谱仪（XRF）分析技术是一种无损检测技术，能够对不同材料中的化学组成进行快速分析。

本章将首先介绍 X 射线荧光光谱分析的理论基础，简述 X 射线与物质的相互作用及莫塞莱定律，之后介绍两种主要的 XRF 仪器——波长色散和能量色散谱仪的仪器结构及特征，最后介绍样品的制备方法及 X 射线荧光光谱分析在科学研究和工业生产中的应用。

11.1 工作原理

11.1.1 X射线与物质的相互作用

X 射线根据其能量高低可分为硬 X 射线和软 X 射线。能量为 $1\sim10\text{keV}$，波长为 $0.02\sim0.1\text{nm}$ 以下的称为硬 X 射线，波长大于 0.1nm 则称为软 X 射线。硬 X 射线能量高，穿透能力强，波长与原子半径相当，基于硬 X 射线的表征方法（如衍射、散射、吸收等）已被广泛应用于物质原子结构分析中。而软 X 射线能量较低，对样品辐射损伤相对较小，在电子结构分析、物质成像研究中发挥着重要作用。重元素铀的 K 系谱线波长为 0.01nm，轻元素 Li 的 K 系谱线为 24nm。因此，X 射线荧光分析技术感兴趣的波段一般在 $0.01\sim24\text{nm}$ 区间范围内。

被 X 射线辐照的原子，当 X 射线光子能量大于其某一轨道电子的结合能时，该轨道的电子可能被逐出，留下空穴，如图 11-1 所示。此时，处于较高能级的外层电子将按照一定规则跃迁以填补该空穴，这一过程使体系能量降低，可自发进行。电子从外层高能级轨道向内层低能级轨道跃迁时，多余能量可发生辐射跃迁，产生荧光X射线，也可传递给另一个电子，发生非辐射跃迁，产生俄歇电子。此外，比 K 层高的壳层随角动量量子数的不同而分为不同的亚层。如果初始空穴出现在这样的壳层，那么除了上述两种跃迁之外还可能存在相同壳层（主量子数相同）中另一亚层（角动量量子数不同）电子的跃迁，这就是所谓的科斯特-克朗尼格（Coster-Kronig）跃迁。由于能级间隔小，这种跃迁非常快，它

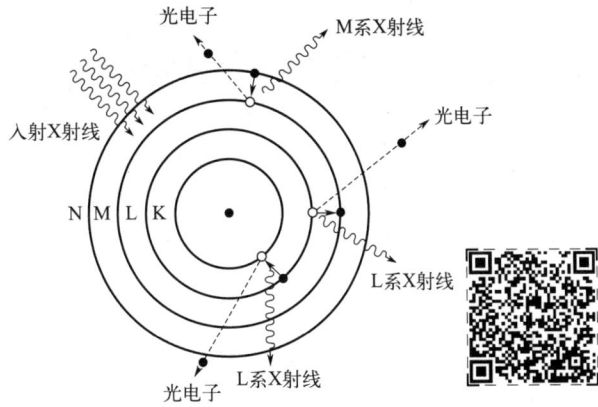

图 11-1　X 射线激发原子内层轨道电子

也属于无辐射跃迁。对于具有内层电子-空穴的原子，产生辐射跃迁的概率称为荧光产额，产生俄歇跃迁的概率称为俄歇产额，产生科斯特-克朗尼格跃迁的概率称科斯特-克朗尼格产额，这三者之和应为 1。

　　X 射线在物质中的衰减可以用质量吸收系数 μ 来表征。在特征 X 射线的能量范围内，总的质量吸收系数由光电吸收系数 τ 和散射系数 σ 两部分组成。图 11-2 中，钨的光电吸收系数 τ 随 X 射线波长的加大而迅速加大，这表明在吸收限内，入射光子逐出轨道电子的概率随其能量的减弱而增大。质量吸收系数与入射波长和原子序数正相关，有多个经验公式可对其进行计算。

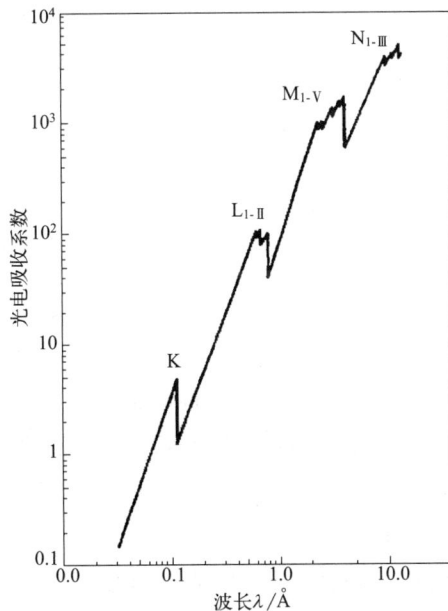

图 11-2　钨的光电吸收系数与波长的关系

11.1.2 莫塞莱定律

英国物理学家莫塞莱在研究了从铝到金范围内的 38 种元素的 X 射线标识谱线波长后，于 1913 年总结出了原子序数 Z 与特征荧光 X 射线频率之间的关系，即标识谱 K 系线的频率近似地正比于产生该谱线的元素的原子序数 Z 的平方。这一规律被称为莫塞莱定律。后来，人们在研究 L 系谱线时发现了类似规律。

莫塞莱定律可用如下公式近似描述

$$\sqrt{\nu} = Q(Z - \sigma) \tag{11-1}$$

式中，ν 为 X 射线的频率；Q 为与线系有关的常数，K 系线为 $\sqrt{3Rc/4}$，L 系线为 $\sqrt{5Rc/36}$，R 为里德伯常数，c 为光速；σ 为电子对原子核的屏蔽因子，K 系线为 1，L 系线为 7.4。

图 11-3 描述了 X 射线荧光光谱谱线的莫塞莱定律。

莫塞莱的实验第一次提供了精确测定原子序数的方法，利用该方法纠正了元素周期表的排序。莫塞莱定律建立了特征 X 射线的能量（波长）与原子序数的对应关系，是利用荧光 X 射线进行定性和定量成分分析的理论基础。

11.1.3 影响荧光强度的因素

待测原子吸收 X 射线光子后发射出某条特征荧光 X 射线的概率，即激发因子 E，是吸收线跃迁因子、谱线分数与荧光产额的乘积。吸收线跃迁因子是待测元素吸收了 X 射线光子后，逐出某层电子的概率。谱线分数 f 是指某一特征荧光 X 射线在该线系中的相对强度，是某一能级出现空穴时，某高能级电子跃迁至该能级填充空穴的概率，可通过内插法计算得到。

荧光产额 ω 是 X 射线荧光光谱分析中一个非常重要的参数。图 11-4 和图 11-5 分别展示了 K 和 L_3 能级的荧光产额和俄歇电子产额随原子序数 Z 的变化。K 能级的荧

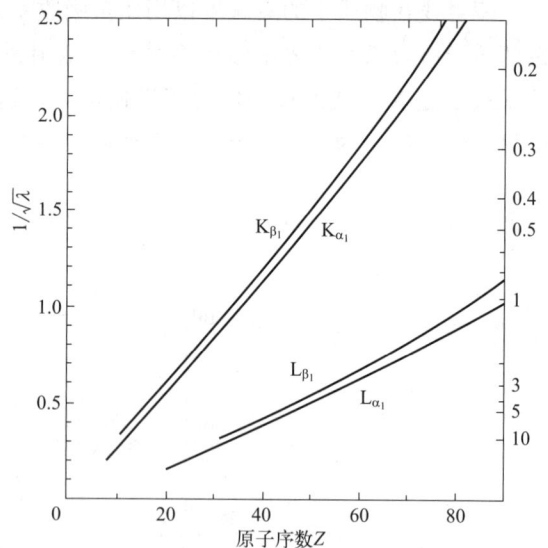

图 11-3   X 射线荧光光谱谱线的莫塞莱定律

光产额随着原子序数的增大而增大，到 70 以后逐渐饱和，接近 1。L_3 能级的荧光产额同样随原子序数的增大而增大，但增大幅度小于 K 系谱线。这两个图表明，对于原子序数小于 10 的轻元素，荧光产额很低。因此，X 射线荧光分析不利于分析轻元素。俄歇电子的产额与荧光的变化规律刚好相反。

X 射线荧光光谱中不仅包含由光源 X 射线直接激发的一次荧光，也包含了由一次荧光激发的二次荧光，以及再次激发的三次荧光等。一次荧光的强度与测量条件、谱仪的几

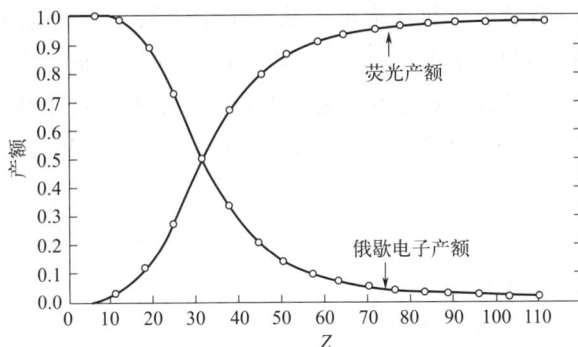

图 11-4　K 能级的荧光产额和俄歇电子产额随原子序数 Z 的变化

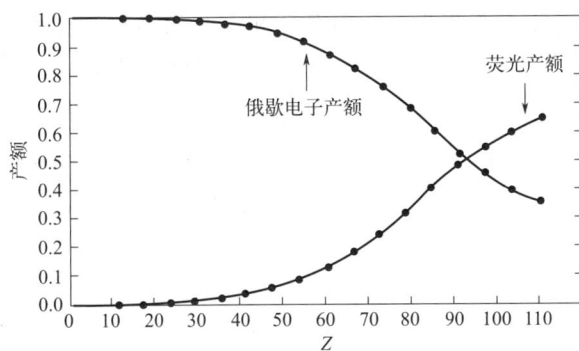

图 11-5　L_3 能级荧光产额和俄歇电子产额随原子序数 Z 的变化

何因子以及元素的激发因子和浓度有关。测量条件包括 X 射线管的靶材、管电压、X 射线的谱线类型和取出角、铍窗厚度、过滤片材质及厚度等，谱仪的几何因子主要指 X 射线的入射角和出射角。

波长为 λ_0 的单色 X 射线辐照到无限厚均匀样品上，浓度为 c_i 的元素 i 的一次荧光强度 $I_{\lambda_{i1}}$ 可由式（11-2）计算

$$I_{\lambda_{i1}} = c_i G_i \frac{I_{\lambda_0} \mu_{\lambda_i}}{\mu_S^*} \tag{11-2}$$

式中，G_i 代表了激发因子和谱仪结构参数的影响；I_{λ_0} 为入射 X 射线的光强；μ_{λ_i} 为纯元素 i 对激发 X 射线的质量吸收系数；μ_S^* 为样品在入射波长为 λ_0、荧光波长为 λ_i 时的总质量吸收系数。μ_S^* 可用式（11-3）计算

$$\mu_S^* = \mu_{S,\lambda} \csc\varphi_1 + \mu_{S,\lambda_i} \csc\varphi_2 \tag{11-3}$$

式中，$\mu_{S,\lambda}$ 和 μ_{S,λ_i} 分别为样品对波长为 λ 和 λ_i 的 X 射线的质量吸收系数；φ_1 为荧光 X 射线的入射角；φ_2 为荧光 X 射线的出射角。

11.1.4　允许跃迁及谱线命名

根据量子力学理论，原子核外的电子在绕核运动时的状态由 4 个量子数决定，分别为

主量子数、角量子数、磁量子数和自旋量子数。主量子数 n 给定电子的主要能级，为正整数 1、2、3、4、5…，对应符号为 K、L、M、N、O…，对同一种元素而言，n 相同的电子能级能量相近。角量子数 l 确定电子云的形状，取值与主量子数 n 有关，为非负整数 0、1、2、3、…、$n-1$，对应符号为 s、p、d、f…。对于 K 层电子，$l=0$，因此 K 层只有一个 s 轨道；对于 L 层电子，$l=0$、1，因此有 s 和 p 两种轨道；对于 M 层电子，$l=0$、1、2，因此有 s、p 和 d 三种轨道。磁量子数 m 描述电子云在空间的伸展方向，取值与角量子数 l 有关，分别为 0、±1、±2、…、±l。s 轨道 $m=0$，只有 1 条亚轨道；p 轨道 $m=0$、±1，有 3 条亚轨道。自旋量子数 m_s 描述电子的自旋角动量，表示与角量子数同向或反向，取值为 $+\dfrac{1}{2}$ 或 $-\dfrac{1}{2}$。需要注意的是，原子排布需同时满足泡利不相容原理和洪德规则，最外层原子最多为 8 个，次外层最多为 18 个。

　　图 11-6 列出了原子中允许出现的辐射跃迁和谱线的名称。在 X 射线特征荧光谱线的命名中，最左侧是元素符号，之后是谱线产生的壳层处，如 K、L、M、N…，紧跟的希腊字母代表跃迁发生的能级相对位置，数字代表支能级序数。例如：L 层有 3 个支能级，其中 L_I 能级稳定，不产生电子跃迁，电子从 L_{III}、L_{II} 跃迁到 K 层分别产生 K_{α_1} 和 K_{α_2} 线。以标注 $Cu\,K_{\alpha_1}$ 为例，表示元素 Cu 的 L_{III} 轨道上的电子向 K 层跃迁产生的荧光 X 射线。

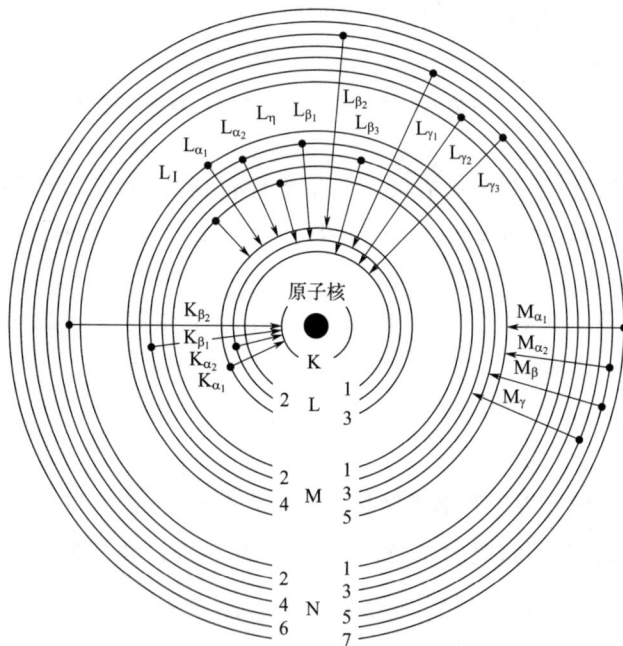

图 11-6　原子中允许出现的辐射跃迁和 X 射线荧光光谱中谱线的名称

　　当激发能量为 40keV 时，H 和 He 之外的元素一般有 2～10 个强峰。原子序数小于等于 25 的元素可产生 K_α 双线和 K_β 线，原子序数在 25 至 57 之间的元素还有 L 线产生，

包括 L_α 双线、L_β 和 L_γ 线族。原子序数大于 57 后，K 线的能量超过 40keV，不能被激发，但产生强 L 线和 M 线。一般情况均可采用信号强度大的 K 线和 L 线识别元素，进行分析。

11.2　仪器结构

X 射线荧光光谱仪主要由 X 射线光源、分光系统、检测记录系统以及数据显示与处理系统组成。按照分光系统的不同，X 射线荧光光谱仪可分为色散和非色散两类。色散型最为常用，主要有波长色散和能量色散两种。这两种仪器的主要区别在于所采用的荧光 X 射线检测方式不同，前者用晶体分光，后者用半导体探测器分光。近年来还出现了由波长色散与能量色散组合在一起的 X 射线荧光光谱仪，兼备各自的特长，以满足特殊分析的需要。此外还有利用全反射原理工作的全反射型 X 射线荧光光谱仪。本节将介绍谱仪主要部件的结构及工作原理。

11.2.1　X 射线光源

X 射线光源可采用各种功率的 X 射线管、放射性核素源、质子和同步辐射光源等，其中最常用的是 X 射线管。波长色散谱仪所采用的 X 射线管能量一般较高，可达 4～4.5kW，低可至 4W，类型有侧窗、端窗、透射靶和复合靶，靶材主要有 Rh、Cr、W、Au 和 Mo。能量色散谱仪采用的激发源 X 射线管功率较小，一般在 4～1600W，常用的是 9W 和 50W，靶型有侧窗和端窗，靶材主要有 Rh、Cr、W、Au、Mo、Cu 和 Ag 等，并广泛使用二次靶。而现场和便携式谱仪则主要用放射性核素源。本节将介绍几种主要的 X 射线管的结构和特性。

特征光谱的波长取决于 X 射线管的阳极靶材。特征谱线的能量满足 K＞L＞M＞N… 的规律，即波长满足 K＜L＜M＜N…。各元素同名谱系的波长随着原子序数增大而减小，与管电压和管电流无关。

连续谱的短波极限由式(11-4) 决定

$$\lambda_{\min} = \frac{1.23984}{U} \tag{11-4}$$

式中，$\lambda_{\min}$ 为连续谱的短波极限，nm；U 为 X 管的加速电压，keV。

由此可知，截止波长仅由管压决定，与管电流和靶材无关。只有当一次 X 射线的波长稍短于受激元素吸收限波长时，才能有效地激发出 X 射线荧光。

原级 X 射线谱强度分布随 X 射线管类型、阳极材料、X 射线管所用的窗口材料（铍片）的厚度、焦斑形状、施加电压和 X 射线管的出射角等条件而变。图 11-7 表示在 100kV，用钨作为阳极靶材的 X 射线管所发射出来的连续光谱和特征光谱的强度分布情况。

① 端窗型 X 射线管　窗口位于管头的顶部，是应用最为广泛的一种。多道 X 射线光谱仪多采用这种管型，因为端窗型 X 射线管可以有效地利用空间位置，安装多达 30 个波

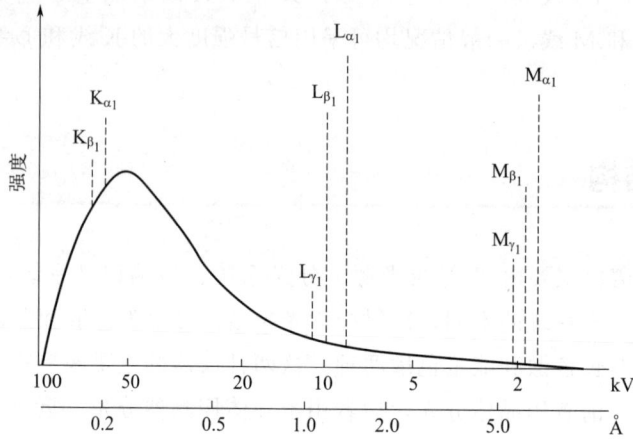

图 11-7　钨靶在 100kV 工作电压下的 X 射线光谱强度分布

道的光路。通常选用铑靶，以兼顾长短波长的激发效率。由于窗口不吸收反向散射电子，铍窗厚度可薄至 $125\mu m$，从而大大提高了对长波辐射的透射率，有利于轻元素的激发。端窗型 X 射线管采用正高压工作，阳极必须与地隔离，使得阳极靶必须采用去离子水循环冷却。因此，这类管子结构复杂，价格亦较贵。如图 11-8 结构示意图所示，端窗型 X 射线管的灯丝和靶极密封在真空金属罩内，灯丝和靶极之间加高压（一般为

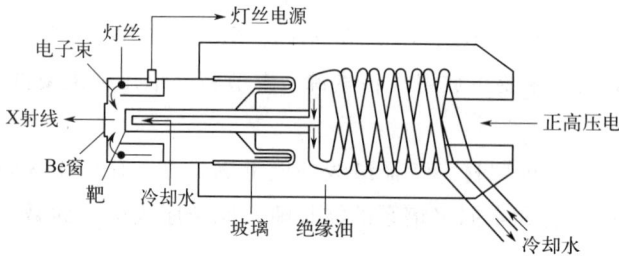

图 11-8　端窗型 X 射线管结构

40kV），灯丝发射的电子经高压电场加速撞击在靶极上，产生 X 射线。正常工作时，X 射线管所消耗功率的 0.2％左右转变为 X 射线辐射，其余均变为热能使 X 射线管升温，因此必须采用循环水冷却靶电极。高功率 X 射线管一般采用端窗靶，低功率采用透射靶。

　　② 侧窗型 X 射线管　窗口位于管头的侧面，结构较为简单，采用负高压工作，阳极与地同电位。阳极靶只需用一般自来水冷却即可。因此使用较为方便，安全可靠，同时价格较低。缺点是管子的窗口会吸收反向散射电子，因此铍窗较厚，可达 $300\mu m$，不利于测定轻元素。

　　③ 透射型 X 射线管　阳极紧贴铍窗的内层，该阳极在电子束轰击下所产生的 X 射线透过靶材和铍窗射向样品。而端窗靶在电子束轰击下所产生的 X 射线由靶材表面射出，通过铍窗射向样品。

11.2.2　波长色散谱仪

　　由于波长色散谱仪和能量色散谱仪所用的 X 射线检测装置不同，此处将分别介绍两

种测量方式。波长色散谱仪中由光源——X射线管、滤光片、原级（入射）准直器、分光晶体、二级（出射）准直器、探测器和测角仪等主要部件组成。不同波长的X射线由分光晶体利用衍射效应区分开来，其理论依据是布拉格方程，即 $n\lambda = 2d\sin\theta$。

分光晶体是波长色散谱仪获得待测元素特征X射线谱的核心部件，正确选择合适的晶体十分重要。顺序式X射线荧光光谱仪配备的晶体最多可达 $8\sim10$ 块，以满足从Be到U的诸元素测定，在测定超轻元素如B或Be时需要选择专用晶体。波长色散谱仪分光系统结构如图11-9所示，从样品表面出射的X射线在经过准直器准直后，以角度 θ 入射分光晶体表面，满足布拉格方程的射线将发生衍射，通过第二准直器后进入检测

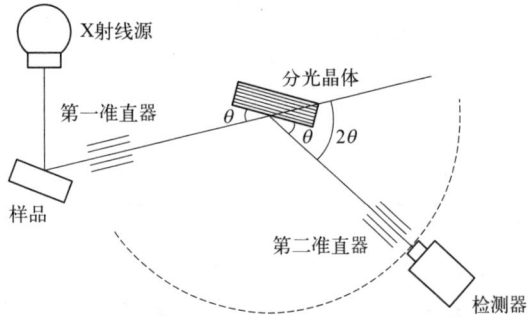

图 11-9 波长色散谱仪分光系统结构示意

器。晶体旋转角度 θ 时，使射线以不同角度入射，不同波长的X射线顺序发生衍射，从而被分开。当晶体旋转过 θ 角时，探测器需要转过 2θ 角。

根据布拉格定律，所选晶体的晶面间距必须满足使得 $2d$ 大于待分析元素荧光波长的条件。由于谱仪结构的限制，2θ 角一般小于 $148°$，即探测的 θ 角小于 $74°$。在选用晶体时应依据上述原则结合实际情况予以综合考虑。测定元素的范围若从铀到氧，从经济角度出发，选用三块晶体即可满足要求，分别为 LiF(200)(U-K)、PE(002)(Cl-Al)、PX1 或 TIAP(100)(Mg-O)。表11-1列举了几种常用分光晶体的 $2d$ 值及其适用范围。

表 11-1 常用分光晶体的 $2d$ 值及其适用范围

晶体	$2d$ 值/nm	适用范围	
		K 系线	L 系线
LiF(200)	0.180	Te~Ni	U~Hf
LiF(220)	0.285	Te~V	U~La
LiF(420)	0.403	Te~K	U~In
Ge(111)	0.653	Cl~P	Cd~Zr
InSb(111)	0.748	Si	Nb~Sr
PE(002)	0.874	Cl~Al	Cd~Br
PX1	5.020	Mg~O	
PX2	12.000	B 和 C	
PX3	20.000	B	
PX4	12.000	C(N,O)	
PX5	11.000	N	

晶体	2d 值/nm	适用范围	
		K 系线	L 系线
PX6	30.000	Be	
TIAP(100)	2.575	Mg~O	
OVO 55	5.500	Mg,Na 和 F	
OVO 100	10.000	C 和 O	
OVO 160	16.000	B 和 C	

为了确定 X 射线发生衍射的角度 θ，需要采用测角仪。对于顺序式 X 射线光谱仪而言，测角仪是核心部件之一。早期的测角仪多以斜齿咬合的方式，通过步进马达控制机械齿轮分步传动，为 θ-2θ 轴提供传动控制。该类型的测角仪能满足常规定性和定量分析的要求，但测角仪体积大，扫描速度较慢，定位精度一般只能达到 ±0.001°。之后，美国热电公司开发了莫尔条纹测角仪，摒弃了齿轮传动方式，θ-2θ 轴的角度通过两个光栅系统干涉产生的摩尔条纹数来确定，其转动速度可达 4800°/min，比普通机械齿轮测角仪快 5 倍，角度重现性 ±0.0002°。

X 射线在通过分光晶体后，不同波长的射线被区分开来，进入探测器，将光信号转换为电脉冲信号。波长色散仪常用探测器有流气式正比计数器、封闭式正比计数器和闪烁计数器三种。探测器再将信号送至前置放大器预放大，随后送入主放大器。主放大器输出的电脉冲信号包括待测元素的脉冲信号、噪声及高次线脉冲信号。之后，信号进入脉冲高度分析器，以降低噪声、排除高次线脉冲的干扰。信号分析完成后，软件读取信号，处理数据。

11.2.3　能量色散谱仪

能量色散谱仪是利用荧光 X 射线具有不同能量的特点将其分开并检测，不使用分光晶体，采用半导体探测器。来自样品的荧光 X 射线被半导体探测器检测后，得到一系列幅度与光子能量成正比的脉冲，经放大器放大后送到多道脉冲分析器。按脉冲幅度的大小分别统计脉冲数，脉冲幅度可以用 X 射线光子的能量标度，从而得到计数率随光子能量变化的分布曲线，即 X 射线能谱图。

能量色散谱仪的最大优点是可以同时测定样品中几乎所有元素，因此分析速度快。另外，能量色散谱仪不需要晶体及测角仪系统，探测器可以紧挨样品位置，接受辐射的立体角增大，几何效率可提高 2~3 个数量级，因此使用放射性核素源或小功率 X 射线管作为激发源，仍可获得足够高的计数率，对 X 射线的总检测效率比波长型色散仪高。因此，能量色散谱仪的机械结构简单，体积较小。缺点是能量分辨率差，探测器必须在低温下保存，对轻元素检测困难。

11.2.4　X 射线探测器的种类

探测器将能量转变为电信号，使得 X 射线荧光光子转变为一定形状和数量的电脉冲，表征 X 射线荧光的能量和强度。通常用电脉冲的数目表征入射 X 射线光子的数目，幅度表征入射光量子的能量。

波长色散谱仪主要使用正比计数器和闪烁计数器，测量从铍到铀的荧光 X 射线。台式能量色散谱仪使用 Si-PIN 和 HgI_2 探测器，通过电致冷方法，在常温下工作。而便携式则主要使用封闭式正比计数器和 Si-PIN 探测器。

11.2.4.1　正比计数器

正比计数器是指工作电压在正比区的充气计数器。它是利用氙、氪、氩或甲烷等气体在 X 射线或其他高能射线照射下被电离，从而形成电脉冲的核辐射探测器。外加电压足够高时，由电离引起的每个电子只发生一次雪崩，且这种雪崩限制于阳极丝附近的区域内，这样各个雪崩之间不发生任何相互作用。雪崩次数与气体初始电离对的数目大致相同，由于所有电子都被收集，故所收集的总电荷数正比于 X 射线光子的能量。

11.2.4.2　闪烁计数器

X 射线荧光分析所用的闪烁计数器由闪烁体、光导、光电倍增管及放大、分析电路组成。入射的 X 射线与闪烁体作用使之发光，光子经光导进入光电倍增管光电阴极并产生光电子，光电子在电位不同的各个再生极之间加速，得到倍增，从而在阳极上形成强的电脉冲。电脉冲再经前置放大器、主放大器进一步放大。

闪烁体是一类在 X 射线、γ 射线等高能粒子辐照下会发光的材料。在 X 射线荧光光谱仪中常用的闪烁体有用铊激活的且密封于窗口中的碘化钠晶体和碘化铯晶体。闪烁体晶体中激活剂的作用是提供发光中心。由于其能级一般在禁带内，因而可降低所发射光子的能量，使其不能被闪烁体本身所吸收，从而提高发光效率。

11.2.4.3　半导体探测器

半导体探测器的能量分辨率远好于正比计数器和闪烁计数器，在 20 世纪 70 年代中期已广泛用作能量色散 X 射线荧光分析仪的探测器。用于能量色散 X 射线荧光分析仪的探测器主要是 Li 漂移 Si[Si(Li)]和 Ge 探测器，需要在液氮状态下工作。

Si(Li)探测器为 PIN 结构，采用 Li 扩散对 p 型 Si 中的受主进行补偿，形成高电阻率本征区（Ⅰ区），Ⅰ区的两侧分别为 n 型区和极薄的 p 型区，Ⅰ区为工作区。施加反向电压后，工作区被进一步耗尽，电阻率因此进一步提高。X 射线从 p-Si 侧入射，在工作区被吸收，形成电子-空穴对，每 3.8eV 的光子能量可产生一个电子-空穴对。在反向电场的作用下，电子-空穴分别被收集而形成电流，经过由场效应晶体管（FET）和其他电路组成的前置放大器进行放大处理。输出的电脉冲与 X 射线光子的能量正相关。

11.2.5　全反射 X 射线荧光光谱仪

全反射 X 射线荧光光谱仪的激发源主要有高功率的旋转阳极 X 射线管、普通 X 射线荧光用的 X 射线管、同步辐射光源、放射性核素源等。探测器常采用 Si(Li)半导体探测器。与常规 X 射线荧光光谱仪不同，全反射光谱仪使用了单色光和全反射光学部件。入射的单色光从样品上反射出去，而由样品表面极薄的表面层产生的 X 射线荧光，由探测器检测。寻峰、解谱的方法与能量色散谱仪相同。其最大的优势是降低了吸收以及样品和衬底材料对光的散射，从而大大降低了背景噪声，因此明显降低了基体效应，获得了更高的灵敏度。

11.2.6　滤光片

使用滤光片可消除或减少来自 X 射线管发射的原级 X 射线谱，尤其是靶材的特征 X 射线谱对待测元素的干扰，改善峰背比，提高分析的灵敏度。

在吸收限两侧，质量吸收系数差别很大。利用这一特点，在能量色散 X 射线荧光光谱仪中，可通过配置滤光片进行能量选择。其作用是改善激发源的谱线能谱成分，同时在进行多元素分析时，滤光片可用来抑制这些高含量组分的强 X 射线荧光，提高待测元素的测量精度。滤光片分为初级滤光片和次级滤光片，前者置于 X 射线管和样品之间，其目的是得到单色性更好的辐射和降低待分析元素谱感兴趣区内的由原级谱散射引起的背景。为了提高荧光光谱的分辨率，后者置于探测器之前。

滤光片的材料主要有 Ti、Al、Ni、Zr 等金属。选用适当的原级滤光片可使样品中待测元素的激发效率提高。如采用 Si(Li) 漂移半导体探测器的能量色散 X 射线荧光光谱仪测定水溶液中的砷时，用 Ni 滤光片可将检测限从不用时的 2ppm 提高到 0.9ppm；测定饮料中的 Cd 含量时，用 Zr 滤光片可降低康普顿散射线，提高 Cd 的峰背比。

11.2.7　准直器和通道面罩

准直器由平行金属板材组成，两块金属片之间的距离有多种距离可选。准直器有两类，在样品和晶体之间的准直器又称一级准直器，其作用是将样品发射出的 X 射线荧光通过准直器变为平行光束照射到晶体，该准直器又称为入射狭缝。入射的 X 射线荧光经晶体分光后，通过二级准直器，即出射狭缝变为平行光束进入探测器。通过测角仪的调节，X 射线荧光经入射和出射准直器后，可确保入射光束以 θ 角进入晶体，出射光束以 2θ 角射入探测器，更好地满足布拉格定律。一级准直器对谱仪的分辨率起重要作用。

11.2.8　信号采集及处理系统

包括计算机和配套软件，进行解谱和数据分析。

11.2.9　附属设备

常用的附属设备有冷却系统、自动进样装置、样品切割机、研磨机、粉碎机、混匀机、压样机、熔融机等。

11.3　样品制备

样品制备的情况对 X 射线荧光光谱分析的测试误差影响很大。对金属样品要注意成分偏析产生的误差，化学组成相同、热处理过程不同的样品，得到的计数率也不同，成分不均匀的金属样品要重熔，快速冷却后车成圆片，对表面不平的样品要打磨抛光，粉末样品需要研磨、过筛至300～400目，压成圆片或放入样品槽中测定。难以得到均匀平整表面的固体样品可将其溶解后直接测量，或再沉淀成盐类测量。

样品的形态既可以是固态，也可以是液态，但不能含有腐蚀性溶剂、水、油及挥发性成分。

11.3.1　固体样品

11.3.1.1　粉末

① 粉末压片法　粉末样品可直接在样品杯中进行测试，但松散样品存在不均一性，表面不平整，影响测试结果的准确性，且支撑膜对轻元素有较强的吸收，使强度降低。为了获得均匀、光滑的样品表面，一般采用粉末压片法。

粉末压片法的制样大致可分为三个步骤：干燥与焙烧、混合与研磨、压片。干燥的目的是除去吸附水，混合与研磨可降低或消除不均匀效应。研磨有手工和机械振动磨两类。用机械振动磨效率高，便于控制，制样重复性好。粉碎研磨时选用合适的研钵容器十分重要，尤其是分析痕量元素时。研钵使用前后均要彻底清洁。若样品量较多，粉碎前也可用少量样品预清洗研钵两次。

在研磨样品和标准样品过程中，加入助磨剂有助于提高研磨效率。如水泥生料在粉碎时，可用硬脂酸或三乙醇胺混合研磨，振动研磨3～3.5min即可达到要求，并且有利于料钵清洗。若样品本身的黏性较小，在研磨前，按一定比例称取样品和黏结剂，混合后，振动研磨。X射线荧光强度与压制样品的压力和样品的颗粒大小有很大关系。

② 熔融处理法　此法可以克服矿物效应和颗粒度效应带来的不均匀性，且可以加入内标样品，还可用纯氧化物或用已有的标准样品中加添加物的方法制得新的标准样品。这样可使标准样品所含元素的含量范围扩大。由于熔剂和样品比通常大于5∶1，因此可有效降低元素间的吸收增强效应，熔融后的标准样品可长期保存。缺点是消耗试剂，制样时间较长，增加分析成本。由于稀释降低了荧光强度，并可引入大量的轻元素如硼、氧等，使背景强度增加，对测定痕量元素不利。

在熔融制样时，坩埚材料的选择十分重要。坩埚及模具的材料主要是5%Au-95%Pt，其优点是熔融物黏在坩埚壁上的现象远比用纯Pt好，熔剂不会浸润坩埚壁，熔融物可方便地从坩埚中倒出和脱模。过去用石墨坩埚及模具也较多，由于在空气气氛中，石墨坩埚使用次数有限，现在只用于某些特殊场合。选择坩埚时，要避免熔融过程中形成低熔点合金或共晶混合物。如，As可与Pt形成低熔点化合物As_2Pt，其熔点为1500℃（Pt的熔点为1769℃），而该化合物可与72%Pt形成熔点为597℃的共晶混合物。因此，由于少量As的存在，坩埚在600℃即破裂。另外，Ag、Cu、Ni等元素也容易与Pt形成合金，熔融这类样品，尤其要注意熔剂和氧化剂的选择。

此外，若用燃气喷灯熔融，坩埚外壁切忌放在还原焰上，以免Pt与碳形成碳化物。用炉子熔融时，坩埚不能放在SiC片或皿上，SiC在高温状态下对坩埚损害很大。样品中存在硫时决不能使用含Rh的坩埚。

11.3.1.2 金属样品

金属样品及分布均匀的合金样品，可用一般的机加工方法制成一定直径的金属圆片样品，如车床车制、飞轮切割等。金属样品表面光洁度直接影响 X 射线荧光强度，这种影响与待测元素有关，对原子序数小的元素影响尤为明显。对于原子序数在 13 号以上元素的 K 系线，要求光洁度达到 30～50pm。表面抛光法与金属样品种类、所测元素有关。

如果表面粗糙，可进行研磨抛光。值得注意的是，抛光条纹可能引起"屏蔽效应"，尤其长波辐射线与磨痕垂直时，强度会降低严重。为此，测量时应采取样品自转方式，消除样品取向影响，但不能消除屏蔽效应。因此，要求样品的磨痕大小一致，且和标准样品相似，以抵消影响。对于某些韧性的多相合金，要防止磨料颗粒的玷污。抛光后应立即进行测试，以防止表面氧化或污染。

11.3.1.3 其他固体样品

生长在衬底上的薄膜和半导体晶片等可切割成一定尺寸后直接测试，塑料制品可进行热压，橡胶制品可切成小块并装入样品盒中。

11.3.2 液体样品

液体样品可直接放在液体样杯中予以测定，也可经富集，再转移到滤纸片、聚四氟乙烯等基片上。与固体制样方法相比，样品是均匀的，不存在矿物和颗粒度效应，也不必考虑样品表面光洁度对测量的影响，基体效应因稀释而减小或可予以忽略，标准溶液很容易配制，特别适用于过程分析。能量色散 X 射线荧光光谱仪用于过程分析时，可将探测器直接放在液体样品表面，或将样品用泵输送至测量探头处。

生物样品制样时，为了得到液体样品，往往需要进行消解。

为了提高痕量元素的检出限，需要对样品进行富集。常用的富集技术包括物理富集和化学富集。蒸发和冷冻干燥是常用的物理富集方法，也可将液体样品滴到滤纸、Mylar 膜和聚四氟乙烯等基片上，烘干，并反复滴几次液滴，则可增大待测元素的浓度。化学方法包括共沉淀法、离子交换、萃取、螯合-固定、色层法等。

11.4 X射线荧光光谱分析概述

11.4.1 定性及半定量分析

X 射线荧光光谱的定性和半定量分析可检测元素周期表上绝大部分元素，并且具有可测浓度范围大（$10^{-6}\% \sim 100\%$）、不破坏样品和无须标准样品的特点，因此是一种很好的了解未知物组成及含量的测试手段。

不同元素的荧光 X 射线具有各自的特定波长，即特征波长。根据特征波长可确定元素的组成。在定性分析时，可依靠计算机自动识别谱线，给出定性结果。假如元素含量过低，或存在元素间的谱线干扰时，仍需人工鉴别，其一般步骤为：

① 先将 X 射线管靶材元素的特征谱线标出，也可用过滤片除去 X 射线管的靶线，以免待测样品中含有与靶材相同的元素时无法确认。例如，使用 0.3mm 的黄铜过滤片可以滤去 Rh 靶的 K 系谱线，用 0.3mm 的金属铝过滤片可滤去 Cr 靶的 K 系谱线。

② 从强度最大的谱峰识别起，根据所用分光晶体、谱峰的 2θ 角和 X 射线特征谱线波长及对应之 2θ 角表，假设其为某元素的某条特征谱线，如使用 LiF(200) 晶体并在 $2\theta=57.52°$ 时出现谱峰，则可假设为 Fe 的 K_α 线。

③ 通过对该元素的其他谱线是否存在来验证步骤 "②" 中的假设是否成立，如 Fe 的 K_β 线 $2\theta=51.73°$。同时考虑同一元素不同谱线之间的相对强度比是否正确。

④ 如果在步骤 "②" 假设的某元素（如 Fe）存在，则将该元素的所有其他谱线均标出（如 Fe 的 L_α 线等）。

⑤ 重复步骤 "②~④"，直至识别出所有谱线。

如果是能量谱仪，则根据特征能量查找谱峰所对应的元素。

对于未知且元素组成较为复杂的样品，图谱的分析较为困难，因为扫描图谱中往往会出现较多峰线，且易出现峰线重叠。此时需同时考虑样品的来源、性质等因素，以便综合判断，不仅要考虑元素峰的强度比规律，还要运用激发电位和其他物理化学知识进行识别。

现代 X 射线荧光光谱商用仪器通常都带有分析软件，这些软件充分考虑了上述因素，能够自动识别谱线，给出定性和半定量的结果。软件中一般会提供输入界面，让用户选择或输入样品的信息。因此，预先了解样品的信息将有助于辅助计算机筛选出正确的结果。然而，仪器具有局限性。当分析复杂样品或含某些特殊元素时，往往还需分析者根据 X 射线荧光光谱知识进行甄别。

图 11-10 是波长谱仪测出的鲕铁矿的 X 射线荧光光谱，图 11-11 是能量谱仪测出的多元素合金的 X 射线荧光光谱，两个图中横坐标不同，这是 X 射线荧光光谱中常见的两种测试方法。

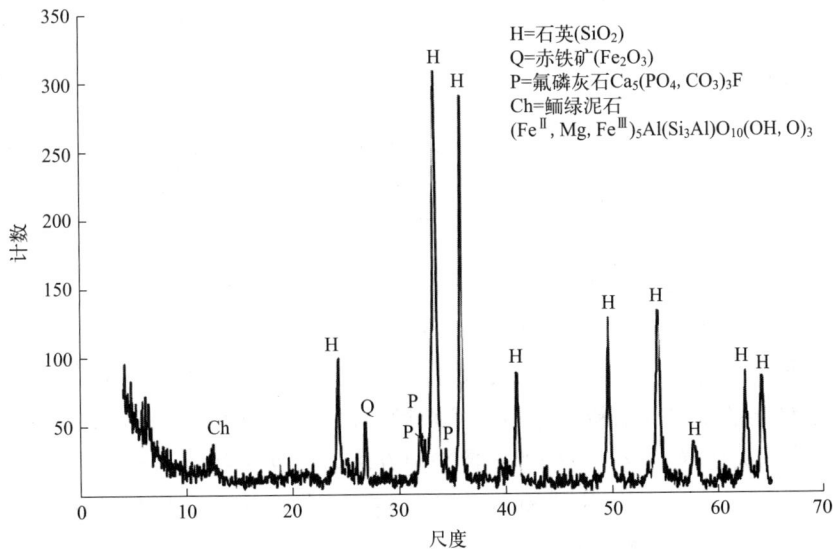

H=石英(SiO_2)
Q=赤铁矿(Fe_2O_3)
P=氟磷灰石$Ca_5(PO_4,CO_3)_3F$
Ch=鲕绿泥石
$(Fe^{II},Mg,Fe^{III})_5Al(Si_3Al)O_{10}(OH,O)_3$

图 11-10　鲕铁矿的 X 射线荧光光谱

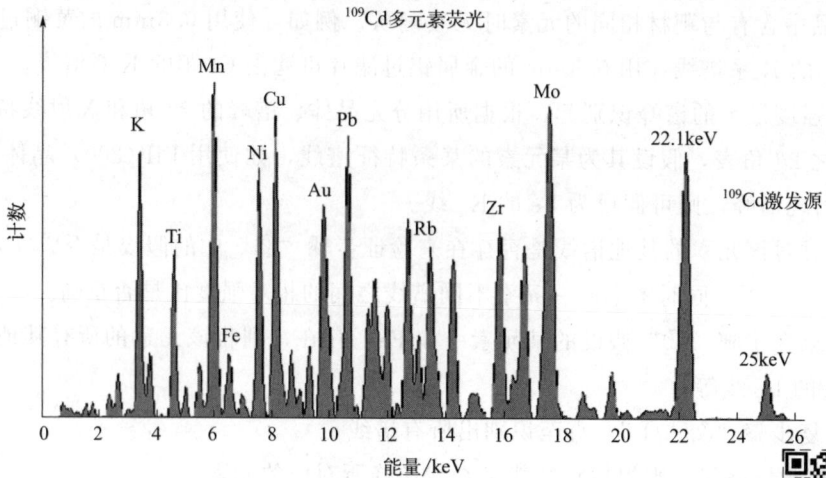

图 11-11　某多元素合金的 X 射线荧光光谱

半定量分析的准确度与样品本身的状态有关，如样品的均匀性、块状样品表面是否光滑平整、粉末样品的颗粒度等，不同元素半定量分析的准确度可能不同，因为半定量分析的灵敏度库并未包括所有元素。同一元素在不同样品中，半定量分析的准确度也可能不同。大部分主量元素的半定量分析结果相对不确定度可达到 10％（95％置信水平）以下，某些情况下甚至接近定量分析的准确度。

半定量分析适用于需要快速获得测试结果，对准确度要求不高（30min 以内可以出结果），缺少合适的标准样品，以及非破坏性分析等情况。

另外，分析样品中，除要求分析的元素外，其他元素或组分的含量也必须预先知道。如 Li_2O-B_2O_3-SiO_2 系玻璃，由于常规不能分析 Li_2O 和 B_2O_3，因此必须用其他方法（如 ICP-AES 等）测出它们的含量，之后用 X 射线荧光光谱法测定其他元素。

11.4.2　定量分析

定量分析是对样品中指定元素进行准确定量测定，需要一组标准样品作参考。常规定量分析一般需要 5 个以上的标准样品才能建立较可靠的工作曲线。定量分析对标准样品的基本要求有：

① 组成标准样品的元素种类与未知样相似（最好相同）；

② 标准样品中所有组分的含量应该已知；

③ 未知样中所有被测元素的浓度包含在标准样品中被测元素的含量范围内；

④ 标准样品的状态（如粉末样品的颗粒度、固体样品的表面光洁度以及被测元素的化学态等）应和未知样一致，或能够经适当的方法处理成一致。

标准样品可以向研制和经营标准样品的机构（如美国国家标准技术研究所 NIST 等）购买。若买不到合适的标准样品，可以委托分析人员研制。

X 射线荧光光谱法进行定量分析的依据是元素的荧光 X 射线强度 I_i 与样品中该元素

的含量 W_i 成正比，即

$$I_i = I_0 W_i \tag{11-5}$$

式中，I_0 为 $W_i = 100\%$ 时该元素的荧光 X 射线的强度。根据式(11-5)，可以采用标准曲线法、增量法、外/内标法等进行定量分析。

11.4.2.1　外标法

外标法是应用最广泛的一种方法。首先用与测定样品组成类似的多个标样，根据其含量与测得的 X 射线荧光强度的关系预先作好标准曲线；将样品中分析元素的分析线荧光强度与标准样品中已知含量的元素的同一谱线的强度进行对比，得出样品中分析元素的含量。

外部标准可以根据样品的特性，采用人工配制标样，或经其他化学方法准确测定的、和样品性质相似的样品来作标准样品。该法适用于样品基体变化不大的情况。一些溶液及硼酸盐熔融的玻璃样片适用于此法。

① 直接测定校正法　此法是利用外部标准直接测定样品中分析元素含量的最简便的方法，但它对分析条件的要求比较严格。样品中分析元素的含量范围变化较窄，基体成分变化对分析元素含量和分析线净强度之间呈圆滑单值曲线时才是正确的。直接测定时，与经验系数法相结合来校正基体效应，可获得较好的精度。

② 稀释法　此法是外标法中常用的方法。对于一个无限厚样品来说，在给定的分析元素及仪器条件下，分析线强度 $I_i = KcA \times \mu_m^{0.5}$，在 I_i-cA 工作曲线中，斜率的变化取决于联合质量衰减系数 $\bar{\mu}_m$；对于组成变化范围较大的样品而言，为了使 I_i-cA 有较好的线性关系，必须根据测定的精度要求，使 $\bar{\mu}_m$ 的相对变化降到 5% 以下。稀释法就是向样品中加入一定量的稀释剂，使 $\bar{\mu}_m$ 趋于稳定。常用的稀释剂碳粉、淀粉、石英粉末及其他有机类粉末等为轻吸收剂，碳酸钡、氧化镧、氧化铁等为重吸收剂。不管采用何种稀释剂，为了使曲线保持线性，稀释剂在 $\bar{\mu}_m$ 中应占 95% 以上。选用稀释剂时，应遵循如下原则：

a. 使样品的 $\bar{\mu}_m$ 通过稀释能稳定在一个水平上；

b. 稀释剂中的元素不应对分析线产生增强效应和谱线干扰；

c. 稀释后的样品要保证分析元素有足够的强度，即对分析元素的灵敏度应有尽可能小的影响；

d. 在固体粉末中，由于稀释而引起的样品不均匀性要降到最低限度，同时还应注意粒度的影响。

③ 薄样法　厚度在临界厚度以下的均匀样品，吸收-增强效应基本消失，即每个原子的吸收和激发与其他原子基本无关。此时，分析线的强度与分析元素的浓度成正比。对于成分恒定的薄膜来说，分析线的强度与薄膜的厚度成正比。在分析含有一种以上元素的薄样时，吸收-增强效应可不考虑。利用这一原理可测量已知成分的薄膜的厚度。

11.4.2.2　内标法

内标法通过向未知样品中加入一定比例且荧光特性与分析元素相似的某种元素，测定它们的强度比来进行定量分析。为了让内标元素充分发挥补偿基体和第三元素影响的作用，内标元素的选择应具备以下条件：

a. 原始样品中不能有加入的内标元素；

b. 内标元素必须与待测元素的谱线波长接近，使色散发生在同一反射级上；

c. 必须考虑样品组分对分析元素和对内标及基体元素之间可能发生的吸收和增强效应；

d. 待分析谱线应尽量选择不受化学态影响，由最内部能级激发后产生的谱线。

因此，原子序数为 Z 的分析元素，其内标元素一般选择 $Z\pm1$ 或 2 最佳。有时亦可选用 L 系线作 K 系线的内标。

在 X 射线荧光光谱分析中，本底内标法、靶线内标法和靶线康普顿散射线内标法也得到了广泛应用。这些方法能有效地补偿元素间的吸收-增强效应，以及长时间的仪器漂移而引起的测量误差。内标法还能部分补偿粉末样品的粒度变化而引起的误差。

11. 4. 2. 3　增量法

假设样品中待测元素的摩尔浓度为 C_i，在样品中加入增量为 ΔC_i 的待测元素，并测定加入前后待测元素的荧光强度 I_1 和 I_2，则有

$$\frac{I_1}{I_2}=\frac{C_i}{C_i+\Delta C_i} \tag{11-6}$$

由此求得样品摩尔浓度

$$C_i=\frac{I_1}{I_2-I_1}\Delta C_i \tag{11-7}$$

需要注意的是，加入待测元素后，荧光强度与摩尔浓度的关系必须依然保持在线性区间，因此，增量法一般限制在较低摩尔浓度范围（通常在百分之几）内应用，当摩尔浓度较高时，有时可作二次增量，以检查校正曲线是否仍保持线性关系。此法特别适用于复杂基体中单一元素的测量。

然而，以上定量测试的方法都要求标准样品的组成与待测样品的组成相近，否则样品的基体效应或共存元素会给测定结果带来较大偏差。化学组成的变化会影响样品对一次 X 射线和 X 射线荧光的吸收，并改变荧光增强效应。例如，在测定不锈钢中的 Fe 和 Ni 等元素时，由于一次 X 射线激发产生的 NiK_α 荧光 X 射线部分被 Fe 吸收，产生 FeK_α 射线，从而使得测定 Ni 时，因为 Fe 的吸收效应使结果偏低；测定 Fe 时，由于荧光增强效应使结果偏高。然而，相同的基体又难以配制。为克服这个困难，目前 X 射线荧光光谱定量分析一般采用基本参数法。该方法是在考虑各元素之间的吸收和增强效应的基础上，用标样或纯物质计算出元素荧光 X 射线的理论强度，同时通过实验测试其实际强度。将实测强度与理论强度比较，求出该元素的灵敏度系数。测未知样品时，先测定样品的荧光 X 射线强度，根据实测强度和灵敏度系数设定初始浓度值，再由该浓度值计算理论强度。将测定强度与理论强度比较，使两者达到某一预定精度，否则再次修正。基本参数法需要对样品中所有元素进行测试和计算，同时需要考虑元素间相互干扰的效应，计算过程十分复杂。采用计算机可提高计算的效率和精度。基本参数法是一种无标样定量分析。当待测样

品的摩尔浓度大于 1% 时，其相对标准偏差可小于 1%。

11.4.3　X射线荧光成像

　　X射线荧光成像（X-ray fluorescence imaging）利用微区内元素所发射的 X 射线荧光的波长（或能量）及其强度，作拓扑结构图，进行定性和定量分析，适于测量成分均匀性，尤其是微量元素的分布，在多个领域有重要应用。砂岩是一种典型的热液矿石，含有 U 和多种金属元素。地球中 U 的丰度很低，而 U 是一种高战略价值的矿石。因此在采矿中，探测矿石中 U 的含量和分布十分重要。图 11-12 所示为采用 X 射线荧光成像技术得到的砂岩矿中 U 和 Zr 含量分布图，图右侧的标尺所显示的颜色对应于信号强度，即元素的含量。由图 11-12 可知，U 在样品 S_1 中分布较为均匀，在 S_2 中呈网状分布，在 S_3 中离散分布；Zr 在样品 S_1 和 S_2 中分布均匀，在 S_3 中也呈离散分布。砂岩矿的成分十分复杂，除 U 和 Zr 外，常常还含有 Cu、V、Mo、Se、Ge、Sc、Nb 等多种元素。因此，采用 X 射线荧光成像对矿石进行成分分布测试，在采矿学中有重要参考价值。

　　除岩石矿物的研究外，X 射线荧光成像技术在合金的研究中也有重要价值，可用于测定组分、金属间化合物、偏析、夹杂和脱溶物的组成，研究结晶过程中的原子迁移，了解杂质的分布。在材料科学研究中，可用于材料和元器件中杂质和缺陷的分布、纳米颗粒的成分分析。在化工领域，可对催化剂、颜料和腐蚀物进行分析。在医学和生物学研究中，可用于分析骨骼、牙齿、头发、硅肺、肾结石等。在环境科学研究中可用于大气微粒、飘尘的成分分析。

11.4.4　全反射X射线荧光分析

　　全反射 X 射线荧光光谱仪的装置示意图如图 11-13 所示。与普通 X 射线荧光光谱装置不同，其入射角非常小，一般为 $0.3°\sim0.6°$，利用全反射发生时的倏逝波与样品的相互作用获取样品信息。当光波从光密介质进入光疏介质时，如果入射角 θ（此处定义为入射光与样品表面的夹角，非表面法线方向）小于临界角 θ_C，则会发生全反射。此时，光波在反射面的外侧并不立即消失，而是透射入光疏介质表面附近，沿界面传播一定距离后被反射，光波电磁场的强度随深度方向呈指数衰减，称为倏逝波。如图 11-13 所示，X 射线管产生的 X 射线经单色仪调制，以小于临界角的角度入射并全反射，产生的荧光信号被探测器接收，需要注意的是样品必须放置在样品托盘上，在进行定量分析时需要加入参比元素。全反射 X 射线荧光光谱仪背景噪声低，测试深度仅限于表面几纳米，灵敏度高、表面敏感，特别适合痕量元素分析、表面分析。改变入射角还可得到荧光强度随 θ 变化的曲线，从而得到被测薄膜样品的厚度、密度、组分等信息。

　　全反射 X 射线荧光分析有两种常见的分析模式：掠入射 X 射线荧光（grazing incidence X-ray fluorescence）和掠出射 X 射线荧光（grazing emission X-ray fluorescence）。其中，掠出射对实验装置要求低，对轻元素（$4<Z<20$）特别灵敏，能对大样品进行检测，实验精度高，但其临界厚度小、探测限高。

11

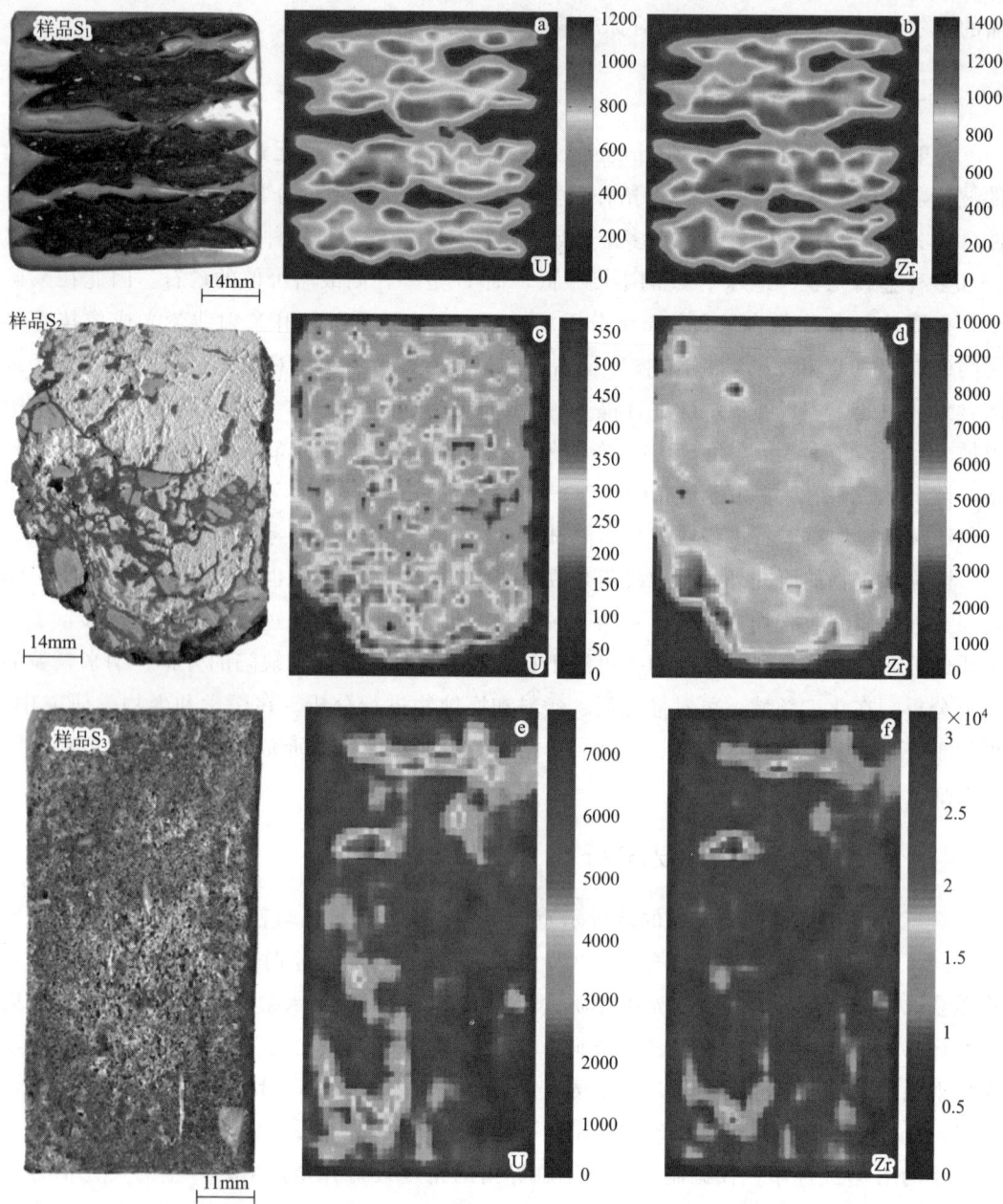

图 11-12 X 射线荧光成像得到的不同矿物样品（S₁、S₂、S₃）表面 U 和 Zr 的分布

（a 和 b、c 和 d、e 和 f 分别为光学显微镜下拍摄的样品 S₁、S₂、S₃ 的照片，显示三个样品具有不同的形状）

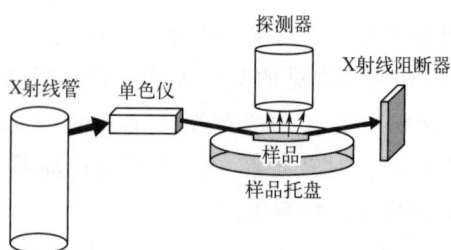

图 11-13 全反射 X 射线荧光光谱仪装置

思考题与练习题

1. X射线与物质相互作用的过程中可能有哪些粒子产生？
2. X射线管产生的射线有什么特征？特征 X 射线与荧光 X 射线有哪些区别和联系？
3. 简述 X 射线荧光光谱的工作原理及谱线命名规则。
4. 简述波长色散谱仪和能量色散谱仪的工作原理、解谱方法及各自的优势。
5. 简述 X 射线荧光光谱分析中样品制备的要求。
6. 简述莫塞莱定律对 X 射线荧光光谱分析的意义。
7. X 射线荧光光谱的检测限是多少？请与其他成分测试方法进行比较。
8. 如何采用 X 射线荧光光谱分析一种未知矿物的成分？
9. 简述 X 射线定量分析方法的种类及各自的特点。

参考文献

［1］　吉昂，陶光仪，卓尚军，等 . X 射线荧光光谱分析 ［M］. 北京：科学出版社，2003.

［2］　Klockenkämper R，von Bohlen A. Total-reflection X-ray fluorescence analysis and related methods ［M］. 2th ed. Berlin：John Wiley & Sons, Inc. ，2015.

［3］　谢忠信，赵宗玲，张玉斌，等 . X 射线光谱分析 ［M］. 北京：科学出版社，1982.

［4］　曹春娥，顾幸勇，王艳香，等 . 无机材料测试技术 ［M］. 南昌：江西高校出版社，2011.

［5］　Omran M，Fabritius T，Abdel-Khalek N，et al. Microwave assisted liberation of high phosphorus oolitic iron ore ［J］. J. Miner. Mat. Charact. Eng. ，2014，2：414.

［6］　Mikysek P，Trojek T，Mészárosová N，et al. X-ray fluorescence mapping as a first-hand tool in disseminated ore assessment：sandstone-hosted U-Zr mineralization ［J］ . Miner. Eng. ，2018，141：105840.

12

紫外-可见光谱分析

1852 年，比尔（Beer）根据布格（Bouguer）于 1729 年和朗伯（Lambert）于 1760 年所发表的文章，提出了分光光度的基本定律，即液层厚度相等时，吸光强度与溶液浓度成正比，提出著名的比尔-朗伯定律，从而奠定了分光光度法的理论基础。1854 年，杜保斯克（Duboscq）和奈斯勒（Nessler）等人将比尔-朗伯定律应用于定量分析化学领域，设计了第一台比色计。1918 年，美国国家标准局制成了第一台紫外-可见分光光度计。此后，紫外-可见分光光度计不断演化，出现了自动记录、自动打印、数字显示、微机控制等各种类型的仪器，分光光度计的灵敏度和准确度不断提高，应用范围不断扩大。

紫外-可见光谱是价电子和分子轨道上的电子在电子能级间的跃迁，广泛应用于有机和无机化合物的定性和定量分析，其光谱范围为 200~800nm。许多商业紫外-可见分光光度计的能量范围可延伸至近红外波段，达到 2000nm 左右。

12.1 紫外-可见光谱测试原理

分子内部除具有电子相对于原子核的运动能量 $E_{电子}$ 外，还包括分子中原子在平衡位置附近的振动能量 $E_{振动}$ 及分子绕自身重心的转动能量 $E_{转动}$。这 3 种运动的能量是量子化的，并对应有一定的能级。若不考虑各运动形式之间的相互作用，可近似地认为分子的能量为这三种运动的能量之和。价电子跃迁能级间的能量差 $\Delta E_{电子}$ 一般为 1~20eV。常用的紫外-可见分光光度计的光谱能量范围为 1.55~6.20eV，对应于价电子能级的跃迁。电子能级的跃迁往往还伴随着振动和转动能级的变化，使得电子跃迁的吸收线宽化为含有分子振动、转动精细结构的谱带。

12.1.1 紫外-可见吸收光谱中的电子跃迁方式

在有机和无机分子中，电子吸收紫外-可见光后产生跃迁的路径不同。

12.1.1.1 有机分子中的电子跃迁

有机化合物的分子结构以及分子轨道上的电子性质决定了各自特有的紫外-可见吸收

光谱，参与跃迁的有形成单键的 σ 电子、形成双键的 π 电子以及氧、氮、硫和卤素等杂原子上未成键的 n 电子（孤对电子）。根据分子轨道理论，分子轨道有成键轨道、非键轨道和反键轨道，其中成键轨道能量最低，反键轨道能量最高。根据洪德规则，电子总是先填充能量最低的轨道。当受到光激发时，处于较低能级的电子将跃迁至较高能级，可能产生的跃迁有 6 种形式，分别为 σ-σ*、σ-π*、π-σ*、π-π*、n-σ* 和 n-π*，如图 12-1 所示。其中，σ-σ*、σ-π* 和 π-σ* 跃迁需要的能量较大，吸收波长小于 200nm，属于真空紫外区。空气对远紫外区的光强烈吸收，一般的紫外分光光度计不覆盖这个波段，因此对这部分紫外光谱研究较少。

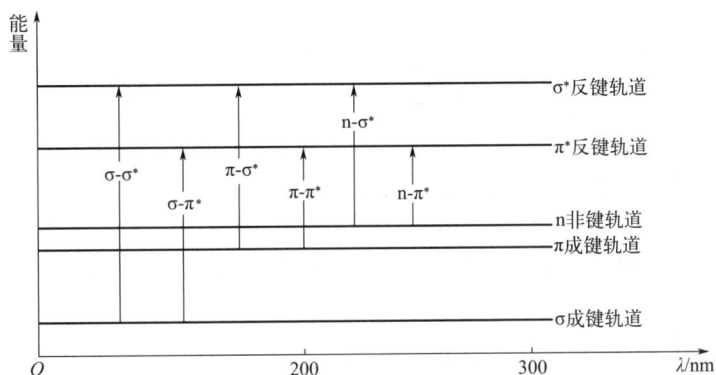

图 12-1 电子跃迁轨道示意

（1）饱和有机化合物

开链烷烃和环烷烃分子中只有 C—C 键和 C—H 键，只能发生 σ-σ* 跃迁，其最大吸收波长 $\lambda_{max} < 200nm$，落在真空紫外区。含有杂原子的饱和烃中含有 n 电子，即氢原子被氧、氮、卤素等原子或基团所取代，因此存在着 σ-σ* 和 n-σ* 两种跃迁。n-σ* 跃迁的吸收峰值有的在 200nm 附近，但大多数仍出现在小于 200nm 的区域内，其摩尔吸光系数 ε 一般为 $100 \sim 3000L/(mol \cdot cm)$。

（2）不饱和脂肪烃有机化合物

① 简单不饱和烃　只含有孤立双键的烯烃存在 σ-σ*、π-σ* 和 π-π* 跃迁。π-π* 跃迁吸收的能量最低，出现两个吸收带，强吸收带 $\lambda_{max} = 160 \sim 200nm$，依然位于真空紫外区，而弱吸收带 $\lambda_{max} > 200nm$，进入近紫外区。孤立的双键上如果连有烷基等助色团，烯烃的 π-π* 跃迁会发生红移，取代基越多，红移程度越大。表 12-1 列出了几种化合物中的电子跃迁。

表 12-1 几种化合物中的电子跃迁

化合物	跃迁类型	λ_{max}/nm	ε_{max}	溶剂
乙烷	$\sigma \rightarrow \sigma^*$	135	10000	气态
CH_3I	$n \rightarrow \sigma^*$	257.5	370	异辛烷
CH_3OH	$n \rightarrow \sigma^*$	184	150	—

续表

化合物	跃迁类型	λ_{max}/nm	ε_{max}	溶剂
乙烯	$\pi \to \pi^*$	165	10000	气态
丙酮	$\pi \to \pi^*$	166	16000	蒸汽
	$n \to \sigma^*$	194	9000	—
	$n \to \pi^*$	274	13.6	—
苯	芳香族 $\pi \to \pi^*$	184	68000	己烷
		204	8800	
		254	250	
Cr^{3+}-EDTA	d-d	538	266	水
Fe(Ⅲ)-(8-羟基喹啉)$_3$	L→M 电荷转移跃迁	581	4000	水
Fe(Ⅱ)-(1,10-二氮杂菲)$_3$	M→L 电荷转移跃迁	510	11200	水
硅(磷钾)钼蓝	M→M 电荷转移跃迁	—	—	
Sn(Ⅳ)-邻苯二酚紫	$\pi \to \pi^*$	555	65000	水

② 羰基化合物 包括醛、酮、脂肪酸及其衍生物、酰氯、酰胺等。这类化合物含有孤立羰基，存在 $\sigma\text{-}\sigma^*$、$\sigma\text{-}\pi^*$、$\pi\text{-}\sigma^*$、$\pi\text{-}\pi^*$、$n\text{-}\sigma^*$ 和 $n\text{-}\pi^*$ 跃迁。饱和醛、酮的特征谱带是由 $n\text{-}\pi^*$ 跃迁（R 带），在 $\lambda_{max}=270\sim300nm$ 处产生的弱吸收带（$\varepsilon_{max}=10\sim50$）；其 $n\text{-}\sigma^*$ 跃迁吸收位置 $\lambda_{max}=170\sim190nm$（$\varepsilon=10^3\sim10^5$）；但 $\pi\text{-}\pi^*$ 跃迁 $\lambda_{max}<150nm$。饱和脂肪酸及其衍生物由于含有助色团（—OH、—Cl、—Br、—OR、—NR$_2$、—SH 等）直接与羰基碳原子相连，助色团上的 n 电子与羰基双键的 π 电子会产生 $n\text{-}\pi$ 共轭效应，这时虽然 n 轨道的势能不变，但是成键 π 轨道势能的提高比反键 π^* 轨道能量的提高大，使 $\pi\text{-}\pi^*$ 跃迁所需能量 ΔE 变小，吸收峰红移，$n\text{-}\pi^*$ 跃迁所需能量 ΔE 变大，吸收峰蓝移。所以羧酸及其衍生物中碳基的吸收谱带与醛、酮有很大不同。

不饱和醛、酮含有羰基 C=O 和 C=C 生色团，若它们被两个以上单键隔开，则和孤立多烯类似，实际观测到吸收光谱是两个生色团的"加和"。但对于 C=O 和 C=C 共轭的 α,β-不饱和醛、酮，由于 $\pi\text{-}\pi^*$ 共轭效应形成离域 π 分子轨道，乙烯键的 $\pi\text{-}\pi^*$ 跃迁能量 ΔE 变小，其 K 带将由单独羰基的 $\lambda_{max}=165nm$ 红移到 $\lambda_{max}=210\sim250nm$；而 R 带将由单独羰基的 $\lambda_{max}=270\sim290nm$ 红移到 $\lambda_{max}=310\sim330nm$。当共轭双键数增多时，$\pi\text{-}\pi^*$ 跃迁吸收带 K 带红移时会掩盖 $n\text{-}\pi^*$ 吸收带（R 带）。表 12-2 给出了一些羰基化合物的紫外-可见吸收光谱数据。

表 12-2 一些羰基化合物的紫外-可见吸收光谱数据

化合物	R 带($n\text{-}\pi^*$)		溶剂
	λ_{max}/nm	ε_{max}	
丙酮	279	13	异辛烷
乙醛	290	12.5	气态
甲基乙基酮	279	16	异辛烷

续表

化合物	R 带(n-π^*)		溶剂
	λ_{max}/nm	ε_{max}	
2-戊酮	278	15	正己烷
环戊酮	299	20	正己烷
环己酮	285	14	正己烷
丙醛	292	21	异辛烷
异丁醛	290	16	正己烷
乙酸	204	41	乙醇
乙酸乙酯	207	69	石油醚
乙酰胺	205	160	甲醇
乙酰氯	235	53	正己烷
乙酸酐	225	47	异辛烷

(3) 芳香族化合物

芳香族化合物的紫外-可见光谱一般有 E_1、E_2 和 B 带 3 个吸收带。图 12-2 为苯的紫外-可见吸收光谱。图中 E_1 带是出现在 184nm 附近的强吸收带，E_2 带是出现在 204nm 附近的中等强度吸收带，B 带是出现在 256nm 附近具有精细结构的弱吸收带。3 个吸收带中，最重要的是近紫外区的 E_2 带和具有精细结构的 B 带。B 带是苯环的特征吸收带，在苯及其衍生物中的强度不变，但在极性溶剂中其精细结构不明显，甚至消失。

12.1.1.2 无机化合物中的紫外-可见吸收光谱

(1) 电荷转移光谱

分子中如同时具有电子给体和电子受体，在外来辐射激发下，吸收紫外光或可见光，产生电荷转移光谱（charge-transfer spectrum）。电荷转移光谱的最大特点是摩尔吸光系数 ε 大，一般 $\varepsilon_{max} > 10^4$ L/(mol·cm)，可用此类光谱进行定量分析。电子的跃迁可表示为

$$M^{n+}-L^{b-} \xrightarrow{h\nu} M^{(n-1)+}-L^{(b-1)-}$$

(12-1)

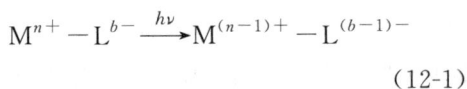

一些具有 d^{10} 电子结构的过渡元素形成的卤化物及硫化物，如 $AgBr$、PbI_2、HgS 等，由于电荷转移而产生颜色。电荷转移吸收光谱出现的波长位置，取决于电子给体和电子受体相应轨道的能量差。例如，SCN^- 的电子亲和力比 Cl^- 小，Fe^{3+}-SCN^- 络合物的最

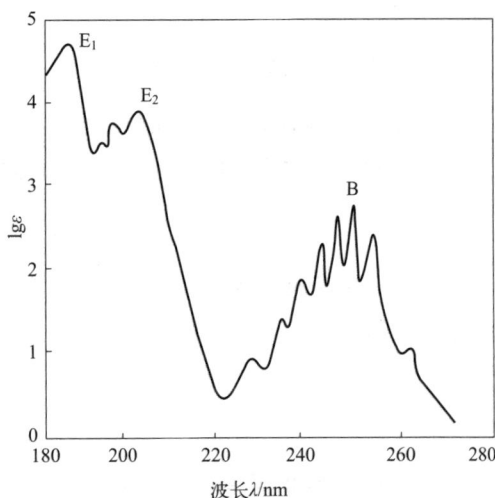

图 12-2 苯的紫外-可见吸收光谱

12

大吸收波长大于 Fe^{3+}-Cl^- 络合物，前者在可见光区，后者在紫外区。

（2）配位体场吸收光谱

配位体场吸收光谱（ligand field absorption spectrum）是指过渡金属离子与配位体所形成的配合物在外来辐射作用下，吸收紫外或可见光而得到相应的吸收光谱。配位体场吸收光谱是由 d→d 电子跃迁或 f→f 电子跃迁产生的，由于这两类跃迁必须在配体的配位场作用下才可能发生，故称为配位场跃迁。

d→d 电子跃迁是由于 d 电子层未填满的第一、二过渡金属离子的 d 电子，在配体场影响下分裂出的不同能量的 d 轨道之间的跃迁产生。其吸收带在可见光区，强度较弱，$\varepsilon_{max}=0.1\sim100L/(mol \cdot cm)$。f→f 电子跃迁是由镧系和锕系元素的 4f 和 5f 电子跃迁产生，其吸收带在紫外-可见光区。因 f 轨道被已填满的外层轨道屏蔽，不易受到溶剂和配位体的影响，所以吸收带较窄。

配位体的配位场越强轨道分裂能就越大，吸收峰波长就越短。例如，H_2O 的配位场强度小于 NH_3 的配位场强度，所以 Cu^{2+} 的水合离子呈浅蓝色，吸收峰在 794nm 处，而它的氨合离子呈深蓝色，吸收峰在 663nm 处。

一些常见配位体配位场强弱顺序为：

$I^-<Br^-<Cl^-<OH^-<C_2O_4^{2-}=H_2O<SCN^-<$ 吡啶 $=NH_3<$ 乙二胺 $<$ 联吡啶 $<$ 邻二氮菲 $<CN^-$。

（3）金属离子微扰的配位体吸收光谱

吸收光度法所使用的显色剂绝大多数都含有生色团及助色团，其本身为有色化合物。当与金属离子配位时，作为配位体的显色剂，其共轭结构发生了变化，致其吸收光谱蓝移或红移。

12.1.1.3 半导体的紫外-可见光谱

在紫外-可见波段，半导体的吸收主要是价带电子跃迁到导带产生的吸收，即本征吸收。本征吸收只有在光子能量大于其禁带宽度 E_g 时才发生，即

$$h\nu \geqslant h\nu_0 = E_g \qquad (12\text{-}2)$$

式中，h 为普朗克常数；ν 为光子频率；ν_0 为截止边的频率。

截止波长应满足式(12-3)

$$\lambda_0 = \frac{1240}{E_g} \qquad (12\text{-}3)$$

式中，λ_0 为截止波长，nm；E_g 为禁带宽度，eV。

频率大于 ν_0，即波长小于 λ_0 的光几乎全部被吸收。波长越过吸收边后，吸收系数 α 迅速增大，入射光强度 I 的衰减可用式(12-4) 表示

$$I = I_0 e^{-\alpha x} \qquad (12\text{-}4)$$

式中，I_0 为入射光强；x 为入射深度。

当光照射到界面上时，部分反射，部分透射，且反射率 R 和透过率 T 之和为 1。一

束光强为 I_0 的光通过厚度为 d 的样品时，在上下两个界面都要发生反射和透射，假设样品的吸收系数为 α，则在入射界面上的反射光强为 RI_0，透射进入样品内部的光强为 $(1-R)I_0$，假设样品同质、均匀，到达出射界面上的光强为 $(1-R)I_0 e^{-ad}$，在出射界面上再发生一次反射，忽略多次折返的光，最后透过样品出射的光强为 $(1-R)^2 I_0 e^{-ad}$。样品的透过率为透射光强度与入射光强度之比，因此样品的透过率为

$$T = (1-R)^2 e^{-ad} \tag{12-5}$$

于是

$$\alpha = -\frac{1}{d}\ln\frac{T}{(1-R)^2} \tag{12-6}$$

忽略反射的影响，式(12-6)可简化为式(12-7)

$$\alpha = -\frac{1}{d}\ln T \tag{12-7}$$

除本征吸收外，半导体对光的吸收还包括杂质和缺陷吸收、自由载流子吸收、激子吸收和晶格吸收，这几种吸收的能量均小于本征吸收，会降低半导体材料的透过率。

12.1.2 紫外-可见光谱中的常用术语

(1) 生色团

生色团是能使分子在 $200\sim1000$nm 产生特征吸收的基团，一般为含有不饱和键和未共享电子对的基团，最早由 Witt 于 1876 年提出。有机化合物中常见的羰基、硝基、共轭双键与三键、芳环等都是典型的生色团。它们的共同特点是含有 π 键，能发生 $\pi\text{-}\pi^*$ 跃迁或 $n\text{-}\pi^*$ 跃迁。表 12-3 列出了某些孤立生色团的紫外吸收光谱数据，表 12-4 列出了某些共轭生色团的紫外吸收光谱数据。

表 12-3　某些孤立生色团的紫外吸收光谱数据

生色团	化合物	λ_{max}/nm	ε	溶剂
$C{=}C$	$H_2C{=}CH_2$	171	15530	气体
	$HCH_{13}C_6{=}CH_2$	177	13000	正庚烷
$-C{\equiv}CCH_3$	$C_5H_{11}C{\equiv}CCH_3$	170	10000	正庚烷
$-C{=}O$ （酮）	CH_3COCH_3	166	16000	气体
		189	900	正己烷
		270.6	15.8	乙醇
$-C{=}O$ （醛）	CH_3CHO	180	10000	气体
		293.4	11.8	正己烷
$-COOH$	CH_3COOH	204	41	水
$-CONH_2$	CH_3CONH_2	178	9500	正己烷
		214	60	水

续表

生色团	化合物	λ_{max}/nm	ε	溶剂
—N=N—	CH_2N_2	约410	约1200	蒸汽
	$CH_3N=NCH_3$	339	5	乙醇
—N=O	C_4H_9NO	300	100	乙醚
—NO_2	CH_3NO_2	201	5000	甲醇
		271.0	186	乙醇
—ONO_2	$C_2H_5ONO_2$	270.0	12	二氧杂环己烷
—O—N=O	$C_8H_{17}ONO$	230.0	2200	己烷
—C=N	$C_6H_5CNC_6H_5$	220.0	70	乙醚
—S→O	$C_6H_{11}SOCH_3$	210.0	1500	乙醇
—CO_2R	$CH_3COOHC_2H_5$	211	57	乙醇
$\overset{O}{\underset{O}{\overset{\|}{\underset{\|}{S}}}}$	$(CH_3)_2SO_2$	<180	—	—

表 12-4 某些共轭生色团的紫外吸收光谱数据

生色团	化合物	$\pi \rightarrow \pi^*$ 吸收带 (K 吸收带)		$n \rightarrow \pi^*$ (R 吸收带)	
		$\lambda_{max}/\mu m$	ε_{max}	$\lambda_{max}/\mu m$	ε_{max}
C=C—C=C	1,3 丁二烯	217	21000	—	—
	2,3 丁二烯	217	20900	—	—
C≡C—C≡C	二甲基丁二炔	—	—	—	—
C=C—C≡C	乙烯基乙炔 $H_2C=C-C≡CH$ $\quad\quad H$	219	7600	—	—
C=C—C=O	巴豆油醛 $H_3C-C=C-CHO$ $\quad\quad H\ H$	218	18000	321	30
C=C—C=O	3-戊烯-2-酮 $H_3C-C=C-C-CH_3$ $\quad\quad H\ H\quad\ \underset{O}{\|}$	224	9750	314	38
C=N—N=C	丁嗪	205	13000	—	—
O=C—C=O	1-己炔-3-酮 $H_7C_3-C-C≡CH$ $\quad\quad\underset{O}{\|}$	214	5000	308	20

续表

生色团	化合物	$\pi \rightarrow \pi^*$ 吸收带（K 吸收带）		$n \rightarrow \pi^*$（R 吸收带）	
		$\lambda_{max}/\mu m$	ε_{max}	$\lambda_{max}/\mu m$	ε_{max}
O＝C—C＝O	丁二酮	—	—	435	18
C＝C—C—OH（‖O）	顺式巴豆酸 $H_3C-\overset{H}{C}=\overset{H}{C}-COOH$	206	13500	242	250
—C≡C—C—OH（‖O）	正丁基丙炔酸 $H_9C_4-C≡C-COOH$	约 210	6000	—	—
C＝C—C≡N	$\overset{H_3C}{\underset{H}{\underset{H}{\overset{|}{C}}}}\overset{|}{C}=\overset{H}{\underset{H}{C}}-NC_4H_9$	219	25000	—	—
C＝C—NO$_2$	1-硝基-丙烯 $H_3C-\overset{H}{C}=\overset{H}{C}-NO_2$	299	940	233	9800
OH—O—C—OH（‖O‖O）	草酸	约 185	4000	250	—
C＝C—C＝C—C＝C	$H_2C=\overset{H}{C}-\overset{H}{C}=\overset{H}{C}-\overset{H}{C}=CH_2$	258	35000	—	—
C＝C—C≡C—C＝C	$H_2C=\overset{H}{C}-C≡C-\overset{H}{C}=\overset{H}{C}-\overset{\overset{CH_3}{\mid}}{\underset{\underset{OH}{\mid}}{CH}}$	257	17000	—	—
C＝C—C＝C—NO$_2$	$H_2C=\overset{H}{C}-\overset{H}{C}=\overset{H}{C}-NO_2$	298	12500	—	—

（2）助色团

　　助色团本身不吸收 200nm 以上的辐射，但当它们与生色团相连时，会使其吸收带的最大吸收波长 λ_{max} 发生移动，并增加其吸收强度。助色团可分为吸电子助色团和给电子助色团。吸电子助色团是一些极性基团，如硝基。给电子助色团是带有未成键 p 电子的杂原子基团，如羟基、氨基。当助色团连接到分子中的共轭体系时，导致共轭体系电子云的流动性增大，分子中 $\pi \rightarrow \pi^*$ 跃迁的能级差减小，最大吸收波长移向长波，颜色加深。表 12-5 列出了不同助色团取代基的苯环光谱吸收数据。

表 12-5　不同助色团取代基的苯环光谱吸收数据

取代基 R	E_2 带		B 带		取代基 R	E_2 带		B 带	
	λ_{max}/nm	$\varepsilon/10^3$	λ_{max}/nm	$\varepsilon/10^3$		λ_{max}/nm	$\varepsilon/10^3$	λ_{max}/nm	$\varepsilon/10^3$
—H	204	7.9	256	0.2b	—Br	210	7.9	261	0.2b
—NO$_2$	269	7.8	—	—	—I	207	7.0	257	0.7b
—CH=CH$_2$	244	12.0	252	6.5b	—NH$_3^+$	203	7.5	254	0.2a
—CHO	244	15.0	280	1.5b	—N(CH$_3$)$_2$	251	14.0	298	2.1b
—COCH$_3$	240	13.0	278	1.1b	—SH	236	10.0	269	0.7c
—C≡CH	236	12.5	278	0.7c	—O	235	9.4	287	2.6a
—COOH	230	13.0	270	0.8a	—NH$_2$	230	8.6	280	1.4a
—CN	224	13.0	271	1.0a	—OCH$_3$	217	6.4	269	1.5a
—Cl	210	7.4	264	0.2b	—CH$_3$	207	7.0	261	0.2b

注：表中 a 为水溶液；b 为乙醇；c 为己烷。

（3）光谱吸收带

同类电子跃迁引起的吸收谱带称为吸收带。根据电子跃迁类型不同，可将吸收带分成 R、K、B 和 E 四种类型。

① R 带　是生色团（如 $\diagdown$C=O、—NO$_2$、—N=N— ）的 n-π* 跃迁引起的吸收带。R 带的吸收强度很弱，吸收系数 $\varepsilon_{max} < 1000$，λ_{max} 一般在 270nm 以上。当溶剂极性增大时，λ_{max} 发生蓝移。如甲醛蒸气的 $\lambda_{max} = 290$nm，$\varepsilon_{max} = 10$，丙酮在正己烷中，$\lambda_{max} = 279$nm，$\varepsilon_{max} = 15$，均为 n-π* 跃迁引起的弱吸收带，属 R 带。

② K 带　由分子中共轭体系的 π-π* 跃迁引起的吸收带称为 K 带。K 带的吸收系数很大（$\varepsilon > 10000$），吸收峰的 λ_{max} 处在近紫外区低端，常随溶剂极性增强而红移。

③ B 带　是芳香族和杂芳香族化合物的特征谱带，是由封闭共轭体系（芳环）的 π-π* 跃迁引起的弱吸收带。在 230～270nm 呈一宽峰，且具有精细结构，$\lambda_{max} = 255$nm，$\varepsilon_{max} = 220$，属弱吸收。B 带的精细结构随溶剂极性增强而减弱甚至消失。

④ E 带　也是芳香族化合物的特征谱带。E 带包括 E$_1$ 带和 E$_2$ 带，二者可分别看成是由苯环中乙烯键、共轭乙烯键的 π-π* 跃迁引起的。E$_1$ 带、E$_2$ 带分别处于 184nm、204nm。E$_2$ 带也称 K 带。

（4）红移和蓝移

在有机化合物中，常常因取代基的变更或溶剂的改变，使其吸收带的 λ_{max} 发生移动，向长波方向移动称为红移，向短波方向移动称为蓝移。

12.1.3　影响因素

各种因素对紫外-可见吸收光谱的影响表现为谱带位移、吸收强度的变化、谱带精细结构的出现或消失。

　① 共轭效应　共轭体系中电子离域到多个原子之间，使分子的最高占据轨道能量升高，最低未占据空轨道能量降低，导致 π-π* 跃迁的能量降低，同时跃迁概率也增大，即 ε_{max} 增大，使得谱带红移。

　② 立体化学效应　指空间位阻、构象、跨环共轭等因素导致吸收光谱的红移或蓝移及伴随的增色或减色效应。取代基越大，分子共平面性越差，会导致谱带蓝移、吸收强度变弱。

　③ 溶剂效应　指随着溶剂极性的增大，谱带的 λ_{max} 发生红移或蓝移的现象。一般情况下，溶剂极性增大时，使 K 带红移，而使 R 带发生较大蓝移。芳烃的吸收光谱中，B 吸收带的精细结构随溶剂极性的增大逐渐减弱，直至消失，如图 12-3 所示。这是由于环状共轭体系的 π-π* 跃迁叠加了分子的振动和转动而呈锯齿状精细结构，在极性溶剂中，溶剂和溶质分子之间发生相互作用，使苯环的振动和转动受到限制，精细结构因而变弱，直至消失。共轭烯酮的 λ_{max} 经验规则的溶剂修正值如表 12-6。

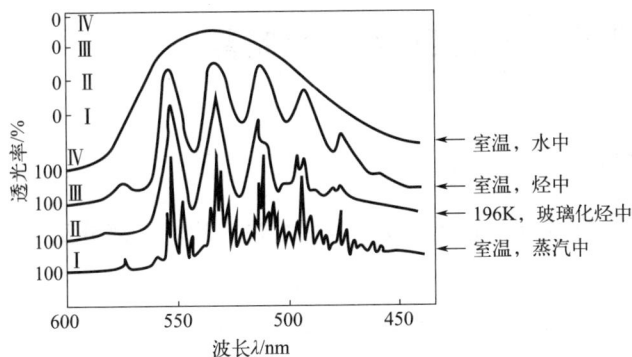

图 12-3　温度、溶剂极性对四氮苯光谱的影响

表 12-6　共轭烯酮的 λ_{max} 经验规则的溶剂修正值

溶剂	修正值/nm	溶剂	修正值/nm
水	+8	乙醚	−7
甲醇	0	正己烷	−11
氯仿	−1	环己烷	−11
二氧六环	−5		

　④ 隔离效应与加和规律　当生色团 A 与生色团 B 之间有不含杂原子的饱和基团 C 间隔时，C 阻止了 A 与 B 的共轭作用，此时 C 产生隔离效应，紫外吸收为 A 与 B 吸收之和，服从加和规律。

　此外，在测量紫外-可见光谱时，有一些经验规则可以利用。例如，共轭二烯类和 α、β 不饱和羰基化合物的紫外吸收带可参考伍德沃德（Woodward）定则，含有四个以上共轭双键的化合物则用菲斯（Fieser）和库恩（Kuhn）定则计算，苯环二取代衍生物的吸收光谱可参考斯科特（Scott）定则，具体内容可参考相关专著。

12.1.4　比尔-朗伯定律

稀溶液、均匀介质对光的吸收满足比尔-朗伯定律（Beer-Lambert law）。它是分光光度法进行定量分析的数学基础，其表达式为

$$A = \lg \frac{I}{I_0} = \lg \frac{1}{T} = \varepsilon c L \tag{12-8}$$

式中，A 为吸光度；T 为透过率，为出射光强度 I 与入射光强度 I_0 之比；ε 为摩尔吸光系数，与吸收物质的性质及入射光的波长有关，L/(mol·cm)；c 为吸光物质的浓度，mol/L；L 为吸收层厚度，cm。

根据比尔-朗伯定律，当吸收介质厚度不变时，A 与 c 之间成正比关系。但实际测定时，标准曲线常会出现偏离比尔-朗伯定律的现象，有时向浓度轴弯曲（负偏离），有时向吸光度轴弯曲（正偏离）。

12.2　紫外-可见分光光度计及样品制备

12.2.1　仪器结构

各种型号的紫外-可见分光光度计就其结构来说，均由五部分组成，即光源、单色器、吸收池、检测器和信号指示系统。

① 光源　主要采用发射强度平稳且具有连续光谱的光源。紫外部分主要采用氢灯或氘灯，可见光部分最常用的是钨丝灯。

② 单色器　将复合光分解成单色光或有一定宽度的谱带，其性能直接影响入射光的单色性，从而也影响到测定的灵敏度、选择性及校准曲线的线性关系等。单色器由入射狭缝、准直透镜、色散元件、聚焦透镜和出射狭缝等部件组成，其核心部分是色散元件，起分光的作用，一般采用棱镜或光栅。

棱镜有玻璃和石英两种，利用不同波长的光折射率不同，使其在通过后由于出射角不同而分开。光栅是利用光的衍射与干涉作用制成的，适用于全波段，具有色散波长范围宽、分辨本领高、成本低、易于保存和制备等优点。由光栅方程 $d(\sin\alpha + \sin\beta) = m\lambda$ 可知，对于相同光谱级数 m，不同波长组成的混合光以相同入射角 α 投射到光栅上时，每种波长的衍射光以不同的衍射角 β 出射，从而完成分光。

③ 吸收池　用于盛放分析试样，一般有石英和玻璃两种材质。石英池适用于可见光区及紫外光区，玻璃吸收池只能用于可见光区。为减少光的损失，吸收池的光学面必须完全垂直于光束方向。

④ 检测器　是检测信号、测量单色光透过溶液后光强度变化的装置。常用的检测器有光电池、光电管和光电倍增管等。硒光电池是一种常用的光电池，其对光的敏感范围为 $300 \sim 800$nm，以 $500 \sim 600$nm 最为灵敏。

⑤ 信号指示系统　作用是放大信号并以适当方式指示或记录下来。常用的信号指示

装置有直读检流计、电位调节指零装置及数字显示或自动记录装置等。

12.2.2 紫外-可见分光光度计的种类

紫外-可见分光光度计可分为单光束、双光束、双波长、多通道和探头式分光光度计等多种。其中，前三类较为普遍。根据工作波段的不同，有真空紫外分光光度计（0.1～200nm）、可见光分光光度计（350～700nm）、紫外-可见分光光度计（185～900nm）、紫外-可见-近红外分光光度计（185～2500nm）。

① 单光束分光光度计　是光源经单色器分光后的一束平行光轮流通过参比溶液和样品溶液，以进行吸光度的测定。这种分光光度计结构简单，操作方便，维修容易，适用于常规分析，结构如图 12-4 所示。

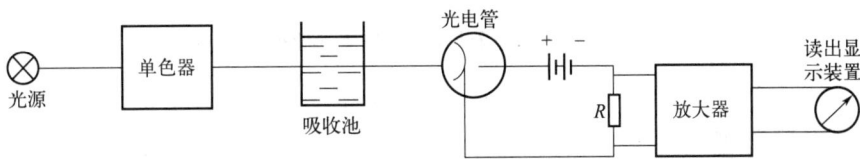

图 12-4　单光束分光光度计原理

② 双光束分光光度计　光源经单色器分光后经反射镜分解为强度相等的两束光，一束通过参比池，一束通过样品池，光度计能自动比较两束光的强度，此比值即为试样的透射比，根据式(12-8)转换为吸光度，并作为波长的函数记录下来，原理见图 12-5。

双光束分光光度计一般能够自动记录吸收光谱曲线。同时，由于由同一光源分束的光同时通过参比池和样品池，该类光度计能够补偿光源和检测系统的不稳定性。

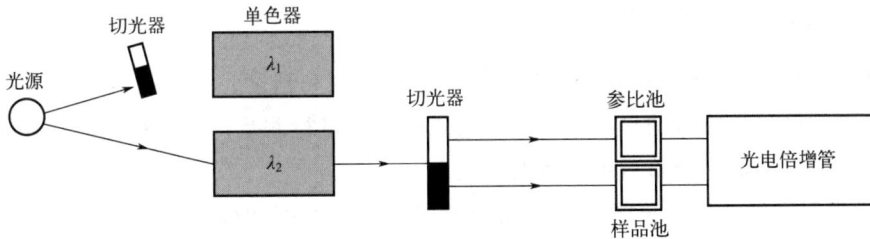

图 12-5　双光束分光光度计原理

③ 双波长分光光度计　将同一光源发出的光分成两束，分别经过两个单色器，得到波长分别为 λ_1 和 λ_2 的单色光，利用切光器使两束光以一定的频率交替照射同一吸收池，然后经过光电倍增管和电子控制系统，最后由显示器显示出两个波长处的吸光度差值 ΔA（$\Delta A = A_{\lambda_1} - A_{\lambda_2}$），如图 12-6 所示。其优点在于：

a. 可以通过波长的选择方便地校正背景吸收，消除吸收光谱重叠的干扰，多组分混合物、混浊试样（如生物组织液）的定量分析；

b. 使用一个吸收池，参比溶液就是被测溶液本身，避免了溶液和吸收池之间的差异；

c. 能获得导数光谱；

d. 通过光学系统转换，双波长分光光度计可方便地切换为单波长工作模式；

e. 如果能在 λ_1 和 λ_2 处分别记录吸光度随时间变化的曲线，还能进行化学反应动力学研究。

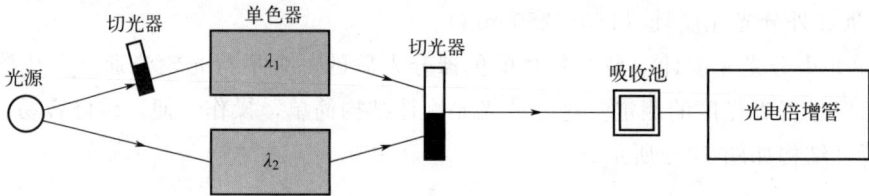

图 12-6　双波长分光光度计原理

12.2.3　样品制备

① 液体样品的制备　液体样品装在各种规格的标准比色皿里，测试时将比色皿放入样品池。溶剂的极性会影响测试结果，因此需要选用合适的溶剂将待测样品溶解。在选择溶剂时，必须保证溶剂不与被测组分发生化学反应，待测物在溶剂中的溶解性良好，在测定波段溶剂本身无明显吸收，被测组分在溶剂中具有良好的吸收峰形，溶剂挥的发性小、不易燃、低毒。

② 固体样品的制备　固体样品有专门的样品架。块状样品需要有合适的尺寸，既要能够完整覆盖光路，也要能够装配到样品架上，具体尺寸根据仪器状况确定。样品表面应尽可能平整，样品内部同质、均匀。

12.2.4　测量条件的选择

① 测量波长的选择　测量波长影响测试的灵敏度和精度。为了提高测量灵敏度，一般选择被测物最强吸收带的最大吸收波长为入射波长进行测量。有干扰物质共存时，可选择另一条灵敏度稍低但能够避免干扰的谱线。

② 狭缝宽度的选择　狭缝宽度直接影响测定的灵敏度和校正曲线的线性范围。狭缝过宽，入射光的单色性差，灵敏度下降，校正曲线的线性变差。狭缝过窄，光强太弱，不利于测定。一般在不减少吸光度时的最大狭缝宽度为应该选择的最合适宽度。

③ 合适的吸光度范围　吸光度范围可通过控制被测物的浓度或改变比色皿的厚度来实现。一般情况下，吸光度应控制在 $0.1 \sim 0.8$。

④ 反应条件的选择　在可见区进行分光光度测定时，在无机组分中，很少直接利用金属离子本身的颜色进行光度分析，因为它们的吸光系数都很小。常常选择合适的显色剂将被测组分转变为有色化合物后进行测定。

a. 酸度。溶液的酸度对显色反应有重要影响，影响有机弱酸显色剂的络合反应。酸度过低时，高价金属离子容易水解生成沉淀。最适宜的酸度范围可通过实验确定。

b. 显色剂的用量。过量的显色剂可使显色反应趋于完全。但是,显色剂浓度过大,可能改变有色化合物的组成,使化合物的颜色发生变化。加入量可通过实验确定。

c. 显色时间。各种显色反应的反应速度各不相同,从而需要的显色时间也不同。生成的有色化合物的颜色稳定性也不同,放置时间过长,有的就会逐渐褪色或变色。因此,显色反应后必须在适当时间内测定吸光度,合适的显色时间应由实验确定。

d. 反应温度。显色反应一般在室温下进行。有的反应在室温下进行较慢,需要加热才能迅速完成,有的反应在较高温度下进行时,生成的有色化合物会发生分解。因此,需要根据反应性质选择合适的反应温度。

e. 溶剂的影响。选择合适的有机溶剂能提高显色反应的灵敏度,有的还会影响所生成的络合物的溶解度和组成。需要通过实验来确定选择哪一种溶剂。

12.2.5 参比的选择

参比的作用是在测量样品时,将其透射比调节为100%,消除参比的吸光。对液态样品则消除吸收池、溶剂和杂质成本的影响,对固态样品则消除衬底、溶剂相和杂质等的影响。

① 参比溶液 若试样溶液的组成较为简单,共存的其他组分很少,且对入射光几乎没有吸收,可采用溶剂作为参比溶液,称为溶剂参比。

若试样基体在测量波长有吸收,但与显色剂不起显色反应,可不添加显色剂、按与显色反应相同条件处理,称为试样参比。

② 薄膜和块状样品参比 若待测样品是生长在某种衬底上的薄膜,则以未生长薄膜的空白衬底为参比,如测试生长于玻璃衬底上的薄膜样品,则以空白玻璃为参比。若样品是粉末压制成的块状样品,且待测组分分散在充当溶剂相的另一粉末中,则以同样条件制备不含待测组分的块体作为参比。如果待测组分为纯相,则以空气为参比。

12.2.6 共存离子干扰的消除

共存离子有颜色,或能与显色剂、加入的其他试剂反应生成有色化合物时,会使测量结果偏高。当共存离子与显色剂或被测组分反应,使显色剂或被测组分的浓度减小,就会妨碍显色反应的完成,使测量结果偏低。

消除干扰离子的影响,最常用的方法有加入合适的掩蔽剂,改变干扰离子的价态。也可选择合适的显色条件,如控制酸度,以避免干扰离子的影响。或选择不受干扰的测定波长,利用参比溶液抵消干扰。

12.3 紫外-可见光谱的应用

紫外吸收光谱可用于有机化合物的结构、纯度和含量分析,半导体的禁带宽度和透过率测量,配合物的成分分析,等等。

12.3.1　结构分析

(1) 判别未知物

有机化合物的鉴定一般采用直接比较法。即将未知纯化合物的吸收光谱特征，如吸收峰的数目、位置、相对强度以及吸收峰的形状（极大、极小和拐点），与已知纯化合物的吸收光谱进行比较。若未知纯化合物和已知纯化合物的吸收光谱一致，则可认为是同一种化合物。为了便于比较，吸收光谱常以 $\lg A$ 对 λ 作图，则比尔-朗伯定律可写成

$$\lg A = \lg \varepsilon + \lg Lc \tag{12-9}$$

式(12-9) 中，ε 为摩尔吸光系数。右边两项只有 $\lg \varepsilon$ 随 λ 变化，即使浓度 c 和吸收池厚度 L 不同，也只使吸收曲线上下移动，并不影响光谱的形状。

当直接比较法难以判断未知物的结构时，还可用经验规则计算最大吸收波长，与实测值进行比较，以确认物质的结构。如伍德沃规则，可用于计算共轭二烯、多烯烃及共轭烯酮类化合物 π-π^* 跃迁的最大吸收波长。其计算方法为，首先从母体得到一个最大吸收的基数，然后对连接在母体 π 电子体系上的不同取代基以及其他结构因素加以修正。

(2) 判别官能团和同分异构体

若化合物在 $219 \sim 800nm$ 内无吸收峰，则它可能不含双键或环状共轭体系，可能是饱和有机物。若在 $200 \sim 250nm$ 有强吸收峰，则可能是含有两个双键的共轭体系，如共轭二烯和 α、β 不饱和醛、酮。若在 $260 \sim 350nm$ 有强吸收峰，则至少有 $3 \sim 5$ 个共轭生色团和助色团。在 $270 \sim 350nm$ 区域内有很弱的吸收峰，并且无其他强吸收峰时，则化合物含有带 n 电子的未共轭生色团，弱峰由 n-π^* 跃迁引起。若在 $260nm$ 附近有吸收且有一定的精细结构，则可能含有芳香环结构。

紫外-可见吸收光谱还可用来判断同分异构体。如乙酰乙酸乙酯的互变异构体：

酮式　　　　　烯醇式

其中，酮式异构体 π-π^* 跃迁 $\lambda_{max} = 275nm$，ε_{max} 较小；而烯醇式异构体 $\lambda_{max} = 245nm$，$\varepsilon_{max} = 1.8 \times 10^4 L/(mol \cdot cm)$，吸收强，从而可由最大吸收波长和吸光度的差别区分这两种构型。

由紫外-可见光谱也可判断顺反异构体。如 1,2-二苯乙烯顺式和反式异构体：

反式　　　　　顺式

其中，反式结构 $\lambda_{max} = 295nm$，$\varepsilon_{max} = 2.7 \times 10^4 L/(mol \cdot cm)$；顺式结构 $\lambda_{max} = 280nm$，$\varepsilon_{max} = 1.4 \times 10^4 L/(mol \cdot cm)$。由此可见，两种结构的最大吸收波长和吸收强度不同，可由此进行区分。

12.3.2　定量分析

紫外-可见光谱是定量分析的重要手段。具有 π 电子和共轭双键的有机物在紫外区有

强烈吸收，ε 可高至 $10^4 \sim 10^5$ L/(mol·cm)，因此检测灵敏度高。无机化合物中，由于电荷转移吸收带谱带宽、强度大，一般 $\varepsilon > 10^4$ L/(mol·cm)，也可用紫外-可见光谱进行定量分析。

12.3.2.1　单组分物质的定量分析

① 比较法　在相同条件下配制样品溶液和浓度为 c_R 的标准溶液，在 λ_{max} 处测得标准溶液的吸光度 A_R 和样品溶液吸光度 A_S，进行比较，则样品溶液中被测组分的浓度 c_S 为

$$c_S = c_R \frac{A_S}{A_R} \tag{12-10}$$

使用比较法时，所选择标准溶液的浓度尽量与样品溶液的浓度接近，以降低溶液基底差异所引起的误差。

② 标准曲线法　首先配制一系列已知浓度的标准溶液，在 λ_{max} 处分别测得标准溶液的吸光度，作 A_R-c_R 标准曲线。

12.3.2.2　多组分物质的定量分析

根据吸光度加和性原理，对于两种或两种以上吸光组分的混合物的定量分析，可不需分离而直接测定。

① 吸收光谱不重叠　当混合物中组分的吸收峰相互不干扰时，可按单组分的测定方法测定。如图 12-7 所示，A 仅在 λ_1 处有吸收，B 仅在 λ_2 处有吸收，所以可分别在两个波长处测定组分 A 和 B 的吸光度，应用式(12-10)计算待测组分含量。

② 吸收光谱单向重叠　如图 12-8(a) 所示，A 和 B 的吸收峰分别在 λ_1 和 λ_2 处，B 在 λ_1 处有吸收，但 A 在 λ_2 处无吸收，因此可先在 λ_2 处测得 B 组分的吸光度 $A_{\lambda_2}^B$，根据比尔-朗伯定律，有

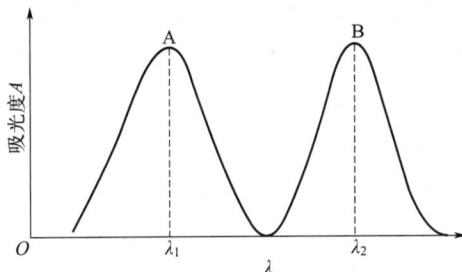

图 12-7　吸收光谱不重叠的两组分混合物

$$A_{\lambda_2}^B = \varepsilon_{\lambda_2}^B c_B L \tag{12-11}$$

式中，$\varepsilon_{\lambda_2}^B$ 为组分 B 在 λ_2 处的摩尔吸收系数，可由组分 B 的标准溶液求得。得到 B 组分浓度 c_B 后，再在 λ_1 处测吸光度 $A_{\lambda_1}^{A+B}$，有

$$A_{\lambda_1}^{A+B} = A_{\lambda_1}^A + A_{\lambda_1}^B = \varepsilon_{\lambda_1}^A c_A L + \varepsilon_{\lambda_1}^B c_B L \tag{12-12}$$

即可求得 A 组分的浓度。

③ 吸收光谱双向重叠　如图 12-8(b) 所示，若 A 和 B 组分的吸收峰双向重叠，同样由吸光度加和性原则，在 λ_1 和 λ_2 处分别测得总吸光度 $A_{\lambda_1}^{A+B}$ 和 $A_{\lambda_2}^{A+B}$，有

$$A_{\lambda_1}^{A+B} = A_{\lambda_1}^A + A_{\lambda_1}^B = \varepsilon_{\lambda_1}^A c_A L + \varepsilon_{\lambda_1}^B c_B L \tag{12-13}$$

$$A_{\lambda_2}^{A+B} = A_{\lambda_2}^A + A_{\lambda_2}^B = \varepsilon_{\lambda_2}^A c_A L + \varepsilon_{\lambda_2}^B c_B L \tag{12-14}$$

若有 n 个组分则分别测得 n 个吸收峰的吸光度，联立 n 个方程，求得各自组分的含量。

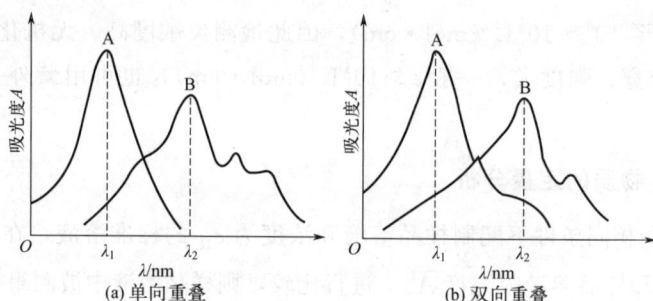

(a) 单向重叠   (b) 双向重叠

图 12-8   混合物的紫外-可见吸收光谱

④ 双波长法分析多组分含量   还可采用双波长法对光谱双向重合的紫外-可见光谱进行定量分析。以组分 A 和 B 的混合物为例，以 B 组分的最大吸收波长 λ_2 为测定波长，选择参比波长 λ_1，使得 $A_{\lambda_1}^{A} = A_{\lambda_2}^{A}$，同样根据吸光度加和性规则，可得

$$\Delta A = (\varepsilon_{\lambda_2}^{B} - \varepsilon_{\lambda_1}^{B}) c_B L \tag{12-15}$$

式中，$\varepsilon_{\lambda_1}^{B}$、$\varepsilon_{\lambda_2}^{B}$ 可由组分 B 的标准溶液在 λ_1 和 λ_2 处的吸光度求得。由式(12-15) 可求得组分 B 的含量，同理可求 A 的含量。该方法的灵敏度和准确度均较高。

12.3.2.3   示差分光光度法

当待测组分含量高，吸光度超出了准确测量的读数范围时，相对误差大，一般的分光光度法不再适用，示差分光光度法可以弥补这一缺陷。

示差分光光度法采用浓度已知且与试样含量接近的标准溶液作为参比，测量未知试样的吸光度，根据测得的吸光度计算试样的含量。如果标准溶液浓度为 c_R，待测试样浓度为 c_S，且 $c_S > c_R$，根据比尔-朗伯定律，$A_S = \varepsilon c_S L$，$A_R = \varepsilon c_R L$，则有

$$\Delta A = A_S - A_R = \varepsilon(c_S - c_R)L = \varepsilon \Delta c L \tag{12-16}$$

测定时先用比试样浓度稍小的标准溶液作为参比，调节其透过率为 100%，即设定参比溶液的吸光度为零，然后用同样的条件测量待测溶液的吸光度，所得为 ΔA，它与浓度差 Δc 成正比。作 ΔA-Δc 校准曲线，根据测得的 ΔA 查得相应 Δc，则可得 $c_R = c_S + \Delta c$。

当 Δc 较小时，测量误差的干扰较大，但由于误差相对于 c_R 依然是个小量，从而使得相对误差较小，保证了测试的准确度。

12.3.2.4   配合物组成的测定

紫外-可见分光光度法可用来研究配合物的组成，常用的方法有摩尔比法和连续变化法。其中，摩尔比法是固定一种组分如金属离子 M 的浓度，改变配位剂 R 的浓度，得到一系列 c_R/c_M 不同的溶液，以空白试剂作参比溶液，测量吸光度 A。以 A 为纵坐标，c_R/c_M 为横坐标作图。当配位剂含量低于阈值时，金属离子没有完全被配位，A 随 c_R/c_M 增大而增大。当 c_R/c_M 达到阈值后，金属离子完全配位，

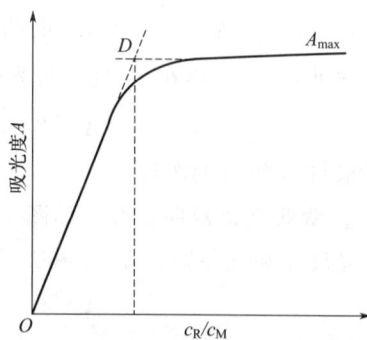

图 12-9   摩尔比法测定配合物的配位比

之后 A 将不再增加，曲线达到饱和，如图 12-9 所示。利用外推法可得到图示交叉点 D，D 点所对应的 c_R/c_M 就是配合物的配位比。该方法尤其适用于解离度小的配合物。

12.3.3　在半导体材料研究中的应用

在带边附近，半导体的吸收系数和光子能量满足

$$(\alpha h\nu)^2 = A(h\nu - E_g)^m \tag{12-17}$$

式中，A 为带宽系数。直接跃迁半导体取 $m=1$，间接跃迁取 $m=4$。在实际测量中，一般首先测出半导体的透过率谱，由式(12-17) 计算出 α，对式(12-17) 两边取对数作图，即可读出 E_g。由此得到的 E_g 为光学禁带宽度。

图 12-10 是生长于玻璃衬底上的 $Cd_xZn_{1-x}O$ 薄膜的紫外-可见光谱，图中透过率和反射率由实验测得。CdO 的 $E_g=2.46eV$，ZnO 的 $E_g=19.24eV$，$Cd_xZn_{1-x}O$ 的禁带宽度随着 Cd 含量的增加而减小，从图 12-10(a) 可知，截止边也从高能向低能方向移动，吸收系数 α 也存在一个截止边。此外，也可取截止边延长线与横坐标的交点为禁带宽度的数值。

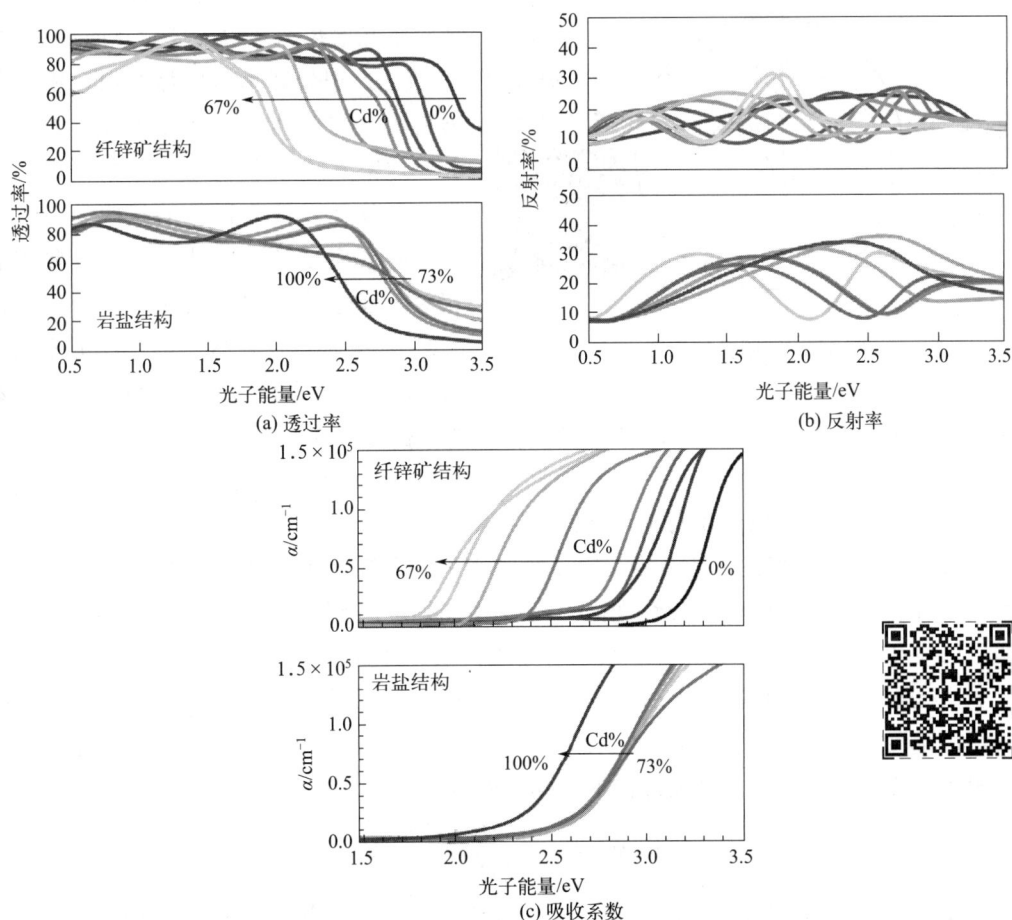

图 12-10　玻璃衬底上生长的 $Cd_xZn_{1-x}O$ 薄膜的紫外-可见光谱

对于半导体薄膜样品，当其表面粗糙度低、组成和厚度均匀时，透过率谱会出现干涉条纹，此时可利用斯瓦内普尔（Swanepoel）方法计算薄膜的厚度、折射率和吸收系数。

12.3.4　紫外-可见漫反射谱

尽管紫外-可见吸收光谱灵敏度高、准确度好、操作简单，是一种十分有效的检测分析手段，但用于粉末、乳浊液、悬浊液等样品测量时误差较大。反射光谱法可以解决这一问题。与吸收光谱不同，反射光谱主要利用光的反射来获取样品信息。

光的反射包括镜面反射与漫反射。镜面反射不进入样品内部，不负载样品的结构和组成信息，不能用于样品的定性和定量分析。漫反射是入射光进入样品内部后，发生多次反射、折射、吸收后返回表面的光，与样品内部分子发生相互作用，因此负载了样品结构和组成信息，将漫反射谱经过库贝尔卡-芒克（Kubelka-Munk，KM）方程校正后可进行定量分析。

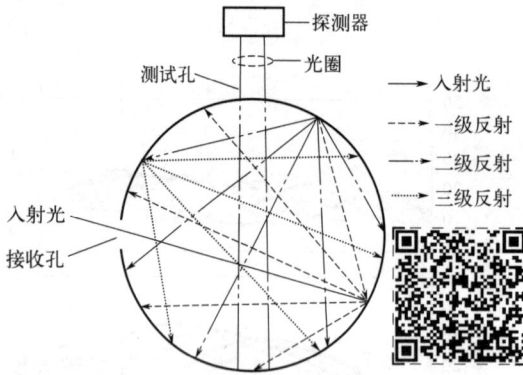

图 12-11　积分球示意

紫外-可见漫反射光谱可用于研究催化剂表面过渡金属离子及其配合物的结构、氧化状态、配位对称性等，用积分球收集光谱数据。积分球示意图如图 12-11 所示。积分球是内壁涂有白色漫反射材料的空腔球体，又称光度球、光通球等。球壁上开一个或几个窗孔，用作进光孔和放置光接收器件的接收孔。积分球的内壁应是良好的球面，通常要求它相对于理想球面的偏差应不大于内径的 0.2%。要求漫反射材料的漫反射系数接近 1，即理想漫反射材料，常采用与胶黏剂混合均匀的 MgO 或 $BaSO_4$，喷涂在内壁上。进入积分球的光经过内壁涂层多次反射，在内壁上形成均匀照度。为获得较高的测量准确度，积分球的开孔比应尽可能小。开孔比定义为积分球开孔处的球面积与整个球内壁面积之比。

在过渡金属离子-配位体体系中，电子吸收光子的能量，从电子给体转移到电子受体，产生主要存在于紫外区的电荷转移光谱。当过渡金属离子吸收光子后还可激发内部 d 轨道的电子，发生 d→d 跃迁，其光谱一般在可见光区或红外区。

光束入射到多粒子样品表面时，部分光在入射界面上反射，部分光透射入样品内部，在样品内部发生多次反射、折射、吸收等过程，最后从入射界面各个方向辐射出来，称为漫反射光。漫反射光谱可用唯象理论 KM 方程描述

$$F(R_\infty) = \frac{(1-R_\infty)^2}{2R_\infty} = \frac{K}{S} \tag{12-18}$$

式中，R_∞ 为无限厚样品的反射率；K 为吸收系数，主要由漫反射体的化学组成决定；S 为散射系数，主要由漫反射体的物理特性决定；$F(R_\infty)$ 为发射函数或 KM 函数。式(12-18) 也可改写成

$$\lg F(R_\infty) = \lg K - \lg S \tag{12-19}$$

若 S 与入射波波长无关，则散射的影响只是使谱线沿纵轴位移，KM 公式反映的是固体吸收谱的信息。

实际测量中，一般测试相对反射率 R'_∞，不测试绝对反射率 R_∞，R'_∞ 满足

$$R'_\infty = \frac{R_\infty(\text{样品})}{R_\infty(\text{参比})} \tag{12-20}$$

参比物为光吸收可忽略的白色标准物质，要求在 $0.2\sim3\mu m$ 波长范围内反射率为 100%，常用材料有 MgO、$MgSO_4$ 和 $BaSO_4$ 等，其中 $BaSO_4$ 力学性能较好，最为常用。

钛酸盐是性能优异的光解水产氢的催化剂。图 12-12 是采用不同方法在 Ti_3NS 中引入过渡金属铑后，其紫外-可见漫反射谱的变化。掺杂 Rh 后，在 $350\sim600nm$ 的波长范围内引入了一个吸收带，且吸收强度随 Rh 含量的增大而增强，这可能是 Rh 的 d→d 跃迁或 Rh 在 Ti_3NS 的禁带中引入的杂质能级引起的，E_g 也随之减小。禁带宽度的减小表明 Rh^{3+} 在 O 2p 上插入了一个新的能带，缩小了 E_g。与掺杂 Rh 的样品相比，Rh 负载样品的漫反射谱与未掺杂 Ti_3NS 一致，表明 Rh 负载不改变 Ti_3NS 的能带结构，这为研究它们的催化活性差异提供了重要的信息。

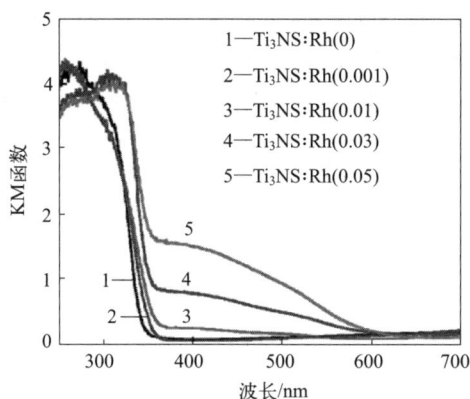

(a) 不同Rh掺杂含量Ti₃NS∶Rh

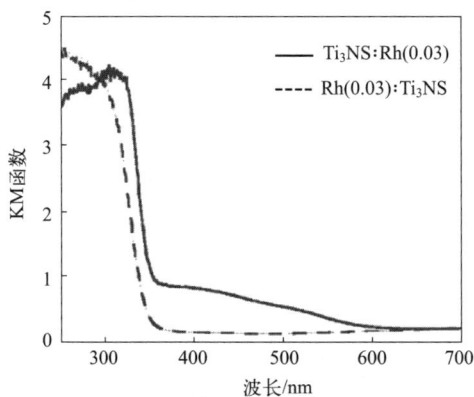

(b) Rh(0.03)

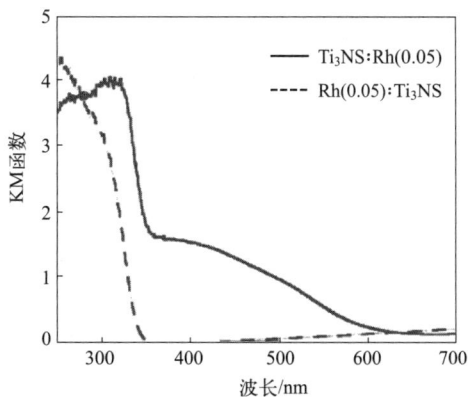

(c) Rh(0.05)

图 12-12　Rh 掺杂（Ti_3NS∶Rh）和 Rh 负载（Rh∶Ti_3NS）钛酸盐纳米片的紫外-可见漫反射谱

思考题与练习题

1. 紫外可见光谱的工作原理是什么？
2. 生色团和助色团有什么区别，分别有哪些常见基团？
3. 紫外可见光谱测试中有哪些常见干扰因素？如何排除这些干扰因素？
4. 紫外可见光谱是如何应用到有机和无机物质测试中的？分别有哪些应用？
5. 如何利用紫外可见光谱测试半导体的禁带宽度？
6. 简述利用紫外可见光谱进行定量分析的原理和步骤。

参考文献

［1］ 杨玉林，范瑞清，张立珠，等 . 材料测试技术与分析方法［M］. 哈尔滨：哈尔滨工业大学出版社，2014.
［2］ 柯以侃，董慧茹 . 分析化学手册［M］. 北京：化学工业出版社，1998.
［3］ 曹春娥，顾幸勇，王艳香，等 . 无机材料测试技术［M］. 南昌：江西高校出版社，2011.
［4］ Detert D M. Bandgap engineering and doping of CdO［D］. Berkeley：University of California，2014.
［5］ Swanepoel R. Determination of the thickness and optical constants of amorphous silicon［J］. J. Phys. E：Sci. Instrum.，1983（16）：1214.
［6］ Soontornchaiyakul W，Fujimura T，Yano N，et al. Hotocatalytic hydrogen evolution over exfoliated Rh-doped titanate nanosheets［J］. ACS Omega，2020（5）：9929.

13

红外吸收光谱分析

13.1 红外吸收光谱概论

红外吸收光谱法（infrared absorption spectrometry）也称为红外分光光度法（infrared spectrophotometry），它是以研究物质分子对红外辐射的吸收特性而建立起来的一种定性、定量的分析方法。红外吸收光谱和核磁共振波谱、质谱、紫外吸收光谱一样，是确定分子组成和结构的有力工具。红外辐射是 William Herschel 于 1800 年在实验中发现的，但是由于当时科学技术的局限，红外线的检测比较困难，直到 20 世纪初才较为系统地研究了几百种有机化合物和无机化合物的红外吸收光谱。特别是 1905 年 Coblentz 发表的128 种有机化合物和无机化合物的红外吸收光谱，引起了光谱学家们极大的兴趣，并以此作为一个新起点，确定了某些吸收谱带与分子基团之间存在着相互关系。于是红外吸收光谱在化学上的价值开始逐渐被人们所重视。1947 年，世界上第一台实用的双光束自动记录红外分光光度计在美国投入使用后，化学家们把红外光谱作为物质的化学结构分析工具成为可能。到了 20 世纪 50 年代，化学领域已经开展了大量的红外光谱研究工作，积累了丰富的资料，收集了大量纯物质的标准红外光谱图。目前，红外光谱法已经成为有机结构分析中十分成熟和主要的测试手段之一。

本章主要从傅里叶变换红外光谱测试技术进行阐述。红外光谱法不仅能进行定性和定量分析，而且从分子的特征吸收可以鉴定化合物和分子结构。近红外光谱分析可以用于与含氢基团有关的各种分析，而且测定样品不需要预处理，因此应用范围极为广泛，可以测定有机物、无机物、聚合物、配位化合物，也可以测定复合材料、木材、粮食、饰物、土壤、岩石和各种矿物等。

13.2 红外吸收光谱的基本原理

13.2.1 红外光谱的产生和红外光谱区间的划分

采用傅里叶变换红外光谱仪测定样品的红外光谱时，所使用的红外光源是连续波长的光源。连续波长光源照射到测试样品后，样品中的分子会吸收特定波长的红外光。没有被吸收的红外光到达检测器，检测器将检测到的光信号经过模数转换，再经过傅里叶变换，即可以得到样品的单光束光谱。为了得到样品的红外光谱，需要从样品的单光束光谱中扣除背景的单光束光谱，背景单光束光谱中包含了仪器内部各种零部件和空气的信息。从样品的单光束光谱中扣除背景的单光束光谱后就得到样品的红外透射光谱。

透射率光谱和吸光度光谱之间可以相互转换。透射率光谱虽然能直观地看出样品对不同波长红外光的吸收情况，但是透射率光谱的透射率与样品的含量不成正比，即透射率光谱不能用于红外光谱的定量分析。要进行定量分析，必须将透射率光谱转换成吸光度光谱。吸光度光谱的吸光度值 A 在一定范围内与样品的厚度和样品的浓度成正比关系，即吸光度光谱能用于红外光谱的定量分析，所以现在的红外光谱图大都采用吸光度光谱表示。

光谱图的横坐标通常采用波数（cm^{-1}）表示，也可以采用波长（μm 或 nm）表示。

波长和波数的关系为

$$波长（\mu m）\times 波数（cm^{-1}）=10000 \tag{13-1}$$

通常将红外光谱划分为三个区间，即近红外区、中红外区和远红外区。测试这三个区间的红外光谱所用的红外仪器或仪器内部的配置是不相同的，这三个区间所获得的光谱信息也不相同。表 13-1 列出了这三个红外区所对应的波长和波数范围。

表 13-1   不同红外区对应的波长和波数范围

区间	波长/μm	波数/cm^{-1}
近红外区	0.78～2.5	12800～4000
中红外区	2.5～25	4000～400
远红外区	25～1000	400～10

这三个红外区之间的划分没有严格的界线。近红外区出现的是倍频峰和合频峰，但倍频峰和合频峰也会在中红外区出现。中红外区出现的振动频率主要是基频频率和指纹频率。气体分子的转动光谱、氧化物的光谱主要出现在远红外区和中红外区的低频区。

13.2.2 分子运动能级

一切物质都有运动，分子是由共价键把原子连接起来的、能独立存在的物质微粒，因而分子也有运动。分子运动服从量子力学规律。按照量子力学的 Born-Oppenheimer 近似，分子运动的能量由平动能、转动能、振动能和电子能四部分组成。因此，分子运动的能量 E 可以表示为

$$E=E_平+E_转+E_振+E_电 \tag{13-2}$$

分子的平移运动能级间隔非常小，可以看作是连续变化的，分子的电子运动、振动和转动都是量子化的。

分子从较低的能级 E_1，吸收一个能量为 $h\nu$ 的光子，可以跃迁到较高的能级 E_2，但需满足下列能量守恒关系式

$$\Delta E = E_2 - E_1 = h\nu \tag{13-3}$$

式中，ΔE 为能级差，J；h 是普朗克常数，等于 6.626×10^{-34} J·s；ν 是光的频率，s^{-1}；E_1 和 E_2 分别表示能级 1 和能级 2 的能量，J。反之，分子由较高的能级 E_2 跃迁回到较低的能级 E_1 时可以发出一个能量为 $h\nu$ 的光子。

由式(13-3)可知，能级 E_2 态与能级 E_1 态之间的能级差越大，分子所吸收的光的频率越高，即波长越短。相反，如果两者之间能级差越小，分子所吸收的光的频率就越低，即波长越长。

从图 13-1 可以看出，分子的转动能级之间比较接近，也就是能级差较小。分子吸收能量低的低频光产生转动跃迁。低频光在红外波段中处于远红外区，所以分子的纯转动光谱出现在远红外区。振动能级间隔比转动能级间隔大得多，因此振动能级的跃迁频率比转动能级的跃迁频率高得多。

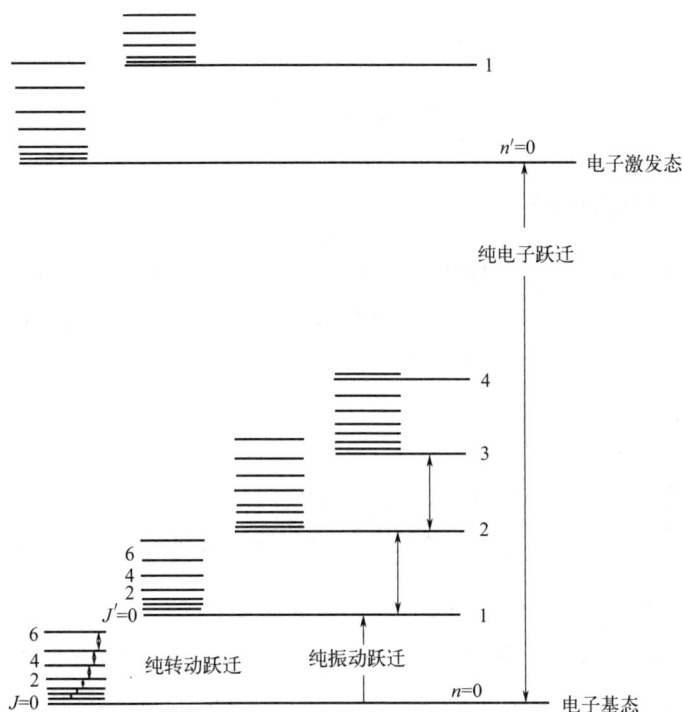

图 13-1 分子的量子化能级

13.2.3 分子的转动光谱

分子的转动光谱主要是由气体分子发生转动能级跃迁时在红外光区段产生的光谱信号所组成。由于气体中分子之间的距离很大，分子可以自由转动，吸收光辐射后，能观察到气体分子转动光谱的精细结构。液体中分子之间的距离很短，分子之间的碰撞使分子的转动能级受到微扰，因此观察不到液体分子转动光谱的精细结构。

每个气体分子都可以围绕不同的轴转动，分子中的原子数目越多，轴的数目也越多。

13

对于双原子分子，如一氧化碳（CO），可以围绕三个轴转动，如图 13-2 所示。当 CO 分子围绕价键轴（a 轴）转动时，分子的偶极矩没有发生变化，所以不出现红外吸收光谱。当 CO 分子围绕通过分子重心并垂直于价键轴（b 轴和 c 轴）转动时，分子的偶极矩发生变化，吸收红外光，并以高速转动，因而在红外区出现转动光谱。分子气体的转动光谱大多数出现在微波区和远红外区。

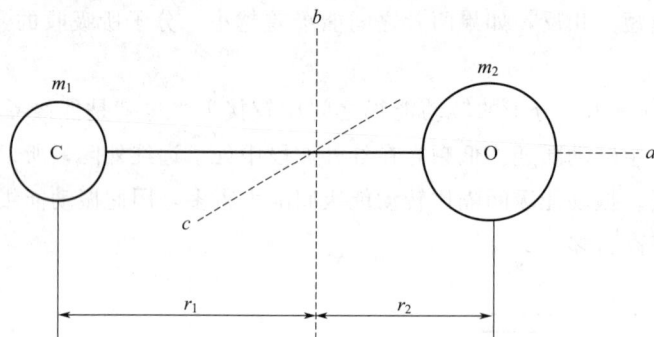

图 13-2　CO 分子的转动示意

13.2.4　分子的振动光谱

从图 13-1 可知，分子的振动能级间隔比转动能级间隔大得多，当分子吸收红外辐射，在振动能级之间跃迁时，不可避免地会伴随着转动能级的跃迁，因此无法测得纯振动光谱，实际测得的是分子的振动-转动光谱。

13.2.5　振动模式

分子中不同的基团具有不同的振动模式，相同的基团（双原子除外）具有几种不同的振动模式。在中红外区，基团的振动模式分为两大类，即伸缩振动和弯曲振动。

13.2.5.1　伸缩振动

伸缩振动（stretching vibration）是指基团中的原子在振动时沿着价键方向来回地运动，键角不发生变化。除了双原子的伸缩振动外，三原子以上还有对称伸缩振动（symmetric stretching vibration）和反对称（不对称）伸缩振动（antisymmetric stretching vibration）。

① 双原子的伸缩振动　双原子分子 X_2 的伸缩振动是拉曼活性的而不是红外活性的，如 O_2、N_2、H_2、Cl_2 等。分子中的 X—X 基团，如 C—C、O—O、N—N 等基团，在伸缩振动时，如果偶极矩不发生变化，是拉曼活性的；如果偶极矩发生变化则是红外活性的。分子中的 X—Y 基团的伸缩振动则是红外活性的。

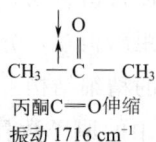

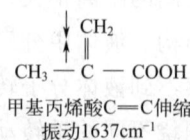

$$CH_3 - \overset{\downarrow \, O}{\underset{\parallel}{C}} - CH_3 \qquad CH_3 - \overset{\uparrow \, CH_2}{\underset{\parallel}{C}} - COOH$$

丙酮 C＝O 伸缩　　　　甲基丙烯酸 C＝C 伸缩
振动 1716 cm^{-1}　　　　振动 1637cm^{-1}

② 对称伸缩振动　线形三原子基团 X—Y—X（如 CO_2）的对称伸缩振动、平面形四原子基团 XY_3（如 CO_3^{2-}、NO_3^- 等）的对称伸缩振动和四面体形五原子基团 XY_4（如 SO_4^{2-}、PO_4^{3-} 等）的对称伸缩振动，都是拉曼活性而不是红外活性的。弯曲形三原子基团 XY_2（如 H_2O、CH_2、NH_2 等）和角锥形四原子基团 XY_3（如 CH_3、NH_3 等）的对称伸缩振动则是红外活性的。

呼吸振动是对称伸缩振动的一个特例，这是一种完全对称的伸缩振动，通常出现在环状化合物中，如苯、环己烷和四氢呋喃等。环骨架上都是 C 原子时，呼吸振动是拉曼活性的。

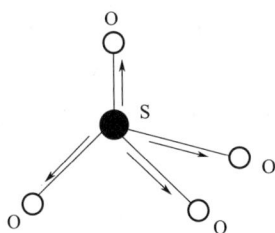

硫酸根 SO_4^{2-} 的对称伸缩
振动983cm^{-1}(拉曼活性)

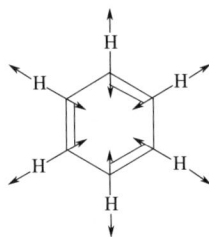

苯环的呼吸振动
(拉曼活性)

③ 反对称伸缩振动　各种基团的反对称伸缩振动都是红外活性的，如线形 CO_2，弯曲形 H_2O、—CH_2—、—NH_2、—NO_2，角锥形 NH_3、—CH_3、—NH_3^+，平面形 NO_3^-、BO_3^-、CO_3^{2-}，四面体形 NH_4^+、SO_4^{2-}、PO_4^{3-} 等基团的反对称伸缩振动都是红外活性的。

线形三原子基团反对称伸缩振动

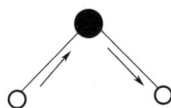

弯曲形三原子基团反对称伸缩振动

13.2.5.2　弯曲振动

弯曲振动（bending vibration）是指基团中的原子在振动时运动方向垂直于价键方向。弯曲振动又细分为剪式变角振动、对称变角振动、反对称（不对称）变角振动、面内弯曲振动、面外弯曲振动、面内摇摆振动、面外摇摆振动和卷曲振动。除了摇摆振动外，其余振动键角都发生变化。

① 变角振动（deformation vibration）　也叫变形振动或弯曲振动。线形三原子基团的变角振动属弯曲振动，如 CO_2 的弯曲振动。弯曲形三原子基团的变角振动也叫剪式振动（scissoring vibration），如 H_2O、—CH_2—、—NH_2 等的变角振动。

线形三原子基团的弯曲振动

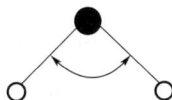

弯曲形三原子基团的剪式振动

② 对称变角振动（symmetric deformation vibration）　也叫对称变形振动或对称弯曲振动。由四原子 XY_3 组成的基团有两种构型，即角锥形和平面形。角锥形基团有对称变

角振动模式，如 NH_3、$-CH_3$、$-NH_3^+$ 等，而平面形基团没有对称变角振动模式。由五原子 XY_4 组成的四面体基团有对称变角振动模式，如 NH_4^+、SO_4^{2-}、PO_4^{3-} 等。

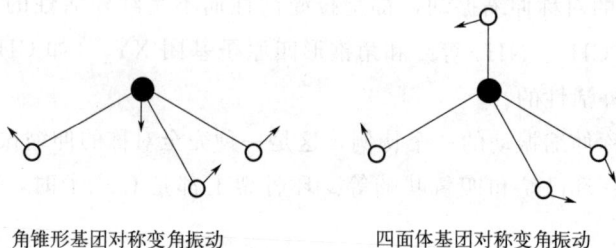

角锥形基团对称变角振动　　　　　　四面体基团对称变角振动

③ 反对称变角振动（asymmetric deformation vibration）　也叫不对称变角振动，或叫反对称变形振动，或反对称弯曲振动。同样地，由四原子 XY_3 组成的角锥形基团有反对称变角振动，而平面形基团没有反对称变角振动。由五原子 XY_4 组成的四面体基团有不对称变角振动。

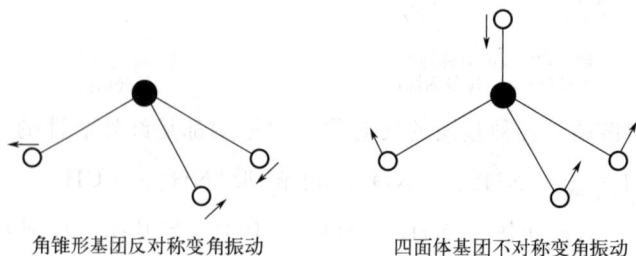

角锥形基团反对称变角振动　　　　　　四面体基团不对称变角振动

④ 面内弯曲振动（in-plane bending vibration）　也叫面内变形振动（in-plane deformation vibration）或面内变角振动。—COH 面内弯曲振动是指 O—H 在 COH 组成的平面内左右摇摆。苯环上的 C—H 面内弯曲振动也是指 C—H 在苯环平面内左右摇摆。但这种摇摆振动不属于面内摇摆振动。由四原子 XY_3 组成的平面形基团有面内弯曲振动，如 NO_3^-、BO_3^-、CO_3^{2-} 等基团的面内弯曲振动。

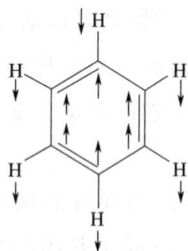
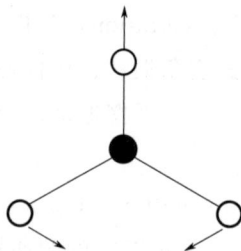

苯环上的C—H面内　　　　　　四原子XY_3平面形基团
弯曲振动1036cm^{-1}　　　　　　面内弯曲振动

⑤ 面外弯曲振动（out-of-plane bending vibration）　也叫面外变形振动（out-of-plane deformation vibration）或面外变角振动。—COH 面外弯曲振动是指 O—H 在 COH 组成的平面内上下摇摆。苯环上的 C—H 面外弯曲振动也是指 C—H 在苯环平面内上下摇摆。但这种摇摆振动不属于面外摇摆振动。由四原子 XY_3 组成的平面形基团有面外弯曲振动，如 NO_3^-、BO_3^-、CO_3^{2-} 等基团的面外弯曲振动是指中心原子在平面上下摆动。

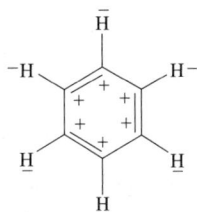 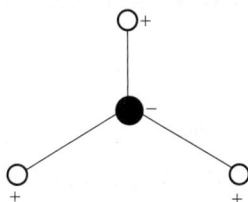

苯环上的C—H面外
弯曲振动673cm⁻¹　　　　　四原子XY₃组成的平面形基团
面外弯曲振动

⑥ 面内摇摆振动（rocking vibration）　是指基团作为一个整体在分子的对称平面内，像钟摆一样左右摇摆。如—CH₂—、—CH₃ 的面内摇摆振动。面内摇摆振动时，基团的键角不发生变化。

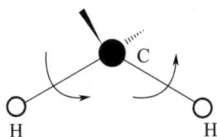 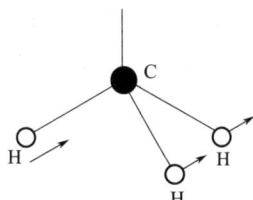

—CH₂—面内摇摆振动
730～720cm⁻¹　　　　　—CH₃基团的面内摇摆振动
1050～920cm⁻¹

⑦ 面外摇摆振动（wagging vibration）　是指基团作为一个整体在分子的对称平面内上下摇摆。面外摇摆振动时，基团的键角也不发生变化。如—CH₂—、—CH₃ 的面外摇摆振动。结晶态长链脂肪酸的—CH₂—面外摇摆振动在 $1300\sim1200cm^{-1}$ 区间出现几个小峰，峰的个数与 CH_2 的数目有关。

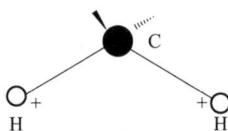　　　$\begin{smallmatrix}R\\R\end{smallmatrix}C=C\begin{smallmatrix}H+\\H+\end{smallmatrix}$

—CH₂—面外摇摆振动
1300 ～1200cm⁻¹　　　RRC=CH₂分子中—CH₂的面外
摇摆振动890cm⁻¹±5cm⁻¹

⑧ 卷曲振动（twisting vibration）　是指三原子基团的两个化学键在三原子组成的平面内一上一下地扭动，所以卷曲振动也叫扭曲振动。发生卷曲振动时，两个化学键的键角发生变化。如—CH₂—的卷曲振动，结晶态长链脂肪酸的—CH₂—的卷曲振动在 $1300cm^{-1}$ 左右。

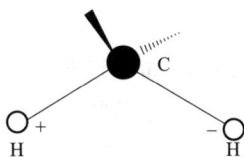

—CH₂—的卷曲振动

13.2.6　振动频率、基团频率和指纹频率

13.2.6.1　振动频率

前文介绍振动模式时提到，三原子和三原子以上基团有多种振动模式。有些振动模式是红外活性的，在红外光谱中出现吸收谱带；有些振动模式是拉曼活性的，在拉曼光谱中出现吸收谱带；有些振动模式既是红外活性又是拉曼活性的，在红外光谱和拉曼光谱中都出现吸收谱带。每一种振动模式，不管是红外活性还是拉曼活性，都存在一个振动频率。然而在一个分子中如果存在多个相同基团，它们的振动模式虽然相同，但它们的振动频率不一定相同。

13.2.6.2　基团频率

在中红外区，不同分子中相同基团的某种振动模式，如果振动频率基本相同，总是出现在某一范围较窄的频率区间，有相当强的红外吸收强度，且与其他振动频率分得开，这种振动频率称为基团频率。基团频率分为红外光谱的基团频率和拉曼光谱的基团频率。

13.2.6.3　指纹频率

$1330\sim400cm^{-1}$ 区间称为指纹区。指纹区出现的频率有基团频率和指纹频率。基团频率吸收强度较高，容易鉴别。指纹频率吸收强度弱，指认较为困难。指纹频率不是某个基团的振动频率，而是整个分子或分子的一部分振动产生的。分子结构的微小变化会引起指纹频率的变化。

13.2.7　倍频峰与合频峰

倍频振动频率称为倍频峰（overtone）。倍频峰又分为一级倍频峰、二级倍频峰等。当非谐振子从 $n=0$ 向 $n=2$ 振动能级跃迁时所吸收光的频率称为一级倍频峰，从 $n=0$ 向 $n=3$ 振动能级跃迁时所吸收光的频率称为二级倍频峰。

在中红外区，倍频峰的重要性远不及基频振动峰。但在近红外区，可以观察到倍频峰，而观察不到基频峰。由于倍频峰的吸光度远远低于基频峰的吸光度，为了使倍频峰的吸光度足够高，测量光谱时必须加大样品的厚度或浓度。

合频峰（combination tone）也叫组频峰，又分为和频峰和差频峰。和频峰由两个基频相加得到，它出现在两个基频之和附近。例如，两个基频分别为 Xcm^{-1} 和 Ycm^{-1}，它们的和频峰出现在 $(X+Y)cm^{-1}$ 附近，差频峰则出现在 $(X-Y)cm^{-1}$ 附近。

13.2.8　振动耦合

当分子中两个基团共用一个原子时，如果这两个基团的基频振动频率相同或相近，就会发生相互作用，使原来的两个基团基频振动频率距离加大，形成两个独立的吸收峰，这种现象称为振动耦合（vibration coupling）。耦合效应越强，耦合产生的两个振动频率的距离越大。振动耦合形成的两个吸收峰，它们都包含两种振动成分，但有主次之分。耦合程度越强，主次差别越大。红外活性的振动也可以与拉曼活性的振动发生耦合作用。

13.2.9　费米共振

当分子中的一个基团有两种或两种以上振动模式时，一种振动模式的倍频或合频与另一种振动模式的基频相近时，就会发生费米共振（Fermi resonance），费米共振会使基频与倍频或合频的距离增大，形成两个吸收谱带。费米共振还会使基频振动强度降低，而原来很弱的倍频或合频振动强度明显增大或者发生分裂。这种现象称为费米共振。费米共振也是一种振动耦合作用，只不过费米共振是在基频与倍频或合频之间发生耦合作用。

红外活性的振动也可以与拉曼活性的振动发生费米共振。如 CO_2 对称伸缩振动是拉曼活性的，这个基频振动频率（$1340cm^{-1}$）与 CO_2 弯曲振动（$669cm^{-1}$）的倍频（$1338cm^{-1}$）相近，所以发生费米共振，分裂成两个谱带（$1388cm^{-1}$ 和 $1286cm^{-1}$），如图 13-3 所示。分裂产生的两种振动都是拉曼活性的。

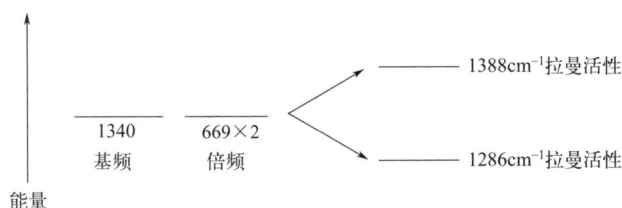

图 13-3　CO_2 对称伸缩振动与弯曲振动的倍频发生费米共振作用

13.2.10　诱导效应

当两个原子之间的电子云密度分布发生移动时，引起力常数的变化，从而引起振动频率的变化，这种效应称为诱导效应。

诱导效应引起的振动频率位移方向取决于电子云密度移动的方向。当两个原子之间的电子云密度向两个原子中间移动时，振动力常数增加，振动频率向高频移动；当两个原子之间的电子云密度偏离中心位置，向某个原子方向移动时，振动力常数减小，振动频率向低频移动。

表 13-2 列出了一些羰基化合物中诱导效应对羰基伸缩振动频率的影响。箭头所指的方向是电子云密度移动的方向。酮的羰基上氧原子的电负性比碳原子的电负性大，所以氧原子周围电子云密度比碳原子高。当羰基碳原子连接电负性大的 Cl 原子时，羰基上电子云密度从氧原子向两个原子中间移动，使羰基的振动力常数增加，因而羰基伸缩振动频率向高频方向移动。Cl 原子数目越多，诱导效应越显著，羰基伸缩振动频率向高频方向移动得越多。

表 13-2　一些羰基化合物中诱导效应对羰基伸缩振动频率的影响

化合物	结构式	v_{C-O}/cm^{-1}
丙酮	$H_3C - \overset{O}{\underset{|}{C}} - CH_3$	1716

13

续表

化合物	结构式	$\nu_{C=O}/cm^{-1}$
乙醛	$H_3C — C — H$（O）	1727
氯乙酰	$H_3C — C — Cl$（O）	1806
氯乙酰氯	$Cl — H_2C — C — Cl$（O）	1812
3-戊酮	$H_3C — H_2C — C — CH_2 — CH_3$（O）	1716
丙醛	$H_3C — H_2C — C — H$（O）	1747
丙酰氯	$H_3C — H_2C — C — Cl$（O）	1791
3-氯丙酰氯	$Cl — H_3C — H_2C — C — Cl$（O）	1794

　　比较乙醛、氯乙酰和氯乙酰氯的碳基伸缩振动频率，可以看出，诱导效应对相邻的化学键影响最为显著，中间隔着一个化学键时，仍有诱导效应。再比较丙酰氯和 3-氯丙酰氯的羰基伸缩振动频率，中间隔着两个化学键时，虽仍有诱导效应，但影响微弱。

　　诱导效应对丙酮、乙醛、饱和脂肪酸酯和羧酸羰基伸缩振动频率的影响可见表 13-3，也可以用诱导效应来解析：甲基是推电子基团，使羰基上的电子云密度向氧原子方向移动，所以丙酮羰基比乙醛羰基伸缩振动频率低；酯羰基的碳原子上连接电负性大的氧原子，故羰基上电子云密度从氧原子向两个原子中间移动，使双键特性增强，这种诱导效应导致 C=O 伸缩振动频率升高，因而酯羰基伸缩振动频率比醛羰基高，位于 1735cm^{-1} 左右。游离羧酸的羰基伸缩振动频率位于 1760cm^{-1}，但二聚羧酸羰基的伸缩振动频率却位于 1700cm^{-1} 左右，这是由于二聚羧酸羰基受氢键的影响（环境的影响），羰基上电子云密度更加靠近氧原子，削弱了双键特性，这种诱导效应导致 C=O 伸缩振动频率降低。

表 13-3　诱导效应对丙酮、乙醛、饱和脂肪酸酯和羧酸羰基伸缩振动频率的影响

化合物	结构式	$\nu_{C=O}/cm^{-1}$
丙酮	$H_3C—CO—CH_3$	1716
乙醛	$H_3C—CHO$	1727
饱和脂肪酸酯	$R—COO—R$	1735
游离羧酸	$R—COOH$	1760
二聚羧酸	$(R—COOH)_2$	1710

13.2.11　共轭效应

许多有机化合物分子中存在着共轭体系，电子云可以在整个共轭体系中运动。共轭体系使原子间的化学键键能发生变化，即力常数发生了变化，使红外谱带发生位移。共轭体系导致红外谱带发生位移的现象称为共轭效应。共轭效应分为 π-π 共轭效应、p-π 共轭效应和超共轭效应。

13.2.11.1　π-π 共轭效应

在 π-π 共轭体系中，参与共轭的所有原子共享所有的 π 电子，π 电子云在整个共轭体系中运动。共轭的结果使双键略有伸长，单键略有缩短。共轭使双键特性减弱，振动力常数减小，伸缩振动频率向低波数位移；单键振动力常数增大，伸缩振动频率向高波数位移，而且吸收谱带强度增加。π-π 共轭体系越大，π-π 共轭效应越显著（见表 13-4）。

表 13-4　共轭效应对 C═O、C═C 和 C—C 伸缩振动频率的影响

化合物	结构式	$\nu_{C═O}/cm^{-1}$	苯环 $\nu_{C═C}/cm^{-1}$	与苯环相连 $\nu_{C—C}/cm^{-1}$
丙酮	$CH_3—C—CH_3$ (O)	1716		1222
苯乙酮	(苯环)—C(O)—CH_3	1685	1599,1583	1266
二苯甲酮	(苯环)—C(O)—(苯环)	1652	1595,1577	1280

从表 13-4 可以看出，随着共轭体系的增大，羰基伸缩振动频率和苯环上 C═C 伸缩振动频率向低波数方向移动，与苯环相连的 C—C 伸缩振动频率向高波数方向移动。

13.2.11.2　p-π 共轭效应

如果与双键相连的原子的 p 轨道上有未成键的孤对电子，且 p 轨道与 π 轨道平行，则出现 p-π 共轭体系。p-π 共轭使原来双键上的电子云密度降低，双键特性减弱，振动力常数减小，伸缩振动频率向低波数位移。相反，p-π 共轭使原来单键上的电子云密度增加，伸缩振动频率向高波数位移。

甲醇的 C—O 单键伸缩振动频率位于 $1029cm^{-1}$。苯酚分子中的氧原子 p 轨道上的孤对电子与苯环 π 电子共轭后，C—O 单键上的电子云密度增加，伸缩振动频率向高波数移至 $1237cm^{-1}$。在羧酸分子中，与羰基相连的氧原子 p 轨道上的孤对电子与羰基上的 π 电子共轭后，C—O 伸缩振动频率向高波数移至 $1300cm^{-1}$ 左右。

当有机分子体系中同时存在共轭效应与诱导效应时，双键伸缩振动频率升高或降低取决于哪种效应占主导地位。当羰基的碳原子上连接电负性强的原子，如 Cl、O、N 时，这些原子的 p 轨道上有未成键的孤对电子，可以与羰基上的 π 电子形成 p-π 共轭体系。p-π 共轭程度取决于具有孤对电子的原子极化的难易。p-π 共轭效应使羰基伸缩振动频率降

13

低。但是由于这些原子是吸电子基团，诱导效应又使羰基伸缩振动频率升高。在这个体系中共轭效应和诱导效应起着相反的作用，至于羰基的伸缩振动频率升高还是降低，取决于哪种效应作用强。表 13-5 列出了几种羰基化合物的羰基伸缩振动频率。

表 13-5   几种羰基化合物的羰基伸缩振动频率

化合物	结构式	$v_{C=O}/cm^{-1}$	诱导效应和共轭效应比较
丙酮	$CH_3 - \overset{\overset{O}{\|}}{C} - CH_3$	1716	
乙酰胺	$CH_3 - \overset{\overset{O}{\|}}{C} - NH_2$	1684	共轭效应强于诱导效应
乙酸乙酯	$CH_3 - \overset{\overset{O}{\|}}{C} - O - C_2H_5$	1743	诱导效应强于共轭效应
氯乙酰	$CH_3 - \overset{\overset{O}{\|}}{C} - Cl$	1806	诱导效应最强

表 13-5 中的羰基化合物乙酰胺、乙酸乙酯和氯乙酰的 N、O 和 Cl 原子中，N 原子的电负性最小，诱导效应最小。p-π 共轭效应和诱导效应相比较，共轭效应占优势，所以乙酰胺的羰基伸缩振动频率比丙酮的还要低。O 原子的电负性比 N 原子的电负性大，诱导效应比 p-π 共轭效应强，所以乙酸乙酯的羰基伸缩振动频率比丙酮的高。而 Cl 原子的电负性最强，诱导效应占主导地位，所以氯乙酰的羰基伸缩振动频率向高频方向移动最多。

13.2.11.3   超共轭效应

超共轭又称 σ-π 共轭。烷基中碳氢键的电子易与邻近的 π 电子体系共轭，产生电子离域现象，烷基在超共轭效应中是给电子的，给电子的能力与烷基上的碳氢键数目有关，其顺序为：—CH_3＞CH_2R＞CHR_2。

例如在丙酮分子中，碳碳单键可以自由旋转。当 C—H 键和 C＝O 双键处在同一个平面内时，出现 σ-π 超共轭现象。超共轭的结果使 C—H 键多了 π 键成分，因而 C—H 键的振动力常数增加，表现为丙酮的 CH_3 反对称伸缩振动频率（$3004cm^{-1}$）比烷烃 CH_3 的反对称伸缩振动频率（$2965cm^{-1}$）高。

13.2.12   氢键效应

在许多有机、无机和聚合物分子中，存在—OH、—COOH、—NH—和—NH_2 基团，有些有机化合物是盐酸盐（·HCl），有些化合物分子式中含有结晶水（·xH_2O）。在这些化合物中存在着分子间氢键或分子内氢键。氢键的存在使红外光谱发生变化的现象称为氢键效应。

氢键效应使 O—H 和 N—H 的伸缩振动频率发生明显变化。氢键越强，O—H 和

N—H 的伸缩振动谱带变得越宽，谱带向低频位移得越多。在醇类、酚类、羧酸类、胺类、酰胺类、氨基酸类、多肽类和酸式无机盐类等化合物都存在着氢键，其中羧酸类、氨基酸类和酸式无机盐类的氢键非常强。

13.2.13 稀释剂效应

当液体样品或固体样品溶于有机溶剂中时，样品分子和溶剂分子之间会发生相互作用，导致样品分子的红外振动频率发生变化。如果溶剂是非极性溶剂，且样品分子中不存在极性基团，样品的红外光谱基本上不受影响。但如果溶剂是极性溶剂，且样品分子中含有极性基团，那么，样品的光谱肯定会发生变化。溶剂的极性越强，光谱的变化越大。所以，在报告红外光谱时，必须说明测定光谱时所使用的溶剂。

固体样品采用压片法测定红外光谱时，通常采用卤化物作为稀释剂。卤化物分子的极性很强，肯定会影响样品分子中极性基团的振动频率，使极性基团的振动频率发生位移，而且还会使谱带变形。稀释剂对光谱的影响是不可避免的，所以制备红外样品时，要尽量避免使用稀释剂。

13.3 红外吸收光谱仪

自第一台红外光谱仪发明以来，傅里叶变换红外光谱（FTIR）技术发展非常迅速。FTIR 光谱仪的更新换代很快。世界上各个生产 FTIR 光谱仪的公司每 3～5 年就推出新型号 FTIR 光谱仪。本章不具体介绍各个仪器公司生产的各种型号 FTIR 光谱仪的结构和性能指标，只对 FTIR 光谱仪的基本结构和工作原理进行介绍。

13.3.1 FTIR 光谱仪的基本组成

FTIR 光谱仪由三部分组成：红外光学台（光学系统）、计算机和打印机。

13.3.1.1 红外光学台

红外光学台是红外光谱仪的最主要部分。日常所提的红外光谱仪主要是指红外光学台，计算机和打印机是红外光谱仪的辅助设备。红外光谱仪的各项性能指标由红外光学台决定。

红外光学台由红外光源、光阑、干涉仪、样品室、检测器以及各种红外反射镜、氦氖激光器、控制电路板和电源组成。红外光学台的体积越来越小，光学台内反射镜越来越少，红外光路越来越短。红外光学台的这种设计有利于提高红外光谱仪的性能指标。

13.3.1.2 计算机

控制 FTIR 光谱仪工作的计算机，必须安装由红外光谱仪器公司提供的红外光谱专用软件。计算机通过 USB、LPT、COM 接口或安装在计算机里的红外接口板插口与红外光学台的电路板连接。光学台的工作状态完全由光谱仪和计算机来控制。红外样品数据的采集和采集参数的设定，由计算机的红外软件设置。光谱仪的电路板将光学台中检测器检测到的模拟信号转换为数字信号，传送到计算机内进行傅里叶变换运算处理，并将计算结果（红外光谱图）显示在屏幕上或者保存在计算机硬盘中。

13.3.2　FTIR 光谱仪的光学系统

FTIR 光谱仪的光学系统主要由红外光源、光阑、干涉仪、激光器、检测器和几个红外反射镜组成。图 13-4 展示的是 FTIR 光谱仪的光学系统示意图。红外光源发出的红外光经椭圆反射镜 M_1 收集和反射，反射光通过光阑后到达准直镜 M_2，从准直镜反射出来的平行反射光射向干涉仪，从干涉仪出来的平行干涉光经准直镜 M_3 反射后射向样品室，透过样品的红外光经聚光镜 M_4 聚焦后到达检测器。下面分别讨论组成光学系统的各个零部件的结构和性能。

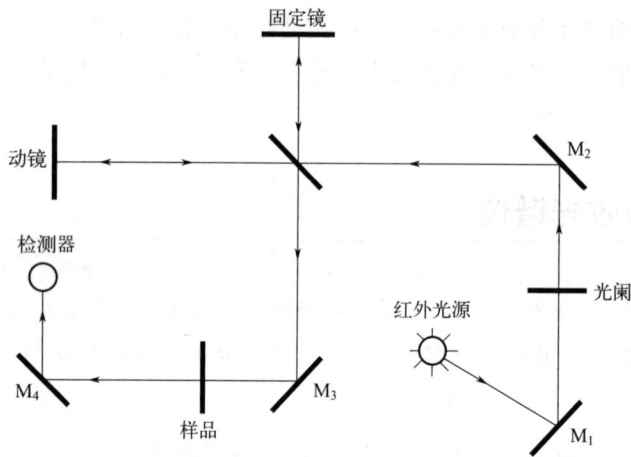

图 13-4　FTIR 光谱仪的光学系统

13.3.2.1　红外光源

虽然傅里叶变换红外光谱技术发展非常迅速，但多年来红外光源技术发展较为缓慢。近几十年来，红外光源所用的材料有些改进，但仍然不能大幅度提高光源的能量。光源是 FTIR 光谱仪的关键部件之一，红外辐射能量的高低直接影响检测的灵敏度。理想的红外光源是能够测试整个红外波段，即能够测试远红外、中红外和近红外光谱。但目前要测试整个红外波段至少需要更换三种光源，即中红外光源、远红外光源和近红外光源。红外光谱中用得最多的是中红外波段，目前中红外波段使用的光源基本上能满足测试要求。中红外光源的种类和适用范围列于表 13-6 中。

表 13-6　中红外光源的种类和适用范围

光源种类	适用范围/cm⁻¹	光源种类	适用范围/cm⁻¹
水冷却碳硅棒光源	7800～50	水冷却陶瓷光源	7800～50
EVER-GLO 光源	9600～20	空气冷却陶瓷光源	9600～50

从表 13-6 可以看出，目前使用的中红外光源基本上可以分为两类：碳硅棒光源和陶瓷光源。这两类光源都能够覆盖整个中红外波段。光源又分为水冷却和空气冷却两类，使用水冷却光源时，需要用水循环系统，这给仪器的使用带来诸多不便。

13.3.2.2 光阑

红外光源发出的红外光经椭圆反射镜反射后，先经过光阑，再到达准直镜。光阑的作用是控制光通量的大小。加大光阑孔径，光通量增大，有利于提高检测灵敏度。缩小光阑孔径，光通量减少，检测灵敏度降低。

FTIR 光谱仪光阑孔径的设置分为两种：一种是连续可变光阑；另一种是固定孔径光阑。连续可变光阑就像照相机的光圈一样，它的孔径可以连续变化，孔径的大小采用数字表示，如有些中红外光谱仪光阑的孔径用 0~150 表示，数字 0 表示光阑孔径最小，150表示光阑全打开。采用这种光阑，如果检测器是 DTGS 或 MCT/A，不需要在红外光路中插入光通量衰减器。

13.3.2.3 干涉仪

干涉仪是 FTIR 光谱仪光学系统中的核心部分。FTIR 光谱仪的最高分辨率和其他性能指标主要由干涉仪决定。目前，FTIR 光谱仪使用的干涉仪分为好几种，但不管使用哪一种类型的干涉仪，其内部的基本组成是相同的，即各种干涉仪的内部都包含有动镜、定镜和分束器这三个部件。目前 FTIR 光谱仪使用的干涉仪分为：空气轴承干涉仪、皮带移动式干涉仪、悬挂扭摆式干涉仪等。本章仅介绍其中的一种最为常见的干涉仪——空气轴承干涉仪。

空气轴承干涉仪是经典迈克尔逊（Michelson）干涉仪，它可以方便而精确地改变和控制两相干光束间的光程差。定镜和动镜表面都是镀铝或镀金的平面镜。定镜背部有三个微调螺丝，用以调整定镜位置，以便使定镜平面和动镜平面保持严格的垂直状态。动镜固定在空气轴承支架上。当有一定压力的纯净气体通入空气轴承时，轴承处于悬浮状态。在电磁驱动下，动镜在空气轴承上做无摩擦的平稳移动，并能在移动过程中与定镜保持垂直。

图 13-5 所示是 FTIR 光谱仪中使用的空气轴承干涉仪光路示意图。实际上，干涉仪中的固定镜并非固定不动，在固定镜的背后安装有压电元件或电磁线圈。在图 13-5 中，He-Ne 激光光束被红外光路中的一面小的平面反射镜反射到分束器，从分束器射出来的激光干涉信号被红外光路中的三个非常小的光电二极管接收，接收的信号经过数字信号处理器（digital signal processor，DSP）处理，转换成三个激光干涉图。在动镜移动过程中，当三

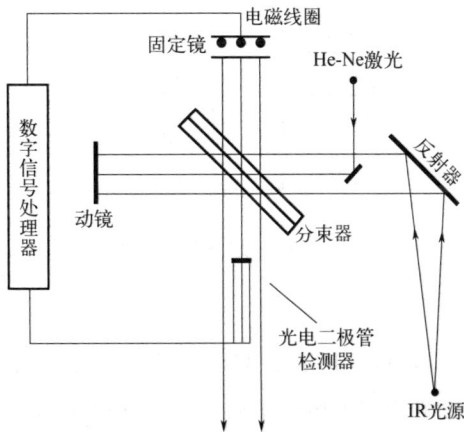

图 13-5 FTIR 光谱仪中使用的
空气轴承干涉仪光路

个激光干涉图相位不相同时，数字信号处理器将信息反馈给固定镜背后的压电元件或电磁线圈，实时对固定镜的倾角进行微调，即对固定镜进行实时动态调整。这种动态调整采用调频方式，速度达到每秒十几万次，固定镜的位置精度小于 0.5nm。实时动态调整的干涉仪使 FTIR 测试具有非常出色的重复性以及长期稳定性。

分束器是干涉仪中重要的部件。光束不管是以 45°，还是以其他角度入射分束器表面，都应该有 50% 光通过分束器，50% 光在分束器表面反射，将一束光分裂为两束光。这是理想的分束器。

13.3.2.4　检测器

检测器的作用是检测红外干涉光通过红外样品后的能量。因此，对使用的检测器有四点要求：具有高的检测灵敏度、具有低的噪声、具有快的响应速度和具有较宽的测量范围。

FTIR 光谱仪使用的检测器种类很多，但目前还没有一种检测器能够检测整个红外波段。测定不同波段的红外光谱需要使用不同类型的检测器。目前中红外光谱仪使用的检测器可以分为两类：一类是 DTGS 检测器，另一类是 MCT 检测器。

DTGS 检测器是由氘代硫酸三苷肽 $[(NH_2CH_2COOH)_3 \cdot H_2SO_4]$ 中的 H 被 D 取代晶体制成的。将 DTGS 晶体切成几十微米厚的薄片。薄片越薄，检测器的灵敏度越高，但加工越困难。制成薄片后，要在薄片两面引出两个电极通至检测器的前置放大器。DTGS 晶体在红外干涉光的照射下产生的极微弱信号，经前置放大器放大并进行模数转换后，送给计算机进行傅里叶变换。图 13-6 所示是 DTGS 检测器结构示意图。

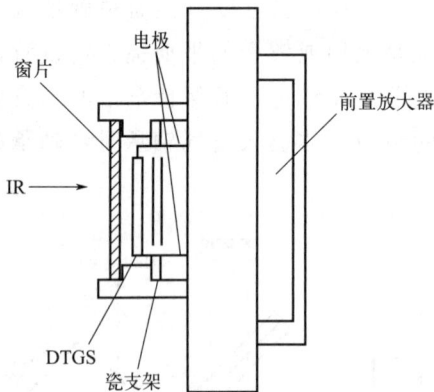

图 13-6　DTGS 检测器结构

DTGS 晶体很怕潮湿，因此必须用红外窗片将 DTGS 晶体密封好。根据密封材料的种类，DTGS 检测器又分为：DTGS/KBr 检测器、DTGS/CsI 检测器和 DTGS/Polyethylene 检测器。前两种检测器用于中红外检测，后一种检测器用于远红外检测。

MCT（mercury cadmium tellurium）检测器是由宽频带的半导体碲化镉和半金属化合物碲化汞混合制成的。改变混合物成分的比例，可以获得测量范围不同、检测灵敏度不同的各种 MCT 检测器。目前测量中红外光谱使用的 MCT 检测器有三种：MCT/A、MCT/B 和 MCT/C。

其中，MCT/A 检测器为窄带检测器，测量范围为 10000～650cm^{-1}。它是 MCT 类型检测器中灵敏度最高、响应速度最快的一种检测器，适用于快速扫描、步进扫描、色红联机、红外显微镜等光谱的检测。MCT/B 检测器为宽带检测器，测量范围为 10000～100cm^{-1}。MCT/C 检测器为中带检测器，测量范围为 10000～580cm^{-1}。MCT/B 和 MCT/C 检测器的检测灵敏度都比 MCT/A 低。

13.3.3　红外光谱仪的分辨率

13.3.3.1　分辨率的定义

红外光谱的分辨率（resolution）用波数（cm^{-1}）表示，即分辨率的单位是 cm^{-1}。分辨率是指分辨两条相邻谱线的能力。红外光谱仪的分辨率是由干涉仪动镜移动的距离决定的。确切来说，是由光程差计算得来的。

13.3.3.2　噪声和信噪比

用傅里叶变换红外光谱仪测量光谱时，检测器在接收样品光谱信息的同时也接收了噪声信号。仪器的噪声信号是随机的，有正有负，是起伏变化的。起伏变化的噪声信号会加到样品的光谱信号中，使输出的光谱既包含样品信号也包含噪声信号。

检测器接收到的噪声包括检测器本身的噪声，此外还包含红外光源强度微小变化引起的噪声、杂散光引起的噪声、外界振动干扰引起的噪声、干涉仪动镜移动引起的噪声、电子线路引起的噪声等。红外光谱的噪声是指在样品的红外光谱中，在没有吸收谱带的基线上的噪声水平。由此可见，红外光谱的噪声和仪器的噪声在数值上是相等的。

红外光谱信噪比是指实测红外光谱吸收峰强度与基线噪声的比值。对于吸光度光谱，光谱信噪比 SNR 为

$$SNR = A/N$$

式中，A 是光谱中最强吸收峰的吸光度值；N 是基线噪声。

13.3.4　近红外光谱仪和近红外光谱

人们习惯上将红外光谱区间划分为三个区，即近红外区（12800～4000cm^{-1}）、中红外区（4000～400cm^{-1}）和远红外区（400～10cm^{-1}）。当然这三个区间也没有严格的界线。这是由于不同的红外光谱仪所使用的光学元器件不同，使红外光谱测量区间不完全相同。

13.3.4.1　近红外光谱的特点

中红外区出现的吸收谱带主要是分子基频振动吸收谱带和指纹谱带，而近红外区出现的吸收谱带基本上都是分子倍频振动和合频振动吸收谱带。分子吸收红外光发生基频振动的概率远远高于倍频振动和合频振动的概率，在近红外区，合频振动谱带强度往往比倍频振动强度高得多。

13.3.4.2　近红外光谱测试技术

近红外光谱测试技术分为透射光谱技术和反射光谱技术两类。

透射光谱法用于近红外光谱测试时，适合于测试透明的溶液。测试透明的溶液得到的近红外光谱，其谱带的吸光度符合比尔定律，即谱带的吸光度与光程长成正比，与样品中组分浓度成正比。当测试混浊液或悬浮液光谱时，由于光的散射，其谱带的吸光度不符合比尔定律，因此不能用于光谱的定量分析。有些近红外光谱仪可以对牛奶的成分进行定量

13

分析，但必须配备高灵敏度的检测器和特殊的定量分析软件。

固体粉末样品的近红外光谱应采用反射光谱法测试。漫反射光谱法在现代近红外光谱各种分析技术中占有特别重要的地位。漫反射光谱分析方法不需要对固体粉末样品进行处理，可以直接测试粒状、块状、片状等样品的光谱，因此可迅速分析大量样品。近红外漫反射光谱法在农产品品质的分析中得到广泛的应用。利用漫反射附件可以分析农产品中的蛋白质、脂肪、水分、氨基酸等的含量。

13.3.5　远红外光谱仪和远红外光谱

各个红外仪器公司现在基本上都不生产专用的远红外光谱仪了。在中、高档中红外光谱仪的基础上配备远红外专用的分束器和检测器，就可以进行远红外光谱的测定。有的仪器还配备远红外光源。

从中红外光谱测量转换到远红外光谱测量时，除了更换分束器外，还必须更换检测器。目前测量远红外光谱使用的远红外检测器是 DTGS/聚乙烯检测器，即检测器敏感元件的材料是 DTGS 晶体，检测器的窗口材料为聚乙烯。远红外检测器的敏感元件和中红外检测器的敏感元件相同，都是用氘代硫酸三苷肽晶体制作。

13.3.5.1　远红外光谱样品制备技术

测试固体样品的远红外光谱最常用的制样方法是石蜡油研磨法。石蜡油在远红外区没有吸收谱带，所以可以用石蜡油作为固体样品的稀释剂。除了采用石蜡油研磨法以外，还可以采用碘化铯粉末压片法或聚乙烯粉末压片法。碘化铯晶体粉末与固体样品研磨压片制样法和中红外溴化钾研磨压片制样法基本相同。溴化钾压片制样时，一般用 1mg 左右固体样品。由于在远红外区光源的辐射能量较低，远红外区谱带的摩尔吸光系数一般比中红外区小一个数量级，所以固体样品的用量要比中红外区用量多得多。样品用量在 3～30mg，碘化铯用量在 70～100mg。碘化铯用量应尽量少，只要能压成薄片即可，因碘化铯在远红外区的低频端有吸收谱带。

13.3.5.2　远红外光谱的应用

远红外光谱的应用比中红外光谱的应用要少得多。现在已有许多中红外光谱谱库，如 Sadtler 谱库收集的光谱就有 30 万张以上，其中主要部分是中红外光谱。红外仪器的计算机中如果有红外谱库，可以对测得的未知物光谱进行谱库检索。目前，部分红外仪器公司的高端设备已提供远红外光谱谱库。

思考题与练习题

1. 分子吸收红外辐射需要满足哪些条件？其吸收强度主要由哪些因素决定？

2. 基团振动的频率与化学键两端的原子质量、化学键力常数的关系如何？影响基团红外吸收谱带位移的主要因素有哪些？

3. 请简要说明傅里叶变换红外光谱法（FTIR）的基本原理。与普通的色散型红外光谱法比较，FTIR 有哪些优点？

4. 用红外光谱法研究材料时，常用的制样方法有哪些？它们各有何优缺点？

5. 应用红外光谱法如何进行定量分析？

6. 红外吸收光谱图横坐标、纵坐标各以什么标度？

7. 判断下列各分子的碳-碳对称伸缩振动在红外光谱中是活性的还是非活性的。

(1) $CH_3{-}CH_3$　　(2) $CH_3{-}CCl_3$　　(3) CO_2　　(4) $HC{\equiv}CH$

(5)
$$
\begin{array}{c}
Cl \qquad H \\
\diagdown \quad \diagup \\
C{=}C \\
\diagup \quad \diagdown \\
H \qquad Cl
\end{array}
$$
　　(6)
$$
\begin{array}{c}
H \qquad H \\
\diagdown \quad \diagup \\
C{=}C \\
\diagup \quad \diagdown \\
Cl \qquad Cl
\end{array}
$$

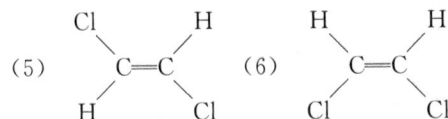

8. Cl_2、H_2S 分子的振动能否引起红外吸收而产生吸收谱带？为什么？预测可能有的谱带数。

9. CO_2 分子应有 4 种基本振动形式，但实际上只在 $667cm^{-1}$ 和 $2349cm^{-1}$ 处出现两个基频吸收峰，为什么？

10. 判断羰基化合物 Ⅰ、Ⅱ、Ⅲ、Ⅳ 中，$C{=}O$ 伸缩振动频率最低者并说明依据。

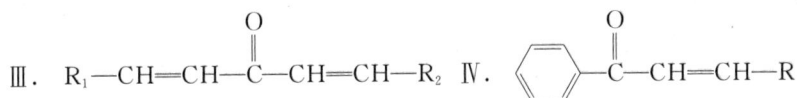

Ⅰ. $R_1{-}CH_2{-}\overset{\displaystyle O}{\overset{\|}{C}}{-}CH_2{-}R_2$　　　　Ⅱ. $C_6H_5{-}\overset{\displaystyle O}{\overset{\|}{C}}{-}CH{=}CH{-}R$

Ⅲ. $R_1{-}CH{=}CH{-}\overset{\displaystyle O}{\overset{\|}{C}}{-}CH{=}CH{-}R_2$　　Ⅳ. $C_6H_5{-}\overset{\displaystyle O}{\overset{\|}{C}}{-}CH{=}CH{-}R$

11. 乙醇的红外光谱中，羟基的吸收峰在 $3333cm^{-1}$，而乙醇的 1% CCl_4 溶液的红外光谱中羟基却在 $3650cm^{-1}$ 和 $3333cm^{-1}$ 两处有吸收峰，为什么？

12. 一个化合物分子式为 $C_4H_6O_2$，已知含有一个酯羰基和一个乙烯基。该化合物的红外光谱有如下特征谱带：$3090cm^{-1}$（强）、$1765cm^{-1}$（强）、$1649cm^{-1}$（强）、$1225cm^{-1}$（强）。请指出这些吸收带的归属，并写出可能的结构式。

13. 试用红外光谱区分下列异构体。

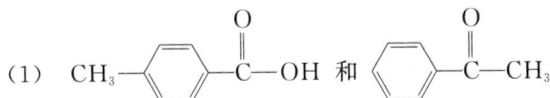

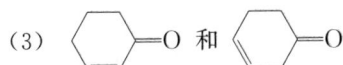

(1) $CH_3{-}C_6H_4{-}\overset{\displaystyle O}{\overset{\|}{C}}{-}OH$ 和 $C_6H_5{-}\overset{\displaystyle O}{\overset{\|}{C}}{-}CH_3$

(2) $CH_3CH_2\overset{\displaystyle O}{\overset{\|}{C}}CH_3$ 和 $CH_3CH_2CH_2CHO$

(3) 环己二烯酮异构体 和 环己二烯酮异构体

14. 三氟乙烯碳碳双键伸缩振动峰在 $1580cm^{-1}$，而四氟乙烯碳碳双键伸缩振动在此处无吸收峰，为什么？

15. 请简要说明如何应用红外光谱法研究聚合物的结晶度和取向度。

16. 请设计一个简单方案，说明如何应用红外光谱法鉴别一个二元聚合物共混物中两种聚合物之间有没有发生相互作用。

参考文献

[1]　翁诗甫，徐怡庄．傅里叶变换红外光谱分析 [M].3 版．北京：化学工业出版社，2016.

[2]　曾幸荣．高分子近代测试分析技术 [M]．广州：华南理工大学出版社，2007.

[3]　清华大学分析化学教研组．现代仪器分析（上册）[M]．北京：清华大学出版社，1983.

[4]　沈德言．红外光谱线在高分子研究中的应用 [M]．北京：科学出版社，1982.

[5]　王宗明，何欣翔，孙殿英．实用红外光谱学 [M]．北京：石油工业出版社，1982.

[6]　西尔弗斯坦．有机化合物光谱鉴定 [M].2 版．姚海文，译．北京：科学出版社，1988.

[7]　Koenig J L. Chemical microstructure of polymer chains [M]. New York：John Wiley&Sons，1980.

[8]　Siesler H W，Holland-Moritz K. Infrared and Raman spectroscopy of polymers [M]. New York：Marcel. Dekker INC. Press，1980.

[9]　吴人洁．高聚物的表面与界面 [M]．北京：科学出版社，1998.

[10]　董炎明．高分子材料实用剖析技术 [M]．北京：中国石化出版社，2005.

[11]　李慎安．法定计量单位实用手册 [M]．北京：机械工业出版社，1988.

[12]　张美珍，柳百坚，谷晓昱．聚合物研究方法 [M]．北京：中国轻工业出版社，2000.

[13]　薛奇．高分子结构研究中的光谱方法 [M]．北京：高等教育出版社，1995.

[14]　张俐娜，薛奇，莫志深，等．高分子物理近代研究方法 [M]．武汉：武汉大学出版社，2003.

[15]　李小俊，胡克良，黄允兰，等．红外光声光谱法研究本体聚合聚丙烯的紫外光氧化 [J]．高分子材料科学与工程，2001，17（5）：74-77.

[16]　吴瑾光．近代傅里叶变换红外光谱技术及应用 [M]．北京：科学技术文献出版社，1994.

[17]　中本一雄．无机和配位化合物的红外和拉曼光谱 [M].4 版．北京：化学工业出版社，1991.

[18]　钟锡华．现代光学基础 [M]．北京：北京大学出版社，2003.

[19]　朱诚身．聚合物结构分析 [M]．北京：科学出版社，2004.

[20]　杨睿，周啸，罗传秋，等．聚合物近代仪器分析 [M].3 版．北京：清华大学出版社，2010.

14

拉曼光谱分析

14.1 拉曼光谱概论

20 世纪 20 年代，光散射的量子理论蓬勃发展，斯迈克尔、海森伯格、薛定谔和狄拉克等著名物理学家在 1923—1927 年间根据量子力学理论先后预言单色光被物质散射时可能有频率改变的散射光。1928 年，印度物理学家拉曼在研究苯的光散射现象时，发现在散射光中除了有与入射光频率相同的瑞利散射谱线外（瑞利效应），还在瑞利散射谱线两侧发现了强度极弱的新散射谱线，新发现散射谱线被命名为拉曼散射光，称为拉曼效应，拉曼因该发现也获得了 1930 年的诺贝尔物理学奖。随着进一步的研究，这些位于瑞利线低频一侧的谱线称为斯托克斯（Stokes）线，高频一侧的谱线称为反斯托克斯（anti-Stokes）线，两者统称为拉曼光谱。

拉曼光谱属于分子的振动和转动光谱，谱带强度和形状等都直接与分子的振动及转动相关联，可以得到有关分子结构的信息。因此，拉曼效应被发现后的十余年间，拉曼光谱在分子结构和分析化学研究中发挥过巨大的作用。由于拉曼散射强度只有瑞利散射强度的 $10^{-4} \sim 10^{-3}$，同时，采用的汞弧灯光源的激发能量低，在实验技术上存在较大的局限，通常需要曝光数小时到数十天，样品用量大，也只限于测试无色液体样品，还存在样品荧光干扰的影响。

1974 年弗莱希曼发现，当吡啶吸附在银电极上时，其拉曼散射强度增强倍数达 $10^4 \sim 10^5$，这种现象称为表面增强拉曼散射（SERS）效应，后来相继发现吡啶吸附在金、铜等电极上有相似的增强效应，同时也发现很多氮化合物亦有增强效应；此外，共振拉曼效应（RRE）也备受研究领域关注，当激发频率接近或重合于分子的一个电子吸收峰时，某一个或几个特定的拉曼带强度会急剧增加，甚至达到正常拉曼带强度的百万倍，并出现正常拉曼效应中所观察不到的、强度可与基频相比拟的泛音及组合振动，这就是共振拉曼效应。大功率激光器的强激光束照射样品时，感生偶极矩不仅与入射光的电场强度一次方项有关，而且还与电场强度的高次方项有关，与高次方项有关的效应对应于非线性拉曼效应。非线性拉曼效应主要有相干反斯托克斯拉曼散射（CARS）效应、受激拉曼散射效应、超拉曼散射效应、逆拉曼散射效应等，这些非线性拉曼效应在生物化学、无机络合物，特别是过渡金属络合物的研究中起着重要的作用。

20世纪60～90年代，新技术的发展与应用给拉曼光谱带来了新的生机。激光技术促进拉曼光谱技术的发展和应用，激光光源与早期使用的汞弧灯光源相比，具有输出功率大、能量集中，单色性和相干性能好，光源具有线性偏振等优点。近红外激光（1.06μm）远离样品的吸收带，避免了样品受激光照射产生的热分解，激光器的多谱线输出和可调谐激光器的连续谱线输出，可以很方便地选择合适的激发线对在很大光谱范围有吸收的样品进行共振拉曼光谱测量。结合高效过滤瑞利散射的滤光片，使绝大多数有机化合物和生物品可以很方便地得到满意的拉曼光谱图。高分辨率、应用傅里叶变换（FT）技术制造出的FT-拉曼光谱仪器，较好地解除了荧光对拉曼光谱的干扰；低杂散光的双联和三联光栅单色仪以及高灵敏度光电接收系统（光电倍增管和光子计数器）的成功应用大大提高了设备的灵敏度与分辨率；CCD（charge-coupled device）检测器的引入使得拉曼光谱术成为快速测试技术，在几秒钟甚至更短的时间就能测得完整的拉曼光谱；此外，计算机技术与拉曼光谱仪联机实现了拉曼光谱仪器操作自动化和数据处理计算机化，使拉曼光谱测量达到与红外光谱一样方便的水平。

当前，拉曼光谱在有机化学、无机化学、生物化学、催化、表面化学、分子结构、矿物学、半导体材料等研究领域中都有广泛的应用，已经成为这些学科的重要研究手段。随着光学技术的进一步发展，21世纪以来市场上普遍供应高性能、结构紧凑又使用简便的拉曼光谱仪。这些仪器能有效地使用于非实验室环境，而且不要求使用者具备拉曼光谱术的专门技能，其应用的范围也日趋广泛和重要。

14.2　拉曼光谱分析的基本原理

（1）光散射现象

光散射是自然界常见的现象，当一束光照射到介质时，大部分的光被介质反射或透过介质，另一部分的光波介质向四面八方散射，如晴朗的天空呈蓝色，早晚东西方的空中出现红色霞光，广阔的大海是一幅深蓝色的景象。光在传播时，因与传播介质中的颗粒、分子（原子）作用而改变其光强的空间分布、偏振状态或频率。散射光频率与入射光频率相同的散射为弹性散射，如丁达尔散射和瑞利散射；散射光频率与入射光频率不同时的散射为非弹性散射，如拉曼散射及布里渊散射。

（2）拉曼效应

拉曼效应是1928年由印度物理学家拉曼发现的，分子对入射光所产生的一种非弹性散射现象。拉曼效应的物理过程可用能级图说明，如图14-1所示，室温时，大多数分子处于最低振动能级状态，分子吸收入射光子能量后，分子可从基态 m 或者较高能级的激发态 n 跃迁到一个更高能量虚拟状态——虚态，当分子从不稳定的虚态回到对应的基态 m 或激发态 n 时，发射出的光子具有与入射光子相同的能量，这种没有能量传递的散射称为瑞利（Rayleigh）散射；若激发分子从虚态返回到比初始能级更高的分子能级时，光子的部分能量被分子吸收，发射出的光子能量较入射光子小，这个过程称为斯托克斯拉曼

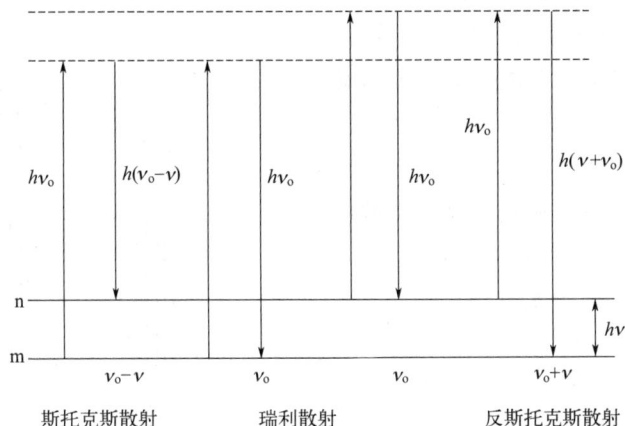

图 14-1 拉曼效应的能级跃迁

散射；若激发分子从虚态返回到比初始能级更低的分子能级时，发射光子的能量大于入射光子的能量，亦即有较短的波长，这个过程称为反斯托克斯拉曼散射。由于每 $10^6 \sim 10^8$ 个光子中仅一个光子能进行拉曼散射，斯托克斯拉曼散射强度远弱于瑞利散射，而反斯托克斯拉曼散射强度正比于处于次高振动能级的分子数，其散射强度更弱，低温下的反斯托克斯散射几乎为零。

拉曼效应普遍存在于气体、液体或固体分子中，每一种物质（分子）的特征拉曼频率位移（即入射频率与散射频率之差）与入射光的频率无关。拉曼散射是瞬时的，在入射光消失后的 $10^{-12} \sim 10^{-11}$ s 消失；拉曼谱线线宽较窄，短于入射光波长的反斯托克斯线和长于波长的斯托克斯线成对出现，具有数值相同的正负频率差；拉曼频率位移的数值可从几个波数（cm^{-1}）到 3800 个波数。一般的拉曼频率是分子内部振动或转动频率，有时与红外吸收光谐所得的频率部分重合，波数范围也是相同的；拉曼谱线的强度和偏振性质对于各条谱线是不同的。

（3）拉曼光谱图

拉曼光谱图是拉曼散射强度相对波长的函数图，是分子众多拉曼散射过程叠加的结果。光谱图中横轴的单位通常使用相对于激发光波长偏移的波数，即激光波长和拉曼光波长以波数计的差，或简称为拉曼频移，是该振动能量的量度，与所用激发光的波长无关。

波数是波长的倒数，即每厘米内波的数目。以绿光为例，其波长为 500nm（$=500 \times 10^{-7}$ cm），其波数为 $20000cm^{-1}$。波数与光子能量 E 的关系如下式所示

$$E = h\nu = hc/\lambda = hcw$$

式中，h 为普朗克常数；ν 为光的频率；c 为光速；λ 为光的波长；w 为光的波数。

图 14-2 是光散射以波数计的示意图，图中中央谱线（瑞利线）的波数等同于激发光的波数，用 514.00nm 激光激发氮气的拉曼散射，其波长为 584.54nm，对该氮拉曼峰以波数计的拉曼频移为

$$拉曼频移 = \frac{1000}{0.0514} - \frac{1000}{0.058454} = 2348(cm^{-1})$$

图 14-3 显示用波数 cm^{-1} 表示频移的环己烷斯托克斯和反斯托克斯拉曼散射光谱。与斯托克斯散射相比，反斯托克斯只有非常弱的强度。图中右面部分是纵坐标放大后的反斯托克斯散射光谱。

（4）拉曼峰的频移、强度、峰宽和偏振

拉曼光谱可用于分析材料的凝聚态结构及化学成分。固体物质聚集态结构包括结晶状态（结晶完善性和结晶度）、无定形态、分子或聚集态的取向等，这些都可能在拉曼光谱中得到反映。拉曼光谱中，峰的频移、强度（峰高或峰积分面积）、峰宽以及偏振特性等光谱特征从不同角度反映了物质的分

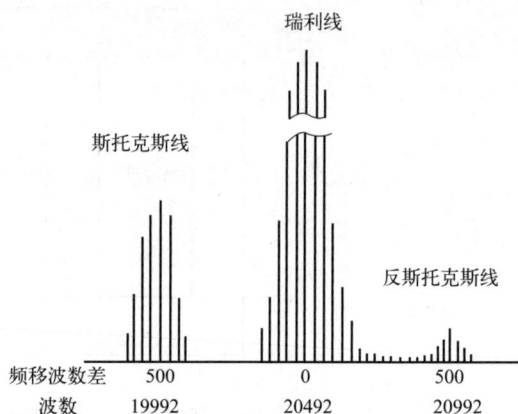

图 14-2 以波数计的光散射

子结构、聚集态结构等微观结构，频移还与试样的应力状态密切相关，还可用于材料微观力学的研究。

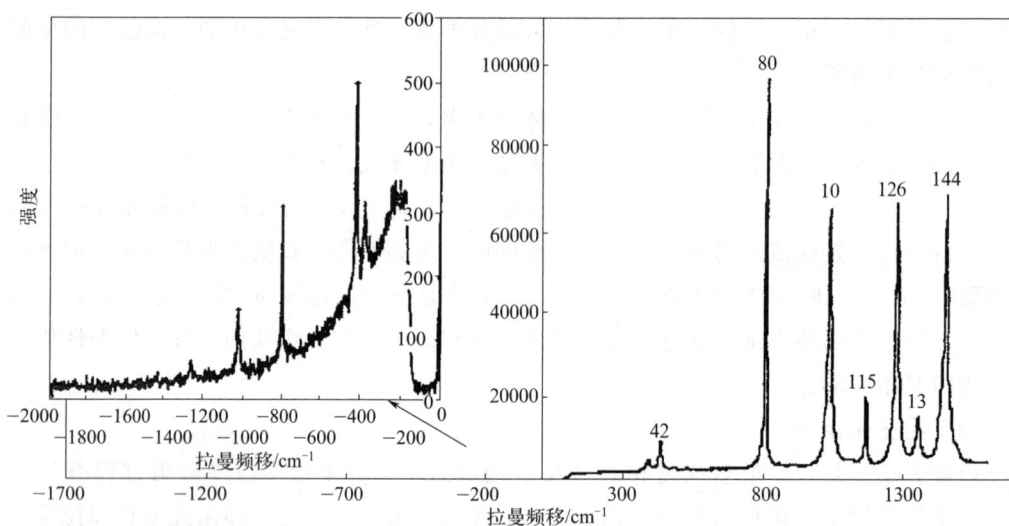

图 14-3 环己烷的斯托克斯和反斯托克斯拉曼散射光谱

拉曼光谱线或峰的频移取决于分子或基团的能级差，是分子或基团本身所固有的特性，又称为特征拉曼峰频移。频移是材料化学成分鉴别时最主要考虑的参数，通过与各种物质和基团的拉曼光谱数据库的对比，可确定待测物质的成分。但分子或基团都不是孤立存在的，它们会受到周围化学环境的影响，从而使频移发生微小的位移，峰宽和峰强度也可能受到影响。

拉曼散射强度正比于被激发的分子数，增强入射光强度或使用较高频率（即较短的波长）的入射光能增强拉曼散射强度。影响拉曼峰强度的材料结构因素主要与分子结构和分

子振动有关；聚集态结构也可能对某些特定拉曼峰有影响，如结晶材料比非结晶材料往往有更强更多的拉曼峰，因此也可以基于相关测定，对材料结晶度作定性或定量分析。

拉曼峰的峰宽通常用半高宽表示，反映了材料的某些微观结构特征。例如，碳材料的G峰峰宽与材料结晶结构的完善程度相关，尖锐狭窄的G峰表示完善的结晶有序。

对于一个特定的分子振动，其拉曼散射光的偏振方向是该振动引起的电子云极化率变化的方向。入射光引起的电子云的位移方向若与入射光偏振方向相同，则拉曼散射光就有与入射光相同的偏振方向。若入射光引起的电子云的位移方向与其偏振方向不同，则散射光就有与入射光不相同的偏振方向。由于晶体的拉曼光谱一般与晶轴相对于入射光偏振方向的取向和所测拉曼散射光的偏振方向有关，可应用拉曼光谱仪中安置的偏振器限定入射光和所检测拉曼散射光的偏振方向，对材料的结晶结构和分子结构的信息进行分析。

（5）温度和压力对拉曼峰的影响

温度和压力会造成化学平衡的偏离（影响产物相对反应剂的比、氢键和 pH 等）、密度变化、相变和晶格扭曲、折射率变化、振动和转动激发态分布变化、振动非谐性变化以及转动和振动持续时间的变化等，从而导致拉曼光谱中的峰高、峰宽、退偏振率和累计（积分）面积的改变。

温度变化导致的化学平衡偏移会引起液态水的氢键和非氢键之间的平衡，位于 $3300cm^{-1}$ 到 $3400cm^{-1}$ 范围内水的拉曼峰形状对这种平衡非常敏感，利用拉曼光谱术测定水的温度，精确度可达到 $\pm0.1℃$。温度和压力引起的试样密度或相的转变也会导致拉曼光谱的变化。密度的增大相当于分析物浓度的增大，较高的试样浓度引起更强的拉曼信号。相同材料的不同相的拉曼光谱也不同，如液态水的 O—H 伸缩振动位于 $3400cm^{-1}$ 附近，峰宽约 $400cm^{-1}$，而水蒸气同一振动的拉曼峰位于 $3652cm^{-1}$，峰宽小于 $1cm^{-1}$。拉曼光谱术因而也可用于固体材料相转变的测定。

（6）定性分析和定量分析

拉曼光谱中的不同频移的拉曼峰可以用于区分不同的试样，但受材料纯度的影响，仅有少量的简单分子及其混合物的拉曼光谱有较明显的区分度。拉曼光谱定性分析需要结合测得的拉曼光谱推定可能的材料及其混合物，预判试样的来源和经历，是否是混合物，物理性质和外观，再参考从其他技术得到的资料，能够加快样品定性分析的效率。

拉曼峰位置可以确定一些基团的存在，相对峰高可以反映试样中不同基团的相对含量，峰位置的偏移则可能来源于近旁基团的影响或某种类型的异构化。应用计算机相关软件自动进行定性分析的方法目前已得到普遍应用，计算机程序能自动地将未知材料的拉曼光谱与大量已知试样的拉曼光谱（光谱数据库）相比对，寻找与待测试样光谱最接近的光谱，并定量表明光谱的相符程度。

拉曼光谱术定量分析的基础是测得的分析物特征拉曼峰面积（累积强度）与分析物浓度间的线性关系，通过建立这种标定关系的线性曲线，并对标定曲线应用最小二乘法拟合以建立方程式，据此从拉曼峰面积计算得到分析物浓度。

（7）拉曼光谱与红外光谱

拉曼光谱和红外光谱都是起源于分子的振动和转动，在材料表征领域有着很长的应用历史，尤其是在聚合物表征方面更为人们所熟知。但产生两种光谱的机理有本质的差别，来自试样的物理效应也不相同。红外光谱是分子对红外光源的吸收所产生的光谱，拉曼光谱是分子对可见单色光（在 FT-拉曼光谱中用近红外光）的散射所产生的光谱。此外，在实验技术和功能也有显著差别。它们在材料表征上的作用则是相互补充的。表 14-1 列出拉曼光谱术与红外光谱术的异同和互补功能。

表 14-1　拉曼与红外光谱术的异同和互补功能

项目	红外光谱术	拉曼光谱术
物理效应	分子振动；二极矩的变化，例如 O—H 和 N—H 等；离子键；吸收	分子振动；极化率的变化，例如 C=C、C—S 和 S—S 等；散射
试样制备	透射模式的最佳厚度或试样接触模式（ATR）	对固体材料几乎无须任何试样制作过程；无接触、无破坏；可用水作溶剂或使用玻璃容器，水和玻璃不干扰测试结果
难题	玻璃、水和 CO_2 对红外光有强吸收	荧光
试样材料	主要为有机化合物	几乎没有限制
空间分辨率　横向　共焦	$10\sim20\mu m$　不可能	$1\sim2\mu m$，针尖增强近场术可达纳米级，约 $2.0\mu m$
成像功能	很低分辨率的成分像	成分像、相结构像和结晶度像等
频率范围	$4000\sim700cm^{-1}$	$4000\sim50cm^{-1}$（包括斯托克斯光和反斯托克斯光散射）

14.3　拉曼光谱仪

拉曼光谱仪的基本原理如图 14-4 所示，激发光与试样分子相互作用后出现弹性散射光（瑞利散射光）和非弹性散射光（拉曼散射光）。滤光装置滤除弹性散射光，分光装置（衍射光栅）将滤过的拉曼散射光按波长分开，再通过检测器获得拉曼光谱。拉曼散射光谱仪大致可以分为三种类型：滤光器型、分光仪型和迈克尔逊干涉仪型。

滤光器型的拉曼光谱仪仅能检测到拉曼光谱的一个波长（实际上是一个很窄的波段），使用多滤光器则可检测几个波长，使用可变波长滤光器则可检测更多波长。滤光器型仪器结构简单，价格低廉，对给定波长的拉曼光波，光通量更大。但因滤光器阻挡了绝大部分拉曼散射光，只有很狭窄光谱段的光进入检测器，检测效率相对更低。

分光仪型拉曼光谱仪通常是将来自狭缝的光照射于衍射光栅，衍射光栅将不同波长的光分散开后，聚焦在安置多元件探测器（CCD）检测平面上，同时测得不同波长光束强度。这种多通道的检测效率显著提高。图 14-5 是一种近代显微拉曼光谱仪光学系统的光路简图，光源发射的激光通过一准直光学装置进入显微镜光学系统，入射于试样。试样被入射光所激发出的拉曼散射光或荧光由同一物镜收集，通过显微镜光学系统和滤光系统及狭缝进入单色仪。经单色器分光后入射于 CCD 检测器，放大后的信号进入记录系统，最终在显示器上显示相应的光谱。

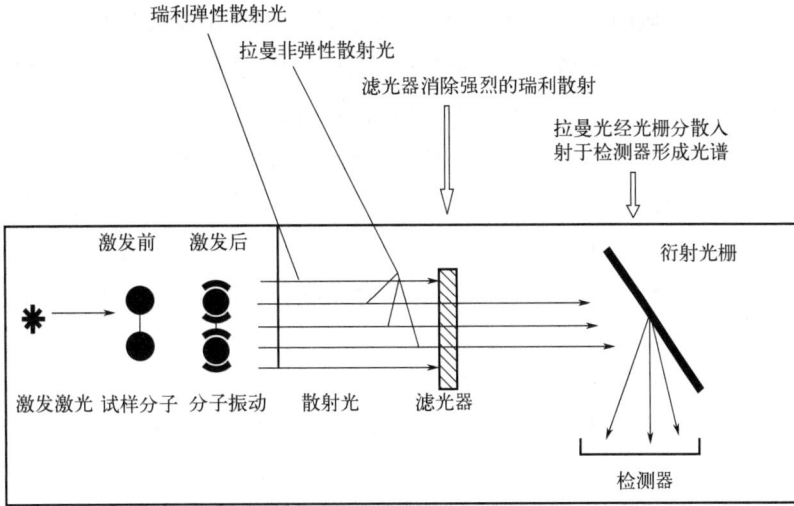

图 14-4　拉曼光谱仪基本原理

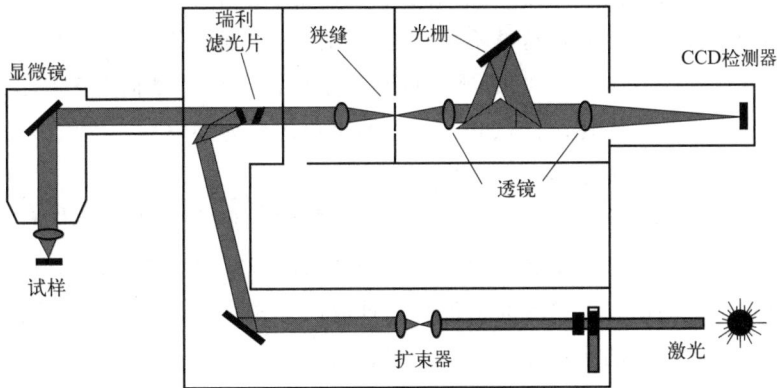

图 14-5　近代显微拉曼光谱仪光学系统的光路简图

　　迈克尔逊干涉仪型拉曼光谱仪中，来自试样的拉曼散射光通过干涉仪后进入探测器，通过干涉仪获得的干涉图进行傅里叶变换后，得到拉曼光谱。傅里叶变换拉曼光谱仪通常使用波长为 1064nm 的近红外钕钇铝石榴石（Nd：YAG）激光作激发光源，这种波长范围的激发光得到的拉曼光谱荧光弱，甚至完全没有背景荧光。此外，大多数试样对 1064nm 光波的吸收比起对可见光的要小得多，使用干涉仪允许激发光散焦入射，入射面积大但不致降低拉曼散射光的收集效率，允许降到更低的入射光功率密度，进一步减少了入射光对试样的热损伤。拉曼散射效率正比于被散射光频率的四次方，1064nm 近红外光比可见光散射光光强降低几十分之一，如果荧光背景不严重，使用可见光激发和 CCD 探测器的分光光谱仪比起使用傅里叶变换光谱仪更合适，能获得高得多的灵敏度。

14

(1) 显微拉曼光谱术

装备有显微镜光学系统的拉曼光谱仪具有微区分析的功能。借助于显微镜系统，光谱仪既能显示试样很小区域的形貌，又能同时收集到该区域的拉曼散射光。目前，平面空间分辨率（横向分辨率）可达到微米级。更高的分辨率主要受限于光的衍射。通常，激发光通过显微镜物镜聚焦于试样上，拉曼散射光则由同一物镜收集后入射光谱仪。显微镜载物台能使试样相对物镜做精确的三维移动，使用旋转载物台，还可使试样旋转。借助显微镜试样微区观察与选择的优势，有助于快速获得感兴趣的区域，并从中选定激发出拉曼散射光的试样微区。显微镜可以在试样上形成光斑聚焦，便于探测试样微区，但对某些热敏感试样，需要限制微区斑点的功率密度，拉曼散射强度低，散射测量的灵敏度受到显著限制。在不需要高空间分辨率的情况下，应该使用散焦的大激光斑点，以便可以增大试样上总的激光功率。

使用共焦光阑，即共焦显微，能显著提高轴向（深度）分辨率术。共焦光阑获得高轴向分辨率的原理是点光源被透镜聚焦于透明试样上的一点，该点的拉曼散射光由该透镜成像于共焦光阑上。试样移出聚焦点后，由于激光束的发散，点变成了圆斑，圆斑的拉曼散射光成像于共焦光阑的前面，到达共焦光阑则会形成一个更大的圆斑。激发光入射聚焦于试样不同深度的区域，受光面积也不同，但总光量是相同的。假定试样材料完全均匀，则发出的拉曼散射光强度相同，到达共焦光阑的拉曼强度也相同。如果不安放共焦光阑，则探测器收集到的光强度也相同，这就不可能达到轴向（深度）分辨率。通常，轴向分辨率定义为拉曼强度比在焦时减低 50% 的那一点到焦平面的距离。轴向分辨率正比于物镜数值孔径的平方。点光源、在焦试样点和试样点的聚焦像称为共焦点。共焦显微拉曼光谱术通常能达到 $1 \sim 2 \mu m$ 的轴向分辨率。

成像拉曼光谱术又称拉曼成像。光谱成像是指制作一张试样图像，其每个像素都含有试样中相应点的光谱信息。光谱成像提供了一种全新的观察试样微结构的方式，它能给出十分丰富的来自试样的信息。拉曼光谱像有三种成像方式，即点成像、线成像和面或立体成像，分别相应于激发光的照明方式为点、线和面。

(2) 纤维光学拉曼光谱术

纤维光学探针分为不成像探针和聚焦探针。纤维光学探针扩大了拉曼测试的适用场合，它不要求将试样置于拉曼试样池内或试样台上，光路预先调整好，不需要在探针和试样间做烦琐的对光，使用更方便。纤维光学探针使用光学纤维将激光传送到试样，再由另一根或许多根光学纤维将拉曼散射光传送回拉曼仪。光学纤维是径向对称的光波导管，由高折射率的纤维芯和低折射率的外包层所组成，拉曼光谱术的光纤多模芯直径为 $50\mu m$、$62\mu m$、$100\mu m$、$200\mu m$ 和 $400\mu m$。光波由于在界面处的全反射而被限制在芯内，仅仅某些有确定横向空间花样的光能通过纤维而消耗很小。虽然二氧化硅光学纤维材料引起的荧光很微弱，但经过数米的长光路引起的散射光和荧光的强度就会逐渐增强，并和激光一起在光纤芯部传送，这种"污染"有时会在拉曼光谱中形成很强的背景，通过滤光器，能有效解决这个问题。激光光源和拉曼仪可安置在远离试样几百米的实验室内，能对高温高压下管道或反应器内的危险试样进行测试。

（3）增强拉曼光谱术

拉曼散射效应的弱信号是拉曼散射本身固有的特性。这是传统拉曼光谱术固有的一个主要弱点。由于能接收到的散射信号强度弱，检测灵敏度就相应较低。因而有时候低浓度分析难以得到检测，尤其在微量和痕量分析时发生困难。

增强拉曼光谱术能有效地克服这个弱点，常用的有三类增强方式，分别为表面增强、共振增强和针尖增强。它们能使试样的拉曼散射强度增强几个数量级。这种方法的运用使拉曼光谱术的应用扩大到更为广泛的领域。

① 表面增强拉曼光谱术（SERS） 在金属胶粒或粗糙金属表面作用下，材料的拉曼横截面可能增大 10^7 倍。这种只发生在直接吸附在金属表面上的物质增大效应称为表面增强拉曼散射。金、银和铜是最常使用的用于表面增强拉曼光谱术的金属，它们的增强效果顺序为 Ag＞Au＞Cu。可见光或近红外光激发均可用于银的 SERS，金和铜要求使用红外或近红外激光。联合使用 SERS 与共振拉曼谱增强，可使拉曼横截面增大高达 10^{11} 到 10^{15} 倍，使得单分子的拉曼光谱术成为可能。单分子 SERS 研究表明，SERS 强度的大部分是由 SERS 基材上的一小部分分析物分子所贡献。SERS 的机制可分为电磁场效应和化学效应，不论哪种增强机制，金属表面必须具有合适的粗糙程度。

表面增强拉曼光谱术有效地弥补了拉曼信号灵敏度低的弱点，可以获得常规拉曼光谱难以得到的信息。它在获取表面和界面信息方面的功能是非常突出的，这一技术已被广泛地应用于表面和界面的物理和化学研究。它对于生物大分子和聚合物的构形、构象和其他结构参数的研究也很有应用价值。利用这种高灵敏的吸附增强效应进行生物分子的检测，特别是抗体分子、蛋白质分子和 DNA 分子的标记检测已成为近年来的发展趋势。在分析化学领域，由于 SERS 技术能获得痕量分子结构信号，人们已做了诸多探索，但在定量分析方面仍然存在许多困难。

SERS 技术虽然有着强大的分析功能，但其应用仍然受到诸多限制。SERS 要求试样与基衬相接触，失去了拉曼光谱术非侵入和不接触分析的优势；SERS 基衬对不同材料的吸附性能不同，基衬重现性和稳定性难以控制，使定量分析存在一定问题；SERS 技术要求所检测的分子含有芳环、杂环、氮原子硝基、氨基、羧酸基或磷和硫原子中之一，使检测对象有一定的限制。尽管有这些限制，SERS 技术已逐渐发展成一种成熟的分析技术。

② 针尖增强拉曼光谱术（TERS） 拉曼光谱术在微观结构和微区性能研究中的一个重大限制是其有限的空间分辨率。由于光的衍射性质，常用拉曼光谱术的空间分辨率只能达到微米级（最优可达 $0.5\mu m$）。近来发展起来的 TERS 是表面增强拉曼光谱术的衍生技术，TERS 包含了针尖作用效应和近场光学显微术，它突破了光衍射对拉曼光谱术空间分辨率的限制。当直径十分微小的针尖接近试样表面时，针尖附近近场区域的拉曼效应将得到极大的增强，检测来自近场的拉曼信号可获得拉曼光谱，实用上已达到纳米级。

③ 共振增强拉曼光谱术（RRS） 当激发光波长与分子的电子跃迁波长相等时将发生共振拉曼散射，共振增强能用来增大几乎任何类型拉曼过程的灵敏度。这时，拉曼散射强度比常规散射情况要高出约 10^6 倍。灵敏度的极大增高使共振拉曼光谱能给出比常规拉曼光谱丰富得多的光谱特征信息，并能观察到在常规拉曼散射中难以出现的，强度可与基频相比拟的泛音和组合振动光谱。共振拉曼光谱的高灵敏度使其可用于低浓度和微量试样检

测，特别适用于生物大分子试样检测。许多生物分子的电子吸收区位于紫外区，利用紫外共振拉曼光谱术在蛋白质、核酸、DNA 和丝状病毒粒子的研究已取得显著成果，用共振拉曼偏振测量技术，还可获得有关分子对称性的信息。

实现共振拉曼散射要求激发光波长必须与所感兴趣的电子发色团的吸收区相吻合，使得激发强度和散射强度都与试样厚度有关，从而导致定量分析复杂化。此外，由于热效应和光化学作用，激发强度的吸收可能损伤试样，增强的荧光背景等，都是在应用共振拉曼光谱术时所必须注意的问题。

14.4　拉曼光谱样品的制备

试样准备和安置最主要考虑的问题是有效的试样照射和拉曼散射光的收集方式，同时要避免激光对试样的损伤。通常的块状固体材料作拉曼光谱测试时，只要能安置固定于拉曼光谱仪的载物台上或试样池中即可。如果使用光纤探针，则可对材料在原位置进行测试而不必做任何试样准备工作。

几种常见的固体材料安置方式见图 14-6。图 14-6(a) 显示的是宏观试样的安置方式，包括薄膜、杆件、切片、粉末、纤维和液体。图 14-6(b) 和 (c) 则表示用显微拉曼术测

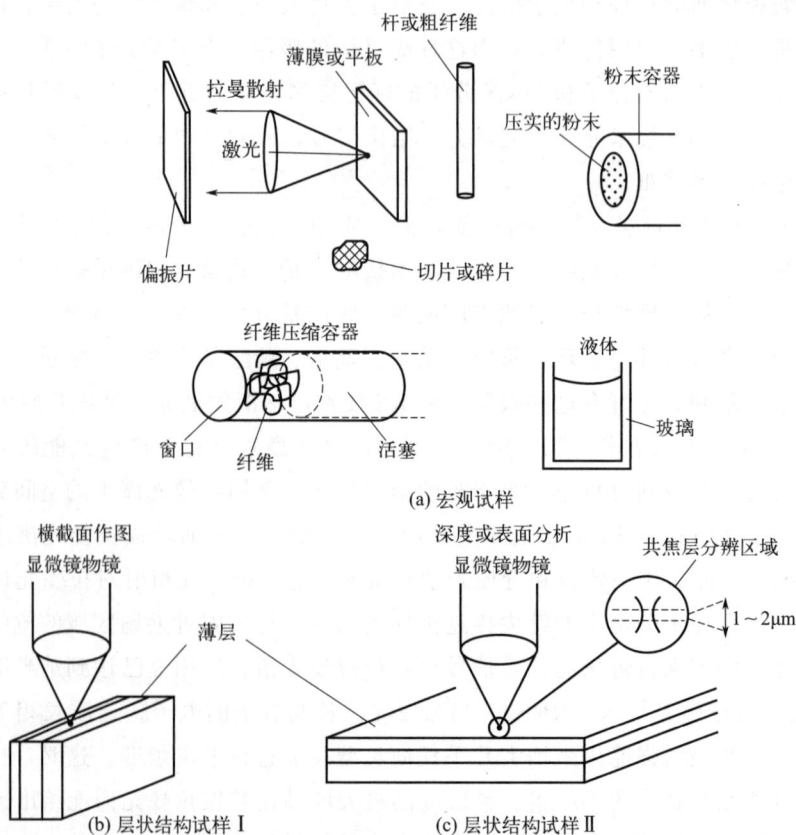

图 14-6　宏观试样、层状结构试样 I 及层状结构试样 II 的安置方式

试具有层状结构试样的安置方式。前者只需移动载物台即可对试样横截面上各组成分逐层测试；后一种情况则可对试样作表面分析，或者应用共焦显微术对试样作逐层测试。

气体试样一般置于密封的玻璃管或细毛细管中。通常，气体试样的拉曼散射光强度很弱。为增强拉曼信号，玻璃管内的气体应有较大的压力，或者使用一简单的光学系统使激光束多次通过试样。

液体试样需将试样置于合适的玻璃容器内。激发光在容器开口处被直接聚焦于液体或者透过容器壁玻璃聚焦于试样。

激光照射对试样可能引起的损伤主要是由激光的热效应引起的。有色材料，尤其是黑色材料对激光的吸收性较强，长时间的激光照射将引起试样局部过热，造成试样的分解和破坏。有些高聚物材料和生物材料耐热性能较差，或者对光辐射敏感，较长时间或较高功率的激光照射将改变材料原有的微观结构。

降低激光功率或以散焦方式照明试样可以降低试样单位面积上的激光照射强度，从而降低试样局部过热程度，但会明显导致拉曼信号减弱。使用旋转试样池，使激光光束焦点不停留于试样的某一给定点上，以避免对同一点过长时间的照射，但旋转试样技术不适用对固体材料作微区分析。恒温、高温和低温装置也是拉曼光谱术常用的辅助设备，外加低温台可部分降低激光热效应对试样的损伤。

思考题与练习题

1. 拉曼光谱仪的结构特点是什么？
2. 拉曼光谱的应用类型有哪些？
3. 拉曼光谱分析如何制样？
4. 分析斯托克斯与反斯托克斯谱线强度差异的原因。
5. 导致拉曼光谱频移的因素有哪些？
6. 拉曼光谱与红外光谱的区别是什么？
7. 简述斯托克斯散射以及反斯托克斯散射发生的机制。
8. 拉曼光谱图中包含了哪些材料分子结构的信息？

参考文献

[1] 张树霖. 拉曼光谱仪的科技基础及其构建和应用 [M]. 北京：北京大学出版社，2020.
[2] 斯洛博丹·萨希奇，尾琦幸洋. 拉曼、红外和近红外化学成像 [M]. 北京：化学工业出版社，2021.
[3] Wu G Z. Raman spectroscopy: an intensity approach [M]. London：World Scientific，2017.
[4] Zhang S L. Raman spectroscopy and its application in nanostructures [M]. New York：Wiley，2012.
[5] 陈厚. 高分子材料分析测试与研究方法 [M]. 2 版. 北京：化学工业出版社，2018.
[6] 任鑫，胡文全. 高分子材料分析技术 [M]. 北京：北京大学出版社，2012.

15

核磁共振波谱分析

15.1　核磁共振波谱分析的概论

核磁共振（nuclear magnetic resonance，NMR）是指在强磁场下电磁波与原子核自旋之间产生相互作用的物理现象，它与元素分析、紫外光谱、红外光谱、质谱等方法配合，已成为化合物结构测定的有力工具。自 NMR 现象发现至今，由于在该领域的贡献，研究者们分别在 1944 年、1952 年、1991 年、2002 年及 2005 年先后获得了 5 次诺贝尔奖。

早期的核磁共振技术的应用领域仅限于核物理方面，1991 年后的 3 次诺贝尔奖标志着 NMR 研究领域从物理学到化学和生命科学的重要转变。NMR 波谱法能够通过核磁共振现象研究原子核周围化学环境变化，从而不仅能够帮助人们获得有机或无机分子在原子水平上的结构信息，而且还可以用于定量研究。目前，NMR 波谱技术已成为化学、物理、材料、生物、医药等领域中的重要分析测试手段。

世界上第一台商品化 NMR 谱仪（静磁感应强度 0.7T，^{1}H 共振频率 30MHz）于 1953 年由美国瓦里安公司研制成功。1964 年瓦里安公司又率先研制出了世界上第一台超导磁场的 NMR 谱仪（静磁感应强度 4.7T，^{1}H 共振频率 200MHz）。1971 年日本电子（JEOL）公司生产出世界上第一台脉冲傅里叶变换（FT）NMR 谱仪（静磁感应强度 2.35T，^{1}H 共振频率 100MHz）。1994 年德国布鲁克公司推出全数字化 NMR 谱仪。2005 年瓦里安公司推出了数字化、智能化程度更高的 Varian NMR System，布鲁克公司推出了具有第二代数字接收机的 AVANCE Ⅱ新系列。这两种型号的谱仪能够提供高精度和高稳定性的数字信号处理，提高了灵敏度、动态范围和系统稳定性，其谱图干净、基线平整。我国于 1960 年开始研制 NMR 谱仪。1974 年国内首台高分辨 NMR 谱仪（静磁感应强度 1.4T）在北京分析仪器厂研制成功。1983 年，中国科学院长春应用化学研究所研制成功我国第一台傅里叶变换 NMR 谱仪（静磁感应强度 2.35T）。1987 年，中国科学院武汉物理与数学研究所研制成功我国第一台超导 NMR 谱仪（静磁感应强度 8.42T）。总的来说，我国在 NMR 谱仪研制方面与先进国家相比仍有很大差距，目前国内使用的研究型超导 NMR 谱仪绝大多数仍依赖进口。

15.2　核磁共振波谱的基本原理

15.2.1　原子核的自旋和磁矩

核磁共振研究的对象是具有磁矩的原子核。原子核的质量数（A）等于质子数（Z）和中子数（N）之和，因此可以把核标记为$^{A}X_{N}$，如氢核（质子）$^{1}H_{1}$，碳核$^{12}C_{6}$、$^{13}C_{6}$等。原子核是带正电荷的粒子，其自旋运动将产生磁矩。但并非所有同位素的原子核都具有自旋运动，只有存在自旋运动的原子核才具有磁矩。

原子核的自旋与原子核的质量和原子核的电荷一样，是原子核的自然属性。用自旋量子数I表征，其值为整数或半整数，$I=\dfrac{1}{2}n$ [$n=0,1,2,3\cdots$（取整数）]。I的取值由原子核的质子数和中子数决定。

① 核电荷数和核质量数均为偶数的原子核没有自旋现象，$I=0$，如^{12}C、^{16}O、^{32}S等，这类原子是核电荷均匀分布的非自旋球体，无自旋现象，也没有磁性，因此，不能成为核磁共振研究的对象。

② 核电荷数为奇数或偶数，核质量数为奇数，I为半整数的原子核有自旋现象，如^{1}H、^{13}C、^{15}N、^{19}F、^{31}P等（$I=\dfrac{1}{2}$）；^{11}B、^{33}S、^{35}Cl、^{79}Br、^{81}Br、^{39}K、^{63}Cu等（$I=\dfrac{3}{2}$）；^{17}O、^{25}Mg、^{27}Al、^{55}Mn、^{67}Zn等（$I=\dfrac{5}{2}$）。

③ 核电荷数为奇数，核质量数为偶数，I为整数的原子核，如^{2}H、^{14}N、^{6}Li等（$I=1$），^{58}Co（$I=2$），^{10}B（$I=3$）。这类原子核也有自旋现象。

具有自旋的原子核会产生角动量，用P来表示，其绝对值为

$$|P|=\frac{h}{2\pi}\sqrt{I(I+1)}=\hbar\sqrt{I(I+1)}$$

式中，h为普朗克常数；$\hbar=\dfrac{h}{2\pi}$，称为约化普朗克常数。

原子核既具有电荷又具有自旋，原子核自旋就像电流流过线圈一样能产生磁场，因此会有相应的核磁矩。核磁矩μ与核自旋角动量P关系如下

$$\mu=\gamma P$$

式中，γ为磁旋比。γ是原子核的重要属性，不同的原子核具有不同的磁旋比。核磁矩以核磁子β为单位，$\beta=5.05\times10^{27}J/T$，为一常数。

$I=\dfrac{1}{2}$的原子核在自旋过程中核外电子云呈均匀的球形分布，核磁共振谱线较窄，最适宜于核磁共振检测，是NMR主要的研究对象。$I>\dfrac{1}{2}$的原子核，自旋过程中电荷在核表面非均匀分布，核磁共振的信号很复杂。一些常见原子核的核磁共振性质见表15-1。

表 15-1　一些常见原子核的核磁共振性质

磁性核	天然丰度/%	核磁矩 μ	磁旋比/[rad/(T·S)]	在 7.05T 磁场下的共振频率/MHz
^{1}H	99.985	2.7927	26.753×10^7	300
^{13}C	1.108	0.7025	6.728×10^7	75.45
^{19}F	100	2.6285	25.179×10^7	228.27
^{31}P	100	1.1315	10.840×10^7	121.44

由表 15-1 数据可见，有机化合物的基本元素 ^{13}C、^{1}H、^{19}F、^{31}P 都有核磁共振信号，且自旋量子数均为 $\frac{1}{2}$，磁共振信号相对较简单，已广泛用于有机化合物的结构测定。许多无机金属元素如 ^{59}Co、^{119}Sn、^{195}Pt、^{199}Hg 等也有核磁共振现象，也在适当的条件下被用于测定无机物或络合物的分子结构。然而，核磁共振信号的强弱是与被测磁性核的天然丰度和磁旋比的立方成正比的，如 ^{1}H 的天然丰度为 99.985%，^{19}F 和 ^{31}P 的丰度均为 100%，因此，它们的共振信号较强，容易测定，而 ^{13}C 的天然丰度只有 1.1%，共振信号都很弱，必须在傅里叶变换核磁共振（FT-NMR）谱仪，经过重复多次扫描才能得到有用的信息。

15.2.2　自旋核在磁场中的取向和能级

具有磁矩的核在外磁场中的自旋取向是量子化的，可用磁量子数 m 来表示核自旋不同的空间取向，其数值可取：$m=I$，$I-1$，$I-2$，…，$-I$，一共有 $2I+1$ 个取向。例如，对 ^{1}H 核来说，$I=\frac{1}{2}$，则有 $m=+\frac{1}{2}$ 和 $m=-\frac{1}{2}$ 两种取向。$m=+\frac{1}{2}$ 取向是顺磁场排列，代表低能态，而 $m=-\frac{1}{2}$ 则是反磁场排列，代表高能态。

根据电磁理论，核磁矩 μ 在外磁场中与磁场的作用能 E 为

$$E=-\mu B_0$$

式中，B_0 为磁场强度。

作用能 E 属于位能性质，故核磁矩总是力求与外磁场方向平行。外加磁场越强，能级裂分越大，高低能态的能级差也越大。

15.2.3　核的回旋和核磁共振

当一个原子核的核磁矩处于磁场 B_0 中，由于核自身的旋转，而外磁场又力求它取向于磁场方向，在这两种力的作用下，核会在自旋的同时绕外磁场的方向进行回旋，这种运动称为 Larmor 进动（图 15-1）。

原子核在磁场中的回旋可用玩具陀螺作比喻，陀螺的旋转可比喻核的自旋，陀螺在旋转时，它的自旋轴虽然有了倾斜，但在地心吸力的作用下并不改变它的倾斜度而出现旋进现象，这和核磁矩在磁场作用下的旋进是一样的。

当 ^{1}H 核置于外磁场中，它要发生能级裂分，从式 $E=-\mu B_0$ 中可求得相邻能级间的能量差为

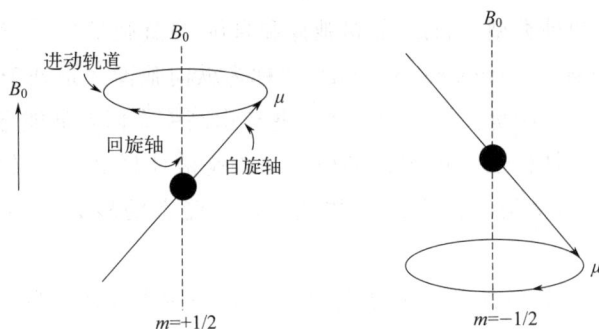

图 15-1　核磁矩的回旋轨道

$$\Delta E = E_{+\frac{1}{2}} - E_{-\frac{1}{2}} = \frac{h\gamma B_0}{2\pi}$$

如果用一频率为 $\nu_{射}$ 的射频波照射磁场中的 ^{1}H 核时，射频波的能量为 $E_{射} = h\nu_{射}$。

当射频波的频率 $\nu_{射}$ 与该核的回旋频率相等时，射频波的能量就会被吸收，核的自旋取向就会由低能态跃迁到高能态，即发生核磁共振。此时 $E_{射} = \Delta E$，所以，发生核磁共振的条件是 $\Delta E = h\nu_{射} = \dfrac{h\gamma B_0}{2\pi}$。可见，射频频率与外加磁场强度是成正比的。

15.2.4　核的自旋弛豫

前面讨论的是单个自旋核在磁场中的行为，而实际测定中，观察到的是大量自旋核组成的体系。一组 ^{1}H 核在磁场作用下能级被一分为二，如果这些核平均分布在高低能态，也就是说，由低能态吸收能量跃迁到高能态和高能态释放出能量回到低能态的速度相等时，就不会有静吸收，也测不出核磁共振的信号。但事实上，在热力学温度 0K 时，全部 ^{1}H 核都处于低能态（取顺磁场方向），而在常温下，由于热运动会使一部分的核处于高能态（取反磁场方向），在一定温度下，处于高低能态的核数会达到一个热平衡。按照 Boltzmann 分配定律计算，低能态的核数占有极微弱的优势

$$\frac{n_+}{n_-} = e^{\frac{\Delta E}{kT}}$$

当 $\Delta E \ll kT$ 时，有

$$\frac{n_+}{n_-} = 1 + \frac{\Delta E}{kT}$$

式中，n_+ 为处于低能态的核数；n_- 为处于高能态的核数；ΔE 为高低能态的能量差；k 为玻尔兹曼常量；T 指热力学温度。

对于 ^{1}H 核，若在 300K、200MHz 的仪器中测定，则低能态的 ^{1}H 核数仅比高能态的核数多百万分之十左右，因此核磁共振是一种不灵敏的方法。

如果低能态的核跃迁到高能态后，不能有效地释放出能量回到低能态，则低能态的核数会越来越少，高能态的核数会越来越多，进而达到饱和，不再有静吸收，也就测量不到 NMR 信号。事实上，高能态的核可以通过自旋弛豫过程回到低能态，以保持低能态的核

数占微弱多数的状态。

弛豫过程可分为两种类型：自旋-晶格弛豫和自旋-自旋弛豫。

自旋-晶格弛豫（spin-lattice relaxation）也称为纵向弛豫，是处于高能态的核自旋体系与其周围的环境之间的能量交换过程。当一些核由高能态回到低能态时，其能量转移到周围的粒子中去，对固体样品，则传给晶格，如果是液体样品，则传给周围的分子或溶剂。自旋-晶格弛豫的结果使高能态的核数减少，低能态的核数增加，全体核的总能量下降。

一个体系通过自旋-晶格弛豫过程达到热平衡状态所需要的时间，通常用半衰期 T_1 表示，是处于高能态核寿命的一个量度。T_1 值的大小与核的种类、样品的状态、温度有关。固体样品的振动、转动频率较小，T_1 达到几小时。对于气体或液体样品，T_1 一般只有 $10^{-4} \sim 10^2 \mathrm{s}$。

自旋-自旋弛豫（spin-spin relaxation）也称横向弛豫，一些高能态的自旋核把能量转移给同类的低能态核，同时一些低能态的核获得能量跃迁到高能态，全体核的总能量也不改变。自旋-自旋弛豫时间用 T_2 来表示。对于固体样品或黏稠液体，核之间的相对位置较固定，利于核间能量传递转移，T_2 约 $10^{-3} \mathrm{s}$；非黏稠液体样品，T_2 约 $1\mathrm{s}$。

核磁共振谱线宽度与核在激发状态的寿命成反比。对于固体样品来说，T_1 很长，T_2 却很短，T_2 起着控制和支配作用，所以谱线很宽。而在非黏稠液体样品中，T_1 和 T_2 一般为 $1\mathrm{s}$ 左右。所以要得到高分辨的 NMR 谱图，通常把固体样品配成溶液进行测定。

15.3　核磁共振仪和核磁共振谱

高分辨率的核磁共振仪的类型很多，按所用的磁体不同可分为永久磁体、电磁体和超导磁体。按射频频率不同（$^1\mathrm{H}$ 核的共振频率）可分为 60MHz、90MHz、100MHz、200MHz、300MHz、600MHz 等，目前国际市场已有 800MHz 的仪器供应。按射频源和扫描方式不同可分为连续波核磁共振谱仪和脉冲傅里叶变换核磁共振谱仪。

15.3.1　连续波核磁共振谱仪

连续波核磁共振（continuous wave-NMR，CW-NMR）谱仪的主要组成部件是磁体、样品管、射频振荡器、扫描发生器、信号接收和记录系统。

磁体的作用是对样品提供强而均匀的磁场，常用的磁体有永久磁铁、电磁铁和超导磁铁。样品管（内装待测的样品溶液）放置在磁铁两极间的狭缝中，并以一定的速度（如 $50 \sim 60$ 周/s）旋转，使样品感受到的磁场强度平均化，以克服磁场不均匀所引起的信号峰加宽。射频振荡器的线圈绕在样品管外，方向与外磁场垂直，其作用是向样品发射固定频率（如 100MHz、200MHz）的电磁波。射频波的频率越大，仪器的分辨率也越大，性能越好。射频接收器线圈也安装在探头中，其方向与前两者都彼此垂直，接收线圈用来探测核磁共振时的吸收信号。扫描发生器线圈（也称 Helmholtz 线圈）是安装在磁极上，用于进行扫描操作，使样品除接受磁铁所提供的强磁场外，再感受一个可变的附加磁场。在进行核磁共振测定时，若固定射频波频率，由扫描发生器线圈连续改变磁场强度，由低场至高场扫描，称为扫场；若固定磁场强度，通过改变射频频率的方式进行扫描则称为扫频。在扫描过程中，样品中不同化学环境的同类磁核，相继满足共振条件，产生核磁共振吸收，接收器和记录系统就会把吸收信号经放大并记录成核磁共振图谱。一般的仪器都有信号积分的功能，会把各种吸收峰进行面积积分，并绘出积分曲线。

连续波核磁共振谱仪具有廉价、稳定、易操作的优点，但灵敏度低，需要样品量大，只能测定天然丰度较大的核，如 ^1H、^{19}F、^{31}P 谱，而无法测定天然丰度低、灵敏度低的核，如 ^{13}C、^{15}N 谱等。随着脉冲傅里叶变换核磁共振谱仪的发展和普及，连续波核磁共振谱仪将逐渐被取代。

15.3.2　脉冲傅里叶变换核磁共振谱仪

脉冲傅里叶变换核磁共振（pulse Fourier transform-NMR，PFT-NMR）谱仪与 CW-NMR 谱仪的主要差别在信号观测系统，即是 CW-NMR 谱仪上增加了脉冲程序器和数据采集及处理系统。用 PFT-NMR 谱仪进行测定时，由计算机控制使所有化学环境不同的同类磁核同时激发，发生共振，同时接收信号。脉冲发射时，样品中每种核都表现出对脉冲单个频率成分的吸收，当脉冲一停止，弛豫过程即开始，接收器就接收到宏观磁化强度的自由感应衰减信号（FID 信号）。FID 信号是时间函数，多种核的 FID 信号是复杂的干涉波，计算机通过模数转换器取得 FID 数据，并进行傅里叶变换运算，使 FID 的时间函数转变为频率函数 $F(\nu)$，再经过数模变换后，即可通过显示器或记录仪显示记录通常的核磁共振图谱。

PFT-NMR 有很强的累加信号能力，所以有很高的灵敏度，对于灵敏度很低的 ^{13}C 谱，只要累加 n 次，则信噪比（S/N）可提高 $n^{1/2}$ 倍。此类仪器已广泛用于测定天然丰度很低的磁核的核磁共振谱，在测定 ^1H 谱时，也可以大大减少样品的用量。例如，Varian 公司出产的 INOVA 500NB 超导核磁共振谱仪，磁场强度为 11.7T，可测 ^1H、^{13}C、^{15}N、^{19}F、^{31}P 等多种核的一维和多维谱，对 ^1H 核的分辨率达 0.45Hz，信噪比大于 600：1，在有机化合物、药物成分、合成高分子、金属有机化合物、生物分子（糖、酶、核酸、蛋白质等）的结构研究中发挥重要作用。

15.3.3　样品的处理

非黏稠性的液体样品，可以直接进行测定。对难以溶解的物质，如高分子化合物、矿物等，可用固体核磁共振仪测定。但在大多数情况下，固体样品和黏稠性液体样品都是配成溶液（通常用内径 4mm 的样品管，内装 0.4mL 浓度约 10% 的样品溶液）进行测定。

用于核磁样品溶解的溶剂应该不含质子，对样品的溶解性好，不与样品发生缔合作用，且价钱便宜。常用的溶剂有四氯化碳、二硫化碳和氘代试剂等。四氯化碳是较好的溶剂，但对许多化合物溶解度不好。氘代试剂有氘代氯仿、氘代甲醇、氘代丙酮、氘代苯、氘代吡啶、重水等，可根据样品的极性选择使用。氘代氯仿是氘代试剂中最廉价的，应用也最广泛。

标准物是用以调整谱图零点的物质，对于氢谱和碳谱来说，目前使用最理想的标准物质是四甲基硅烷（TMS）。一般把 TMS 配制成 10％～20％的四氟化碳或氘代氯仿溶液，测试样品时加入 2～3 滴此溶液即可。除 TMS 外，也可用六甲基二硅醚（HMDSO），化学位移值为 0.07ppm，与 TMS 出现的位置基本一致。对于极性较大的化合物只能用重水作溶剂时，可采用 4,4-二甲基-4-硅代戊磺酸钠（DSS）作内标物。

15.3.4 核磁共振图谱

图 15-2 是乙醚的氢核磁共振谱，图中横坐标表明吸收峰的位置，用化学位移表示，纵坐标表示吸收峰的强度。图的右边是高磁场、低频率，左边是低磁场、高频率。图上有两组曲线，下面为共振谱线，有两组吸收峰，右边的三重峰为甲基质子信号，左边的四重峰为亚甲基质子的信号。上面的阶梯曲线是积分线，记录出各组峰的积分高度，由此可得到各组峰代表的质子数比例。

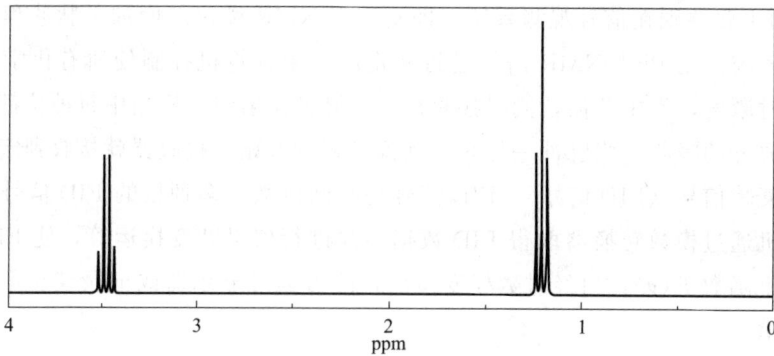

图 15-2　乙醚的氢核磁共振谱

15.3.5 核磁共振谱图的分类

① 固体宽谱线　在固体中，由于磁偶极之间的相互作用，局部磁场强，谱线很宽，可达数十高斯，实际上观察到的是一条包络线。由于谱线很宽，故称宽谱线。它用于研究固体的分子结构和物理性质，主要用于测定氢原子的位置以弥补用 X 射线衍射法测定晶体结构的不足之处。但由于宽谱线 NMR 所能提供的信息十分有限，因此只适用于测定简单化合物的结构。

② 液体高分辨　在液体中，由于分子的布朗运动，磁偶极之间的相互作用的平均效果为零，因此液体 NMR 的谱线可以很窄。随着谱仪分辨率的提高，出现了精细结构（化学位移分裂），这种 NMR 谱称为低分辨谱。当谱仪的分辨率进一步提高，达到 1×10^{-8} 以上时，谱线进一步分裂，出现超精细结构（自旋偶合分裂），这种谱称为高分辨 NMR谱。这是目前应用范围最为广泛的 NMR 谱，也是本书介绍的重点。

③ 固体高分辨　有些物质很难溶解，不宜用液体高分辨 NMR 进行研究，另外，即使溶解了，有关固体的某些信息（例如化学位移的各向异性）也失掉了。于是有人设想能否直接使用固体样品以获得高分辨 NMR 谱。1959 年，E. R. Andrew 等人对实验作了这

样的安排：让固体样品在某个方向上高速旋转，转速高达 5.5kHz，从而使谱线窄化。样品转轴与磁场 Z 轴正好相交 $54°44'$，由于这一角度具有魔术变化般的功能，所以又称魔角，这一方法也称"魔角旋转法"。1968 年，J. W. Waugh 等人采用多重脉冲技术，同样能削弱固体中磁偶极之间的相互作用，使谱线窄化。化学位移的各向异性已为固体中的各向同性分子运动所消除。当然，目前的固体高分辨 NMR，其分辨率还赶不上液体高分辨谱，但前景是好的。

15.3.6 ¹H 的化学位移

（1）电子屏蔽效应和化学位移

当自旋原子核处在一定强度的磁场中，根据核磁共振公式 $\nu_{射}=\dfrac{\gamma B_0}{2\pi}$ 可以计算出该核的共振频率。在恒定的射频场中，同一类核的共振峰的位置不是一定值，而是随核的化学环境不同而有所差别，一般质子的共振磁场的差别在 10ppm 左右。这个微小的差别是由质子外围电子及附近基团的影响产生的屏蔽效应所引起的。这种由于分子中各组质子所处的化学环境不同，而在不同的磁场产生共振吸收的现象称为化学位移。

分子中的磁核外包围着电子云，在磁场的作用下，核外电子会在垂直于外磁场的平面上绕核旋转，形成微电流，同时产生对抗于主磁场的感应磁场（图 15-3）。感应磁场的方向与外磁场相反，强度与磁场强度成正比。感应磁场在一定程度上减弱了外磁场对磁核的作用。这种感应磁场对外磁场的屏蔽作用称为电子屏蔽效应，通常用屏蔽常数 σ 来衡量屏蔽作用的强弱。磁核实际感受的磁场强度称为有效磁场强度 B_{eff}。

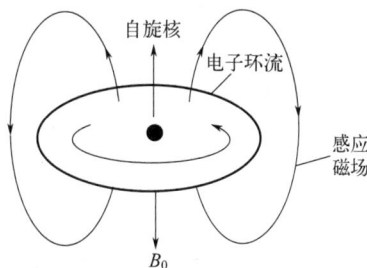

图 15-3 电子对核的屏蔽作用

因此，$B_{eff}=B_0-B_0\sigma=B_0(1-\sigma)$，也可表示为

$$\nu=\frac{\gamma B_0(1-\sigma)}{2\pi}$$

可见，不同的化学环境的质子，核外电子云分布不同，σ 值不同，核磁共振吸收峰出现的位置也不同。以扫频方式测定时，核外电子云密度大的质子，σ 值大，吸收峰出现在较低频，相反核外电子云密度小的质子，吸收峰出现在较高频。

（2）化学位移表示法

因为化学位移数值很小，质子的化学位移只有所用磁场的百万分之几，所以要准确测定其绝对值比较困难。同时，化学位移的绝对值与所用的磁场强度有关，不利于测定数据与文献值的比较。因而通常用相对值来表示化学位移，即以某一标准物质（如四甲基硅烷，TMS）的共振峰为原点，令其化学位移为零，其他质子的化学位移是相对于 TMS 而言的，化学位移公式为

$$\delta(\text{ppm})=(\nu_{样}-\nu_{TMS})\times10^6/\nu_{TMS}$$

式中，δ 为化学位移值，用 ppm（$\times10^{-6}$）表示；$\nu_{样}$ 为样品共振频率；ν_{TMS} 为四甲

基硅烷共振频率。

在 TMS 左边的吸收峰 δ 值为正值，在 TMS 右边的吸收峰 δ 值为负值。相对化学位移 δ 值可以准确测定，且与测定时所用仪器的磁场强度无关。因此，同一环境的质子有相同的化学位移值。

(3) 影响化学位移的因素

在化合物中，质子不是孤立存在的，其周围还连着其他的原子和基团，它们彼此间会相互作用，从而影响质子周围的电子云密度，使吸收峰位移。影响化学位移的因素主要有：诱导效应、共轭效应、各向异性效应、范德瓦尔斯效应、溶剂效应和氢键效应。其中诱导效应、各向异性效应和范德瓦尔斯效应是在分子内起作用的，溶剂效应是在分子间起作用的，氢键效应则在分子内和分子间都会产生。下面对这些影响因素分别进行介绍。

① 诱导效应 如果被研究的 ^1H 核附近有吸电子的基团存在时，则此 ^1H 核周围的电子云密度会降低，屏蔽效应也相应降低，化学位移值增大（吸收峰左移）。相反，如果被研究的 ^1H 核的附近有推电子基团存在时，则其周围的电子云密度增加，屏蔽效应也增加，化学位移值减小（吸收峰右移）。例如，由于氢的电负性比碳小，当 CH_4 上的 H 被烷基取代后的 CH_3—、—CH_2—、—CH＝的化学位移值逐步增加（向低场位移）。

② 共轭效应 当吸电子或推电子基团与乙烯分子上的碳碳双键共轭时，烯碳上的质子的电子云密度会改变，其吸收峰也会发生位移。

③ 各向异性效应 当分子中一些基团的电子云排布不是球形对称，即在磁场中具有磁各向异性时，它对邻近的质子就附加一个各向异性的磁场，使某些位置的质子处于该基团的屏蔽区，δ 值移向高场，而另一些位置的质子处于该基团的去屏蔽区，δ 值移向低场，这种现象称为各向异性效应。各向异性效应与诱导效应不同的是，诱导效应是通过化学键起作用，而各向异性效应是通过空间关系起作用，其有方向性，对于具有 π 电子的基团如芳环、双键、羰基、三键较为突出。

④ 范德瓦尔斯效应 当两个质子在空间结构上非常靠近时，具有负电荷的电子云就会互相排斥，从而使这些质子周围的电子云密度降低，信号向低磁场位移，这种效应称为范德瓦尔斯效应。

⑤ 氢键效应和溶剂效应 氢键的生成对氢的化学位移是很敏感的。当分子形成氢键后，由于静电场的作用，使氢外围电子云密度降低而去屏蔽，δ 值增加。在核磁共振谱的测定中，由于采用不同溶剂，某些质子的化学位移发生变化，这种现象称为溶剂效应。溶剂效应的产生往往是由溶剂的磁各向异性效应或溶剂与被测试样分子间的氢键效应引起的。

(4) 各类质子的化学位移

在化合物的结构测定中，化学位移是一项最重要的数据。大量实验数据表明，有机化合物中各种质子的化学位移主要取决于官能团的性质及邻近基团的影响，而且各类质子的化学位移值总是在一定的范围内。图 15-4 列出了一些典型基团质子的化学位移值范围。但对于具体化合物中的各种质子精确的化学位移值，必须通过实验来测定。

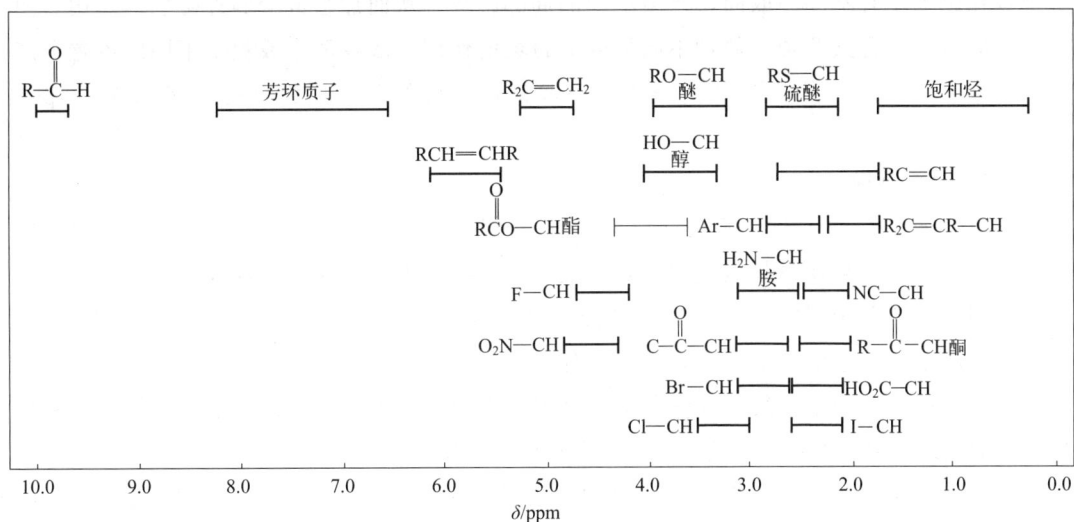

图 15-4　典型基团质子的化学位移值范围

15.3.7　自旋偶合和自旋裂分

(1) 自旋-自旋偶合与自旋-自旋裂分

大多数有机化合物的[1]H NMR 谱中都有一些多重峰，如 1,1,2-三氯乙烷的高分辨[1]H NMR 谱（图 15-5），在 $\delta = 3.95$ppm 和 5.80ppm 处出现二组峰，两者的积分高度比为 2∶1，它们分别对应于 CH_2（a）和 CH（b）质子。其中 a 为二重峰，b 为三重峰，这些峰的分裂现象是由分子中邻近磁性核之间的相互作用引起的。这种核间的相互作用称为自旋-自旋偶合，其不影响磁核的化学位移，但对共振峰的形状会产生重大影响，使谱图变得复杂，但又为结构分析提供更多的信息。

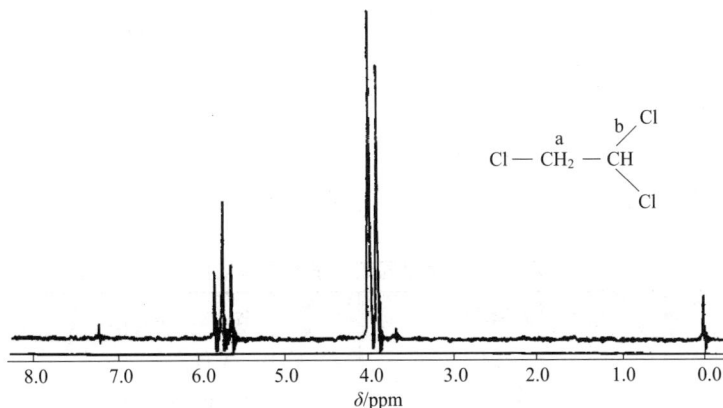

图 15-5　1,1,2-三氯乙烷的高分辨[1]H NMR 谱

　　自旋核的核磁矩可以通过成键电子影响邻近磁核是引起自旋-自旋偶合的根本原因。磁性核在磁场中有不同的取向，产生不同的局部磁场，从而加强或减弱外磁场的作用，使其周围的磁核感受到两种或数种不同强度的磁场的作用，故在两个或数个不同的位置上产生共振吸收峰。这种由于自旋-自旋偶合引起谱峰裂分的现象称为自旋-自旋裂分（spin-spin splitting）。

（2）$n+1$ 规律

　　解析共振谱中的自旋-自旋裂分现象，对于确定一个分子中各类氢的相对位置和立体关系很有帮助。如某亚甲基显示四重峰，说明它有 3 个相邻的氢（CH_3）；甲基显示三重峰，说明它有 2 个相邻的氢（CH_2）。按此类推，可以得出 $n+1$ 规律：当某组质子有 n 个相邻的质子时，这组质子的吸收峰将裂分成 $n+1$ 重峰。

　　当某组质子有两组与其偶合作用不同（偶合常数不相等）的邻近质子时，如其中一组的质子数为 n，另一组的质子数为 m，则该组质子被这两组质子裂分为 $(n+1)(m+1)$ 重峰。当某组质子与 n 个相邻质子偶合时，裂分峰的强度基本上符合二项式展开式各项系数之比，可以表示如下：

n 数	二项式展开式系数						峰形
0			1				单峰
1			1　　1				二重峰
2		1　　2　　1					三重峰
3		1　　3　　3　　1					四重峰
4	1　　4　　6　　4　　1						五重峰
5	1　　5　　10　　10　　5　　1						六重峰

　　$n+1$ 规律只适合于互相偶合的质子的化学位移差远大于偶合常数的一级光谱。

（3）偶合常数

　　偶合常数（用 J 表示）与化合物的分子结构关系密切，在推导化合物的结构，尤其在确定立体结构时很有用处。偶合常数的大小与外磁场强度无关。由于磁核间的偶合作用是通过化学键成键电子传递的，因而偶合常数的大小主要与互相偶合的 2 个磁核间的化学键的数目及影响它们之间电子云分布的因素（如单键、双键、取代基的电负性、立体化学等）有关。

　　① 同碳质子的偶合常数：2 个氢原子同处于一个碳上（H—C—H），它们之间相隔的键数为 2，两者之间的偶合常数称为同碳偶合常数，以 ^2J 或 $J_{同}$ 表示。^2J 一般为负值，但变化范围较大，表 15-2 列出一些常见同碳质子的偶合常数。

表 15-2　常见同碳质子的偶合常数

化合物	$^2J/Hz$	化合物	$^2J/Hz$
CH_4	−12.4	$CH_2=CH_2$	2.3
$(CH_3)_4Si$	−14.1	$CH_2=O$	40.22
$C_6H_5CH_3$	−14.4	$CH_2=NOH$	9.95
CH_3COCH_3	−14.9	$CH_2=CHBr$	−1.8

续表

化合物	$^2J/\text{Hz}$	化合物	$^2J/\text{Hz}$
CH_3CN	-16.9	$CH_2\!=\!CHF$	-3.2
$CH_2(CN)_2$	-20.4	$CH_2\!=\!CHNO_2$	-2.0
CH_3OH	-10.8	$CH_2\!=\!CHCl$	-1.4
CH_3Cl	-10.8	$CH_2\!=\!CHCO_2H$	1.7
CH_3Br	-12.2	$CH_2\!=\!CHC_6H_5$	1.08
CH_3F	-9.6	$CH_2\!=\!CHCN$	0.91
CH_3I	-9.2	$CH_2\!=\!CHLi$	7.1
CH_2Cl_2	-7.5	$CH_2\!=\!CHOCH_3$	-2.0
△	-4.3	$CH_2\!=\!CHCH_3$	2.08
⬡	-12.6	$CH_2\!=\!CH\!-\!C(CH_3)_3$	-9.0

② 邻碳质子的偶合常数：邻位偶合是相邻碳上质子通过 3 个化学键的偶合，其偶合常数用 ^3J 或 $J_{邻}$ 表示。^3J 一般为正值，数值大小通常在 $0\sim16\text{Hz}$。

③ 芳氢的偶合常数：芳环氢的偶合可分为邻、间、对位 3 种偶合，偶合常数都为正值。苯环氢被取代后，特别是强吸电子或强推电子基团的取代，使苯环电子云分布发生变化，表现出 $J_{邻}$、$J_{间}$ 和 $J_{对}$ 偶合，使苯环质子吸收峰变成复杂的多重峰。

④ 远程偶合：超过 3 个键的偶合称为远程偶合（long-range coupling），如芳烃的间位偶合和对位偶合都属于远程偶合。远程偶合的偶合常数都比较小，一般在 $0\sim3\text{Hz}$。

15.3.8　自旋系统及图谱分类

(1) 自旋系统的定义

把几个互相偶合的核，按偶合作用的强弱，分成不同的自旋系统，系统内部的核互相偶合，但不和系统外的任何核相互作用。系统与系统之间是隔离的，如

$$H_3C\!-\!\!\!\diagdown\!\!\!\diagup\!\!\!-\!\!\overset{\overset{\displaystyle O}{\parallel}}{C}\!-\!OCH_2CH_3 \text{ 中}，H_3C\!-\!\!\!\diagdown\!\!\!\diagup\!\!\!- \text{ 是一个自旋系统，该系统内的核不与系统外的任}$$

何核发生偶合作用，在系统内部，苯环上的 4 个氢之间互相偶合，形成 $AA''BB$ 系统；甲基的 3 个氢互相偶合，但因它们是磁全同的核，其耦合裂分在谱图上表现不出来；甲基氢和苯环邻位和间位氢均有远程偶合作用，因此，对甲基苯甲酸乙酯分子中有两个自旋系统，一个是由甲基和苯环构成的自旋系统，另一个是酯基中的亚甲基和甲基的自旋系统。

(2) 自旋体系的命名

① 分子中两组相互干扰的核，它们之间的化学位移差 Δv 小于或近似于偶合常数 J 时，则这些化学位移近似的核分别以 A、B、C…字母表示。若其中某种类的磁全同的核有几个，则在核字母的右下方用阿拉伯数字写上标记，如 $Cl\!-\!CH_2\!-\!CH_2\!-\!COOH$ 中间 2 个 CH_2 构成 A_2B_2 系统。

② 分子中两组相互干扰的核，它们的化学位移差 Δv 远大于它们之间的偶合常数 J，则其中一组用 A、B、C…表示，另一组用 X、Y、Z…表示。如 $CH_3CH_2COCH_3$，乙基中

的甲基和亚甲基构成 A_3X_2 系统。

③ 若核组内的核是化学等价而磁不等价时，则用 A、A′、B、B′ 加以区别，如

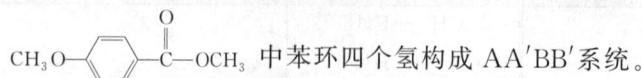

CH$_3$O—⬡—C(=O)—OCH$_3$ 中苯环四个氢构成 AA′BB′ 系统。

(3) 图谱的分类

核磁共振氢谱可分为一级图谱和二级图谱，或称为初级图谱和高级图谱。

① 一级图谱 当两组（或几组）质子的化学位移之差 Δv 和它们的偶合常数之比大于 6 以上，且同一组的核均为磁全同核时，它们峰裂分符合 $n+1$ 规律，化学位移和偶合常数可直接从谱图中读出，这种图谱称为一级图谱。一级图谱具有以下特点：

a. 两组质子的化学位移之差至少大于偶合常数 6 倍。

b. 峰的裂分数目符合 $n+1$ 规律，但对于 $I \neq 1/2$ 的原子核，则应采用更普遍的 $(2nI+1)$ 规律进行描述。

c. 各峰裂分后的强度比近似地符合 $(a+b)^n$ 展开式系数比。

d. 各组峰的中心处为该组质子的化学位移。

e. 各峰之间的裂距相等，即为偶合常数。

② 二级图谱 若互相干扰的两组核，化学位移差很小，互相间偶合作用强，当 $\Delta v/J$ <6 时，峰形发生畸变，成为二级（高级）图谱。二级图谱与一级图谱的区别为：一级图谱的 5 个特点，在二级图谱中均不存在，峰形复杂，化学位移和偶合常数都不能从谱图中直接读出，必须通过一定的计算，甚至复杂的计算才能求得，谱图解析的难度较大。

15.3.9 核磁共振氢谱的解析

解析图谱的步骤如下。

检查谱图是否规范：四甲基硅烷的信号应在零点，基线平直，峰形尖锐对称，积分曲线在没有信号的地方也应平直。

识别杂质峰、溶剂峰、旋转边带、^{13}C 卫星峰等非待测样品的信号：在使用氘代溶剂时，常会有未氘代氢的信号，常用氘代溶剂的残留质子峰的 δ 值列于表 15-3 中。确认旋转边带，可用改变样品管旋转速度的方法，使旋转边带的位置也改变。

表 15-3 常用氘代溶剂残留质子峰的 δ 值

溶剂	δ/ppm
CDCl$_3$	7.27
CD$_3$OD	2.35；4.8
CD$_3$COCD$_3$	2.05
D$_2$O	4.7
乙酸-d$_4$	2.05；8.5
二甲亚砜-d$_6$	2.50
二氧六环-d$_8$	3.55
吡啶-d$_5$	6.98；7.35；8.50
二甲基甲酰胺-d$_7$	2.77；2.93；7.5
苯-d$_6$	7.27

从积分曲线,算出各组信号的相对峰面积,再参考分子式中氢原子数目,来决定各组峰代表的质子数。也可用可靠的甲基信号或孤立的次甲基信号为标准计算各组峰代表的质子数。

从各组峰的化学位移、偶合常数及峰形,根据它们与化学结构的关系,推出可能的结构单元。可先解析一些特征的强峰、单峰,如 CH_3O、CH_3N、$CH_3—C≡C$ 等,识别低场的信号,醛基、羧基、烯醇、磺酸基质子均在 9~16ppm,再考虑其他偶合峰,推导基团的相互关系。

识别谱图中的一级裂分谱,读出 J 值,验证 J 值是否合理。

解析二级图谱,必要时可用位移试剂、双共振技术等使谱图简化,用于解析复杂的谱峰。

结合元素分析、红外光谱、紫外光谱、质谱、^{13}C 核磁共振谱和化学分析的数据推导化合物的结构。

仔细核对各组信号的化学位移和偶合常数与推定的结构是否相符,必要时,找出类似化合物的共振谱进行比较,或进行 X 射线单晶分析,综合全部分析数据,进而确定化合物的结构式。

15.3.10 核磁共振碳谱

^{13}C 核磁共振谱 (^{13}C NMR) 的信号是 1957 年由 P. C. Lauterbur 首先观察到的。碳是组成有机物分子骨架的元素,人们清楚认识到 ^{13}C NMR 对于化学研究的重要性。由于 ^{13}C 的信号很弱,加之 ^{1}H 核的偶合干扰,使 ^{13}C NMR 信号变得很复杂,难以测得有实用价值的谱图。20 世纪 70 年代后期,质子去偶和傅里叶变换技术的发展和应用,才使 ^{13}C NMR 的测定变得简单。

核磁共振碳谱的特点如下。

① 低灵敏度 核磁共振是灵敏度低的技术,而且碳谱的灵敏度比氢谱更低,原因是 ^{13}C 核的天然丰度很低,只有 1.108%,而 ^{1}H 的天然丰度为 99.98%。^{13}C 核的磁旋比 γ_C 也很小,只有 ^{1}H 核 γ_H 的 1/4。信号灵敏度与核的磁旋比 γ 的立方成正比,因此,相同数目的 ^{1}H 核和 ^{13}C 核,在同样的外磁场中,相同的温度下测定时,其信噪比为 $1:1.59×10^{-4}$,即 ^{13}C NMR 的灵敏度大约只有 ^{1}H NMR 的 1/6000。所以,在连续波谱仪上是很难得到 ^{13}C NMR 谱的,这也是 ^{13}C NMR 在很长时间内未能得到广泛应用的主要原因。

② 分辨能力高 ^{1}H NMR 的化学位移 δ 值通常在 0~15ppm,而 ^{13}C NMR 的 Δv 值常用范围为 0~300ppm,约为 ^{1}H 谱的 20 倍。同时 ^{13}C 自身的自旋-自旋裂分实际上不存在,虽然 $^{13}C—^{1}H$ 之间有偶合,但可以用质子去偶技术进行控制。因此 ^{13}C 谱的分辨能力比 ^{1}H 谱高得多,结构不对称的化合物、每种化学环境不同的碳原子通常可以得到特征的谱线。

③ 能给出不连氢碳的吸收峰 在 ^{1}H NMR 中不能直接观察到 C=O、C=C、 C≡C、 C≡N、季碳等不连氢基团的吸收信号,只能通过相应基团的值、分子式不饱和度等来判

断这些基团是否存在，而^{13}C NMR 谱可直接给出这些基团的特征吸收峰。由于碳原子是构成有机化合物的基本元素，因此从^{13}C NMR 谱可以得到有关分子骨架结构的信息。

④ 不能用积分高度来计算碳的数目　^{13}C NMR 的常规谱是质子全去偶谱。对于大多数碳，尤其是质子化碳，它们的信号强度都会由于去偶的同时产生的 NOE 效应（核的 Overhauser 效应）而大大增强，如甲酸的去偶谱与偶合谱相比，信号强度净增近 2 倍。季碳因不与质子相连，它不能得到完全的 NOE 效应，故碳谱中季碳的信号强度都比较弱。由于碳核所处的环境和弛豫机制不同，NOE 效应对不同碳原子的信号强度影响差异很大，因此不等价碳原子的数目不能通过常规共振谱的谱线强度来确定。

⑤ 弛豫时间 T_1 可作为化合物结构鉴定的波谱参数　在化合物中，处于不同环境的^{13}C 核，它们的弛豫时间 T_1 数值相差较大，可达 2～3 个数量级，通过这可以指认结构归属，窥测体系运动状况等。

15.3.11　核磁共振碳谱的测定方法

(1) 脉冲傅里叶变换法

NMR 的测定方法有连续波（CW）法和脉冲傅里叶变换（PFT）法。早期曾用连续波谱仪采用时间平均法，在磁场稳定条件下，对^{13}C NMR 信号进行多次累加，做一些^{13}C 的参数测定和实验，但耗费时间太多，灵敏度不高，所以^{13}C NMR 的应用受到极大的限制。到了 20 世纪 70 年代，PFT-NMR 谱仪的出现，去偶技术的发展，才使^{13}C NMR 的测定成为切实可行并取得飞速的发展。

PFT 法是利用短的射频脉冲方式的射频波照射样品，并同时激发所有的^{13}C 核。由于激发产生了各种^{13}C 核所引起的不同频率成分的吸收，并被接收器所检测。从接收器检测得到的信号称为自由感应衰减（FID）信号，FID 信号相当于样品中^{13}C 核吸收所有频率成分的再发射。单峰的 FID 信号是正弦波，它以指数函数衰减，此频率是激发脉冲波的中心频率和该核的进动频率之差。但对于 2 种或 2 种以上共振吸收峰时，FID 信号将变得十分复杂，为了从这些 FID 信号中得到有关 NMR 图谱的信息，通常必须进行傅里叶变换数学处理得到与 CW 法相同的频率域 NMR 图谱。这些处理都是借助电子计算机在短时间内完成。PFT 法比 CW 法的多次累加所得到的^{13}C NMR 谱图要节省很多时间，而且信噪比大大提高，样品用量也可大大减少。此外，由于 PFT 法能自动测定弛豫时间，在分子立体结构或动态平衡的研究中可发挥很大作用。

(2) 核磁共振碳谱中几种去偶技术

在有机化合物的^{13}C NMR 中，由于^{13}C 的天然丰度很低，^{13}C—^{13}C 之间的偶合可以不予考虑。但^{13}C—^{1}H 核之间的偶合常数很大，如 J_{CH} 高达 120～320Hz，^{13}C 的谱线会被与之偶合的氢按 $n+1$ 规律裂分成多重峰，这种峰的裂分对信号的归属是有用的，但当谱图复杂时，加上 $^2J_{CCH}$、$^3J_{COCH}$ 也有一定的表现，使各种谱峰交叉重叠，谱图难以解析。为了提高灵敏度和简化谱图，人们研究了多种质子去偶测定方法，以最大限度地获取^{13}C NMR 信息。其中常用的方法有：质子宽带去偶法、偏共振去偶法、门控去偶法等。

(3) ^{13}C 的化学位移

从 ^{13}C NMR 谱图上可得到与结构有关的信号，如化学位移、自旋偶合、信号强度和弛豫时间等，其中化学位移是常规碳谱最有用的数据。

① 屏蔽常数　我们已讨论了 ^1H 核磁共振的基本公式，对于 ^{13}C 的共振频率可写为

$$\nu = \frac{\gamma_C B_0 (1-\sigma)}{2\pi}$$

式中，γ_C 为 ^{13}C 核的磁旋比；B_0 为外磁场的磁场强度；σ 为碳核的屏蔽常数。

不同环境的碳，受到的屏蔽作用不同，σ 值不同，其共振频率 ν_c 也不同。σ 值与原子核所处化学环境的关系，可用下式表示

$$\sigma = \sigma_d + \sigma_p + \sigma_a + \sigma_s$$

式中，σ_d 项反映由核周围局部电子引起的抗磁屏蔽的大小；σ_p 项主要反映与 P 电子有关的顺磁屏蔽的大小，它与电子云密度、激发能量和键级等因素有关；σ_a 表示相邻基团磁各向异性的影响；σ_s 表示溶剂、介质的影响。对于 ^1H 核主要受 σ_d 的贡献支配，而对 ^{13}C 核则主要受 σ_p 支配，σ_d 的贡献最大约为 15ppm。由于 ^{13}C 核的 σ_a 和 σ_s 影响与 ^1H 核相同，因此对化学位移范围较大的 ^{13}C 核就不重要。

② 影响 ^{13}C 化学位移的因素

a. 碳杂化轨道：碳原子的杂化轨道状态（sp^3、sp^2、sp）很大程度上决定 ^{13}C 化学位移。sp^3 杂化碳的共振信号在高场，sp^2 杂化碳的共振信号在低场，sp 杂化碳的共振信号介于前两者之间。以 TMS 为标准，对于烃类化合物来说，sp^3 杂化碳的 σ 值范围在 $0 \sim 60$ppm，sp^2 杂化碳的 σ 值范围在 $100 \sim 150$ppm，sp 杂化碳的 σ 值范围在 $60 \sim 95$ppm。

b. 诱导效应：当电负性大的元素或基团与碳相连时，诱导效应使碳的核外电子云密度降低，故具有去屏蔽作用。随着取代基电负性增强，或取代基数目增大，去屏蔽作用也增强，σ 值愈向低场位移。

c. 共轭效应：共轭作用会引起电子云分布的变化，导致不同位置碳的共振吸收峰向高场或低场移动。

d. 立体效应：^{13}C 化学位移对分子的立体构型十分敏感。只要碳核间空间比较接近，即使间隔几个化学键，彼此还会有强烈的影响。如在范德瓦尔斯效应中，通常 ^1H 是处于化合物的边缘或外围，当 2 个氢原子靠近时，由于电子云的相互排斥，使 ^1H 核周围的电子云密度下降，这些电子云将沿着 C—H 键移向碳原子，使碳的屏蔽作用增加，化学位移向高场移动。分子中存在空间位阻，常会影响共轭效应的效果，导致化学位移的变化，如邻位烷基取代的苯乙酮，随着烷基取代基数目增加，烷基的空间位阻使羰基与苯环的共轭效应减弱，羰基碳 σ 值向低场位移。

e. 测定条件：测定条件对 ^{13}C 的化学位移有一定的影响，如溶解样品的溶剂、溶液的浓度、测定时的温度等。同一溶质在不同的溶剂中测定，σ 值常会有一定差异，这个差异比 ^1H 大一些。测定温度的改变，也可能使 σ 有几个化学位移单位的变化。温度会影响溶质与溶剂间的缔合及离解，也会影响核之间的交换。因此，温度改变不但影响 σ，甚至还

会引起谱线数目、分辨率的改变。在对分子动态及许多动力学过程研究中，就是利用改变温度来进行的。

③ 各类化合物的^{13}C化学位移

图 15-6 给出了有机化合物常见结构单元的^{13}C化学位移范围。

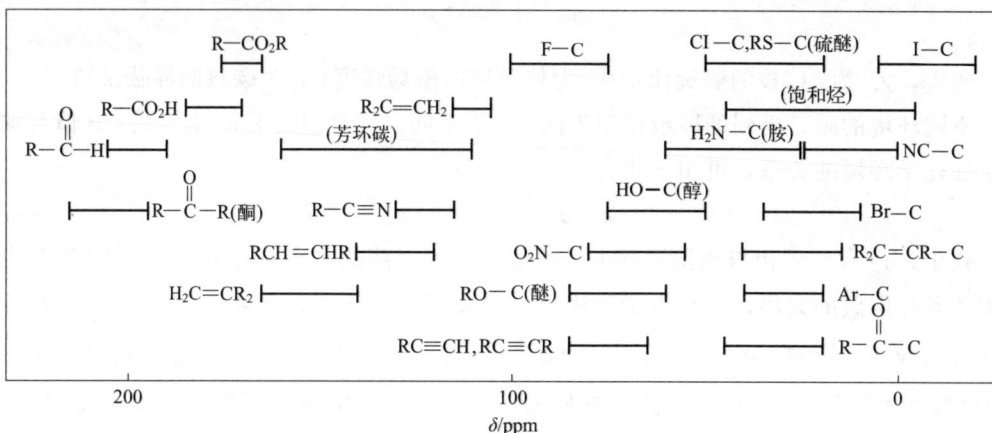

图 15-6　常见结构单元的^{13}C化学位移范围

a. ^{13}C NMR 的自旋偶合及偶合常数。偶合常数来源于核与核之间的相互作用，^{13}C NMR 的 自 旋 偶 合 有 ^{13}C—^{1}H、^{13}C—^{13}C 和 ^{13}C—X（X = D，^{19}F，^{31}P，…），其中 ^{13}C—^{13}C 自旋偶合，因 ^{13}C 的天然丰度只有 1.1%，出现 2 个 ^{13}C 核相连的概率很低（$1/10^4$），所以通常可以忽略不计。对普通有机化合物来说，对 ^{13}C NMR 谱图影响最大的是 ^{13}C—^{1}H 间的偶合，而对含氟或磷元素的化合物，还要考虑 ^{13}C—^{19}F 或 ^{13}C—^{31}P 间的偶合作用。

b. 核磁共振碳谱谱图解析程序。^{13}C NMR 谱的解析并没有一个成熟、统一的程序，应该根据具体情况，结合其他物理方法和化学方法测定的数据，综合分析才能得到正确的结论。通常解析 ^{13}C NMR 谱是按以下步骤进行。

确定分子式并根据分子式计算不饱和度。通过元素分析得到化合物的元素组成［C、H、N、O、S、X（卤素）等］。结合质谱的分子离子峰的质荷比或其他方法得到的分子量，可以推导出化合物的分子式。也可从高分辨质谱直接得到分子式。根据分子式计算不饱和度，由不饱和度可以知道化合物是否含有不饱和键（烯键、炔键、腈基等）或环（饱和环和苯环、杂环等）以及不饱和键或环的数目。

从 ^{13}C NMR 的质子宽带去偶谱，了解分子中含 C 的数目、类型和分子的对称性。如果 ^{13}C 的谱线数目与分子式的 C 数相同，表明分子中不存在环境相同的含 C 基团，如果 ^{13}C 的谱线数小于分子式中的 C 数，说明分子式中存在某种对称因素，如果谱线数大于分子中 C 数，则说明样品中可能有杂质或有异构体共存。

分析谱线的化学位移，可以识别 sp^3、sp^2、sp 杂化碳和季碳，如果从高场到低场进行判断，0～40ppm 为饱和烃碳，40～90ppm 为与 O、N 相连的饱和碳，100～

150ppm 为芳环碳和烯碳，大于 150ppm 为羰基碳及叠烯碳。从化学位移和峰的强度，还可以判断季碳（强度较小）和羰基的类型，区分是醛、酮的羰基，或是羧酸、酯、酰胺类的羰基。

分析偏共振去偶谱和无畸变极化转移增强（DEPT）谱。了解与各种不同化学环境的碳直接相连的质子数，确定分子中有多少个 CH_3、CH_2、CH 和季碳及其可能的连接方式。比较各基团含 H 总数和分子式中 H 的数目，判断是否存在—OH、—NH_2、—COOH、—NH—等含活泼氢的基团。

如果样品中不含 F、P 等原子，宽带质子去偶谱图中的每一条谱线对应于一种化学环境的碳，对比偏共振去偶谱，全部偶合作用产生的峰的裂分应全部去除。如果还有谱线的裂分不能去除，应考虑分子中是否含 F 或 P 等元素。如果有谱线变宽现象，则应考虑有无四极矩的影响，如含 ^{14}N、^{79}Br 等，这些都可通过元素分析加以证实。

从分子式和可能的结构单元，推出可能的结构式。利用化学位移规律和经验计算式，估算各碳的化学位移，与实测值比较。

综合考虑 ^{1}H NMR、IR、MS 和 UV 的分析结果，必要时进行其他的双共振技术及 T_1 测定，排除不合理者，得到正确的结构式。

15.3.12 固体 NMR 在聚合物结构研究中的应用

以上所述的 NMR 谱都是用溶液试样测试的。它提供了有关高分子结构、构象、组成和序列结构的丰富信息。但聚合物材料多数情况下以固体状态使用。因此，了解固体状态下材料的结构，发展固体 NMR 对聚合物结构研究具有重大意义。固体状态下，因 ^{1}H 谱图中同核质子间存在强烈偶极-偶极相互作用，很难获得高分辨率 NMR 谱，这使得 ^{13}C 谱在固体研究中占有重要的地位。但由于固体 NMR 谱中，化学位移的各向异性，偶极-偶极相互作用及较长的弛豫时间（常常为几分钟），使固体的 ^{13}C NMR 谱的谱线变宽，强度降低。目前，通过以下三种技术，可成功地获得固体高分辨率谱图，为研究固体高分子材料结构提供了有效的试验手段。

① 魔角旋转（magic angle spinning，MAS）技术　理论上已证明，当样品以与磁场成 54.4°夹角旋转时，化学位移各向异性消失，测得峰宽度最小，称为魔角旋转技术。

② 交叉极化（cross polarization，CP）技术　由于 ^{13}C 同位素自然丰度较低，磁旋比小，使 ^{13}C 的 NMR 的测定比 ^{1}H 困难。采用交叉极化的方法，把 ^{1}H 较大的自旋状态的极化转移给较弱的 ^{13}C 核，以提高信号强度。

③ 偶极去偶（dipolar decoupling，DD）技术　用高能辐射，可消去 ^{1}H—^{13}C 之间的异核偶极作用，以减小 ^{13}C 核的峰宽。

图 15-7 是同时使用 MAS/DD/CP 技术得到的高分辨率固体 ^{13}C NMR 谱，与未完全使用三项技术得到的谱图比较。可见只有采用综合技术才能得到令人满意的高分辨率谱图。

固体高分辨率 NMR 在聚合物结构研究中特别适用于两种情况：①样品是不能溶解的聚合物，如交联体等。②需要了解样品在固体状态下的结构信息，如高分子链构象、晶体形状、形态特征等。

图 15-8 为 γ 射线辐射处理后，具有轻微交联高密度聚乙烯的 DD/CP/MAS ^{13}C NMR 谱图，化学位移为 39.7ppm 的新共振峰归属于聚乙烯（PE）中交联的碳碳结构。

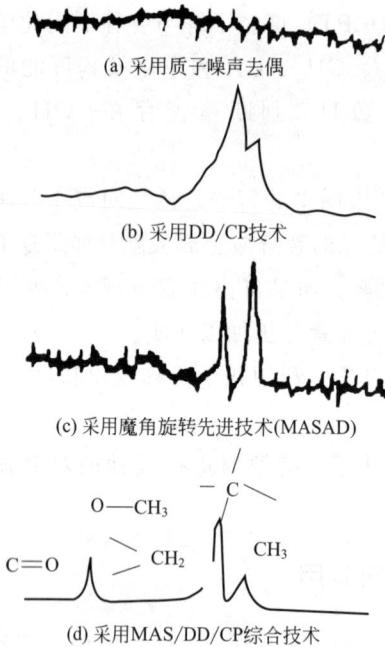

图 15-7   聚甲基丙烯酸酯固体 ^{13}C NMR 谱

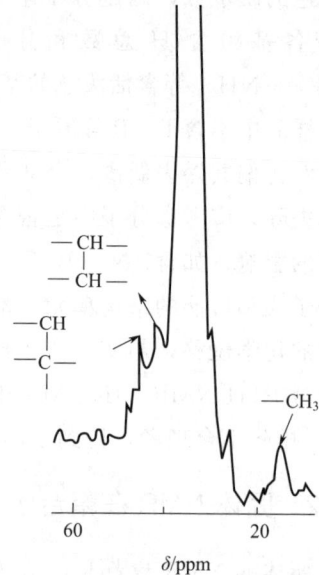

图 15-8   γ 射线辐射过的高密度聚乙烯的 DD/CP/MAS ^{13}C NMR 谱

固体高分辨率均匀磁场核磁共振（UC-NMR）技术在高分子结构研究中的应用，虽然才有十几年的历史，但随着固体高分子材料结构研究的不断深入，发展新的固体 NMR 技术已成为当前主要研究方向之一。

15.3.13   二维核磁共振谱

二维核磁共振谱（two-dimensional NMR spectroscopy，2D NMR）是 Jeener 于 1971 年首先提出来的，经过 Ernst（1991 年诺贝尔化学奖获得者）和 Freeman 等的努力，使 2D NMR 迅速发展成有机化合物的分子结构测定和多肽、核酸、蛋白质等复杂化合物研究中重要而有力的工具。

在一维 NMR 谱中，横坐标同时表示化学位移和偶合常数两种不同的核磁共振参数。而在二维 NMR 谱中，这两种参数在二维坐标轴上分别表示，被观察核的信号强度可以受两个变量的影响。二维核磁共振谱有两种主要的展示形式：一种是堆积图，另一种是等高线图。堆积图由很多条一维谱线紧密排列而成，有直观性好、立体感强等特点，例如图 15-9 中（a）为 1,3-丁二醇的 2D-^{13}C NMR 谱图，（b）为普通的一维谱图。在 δ_1 轴上，得到的是未去偶的 ^{13}C 谱，在 δ_2 轴上，则得到的完全去偶的 ^{13}C 谱，它可显示出与各碳原子结合的质子数，而这些信息在一维谱图中则无法显示。

图 15-10 为聚苯乙烯（PS）和聚乙烯基甲基醚（PVME）共混物的 2D-^{1}H 自旋扩散谱。

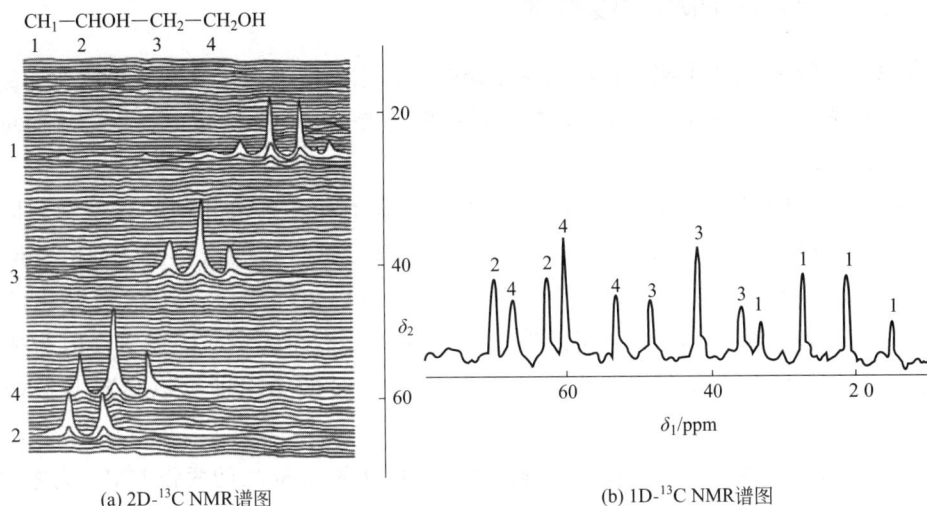

CH₁—CHOH—CH₂—CH₂OH

(a) 2D-¹³C NMR谱图

(b) 1D-¹³C NMR谱图

图 15-9　1,3-丁二醇的二维和一维 ¹³C NMR 谱图

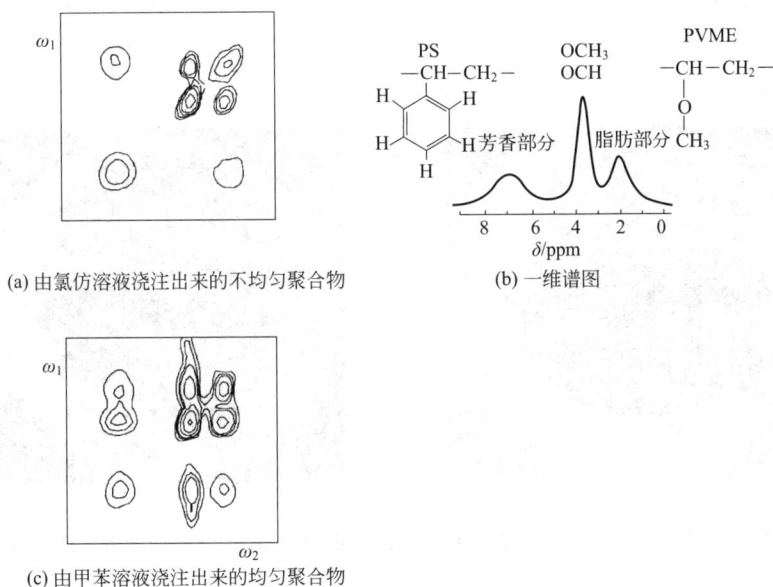

(a) 由氯仿溶液浇注出来的不均匀聚合物

(b) 一维谱图

(c) 由甲苯溶液浇注出来的均匀聚合物

图 15-10　聚苯乙烯与聚乙烯基甲基醚的共混物中质子的自旋扩散谱

　　混合物分别由氯仿溶液和甲苯溶液浇注而得。在一维谱图图 15-10(c) 中，因其峰形基本无差别，因此不能得出两种共混物是否均匀的结论。但在 2D 图中，二者有明显的差别：图 15-10(a) 中不存在属于不同化合物的交叉峰，因而不存在 PS 和 PVME 两种高分子在分子水平上的相互作用，这说明由氯仿溶液浇注出来的共混物是不均匀的。而图 15-10(b) 中则存在强的交叉峰，这说明两种高分子在分子水平上混合，产生相互作用的均匀区域，这表明由甲苯溶液浇注出来的共混物存在均匀区。由此可研究高分子共混体系的相容性。

15

15.3.14 聚合物的 NMR 成像技术

通常的 NMR 谱图用来测定样品的化学结构，但它不能确定被激发原子核在样品中的位置。NMR 成像是一种能记录被激发核在样品中位置，并使之成像的技术，从而可观察核在空间的分布。

在普通的 NMR 中，样品放在均匀的磁场中，所有化学环境相同的核都受到同样磁场的作用，在这种情况下，观察到的质子呈现一条尖锐的共振峰。而 NMR 成像则将样品放在非均匀磁场中，用梯度磁场线圈改变磁场均匀性，以产生线性变化的梯度磁场。这一梯度磁场使样品中不同区域线性地标记上不同的 NMR 频率，因为磁场在样品的特定区域中按已知的方式进行变换，NMR 信号的频率即可以指出共振磁核的空间位置。

图 15-11 为同一挤出成型的玻璃纤维增强尼龙棒相隔 0.5cm 的两张 NMR 成像图，尼龙棒在水中浸过，图中明亮部分即为水。比较两张图像，可以看出图中存在一些孔穴，且这些孔穴出现在同样位置，这说明这些孔是相连的。孔洞的形成，可能是由挤塑过程中混入空气或物料未充分塑化等原因引起的，因此 NMR 成像技术用来检测加工产品，提高产品质量，改进加工条件。

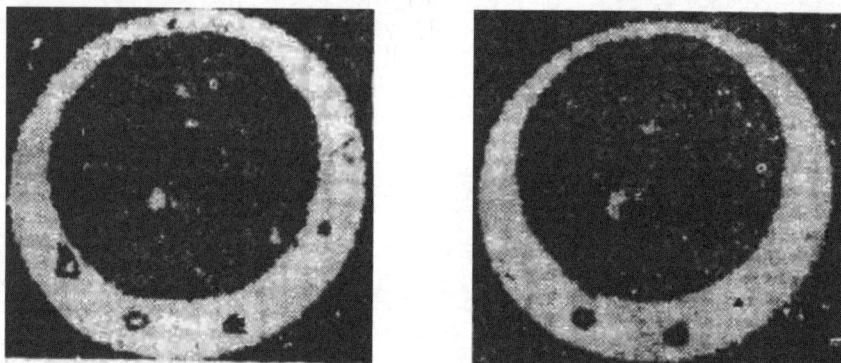

图 15-11　同一挤出成型的玻璃纤维增强尼龙棒相隔 0.5cm 的两张 NMR 成像图

✏ 思考题与练习题

1. 什么是核磁共振？要满足哪些条件才能观察到核磁共振现象？

2. 核磁共振谱仪主要包括哪些部件？各部件所起的作用是什么？

3. 某核磁共振谱仪的磁场强度为 1.4092 特斯拉，求下述核的工作频率：^{1}H，^{13}C，^{19}F，^{31}P。

4. 为什么提高磁场强度和降低样品的温度可提高观察 NMR 信号的灵敏度？

5. 核磁共振谱用于定性分析应注意些什么？

6. 核磁共振谱用于定量分析的依据是什么？

7. 简述电负性对核磁共振波谱中化学位移的影响。

8. 核磁共振产生自旋分裂的原因是什么?

9. 产生核磁共振吸收的条件是什么?

10. 简述核磁共振质谱当氢原子核外电子密度降低后的谱峰移动模式。

📁 参考文献

[1] 艾伦·托内利. 核磁共振波谱学与聚合物微结构 [M]. 北京:化学工业出版社,2021.

[2] Lambert J B,Mazzola E P,Ridge C D. 核磁共振波谱学:原理、应用和实验方法导论 [M]. 向俊锋,周秋菊,等译. 北京:化学工业出版社,2021.

[3] 俎栋林. 核磁共振成像仪:构造原理和物理设计 [M]. 北京:科学出版社,2015.

[4] 王乃兴. 核磁共振谱学:在有机化学中的应用 [M].3 版. 北京:化学工业出版社,2015.

材料的性能主要表现在给定外界理化场刺激条件下材料产生的响应行为和表现。材料科学与工程学科的研究内容包括：材料的成分、工艺、组织结构、性能。尤其材料的性能是研究开发新材料、合理选择材料的初衷与目标。因此，了解材料的性能，知晓其测试技术十分重要。

由于材料的种类、结构及制备工艺不同，材料的性能亦有较大的区别。材料的性能一般可分为简单性能和复杂性能，其中，简单性能可分为材料力学性能、材料物理性能和材料化学性能；材料复杂性能包括材料复合性能、材料工艺性能和材料使用性能等。

总体来讲，按照性能分类材料可以分为结构材料和功能材料，结构材料是以力学性能为主的材料，而功能材料则是以物理性能和化学性能为主的材料。按照应用材料的尺寸维度分类可分为一维（量子阱）、二维（薄膜）、三维（块体）材料。本篇主要介绍块体三维材料的性能与测试，也涉及一些二维材料特有的性能与测试。物理性能主要包括热、光、电、磁学性能等，化学性能主要包括抗氧化性、耐腐蚀性及抗渗性等。当前材料性能的检测方法和技术内容十分丰富，所涉及的领域也十分宽广。本篇分别介绍材料的力学性能、热学性能、光学性能、电学性能和磁学性能。材料的化学性能不在本篇专门介绍。

第 5 篇　材料性能与测试技术

16

材料的力学性能与测试技术

16.1 材料的力学性能概述

材料的力学性能是指材料在外加载荷（外力）作用下或载荷与环境因素（温度、介质和加载速率）联合作用下表现的行为，如变形、损伤或断裂等。材料的性能受到加载速率、加载方式、加载环境等的影响。一般情况下，材料或构件的承载条件采用各种力学参量（如应力、应变等）及寿命等来表示，常把力学参量的临界值或规定值称为力学性能指标。材料的力学性能指标是材料在载荷与环境因素作用下抵抗变形或断裂的量化因子，是结构设计时选材、评定材料质量的重要参数，也是确定加工工艺的主要根据。材料的力学性能及其指标纷繁复杂，但以下这些力学性能参量具有通用性。

强度：材料抵抗塑性变形或断裂的性能，如材料的屈服强度、抗拉强度、抗压强度、抗弯强度、抗扭强度、抗剪强度、疲劳强度和断裂强度等等。

塑性：材料在外力作用下，在断裂前发生不可逆的永久变形的能力或容量，常用伸长率、断面收缩率来表示。

韧性：材料在断裂前吸收塑性变形功和断裂功的能力，是材料在断裂前吸收的能量与体积的比值。包括静力韧性、冲击韧性、断裂韧性等。

弹性：材料在外力作用下保持固有形状尺寸的能力以及在外力去除后恢复固有形状尺寸的能力。表征材料弹性的力学性能指标有弹性模量、切变模量、比例极限和弹性极限等。

硬度：材料在一定条件下抵抗硬物压入其表面的能力。常用的布氏硬度、洛氏硬度、维氏硬度、努氏硬度等属于静态力试验法，肖氏硬度、里氏硬度、锤击布氏硬度等属于动态力试验法。

耐磨性：材料抵抗机械磨损的能力，常以磨损率、相对耐磨性等表示。

缺口敏感性：表示材料因缺口作用其强度和塑性变化趋势的参量，常用光滑试样的抗拉强度和缺口试样的抗拉强度的比值作为缺口敏感性的指标。其包括应力集中系数、静拉伸缺口敏感系数、疲劳缺口敏感系数等。

寿命：材料或构件在外加应力和环境作用下能够安全、有效使用（运行）的期限，如疲劳裂纹扩展寿命和滞后断裂时间等。

膜基结合力（附着力）：涂层与基体接触时两者的原子或分子相互受到对方的作用，或者简单理解为单位表面积的涂层从基体（或中间涂层上）剥离下来的最大力。二维材料涂层的附着力大小是判断其能否使用的基本参数之一。

除上述力学性能指标外，还有材料的刚度、形变强化指数、脆性转化温度、裂纹扩展的能量释放率、裂纹顶端的张开位移、应力强度因子的门槛值、等强温度等性能指标。

材料性能测试技术通过设计简易的试验获得可以表征使用需求的一些特征的性能指标。本章主要介绍这些具有共性的试验以及相关的性能指标，仅在采用特定试验方法时对其适用材料做出区分。以下首先从变形各阶段出发介绍相关指标，然后介绍一些共性的试验方法。

16.2　材料弹性阶段的力学性能指标

材料在低载荷作用下或多或少地表现出弹性变形行为，即卸除载荷后变形可以回复到零的初始状态。从热力学角度出发，因自由能变化引起的弹性称为能弹性，几乎所有材料中原子偏离其平衡位置发生键长、键角扭曲均会导致能弹性；固体物理推导获得的杨氏模量表达式为式(16-1)，因体系熵变引起的弹性称为熵弹性，主要发生在高分子聚合物中，典型代表是橡胶材料，在不同载荷下组成聚合物的长碳链会发生蜷曲或伸长从而导致熵变。材料的理想弹性变形阶段指应力与应变间同时具有线性、同步性和对应性，主要性能指标包括：杨氏模量 E、剪切弹性模量 G、泊松比 ν、弹性极限 σ_p、比例极限 σ_e 等。当弹性阶段的应力-应变关系不满足上述关系时，称为非理想弹性，包括滞弹性、伪弹性、内耗 $\tan\delta$ 以及高分子聚合物材料通常出现的黏弹性行为。

理想线弹性材料的应力-应变关系满足广义 Hook 定律，利用刚度矩阵（C_{ij}）表达的各向异性材料、立方晶体材料的关系式分别为式(16-2)、式(16-3)。各向同性材料时，式(16-2) 中的 C_{44} 为非独立分量，$C_{44}=(C_{11}-C_{12})/2$。晶体材料不同晶向的杨氏模量可以根据获得的材料刚度矩阵系数或柔度矩阵（S_{ij}）系数按照表 16-1 计算。刚度矩阵与柔度矩阵互为倒易，即 $[C]^{-1}[S]=1$。各向同性材料只有两个独立分量，它们同杨氏模量、弹性剪切模量、泊松比间具有以下关系：$S_{11}=1/E$；$S_{12}=-\nu/E$；$G=E/[2(1+\nu)]$。

$$E=\frac{60}{91}\frac{U_b}{a_0}=100\ \frac{kT_m}{V_a}=\frac{1}{3}\frac{h^2 k_f^2}{m} \tag{16-1}$$

式中，E 为杨氏模量；U_b 为平衡位置相邻原子间的势阱深度；a_0 为平衡原子间的间距；T_m 为材料的熔点；V_a 为原子或分子的体积；k_f 为费米面波矢；m 为原子质量；k 为玻尔兹曼常数；h 为普朗克常数。

$$\begin{bmatrix} \sigma_{11} \\ \sigma_{22} \\ \sigma_{33} \\ \sigma_{23} \\ \sigma_{13} \\ \sigma_{12} \end{bmatrix} = \begin{bmatrix} C_{11} & C_{12} & C_{13} & C_{14} & C_{15} & C_{16} \\ C_{12} & C_{22} & C_{23} & C_{24} & C_{25} & C_{26} \\ C_{13} & C_{23} & C_{33} & C_{34} & C_{35} & C_{36} \\ C_{14} & C_{24} & C_{34} & C_{44} & C_{45} & C_{46} \\ C_{15} & C_{25} & C_{35} & C_{45} & C_{55} & C_{56} \\ C_{16} & C_{26} & C_{36} & C_{46} & C_{56} & C_{66} \end{bmatrix} \begin{bmatrix} \varepsilon_{11} \\ \varepsilon_{22} \\ \varepsilon_{33} \\ \gamma_{23} \\ \gamma_{13} \\ \gamma_{12} \end{bmatrix} \tag{16-2}$$

$$\begin{bmatrix} \sigma_{11} \\ \sigma_{22} \\ \sigma_{33} \\ \sigma_{23} \\ \sigma_{13} \\ \sigma_{12} \end{bmatrix} = \begin{bmatrix} C_{11} & C_{12} & C_{12} & 0 & 0 & 0 \\ C_{12} & C_{11} & C_{12} & 0 & 0 & 0 \\ C_{12} & C_{12} & C_{11} & 0 & 0 & 0 \\ 0 & 0 & 0 & C_{44} & 0 & 0 \\ 0 & 0 & 0 & 0 & C_{44} & 0 \\ 0 & 0 & 0 & 0 & 0 & C_{44} \end{bmatrix} \begin{bmatrix} \varepsilon_{11} \\ \varepsilon_{22} \\ \varepsilon_{33} \\ \gamma_{23} \\ \gamma_{13} \\ \gamma_{12} \end{bmatrix} \tag{16-3}$$

表 16-1　不同晶型单晶杨氏模量随方向的变化

晶体类型	计算 $1/E$ 公式
立方	$S_{11}-2(S_{11}-S_{12}-S_{44}/2)(a_1^2 a_2^2 + a_2^2 a_3^2 + a_1^2 a_3^2)$
四方	$S_{11}(a_1^4+a_2^4)+S_{33}a_3^4+(2S_{12}+S_{66})(a_1^2 a_2^2)+(2S_{13}+S_{44})(a_3^2-a_3^4)+2S_{25}a_1 a_3$ $(3a_2^2-a_1^2)$
六方	$S_{11}(1-a_3^2)+S_{33}a_3^4+(2S_{13}+S_{44})(a_3^2-a_3^4)$
斜方	$S_{11}a_1^4+2S_{12}a_1^2 a_2^2+2S_{13}a_1^2 a_3^2+S_{22}a_2^4+2S_{33}a_2^2 a_3^2+S_{33}a_3^4+S_{44}a_2^2 a_3^2+S_{55}a_1^2 a_3^2$ $+S_{66}a_1^2 a_2^2$
三方	$S_{11}(1-a_3^2)^2+S_{33}a_3^4+(2S_{13}+S_{44})(a_3^2-a_3^4)+2S_{14}a_2 a_3(3a_1^2-a_2^2)+2S_{25}a_1 a_3$ $(3a_2^2 a_1^2)$
单斜	$S_{11}a_1^4+2S_{12}a_1^2 a_2^2+2S_{13}a_1^2 a_3^2+2S_{15}a_1^3 a_3+S_{22}a_2^4+2S_{23}a_2^2 a_3^2+2S_{25}a_1 a_2^2 a_3+$ $S_{33}a_3^4+2S_{35}a_1 a_3^3+S_{44}a_2^2 a_3^2+S_{46}a_1 a_2^2 a_3+S_{55}a_1^2 a_3^2+S_{66}a_1^2 a_2^2$
三斜	$S_{11}a_1^4+2S_{12}a_1^2 a_2^2+2S_{13}a_1^2 a_3^2+2S_{15}a_1^3 a_3+S_{22}a_2^4+2S_{23}a_2^2 a_3^2+2S_{25}a_1 a_2^2 a_3+$ $S_{33}a_3^4+2S_{35}a_1 a_3^3+S_{44}a_2^2 a_3^2+S_{46}a_1 a_2^2 a_3+S_{55}a_1^2 a_3^2+S_{66}a_1^2 a_2^2+2S_{14}a_1^2 a_2 a_3+$ $2S_{16}a_1^3 a_2+2S_{24}a_2^3 a_3+2S_{26}a_1 a_2^3+2S_{34}a_2 a_3^3+2S_{36}a_1 a_2 a_3^2+2S_{45}a_1 a_2 a_3^2+$ $2S_{56}a_1^2 a_2 a_3$

注：所考虑的方向 $[hkl]$ 与 x、y 和 z 轴的夹角的余弦分别为 a_1、a_2 和 a_3。

弹性模量是工程材料重要的性能参数，弹性模量越大，在相同应力下产生的弹性变形越小。从宏观角度来说，弹性模量是衡量材料抵抗弹性变形能力大小的尺度，从微观角度来说，则是原子、离子或分子间键合强度的反映。凡影响键合强度的因素均能影响材料的弹性模量，如键的强弱、晶体结构、化学成分、微观组织、温度等。具有强化学键结合的材料（如金刚石、氧化铝等）比分子间由较弱的范德瓦耳斯力结合的材料（如低密度聚乙烯）弹性模量高。通常情况下材料的熔点越高，原子间结合力更强，其弹性模量也越高。在多晶体中，它取决于组成材料的原子结构、晶格类型和点阵常数。对于各向异性晶体，它是结晶方向的函数。少量合金化和热处理对弹性模量影响不大。固体中弹性变形速度相当于声速，远远超过加载速度，加载速度对弹性模量没有影响。当温度升高时，由于晶体点阵常数增大，弹性模量将下降。

金属材料的弹性模量，因合金成分、热处理状态、冷塑性变形程度等的不同会有 5% 或者更大的波动。但整体上，金属材料的弹性模量是一个对组织结构不易变化的力学性能指标。

陶瓷材料的弹性模量有以下几个特点：

① 由于陶瓷材料的结合键主要是很强的共价键和离子键，因此陶瓷材料的弹性模量一般比金属材料高。

② 孔隙率越高，弹性模量越低。

③ 陶瓷材料的压缩弹性模量一般大于拉伸弹性模量，这与陶瓷材料显微结构的复杂性和不均匀性有关。

高分子材料和复合材料的弹性模量对成分和组织是敏感的，可通过改变成分及生产工艺来提高其弹性模量。

测量材料弹性模量（杨氏模量、剪切模量）、泊松比的方法分为静态法和动态法。静态法采用静载下拉伸、压缩、扭转、弯曲等实验手段获得弹性阶段的应力-应变曲线，从线性段的斜率获得材料的杨氏模量和剪切模量、泊松比。动态法包括波传输方法及共振振动法。内耗测量则主要采用各种频率的共振振动法，包括低频率的葛氏（葛庭燧）扭摆法、中频率的声频共振法和高频率的超声波脉冲法等。理论上，可以获得所有材料的刚度（柔度）矩阵系数，然后计算材料各方向（晶向）的弹性模量，并根据方向（晶向）统计获得材料的平均宏观弹性模量。

16.3 材料塑性阶段的力学性能指标

当施加的应力超过弹性极限后，材料开始发生塑性变形直至断裂。塑性变形是一种不可逆变形，外力去除后塑性变形不能恢复而被残留下来。当达到断裂时，塑性变形量达到极限值。一般将这个相对塑性变形极限值称为极限塑性，简称塑性，它是表示材料塑性变形能力的一个指标。塑性变形过程中仍然保留着弹性变形，所以整个变形过程实际上是弹性＋塑性变形过程，可称为弹塑性变形。出现塑性变形阶段是典型延性材料（如退火钢金属）的重要现象，许多脆性材料在发生宏观塑性前已断裂（如氧化铝陶瓷），因此实践中很少考虑后者的塑性性能指标。

　　塑性变形机理视材料种类而不同。晶体材料塑性变形微观机制主要有四种类型：滑移、孪生、晶界滑动和扩散性蠕变。其中滑移是在任何温度区间都可出现的方式，当剪切应力超过某一滑移体系的临界剪切分应力，该滑移体系开动，位错在滑移面滑动。孪生主要出现在某些晶体结构和较低温度时，晶界滑动和扩散性蠕变则主要出现在高温时，甚至出现超塑性现象。微观机制上晶体材料的塑性变形主要由位错运动（室温）及扩散（高温）控制。高分子聚合物材料的塑性变形是由分子链取向实现，微观上表现为银纹或剪切带的出现与长大。玻璃态固体中不存在晶体中的滑移和孪生变形机制，其永久变形是通过分子或分子基团位置的热激活交换来进行。

　　塑性变形阶段的应力、应变之间既不是简单的线性（直线）关系，也不是单值、唯一的关系，与加载历史（加载途径）有关。塑性变形除主要取决于应力外，还与温度和时间（加载速率）有关。一般来说，随温度升高或加载速率降低，塑性变形能力提高。

　　对于延性材料而言，塑性变形阶段的主要力学性能指标包括强度指标和变形指标两个方面。前者主要指屈服强度 σ_s、规定残余应变的屈服强度（如 $\sigma_{0.2}$）；后者主要指断裂延伸率 δ 和断口的断面收缩率 ψ。塑性变形阶段分为均匀塑性变形阶段和非均匀塑性变形阶段，后者往往在试样中产生"颈缩"。材料的塑性变形指标——断裂延伸率 δ 还与测试用试样的形状、尺寸密切相关。这些指标对材料的成分、组织、结构很敏感，属于结构敏感性能。另外，塑性变形时还会引起形变强化、内应力以及一些物理性能的变化，如密度降低、电阻和矫顽力增加等。材料塑性性能指标通常采用干燥大气环境下静载拉伸、压缩、弯曲、扭转、剪切等实验方法进行表征。

16.4　材料断裂的力学性能指标

16.4.1　材料的静态断裂韧性

　　断裂是材料分成两部分或若干部分的现象，是最彻底的失效方式。断裂的分类方式很多，如表 16-2 所示，不同的分类各有其优缺点，且不同分类之间又相互涵盖。材料的理论断裂强度表达式为式(16-4)。但大多数广泛使用材料的实际断裂强度远远小于这一理论强度，这是因为材料存在缺陷或裂纹。假定在单位板厚的无限大板中心有一个椭圆形的穿透裂纹，裂纹长度为 $2a$，在垂直裂纹面方向上受到均匀的拉伸应力 σ，之后将大板两端固定，如图 16-1 所示。这些裂纹在外力作用下的失稳扩展导致了材料的断裂，从而提出材料的实际断裂强度 σ_c 随着材料中最大裂纹的尺寸 C 而变化，如式(16-5)。由于金属材料在断裂前发生较大的塑性变形，其断裂强度如式(16-6)。各种材料的实际断裂强度可以采用多种加载方式获得，如拉伸、压缩、弯曲、扭转等实验方法。

表 16-2　断裂分类与特征

分类方式	断裂名称	断裂示意图	断裂特征
按断前变形量	脆性断裂 brittle fracture		断裂前无明显塑性变形,断口光亮呈结晶状
	延(韧)性断裂 ductile fracture		断裂前有明显塑性变形,断口灰暗呈纤维状
按断裂面取向	正断 orthogonal fracture		宏观断面垂直于最大正应力
	切断 shear fracture		宏观断面平行于最大切应力
按裂纹扩展路径	穿晶断裂 transgranular fracture		裂纹在晶粒内部扩展
	沿晶断裂 intergranular fracture		裂纹沿晶粒边界扩展
按断裂机制	解理断裂 cleavage fracture		属脆性穿晶断裂,断裂面沿解理面分离
	微孔聚合断裂 microvoid coalescence fracture		沿晶界微孔聚合导致沿晶韧性断裂
			晶粒内微孔聚合导致穿晶韧性断裂
	纯剪切断裂 pure shear fracture		在单晶体中,断裂面沿滑移面分离
			在多晶体和高纯金属中,断裂由缩颈引起

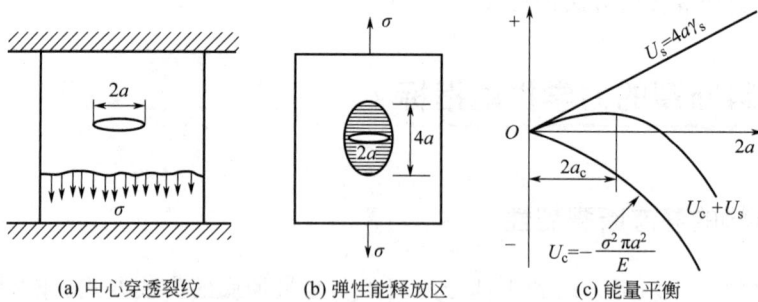

(a) 中心穿透裂纹　　　(b) 弹性能释放区　　　(c) 能量平衡

图 16-1　无限宽板中的中心穿透裂纹、弹性能释放区及能量平衡

(U_s 为表面能消耗;U_c 为释放出的弹性应变能)

$$\sigma_m = \left(\frac{2E\gamma_s}{\pi a_0}\right)^{1/2} \approx E/10 \tag{16-4}$$

式中,γ_s 为断裂面的表面能;a_0 为断裂面的晶体学面间距;E 为材料的杨氏(弹性)模量。

$$\sigma_c = \left(\frac{2E\gamma_s}{\pi C}\right)^{1/2} \tag{16-5}$$

$$\sigma_c = \left[\frac{E(\gamma_s + \gamma_P)}{C}\right]^{1/2} \tag{16-6}$$

式中，γ_P 为裂纹尖端消耗的单位面积塑性功。线弹性条件下 Ⅰ 型裂纹尖端的应力场完全由应力强度因子 K_I 的大小控制（其他 Ⅱ/Ⅲ 类型的裂纹类同）。K_I 的表达式如式(16-7)。之后对裂纹尖端塑性区域的分析，提出了小范围屈服条件下，裂纹尖端弹性区域的应力场可由修正的应力强度因子来确定。即使裂纹尖端发生了较大范围的弹塑性应变，裂纹尖端的应力场仍可由另一个参量 J 积分来控制，J 积分的定义如图 16-2，表达式为式(16-8)。对于满足小范围屈服条件的材料，提出了材料平面应变断裂韧度 K_{IC} 指标。裂纹失稳扩展，导致材料断裂的准则为式(16-9)。当尖端的塑性区域较大时，提出了临界指标 J_{IC}，材料中裂纹起始扩展的准则为式(16-10)。针对大塑性变形材料的裂纹扩展问题，还提出了裂纹顶端张开位移准则 CTOD 等。

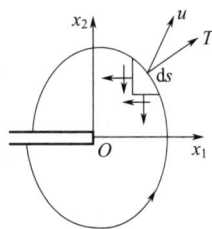

图 16-2   J 积分定义

$$K_I = Y\sigma\sqrt{C} \tag{16-7}$$

式中，Y 是裂纹的形貌因子；C 是裂纹长度；σ 是外加应力。

$$J = \int_\Gamma \left(W\,dx_2 - \frac{\partial \vec{u}}{\partial x_1}\vec{T}\right) \tag{16-8}$$

$$K_I \geqslant K_{IC} \tag{16-9}$$

$$J \geqslant J_{IC} \tag{16-10}$$

材料的断裂韧性，无论是 K_{IC}，还是 J_{IC} 均具有能量的意义。在满足线弹性条件时，应力强度因子与裂纹尖端的能量释放率具有等效性，如式(16-11)。类似地，静载下拉伸、压缩、弯曲、扭转的断裂消耗功也可称之为静态韧性。

$$G = \frac{K_I^2}{E'} \tag{16-11}$$

基于脆性材料实际断裂强度理论，K_{IC} 与裂纹的表面能间存在式(16-12) 的关系。通过压痕在脆性材料表面诱发裂纹，以释放的应变能作为桥梁，可以建立压痕裂纹与脆性材料 K_{IC} 之间的关系式(16-13)。

随着硬质脆性薄膜广泛开发应用，压痕法测试薄膜材料的断裂韧性成为当前主流。使用该方法测得类金刚石薄膜的断裂韧性 K_{IC} 介于 3～10MPa·m$^{1/2}$。

$$K_{IC} = \sqrt{E\gamma_s} \tag{16-12}$$

$$K_{IC} = \beta P(E/CH)^{1/2} \tag{16-13}$$

式中，β 为压头形状参数；C 为压痕诱发裂纹长度；H 为硬度；P 为载荷大小。

与其他力学性能指标一样，材料的断裂韧性也受材料化学成分、组织结构等内在因素及温度、应变速率等外界条件的影响。试样或构件中裂纹所处应力状态的差异，导致裂纹尖端塑性功消耗不同，当裂纹处于平面应变状态时，裂纹室温扩展仅需消耗最小的外力功即发生断裂危险。温度对断裂韧性的影响，与对冲击功的影响相似。随着试验温度的降低，材料的断裂韧性有一个急剧降低的温度范围（一般在 −200～200℃），低于此温度范围后，材料的断裂韧度保持在一个稳定的水平（下平台）。K_{IC} 随试验温度降低而减小的这种温度转变特性，与试样几何尺寸无关，是材料的固有特性。试验结果表明，在接近下平台时，断裂表现为解理断口，宏观塑性变形量很小；而在转变温度上端，断裂表现为延性断口形式，宏观变形量也很大。增加应变速率和降低温度都会增加材料的脆化倾向。不过需要指出的是，低中强度钢的断裂韧性对应变速率敏感，而高强度钢的断裂韧性对应变速率不敏感。

16.4.2　材料的动态断裂韧性（冲击韧性）

材料在承受高速冲击载荷时，断裂消耗的功越大，则冲击韧性越高，抗冲击断裂能力越强。测试材料冲击韧性的试验方法有三种：第一种是大能量一次冲断；第二种是小能量多次冲击；第三种是冲击拉伸断裂。大能量一次冲断试验通常又称为夏比缺口冲击试验，可测定材料的冲击断裂功 A_K 和冲击韧度 α_K，可快速地评定材料的韧脆性质，在生产上很常用。小能量多次冲击试验测定材料的多冲抗力，也被称为疲劳冲击，它可以研究材料冲击诱发材料损伤累积、发展的能力。尤其同纳米控制技术结合，目前模拟脆性薄膜构成的微机电系统/纳机电系统（MEMS/NEMS）器件在耐磨、耐冲击性能方面受到关注。本章重点介绍一次冲断的冲击试验及其应用。

一次冲断试验是利用能量守恒原理，将一定形状和尺寸的带有 V 形或 U 形缺口的试样，在高速冲击载荷作用下冲断，以测定其冲击断裂功 A_K 的一种动态力学试验方法，原理如图 16-3。最常用的冲击试验方法采用三点弯曲试样（试样中部带有 V 形或 U 形缺口），进行弯曲冲击试验。冲击功除以缺口处的有效承载面积即为材料的冲击韧度 α_K。摆锤冲击试验变形速度在 $10^3 s^{-1}$ 以下，弹性变形总能跟上外加载荷的变化，因而变形速度对金属材料的弹性模量 E、泊松比 ν 等没有影响。但材料的塑性变形速度较慢，在高速冲击加载下，塑性变形来不及进行，塑性变形抗力随应变速率的增加而增加，特别是屈服强度有显著的升高。

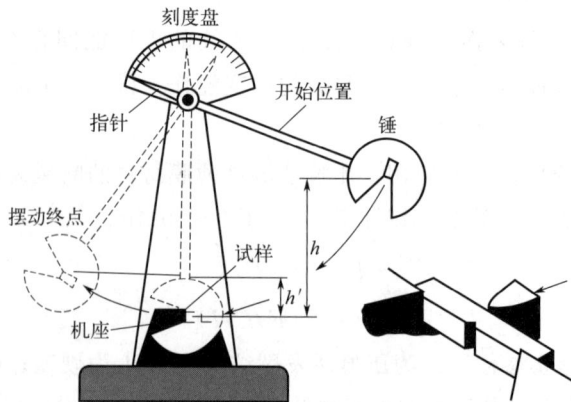

图 16-3　一次冲断试验测试材料冲击韧性的原理

金属在冲击载荷下的断裂过程也分为弹性变形、塑性变形和断裂三个阶段。同拉伸试样一样，冲击试样的断口也有三种区域，即纤维区（结晶区）、放射区和剪切唇区，如

图 16-4 所示。通常裂纹源位于缺口根部中段亚表面处。对塑性较好的材料，裂纹沿两侧和深度方向稳定扩展，中央部分较深，构成中部突进式纤维状区域，然后失稳扩展而呈放射区。由于试样无缺口一侧受压缩应力，应力状态变软，可在此侧再次出现二次纤维区。如果材料塑性很好，则放射区可完全消失，整个断面上只存在纤维区和两侧及底部最后形成的剪切唇。反之如果材料塑性很差，则受压侧塑性变形很小，二次纤维区消失，甚至无剪切唇，全部断口呈放射区。

利用一次冲断试验的简易快速性，可以根据冲击断裂韧性及断口形貌中结晶区的面积占比确定材料发生韧脆转变的温度 T_c，评定材料的缺口敏感性和冷脆性倾向，也常作为检验材料冶金质量和热加工后产品质量的一种重要手段，如图 16-5。图中 NDT 温度对应低阶冲击能开始上升的温度；FTP 定义为高阶冲击能开始的温度；FTE 为低阶、高阶冲击能的平均值对应温度；50%FATT 则定义为断口表面结晶区占比为 50% 对应的温度。

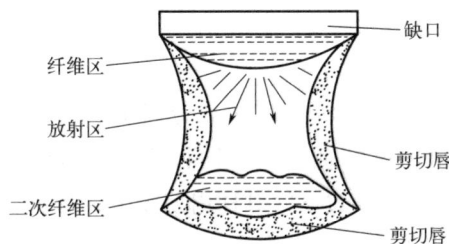

图 16-4 冲击试样断口

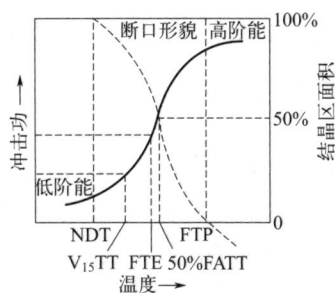

图 16-5 韧脆转变温度的定义

总的来说，利用 A_K 可以评价材料的冶金质量和热加工后的产品质量，可间接评价材料的冶金缺陷（如夹渣、气泡、严重分层、偏析以及夹杂物超标等）存在的严重程度，也可用来间接评价锻造和热处理所造成的缺陷（如过热、过烧、白点、回火脆性、淬火及锻造裂纹、纤维组织各向异性等）情况，有助于热加工工艺的改进。

16.4.3　材料的时间相关的断裂性能

材料的断裂过程是材料内部裂纹萌生和扩展的连续过程。当加载方式、加载环境变化，材料可能在远低于材料实际断裂强度，或者远低于材料的断裂韧性时，在无裂纹体中萌生裂纹，材料中的已有裂纹会发生稳定的扩展，直至诱发构件断裂，这些断裂方式统称时间相关断裂。时间相关断裂的类型很多，包括疲劳、蠕变、氢致滞后断裂、应力腐蚀开裂、腐蚀疲劳、辐照致脆等。本章主要介绍前四种现象的力学性能指标及其主要测试技术。

16.4.3.1　材料的疲劳断裂性能

疲劳特指材料或构件在应力或应变反复作用下发生损伤和断裂的现象。统计表明，在各类机件破坏中有 80%～90% 属于疲劳断裂。疲劳不仅包括变动载荷造成的机械疲劳，还包括蠕变疲劳、热疲劳、热机械疲劳、腐蚀疲劳、接触疲劳、微动疲劳等。材料的疲劳破坏具有以下特点：

① 疲劳断裂可以是在远低于材料的弹性极限的低应力下的脆性断裂。

② 疲劳断裂属于与时间相关的断裂。疲劳寿命预测十分重要。

③ 疲劳过程是一个损伤累积的过程。限于篇幅，本章仅介绍材料的机械疲劳。

根据施加最大应力的大小，通常把疲劳试验分为高周疲劳和低周疲劳，又分别称为应力疲劳或应变疲劳。当最大应力低于材料的屈服强度时，材料中没有宏观的塑性变形，断裂能承受的疲劳周次高，通常采用应力幅控制。当最大应力高于材料的屈服强度时，总应变包括弹性和塑性两部分，断裂时疲劳周次低，通常采用应变幅控制。

表征疲劳断裂的通用指标是疲劳寿命，即断裂前可以经历的疲劳周次。疲劳寿命与疲劳加载方式（弯曲、扭转、轴向拉压）、疲劳试验相关参数有关。除疲劳寿命外，材料高周疲劳的重要指标是疲劳极限。疲劳极限是结构材料的重要力学性能指标，是结构选材和疲劳设计的基本参数。在相同的波形、频率、应力比和加载方式下，试验可以获得不同最大应力下的疲劳寿命，做出单对数或双对数的 S-N 曲线。S-N 曲线的斜线段满足 Basquin 关系，如式(16-14)

$$\Delta\sigma/2 = \sigma_{\mathrm{f}}'(2N_{\mathrm{f}})^{b} \tag{16-14}$$

式中，σ_{f}' 为疲劳强度系数；b 为疲劳强度指数；N_{f} 为断裂的疲劳周次。如果曲线存在平台，则该平台即为材料的疲劳极限；无平台的 S-N 曲线，不同行业规定所谓极限疲劳寿命，得到条件疲劳极限。弯曲、扭转和拉压加载方式下的对称周期疲劳试验获得的疲劳极限分别记为 σ_{-1}、τ_{-1}、$\sigma_{-1\mathrm{p}}$。同种材料三者的比较关系为 $\sigma_{-1} > \tau_{-1} > \sigma_{-1\mathrm{p}}$。

低周疲劳（应变疲劳）时，应力幅与应变幅间不满足线性关系，形成疲劳应力应变滞后环。每一次疲劳循环均有外力功转化为塑性功存储于材料中，导致材料自由能升高。试样的温度会随着疲劳次数增加而升高。塑性应变幅与疲劳寿命间存在式(16-15)的经验关系，可以用来预估不同应变幅下的寿命

$$\Delta\varepsilon_{\mathrm{p}}/2 = \varepsilon_{\mathrm{f}}'(2N_{\mathrm{f}})^{c} \tag{16-15}$$

式中，$\varepsilon_{\mathrm{f}}'$ 为疲劳延性系数；c 为疲劳延性指数。从该关系中可以看出材料的低周疲劳寿命由材料的断裂塑性及其断裂韧性控制。

低周疲劳抑或高周疲劳，光滑试样的寿命均包括疲劳裂纹萌生寿命与裂纹扩展寿命两部分。对于金属晶体材料，即使在很低的 $\sigma_{\max}$ 作用下，局部的微观塑性变形会在晶粒内部产生驻留滑移带，驻留滑移带中位错的运动形成了"突出峰"与"浸入谷"，位错塞积效应与外力作用诱导浸入谷附近萌生裂纹。通常金属高周疲劳时，裂纹萌生寿命在总寿命中的占比大于裂纹扩展，而在低周疲劳时正好相反。陶瓷晶体材料中的位错很难开动。一般认为，微观缺陷和微裂纹在循环载荷作用下，其中的一条或几条微裂纹发展成为疲劳裂纹。另外，一些运动学因素，如晶界/相界开裂、桥联带磨损断裂、相变等产生的不可逆微观损伤也可能使陶瓷材料萌生疲劳裂纹。高分子材料具有黏弹性，应变落后于应力，部分机械能量转换成热，可能导致材料软化。循环载荷使分子重新排列，造成链节脱开和滑移，并使分子重新取向以及形成空洞，萌生裂纹。因此高分子疲劳破坏往往是热疲劳破坏与机械疲劳裂纹破坏的叠加。

所有材料的循环疲劳断裂断口微观上均会呈现或强或弱的疲劳条带（图 16-6）。目前对金属材料疲劳条带产生的机理研究较深入，通常认为金属材料的疲劳条带是裂纹扩展使尖端塑性滑移（延性金属）及解理扩展（脆性金属）的结果。裂纹扩展的动力来自裂纹尖端应力强度因子幅值 ΔK，可以参照标准试验方法（如 GB/T 6398）获得裂纹扩展速率 $\mathrm{d}a/\mathrm{d}N$ 与 ΔK 的关系曲线。金属材料裂纹的典型疲劳扩展分为三个区，即 I 区为裂纹扩展初始阶段；II 区为裂纹扩展主要阶段，且该区中 $\mathrm{d}a/\mathrm{d}N$ 与 ΔK 间满足 Paris 关系［式(16-16)，c 和 m 为材料参数，由试验确定］；III 区是裂纹加速扩展阶段，该区裂纹尖端的最大应力强度因子 $K_{\max}$ 已接近材料的断裂韧性。通常陶瓷材料的 II 区很窄，高分子材料及陶瓷材料的循环疲劳裂纹扩展在 I/III 区不明显，II 区仍然满足 Paris 关系。研究疲劳裂纹扩展时可以获得材料的另一个重要疲劳力学参量，疲劳裂纹扩展的应力强度因子门槛幅值 ΔK_{th}。当裂纹尖端的 ΔK 小于 ΔK_{th} 时，裂纹不会扩展。考虑到裂纹闭合效应，Paris 关系中应使用有效应力强度因子 ΔK_{eff}。铝合金、陶瓷与聚合物的疲劳裂纹扩展速率典型曲线见图 16-7。

$$\frac{\mathrm{d}a}{\mathrm{d}N}=c(\Delta K)^m \tag{16-16}$$

(a) 延性铝合金　　　　　　　(b) 脆性铝合金

图 16-6　延性铝合金及脆性铝合金的疲劳条带

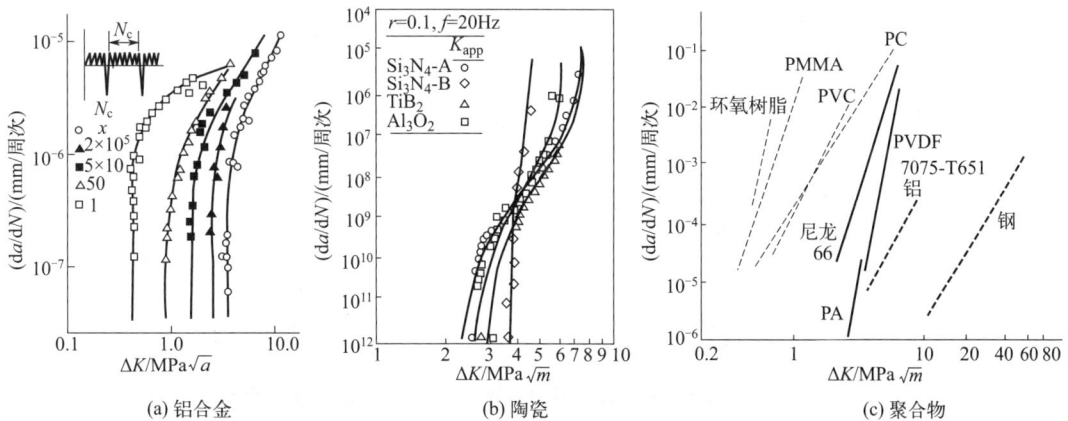

(a) 铝合金　　　　　　(b) 陶瓷　　　　　　(c) 聚合物

图 16-7　铝合金、陶瓷与聚合物的疲劳裂纹扩展速率典型曲线

（PMMA 为聚甲基丙烯酸甲酯；PVC 为聚氯乙烯；PC 为聚碳酸酯；PVDF 为聚偏二氟乙烯）

16.4.3.2　材料的蠕变断裂性能

材料在长时间的恒载荷作用下，发生缓慢塑性变形的现象称为蠕变，由此导致的断裂称为蠕变断裂。发生蠕变的应力可以很低，甚至远低于高温屈服强度。而发生显著蠕变的温度与材料类型有关，通常金属材料 $T > 0.3 \sim 0.4 T_m$，陶瓷材料 $T > 0.4 \sim 0.5 T_m$，高分子聚合物材料 $T > T_g$，其中 T_m、T_g 分别是材料的熔点和玻璃化转变温度。发动机、发电机组、锅炉、化工反应设备等长期在高温下工作，所用材料的高温蠕变及蠕变断裂是必须关注的失效形式。一些轻质结构合金和聚合物材料，如镁合金、铝合金等，T_m 或 T_g 低，发生严重蠕变的温度也低，甚至在室温时也需考虑蠕变性能。蠕变断裂是一种典型的时间相关断裂，因此断裂寿命是重要的性能指标。除此之外，特征强度和变形的力学指标对于判断材料的高温性能和应用也十分重要，如持久强度、蠕变极限、聚合物的蠕变模量等。

恒载下各种材料的典型蠕变变形-时间曲线如图 16-8(a)，通常包括三个阶段，第Ⅰ阶段为减速蠕变阶段；第Ⅱ阶段为恒速蠕变阶段，也称稳态蠕变阶段；第Ⅲ阶段为加速蠕变阶段。这三个阶段持续的时间长短同施加的温度、应力组合有关。稳态蠕变阶段中的最低蠕变变形速率是材料应用时非常重要的指标。应力和温度升高，会缩短该阶段的持续时间，提高最小稳态蠕变速率。金属、陶瓷等晶体材料蠕变过程的总变形由弹性变形及蠕变产生的塑性变形两个部分组成，蠕变过程如果卸载，弹性变形立即回复。聚合物的微观结构单元对外力的变形响应机制大致上可分为三大类：普弹性由键长键角变化实现；高弹性属于熵弹性，由链伸缩决定；黏性流动，即蠕变，不可回复，由链间相对滑移决定。聚合物蠕变变形过程中总应变由上述三个部分组成，如式(16-17)。

$$\varepsilon(t) = \frac{\sigma}{E_1} + \frac{\sigma}{E_2}\left[1 - \exp\left(-\frac{t}{\tau}\right)\right] + \frac{\sigma}{\eta_3}t = \varepsilon_1 + \varepsilon_2 + \varepsilon_3 \qquad (16\text{-}17)$$

式中，E_1、E_2 分别为普弹性及高弹性的杨氏模量；τ 是由链段运动黏度和高弹模量确定的弛豫时间；η_3 是牛顿流体的拉伸黏度（本体黏度）。聚合物蠕变过程的卸载行为见图 16-8(b)，其中熵弹性 ε_2 将逐渐回复。

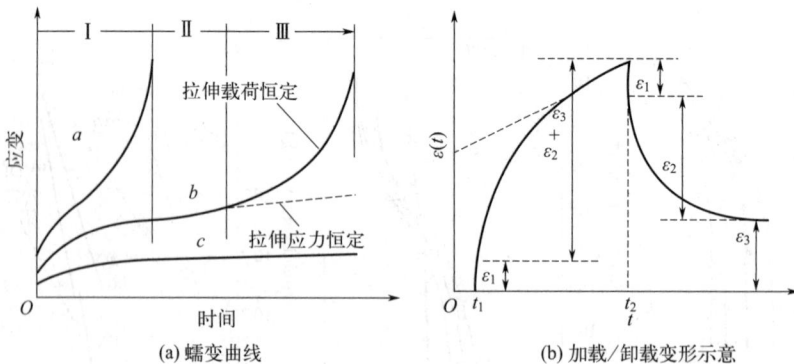

(a) 蠕变曲线　　　　　　　　　(b) 加载/卸载变形示意

图 16-8　典型的蠕变曲线及高分子聚合物的加载/卸载变形示意

金属、陶瓷的变形主要受控于位错运动及空位/原子扩散，晶界运动也与这两者有关。

大量实践表明稳态蠕变阶段的最小蠕变变形速率 $\dot{\varepsilon}_s$ 与施加的应力 σ 和温度 T 满足幂指数规律式

$$\dot{\varepsilon}_s = A\sigma^n \exp\left(-\frac{Q_c}{RT}\right) \tag{16-18}$$

式中，A 为材料系数；Q_c 为表观蠕变激活能；R 为气体常数；n 为应力指数。蠕变变形中扩散行为起着至关重要的作用，因为位错滑移、攀移、原子/空位等行为均与扩散有关。

陶瓷的蠕变现象、蠕变规律和蠕变机制与金属及合金大致相同。图 16-9（a）示出了 UO_2 的蠕变速率-应力关系曲线、图 16-9（b）则示出了多种氧化物陶瓷的蠕变速率-温度关系曲线，可以看出，拟合的应力指数与金属材料相似。

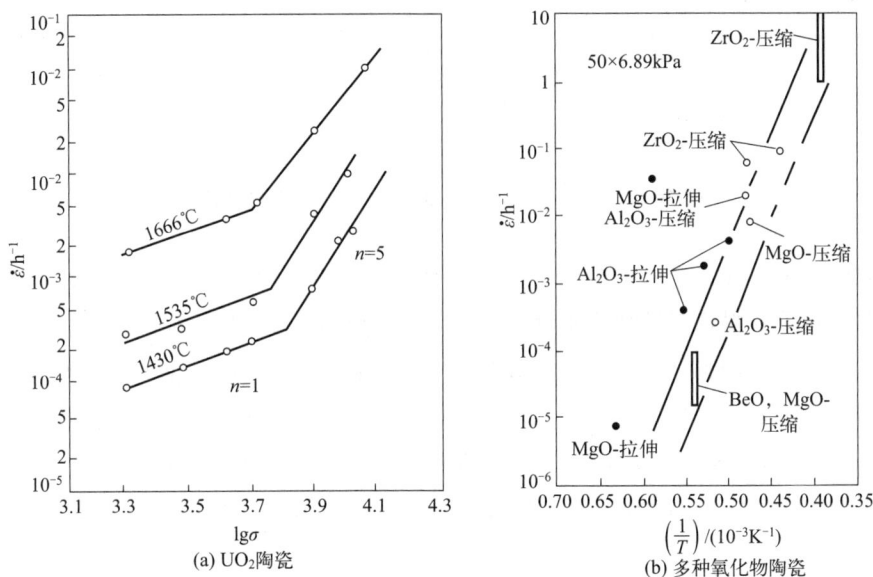

图 16-9　UO_2 陶瓷及多种氧化物陶瓷的蠕变速率曲线

蠕变过程中，在与拉伸应力垂直的晶界上出现空位聚集，诱发产生空洞。空洞不断产生、聚集导致裂纹萌生与扩展。多晶交界处晶粒滑动的不协调也可能造成裂纹。以上两种形式是大多数金属、陶瓷的主要蠕变断裂方式。当然，裂纹的萌生与扩展受到周围材料蠕变变形的限制。

在稳态蠕变阶段控制材料的断裂寿命时，可建立蠕变寿命与持久强度之间的双对数线性关系。在此基础上，为了适当地扩展预测的寿命、持久强度空间，数十年来开展了大量研究。其中得到广泛应用的有 OSD 参数法［式(16-19)］和 Larson-Miller 参数法［式(16-20)］。0.5Cr-0.5Mo-0.25V 钢的持久强度数据见图 16-10。

$$P = \frac{P_1}{T} - \lg t_r \tag{16-19}$$

$$P = T(P_2 + \lg t_r) \tag{16-20}$$

式中，P 为对应的参数；P_1、P_2 为常数值；T 为试验温度；t_r 为蠕变寿命。

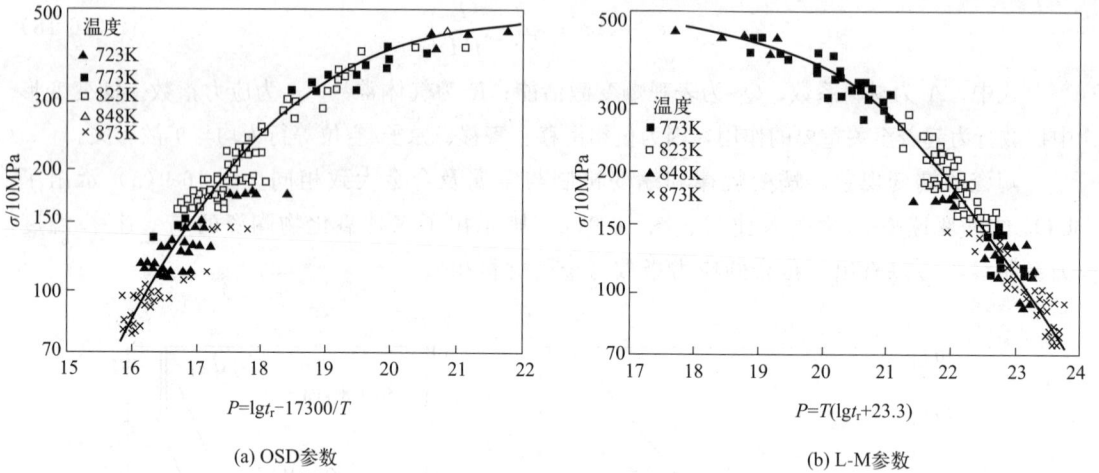

(a) OSD参数

(b) L-M参数

图 16-10　0.5Cr-0.5Mo-0.25V 钢的持久强度数据

除持久寿命 t_r 外，金属、陶瓷材料的主要蠕变性能指标还包括：①蠕变极限 $\sigma_{\varepsilon'_s}^T$，指在指定温度 T 下获得稳态蠕变变形速率为 ε'_s 时材料可以承受的加载应力，以稳态蠕变速率为核心；②持久强度 $\sigma_{t_r}^T$，指在指定温度 T 下且持久寿命达到 t_r 时材料可以承受的加载应力，强调断裂强度；③作为高温紧固使用的材料，其松弛极限 σ_{so} 也是重要指标。在总应变恒定时，高温及紧固应力共同作用，部分应变将变为不可恢复的塑性蠕变变形，维持总应变所需要的紧固力会随着时间变化逐渐减小，减小到不再继续减小时对应的应力即为松弛极限（应力）。

聚合物材料的蠕变行为的机理研究非常复杂，所以从分子机理上解释聚合物的蠕变行为尚处于起步阶段。目前一种受到关注的聚合物蠕变机理是热活化过程分析，即非线性黏弹性与溶液黏度的分子机理密切相关，且是一个受热活化的过程。认为蠕变形过程是特定体积内不同流体单元（链段、分子链等）在应力作用下不断克服位垒的两个运动过程：活化体积较大在高应力作用下才能活化的 A 过程；活化体积较小、低应力作用时几乎承担全部负荷的 B 过程。这一方法有望揭示聚合物的链结构、分子量及其分布、构象变化等对蠕变行为的影响规律。有观点认为聚合物蠕变变形来自材料的剪切屈服变形及裂纹（银纹）产生的变化。适当考虑银纹产生对蠕变变形的贡献，更有利于分析理解聚合物复合材料的蠕变行为。

一般在高聚合物材料中，升高温度与延长时间对分子运动是等效的，对高聚合物的黏弹性行为也是等效的，这就是时温等效原理，如图 16-11。它对描述非晶聚合物的蠕变、应力松

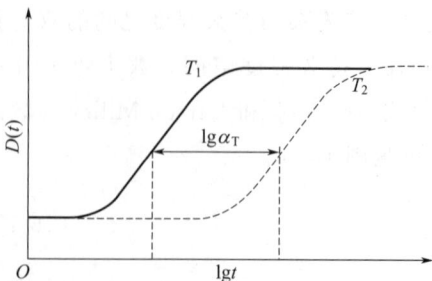

图 16-11　时温等效作图法

弛等黏弹性行为具有重要的意义。针对很多非晶态线型聚合物，时温转换因子 α_T 可表达为式(16-21)

$$\lg\alpha_T = \lg\frac{\tau}{\tau_s} = \frac{-C_1(T-T_s)}{C_2+T-T_s} \tag{16-21}$$

式中，T_s 为参考温度；C_1、C_2 是与材料以及参考温度有关的经验常数；τ_s 和 τ 分别是指定温度 T_s 和 T 时的松弛时间。但对于半晶聚合物，时温等效可能不再适用，分析温度对此类聚合物蠕变行为的影响须从玻璃化转变温度入手，分别考虑不同温度区间内链段运动状态的准确定量描述。高分子聚合物的蠕变力学性能指标包括寿命、蠕变强度、蠕变模量等。

16.4.3.3 材料的氢致滞后断裂性能

在金属材料的实际应用中氢脆是一种重要的失效形式，包括氢致滞后断裂、氢压断裂（白点断裂）和氢化物致脆。氢可能来自材料内部，如熔炼过程净化不足，也可能来自外部，如工作于含氢气的环境，或者金属材料与环境反应产生氢或氢气。材料受到载荷作用时，原子氢 H 向拉应力高的部位扩散形成 H 富集区。当 H 的富集达到临界值 C_{th} 时就引起氢致裂纹的形核和扩展，导致断裂。由于 H 的扩散需要一定的时间，加载后要经过一定的时间才断裂，所以称为氢致滞后断裂。

对于承受单向均匀应力 σ 的光滑试样，假设材料局部位置中的最大应力集中系数为 α，则该处的局部应力为 $\sigma_h = \alpha\sigma$，此处的氢浓度 C 可由式(16-22) 得到，发生氢致滞后断裂的临界应力 σ_{th} 可由式(16-23) 得到；如果是缺口/裂纹试样，则尖端处的氢浓度及发生氢致滞后断裂的临界应力因子（断裂韧性）分别可由式(16-24)、式(16-25) 得到。

$$C = C_H\exp\left(\frac{\alpha\sigma V_H}{RT}\right) \tag{16-22}$$

$$\sigma_{th} = \frac{RT}{\alpha V_H}(\ln C_{th} - \ln C_H) \tag{16-23}$$

$$C = C_H\exp\left[\frac{2V_H(1+\nu)K_I}{3RT\sqrt{\pi r}}\right] \tag{16-24}$$

$$K_{IH} = 3RT\sqrt{\pi r}\frac{\ln(C_{th}/C_H)}{2V_H(1+\nu)} \tag{16-25}$$

式中，α 为应力集中系数；C_H 为合金中的平均氢浓度；V_H 为氢在该合金中的偏摩尔体积；ν 是材料的泊松比；K_I 是 I 型裂纹尖端的应力强度因子；R 是气体常数；T 是热力学温度；r 是缺口的曲率半径。

氢致滞后断裂的外应力低于正常的抗拉强度，裂纹试件中外加应力场强度因子也小于断裂韧度。氢致滞后断裂是可逆的，除去材料中的氢就不会发生滞后断裂。有研究表明 Ti-50Al 金属间化合物在动态充氢后断裂韧性降低约 50%，其中 20% 归因于氢化物致脆，而 30% 则归因于原子氢产生的氢致滞后开裂。

氢致滞后断裂的断裂应力-断裂时间曲线的形状如图 16-12：曲线上存在一个上临界应

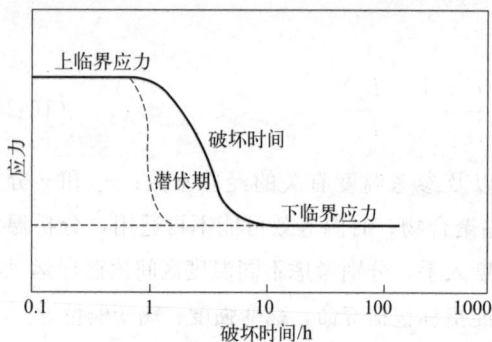

**图 16-12　充氢高强钢在静载作用
下的断裂应力-断裂时间曲线**

力，即正常拉伸速度下得到的断裂应力。若应力超过此上临界值，钢立即产生断裂；曲线上存在一个下临界应力，即应力低于此值后，加载时间再长也不发生断裂，该值称为延滞断裂（氢脆）的临界应力。若氢的浓度达到临界值 C_{th} 时断裂，对应的外应力即为氢致滞后断裂的门槛应力 σ_{th}，即：若 $\sigma < \sigma_{th}$，即使经过长时间扩散也达不到临界氢浓度，不会发生氢致滞后断裂；若 $\sigma > \sigma_{th}$，经过时间 t_f 后，发生断裂，且应力越大，滞后断裂时间越短。

为了研究金属材料是否具有氢致滞后倾向，及氢致滞后开裂的严重程度，主要的相关力学性能指标有：氢致滞后断裂敏感性、氢致滞后断裂门槛应力 σ_{th}、门槛应力强度因子 K_{IH} 等。通常采用慢应变速率拉伸试验和恒载荷拉伸试验，参见 GB/T 15970.7 和 GB/T 39039。

16.4.3.4　材料的应力腐蚀开裂性能

金属材料的又一重要的与时间相关的断裂形式是应力腐蚀开裂（SCC）。应力腐蚀开裂是当材料与腐蚀环境、应力状态满足特定条件时产生的一种延迟断裂现象。应力腐蚀开裂的本质是金属材料在弱腐蚀环境、低应力的协同作用产生的诱发裂纹萌生与扩展。材料承受拉伸应力是发生 SCC 的必要条件，如图 16-13。工程统计表明残余应力引起的应力腐蚀开裂占总的 SCC 事例的 81.5%，且存在临界应力 σ_{SCC} 或临界应力场强度因子 K_{ISCC}，如图 16-14，光滑试样或裂纹试样的载荷条件低于这些临界值，试样不会发生断裂，即断裂时间 $t_F \rightarrow \infty$。对于一种合金，只有在特定的腐蚀介质中含有某些起特效作用的离子、分子时才会发生 SCC，如表 16-3。

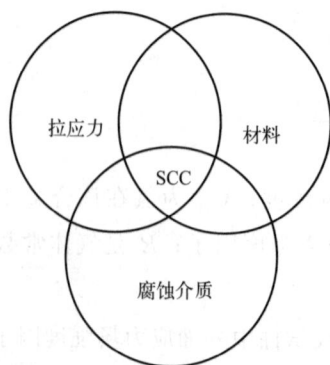

图 16-13　SCC 发生条件

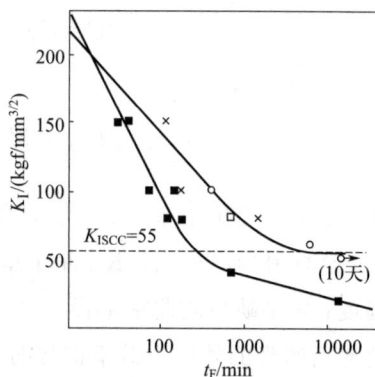

**图 16-14　40CrNiMo 钢在 3.5%NaCl 及在
H_2S 水溶液中的 K_I-t_F 曲线**

表 16-3　对 SCC 敏感的材料/介质组合

合金	腐蚀介质	温度
奥氏体不锈钢	$MgCl_2$ 氯化物水溶液,高温水,海水,$H_2SO_4 + NaCl$,HCl	$60 \sim 200 ℃$
马氏体不锈钢	海水,NaCl 水溶液,NaOH 水溶液,NH_3 水溶液,H_2SO_4,HNO_3,H_2S 水溶液	室温
Ni-高温合金	NaOH 水溶液,锅炉水,水蒸气+SO_2,浓 Na_2S 水溶液	$260 \sim 322 ℃$
Al-Zn Al-Mg Al-Cu-Mg Al-Mg-Zn Al-Zn-Cu	空气,$NaCl + H_2O_2$ 水溶液 空气,NaCl 水溶液 海水 海水 $NaCl + H_2O_2$ 水溶液	室温
Cu-Al Cu-Zn Cu-Zn-Sn Cu-Zn-Ni Cu-Sn Cu-Sn-P	NH_3,水蒸气 NH_3 NH_3 NH_3 NH_3 $NH_3 + CO_2$	室温
Ti,Ti 合金	熔融 NaCl 有机酸,海水,NaCl 水溶液,HNO_3	$>260 ℃$ 室温

影响金属应力腐蚀开裂的因素很多,总结起来主要有应力、材料的成分与结构、腐蚀环境等。关于应力腐蚀开裂机理和模型,至今尚未有一个统一的看法。主要模型有:①氢致开裂模型,类似于氢致脆性断裂;②钝化膜破裂模型,拉应力产生的滑移台阶导致表面钝化膜破坏,暴露的"新鲜"活性金属区加速溶解导致 SCC 裂纹的扩展;③表面膜引发开裂模型,金属表面存在合金元素贫化层或氧化层等脆性表面膜,导致裂纹在较小的阳极电流下快速且不连续扩展;④局部表面塑性模型,拉应力作用下暴露的局部"新鲜"金属在阳极电流作用下变软、发生局部塑性变形,该变形受周围基体抑制,导致该局部区域形成三向应力状态区而处于脆性状态。

总的来说,SCC 现象对金属材料的安全应用非常重要。通常采用惰性介质和腐蚀介质中延伸率、断面收缩率 ψ 或断裂真应变等的相对差值作为应力腐蚀敏感性的度量指标。SCC 特征力学性能指标包括临界应力 σ_{SCC} 或临界应力场强度因子 K_{ISCC}。根据加载方式不同,力学方法主要有恒变形法、恒载荷法以及慢应变速率试验等方法。

16.5 覆盖层的膜基附着力（结合力）（数字内容）

16.6 材料的摩擦磨损性能（数字内容）

16.7 典型力学性能的主要测试技术简介

对材料力学性能的研究是建立在实验基础上的，材料的各种力学性能指标也需要通过相应的实验来测定。因此，在材料力学性能的研究中，必须重视测试原理和方法，熟悉并掌握所用的实验仪器和实验步骤。本节主要介绍弹性模量/泊松比/内耗测试的动态测量、静载下的拉伸/扭转/弯曲/测量、冲击韧性测量、断裂韧性测量、蠕变测量、疲劳测量和慢应变速率拉伸测量等技术。

16.7.1 弹性模量、泊松比、内耗的动态试验方法

16.7.1.1 动态弹性模量/泊松比测试方法

原理：当一个连续弹性体由于外力激发（敲击）而产生振动时，可能出现许多固有频率（或主振型）值，而试样的固有频率完全取决于本身固有的物理性质，与任何外界的人为因素无关。若从能量的观点来看，由于各主振型之间不会产生能量的传递，因此可认为各主振型之间是相互独立的，其中以基频振动具有最大能量。根据能量与振幅的平方成正比的关系，显然在自由阻尼运动中，只有基频振动的振幅衰减时间最长。利用这一特点，在敲击法弹性模量测试中，在仪器中设计了自动延时线路，待各高次主振型的振幅衰减到很小或零时，便可方便而准确地对其基频振动进行计算分析。根据外力激发方式和支撑方式的不同，试样将产生横振、纵振或扭振。横振较纵振容易被诱发产生共振，且共振现象明显。因此，在用敲击法测试弹性时常通过测量横振基频来求弹性模量 E，通过扭振基频求切变模量 G，从而计算出泊松比 ν，原理示意如图 16-15，检测装置方框图如图 16-16。

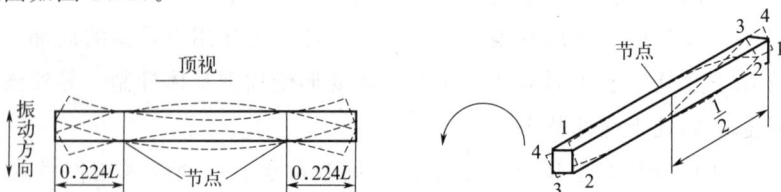

图 16-15 动态模量、泊松比等测试用两端自由杆的横向基频共振（顶视图）及杆的扭转基频共振

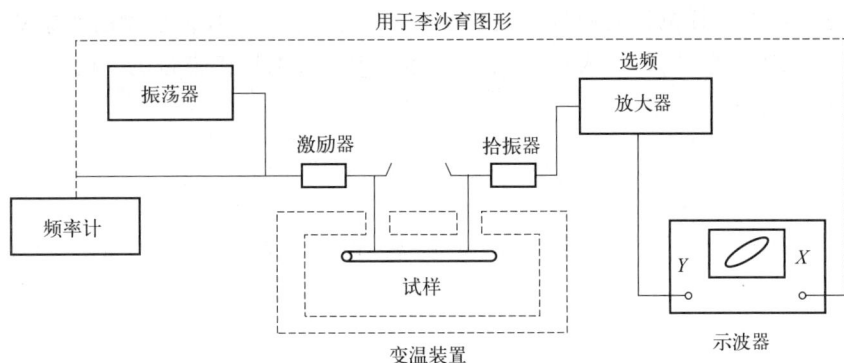

图 16-16　横振检测装置方框图

以下为一个应用实例。

① 试样　以陶瓷样品为例，样品尺寸为 150mm×25mm×5mm。

② 试验仪器　所用的仪器为 JS-38-Ⅱ型数字动弹性模量测定仪。工具为 500g 托盘天平、三棱尺、250mm 游标卡尺等。

③ 试验步骤

a. 试样：要做成平直光滑、边角整齐的扁平长方棒状，尺寸为 150mm×25mm×5mm。测量的精度要求：长度为 ±0.5mm，宽和厚为 ±0.1mm，质量为 ±0.05g。

b. 支撑点：在测量横振基频或扭振基频时，支撑点均应选在其基频振动的节点上，为测试方便，均可按两端自由的方式选择支撑点，即在测横振基频时，支撑点宜选在距试样两端 $0.224L$ 处，在测扭振基频时，宜在 L 处。

c. 支撑材料：一般选择有一定强度且有良好隔振效果的有机材料，如硬橡胶、硬塑料等。

d. 支座：应有足够的质量，其共振频率须远离试样的基频，以免支座与试件一起振动。为了减少试件与支座的摩擦阻尼，支座与试样的接触面应尽可能小。

e. 敲击点：宜选在基频振动的最大振幅处，这样不仅可激发基频共振而且能抑制各偶次主振型的产生，有利于提高仪器的重复性精度。对于两端自由的杆件，在测横振基频时，敲击点可在试样的两端或 $L/2$ 处，在测扭振基频时，为防止横振基频的干扰，敲击点宜在 $0.224L$ 处。

④ 测试数据处理　圆棒试样动态法符号及说明见表 16-4。

表 16-4　圆棒试样动态法符号及说明

符号	说明	单位	符号	说明	单位
f	共振频率	Hz	b	试样宽度	mm
f_1	基频共振频率	Hz	l	试样长度	mm
T_1	基频共振时的修正系数	—	d	试样直径	mm
E_d	动态杨氏模量	MPa	m	试样质量	g
G_d	动态切变模量	MPa	ρ	试样密度	g/cm³
μ_d	动态泊松比	—			

a. 将室温圆杆试样测得的质量 m、长度 l、平均直径 d、反复检测的弯振基频共振频率均值 f_1 及修正系数 T_1，代入式(16-26)，即可求得动态杨氏模量 E_d（修正系数 T_1 可从 GB/T 22315 查）。

$$E_d = 1.6067 \times 10^{-9} \left(\frac{l}{d}\right)^3 \frac{m}{d} f_1^2 T_1 \tag{16-26}$$

将室温圆管试样测得的试样质量 m、长度 l、管外径 d_1 和内径 d_2 的平均值、经反复检测的弯振基频共振频率均值 f_1 及修正系数 T_1 代入式(16-27)，即可求得动态杨氏模 E_d。

$$E_d = 1.6067 \times 10^{-9} \frac{l^3 m}{d_1^4 - d_2^4} f_1^2 T_1 \tag{16-27}$$

将室温矩形杆测得的试样质量 m、长度 l、平均厚度 h、宽度 b 经反复检测的弯振基频共振频率值 f_1 及修正系数 T_1 代入式(16-28)，即可算出动态杨氏模量 E_d。

$$E_d = 0.9465 \times 10^{-9} \left(\frac{l}{h}\right)^3 \frac{m}{b} f_1^2 T_1 \tag{16-28}$$

b. 将室温圆杆测得的试样密度 ρ、长度 l、经反复检测的基频共振频率均值 f_1 代入式(16-29)，即可得动态切变模量 G_d（GPa）。

室温圆管及矩形杆、非室温的动态模量表达式查国标。

$$G_d = 4.000 \times 10^{-12} \rho l^2 f_1^2 \tag{16-29}$$

任一温度下试样的动态泊松比由同一温度下的动态杨氏模量、动态切变模量及式(16-30)确定

$$\mu_d = \frac{E_d}{2G_d} - 1 \tag{16-30}$$

16.7.1.2　用自由扭摆法和强迫振动法测试内耗（阻尼本领）

以下为涉及的术语。

A_n——第 n 次振动的振幅，$n=2,3,\cdots,n$ 为振动次数。

A_{n+1}——第 $n+1$ 次振动的振幅。

A_{n+k}——第 $n+k$ 次振动的振幅。

γ_{max}——扭摆法试样最大应变振幅（切应变）。

D_b——弯曲振动法测得的阻尼本领。

D_t——扭摆法测得的阻尼本领。

δ——强迫振动扭摆法中应变落后于应力的相位差，rad。

ε——传感器接收振动的应变振幅。

ε_0——传感器接收振动的最大应变振幅。

f——强迫振动扭摆法中激发应力及接收应变正弦信号的频率，Hz。

f_r——弯曲振动时的共振频率值，Hz。

f_1——降低频率至振幅为共振振幅一半处的频率值，Hz。

f_2——提高频率至振幅为共振振幅一半处的频率值，Hz。

Δf——共振振幅一半处频率差值 f_2-f_1，Hz。

k——自由衰减法中第 $n+1$ 次到第 $n+k$ 次振动的次数。

L——扭摆法试样有效长度，mm。

r——圆棒试样的半径或矩形条状试样截面对角线的一半，mm。

σ——激发振动系统的应力，MPa。

σ_0——激发振动系统的最大应力，MPa。

T_r——弯曲振动时的共振周期值，s。

T_1——降低频率至振幅为共振振幅一半处的周期值，s。

T_2——提高频率至振幅为共振振幅一半处的周期值，s。

ΔT——共振振幅一半处周期差值 T_2-T_1，s。

t——应力及应变正弦信号的时间，s。

ϕ——扭摆法试样扭转角，rad。

（1）自由扭摆法用于低频范围（0.1～10Hz）扭转振动法

采用材质均匀、无宏观缺陷，且尺寸符合要求的矩形试样或棒状试样，将试样紧固于上夹头与下夹头之间，整个摆动部分与其他物品无接触。试验装置如图 16-17，调节摆锤距离（或重量），选择振动频率。通过激发装置对惯性臂施加一个纯扭转力矩，使试样产生的最大应变振幅不大于 1×10^{-4}。试样最大应变振幅（切应变）γ_{max} 与试样有效长度 L、试样的 r、扭转角间有如下关系：$\gamma_{max}=\dfrac{r}{L}\times\phi$。释放外加力矩，使扭摆产生自由扭转振动，由振幅、频率测量装置测出振幅变化及振动频率，得到图 16-18 的图谱。测量第 n 次振幅 A_n 和第 $n+k$ 次振幅 A_{n+k}，按式（16-31）计算阻尼本领。

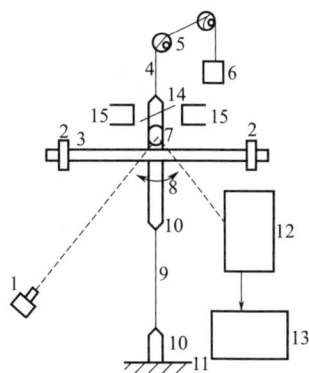

图 16-17　扭摆法试验装置

1—光源；2—摆锤；3—惯性臂；4—悬丝；5—滑轮；
6—配重码；7—小镜；8—摆杆；9—试样；
10—上、下夹头；11—基座；12—传感器；
13—振幅、频率和相位测量装置；
14—磁针（铁）；15—激发装置

$$D_t=\frac{1}{\pi}\ln\frac{A_n}{A_{n+1}}=\frac{1}{\pi k}\ln\frac{A_n}{A_{n+k}}\qquad(16\text{-}31)$$

（2）声频范围强迫弯曲振动

当用一个正弦信号激发振动系统时，振动系统将产生相同频率或周期的正弦振动，应变将落后于应力（见图 16-19），试样的阻尼本领为应变落后于应力的相位差 δ 的正切值。试验装置见图 16-20。为了提高振动系统的共振频率，应去掉摆锤和惯性臂。试样紧固于上夹头与下夹头之间。测量时，试样随着摆杆做正弦振动，摆杆的振动可通过小镜将光源射来的光线反射到传感器上，比较激发信号和传感器接收信号正弦波的相位可以得到应变落后于应力的相位差 δ。阻尼计算仍参照式（16-31）。

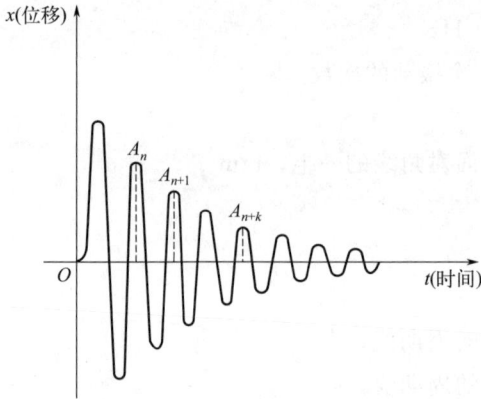

图 16-18 自由衰减扭摆法试验图谱   图 16-19 强迫振动扭摆法试验原理

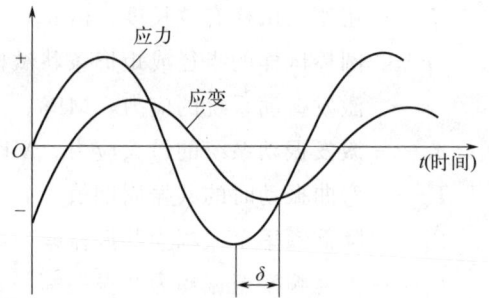

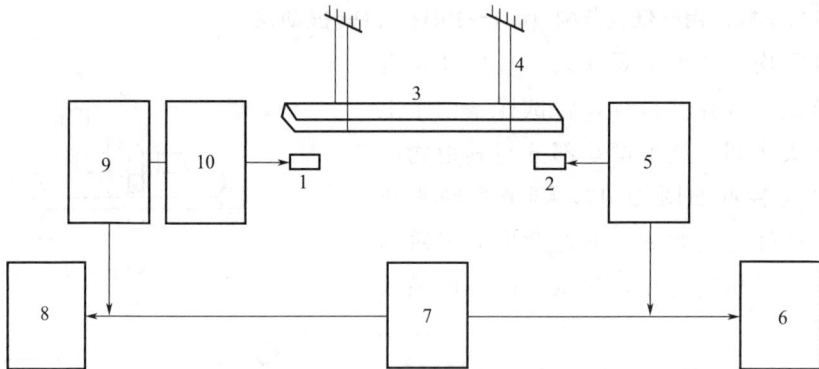

图 16-20 弯曲共振法试验装置

1—换能器 1；2—换能器 2；3—试样；4—悬丝；5—放大器；6—指示仪表；

7—示波器；8—频率计；9—信号发生器；10—指示仪表

16.7.2 静载拉伸性能及测试方法

金属材料室温拉伸试验按照标准 GB/T 228.1—2021《金属材料 拉伸试验 第 1 部分：室温试验方法》进行。

原理：试验时用拉力拉伸试样，一般拉至断裂，测定其力学性能。在试验过程中，从万能试验机的电脑上，可以看到记录的拉伸曲线。试验一般在 10～35℃进行，如对温度要求严格的试验，试验温度应为 23℃±5℃。

试样：按材料使用要求，试样横截面可以为圆形、矩形、多边形、环形等多种形状。如棒材、矩形板材、型材、线材、管材、箔材等。在国标 GB/T 228.1—2021 中，对拉伸试样的尺寸进行了规定，有比例长试样和比例短试样两种比例试样。对于板材试样，当厚度大于或等于 12mm 时，应加工成直径尽量大的圆截面标准试样进行试验。用小标记、细划线标出试样原始标距，但不应引起试样断裂，对脆性试样也可用细墨线标出原始标距。

　　试验仪器：电子万能试验机（图 16-21 为示意图），其测力系统应按照 GB/T 16825.1 进行校准，其准确度应为 1 级或以上；引伸计，按照 GB/T 12160 进行标定，试验时应按要求使用准确度为 1 级或 2 级的引伸计、游标卡尺、钢板尺、两脚扎规等。

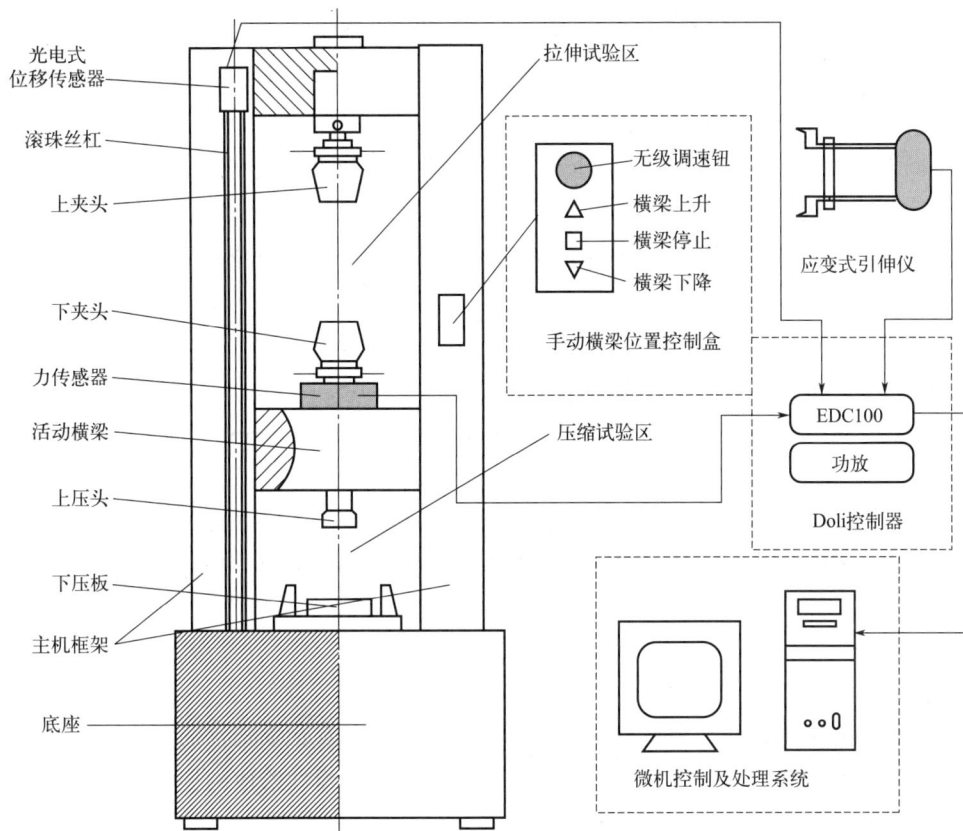

光电式位移传感器

滚珠丝杠

上夹头

下夹头

力传感器

活动横梁

上压头

下压板

主机框架

底座

拉伸试验区

无级调速钮

△ 横梁上升

□ 横梁停止

▽ 横梁下降

手动横梁位置控制盒

压缩试验区

应变式引伸仪

EDC100

功放

Doli控制器

微机控制及处理系统

图 16-21　电子万能试验机

试验步骤：

　　① 测量试样的尺寸。对于圆截面比例试样，在标距段内的两端和中间三处测量其直径，每处直径取两个相互垂直方向的平均值。用最小直径计算试样的横截面面积。用扎规和钢板尺测量试样的标距。对于矩形试样，用游标卡尺测量试样的厚度和宽度，每个试样测量三个点，取算术平均值，并求出矩形试样垂直于拉伸方向的截面面积。用游标卡尺在试样上对称选取距离为 $L_0 = 50\text{mm}$ 的两条线，作为测量形变的标线。

　　测量试样直径和厚度应使用不低于 0.01mm 的量具，测量试样长度和宽度应使用不低于 0.02mm 的量具。

　　② 在电子万能试验机上运行测试程序并开启控制器。

　　③ 选用合适的夹具将试样夹紧，确保试样受轴向拉力的作用，尽量减小弯曲。为了确保试样与夹头对中，可以施加不超过规定强度或预期屈服强度 5% 的预拉力。

④ 在试样的试验段上安装引伸计，轻轻拔出引伸计定位销钉。

⑤ 在计算机测试界面上，输入试样名称、材质、操作者、实验温度、试样类型（圆棒、矩形）、试样直径、标距长度等信息后，将试验数据进行保存。

⑥ 单击程序界面上的"试验开始"按钮，开始进行拉伸试验。

⑦ 当载荷-变形曲线进入强化阶段后，单击左侧"上升"按钮，进行卸载，当载荷卸至 1kN 左右时再单击左侧"下降"按钮，重新加载，由此观察卸载规律。

⑧ 在试样拉伸试验过程中，注意观察试样的变形情况和颈缩现象，试样断裂后立即单击"结束实验"按钮停止试验。

⑨ 摘下引伸计，插好销钉。取下试样，将试样断裂部分仔细地配接在一起，使其轴线处于同一直线上，在确保试样断裂部分适当接触后，测量试样断裂后标距的长度 L_u。在颈缩最小处相互垂直方向测量其直径，取其算术平均值后计算最小横截面面积 S_u。

⑩ 读取试验数据。

注意事项：屈服期间应变速率控制在 $0.00025 \sim 0.0025 s^{-1}$，或屈服前加载速率控制在 $1 \sim 10 MPa/s$；屈服后试验机两夹头分离速度应不大于 $0.4L_e mm/min$，L_e 为引伸计标距长度。

将万能材料试验机获得的载荷 F-位移 ΔL 数据按照式(16-32)转变为工程应力 σ-工程应变 ε 曲线。L_0 是原始试样标距段长度，单位 mm；A_0 是原始试样标距段截面积。

$$\sigma = \frac{F}{A_0}, \varepsilon = \frac{\Delta L}{L_0}, \Delta L = L - L_0 \tag{16-32}$$

根据静载拉伸试验可以判断材料呈脆性还是塑性，以及获取塑性的大小、对弹性变形和塑性变形的抗力等。根据静载拉伸试验，通常可以确定弹性阶段的杨氏模量、弹性强度指标，以及塑性和断裂时的强度、塑性变形指标。

(1) 静态拉伸杨氏模量与弹性阶段强度指标

过原点的工程应力 σ-工程应变 ε 曲线直线段的斜率即为杨氏模量 E，它是表征材料对弹性变形的抗力指标，单位为 GPa。金属、陶瓷材料的初始弹性变形阶段满足 Hook 定律，杨氏模量的表达为式(16-33)。比例极限 σ_p 定义为满足 Hook 定律的最大应力，弹性极限 σ_e 则定义为弹性阶段与塑性阶段焦点处的应力。高分子聚合物弹性阶段为非线性，只能采用表观模量或"定伸强度"的概念来表示其弹性。

$$E = \frac{\sigma}{\varepsilon} \tag{16-33}$$

(2) 材料的静拉伸强度指标与塑性指标

① 屈服强度　材料屈服是指材料宏观上产生塑性变形，即应力不增加或在某一应力水平附近波动，试样继续产生应变的现象，是材料开始塑性变形时的应力值。试样发生屈服而应力首次下降前的最大应力称为上屈服强度 R_{eh}。在屈服期间，不计初始瞬时效应时的最小应力称为下屈服强度 R_{eL}，如图 16-22 所示。对于无明显屈服现象的材料，如高强度金属材料，其屈服强度的应力通常以产生 0.2% 残留变形的应力值 $\sigma_{0.2}$ 来表示。

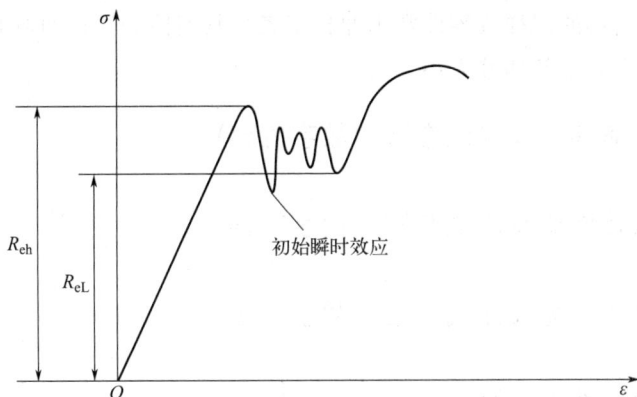

图 16-22 典型曲线的上屈服强度和下屈服强度

② 抗拉强度 σ_b 抗拉强度是试样拉断前的最大承载能力，也称强度极限，它是表征材料最大均匀塑性变形的抗力，对于没有均匀塑性变形的脆性材料，它反映了材料的断裂抗力。抗拉强度 σ_b 由试样所承受的最大载荷 F_b 除以初始横截面积 S_0 求得，单位为 MPa，计算公式如式(16-34)。

$$\sigma_b = \frac{F_b}{S_0} \tag{16-34}$$

对于脆性材料和不形成颈缩的塑性材料，其拉伸最高载荷就是断裂载荷，因此其抗拉强度也代表其断裂抗力。对于形成颈缩的塑性材料，其抗拉强度代表产生最大均匀变形的抗力，也表示材料在静拉伸条件下的极限承载能力。

材料在断裂前发生不可逆变形的能力称为塑性。塑性指标为金属断裂时的最大相对塑性变形，常用伸长率 A 和断面收缩率 Z 表示。

③ 伸长率 A 是断裂后试样标距长度的相对伸长值，如式(16-35)，用百分数表示。

$$A = \frac{L_u - L_0}{L_0} \times 100\% \tag{16-35}$$

式中，L_u 为断裂后试样标距长度；L_0 为原始标距长度。

对于形成颈缩的材料，其伸长量包括颈缩前的均匀伸长和颈缩后的集中伸长。因此，伸长率也相应地由均匀伸长率和集中伸长率组成。试样越大，集中变形对总伸长率的贡献越小。为了使同一材料的试验结果具有可比性，必须对试样尺寸进行规范化，在国标 GB/T 228.1—2021 中，对拉伸试样的尺寸进行了规定，比例长试样为 $L_0 = 11.3\sqrt{S_0}$，比例短试样为 $L_0 = 5.65\sqrt{S_0}$。同种材料短试样的伸长率恒大于长试样测得的伸长率。

④ 断面收缩率 Z 是断裂后试样横截面积的相对缩减值，如式(16-36)，等于横截面的最大缩减量 $\Delta S = S_0 - S_u$ 除以试样的原始横截面积 S_0，用百分数表示。

$$Z = \frac{S_0 - S_u}{S_0} \times 100\% \tag{16-36}$$

式中，S_u 为断裂后试样断口最小横截面积；S_0 为原始横截面积。

断面收缩率 Z 越高，材料塑性越好。断面收缩率与试样的尺寸无关，只取决于材料本身的性质。对细长形的试样或零件常用伸长率表征其塑性好坏；而对非细长形的试样或零件常用断面收缩率表征其塑性大小。

16.7.3 静载压缩性能及测试方法 （数字内容）

16.7.4 静载扭转性能及测试方法 （数字内容）

16.7.5 静载弯曲性能及测试方法 （数字内容）

16.7.6 静载剪切性能及测试方法 （数字内容）

16.7.7 材料的硬度及测试方法 （数字内容）

16.7.8 材料的断裂韧度及测试方法 （数字内容）

16.7.9 材料的蠕变性能与测试方法 （数字内容）

16.7.10 材料的疲劳性能与测试方法 （数字内容）

思考题与练习题

1. 说明材料的弹性模量物理本质、动态法和静态法测试材料弹性模量的原理与方法。

2. 哪几种指标能表征材料的韧性？请列出几种准静态断裂韧性指标，并说明其意义。

3. 利用断裂韧度表达式及裂纹扩展的 Paris 公式，推导以下结论：在提高疲劳裂纹扩展寿命的手段中，采用合理工艺技术降低材料中的初始缺陷（裂纹）尺寸 a_0 要比提高材料的断裂韧度 K_{IC} 更加有效。

4. 某种新开发的铝合金构件将长期在富 H_2S 的环境中服役。如何采用合理手段评判这种新材料是否在服役环境中具有 SCC 和氢致开裂（HIC）敏感性？

5. 写出金属材料蠕变第二阶段稳态蠕变速率的本构方程，并说明应力指数所对应的变形控制机理。

6. 金属材料的拉伸延伸率与试样的尺寸有关。现有直径为 10mm 的圆形截面标准试样，一根的标距长度为 100mm，另一根的标距长度为 50mm，测出的断裂延伸率均为 10%。试问两根试样是否为同一种材料？断面收缩率是多少？

7. 根据塑性变形体积保持恒定的结论，证明塑性变形时材料的泊松比为 0.5。

8. 飞机起落架所用材料为 M300，屈服强度为 2100MPa，断裂韧度为 65MPa·$m^{1/2}$；起落架设计最大应力为 1500MPa。服役一段时间后，检测到起落架存在一个表面长为 2.5mm 的半币状裂纹，请问该起落架还安全吗？

9. 某种钢进行旋转弯曲疲劳测试，施加的最大应力水平分别为 500MPa、400MPa、350MPa、275MPa、250MPa，对应的失效寿命分别为 10^4、7×10^4、10^5、10^6、$>10^7$。画出 S-N 曲线，给出该合金的疲劳极限，说明该疲劳极限的存活率。

参考文献

[1] 张帆，郭益平，周伟敏. 材料性能学 [M]. 上海：上海交通大学出版社，2014.

[2] 王秀峰，史永胜，宁青菊，等. 无机材料性能学基础 [M]. 北京：化学工业出版社，2010.

[3] 石德珂，金志浩. 材料力学性能 [M]. 西安：西安交通大学出版社，1998.

[4] 关振铎，张中泰，焦金生. 材料物理性能 [M]. 北京：清华大学出版社，2011.

[5] 冯端，师昌绪，刘治国. 材料科学导论 [M]. 北京：化学工业出版社，2002.

[6] 万德田，魏永金，包亦望，等. 陶瓷断裂韧性测试方法准确性和简便性比较分析 [J]. 硅酸盐学报，2018，47（8）：1080-1089.

[7] 胡一文，司文捷，龚江宏. SEVNB 法测试陶瓷材料断裂韧性研究 [J]. 稀有金属材料与工程，2011，40（S1）：155-158.

[8] 邬洪飞，吴建军，王明智，等. 金属材料剪切试验方法 [J]. 航空制造技术，2018，61（18）：53-59.

[9] Rusinek A，Klepaczko J R. Shear testing of a sheet steel at wide range of strain rates and a constitutive relation with strain-rate and temperature dependence of the flow stress [J]. International Journal of Plasticity，2001，17：87-115.

[10] Miiyazaki H，Yoshizawa Y，Hirao K，et al. Round-robin test on the fracture toughness of ceramic thin plates through modified single edge-precracked plate method [J]. J Europ Ceram Soc.，2016，36：3245-3248.

[11] Zielke H，Abendroth M，Kuna M，et al. Determining the fracture toughness of ceramicfilter materials using the miniaturized chevron-notched beam method at high temperature [J]. Ceramics International，2018，44：13986-13993.

[12] Bao Y，Zhou Y. A new method for precracking beam for fracture toughness experiments [J]. J Am Ceram Soc.，2006，89（3）：1118-1121.

[13] Schiffmann K. Determination of fracture toughness of bulk materials and thin films by nanoindentation：comparison of different models [J]. Philos Magaz.，2011，91：7-9.

[14] Borrero-Lopez O，Hoffman M，Bendavid A，et al. A simple nanoindentation-based methodology to assess the strength of brittle thin films [J]. Acta Mater.，2008，56：1633-1641.

17

材料的热学性能与测试技术

17.1 材料的热学性能概述

材料在使用过程中对不同温度做出反应，表现出不同的热物理性能，这些物理性能称为材料的热学性能。材料的热学性能主要有热容、热膨胀、热传导、热稳定性、热辐射等。

工程上许多场合对材料的热学性能都提出了一些特殊的要求。精密天平、标准尺和标准电容等使用的材料要求低的热膨胀系数，热敏元件却要求有高的热膨胀系数。空间飞行器从发射、入轨以后的轨道飞行直到再返回地球的过程中，要经受气动加热的各个阶段，都会遇到超高温和极低温的问题，必须要有"有效的隔热与防热措施"。解决飞行器头部热障问题的常用方法有辐射防热、烧蚀防热、吸收防热、温控涂层，这些方法很大程度上取决于所用材料的绝热性能。燃气轮机叶片和晶体管散热器等材料却要求有优良的导热性能。又如在设计热交换器时，为了计算换热效率，必须准确了解所用材料的热导率。另外材料的组织结构发生变化时伴随一定的热效应，因此，热学性能分析法已经成为材料科学研究中的重要手段之一。

17.2 材料的热学性能指标

17.2.1 材料的热容

在没有相变和化学反应的条件下，质量为 m 的物体，温度升高 1K 所需要的热量（Q）称为该物体的热容量，简称热容，用大写 C 表示，单位为 J/K。若温度变化时，外界压力不变，在等压条件下的热容称定压热容，用符号 C_p 表示。若温度变化时，物体的体积不变，在等容条件下的热容称定容热容，用符号 C_v 表示。从热容的定义可知，物体的质量不同，其热容就不同。为了便于比较，引入比热容概念，即单位质量（1kg）物质的热容称为该物质的比热容（质量热容），用小写 c 表示，单位为 J/(kg·K)，它同样有两种比热容，即比定压热容 c_p 和比定容热容 c_v。

17.2.2　材料的热膨胀

物体的体积或长度随温度的升高而增大的现象称为热膨胀。热膨胀系数是材料的主要物理性质之一，它是衡量材料热稳定性好坏的一个重要指标。某些工业领域对材料的热膨胀性都有一些特殊的要求，如制造热敏感性元件的双金属要求有高膨胀系数的合金，而制造精密计时器等零部件要在温度变化范围内有低的膨胀系数。金属或合金在加热或冷却时因发生相变会产生异常的膨胀或收缩。因此研究成分和组织结构对热膨胀系数的影响有重要意义。

17.2.3　材料的热传导

不同温度的物体有不同的内能；同一物体在不同的区域，如果温度不等，这些区域含有的内能也不同。当不同温度的物体或区域相互靠近或接触时，会以传热的形式交换能量。材料中热量由高温区域向低温区域传递，这种现象称为热传导。

热传导是热交换的三种（热传导，对流和辐射）基本形式之一，是工程热物理、材料科学、固体物理及能源、环保等各个研究领域的课题。材料的导热机理在很大程度上取决于它的微观结构，热量的传递依靠原子、分子围绕平衡位置的振动以及自由电子的迁移，在金属中电子流起支配作用，在绝缘体和大部分半导体中则晶格振动起主导作用。

在工程应用上，某些地方希望材料有良好的导热性，如燃气轮机叶片、电子元件散热器等。而工业炉、冷冻、石油液化等领域则要求保温材料的导热性差。因此，热能工程、制冷技术、工业炉设计等方面，材料的导热性都是一个重要的问题。

17.2.4　材料的热稳定性

热稳定性是指材料承受温度的急剧变化而不致破坏的能力。热冲击损坏可分为两种类型：一种是材料发生瞬时断裂，抵抗这类破坏的性能称为抗热冲击断裂性；另一种是在热冲击循环作用下，材料表面开裂、剥落，并不断发展，最终碎裂或变质，抵抗这类破坏的性能称为抗热冲击损伤性。一般无机材料或其他脆性材料的热稳定性较差。

17.3　典型热学性能的主要测试技术简介

17.3.1　材料热容的测量

热容的测量方法有很多，这里仅介绍几种常用的测量方法。

（1）量热计法

量热计法是测量材料热容的经典方法。为了确定温度 T 时材料的热容，把试样加热到 T，经保温后，放到量热计中，设试样的初始温度为 T，最终温度为 T_f，由试样转移到量热计中的热量 Q 及试样质量 m，得到比定压热容

$$c_p = \frac{Q}{T - T_f} \times \frac{1}{m} \qquad (17\text{-}1)$$

正向量热计法是指把温度较高的试样放入具有较低温度的量热计中进行测量的方法；反之，把温度较低的试样放入温度较高的量热计中进行测量的方法称为反向量热计法。这种方法可有效地用于研究材料的不可逆过程，如淬火钢的回火及冷加工金属的再结晶等过程。

在低温和中温区，用电加热法比较方便。用电阻为 R 的螺线管加热质量为 m 的试样，电流为 I，加热时间为 t，试样的温度由 T_1 升高到 T_2，若散入空气中的热损失不计，则平均比定压热容

$$c_p = \frac{I^2 R t}{m(T_2 - T_1)} \qquad (17\text{-}2)$$

从式(17-1) 和式(17-2) 可看出，这样得到的是平均比热容，在物体得到的热量和温度变化都很小时，c_p 接近真实比热容。

(2) 撒克司 (Sykes) 法

撒克司法是在高温下测量热容所用的装置，其主要组成部分如图 17-1 所示。该装置的主要组成部分有：箱体、螺旋电阻丝、测量箱子温度用的热电偶和测量试样与箱子之间温度差的示差热电偶。

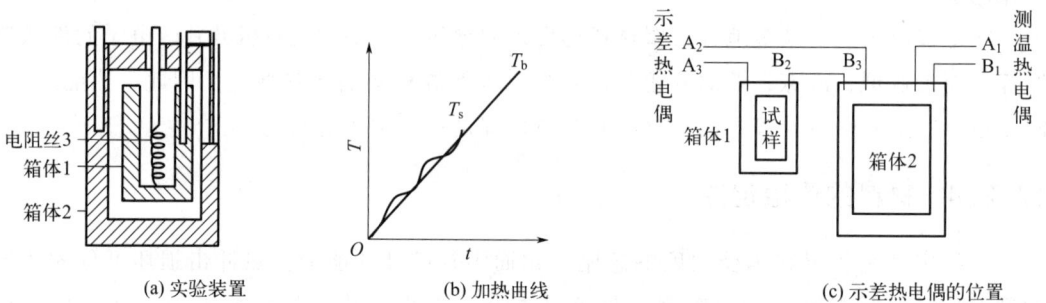

(a) 实验装置   (b) 加热曲线   (c) 示差热电偶的位置

图 17-1　撒克司法测量热容原理

根据热量和温度的关系可以导出

$$c_p = \frac{dQ/dt}{m(dT_s/dt)} \qquad (17\text{-}3)$$

式中，dQ/dt 为热量的变化速度（实际等于 IV，可用安培计和伏特计测出）；dT_s/dt 为试样的温度变化速率；m 为试样的质量。

若试样处于热平衡时，即试样温度 T_s 等于箱子的温度 T_b，则可由式(17-3) 求出比热容。因此，为了保证 $T_s = T_b$，需在试样中加入一个螺旋电阻丝，螺旋电阻丝在实验过程中交替通电或断电，使 T_s 保持在 T_b 上下很小的范围内波动，$T_s - T_b$ 接近于零，见图 17-1 (b)。因此，用箱子温度的变化速度来代替试样温度的变化速度，则 dT_s/dt 可写成

$$\frac{\mathrm{d}T_s}{\mathrm{d}t}=\frac{\mathrm{d}T_b}{\mathrm{d}t}+\frac{\mathrm{d}(T_s-T_b)}{\mathrm{d}t} \tag{17-4}$$

等式右边的第一项由接于 A_1、B_1 上的热电偶测得，第二项由接于 A_2、A_3 上的示差热电偶测得，见图 17-1(c)。

此外还有史密斯（Smith）法和脉冲法。

17.3.2　材料热膨胀的测量

热膨胀通常用热膨胀系数来表示。膨胀仪通过测量物体随温度变化引起的长度变化（延伸或收缩）得到物体的膨胀系数。可用它研究材料相的转变、烧结过程、晶体结构变化、聚合物分解等。膨胀仪种类繁多，按其测量原理可分为机械式、光杠杆式和电感式三大类。以下选择有代表性的测量方法作简要介绍。

17.3.2.1　简易机械式膨胀仪

膨胀仪通常由加热炉、控温装置、位移传感器和位移记录装置组成。图 17-2 是简易机械式膨胀仪示意图。在测量试样的膨胀系数时，将试样放入石英玻璃的套管中，通过石英顶杆与千分表相连。石英玻璃套管放在管式电炉的中心区均匀加热，试样和石英顶杆同时受热膨胀。由于石英顶杆的膨胀系数很小，可以忽略不计；试样受热膨胀时石英顶杆发生移动，因此在千分表上能精确读出试样在不同温度下的伸长量 ΔL。这种膨胀仪比较简单，其精度受千分表的精度所限制（0.001mm），且不能对膨胀量进行放大，所以只适用于测量膨胀系数较大的试样。

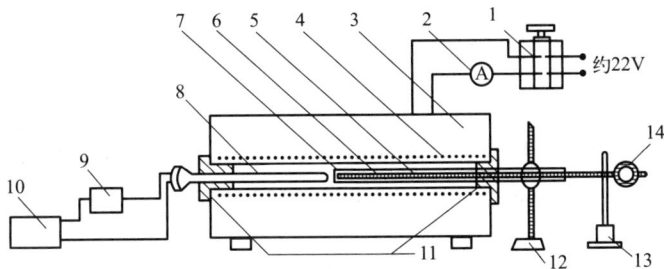

图 17-2　简易机械式膨胀仪示意

1—调压器；2—电流表；3—管式电炉；4—发热原件；5—石英顶杆；6—石英玻璃管；7—试样；
8—热电偶；9—温度补偿器；10—电势差计；11—炉塞；12—铁架台；13—千分表座；14—千分表

17.3.2.2　光杠杆式膨胀仪

光杠杆式膨胀仪是利用光学杠杆放大试样的膨胀量，是目前使用十分广泛的膨胀仪之一，其结构示意图如图 17-3 所示。

其核心是装有凹面反光镜的三角光学杠杆结构，其两端的 B 和 C 分别与标准试样和待测试样的传感石英杆相连。顶点 A 为固定支点。标准试样的位置靠近待测试样，它的作用是指示和跟踪待测试样的温度。若待测试样的长度不变，只有标准试样的长度受热伸

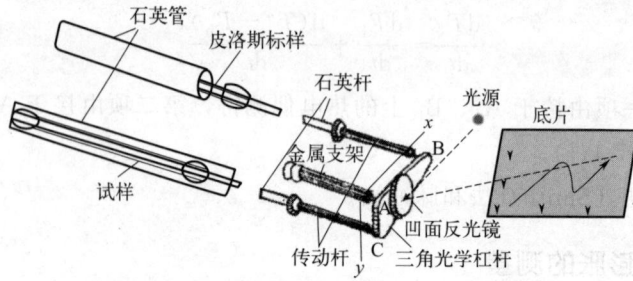

图 17-3　光杠杆式膨胀仪结构示意

长，则三脚架以 AC 为轴转动。由此通过凹面反光镜反射到底片上的光点沿水平方向移动，用以记录试样温度的变化。若标准试样的长度不变，仅待测试样加热伸长，三脚架以 AB 为轴转动，反射光点沿垂直方向向上移动，记录试样的热膨胀量。若待测试样和标准试样同时受热膨胀，反射光点便在底片上照出如图 17-4 的膨胀曲线。通过光杠杆可将试样的膨胀量放大数百倍，适用于精密测量材料的膨胀系数。

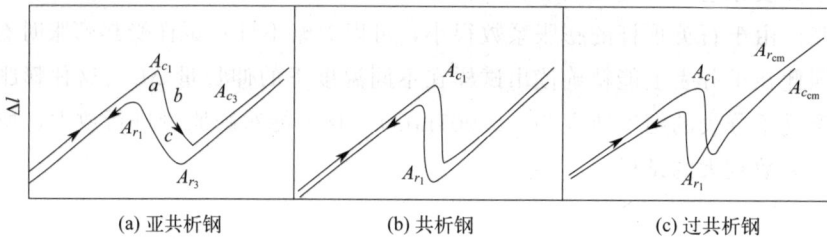

(a) 亚共析钢　　　　　　(b) 共析钢　　　　　　(c) 过共析钢

图 17-4　碳钢的热膨胀曲线示意

对标准试样的选用有一些要求：在使用温度范围内没有相变，不氧化，其膨胀系数不随温度变化而改变。在研究钢铁材料时，由于加热温度较高，常用皮洛斯合金（Ni 80%、Cr 16%、W 4%）或镍铬合金（Ni 80%、Cr 20%）。

17.3.2.3　电感式膨胀仪

电感式膨胀仪是将顶杆的移动通过天平传递到差动变压器，变换成电信号，经放大转换，从而测量出试样的伸长量。它的放大倍数可达到 6000 倍。试样规格为直径 3～8mm、长度 10～20mm 的圆棒。其测试原理见图 17-5。试样受热膨胀时，通过石英杆使磁芯上升，上部次级线圈的电感增加，下部的电感减少，于是反向串联的两个次级线圈中便有电压信号输出，这一电压信号与试样的伸长量成线性关系，将此信号放大后输入 X-Y 记录仪的一个坐标轴，温度信号输入另一坐标轴，便可得到试样的膨胀曲线。

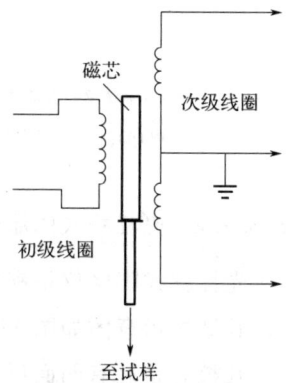

**图 17-5　电感式膨胀
仪测试原理**

17.3.3　材料热导率的测量

测量热导率的方法基本都是建立在傅里叶热传导定律的基础之上，测量热导率的方法比较多，根据试样内温度场是否随时间改变，可将测量方法归并为两类基本方法：一类是稳态法；另一类是非稳态法。在稳定导热状态下测定试样热导率的方法，称为稳态法；在不稳定导热状态下测定试样热导率的方法，称为非稳态法。根据被测材料热导率的范围、所需结果的精确度等采用不同的测量方法。

17.3.3.1　稳态法测量热导率

在热平衡状态下，试样的温度不随时间而变化，温度梯度和热流密度也稳定不变。此时，测量出均匀材料两点间的温度差和间隔距离，以及通过该两点且垂直于热流方向的平行平面的热流强度，用傅里叶定律，即可以计算出材料的热导率。稳态法的关键在于控制和测量热流密度。材料热导率的稳态测量方法目前已经非常成熟。但这种测量方法也存在一些固有的缺陷：首先是容易受环境条件的影响，不容易实现真正的恒温环境；其次是测量费时。

理论上，把热源放在空心球试样的中心就没有热量损失，但把试样做成球及在球中心安装热源比较困难，通常把试样做成圆棒或平板等比较简单的形状。为保证试样只在预定方向上产生热流，旁向热流减至最小，除在其他方向采取热防护外，对试样也有一定的要求：圆棒的长度与直径之比要足够大，平板的长宽与厚度之比尽可能大，这样，既可获得较大的温差，又使试样侧面积小，减少侧面热损失，保持测温面上温度的均匀性。稳态法中常用的测量方法有热流计法、保护热平板法。

热流计法：此法是一种比较法。测量时，将厚度一定的样品插入两个平板间，设置一定的温度梯度。使用校正过的热流传感器测量通过样品的热流，传感器在平板与样品之间和样品接触。测量样品的厚度、上下板间的温度梯度及通过样品的热流便可计算热导率。热流计法是目前国际上比较流行的测量方法。除固体材料，还可用于多孔纤维、聚合物基复合材料、高分子材料等的导热系数的测定。优点在于精度高，可优于±1%，适用于材料的研发、质量控制等精密测量。

保护热平板法：此法的工作原理和热流计法相似，实验装置多采用双试件结构。热源位于同一材料的两块样品中间。使用两块样品是为了获得向上与向下方向对称的热流，并使加热器的能量被测试样品完全吸收。测量过程中，精确设定输入到热板上的能量。通过调整输入到辅助加热器上的能量，对热源与辅助板之间的测量温度和温度梯度进行调整。热板周围的辅助加热器与样品的放置方式可确保从热板到样品的热流是一维的。辅助加热器后是散热器，散热器和辅助加热器接触良好，确保热量的移除与改善控制。测量加到热板上的能量、温度梯度及两片样品的厚度，应用 Fourier 方程便能计算出材料的导热系数。

相比热流计法，保护热平板法更精确，温度范围宽（为 $-180 \sim 650\,℃$）。此外，保护热平板法使用的是绝对法，无须对测量单元进行标定。缺点是测量时间长，并且不能研究湿材料的热传导性能，不能用于薄膜、涂层等厚度小的样品。

17.3.3.2　非稳态法测量热导率

由于稳态法测量材料的热导率时防止热量损失是个难题，所以为避免热量损失的影响，出现了非稳态测量法。由热扩散率的定义 $\alpha = \dfrac{\lambda}{\rho c_p}$ 可知，热扩散率与导热能力（热导率 λ）成正比，与材料密度和比定压热容成反比。热扩散率反映了温度随时间变化时物体内部热量传递速率的大小，热扩散率越大，物体内热量传递速率越大。在非稳态法测量热导率的过程中，无须测量试样的热流速率，通过测量试样上某些部位温度随时间的变化速率获得热扩散率，若已知材料的密度和比定压热容，就可求出材料的热导率。

非稳态法测量材料的热导率，需要已知材料的比热容。由于材料的比热容对杂质和结构不十分敏感，且在德拜温度以上温度时对比热容影响不大，测量比热容的方法相对成熟，因此非稳态法日益为人们所重视。非稳态法中常用的测量方法有热线法和激光闪射法。

热线法是应用比较多的方法，是在样品（通常为大的块状样品）中插入一根热线。测试时，在热线上施加一个恒定的加热功率，使其温度上升，测量热线本身和平行于热线一定距离上的温度随时间的关系。由于被测材料的导热性能决定这一关系，由此可得到材料的导热系数。这种方法的优点是测量时间比较短，测量速度快，测试温度范围较宽，为室温至 1500℃，对样品尺寸要求不太严格。缺点是分析误差比较大，一般为 5%～10%。

激光闪射法的测量范围很宽，最高可到 2000℃。但测到的是材料的热扩散系数，还需要知道试样的比热和密度，才能通过计算得到导热系数 λ，只适用于各向同性、均质、不透光的材料。优点是适用广泛，快捷，但精确度不一定高。

17.3.4　材料热稳定性的测量

不同的应用领域，对材料热稳定性的要求也不同。对于日用瓷器，只要求能承受 200K 左右的热冲击，而火箭喷嘴，要求瞬时承受 3000～4000K 温差的热冲击，同时还要经受高速气流的机械和化学腐蚀作用。目前对于热稳定性，虽然有一些理论解释，但尚不完备。因此，对材料或制品的热稳定性评定，一般采用比较直观的测定方法。对不同的材料，相应有不同的测定方法。

日用瓷通常是以一定规格的试样，加热到一定温度，然后立即置于室温的流动水中急冷，并逐次提高温度和重复急冷，直至观测到试样发生龟裂，以产生龟裂的前一次加热温度来表征其热稳定性。

对于普通耐火材料，常将试样的一端加热到 1123K 并保温 40min，然后置于 283～293K 的流动水中 3min 或在空气中 5～10min，并重复这样的操作，直至试件失重 20% 为止，以这样操作的次数来表征材料的热稳定性。

高温陶瓷材料是以加热到一定温度后，在水中急冷，然后测其抗折强度的损失率来评定它的热稳定性。例如，制品的形状比较复杂，在可能的情况下，可直接用制品来测定，高压电瓷的悬式绝缘子就是这样考评的。

　　总之，对于无机材料尤其是制品的热稳定性，尚需在理论上提出一些评定热稳定性的因子，以便从理论上分析其机理和影响因素。

思考题与练习题

1. 为什么要研究材料的热学性能？
2. 材料的热学性能指标有哪些？
3. 什么是材料的热容、比热容？
4. 简述材料热容随温度变化的基本规律。
5. 常用的测量材料热容的方法有哪些？各有什么优缺点？
6. 什么是材料的热膨胀系数？膨胀分析法与其他热分析技术相比有哪些优点？
7. 非稳态法测量材料的热导率有哪些方法？简述其优缺点。
8. 测定不同材料的热导率有哪些注意事项？
9. 无机非金属材料在低温与高温时热传导机理有哪些差别？
10. 为什么金属的导热性比无机非金属材料的好？

参考文献

［1］ 吴雪梅，诸葛兰剑，吴兆丰，等．材料物理性能与检测［M］．北京：科学出版社，2012．

［2］ 关振铎，张中太，焦金生．无机材料物理性能［M］．北京：清华大学出版社，2001．

［3］ 龙毅，李庆奎，强文江，等．材料物理性能［M］．长沙：中南大学出版社，2009．

［4］ 陆立明．热分析应用基础［M］．上海：东华大学出版社有限公司，2010．

［5］ Cezairliyan A. A dynamic technique for measurements of thermophysical properties at high temperatures ［J］. International Journal of Thermophysics，1984，5：177-193.

18

材料的光学性能与测试技术

18.1　材料的光学性能概述

　　光是一种电磁波，材料的光学性能是指材料对电磁波辐射的反应。当光从真空进入较致密的材料时，其速度降低，且传播方向发生变化，即发生了折射。用光在真空中传播速度与在材料中传播速度之比来表征材料的折射能力，称其为折射率，折射率永远大于1。折射率还与入射光的频率有关，随频率的减小（或波长的增加），折射率减小，这种性质称为折射率的色散。利用这种性质可以将各种频率的光混合组成的白光通过三棱镜分解为单色光。而反射率与反射界面两侧介质的折射率有关。

　　材料光学性能的本质涉及电磁波与材料中原子、离子或电子的相互作用，其中最重要的两点是电子极化和电子的能量转换。由于电子极化影响介电常数，而光在介质中传播的速度与介电常数 ε 有关，所以电子极化对光学性能影响较大。

　　本章简要介绍几种常用的光谱分析方法。

18.2　常用的光谱分析方法

　　由于各种材料具有不同的原子、分子及空间结构，与光发生作用时，将会产生材料特有的吸收或激发光谱。根据光谱上的一些特征峰的位置及强度可对材料作分析。光谱分析具有分析成本低、操作简便快速等特点。这里简单介绍一下荧光分析法，即分子荧光光谱法。

　　分子荧光光谱法简称荧光光谱法。分子吸收了光能而被激发至较高能态，在返回基态时，发射出与吸收光波长相等或不等的辐射，这种现象称为光致发光。分子荧光分析是基于光致发光现象而建立起来的分析方法。

18.2.1　荧光分光光度计的结构

　　荧光分光光度计是用于扫描荧光物质发出荧光光谱的一种仪器。荧光分光光度计的激发波长扫描范围一般是 $190\sim650nm$，发射波长扫描范围是 $200\sim800nm$，可用于液体、固体样品的光谱扫描。一般的荧光分光光度计由激发光源、双单色器系统、样品室及检测器等组成，如图 18-1 所示。

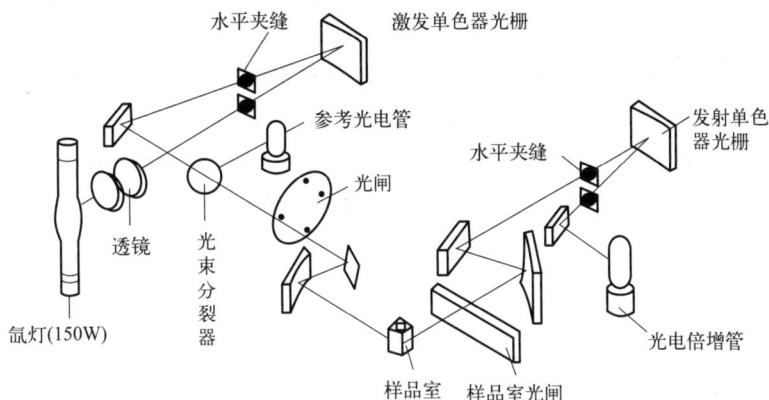

图 18-1　荧光分光光度计的光路

① 光源　通常为高压汞蒸气灯或氙灯，氙灯可发射出强度较大的连续光谱，且在 $300\sim400nm$ 内强度几乎相等，故较常用。

② 激发单色器　置于光源和样品室之间的为激发单色器或第一单色器，主要对光源进行分光，选择激发光波长，实现激发光波长扫描，从而获得激发光谱。

③ 发射单色器　置于样品室和检测器之间的为发射单色器或第二单色器，常采用光栅为单色器，筛选出特定的发射光谱。

④ 样品室　通常由石英池（适用于液体样品）或固体样品架（适用于粉末样品或片状样品）组成。测量液体样品时，光源与检测器成直角；测量固体样品时，光源与检测器成锐角。

⑤ 检测器　一般用光电管或光电倍增管，可将光信号放大并转为电信号。

18.2.2　荧光发射光谱和荧光激发光谱

光化合物都具有两种特征光谱，即荧光发射光谱和荧光激发光谱。

① 荧光发射光谱　固定激发光的波长，测量不同荧光波长处荧光的强度，得到荧光发射光谱，即荧光强度-荧光波长图。图 18-2 为室温下 ZnS 纳米线的荧光光谱，位于 467nm 和

515nm 处的比较弱的发光峰是由 ZnS 纳米线表面态引起的。位于 366nm 处的比较强的紫外发光峰，对应于 ZnS 的带边发光峰，但是比体材料 ZnS 的发光峰位置（385.2nm）蓝移了 19.2nm，这是由纳米材料的量子限域效应引起的。

② 荧光激发光谱（荧光物质的吸收光谱）　在荧光最强的波长处测量随激发光波长的改变而变化的荧光强度，得到荧光激发光谱，即荧光强度-激发光波长图。

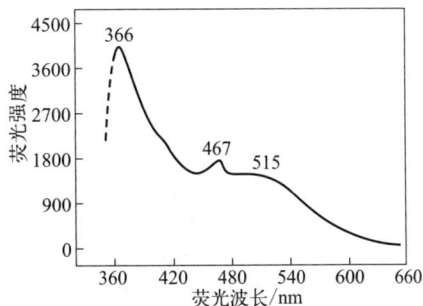

图 18-2　室温下 ZnS 纳米线的荧光光谱

荧光激发光谱与荧光发射光谱具有如下关系：

① 斯托克斯位移 指激发谱与发射光谱之间的波长差值。荧光的波长总是大于激发光的波长。

② 镜像规则 发射光谱的形状与基态中振动能级的分布有关，而激发光谱的形状反映了第一激发态单重态中振动能级的分布。一般情况下，基态和第一激发单重态中的振动能级分布是相似的，通常发射光谱与激发光谱大致呈镜像对称。

③ 形状与波长 发射光谱的形状与激发光波长无关。

18.2.3 荧光分析法的应用

无机化合物的荧光分析：无机物能够直接产生荧光并用于测定的很少，可通过与荧光试剂作用生成荧光配合物，或通过催化或猝灭荧光反应进行荧光分析。非过渡金属离子的荧光配合物较多，可用于荧光分析的元素已近 70 种。荧光试剂是具有两个或以上与 M^{z+} 形成螯合物的电子给予体官能团的芳香结构。

有机物的荧光分析：荧光法在有机化合物中应用较广，涉及生命科学、食品工艺、医药卫生等许多领域。芳香族化合物存在共轭的不饱和体系，多能发生荧光，是有机化合物荧光测定的主要类型。脂肪族化合物往往与荧光试剂作用后才可产生荧光。表 18-1 是某些有机化合物的荧光测定法。

表 18-1 某些有机化合物的荧光测定法

待测物	试剂	激发光波长 /nm	荧光波长 /mm	测定范围 c /($\mu g/cm^3$)
丙三醇	苯胺	紫外	蓝色	0.1～0.2
蒽		365	400	0～5
糠醛	蒽酮	465	505	1.5～15
1-萘酚	0.1mol/dm^3 NaOH	紫外	500	
维生素 A	无水乙醇	345	490	0～20
氨基酸	氧化酶	315	425	0.01～50
蛋白质	曙红 Y	紫外	540	0.06～6
肾上腺素	乙二胺	420	525	0.001～0.02
玻璃酸酶	3-乙酰氧基吲哚	395	470	0.001～0.033
胍基丁胺	邻苯二醛	365	470	0.05～5
青霉素	α-甲氧基-6-氯-9(β-氨乙基)-氨基氮杂蒽	420	500	0.0625～0.625
四氧嘧啶	苯二胺	365	485	10^{-4}

18

思考题与练习题

1. 为什么要研究材料的光学性能？

2. 什么是材料的光学性能？

3. 光在介质中传播的速度与什么有关？

4. 试述光与物质相互作用的三种过程。

5. 荧光分光光度计由哪几部分组成？各起到什么作用？

6. 荧光分析法与可见紫外吸收光谱比较有什么异同？

7. 简述荧光发射光谱和荧光激发光谱的异同。

8. 光谱分析有什么特点？常见的光谱分析方法有哪些？

9. 试述荧光分析方法的特点。

10. 简述荧光分析法的应用。

参考文献

［1］ 王富耻．材料现代分析测试方法［M］．北京：北京理工大学出版社，2006.

［2］ 刘强，黄新友．材料物理性能［M］．北京：化学工业出版社，2008.

［3］ 张帆．材料性能学［M］．上海：上海交通大学出版社，2009.

［4］ 龙毅，李庆奎，强文江．材料物理性能［M］．长沙：中南大学出版社，2009.

［5］ 吴雪梅，诸葛兰剑，吴兆丰，等．材料物理性能与检测［M］．北京：科学出版社，2012.

［6］ 何飞，郝晓东．材料物理性能及其在材料研究中的应用［M］．哈尔滨：哈尔滨工业大学出版社，2020.

材料的电学性能与测试技术

19.1　材料的电学性能概述

随着生产和科学技术的发展，"电"已经完全融入社会生产和个人生活当中。"电气化"已经成为一个社会物质文明的重要标志。电学性能，广义上指材料受到一种或几种因素作用时，内部带电粒子发生相应的定向运动或其空间分布状态发生变化的性能，宏观表现为电荷输运或电荷极化特性。

电学性能是材料最基本的属性之一，这是因为构成材料的原子和分子都是由电子的相互作用形成的。电子的微观相互作用同时是产生材料宏观性能包括电学性能的微观基础。深入、系统了解材料的电学性能在材料的制备及应用等方面都具有非常重要的意义。

本章主要介绍材料的导电性、介电性、压电性及铁电性及其测试技术。

19.2　典型电学性能的主要测试技术简介

19.2.1　材料导电性的测量

材料导电性的测量实际上就是测量试样的电阻，下面介绍几种在材料研究中常用的精密测量方法。

19.2.1.1　双臂电桥法

直流电桥是一种用来测量电阻的比较式仪器，它是根据被测量与已知量在桥式线路上进行比较而获得测量结果。电桥因具有很高的测量精度、灵敏度和灵活性而被广泛采用。

双臂电桥法是测量小电阻（$10^{-6} \sim 10^{-1}\Omega$）时常用的方法，其测量原理如图 19-1 所示。由图 19-1 可见，待测电阻 R_x 和标准电阻 R_N 相互串联，并串联在有恒直流源的回路中。由可变电阻 R_1、R_2、R_3、R_4 组成的电桥臂线路与 R_x、R_N 并联。

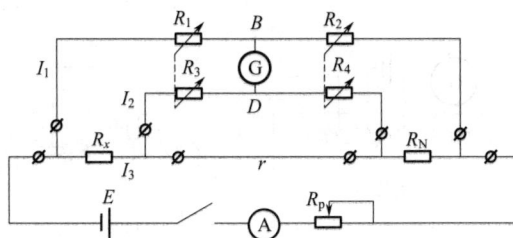

图 19-1　双臂电桥法原理

待测电阻 R_x 的测量，归结为调节可变电阻 R_1、R_2、R_3、R_4 使 B 与 D 的点电位相等，此时电桥达到平衡，检流计 G 指示为零。由此可得到下列等式

$$I_3 R_x + I_2 R_3 = I_1 R_1 \tag{19-1}$$

$$I_3 R_N + I_2 R_4 = I_1 R_2 \tag{19-2}$$

$$I_2(R_3 + R_4) = (I_3 - I_2)r \tag{19-3}$$

解以上方程组得到

$$R_x = \frac{R_1 R_N}{R_2} = \frac{R_3 R_N}{R_4} \tag{19-4}$$

材料导电性的测量往往不仅限于得到试样的电阻，还需要通过公式 $R = \rho \dfrac{L}{S}$ 计算电阻率 ρ。显然电阻率 ρ 的测量精度除与电阻 R 的测量精度有关外，还与试样尺寸的测量精度有关，同时还要考虑到温度变化所造成的测量误差。

在高于室温以上温度，金属电阻与温度关系可表示为

$$\rho_T = \rho_0(1 + \alpha T) \tag{19-5}$$

式中，ρ_T 和 ρ_0 表示金属在 T℃和 0℃温度下的电阻率；α 为电阻温度系数。

以铁试样为例，在室温下它的电阻温度系数 $\alpha = 0.006$℃$^{-1}$，若温度升高 5℃，则根据式(19-5) 得到

$$\rho = \rho_0(1 + \alpha T) = \rho_0(1 + 0.006 \times 5) = 1.03\rho_0$$

即在铁试样的电阻率测量时，温度升高 5℃会引起 3% 的误差。所以电阻率的精确测量要求在恒温室内进行。在双臂电桥上能精确测量大小为 $10^{-6} \sim 10^{-3}\Omega$ 的电阻，误差为 $0.2\% \sim 0.3\%$。

双臂电桥测量低电阻，需满足以下两点：

① 双臂电桥电位接点的接线电阻与接触电阻，位于 R_1、R_2 和 R_3、R_4 的支路中，实验中尽量使 R_1、R_2、R_3、R_4 都在 10Ω 以上，那么接触电阻的影响就可以略去不计。

② 双臂电桥电流接点的接线电阻与接触电阻，一端包含在电阻 r 里面，而 r 是存在于更正项中，对电桥平衡不发生影响；另一端则包含在电源电路中，对测量结果也不会产生影响。当满足 $\dfrac{R_1}{R_2} = \dfrac{R_3}{R_4}$ 时，基本上可以消除 r 的影响。

19.2.1.2　直流电势差计测量法

直流电势差计是依据补偿原理制成的测量电动势或电位差的一种仪器。测量原理如

图 19-2 所示。

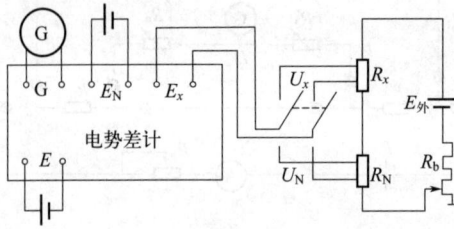

图 19-2　直流电势差计法测量电阻线路原理

为了测量待测电阻 R_x，将一个标准电阻 R_N 与待测电阻 R_x 串联在稳定的电流回路上，首先调整好回路中的工作电流，然后利用双刀双掷开关分别测量标准电阻和待测电阻上的电压降 U_N 和 U_x，由于通过 R_N 和 R_x 的电流相等，可得到式(19-6)。

$$R_x = R_N \frac{U_x}{U_N}$$ (19-6)

19.2.1.3　直流四探针法

半导体材料的电阻率通常用直流四探针法也称为四电极法测量。使用的仪器及接线如图 19-3 所示。由图 19-3 可见，测试时四根金属探针与样品表面接触，外侧两根 1、4 为通电流探针，内侧两根 2、3 为测电压探针。

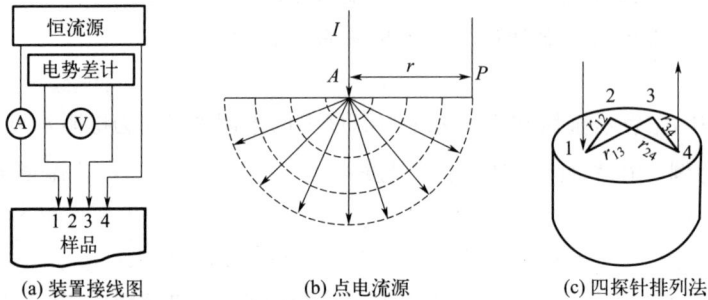

(a) 装置接线图　　　(b) 点电流源　　　(c) 四探针排列法

图 19-3　直流四探针法测试原理

测量原理如下：均匀的块状半导体样品，它的几何尺寸相对于探针间距来说可以看作无限大，当探针引入的点电流源的电流为 I 时，由于均匀导体内恒定电场的等位面为球面，在半径为 r 处等位面的面积为 $2\pi r^2$，电流密度为式(19-7)

$$j = \frac{I}{2\pi r^2}$$ (19-7)

根据电导率 σ 与电流密度的关系可得式(19-8)

$$E = \frac{j}{\sigma} = \frac{I}{2\pi r^2 \sigma} = \frac{I\rho}{2\pi r^2}$$ (19-8)

则距点电荷 r 处的电势为式(19-9)

$$U = \frac{I\rho}{2\pi r} \tag{19-9}$$

半导体内各点的电势应为四个探针在该点形成电势的矢量和，可推导出四探针法测量电阻率的公式为式(19-10)

$$\rho = \frac{U_{23}}{I} 2\pi \left(\frac{1}{r_{12}} - \frac{1}{r_{24}} - \frac{1}{r_{13}} + \frac{1}{r_{34}} \right)^{-1} = C \frac{U_{23}}{I} \tag{19-10}$$

若四探针在同一平面的同一直线上，其间距分别为 L_1、L_2、L_3 且 $L_1 = L_2 = L_3 = L$。则

$$\rho = \frac{U_{23}}{I} 2\pi \left(\frac{1}{L_1} - \frac{1}{L_1 + L_2} - \frac{1}{L_2 + L_3} + \frac{1}{L_3} \right)^{-1} = \frac{U_{23}}{I} 2\pi L \tag{19-11}$$

式(19-11) 是常见的直流等间距四探针法测电阻率的公式。测试时要求样品厚度及任一探针与样品最近边界的距离至少大于四倍探针间距，否则需进行修正。

对于圆晶表面薄掺杂层或硅外延片电阻率的测量，样品厚度通常小于 1mm，与探针间距同数量级或更小。设样品厚度为 t，探针间距为 L，当 $t \leqslant L/2$ 时，电阻率的测量公式为式(19-12)

$$\rho = 4.532 t \frac{U}{I} \tag{19-12}$$

对于薄层样品，常用方块电阻 R_s 来表征材料的电学特性。方块电阻是指单位面积的电阻，其表达式为式(19-13)

$$R_s = \frac{\rho}{t} = 4.532 \frac{U}{I} \tag{19-13}$$

从方块电阻 R_s 的表达式可知，不管边长是 1m 还是 0.1m，任意大小的正方形边到边的方阻都是一样的，方阻只与电阻率和样品厚度有关。材料的方块电阻越大，器件的本征电阻越大。

用直流四探针法测量时，应注意以下几点：

① 根据样品的厚度和尺寸，调整探针的位置，并选择与之相匹配的修正。如果所测的晶片或层的厚度明显小于探针间距，那么计算的电阻率随厚度变化。因此，精确测量厚度对电阻率的测量非常重要，方块电阻的测量与厚度无关。

② 高阻材料很难用四探针测量，薄的半导体膜通常有很高的方块电阻，这种测量通常要求大的探针电流，从而使样品发热，引起明显电阻率的增加。可采用汞探针来代替金属探针，并降低测量电流。

③ 电流源的注入电流不能太大，否则会引起探针周围较大区域的电阻率出现变化。

④ 测量探针与被测试样品表面应有良好的接触，有一定的压力接触，以确保测量的稳定性。

⑤ 当样品尺寸、厚度与探针间距相比不能看成无限大时，要对测量公式进行修正。

⑥ 薄层电阻测量时，要求四个探针间距完全相等。

19.2.1.4 绝缘体电阻的测量

对于电阻率很高的绝缘体，可采用冲击检流计法测量，其原理如图 19-4 所示。

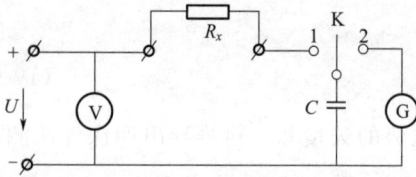

图 19-4　绝缘体电阻测量原理

由图 19-4 可见，待测电阻 R_x 与电容 C 相串联，电容器极板上的电量用冲击检流计测量。当转换开关 K 合向位置 1 时，用秒表计时，经过 t 时间电容器极板上的电压 U_c 按式（19-14）变化。

$$U_c = U_0 \left[1 - \exp\left(-\frac{t}{R_x C} \right) \right] \qquad (19\text{-}14)$$

而电容器 C 在时间 t 内所获得的电量为式（19-15）

$$Q = UC \left[1 - \exp\left(-\frac{t}{R_x C} \right) \right] \qquad (19\text{-}15)$$

将式（19-15）按泰勒级数展开，取第一项，则由 $Q = \dfrac{Ut}{R_x}$，得式（19-16）

$$R_x = \frac{Ut}{Q} \qquad (19\text{-}16)$$

式中，U 为直流电源电压；t 为充电时间。U、t 均为已知量，而电量 Q 用冲击检流计测出。当开关 K 合向位置 2 时，电容 C 放电，放出的电量 Q 为

$$Q = C_b \alpha_m \qquad (19\text{-}17)$$

式中，C_b 为冲击检流计的冲击常数；α_m 为检流计的最大偏移量（可直接读出）。将式（19-17）代入式（19-16）可得

$$R_x = \frac{Ut}{C_b \alpha_m} \qquad (19\text{-}18)$$

19.2.2　材料介电性的测试

电介质材料的介电性测试主要包括绝缘电阻率、介电常数、介质损耗角正切及击穿电场强度等的测试。测试的结果受诸多因素影响，如环境条件（气压、温度、湿度等）、测试条件（如施加电压的频率、波形、电场强度等）、电极及试样的制备等因素的影响。

19.2.2.1　绝缘电阻率测试

绝缘电阻率测试通常采用如图 19-5 所示的三电极系统，可以分别测出试样的体积电阻率 ρ_V 和表面电阻率 ρ_S，测量电路分别如图 19-6 和图 19-7 所示。

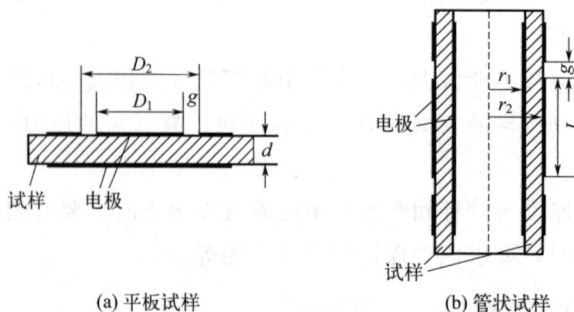

(a) 平板试样　　(b) 管状试样

图 19-5　测量体积电阻率和表面电阻率的三电极系统

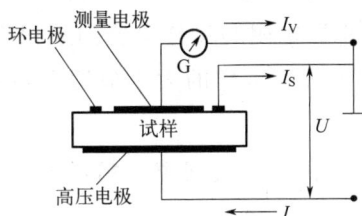

图 19-6 体积电阻率测量线路图   图 19-7 表面电阻率测量线路图

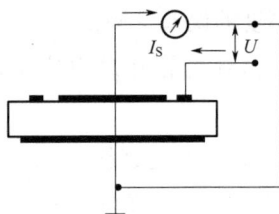

对于图 19-5（a）所示的平板试样，有

$$
\begin{cases}
\rho_{V} = \dfrac{U}{I_{V}} \times \dfrac{\pi(D_{1}+g)^{2}}{4d} \\[4mm]
\rho_{S} = \dfrac{U}{I_{S}} \times \dfrac{2\pi}{\ln\dfrac{D_{2}}{D_{1}}}
\end{cases}
\tag{19-19}
$$

对于图 19-5（b）所示的管状试样，有

$$
\begin{cases}
\rho_{V} = \dfrac{U2\pi(L+g)^{2}}{I_{V}\ln\dfrac{r_{2}}{r_{1}}} \\[4mm]
\rho_{S} = \dfrac{U}{I_{S}} \times \dfrac{2\pi r_{2}}{g}
\end{cases}
\tag{19-20}
$$

式中，U 为施加于试样的直流电压；I_{V}、I_{S} 分别为流过试样体积和表面的电流；D_{1}、D_{2}、g 分别为电极的直径以及电极间的间隙；L、r_{1}、r_{2}、d 分别为电极长度、试样的内外半径及厚度。

19.2.2.2 介电常数和损耗的测量

介电常数和损耗是表征电介质性能非常重要的物理量。这里作简要介绍的是国标 GB/T 1409 中指定的固体绝缘材料在工频、音频、高频下介电常数和损耗的测试法。需要指出的是，这里讨论的介电常数、损耗角正切以及上面介绍的绝缘电阻率仅限于弱电场下的测量。

（1）测量准备与影响因素

① 测试频率的选择 只有少数材料，如聚苯乙烯、聚丙烯、聚四氟乙烯等，在很宽的频率范围内介电常数是基本恒定的。通常，不同的电介质材料极化的主要机制互不相同，其介电常数随测量电场频率的不同而改变。一般的电介质材料必须在它所使用的频率下测量介电常数。同时，不同的测试方法所适用的测量范围是不同的，采用仪器测量时需要注意这一点。

② 测试试样 为了得到可靠的数据，测量材料的介电参数需要采用安放介质试样的电极系统。

试样形状的选择应考虑到方便计算出它的真空电容。最好的形状是两面平行的圆片或方片，也可以采用管状试样。当要求高精度测量介电常数时，最大误差来自试样尺寸的误差，尤其是厚度的误差。测定 $\tan\delta$ 时，导线的串联电阻与试样电容的乘积应尽可能小，同时，又要求试样电容在总电容中的比值尽可能大。试样的大小应适合所采用的电极系统。

③ 测试电极　上述试样与测试仪器电极之间存在空气间隙，相当于在试样上串联一个空气电容器，它既降低了被测试样的电容值，也降低了测出的介质损耗。这个误差反比于试样的厚度，对于薄膜试样来说，可达到很大的值。所以为了准确测量薄膜试样的介电参数，在把试样放到测量电极系统中之前，必须在它的表面镀上某些类型的薄金属电极。

通常采用的测试电极有三电极系统和两电极系统两种。当使用两电极系统使上下两个电极对准有困难时，下电极应比上电极稍大些，金属电极应稍小于或等于试样上的电极。三电极系统如图 19-5(a) 所示，此时测得电容 C_x 的计算公式为式(19-21)

$$C_x = \frac{\varepsilon A}{d} = \frac{\varepsilon_r \varepsilon_0 (\pi D^2/4)}{d} \qquad (19\text{-}21)$$

因此

$$\varepsilon_r = \frac{4}{\pi} \frac{1}{\varepsilon_0} C_x \frac{d}{D_1^2} \approx 1.44 \times 10^{11} C_x \frac{d}{D_1^2} \qquad (19\text{-}22)$$

根据实际经验修正为

$$\varepsilon_r = 1.44 \times 10^{11} C_x \frac{d}{(D_1 + g)^2} \qquad (19\text{-}23)$$

式中，C_x 为测得的试样构成的电容器电容，F；D_1 为电极直径，m；g 为电极间的间隙，m；d 为试样厚度，m；ε_r 为相对介电常数。

电极材料的选择对于获得可靠的测量结果起着至关重要的作用，它必须满足下列要求：

a. 电极应该与试样表面有良好的接触，其间无空气间隙或气泡。

b. 电极材料在试验条件下不起变化，而且不影响被测介质的性能，更不能与介质起化学作用。

c. 电极材料应具有良好的导电性。

d. 制作容易、安全方便。常见的电极材料有金属箔、导电涂料、沉积金属和水银等。

表 19-1 为常见的电极材料。

表 19-1　常见的电极材料

电极材料	制作要求	适用范围
锡箔、铅箔、铝箔和金箔	锡箔和铝箔需退火，厚度 0.01～0.1mm，用低损耗胶状油如凡士林、变压器油、硅油等作为黏结剂无气隙地粘贴在样品表面	不适用于高介电常数的材料和薄膜样品
导电银膏	在空气中干燥或低温烘干	适用于较低频率测量

续表

电极材料	制作要求	适用范围
银浆、铂浆、金浆	通过"烧电极"处理。金属浆料中的金属沉积在测试样品的表面,烧银的温度取决于银浆的配方,铂浆适用于极高温度下测量的样品,金浆比较稳定,在烧电极过程中不向样品内部迁移	陶瓷、玻璃、云母等耐高温材料
真空镀膜电极	在真空中将银或铝或其他金属喷镀到试样表面形成的电极。在制作电极时,真空和喷镀温度对材料性能应不产生永久性的损害	特别适用于潮湿条件下的测试

(2) 各种测量实验方法

测量介电常数有多种方法。选择何种测量方法取决于以下因素:频率范围,材料性能(ε' 与 ε'' 的大小),材料样品的加工、尺寸等。图 19-8 为介电常数的一般测量方法及其频率范围。目前能够进行介电常数测量的各种条件范围为:频率可以从直流到光频;温度可以从接近 0K 至 1923K;ε' 的值可以从 1 到 10^4;$\tan\delta$ 可以从 10^{-5} 到 1。

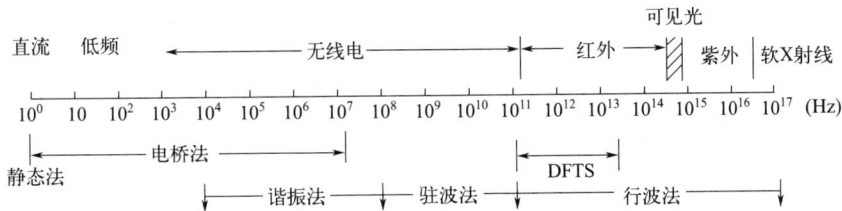

图 19-8　介电常数的一般测量方法及其频率范围

(DFTS 是 dispersive Fourier transform spectrometry 的简称,即色散傅里叶变换光谱法)

下面对几种常用的介电常数及损耗测量方法作简单介绍。

① 直流法　在低频段内采用加保护电极的平行板电容法,分别测量一个平行板电容器在有电介质存在和无介质存在时通过一个标准电阻放电的时间常数,从而求出介电常数的实部 ε',虚部则用介质的电阻率(或电导率)来表示。

② 电桥法　此法是测量 ε' 和 $\tan\delta$ 较为常用的方法之一。其主要优点是测量电容和损耗的范围广、精度高、频带宽,以及可以采用三电极系统来消除表面电导和边缘效应所带来的测量误差。用各种不同结构的电桥,覆盖频率范围为 0.01Hz~150MHz。按频率范围可以分为超低频电桥(0.01~200Hz)、音频电桥(20Hz~3MHz)和双 T 电桥(>1MHz)等。

③ 谐振电路法　频率范围到达 10~100MHz 时,用普通的电桥法测量介电常数有一定困难,因为高频会使杂散电容的效应增加,从而显著影响测量结果的精确性。在高频测量中往往使用谐振电路法,用 Q 表测量便是谐振电路法的一种典型方法。现在较好的高频数字化阻抗分析仪的频率范围已高达 10GHz。

19.2.2.3 介电强度的测定

介电强度又称为击穿电场强度,是电介质材料的一项重要性能指标。工作频率下击穿电场强度的试验线路如图 19-9 所示。R_0 通过调压器使电压从零开始以一定速率上升,至试样被击穿,这时施加于试样两端的电压为击穿电压。由击穿电压即可求出试样的击穿电场强度。

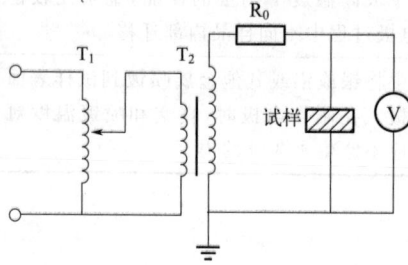

图 19-9   工作频率下击穿电场强度的试验线路

T_1—调压器;T_2—试验变压器;R_0—保护电阻;V—电压测量装置

由于材料介电强度的测量数值受多种因素的影响,为便于比较,必须在特定条件下进行。国标 GB/T 1408—2016 规定了固体电工材料工作频率下击穿电压、击穿场强的试验方法,对试样的尺寸、电极形状以及加压方式等都作出了具体的规定。

19.2.3   压电性的测量

压电性测量方法有电测法、声测法、力测法和光测法,其中主要方法为电测法。电测法中按样品的状态分为动态法、静态法和准静态法。动态法是用交流信号激发样品,使之处于特定的振动模式,然后测定谐振及反谐振特征频率,并采用适当的计算便可获得压电参量的数值。

19.2.4   铁电体电滞回线的测量

电滞回线给出了铁电材料的矫顽场、饱和极化强度、剩余极化强度和电滞损耗的信息,对于研究铁电材料的动态应用是至关重要的。测量电滞回线的方法主要是借助于 Sawyer-Tower 电路,其原理如图 19-10 所示。GB/T 6426—1999 给出了铁电陶瓷材料电

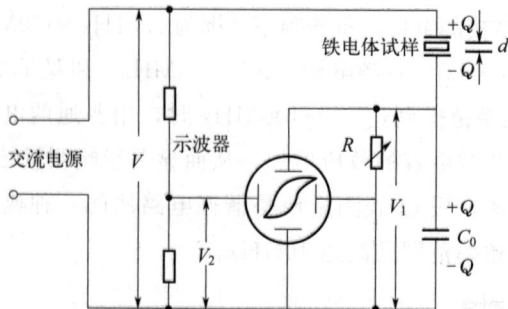

图 19-10   Sawyer-Tower 电路原理示意

滞回线准静态测试方法的具体方案，测试条件如下。

① 环境条件：测量电滞回线时试样必须浸入硅油中，根据不同的材料和要求可在不同温度下测量。当需要升温时，试样应在该温度下保温 1h 以上。

② 试样尺寸及要求：试样为未极化的薄片，厚度不大于 1mm。两主平面全部覆上金属层作为电极。试样应保持清洁、干燥。

③ 测试信号要求：测试信号采用频率不高于 0.1Hz 的正弦波。

思考题与练习题

1. 什么是材料的电学性能？

2. 什么是材料的导电性能？

3. 采用电阻分析时，为了保证测量结果的可靠性，选择测量方法需考虑哪些因素？

4. 简述材料研究中常用的精密测量电阻的方法。

5. 用四探针测量法测量电阻时，有哪些注意事项？

6. 电介质材料的介电性能测试主要包括哪些方法？影响测试结果的因素有哪些？

7. 什么是介电强度？简述其测定方法。

8. 在测定介电强度时，选择合适的电极材料对于获得可靠的测量结果起着至关重要的作用，电极材料需满足哪些要求？

9. 什么是材料的压电性，其测量方法有哪些？

10. 简述铁电体电滞回线的测量方法及原理。

参考文献

[1] 关振铎. 无机材料物理性能 [M]. 北京：清华大学出版社，2001.

[2] 龙毅，李庆奎，强文江. 材料物理性能 [M]. 长沙：中南大学出版社，2009.

[3] 李景德，沈韩，陈敏. 电介质理论 [M]. 北京：科学出版社，2003.

[4] 黄昆，韩汝琦. 固体物理学 [M]. 北京：高等教育出版社，2014.

[5] 吴雪梅，诸葛兰剑，吴兆丰，等. 材料物理性能与检测 [M]. 北京：科学出版社，2012.

[6] 肖国庆，张军战. 材料物理性能 [M]. 北京：中国建材工业出版社，2005.

[7] 师昌绪，李恒德，周廉. 材料科学与工程手册 [M]. 北京：化学工业出版社，2004.

[8] 殷之文. 电介质物理学 [M]. 北京：科学出版社，2003.

[9] 王从曾. 材料性能学 [M]. 北京：北京工业大学出版社，2001.

[10] 刘新福. 半导体测试技术原理与应用 [M]. 北京：冶金工业出版社，2007.

20

材料的磁学性能与测试技术

材料为什么会有磁性呢？现代物理理论和实验表明，物质的宏观磁性源于组成物质的原子中电子运动的集体表现。电子磁矩的相互作用决定了材料的磁学性能。在生产生活中，可以通过选择材料的成分、微结构和制备工艺等来获得需要的磁性材料。下面对材料磁学性能的一些常用测量方法作简单介绍。

20.1 材料的磁学性能指标

20.1.1 磁场强度

1820 年，奥斯特发现电流能在周围空间产生磁场，一根通有 I（A）直流电的无限长直导线，在距导线轴线 r（m）处产生的磁场强度 H 为

$$H = \frac{I}{2\pi r} \tag{20-1}$$

如果磁场是由长度为 l，电流为 I 的圆柱状线圈（N 匝）产生的，则磁场强度 H 为

$$H = \frac{NI}{l} \tag{20-2}$$

在国际单位制中，磁场强度 H 的单位为 A/m。

20.1.2 磁感应强度

材料在磁场强度为 H 的外加磁场（直流、交变或脉冲磁场）作用下，会在材料内部产生一定磁通量密度，称其为磁感应强度 B，即在强度为 H 的磁场被磁化后，物质内磁场强度的大小。B 的单位为 T 或 Wb/m^2。

当磁性材料磁化到饱和时的磁感应强度称为饱和磁感应强度，符号为 B_s。

磁场强度 H 和磁感应强度 B 是既有大小、又有方向的向量，在磁介质中，两者的关系为

$$B = \mu H \tag{20-3}$$

式中，μ 为介质的磁导率，是材料的特性常数，是磁性材料重要的物理量之一，单位

为 H/m。

在真空中，磁感应强度为式(20-4)。

$$B_0 = \mu_0 H \tag{20-4}$$

式中，μ_0 为真空磁导率，它是一个普适常数，其值为 $4\pi \times 10^{-7}$，单位为 H/m。

对于应用在直流场合的软磁材料，饱和磁感应强度 B_s 和磁导率 μ 是两个最为重要的指标，希望二者越高越好。

20.1.3　磁导率

磁导率 μ 是磁性材料最重要的物理量之一，表示材料在单位磁场强度的外加磁场作用下材料内部的磁通量密度，是材料的特征常数。

材料的磁导率主要是指初始磁导率 μ_i 和最大磁导率 μ_m。最大磁导率 μ_m 是材料处于不同磁场强度时磁导率的最大值，对应于磁化曲线最陡部分的磁导率，其定义式为式(20-5)。

$$\mu_m = \left(\frac{B}{H}\right)_{max} \tag{20-5}$$

初始磁导率 μ_i 是工作点位于磁化曲线初始部分的材料磁导率，其定义式如式(20-6)。

$$\mu_i = \lim_{\substack{\Delta H \to 0 \\ H \to 0}} \left(\frac{\Delta B}{\Delta H}\right) \tag{20-6}$$

20.1.4　复数磁导率

复数磁导率是物质在交变磁场的作用下交变磁感应强度与磁场强度的比值。它们常常具有不同的相位，因此为复数，它表示的是在交变磁场磁化下磁性特征的一个物理量，它同时反映 B 和 H 之间振幅及相位关系。

若外加交变磁场按正弦规律变化，即 $H = H_m \sin\omega t$，可以推出材料中的磁感应强度 B 也基本上按正弦规律变化，但相位上落后 δ，即 $B = B_m \sin(\omega t - \delta)$。根据磁导率的定义，可得复数磁导率 μ 为式(20-7)。

$$\mu = \frac{B}{H} = \frac{B_m e^{i(\omega t - \delta)}}{H_m e^{i\omega t}} = \frac{B_m \cos\delta}{H_m} - i\frac{B_m \sin\delta}{H_m} = \mu' - i\mu'' \tag{20-7}$$

式中，$\mu' = \dfrac{B_m \cos\delta}{H_m}$ 为复数磁导率的实部，是与 H 同相位的 B 的分量与 H 的比值，它相当于直流磁场下的磁导率，与磁性材料储存能量（储存能量 $= \dfrac{\omega\mu' H_m^2}{2}$）成正比。它与固体弹性变形时所存储的弹性能相似，因此又被称为弹性磁导率。$\mu'' = \dfrac{B_m \sin\delta}{H_m}$ 为复数磁导率的虚部，与磁损耗成正比，又被称为黏性磁导率。这说明磁性材料在交变磁场中磁化时既有能量的储存（μ'），也有能量的损耗（μ''）。

式（20-7）中 B 落后于 H 的相位差称为损耗角，磁导率实部与虚部的比值称为材料的品质因子 Q，Q 是表征软磁材料在高频应用时的性能指标，其计算公式为式（20-8）。

$$Q = \frac{\mu'}{\mu''} = \frac{1}{\tan\delta} \tag{20-8}$$

工程技术中，对于在交变磁场中应用的软磁材料，总是希望其 Q 值和 μ' 越高越好，并常用乘积 $\mu'Q$ 来表示软磁材料的技术指标。

20.1.5　磁矩

磁矩是表示磁体本质的一个物理量，磁源于电，任何一个封闭的电流都具有磁矩 m，其方向与环形电流法线的方向一致，其大小为电流与封闭环形面积的乘积，即式（20-9）。

$$m = IS\boldsymbol{n} \tag{20-9}$$

式中，m 为载流线圈的磁矩，$A \cdot m^2$；I 为载流线圈通过的电流，A；S 为载流线圈的面积，m^2；$\boldsymbol{n}$ 为载流线圈平面的法线方向上的单位矢量。

磁矩是表征磁性物体磁性大小的物理量。磁矩越大，磁性越强，即物体在磁场中所受的力也越大。磁矩只与物体本身有关，与外磁场无关。

20.1.6　磁化强度

磁性材料在磁场作用下会发生磁化并显示出磁性。磁化强度 M 表征物质被磁化的程度。对于一般磁介质，无外加磁场时，其内部各磁矩的取向不一，宏观无磁性。但在外加磁场作用下，各磁矩有规则地取向，使磁介质宏观显示磁性，这就叫磁化。磁化强度的物理意义就是单位体积的磁矩。

在外磁场 H 的作用下，材料中因磁矩沿外场方向排列而使磁场强化的量度，其值等于单位体积磁性材料中感应的磁矩 m 的总和，见式（20-10）。

$$M = \frac{\sum m}{\Delta V} \tag{20-10}$$

式中，m 为磁矩，$A \cdot m^2$；V 为体积，m^3；M 为磁化强度，A/m，与磁场强度 H 的单位一致。

20.1.7　磁化率

磁化率 χ 是指单位磁场强度 H 在材料中激发的磁化强度 M 大小的物理量，它表示了材料在磁场中磁化的难易程度，见式（20-11）。

$$\chi = \frac{M}{H} \tag{20-11}$$

χ 只与磁介质的性质有关，是材料的本征属性，无量纲单位。χ 越大，材料越容易被磁化，χ 越小，材料越难被磁化，其正负值则反映了材料的磁性类别。

20.1.8　最大磁能积、矫顽力、剩磁

最大磁能积$(BH)_m$、矫顽力H_c和剩磁B_r是衡量永磁体性能好坏的最重要参数。其中，最大磁能积是指材料退磁曲线上B和H乘积最大的一点对应的BH值，如图20-1所示。由于永磁体在磁路空隙中提供的磁能正比于永磁体工作点处的BH值，因此为了最有效地利用磁性材料，永磁体的工作点应选在具有最大磁能积的地

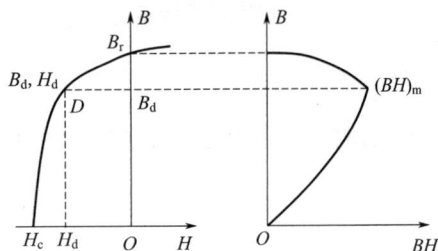

图 20-1　磁性材料的最大磁能积

方。显然，对于用作永磁体的硬磁材料来说，B_r、H_c和$(BH)_m$的值越大越好。

20.2　材料静态磁性能的测量

测量材料的静态磁性能参量，本质上就是设法测量材料在不同外磁场作用下的磁化强度并由此得到磁化曲线或磁滞回线。下面将选几种有代表性的测量方法作简单介绍。

(1) 热磁仪测量法

热磁仪又称磁转矩仪，其测量部分见图20-2(a)，试样1固定在固定杆4上，且位于两磁极间的均匀磁场中，固定杆4的上端和弹簧3相接，弹簧固定在仪器架上，固定杆上固定着一个反射镜5，光源7发出光束照在反射镜5上，然后反射到标尺6上。假如，待测试样的起始状态和磁场的夹角为φ_0，φ_0一般小于$10°$，见图20-2 (b)，在磁场的作用下，铁磁性的试样受到一个力矩的作用，使试样转向磁场方向，夹角变为φ_1，此力矩（即磁转矩）L_1的大小用式(20-12)表示。

$$L_1=\mu_0 VHM\sin\varphi_1 \tag{20-12}$$

式中，μ_0为真空磁导率，在国际单位制中，其值为$4\pi\times10^{-7}$H/m；V为试样的体积；H为试样所处的磁场场强；M为磁化强度；φ_1为偏转后的试样与磁场的夹角。由于试样向磁场方向转动，导致弹簧变形，由此产生反力矩L_2，见式(20-13)。

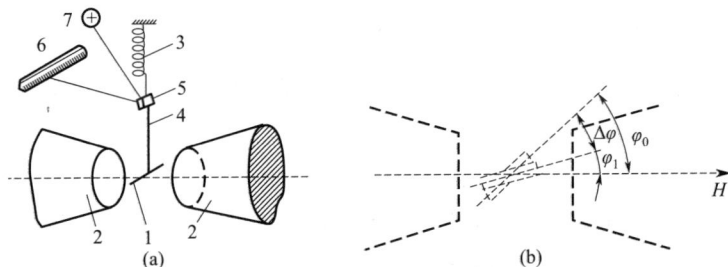

图 20-2　热磁仪结构原理

1—试样；2—磁极；3—弹簧；4—固定杆；5—反射镜；6—标尺；7—光源

$$L_2=C(\varphi_0-\varphi_1)=C\Delta\varphi \tag{20-13}$$

式中，C 为弹簧的弹性系数。当两力矩达到平衡时，$L_1 = L_2$，由此可得出式(20-14)。

$$M = \frac{C\Delta\varphi}{\mu_0 VH\sin\varphi_1} \tag{20-14}$$

假如测量过程中 $\Delta\varphi$ 的值很小，可以认为 $\sin\varphi_1 \approx \sin\varphi_0$，则

$$M = \frac{C\Delta\varphi}{\mu_0 VH\sin\varphi_0} \tag{20-15}$$

$\Delta\varphi$ 可通过标尺读数 α_m 和反射镜与标尺间的距离求得。把所有的不变量看作常数，则式(20-15)可写为式(20-16)。

$$M = k\alpha_m \tag{20-16}$$

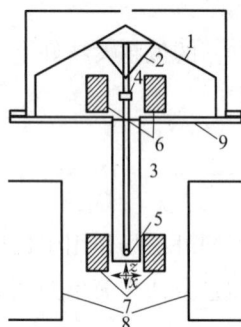

图 20-3 振动样品磁强计原理
1—扬声器（传感器）；2—锥形纸环支架；
3—空心螺杆；4—参考样品；5—被测
样品；6—参考线圈；7—检测线圈；
8—磁极；9—金属屏蔽箱

式(20-16)表明，标尺读数 α_m 越大，磁化强度 M 就越大，当 H 大于 28×10^4 A/m 时，M 和铁磁相数量成正比，所以这时的 α_m 可代表铁磁相的数量。热磁仪测量一般要求试样长度为 $20 \sim 30$mm，直径为 3mm，表面要求镀铬。

（2）振动样品磁强计

振动样品磁强计（vibrating sample magnetometer，VSM）是灵敏度高、应用十分广泛的一种磁性测量仪器。图 20-3 是 VSM 的原理图。用 VSM 测量的永磁体样品一般做成直径为 $2 \sim 3$mm 的小球，这是因为球形样品可以保证样品各部位磁化的均匀性，且经过退磁场修正以后能够准确地还原出样品的有效磁化曲线。下面以球形样品为例介绍 VSM 的测量原理。如果样品的尺寸远小于样品到检测线圈的距离，则样品小球可近似于一个磁矩为 m 的磁偶极子，其磁矩在数值上和球体中心的总磁矩相等，样品被磁化时产生的磁场则等效于磁偶极子平行于磁场方向时所产生的磁场。

当样品沿检测线圈方向做小幅振动时，在线圈中产生的感应电动势正比于 x 方向上的磁通量变化，见式(20-17)。

$$E_s = -N\left(\frac{\mathrm{d}\Phi_s}{\mathrm{d}x}\right)_{x_0} \frac{\mathrm{d}x}{\mathrm{d}t} \tag{20-17}$$

式中，Φ_s 为磁通量；N 为检测线圈匝数。若样品在 x 方向以圆频率 ω、振幅 A 振动，其运动方程为式(20-18)。

$$x = x_0 + A\sin\omega t \tag{20-18}$$

若以样品球心的平衡位置为坐标原点，则线圈中的感应电动势为式(20-19)。

$$E_s = G\omega A V_s M_s \cos\omega t \tag{20-19}$$

式中，V_s 为样品体积；M_s 为样品的磁化强度；G 为由测试仪器确定的常数。G 的大小为

$$G = \frac{3}{4\pi}\mu_0 NS \frac{z_0(r^2 - 5x_0^2)}{r^2} \tag{20-20}$$

式中，r 为小线圈位置，$r^2 = x_0^2 + y_0^2 + z_0^2$，$x_0$、$y_0$、$z_0$ 为样品球心的初始位置；

S 为线圈平均截面积。

式(20-19) 计算 M_s 比较困难，因此实际测量时通常用已知磁化强度的标准样品（如镍球）进行相对测量。若已知标样的饱和磁化强度为 M_c，体积为 V_c，设标准样品在检测线圈中的感应电压为 E_c，被测样品在检测线圈中的感应电压为 E_s，则由比较法可以求出样品的饱和磁化强度 M_s，即

$$\frac{M_s}{M_c} = \frac{E_s}{E_c} \frac{V_c}{V_s} \tag{20-21}$$

如果把样品体积用样品球直径 D 代替，仪器电压读数分别为 E'_s 和 E'_c，则 M_s 为式(20-22)。

$$M_s = \frac{E'_s}{E'_c} \left(\frac{D_c}{D_s} \right)^3 M_c \tag{20-22}$$

20.3 材料动态（交流）磁性能的测量

交变磁场下的磁性能测量主要用于软磁材料。软磁材料的动态磁性能测量应注意测试条件，包括波形条件、样品尺寸和状态（先要退磁，使样品磁中性化）、测量顺序及样品升温问题等。下面简单介绍动态磁性能测量的两种常用方法：伏安法和电桥法。

（1）伏安法

伏安法是测试材料交流磁化曲线的最简单方法，通常测量低频下材料的磁化曲线，其原理如图 20-4 所示。该方法是在被测样品上绕有 N_1 匝初级线圈和 N_2 匝次级线圈，E_A 为交变电源，幅值可调。设在初级线圈 N_1 上加上正弦交变电压时，安培计显示 N_1 中的电流有效值为 I，则样品中的峰值磁场强度 H_m 为式(20-23)。

$$H_m = \frac{N_1 I \sqrt{2}}{l_s} \tag{20-23}$$

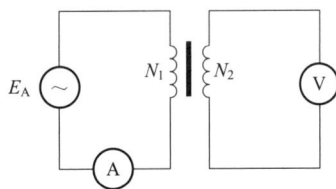

图 20-4　伏安法测交流磁性能的原理

式中，l_s 为样品的平均磁路长度。此时，样品在次级线圈 N_2 中将产生感应电动势，用并联整流式伏特表（也称磁通伏特表）可测得 N_2 中感应的平均电动势 $\overline{E}$，$\overline{E}$ 和样品中磁感应强度的关系为式(20-24)。

$$\overline{E} = 4 N_2 S f B_m \tag{20-24}$$

式中，S 为样品的有效横截面积；f 为磁化电流的频率；B_m 为样品中的峰值磁感应强度。由式(20-23) 和式(20-24) 可求出不同磁化电流下，样品中相应的峰值磁场强度 H_m 和峰值磁感应强度 B_m，从而可以得到样品的交流磁化曲线 B_m-H_m。此法的缺点是误差较大，且不能测量交流磁损耗。

（2）电桥法

复数磁导率是软磁材料在交变磁场下最主要的磁性能指标之一。交流电桥法是测量复

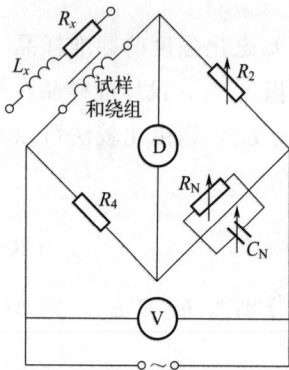

图 20-5　麦克斯韦电桥原理

数磁导率的有效方法，根据等效电路原理，将样品的次级线圈接入电桥工作臂上，电桥一般采用麦克斯韦电桥，如图 20-5 所示。图中 D 是交流指零仪，样品和绕组可以等效成纯电感 L_x 和纯电阻 R_x，它们与样品复数磁导率 μ' 和 μ'' 的关系是

$$L_x = \mu_0 \frac{N^2 S}{\pi \overline{D}} \mu' \tag{20-25}$$

$$R_x = \omega\mu_0 \frac{N^2 S}{\pi \overline{D}} \mu'' + R_0 \tag{20-26}$$

式中，N 为线圈匝数；S 为样品横截面积；$\overline{D}$ 为样品平均直径；R_0 为绕组线圈的导线电阻；ω 为电源的角频率；μ_0 为真空磁导率。因此，只要用交流电桥测出 L_x 和 R_x 就可以得到该频率下样品的复数磁导率，并可计算出此时的损耗角正切值，如式(20-27) 所示。

$$\tan\varphi = \frac{\mu''}{\mu'} = \frac{R_x - R_0}{\omega L_x} \tag{20-27}$$

当调节电桥使交流指零仪指零时，根据电桥的平衡原理可以算出 R_x 和 L_x

$$R_x = \frac{R_2 R_4}{R_N} \tag{20-28}$$

$$L_x = R_2 R_4 C_N \tag{20-29}$$

这样，就可以利用电桥法得到样品的复数磁导率，并计算出品质因数，如式(20-30)所示。

$$Q_x = \omega R_N C_N \tag{20-30}$$

若由电压表测得电桥对角线上的电压为 U，则流经线圈的电流有效值为式(20-31)。

$$I = \frac{U}{\sqrt{\left(\dfrac{R_2 R_4}{R_N} + R_2\right)^2 + (\omega R_2 R_4 C_N)^2}} \tag{20-31}$$

样品中的交流磁化损耗为式(20-32)。

$$P_c = I^2 (R_x - R_0) \tag{20-32}$$

电桥法还可以测量样品在各种频率时的磁化曲线。电感是单位电流变化所引起的磁通量的变化，所以凡是能测电感的电桥，只要加上测电流的仪表，就可以用来测量磁通及样品磁化强度。

磁性能测量的方法还有很多。随着现代技术的发展与计算机技术的应用，磁性能测量的精确度和自动化程度越来越高，将对材料研究与技术进步起到相互支持和促进的作用。

思考题与练习题

1. 什么是材料的静态磁性能及动态磁性能？

2. 材料的主要磁学性能指标有哪些？

3. 材料饱和磁化强度的测量方式有几种？分子磁矩在什么情况下可以测量材料的饱和磁化强度？

4. 简述材料静态磁性能的测量方法。

5. 简述 VSM 的测量原理。

6. 铁磁性材料的矫顽力与哪些因素有关？如何提高矫顽力？

7. 磁性材料中主要的各向异性有哪几种？要获得优良的软磁性，应从哪些方面控制？

8. 什么是材料的永磁性能？简述铝镍钴合金和 M 型钡铁氧体产生永磁性的机理。

9. 测量材料磁性能的仪器有哪些？

10. 长 100cm、半径 10cm 的螺线管，线圈匝数 100 匝，通电流 10A，计算螺线管内中部的磁场强度和磁感应强度。

参考文献

[1]　冯端，师昌绪，刘治国. 材料科学导论［M］. 北京：化学工业出版社，2002.

[2]　邓志杰，郑安生. 半导体材料［M］. 北京：化学工业出版社，2004.

[3]　近角聪信. 铁磁性物理［M］. 葛世慧，译. 兰州：兰州大学出版社，2002.

[4]　郑冀，梁辉，马卫兵，等. 材料物理性能［M］. 天津：天津大学出版社，2008.

[5]　吴雪梅，诸葛兰剑，吴兆丰，等. 材料物理性能与检测［M］. 北京：科学出版社，2012.

[6]　何飞，郝晓东. 材料物理性能及其在材料研究中的应用［M］. 哈尔滨：哈尔滨工业大学出版社，2020.

[7]　杨树人，王宗昌，王兢，等. 半导体材料［M］. 北京：科学出版社，2021.

本篇详细介绍质谱分析、表面化学分析和无损检测三种关键的测试分析方法。质谱分析通过测量离子质荷比来鉴定和定量分析物质。它在化学和生物学领域中广泛应用，能够精确分析复杂混合物的组成，识别未知化合物，并进行同位素比率测定。质谱分析的高灵敏度和高分辨率使其成为药物开发、环境监测和代谢研究等领域的重要工具。表面化学分析用于研究材料表面的化学组成和结构，如 X 射线光电子能谱（XPS）和扫描探针显微镜（SPM）能够提供表面元素分布、化学状态和微观形貌的信息。这对于理解材料的表面特性、改进材料性能和开发新材料具有重要意义。无损检测是一种在不破坏材料或结构的前提下进行检测的方法，常见的无损检测技术包括超声波检测、X 射线检测和磁粉检测等，这三种方法广泛应用于工业制造、建筑工程和航空航天等领域，用于检测材料内部缺陷、评估结构完整性和确保安全性。

第 6 篇　其他测试分析方法

21

质谱分析

　　质谱仪（mass spectrometer）是一种分析离子质荷比的仪器，按用途可分为有机质谱仪、无机质谱仪和同位素质谱仪等，可鉴定物质的分子量、分子式、分子结构、同位素、元素及定量分析。纵观其发展历程，质谱的发展速度近似于指数曲线，近年来越来越快速地成长，已成为当今分析化学功能强大的设备。由于质谱仪具有结构鉴定能力强大、灵敏度高、分析范围广、分析速度快、与色谱仪兼容性高等特点，是应用范围相当广泛的分析仪器。小至半导体组件的微量金属元素，大至血液中分子量达数十万的蛋白质分子，质谱仪无论在日常分析还是学术研究上都扮演着重要的角色，是医药、生物工程、环境及化学领域极为重要的分析仪器。

21.1　质谱仪的构造与质谱图

21.1.1　质谱仪的基本原理与构造

　　质谱仪是测定物质质量的仪器，基本原理为将分析样品（气、液、固相）电离为带电离子，带电离子在电场或磁场的作用下可以在空间或时间上分离

$$M \xrightarrow{\text{电离}} M^+ \text{或} M^-$$

这些离子被检测器检测后即可得到其质荷比（mass-to-charge ratio，m/z）与相对强度（relative intensity）的质谱图（mass spectrum），进而推算出分析物中分子的质量（图 21-1）。通过质谱图或精确的分子量测量可以对分析物做定性分析，利用检测到的离

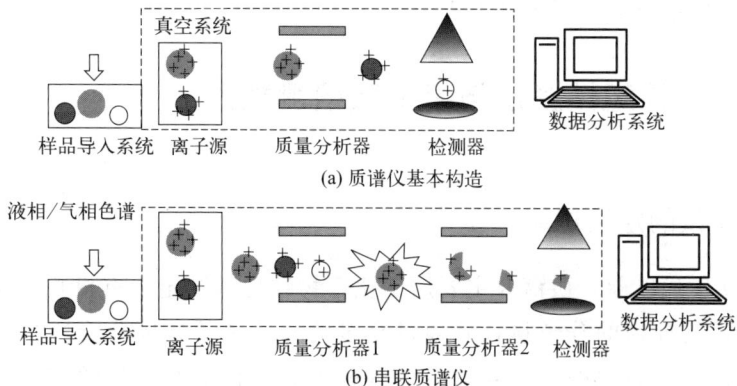

(a) 质谱仪基本构造

(b) 串联质谱仪

图 21-1　质谱仪的硬件组成

子强度可做准确的定量分析。

21.1.2　质谱图及基本名词

图 21-2 为一张典型的质谱图，横坐标（x 轴）为生成离子的质荷比，纵坐标（y 轴）则代表离子的相对强度。质谱中峰强度最高的离子峰称为基峰（base peak），离子相对强度的计算方法是将基峰的信号强度定为 100%，其他离子峰则以相对于基峰的百分比强度表示。由于不同结构的分子被电离的难易度及效率不同，电离分子离子峰的强弱随化合物结构不同而异。

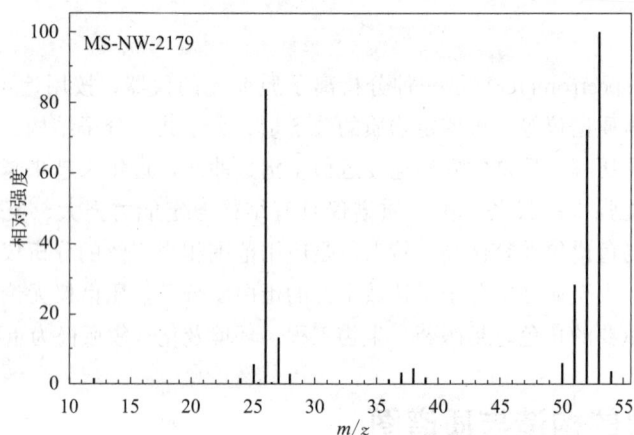

图 21-2　丙烯腈的质谱

如图 21-2，可以利用电离碎裂后的产物推知其结构。

质谱图中由分析物所形成的离子称为分子离子（molecular ion），由其对应的 m/z 值可以得知分析物电离后的分子量。由于分子由多个原子组成，分子的质量即组成原子的质量之总和，而原子质量常以原子质量单位（atomic mass unit，amu 或 dalton，Da）表示，因此 Da 或 amu 为质谱测量常用的质量单位，1Da（＝1amu）被定义为碳 12（^{12}C）原子质量的 1/12。通常生物大分子的分子量大于数千道尔顿，常用 kDa 作为单位。通过测量准确质量更可推导出可能的化学分子式。

21.2　质谱仪的定性鉴定与高灵敏检测能力

21.2.1　质谱仪的定性功能

20 世纪 70 年代以前，质谱仪主要用于化合物结构的鉴定。有机化学家可由质谱图的分子离子判定化合物的分子量，并通过众多的碎片离子判断化合物的化学结构。由于核磁共振谱仪快速的发展及优异的结构解析能力，目前有机化学家已较少利用质谱图来推测化合物的结构，取而代之的是分析化学家使用质谱图进行化合物鉴定（定性）

的工作。

21.2.2　质谱仪分析混合物的功能

　　有机化合物的组成元素不多（碳、氢、氧、氮、硫等），但是其组成原子的数量却往往十分可观（有的超过数十万个）。化合物很少是单独存在的，通常和许多其他的化合物共存于样品中。分析目标化合物时，必须排除其他共存物的干扰，才能得到该化合物的真正信号。为了排除其他共存物的干扰，样品萃取、纯化与分离，是有机分析不可或缺的几个步骤。

21.2.3　质谱仪的高灵敏检测能力

　　在串联质谱分析技术成熟前，单一质谱的选择离子检测（selected ion monitoring，SIM）模式是质谱仪较常使用的高灵敏度（或称高感度）检测模式。使用传统的全扫描（full scan）模式时，对任一特定质量的离子而言，只有当质谱仪扫描到该特定质量时才会被检测到。因为全扫描模式检测离子的效率不高，所以灵敏度也较差。但若质谱仪只检测某一特定离子（选择离子检测模式），因为检测离子的效率较高（一个离子为100%，两个离子为50%），就能提供较好的灵敏度，即较低的检测极限。

21.3　质谱分析技术与基本原理

　　20世纪90年代新的电离法——电喷雾电离（electrospray ionization，ESI）及基质辅助激光解吸电离（matrix-assisted laser desorption/ionization，MALDI）的出现，开启了质谱技术进入生命科学领域的新纪元，生物质谱法自此蓬勃发展。

　　质谱仪以其高灵敏度、高分辨率及高分析通量而成为目前广泛使用的分析仪器，未来它仍将继续提高检测灵敏度、分辨率、质量准确度、分析通量等性能而成为性能更好、应用更广泛的分析仪器。

　　最早使用的离子化方法是1918年Dempster发明的电子电离（electron ionization，EI），又称电子轰击（electron impact）（图21-3）。此离子化技术是通过加热灯丝放出电子，电子经过电场加速获得高能量，被分析物因为获得电子的能量而离子化。被分析物吸收能量后，会因化学结构不同，裂解为独特的碎片离子，所以电子电离在当时常应用于有机分子的鉴定。此法的缺点为电子所携带的能量太大，使得离子化过程相当剧烈，常常得到大量的碎片离子，无法获得被分析物分子量信息。Munson与Field等于1966年发展出了化学电离（chemical ionization，CI）法，此法同样利用加热灯丝产生的高能电子进行离子化，不同之处在于化学电离法将试剂气体（reagent gas）通入离子源（ion source）中，先以电子电离方式产生试剂离子（reagent ion），再与被分析物进行离子/分子反应（ion/molecule reaction），从而使被分析物离子化。相比电子电离，化学电离法显著减少了被分析物碎裂的机会，能得到完整的分子量信息，在文献中被称为软离子化技术。

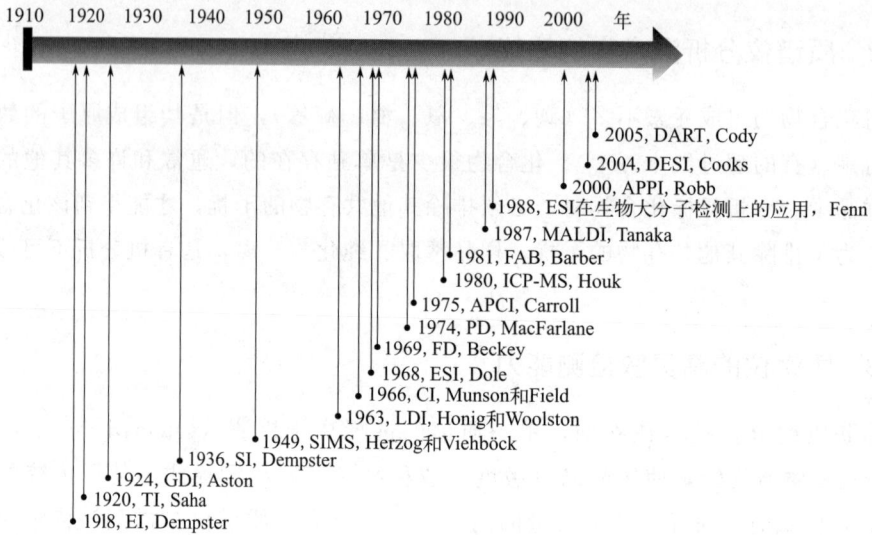

图 21-3　离子化方法的发展时间与发明者

　　使用电子电离与化学电离法必须先将被分析物汽化（vaporization），所以这两种技术不适用于低挥发性、热不稳定以及凝聚态（condensed phase）的被分析物。Herzog 与Viehböck 在 1949 年提出了二次离子质谱（secondary ion mass spectrometry，SIMS）法，此方法是利用高能量离子束撞击被分析物，通过溅射（sputtering）现象生成二次离子，而这些二次离子可反映出被分析物的化学组成。上述的离子化技术属于解吸电离（desorption ionization，DI）法，其特点是利用高能量的粒子，将被分析物从样本表面解吸附，同时形成气相离子（gas phase ion），由此可利用解吸电离法分析难以汽化的物质。自二次离子质谱法出现后，许多解吸电离方法逐渐被提出，如 20 世纪 60 年代的激光解吸电离（laser desorption ionization，LDI）与场解吸（field desorption，FD），1974 年的等离子体解吸（plasma desorption，PD），以及 1981 年的快速原子轰击（fast atom bombardment，FAB）。以上几种离子化技术均可分析凝聚态物质，不同之处在于所使用的能量源。

　　对于生物大分子（多肽、蛋白质）或高分子聚合物，前述解吸电离法仍不适用；以激光解吸电离法为例，激光光束的高能量会同时使蛋白质分子发生光降解（photo degradation），生成许多难以辨别的碎片离子，所以传统的激光解吸电离法适用的分子量上限不超过1000Da。直到 20 世纪 80 年代，激光解吸电离法在大分子样品的分析上有了新的突破，日本学者 Koichi Tanaka 发现，在样品中加入基质可辅助大分子完整地离子化成分子离子，可让大分子保持完整的结构进入质量分析器被检测，并于 1987 年给出了利用该方法成功分析完整蛋白质分子的质谱图。此方法后来经过 Hillenkamp 与 Karas 两位学者改进成为更实用的技术，称为基质辅助激光解吸电离。

　　在各种解吸电离技术被陆续提出的同时，以分析液态样品为主的离子化技术又有另一段发展过程。质谱学家开始在常压下直接将液态样品喷雾成微液滴，再结合不同的离子化过程进行质谱分析。第一个实现此构想的离子化技术是 Dole 于 1968 年发表的电喷雾电离法，而 Carroll 等则在 1975 年以电晕放电（corona discharge）装置取代化学电离法所使用的灯丝，在常压下将液态样品离子化，此技术后来被称为大气压化学电离（atmospheric pressure chemical ionization，APCI）法。Fenn 等于 1988 年使用电喷雾电离法准确地测量了蛋白质的分子质量，Robb 等于 2000 年推出具有分析低极性物质能力的大气压光致电离（atmospheric pressure photoionization，APPI）。文献将与上述离子化技术类似的方法，统称为大气压电离（atmospheric pressure ionization，API）。21 世纪初期，大气压电离有了一个新的发展方向，即让离子源能够直接分析自然原始状态（native state）的样品。2004 年，Cooks 团队开发出解吸电喷雾电离（desorption electrospray ionization，DESI）法，2005 年，Cody 团队开发出实时直接分析（direct analysis in real time，DART）法。之后，质谱学家陆续提出许多概念类似的、可在大气环境下直接分析样品且几乎不需要样品前处理的离子化方法，文献中将此类离子化技术统称为常压敞开式离子化（ambient ionization）法。

以上介绍的离子化法多应用于有机化合物的分析，而在无机物或元素的分析中，则有五种常用的离子化技术，分别为 1920 年 Saha 提出的热电离（thermal ionization，TI）、1924 年 Aston 提出的辉光放电电离（glow discharge ionization，GDI）、1936 年 Dempster 提出的火花放电电离（spark ionization，SI）、1949 年 Herzog 与 Viehböck 提出的二次离子质谱（secondary ion mass spectrometry，SIMS）以及 1980 年 Houk 发表的电感耦合等离子体质谱（inductively coupled plasma mass spectrometry，ICP-MS）。

本节将针对现今较常使用的离子化法进行介绍。

21.3.1　电子电离

借助具有一定能量的电子使被分析物转化为离子，这种离子化的方法称为电子轰击或电子电离，两个名称的英文简写均为 EI。然而后者为比较正确的称呼，原因是此离子化法将电子的动能传递给被分析物使其离子化而带电。电子电离法仅能离子化气体分子，因此主要应用在挥发性较大的有机化合物的分析上。另外，由于被电子电离后的分子内能过高，因此在离子化过程中，分子离子信号不一定能在谱图中观察到。电子能量在 50～100eV 范围内离子化效率最高，过低的电子能量无法被分析物有效地吸收，反而导致离子化效率降低，过高则无法被吸收而直接穿透分子。通常电子电离使用的电子能量为 70V，此能量位于最佳离子化效率能量区间的中间值，可提供较高重现性的谱图。截至 2014 年，美国国家标准与技术研究院（National Institute of Standards and Technology，NIST）收集了包括 28 万余种不同化合物分子的电子电离质谱图库供检索比对。

21.3.2　化学电离

化学电离法的开发弥补了电子电离法不易观察到分子离子峰的不足。此离子化法利用电子先将一特定的试剂气体离子化以产生气相分子离子，再用产生的试剂气体离子与被分析物进行气相离子/分子反应，使待分析分子通过质子转移（proton transfer）或电子转移

(electron transfer) 等反应成为带电离子。此离子化法并不是使被加速的电子直接与分子作用，因此在离子化过程中不容易像电子电离那样易使被分析物发生碎裂。由于化学电离法的离子源设计与电子电离法相近，适合分析低沸点的被分析物，但可观测到分子离子峰，因此这个技术被认为是与电子电离法互补的技术。

21.3.3 快速原子轰击原理

快速原子轰击离子源的基本构造是从电子电离源改变而来的。其中快速原子枪的设计是将氙气（Xe）以 $10^{10} s^{-1} \cdot mm^{-2}$ 的流量导入，通过类似电子电离源的设计，将灯丝加热后产生的热电子经电压加速至正极，氙气分子撞击电子之后离子化形成氙气离子，氙气离子在加速电压（4~8kV）作用下形成快速氙气离子。快速氙气离子撞击其他氙气原子，经过电荷转换形成具有高动能的氙气快速原子，之后再撞击被分析物使被分析物离子化到较高的信号强度。

21.3.4 激光解吸电离与基质辅助激光解吸电离

激光解吸电离（LDI）与基质辅助激光解吸电离（MALDI）是极为相似的技术，都是以激光激发固态样品产生气态离子。LDI 法在激光发明之初就被用于检测固态样品的实验中，且常用于分析元素、无机盐、染料或者具有高吸光特性的分子，如具有电子的苯环衍生物。但是，挥发性极低的生物大分子并不适合以 LDI 法分析，因为仅靠激光产生的热量不足以使这些分子挥发，MALDI 法因此应运而生。MALDI 法适用于非挥发性的固态或液态被分析物的分析，尤其是对于离子态或极性被分析物的电离效率最好。MALDI 法与 LDI 法的差别仅在于 MALDI 法分析的是基质与被分析物混合共结晶产生的固态样品，而不像 LDI 单纯以被分析物为样品。

21.3.5 大气压化学电离与大气压光致电离

大气压电离，顾名思义是在常压下进行的离子化技术。与传统需要在真空下进行的离子化法相比，大气压电离具有直接分析液态样品、样品制备简单等优点。大气压化学电离与大气压光致电离都是大气压下进行的离子化法。其中大气压化学电离于 20 世纪 70 年代开发，工作原理与化学电离相似，主要分析对象为中低极性、分子量低于 1500Da 的小分子，如小分子药物的分析。大气压光致电离于 2000 年被提出，其长处在于分析非极性物质的能力较佳。

21.3.6 电喷雾电离

电喷雾离子源能够将溶液中的带电离子在大气压下经由电喷雾的过程转换为气相离子，再导入质谱仪中进行分析。此法是由 John B. Fenn 提出，其构想为利用物理学家已知许多年的电喷雾现象结合质谱仪，来达到精确测量蛋白质分子量的目的，并于 1989 年发表实验数据。在电喷雾电离发展的初期，人们普遍认为此离子化法十分适合用于蛋白质大分子的分析，但很快发现电喷雾电离也适用于分析极性小分子，且具有极高的灵敏度，加上易与高效液相色谱（high performance liquid chromatography，HPLC）在线联用等多项优点，为质谱分析技术写下了新的一页。其广泛应用于生物医学研究、临床检验、药物与毒物、食品安全与环境检测等领域。2002 年 John B. Fenn 荣获诺贝尔化学奖，他在质谱与蛋白质领域的贡献得到肯定，同时也宣告电喷雾电离质谱仪时代的来临。

21.3.7　常压敞开式电离

近年来质谱技术的一个新的发展趋势是让离子源能够直接分析自然原始状态的样品。例如，分析蔬菜中的残留农药时，传统的分析方法要先将蔬菜均质化，利用有机溶剂将农药萃取出来，再经过液相或气相色谱对农药进行分离，最后进入质谱仪进行分析。整个分析过程相当耗时，可能发生蔬菜已出货，检验报告才出炉的情况。直接分析自然原始状态的样品，即不论是固态样品还是液态样品，均能以最少的前处理甚至是在"零处理"条件下，在大气环境下直接对其进行分析，这也是与大气压电离的不同之处。在上述需求下，率先发展出的离子化方法为 2004 年 Cooks 团队开发出的解吸电喷雾电离以及 2005 年 Cody 团队开发出的实时直接分析。而常压敞开式质谱（ambient mass spectrometry）首次出现于 Cooks 等 2006 年发表的综述文章，解吸电喷雾电离与实时直接分析法都被收录在该文章中。

21.3.8　二次离子质谱

二次离子质谱是通过连续或脉冲的一次离子（primary ion）束轰击被分析物表面，再以质谱分析所产生的二次离子（secondary ion）的方法。其发展历史可追溯到 1910 年，J. J. Thomson 发现离子轰击可使中性与带电离子从样品表面弹射出来，而 Arnot 等的进一步研究显示二次离子包含了正离子与负离子，1949 年 Herzog 与 Viehböck 将二次离子的概念运用在质谱分析上，并进一步将之发展为二次离子质谱法。此法发展至今已具有微量成分检测、高表面灵敏度、同位素检测及空间分子分布信息检测等功能和优点，被应用于金属、盐类、有机化合物、制药、聚合物、电子材料、催化剂以及生化组织样品的成像分析上。例如，文献中曾利用 TOF-SIMS（TOF 是质量分析器的一种）来分析名画上矿物或有机颜料的分布组成。另外，Sjövalla 等则以 TOF-SIMS 分析了阿尔茨海默病模型小鼠大脑组织中的淀粉样肽（amyloid-beta peptides），并借此建立了脂质的分布图像。

从 20 世纪 50 年代 Honig、60 年代 Castaing 和 Slodzian 到 1967 年 Liebl，科学家陆续开发出更实用的 SIMS 仪器，在 60 年代美国国家航空航天局（NASA）更将该仪器用于阿波罗工程中在月球上采集的石块样本的成分分析。1970 年后，SIMS 在应用与发展上不断有突破性进展，Benninghoven 团队首先测得了氨基酸的二次离子质谱图且首次使用了"SIMS"这个缩写来代表二次离子质谱。之后相关应用延伸到表面单层分析、深层剖面分析、固体分析及成像分析等领域。现在甚至可通过相关的特征离子碎片，对分子量高达 10kDa 的化合物进行鉴定。SIMS 的应用也促进了后来可分析有机样品的快速原子轰击法的发展。

SIMS 在实际应用中可以分为动态 SIMS（dynamic SIMS）与静态 SIMS（static

SIMS)，通常静态 SIMS 配合脉冲式低流量一次离子束（$<1nA/cm^2$）进行分析，其脉冲式的特点适合与 TOF 分析器搭配使用。与静态 SIMS 不同，动态 SIMS 采用持续高流量（约 $1A/cm^2$）的一次离子束，其由于持续产生离子的特性，可与四极杆、磁场式等分析器配合使用，因此也可对无机样品进行深度剖面分析。通过动态 SIMS 即能了解材料从表面到内部所含的不同元素成分。这样的原子与小分子成分深层剖面分析的分辨率可小于 1nm，甚至可借此建立原子或小分子的三维空间分布成像。

21.3.9　电感耦合等离子体质谱

电感耦合等离子体质谱（ICP-MS）主要用于元素分析。利用 ICP 优异的离子化能力，搭配高灵敏度的质谱仪，ICP-MS 除了对大多数元素具有极低的检测限之外，同时具备多元素检测的特性以及同位素分析的能力，因而被广泛地应用于各领域的微量元素分析。1980 年 Robert S. Houk 教授等首度发表利用 ICP 离子源结合质谱仪进行微量元素分析的论文，首台商品化的 ICP-MS 仪器于 1983 年问世，从此微量元素分析技术的发展开启了崭新的一页。鉴于不同形态的元素物种在环境科学、食品营养科学以及生物医学中所扮演的角色与功能不尽相同，利用液相色谱（liquid chromatography，LC）结合 ICP-MS 进行微量元素物种分析，也成为鉴别微量元素物种的主要分析技术之一。

21.4　离子化方法的选择

在选择离子化方法时，可以大略地根据想得到的信息以及被分析物分子的物理、化学性质进行区分。由于每一种离子化方法都有特定的电离反应机理，其反应环境也已被定义得很清楚，所以能够检测的分子也有许多限制。以下就针对离子化方法选择时需要考虑的先后顺序做原则性的介绍。

21.4.1　样品的物理性质

待分析样品的物理性质决定了可以选用的离子化方法的范围。EI 与 CI 适用于气体或是汽化后仍然稳定的样品。ESI 与 APCI/APPI 适用于液态或是可溶在溶液中的样品。LDI/MALDI 则适用于固态或可溶于高沸点的液体或是可和基质形成共结晶的样品。

21.4.2　所要得到的定性信息

在 EI/CI 的使用中，EI 由于在离子化过程中主要观察到的是碎片离子，甚至无法观察到分子离子，因此并不适合于完全未知的被分析物的分析或是混合物的直接分析。虽然 EI 会发生显著的碎裂反应从而导致无法用分子离子的信号区别被分析物，但目前已有的 EI 谱图资料库已囊括了超过二十万种不同的分子，这对于无靶标（non-targeted）的分子分析十分有利。对于没有 EI 标准谱图的被分析物分子，或是分子组成过于复杂而无法利用色谱分离开的样品，CI 是一个好的选择。由于 CI 可产生主要为分子离子的信号，有利于得到分子量甚至是同位素组成的信息，这在初期鉴定完全未知的物质时十分有帮助。ESI/APCI/LDI/MALDI 也主要产生分子离子的信号，可以很容易地得到分子量以及同位素组成的信息，且可离子化较大分子量的极性分子。

21.4.3   待分析分子的分子特性

在考察上述离子化技术适用何种分子时，可以大略地将被分析物分子的分子量以及极性作为选择合适离子化方法的依据，如图 21-4 所示。

非极性的分子无法在 ESI/APCI/MALDI 中实现质子化或去质子化而电离，因此较适合选择 EI 以及 CI 对其进行分析。但过高分子量的非极性分子因为沸点过高，无法在 EI/CI 离子源中汽化，且无法通过质子化或去质子化的方法使其电离，因此目前并无适用的离子化方法。极性高的分子因为分子间作用力强，挥发性低，通常都呈现液态或固态。分子极性过高会因样品无法被汽化而无法引入 EI/CI 离子源进行离子化。若使用过高的温度汽化样品，则被分析物会因高热导致其在离子化前发生热裂解，因此极性高的分子较常采用的是直接以液态或固态的离子化法产生离子。

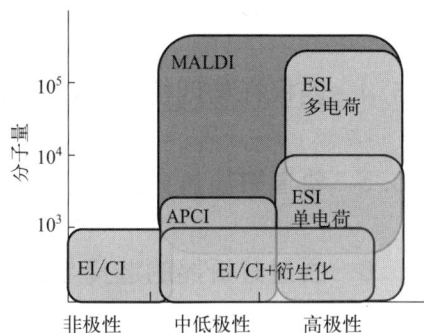

图 21-4   离子化方法的适用范围

21.4.4   与质谱联用的色谱

质谱在分析复杂混合物样品时，样品基质除可干扰被分析物的离子化效率外，还可能影响质谱进行定性定量的能力。色谱与质谱技术的联用则可以大幅降低样品基质带来的影响，并可借助被分析物的色谱峰作为定性的辅助信息，甚至可以通过色谱分离技术对分析物进行浓缩的特性将检测灵敏度进一步提升。一般而言，使用气相色谱（gas chromatography，GC）与质谱进行在线联用时，最常选用的离子化方法是 EI 或 CI，主要是由于 GC 流出的分子为气态且这两种离子化方法也需将样品先进行汽化才能进行电离。对于分离含有高极性或高沸点被分析物的样品而言，液相色谱（liquid chromatography，LC）是最常用的分离技术。ESI 由于可在大气压下将溶解的被分析物直接转化为气相分子离子，目前已成为 LC 与质谱在线联用中的主要离子化方法。

21.4.5   定量分析的需求

进行定量分析时最看重的是离子化方法的稳定度与重现性。一般而言，气态与液态离子化方法因为样品的流动性高，均匀度好，所以稳定性与重现性均适合定量分析。固态样品离子化方法，一旦某一处样品被电离，样品表面即开始变化并持续减少。再者，固态样品在表面也可能分布不均匀，造成离子信号强度的偏差。

21.5   质量分析器（数字内容）

21.5.1   扇形磁场质量分析器

21.5.2   傅里叶变换离子回旋共振质量分析器

21.5.3   飞行时间质量分析器

21.5.4   四极杆与四极离子阱质量分析器

21.5.5   轨道阱质量分析器

21.5.6   质量分析器的选择与应用

21.6   串联质谱分析（数字内容）

21.7   质谱与分离技术联用（数字内容）

21.8   真空、检测与控制系统（数字内容）

21.8.1   真空系统

21.8.2   离子检测器

21.8.3   无增益式离子检测器

21.8.4   增益式离子检测器

21.8.5   仪器控制系统

21.8.6   电源控制系统

21.8.7 同步与时序控制系统

21.8.8 数据采集系统

21.8.9 计算机辅助质谱图解析

思考题与练习题

1. 简述质谱仪仪器基本构造。
2. 简述质荷比的定义。
3. 常用的分子离子化的方法有哪些？
4. 简述电子电离与化学电离的区别。
5. 简述质量分析检测器的类型及选择依据。
6. 简述质谱技术的发展趋势。
7. 简述生物大分子的质谱分析最适宜采用的质谱分析技术及原因。
8. 简述质谱仪分析对真空系统的要求。

参考文献

[1] 刘宝友，刘文凯，刘淑景. 现代质谱技术［M］. 北京：中国石化出版社，2019.
[2] 台湾质谱学会. 质谱分析技术原理与应用［M］. 北京：科学出版社，2019.
[3] 杉浦悠毅，末松诚. 质谱分析实验指南［M］. 北京：北京大学出版社，2017.
[4] Gross J H. Mass spectrometry［M］. 北京：科学出版社，2012.

22

表面化学分析

随着近几十年航空航天、半导体、移动通信等科技产业的发展，迅速发展起来一门交叉学科——表面科学，其涵盖了表面物理、表面化学、表面分析技术三个主要方面以及正在兴起的表面生物学。事实上，公元前 5 世纪，人们就注意到了表面的特殊性质。在 19 世纪中叶工业革命较为成熟的时代，人们以实用为目的，成功地探索表面的特性和本质，直到 20 世纪 60 年代中期，表面科学才真正发展成熟。这首先得益于超高真空技术的产生，它为控制清洁的表面准备了必要的条件，同样关键的是已经发展了高度灵敏的实验技术，这才有条件对表面进行定量表征。

22.1 材料表面

22.1.1 表面的重要性

22.1.1.1 表面的概念与特点

自然界物质通常以气相、液相和固相三种状态存在，界面是多相体系中相与相之间的过渡区域，根据聚集态不同，界面可分为以下五种类型：固-气、液-气、液-液、固-液、固-固界面。通常，固-气界面或液-气界面称为固体或液体表面。本文主要讨论固体表面。

固体表面是具有一定厚度（一个原子层至几个纳米）的表面层。固体材料通过它们的表面与其所处的环境发生相互作用，由于物理结构和化学组成不同，材料表面与内部的性能存在显著差异。材料内部原子受到周围原子的相互作用，而处于表面的原子向外的一侧没有近邻原子导致受力不平衡，因此容易产生表面能或表面张力。为了降低表面的能量，表面上的原子会发生弛豫以寻求新的平衡位置，即发生重构。弛豫和重构是大多数化合物解理后普遍存在的一种表面现象。

从物理学角度来看，表面是体相结构的终止，即固体内部三维周期势场在表面发生中断，物体体相的连续性被破坏，导致表面有一部分原子的化学键向外伸展形成"悬挂键"，因而具有活泼的化学性质，材料表面也具有易受污染（如易被氧化）的特点。此外，表面原子的电子状态也和体相不同，这使得表面具有一些特殊的力学、光学、电磁性质等。

由于材料表面层很薄，表面原子密度是体相密度的 2/3，按阿伏伽德罗常数粗略计算，表面原（分）子数只占体相的 $1/10^{10}$，这导致来自表面原子的信号太弱，难以用常规的体相分析方法检测。

22.1.1.2　材料表面相关的现象

由于材料表面与体相在原子或分子几何排列、电子结构、元素组成以及化学状态方面不同，在微观上将表现出特殊的物理化学性质，引起一系列特殊的表面现象，如表面原子几何结构的变化和重构、表面原子的迁移和扩散、表面特殊的电子结构、表面活化与催化特性等。与固体表面物理性质、机械性质有关的现象有光的吸收和反射、热电子和光电子的发射、离子发射、晶体生长、热辐射、摩擦和润滑、晶粒间杂质的偏析等；与固体表面化学性质有关的现象有催化、腐蚀、粘接、吸附、电极表面反应等。

基础研究和工业技术领域的许多关键技术问题和难题都涉及材料的表面和界面问题，这使得人们对表面和界面现象日益关注，而对材料表面问题的深入研究将进一步促进高新技术产业的发展。

22.1.2　表面分析

表面分析是对材料表面进行原子数量级的信息检测，属于表面物理和表面化学的范畴。表面分析技术是研究材料表面的形貌、化学组成、原子结构、电子态等信息的实验技术，主要途径则是通过直接观察表面、断裂剖析界面以及对薄膜材料进行深度剖析等。表面分析方法可以研究材料应用中的大量科学问题，在材料科学领域中的具体应用可见表 22-1。

表 22-1　表面分析方法在材料科学领域中的一些应用

表面(直接分析)	界面(断裂或深度剖析)	薄膜(深度剖析)
分凝	偏析	层间扩散
扩散	扩散	离子注入
污染	脆化	界面反应层
吸附	晶体间腐蚀	蒸发层
氧化	烧结	涂层
钝化	黏附	层状纳米结构
催化	复合材料	电子器件
摩擦与磨损		

22.1.2.1　真空表面分析技术

表面分析技术就是利用电子束、离子束、光子束或中性粒子束作为探测束——有时加上电场、磁场、热和机械的作用——来探测处于超高真空中的样品表面，故又称"真空表面分析技术"。表面原子测得的精确比例依赖于材料形状、表面粗糙度以及表面组分，因此表面分析技术应该具有很好的灵敏度，可以从样品的体相原子中有效地分离出表面信号。

22.1.2.2　表面分析方法分类

表面分析技术可按探测"粒子"或检测"粒子"来分类。如探测粒子和检测粒子都是电子，则称电子谱；如探测粒子和检测粒子都是光子，则称光谱；如探测粒子和检测粒子都是离子，则称离子谱；如探测粒子是光子，检测粒子是电子，则称光电子谱。当然，这种谱的划分带有习惯性，并未包括所有的表面分析方法（如表 22-2 所示）。表面分析方法还可以按照用途进行分类，譬如，结构分析、原子态分析、化学成分分析等。

表 22-2　表面分析方法分类

探测粒子	检测粒子	分析方法名称	简称	主要用途
e	e	低能电子衍射	LEED	结构
	e	反射式高能电子衍射	RHEED	结构
	e	俄歇电子能谱	AES	成分
	e	扫描俄歇探针	SAM	微区分析
	e	高分辨电子能量损失谱	HREELS	原子及电子态
	I	电子诱导脱附	ESD	原子态及成分
I	I	二次离子质谱	SIMS	成分
	I	扫描二次离子质谱	SSIMS	成分
	I	低能离子散射谱	ISS	成分、结构
	e	离子中和谱	INS	最表层电子态
γ	e	X 射线光电子能谱	XPS	成分、化学态
	e	紫外光电子能谱	UPS	电子态
	e	同步辐射光电子能谱	SRPES	成分、原子及电子态
	e	角分辨光电子能谱	ARPES	电子态
	I	光子诱导脱附	PSD	原子态
e	e	扫描隧道显微镜	STM	形貌、结构及电子态
	e	场发射显微镜	FEM	结构
	I	原子探针场离子显微镜	APFIM	结构
	I	场离子显微镜	FIM	结构
T	n	热脱附谱	TDS	原子态
a	a	原子力显微镜	AFM	形貌、结构

① 表面形貌分析　表面形貌指样品表面的"微观"外形，可以利用电子显微镜、离子显微镜和扫描探针显微镜，如扫描电子显微镜（SEM）、扫描隧道显微镜（STM）和原子力显微镜（AFM）等来研究。当显微镜的分辨率达到原子分辨率时，可观察到原子排列，这时"形貌"分析和结构分析之间就没有明确的分界。

② 表面组成分析　表面组成包括表面元素的组成、化学态及其在表层中的横向和纵向分布。表面组成分析可以给出表面化学的相关细节，用于研究催化、腐蚀等科学问题，可以通过光电子能谱仪、俄歇谱仪、离子散射谱及二级离子质谱等来研究。

③ 表面结构分析　表面结构分析指确定表面原子排列，包括确定样品（单晶或多晶、无定形）表面或其上吸附层的原（分）子键长、键角和配位数等。表面结构分析可以采用低能电子衍射（适于检测单晶表面原子的二维排列）、低能离子散射谱、扫描隧道显微镜、原子力显微镜等技术。此外，还可以用特种显微镜，如原子探针场离子显微镜直接观察晶体或无定形材料表面单个原子的排列。

④ 表面原子态分析 表面原子态包括表面原子在吸附（或脱附）、振动、扩散等过程中的能量或势态。表面原子态分析常用技术有高分辨电子能量损失谱，热脱附，电子诱导脱附和光子诱导脱附等。例如，热脱附是指通过加热让已吸附的原（分）子加速脱附，测量脱附率在升温过程中的变化，由此获得吸附状态、吸附热、脱附动力学等重要信息。

⑤ 表面电子态分析 表面电子态与表面电子能级性质有关，而表面与体相中的电子能级分布有区别。表面几个原子层内存在局域的电子附加能态，包括本征表面态（由晶体内部的周期性势场至表面中断而产生的电子附加能态）和外诱表面态（由表面附近的杂质原子和缺陷引起的电子附加能态），这对表面的许多物理和化学性质会产生重要的影响。表面电子态分析可采用紫外光电子能谱、高分辨电子能量损失谱等技术。

表 22-3 列出了一些常见表面分析方法的分类、主要用途与检测特点。

表 22-3 表面分析方法分类、主要用途与检测特点

分析方法	探测粒子	检测粒子	测量类型	待检测信息			深度分辨率/nm	横向分辨率/μm	检测限（单层）/%	不能检测元素	定量不确定度	主要应用范围	备注
				信息深度/nm	主要	辅助							
X射线光电子能谱(XPS)	光子	电子	能量	1~3	元素和价态	深度剖析、价带	≤ 1	$10\sim10^3$	>0.1	H,He	$\leq10\%$	固体表面及界面	损伤程度弱
俄歇电子能谱(AES)	电子	电子	能量	0.5~2	元素	成像、化学态、深度剖析	≤ 1	≤0.01	<0.1	H,He	$\leq20\%$	固体表面及界面	损伤程度中等
紫外光电子能谱(UPS)	光子	电子	能量	0.5~2	价电子	表面态等	≤ 1	$\geq10^3$	<0.1	H,He		固体表面价带	损伤程度弱
低能离子散射(ISS)	离子	离子	能量	<0.3	元素	晶体结构、原子间作用	<0.5	$\geq10^3$	<0.1	H	$\geq10\%$	固体表面层原子	损伤程度中等
二次离子质谱(SIMS)	离子	离子	质量、质荷比	0.3~1	元素及同位素	成像、化合物分子结构	0.3~1	$>10^{-2}$	$>10^{-4}$		>20%	固体表面及界面	损伤程度严重
扫描隧道显微镜(STM)	电子	电子	电子态密度	0.01	形貌、电子态	电子态	0.01	$>10^{-4}$	单原子			导电体表面形貌及电子态	无损伤
原子力显微镜(AFM)	原子	原子	原子密度	0.1	形貌、电子态	原子密度、原子间力	0.1	$>10^{-3}$	几个单原子			非导体表面形貌和原子密度	无损伤

22.2   电子能谱技术

原子尺寸的表面和界面的化学成分决定了材料的许多特性，例如，腐蚀和氧化、晶间脆性断裂、磨损和摩擦，电子器件的性能在很大程度上也取决于表面和界面。电子能谱学是应用最广泛的表面分析方法与技术，它可以对样品表面的元素组成及其横/纵向分布情况、元素的化学态、原子和电子态、表面结构等进行定性和定量分析。

用于表面化学分析的电子能谱技术是多种能谱分析方法的集合，主要是通过各种探针（光子、原子、电子、离子等）与靶（原子、分子）相碰撞得到次级电子，而不同的次级电子携带着一系列不同的能谱信息，如表面结构、元素组成、化学键和表面振动态等，利用电子能谱方法测量并分析这些被散射或电离激发的次级电子就能够获得样品表面局部区域的结构、组成、化学价态等信息。常见的电子能谱技术包括：X 射线光电子能谱（XPS）、俄歇电子能谱（AES）、紫外光电子能谱（UPS）、电子能量损失谱（EELS）等。

电子作为检测粒子存在如下特点：①电子束容易被聚焦并且容易受外加电场调控，电子可以有效地被探测和收集，可以实现对电子的飞行角度或者能量的分析；②电子束不会影响腔室的真空度；③电子在固体中非弹性平均自由程很小。基于这些优势，电子能谱技术已经成为了一种重要的表面分析技术。

22.2.1   电子能谱学

22.2.1.1   电离过程

电离过程是电子能谱表面分析技术中的重要过程之一，其中包括光（致）电离和电子电离。

（1）光电离

当光子能量 $h\nu$ 超过电离阈值，引发电离过程，过量的能量将以动能的形式传给电子。一束单色光子辐照样品中的原子或分子 M 使其电离而发射一个动能为 E_K 的光电子，该过程可以下式表示

$$M(初态)+h\nu \longrightarrow M^+(终态)+e^- \tag{22-1}$$

式中，M^+ 是离子；e^- 是光电子。上式符合如下能量等式

$$E_B = M^+(终态) - M(初态) = h\nu - E_K \tag{22-2}$$

式中，E_B 为原子或分子 M 中的电子结合能，其值等于 M 在电离后（终态）和电离前（初态）的能量差，是使某能级（或壳层）的电子电离所需的能量。虽然一个光子只能电离出一个电子，但是光电离没有选择性，不同能级的电子都可以被电离。这个概念对正确理解光电子能谱图非常重要。

光电离过程中，当内层电子被电离就产生一个空位，会引发两个竞争的退激发过程：①当外层电子填充（跃迁）此空位时，释放的能量等于两个能级之差，该能量处于 X 射线区域并以辐射形式出现，从而产生 X 荧光能谱；②当外层电子填充（跃迁）此空位，

释放的能量导致另一个能级上的电子（称之为俄歇电子）发生电离，这个以无辐射形式发射电子的过程称为俄歇过程。

光电子动能与俄歇电子的动能是不一样的，光电子动能会随入射光子能量的增加而增加，而俄歇电子的动能只与能级跃迁的能量差值有关，因此对俄歇电子的能量进行分析可以得到样品能级的信息。光电子能谱中常伴有俄歇电子能谱，两者可以结合一起使用进行表面分析。

（2）电子电离

电子束与固体表面发生碰撞时，会发生弹性散射和非弹性散射。弹性散射过程中，电子碰撞后能量保持不变，而非弹性散射过程中，电子会通过一系列表面元激发而损失自身的能量，这些元激发一般包括激元、声子、激子等。当入射电子能量较低（小于 $500eV$）时以弹性散射为主，而入射电子能量较高（大于 $1000eV$）时则以非弹性散射为主。能量为几千电子伏的电子与固体表面作用后，可使固体表面发射中性粒子、离子、光子和电子。

电子电离过程中，入射电子主要对外层电子起作用，如果入射电子的能量较大可以引发多重电离。从固体表面发射出来的电子则由背散射电子、二次电子、俄歇电子组成。

22.2.1.2　能谱标识方法

XPS 和 AES 测量的是材料发射出的电子束的能量，因此需要用一些公式来描述观察到的信号。XPS 采用的是光谱学符号标识，而 AES 采用的是 X 射线符号标识。光谱学符号采用 nlj 来标识（见表 22-4），其中 n 为主量子数，l 为角量子数。每个电子还有一个与自旋角动量相关的轨道量子数 s，s 取值为 $1/2$ 和 $-1/2$。当角量子数大于 0 时，会产生自旋-轨道耦合作用使电子能级发生分裂，即轨道产生的峰通常会劈裂成两个峰。这种分裂可以用总角量子数 j 来表示，并且 $j=|l+s|$。轨道耦合形成双重态组分的相对强度依赖于它们相对密度分布，可用 $2j+1$ 表示。

表 22-4　X 射线符号和光谱学符号标识方法

量子数			电子能级	
n	l	j	X 射线符号	光谱学符号
1	0	1/2	K	$1s_{1/2}$
2	0	1/2	L_1	$2s_{1/2}$
	1	1/2	L_2	$2p_{1/2}$
		3/2	L_3	$2p_{3/2}$
3	0	1/2	M_1	$3s_{1/2}$
	1	1/2	M_2	$3p_{1/2}$
		3/2	M_3	$3p_{3/2}$
	2	3/2	M_4	$3d_{3/2}$
		5/2	M_5	$3d_{5/2}$

量子数			电子能级	
n	l	j	X 射线符号	光谱学符号
4	0	1/2	N_1	$4s_{1/2}$
	1	1/2	N_2	$4p_{1/2}$
		3/2	N_3	$4p_{3/2}$
	2	3/2	N_4	$4d_{3/2}$
		5/2	N_5	$4d_{5/2}$
	3	5/2	N_6	$4f_{5/2}$
		7/2	N_7	$4f_{7/2}$

22.2.2　电子能谱仪构造

虽然电子能谱仪的构造非常复杂，但是都需要具备一些固定模块，如真空系统、激发源、电子能量分析器、检测系统以及数据采集和分析系统，如图 22-1 所示。除了测试室须采用超高真空系统，进样系统也需要，用于放置待检测样品。

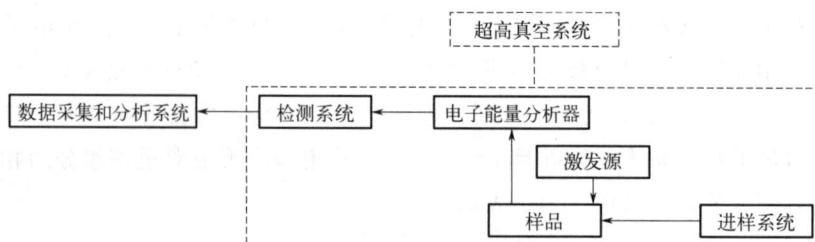

图 22-1　电子能谱仪结构框图

譬如，图 22-2 是 X 射线光电子能谱仪（ESCALAB 250Xi）的主体构造图及分析室配置示意图。仪器主要由分析室、X 射线源和电子能量分析器构成，辅以离子枪和电子中和枪等设备增加样品的可测试范围以及测试精度。

22.2.2.1　激发源

电子能谱仪的激发源通常有三种：光子源（X 射线源和紫外射线源）、电子源和离子源。其中，X 射线源又分为非单色化 X 射线源和单色化 X 射线源；紫外射线源又分为非单色化源、单色化源和偏振源。

(1) 光子源

① X 射线源　主要由灯丝、阳极靶及滤窗组成。最简单的 X 射线源就是用高能电子（从热辐射源发射出来）轰击阳极靶时发出的特征 X 射线。这些特征线的能量只取决于组成靶的原子内部的能级，因为它们是由这些原子内部的电子跃迁所产生的。高能电子在轰

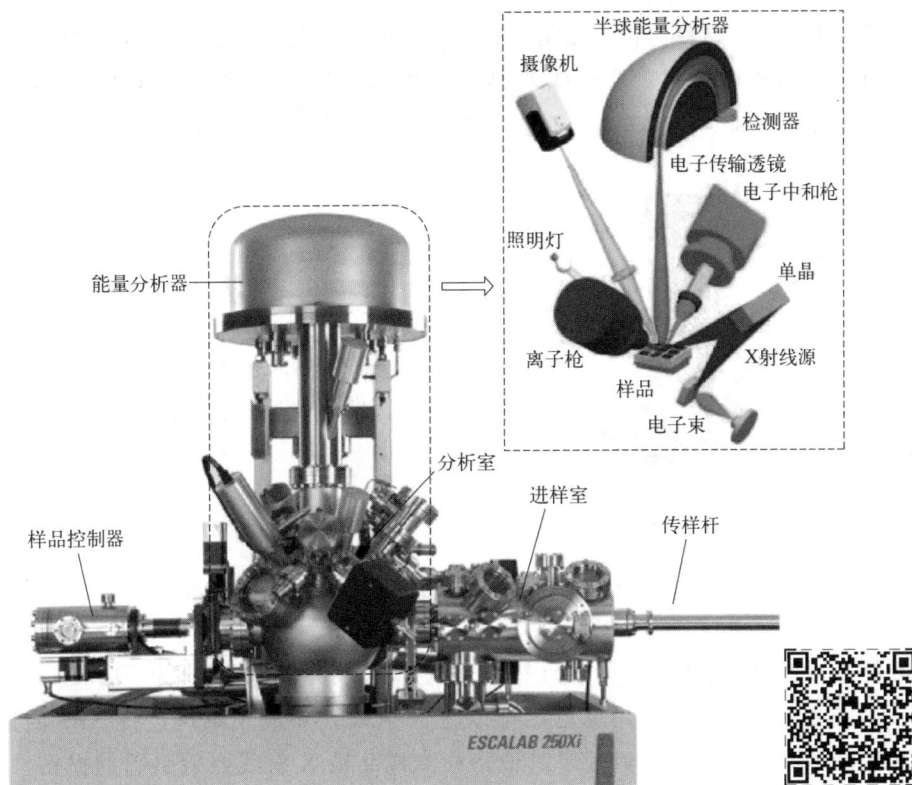

图 22-2　X射线光电子能谱仪（ESCALAB 250Xi）主体构造及分析室配置

击靶材时，骤然减速产生了韧致辐射，因而产生的 X 射线谱往往是由一些重叠的连续分布的特征线所组成的。它的最大强度大约出现在入射电子能量的 1/3 处。X 射线选用的原则须从能量、线宽、强度和稳定性等方面综合考虑。X 射线应有足够高的光子能量才能激发出各类元素的光电子，同时 X 射线的自然线宽不应对最终的峰宽造成太多延展。

目前，XPS 最常用的靶材是 Al 和 Mg，可以发出 K_α 射线，相应的能量分别为 1486.6eV 和 1253.6eV。当靶面污染或裸露铜基时，能谱图中会出现一些由它们发射的 X 射线所引起的谱线，称为"鬼线"。这些鬼线的位置见表 22-5，它们的出现会增加能谱图分析的难度。

表 22-5　"鬼线"位置

污染发射源	表观结合能与真实结合能之差/eV	
	Mg 靶	Al 靶
O K_α	728.7	961.7
Cu L_ξ	323.9	556.9
Mg K_α	—	233.0
Al K_α	−223.0	—

X射线的自然线宽对光电子能谱的分辨率影响很大，为了提高仪器的分辨率需要提升X射线的单色化程度，这样可以去除谱图中不必要的干扰部分，包括伴线、"鬼线"以及有韧致辐射产生的连续背景。X射线的单色化利用的是晶格衍射的原理。一般商用的XPS单色器多用石英晶体，通常以（10$\overline{1}$0）晶面作为衍射晶格，如图22-3所示。

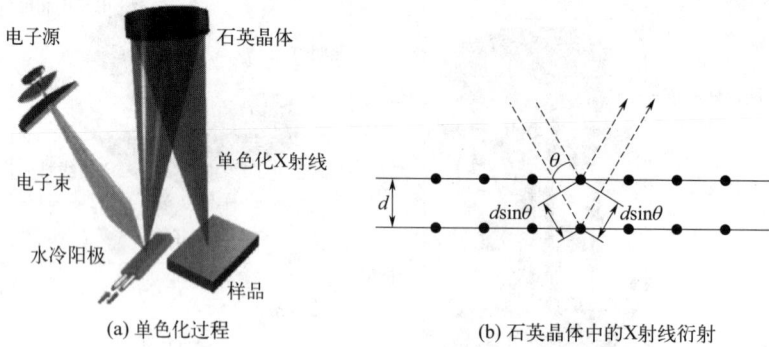

(a) 单色化过程   (b) 石英晶体中的X射线衍射

图 22-3 X射线单色化过程及石英晶体中的 X 射线衍射

采用单色器可使 Mg 和 Al 靶的自然线宽从 $0.70\sim0.85eV$ 减小为 $0.30eV$，这提高了信号与本底之比。此外，采用单色器可以将 X 射线聚焦成小束斑，将 XPS 测试范围缩小，既提高了测试精度，也避免了其他待检测样品被 X 射线照射引起的损伤。不过，使用单色化 X 射线源也有不足之处，会使样品有效分析面积上所接收的光电子数大大减少。

② 紫外射线源   常用的紫外射线源是气体放电式，所用的惰性气体是 He 气，有时也用 Ne 气，较少用 Ar 气。紫外射线源的能量与波长见表 22-6。He Iα 辐射是应用最广的真空紫外射线源，是通过将 He 原子激发到共振态后向基态跃迁产生的。通常，He Iα 辐射的自然线宽非常窄，可不用单色器。He IIα 辐射来自一次电离的 He 离子，一般强度较小，只有需要采用更高能量的辐射源来研究整个壳层的价电子时才会用到。

表 22-6 紫外射线源的能量与波长

紫外源	能量/eV	波长/nm
He I$_\alpha$	21.22	58.43
He I$_\beta$	23.09	53.70
He I$_\gamma$	23.74	52.22
He II$_\alpha$	40.81	30.38
He II$_\beta$	48.37	25.63
He II$_\gamma$	51.02	24.30
Ne I	16.85	75.59

紫外射线源的特点：能量较小（16～41eV），适用于原子价电子、外层电子、价带研究。此能量范围光电子的非弹性平均自由程较小，约为 0.5nm，故对样品浅层的能级结构更灵敏；线宽较小，约为 meV 级别，适于研究样品的振动甚至转动能级的精细结构；紫外光束斑较小，大约只有 1.5mm；具有更高的光通量，可以达到 1.5×10^{12} 光子/s。

若必要时，紫外射线源也有单色器。同时，根据测试和研究工作的需要，紫外射线源还有偏振器使之发射偏振光。

③ 回旋加速器同步辐射源　同步辐射光源由同步辐射加速器产生，可提供"红外—紫外—软 X 射线—硬 X 射线"波段能量连续可调的光源，其具有偏振性强、自然线宽窄（8keV 能量时线宽仅 0.2eV），并且辐射强度高和发散小的特点，因此对价带及内层能级的电子都有效。同步辐射源所用的电子能量可达 1～7.5GeV，辐射的光子能量为 $1 \sim 10^5$ eV，相应波长为 $1\mu m \sim 0.01nm$。由于专用的同步辐射加速器造价昂贵，所以没有普及使用。

（2）电子源

电子源是用于产生具一定能量、分散度、束斑以及强度的电子束。电子能谱仪中，电子源可用作俄歇电子能谱、二次电子扫描电镜、扫描俄歇微探针、能量损失谱及低能电子衍射等的电子激发源。电子源类型包括热电子源和场发射源。a. 热电子源：如钨丝、氧化物阳极和六硼化镧（LaB_6）单晶等构成的电子枪。由金属的热发射过程得到的电子束具有可聚焦、偏转、对原子的电离效率高等特点。相比而言，LaB_6 的工作温度为 1800K，而钨为 2300K；此外，表面没有电压降使得 LaB_6 发射体的电子束能量发散度比钨发射体小。b. 场发射源：利用肖特基势垒，在一定电场作用下，费米能级附近的电子发生隧道穿透效应产生场发射，从发射体发出的电子无能量损失并且能量分布窄。场发射源最小电子束斑直径小于 100nm，电流密度可达 1nA/20nm，为高亮度源。不过，场发射体制造成本高，操作条件严格。场发射源处的真空度应优于 1×10^{-9} Torr❶，并且使用过程中不能突然停电，否则会使场发射针尖变钝，严重影响场发射能力。

（3）离子源

离子源是用于产生一定能量、分散度、束斑以及强度的离子束，主要用作二次离子质谱（SIMS）和低能离子散射谱（LEISS 或简称 ISS）中的激发源；电子能谱仪中用于离子刻蚀剥离样品表面层，从而清洁样品表面或进行深度剖析。

22.2.2.2　电子能量分析器

电子能量分析器的功能是基于偏转场或减速场中的电子运动特点检测样品发射出来的电子的能量分布，是现代电子能谱仪的"心脏"部件，其特性参数包括能量分辨率、灵敏度、传输率。任何系统，只要它的传输过程是电子能量的函数，就可用作电子能量分析器。

（1）电子能量分析器的主要性能指标

① 能量分辨率　用某一波长电子束能量（E）的分布曲线的半高宽 ΔE 表示，相对分辨率可表示为 $R = \Delta E / E$。对 XPS 而言，要求分辨率在 1000eV 时约为 0.2eV，即 R 为 1/5000，这个分辨率对于电子能谱的应用已足够。

---

❶　1Torr= 133. 3224Pa。

② 传输率   为能量分析器收集到的电子数和样品有效面积（采样区）发射的电子数之比，通常传输率越大越好，传输率一般为小于 1 的分数。

③ 灵敏度   以脉冲数/s 表示，传输率越大，灵敏度越高。

（2）工作方式

电子能谱仪中常用的静电偏转型分析器有半球形能量分析器（HSA）和筒镜式能量分析器，如图 22-4 所示。其中，半球形能量分析器多用在 XPS、UPS 仪器中，样品和分析器间通常由一个透镜或一组透镜组成。一般认为，对扩展的光电子信号源而言，如 XPS 样品在 X 射线辐照下，发射光电子的有效面积可达毫米级别，采用半球形能量分析器较好；但对点式电子信号源而言，如 AES 样品在电子束辐照下，发射俄歇电子的有效面积较小，只有微米级别，采用筒镜式能量分析器较好。

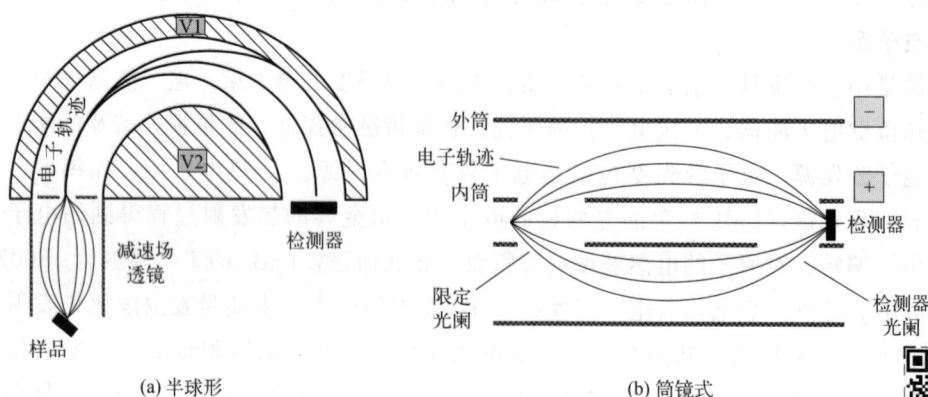

(a) 半球形   (b) 筒镜式

图 22-4   半球形能量分析器和筒镜式能量分析器

半球形能量分析器也就是大家熟知的同心半球形分析器，即由同心半球电极组成，在两个半球电极上加上电势差，外半球电极的电压更负，电子在入口处切向进入两个半球之间，只有满足以下特定能量的电子才能到达检测器。

$$E = e\Delta V R_1 R_2 / (R_1^2 - R_2^2) \tag{22-3}$$

式中，E 为电子动能；e 为电子电荷；ΔV 为半球电极的电势差；R_1 和 R_2 分别为外半球和内半球的半径，为常数。式（22-3）可以简化为

$$E = K e \Delta V \tag{22-4}$$

式中，K 为已知量，是电子能谱仪常数，与具体的分析仪的构造有关。能量小于 E 的电子被内球吸收，能量大于 E 的电子被外球吸收。连续改变 ΔV，不同能量的电子将依次通过分析器被探测，完整记录下来就形成了电子能谱图。

HSA 的优点是具有双聚焦特点，透过率和传输率都很高，在收集端可以采用单通道和多通道电子倍增器用来提高分析速度。此外，电子入射狭缝越宽，分辨率则越差。虽然低通过率可以改善分辨率，但是电子传输率减小会使得信噪比变差。一般能量分析器能量增宽引起的极限能量分辨在 0.25eV 量级。

通常，样品上发射的电子动能太大则无法得到足够高的谱分辨率，在能量分析器前需

要对电子进行预减速。

22.2.2.3 检测系统

光电子能谱仪中被检测的电子流非常弱，一般在 $10^{-13} \sim 10^{-19}\,A/s$，所以多采用电子倍增器加计数技术。要提高光电子能谱仪接收的灵敏度，涉及：①X 射线源等激发源的强度；②电子透镜和能量分析器的传输率（或透过率）；③电子检测器的效率。

22.2.2.4 真空系统

真空系统应满足真空度高、抽真空速度快、耐烘烤、无磁性、无振动等要求。超高真空系统（$10^{-8} \sim 10^{-12}\,Torr$）是现代电子能谱技术不可或缺的部分，这是因为：

a. 表面分析技术对材料表面清洁度要求严格，须达到"原子级清洁"水平，只有在超高真空中，材料表面才不易被残余气体污染。假定真空中残余气体原（分）子的黏附系数为 1，即每次撞击样品表面都会发生黏附。在这种情况下，可以粗略计算所需真空的情况。1 Langmuir（吸附单位）$= 10^{-6}\,Torr \cdot s$，这意味着在 $10^{-6}\,Torr$ 的真空条件下，1s 内就可在样品表面吸附一个单原（分）子层；而进行一次真空表面分析需要至少 $10^3\,s$ 的时间，为了确保样品表面污染的程度不超过一个单原（分）子层，真空度要求优于 $10^{-9}\,Torr$。

b. 电子信号容易受残余气体分子散射的影响，除非气体分子的浓度处于很低的水平，电子才能获得足够长的平均自由程而不被散射损耗掉。

通常电子能谱仪真空系统的工作范围为 $10^{-8} \sim 10^{-10}\,mbar$。常用的真空测量计有：皮氏计（热传导真空计），其测量范围为 $100 \sim 10^{-1}\,Pa$；B-A 电离真空计（或称离子规），测量范围为 $10^{-1} \sim 10^{-9}\,Pa$。

真空泵可分为气体传输泵和气体捕集泵。气体传输泵可将气体不断地吸入和排出泵外，如旋转机械泵、涡轮分子泵和油扩散泵；气体捕集泵使气体分子短期或永久地被吸附或凝聚在泵的内表面，如分子筛吸附泵、钛升华泵、溅射离子泵、低温深冷泵等。通常电子能谱仪多使用涡轮分子泵和离子泵，并配以钛升华泵作为辅助泵来快速达到所需的真空度。

电子能谱仪几乎全部由不锈钢材料制成，但是低能电子的运动轨迹强烈受到地磁场的影响，因此样品分析室和能量分析器周围需要进行磁场屏蔽，最好采用高磁导率材料金属（$Fe_{18}Ni_{75}Cr_2Cu_5$）来制造。

22.2.3 光电子能谱仪的发展历程

1907 年，P. D. Innes 记录下金属表面发射出的电子随动能变化的宽谱带，这也成为有史以来的第一张 XPS 谱图。第二次世界大战后瑞典物理学家西格巴恩和他在乌普萨拉的研究小组于 1954 年获得了氯化钠的首条高能高分辨 X 射线光电子能谱，显示了 XPS 技术的强大应用前景。1967 年之后，西格巴恩等人就 XPS 技术发表了一系列学术成果，研究了结合能因化学键而产生的位移，向世人普及了 XPS 的作用。1969 年，他参与研制世界上首台商业单色 XPS 仪，并于 1981 年获得了诺贝尔物理学奖。

与 XPS 原理和仪器基本相同的 UPS 也获得了快速发展。1962 年，Tuenrr 和 Al-jobou-rV 研究分子轨道结合能时，选择 HeⅠ共振线作为紫外光激发源得到了紫外光电子能谱。由于紫外线的能量比较低，只能激发原子或分子的外层轨道电子，因此只能研究原子和分子的价电子及固体的价带，对于分析化学键的特征十分有效。紫外线的单色性比 X 射线好得多，因此紫外光电子能谱的分辨率更高。XPS 和 UPS 主要区别在于，前者采用 X 射线作为激发源，后者采用真空紫外线作为激发源，它们获得的信息既是类似的，也有不同之处，它们在分析化学、结构化学等材料表面研究应用方面可作相互补充。

长期以来，俄歇电子被视为原子物理学中的一个特殊主题，在实际应用中并无实际用途。1953 年，兰德博士首先使用电子束辐照固体的二次电子发射光谱，提出通过特征性的俄歇电子峰进行表面分析的可能性。1967 年，哈里斯采用了扇形静电分析仪，差异化地显示了电子能量分布，大大地提高了俄歇电子峰的信噪比。1969 年，帕姆伯格等人研制出筒镜式能量分析仪，提高了 AES 方法的灵敏度，使检测极限提至 0.1% 原子单层。自此俄歇电子能谱仪开始应用于固体的表面和界面分析。

早期的模拟仪器时代，XPS 仪器的信噪比较低并且 X 射线源的激发密度较低，因此相对于 AES 技术发展较慢。1970 年之后数字仪器不断发展，具备了多通道检测和更高的分析传输能力，XPS 和 AES 技术在材料科学领域中的应用开始加快。与 AES 技术相比，XPS 技术没有一次电子，因此背景的影响通常要小得多，更容易测量到信号峰。1988 年后 XPS 技术得到迅猛发展。与之相对的是，AES 谱图较难解释和量化。尽管 AES 的发展不及 XPS，但是它在需有高空间分辨率的情况下，例如，表面和晶界偏析的研究以及扩散和界面反应中仍有重要应用。

以下着重介绍 XPS 技术。

22.2.4 XPS 工作原理和实验技术

22.2.4.1 结合能的测定

费米能级（E_F）指温度为绝对零度时固体能带中充满电子的最高能级；真空能级（E_V）指真空中电子刚好脱离核的束缚或者吸引时的能级。对于孤立原子或者分子，使某一能级上的电子脱离原子核的束缚而转移到无限远处所需要的能量即为电子的结合能（E_B），通常以真空能级为能量零点。如果分析室的材质对电子的影响可以忽略的话，那么电子的结合能可以从光子的入射能量和电子的动能（E_K）求出，即 $E_B = h\nu - E_K$。

对于固体样品，需要考虑晶体势场和表面势场对光电子的束缚作用，通常选费米能级作为能量零点。电子能量达到费米能级的能量时，尚未脱离原子核的束缚，真空能级则是价带以外的能级，因而费米能级低于真空能级，电子从费米能级跃迁到自由电子能级（真空能级）所需要的能量即为逸出功 W，即功函数。因而

$$E_B = h\nu - E_K - W \qquad (22-5)$$

对于导电性能良好的固体样品，和能谱仪有良好的电接触，因而两者费米能级一致。图 22-5 显示了 XPS 中固体材料的能量关系。

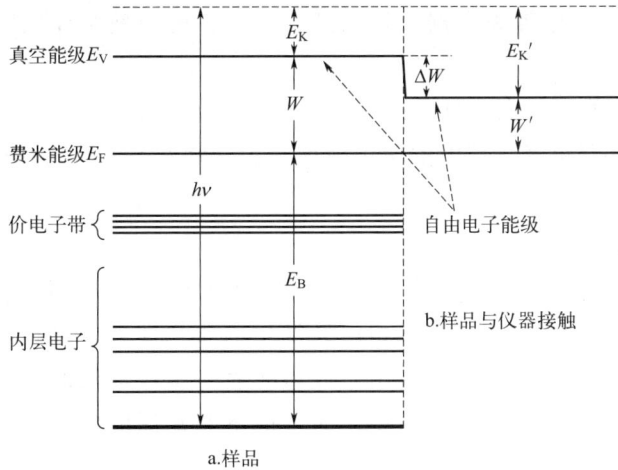

图 22-5　XPS 中固体材料的能量关系

电子结合能可以通过能谱仪实际测出的电子动能 E_K' 来计算

$$E_B = h\nu - E_K' - W' \tag{22-6}$$

式中，W' 为仪器的功函数，是一个定值，通常在 4eV 左右。对于绝缘样品，费米能级不明确，因而无法通过能谱仪的功函数来确定样品的绝对结合能值。

22.2.4.2　XPS 谱图

X 射线照射样品材料的同时，测量从材料表面出射的电子数量和动能可以获得 XPS 谱图，该谱图表示的是光电子信号强度与其动能（或与原子核的结合能）的关系。光电子能谱图的横坐标通常以光电子的结合能或动能表示，纵坐标以电子数/s 表示。

XPS 谱图采集方式有两种，第一类是宽谱扫描即全谱扫描，采用 Al 和 Mg 的 K_α 射线辐照，可以获得元素周期表中（除 H 和 He 元素除外，光电离截面太小以至无法检测）几乎所有元素的特征能量的光电子峰。全谱扫描的扫描效率高，但是分辨率低，可用于元素鉴别。第二类为窄谱扫描，可获得高分辨窄谱，范围在 $10\sim30eV$，针对的是某一元素的特征谱进行的窄扫，分辨率高，可以用于元素化学态分析。XPS 产生的光电子的结合能仅与元素种类和电子轨道有关，每一种元素都有特定的光电子谱，因而这种"指纹"峰是定性和定量分析的重要依据。

（1）谱峰特征

XPS 谱峰可以用四个特征来描述：

a. 峰的位置代表结合能，与元素、能级轨道、化学态有关。

b. 峰的强度指峰高与表面原子浓度、原子灵敏度因子成正比，而后者又与光电离截面有关。此外，峰强度还与光电子检测角度、光电子能谱仪等其他一些因素有关。

c. 峰宽以峰位强度一半处的宽度即半高宽（FWHM）表示。光电子谱线宽度与元素谱峰的自然宽度、X 射线源的自然线宽、电子能量分析器增宽以及样品的表面状态有关。通常高分辨主峰峰宽值在 $0.3\sim1.7eV$。

　　d. 对称性。金属中的峰的不对称性是由金属费米能级附近的低能量的电子-空穴激发引起，即价带电子向导带为占据轨道跃迁，不对称度与费米能级附近的电子态密度有关。

　　X 射线激发源的能量较高，可以同时激发多个轨道上的光电子，因此大部分元素的 XPS 谱图上会出现多组谱峰，其中谱图中强度最大、峰宽最小、对称性最好的谱峰，称为主谱峰。

（2）非弹性本底

　　XPS 谱显示出特征的阶梯状本底（如图 22-6 所示），即光电发射峰的高结合能端本底通常比低结合能端的高。这是由体相深处发生的非弹性散射过程造成的。因为只有靠近表面的电子才能无能量损失地逸出，分布在表面中较深处的电子将损失能量并以减小的动能或增大的结合能的状态出现，而表面下非常深的电子将损失所有能量而不能逸出。

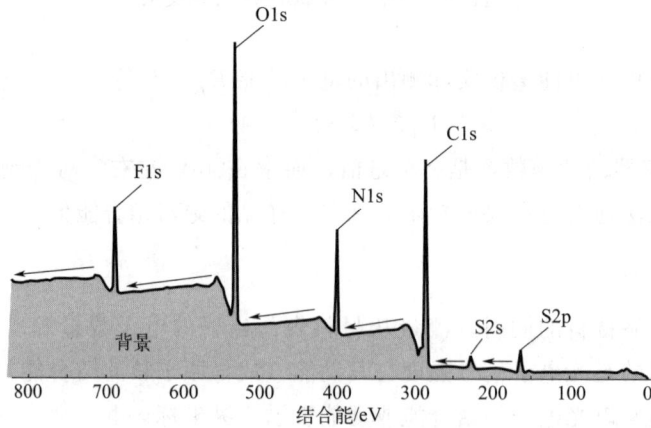

图 22-6　不同元素电子非弹性散射在 XPS 谱图中形成的背景

（3）自旋-轨道分裂

　　自旋-轨道分裂是初态效应，是由自旋角动量（s）和轨道角动量（l）耦合而引起原子轨道能级的分裂，总角动量 $j=|l+s|$，其中 s 取值为 $1/2$ 和 $-1/2$。s 轨道（$l=0$）不发生自旋-轨道分裂，XPS 谱图中呈现单峰；p、d、f 轨道发生自旋-轨道耦合分裂，XPS 谱图中呈现双峰。

　　自旋-轨道耦合分裂能级的简并度为 $2j+1$，XPS 谱图中两个分裂能级峰面积（或强度）正比于简并度，譬如，$p_{1/2}$ 和 $p_{3/2}$ 分裂能级峰强度比为 $1:2$，$d_{3/2}$ 和 $d_{5/2}$ 分裂能级峰强度比为 $2:3$，$f_{5/2}$ 和 $f_{7/2}$ 分裂能级峰强度比为 $3:4$。此外，分裂能级间存在能量差（ΔE_j），j 值低的分裂能级轨道上电子结合能高。ΔE_j 与核屏蔽作用有关，角量子数大的轨道所受屏蔽作用更大，即 n 固定时，ΔE_j 随 l 增加而减小，因而 ΔE_j 存在如下关系：$3p>3d$，$4p>4d>4f$。如图 22-7 所示，Ag 3d 的分裂能级能量差为 6eV，而 Ag 3p 分裂能级能量差可达 31eV。

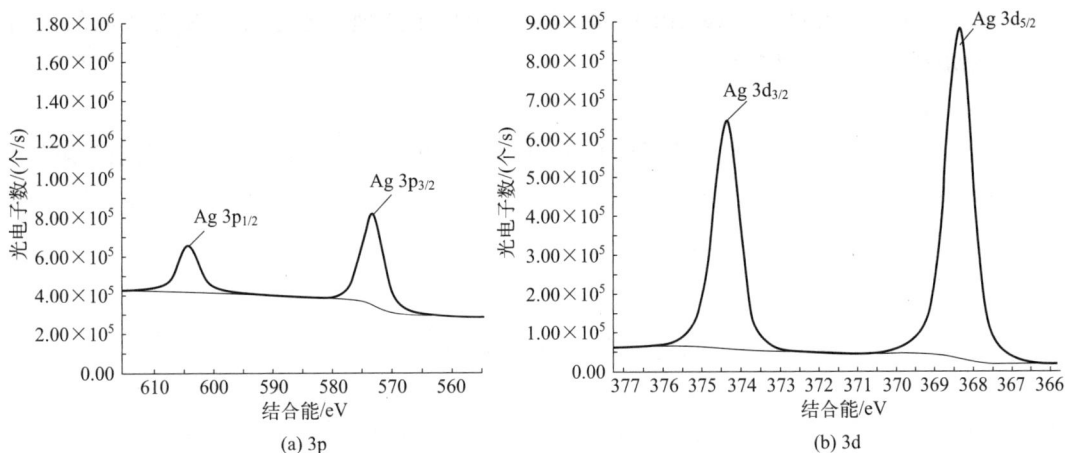

图 22-7　XPS 谱图中 Ag 的 3p 和 3d 分裂能级峰

22.2.4.3　信息深度

当具有足够能量的光子或粒子（如电子、离子或中性粒子）与气体、液体或固体中的原子和分子碰撞时，原则上都可以引起电离或激发。1000eV 的光子、电子和离子在固体样品中的透入深度大致为 $1\mu m$、2nm、1nm。尽管 X 射线具有很高的能量，X 射线光子可穿透固体深度达 $1\mu m$，但是只有一定能量的电子才能逃逸出样品表面层。因为光电子在离开物质表面之前，在其内部经历了弹性或非弹性散射，会不断改变运动方向。若发生非弹性散射将改变光电子动能，甚至激发出不同动能的二次电子。由于电子在固体中非弹性散射界面很大，非弹性平均自由程很短，因此只有极浅表面层中的少部分电子能够保持原有特征动能逃逸出物质表面。根据 Beer-Lambert 关系式，在垂直于表面的方向上，样品内部深度大于 z 时，可被激发逃逸出样品表面的电子数 N 与 z 之间存在如下关系

$$N = N_0 e^{-\frac{z}{\lambda}} \tag{22-7}$$

式中，N_0 表示样品内部所有可被激发逃逸出样品表面的电子数；λ 为衰减长度。当忽略弹性散射，λ 可近似为非弹性散射平均自由程。对于大多数材料而言，能量为 $100\sim1000eV$ 的电子的非弹性散射平均自由程一般在 10 个原子层以内。从式(22-7) 可知，当 z 小于 λ、2λ、3λ 时，可被激发逃逸出样品表面的电子数分别只占 63%、86%、95%，即大约 95% 的信号在 3λ 以内的深度范围内可被接收到，因而常常把 3λ 称为信息深度。XPS 的信息深度通常在 10nm 以内。

22.2.4.4　深度剖析

电子能谱虽然是表面分析方法，但是结合其他技术的应用也可以提供组分随深度变化的信息。采用机械剥离的方法可以使材料露出新的表面，由此通过 XPS 检测组分随深度的变化，不过材料表面的剥离和检测是在不同仪器上开展的。采用离子溅射的方法可以原位剥离样品表面物质，然后经过 XPS 测试可以获得新的表面组成，通过控制剥离的时间，

则能够实现组分随深度变化的检测。当然，还有非破坏性的深度剖析方式——角分辨XPS（angle resolved XPS，ARXPS），原理是基于比尔定理，通过改变 X 射线源的入射角，控制取样的信息深度。

（1）ARXPS

ARXPS 是测量 X 射线光电子强度和 X 射线入射角（等于电子发射角度）之间函数关系的一种方法。当 X 射线源入射角度与表面法线的夹角为 θ 时，样品内部深度大于 z 可被激发逃逸出样品表面的电子数 N 与 z 之间存在如下关系式

$$N = N_0 e^{-\frac{z}{\lambda \cos\theta}} \tag{22-8}$$

分析深度依赖于 X 射线源入射角度。当 $\theta = 0°$ 时，分析深度 d 为 3λ，这也被认为是 XPS 的分析深度；当 $\theta \neq 0°$ 时，分析深度则为 $3\lambda\cos\theta$。当需要在很小深度范围内检测样品表面的组分变化时，采用 ARXPS 非常有效。ARXPS 已被证明可用于研究薄层钝化膜、碳污染层、扩散剖析、氧化的表面处理、聚合物表面偏析等方面。图 22-8 显示的是 ARXPS 检测原理示意图。

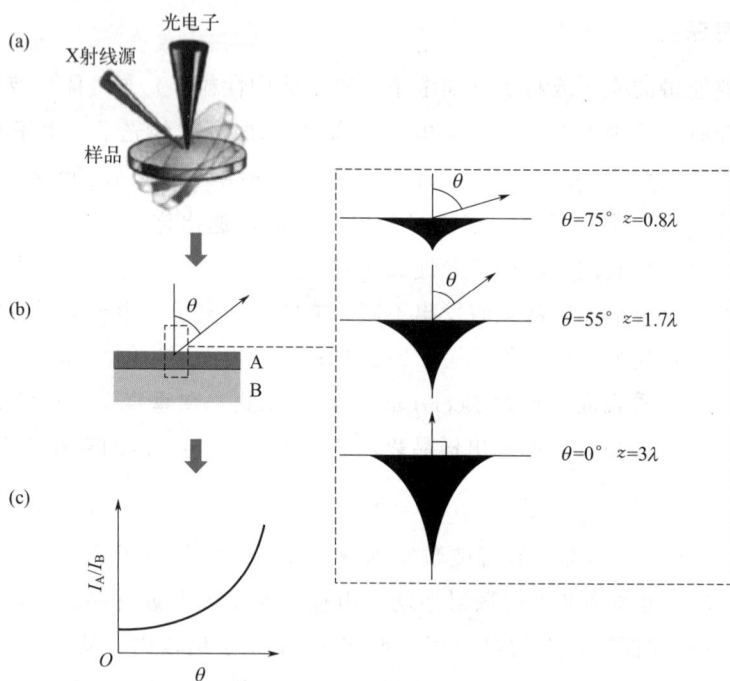

图 22-8　ARXPS 的检测原理示意

[（a）通过改变样品放置角度从而调整 X 射线源入射角 θ；（b）检测深度 z 与 θ 之间的关系；
（c）表层物质 A 与基底物质 B 的检测信号强度比（I_A/I_B）与 θ 之间的关系]

ARXPS 不破坏现存的化学态信息，或者说损伤的速率足够慢，更容易获取近表层的化学态信息；在对样品的表面信息比较清楚的情况下，深度分辨率很好。不过，ARXPS 不适合分析深度较大的场合，也不适合分析高度有序的晶体（如电子材料），因为会出现

强烈的光电子衍射效应。实际应用中，表面氧化物和污染中的无序足以允许 ARXPS 的定量分析，因而 ARXPS 是确定氧化层厚度和存在碳污染的氧化态的相对简单和快捷的方式。它也可以用于较复杂样品的结构，如图 22-9 显示的是砷化镓（GaAs）的 ARXPS 谱图，当 X 射线入射角为 80°时，As 3d 信号以 As 氧化物含量为主，随着 X 射线入射角变小，检测深度变大，来自 GaAs 本体的信号强度逐渐增强。

（2）溅射深度剖析

尽管 ARXPS 对于表面 1～10nm 深度的组分变化检测很有用，但是受限于检测机理，其对于更深的组分变化则无能为力，而通过离子溅射可以剥离材料最外层得到新的表面，由此进行更深度的组分剖析，测定元素组成在样品的纵深分布，这就是溅射深度剖析。

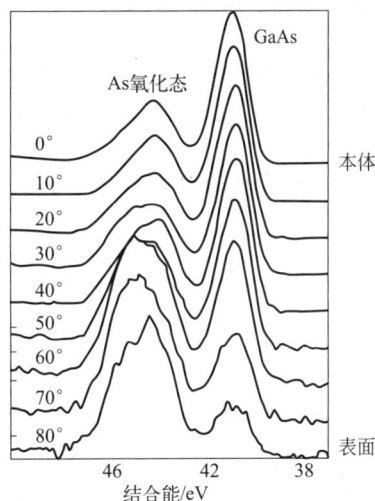

图 22-9 砷化镓（GaAs）的 ARXPS 谱图：不同 X 射线入射角度采集到的 As 3d 窄谱

当一次离子与样品表面碰撞发生相互作用，将能量传输给靶原子，该能量值与入射离子和靶原子的质量有关。在深度剖析中，常用惰性气体离子溅射，氩离子有较快的刻蚀速率，而且价格适中。分析区内表面应尽可能平坦，否则测到的信号会来自不同的深度，使得深度分辨率变差。离子束流密度分布并不是均匀的，这会导致样品表面出现底部呈弧形的"坑"。通常，离子扫描范围至少应是离子束的 5 倍，才能找到较平坦的区域进行测试。

不过需要注意的是，XPS 深度剖析中离子能量通常为 0.5～5keV，离子在轰击材料表面的过程中，可能注入其中导致出现其谱线。一次离子与样品表面作用引起原子的混合会导致深度分辨率变差。此外，溅射过程可能会对某一特定类型的原子或离子择优溅射，或者出现离子诱导反应等，而且随着材料的不断剥离，其表面粗糙度会变大。

22.2.4.5 成像 XPS

大面积接收信号的 XPS 获取的是平均浓度信息，对非均质样品的表面化学分析并不适用，而复杂体系的性能与表面浓度分布有关，这促使了成像 XPS 技术的发展。表面分析用的成像 XPS 是利用 X-Y 坐标揭示元素分布形成表面图像，由此提供表面相邻区域元素和化学组成的空间分布。尽管光电子成像强度变化提供了样品不均匀性的相关信息，但是样品表面形貌和化学性质可能对图像信号强度变化也有影响，因此在进行数据分析时应格外小心。

成像 XPS 过去使用不多主要是因为需要较长的数据采集时间以及受空间分辨率的限制。近年来，XPS 成像成为了获取空间分布信息的有效方法。对光电子成像进行小面积选区分析可提供微观尺度内的化学性质和宏观尺度内材料性质的相关性。成像 XPS 对使用其他表面技术难以分析的材料，如微米或毫米尺度下的非均匀材料、绝缘体、电子束轰击下易损伤的材料或须了解化学态在其中如何分布的材料十分有用。最先进的成像 XPS 仪器可以提供空间分辨率高达 2～5μm 的表面元素或化学分布图，由此获得空间分辨率为 10～15μm 的图像。

22.2.5　XPS谱图分析

XPS谱图中，通常会包含光电子谱峰、俄歇电子谱峰和价带谱，X射线卫星峰、震激谱线、多重分裂和能量损失谱等则为次级结构。

22.2.5.1　初态和终态效应

光电离的最终产物是处于特定状态的离子和一个被电离的电子，光电子能谱中观察到的结构应与电离体系相关，每个谱峰对应于电离体系的各个电子态。实际中还应考虑仪器接收（光源、能量分析器展宽等）因素。譬如，XPS中X射线能量较大，所有的初态电子均会被激发电离，终态远离费米能级，观察到的态密度反映初始态密度；UPS中紫外光能量较小，因而电离体系终态在费米能级以上不远处，能态结构还是比较丰富的。此时实验测量所得到的谱带强度应是初始占据态、空态、终态以及跃迁概率的综合体现，是它们的卷积，所以价带谱形状与光源能量有着强烈的相依关系，与初态密度不再是一个简单的关系。

光电离的过程可以分为三个步骤：①光的吸收和电离（初态效应）；②原子响应和光电子发射（终态效应）；③电子向固体表面输送并克服表面功函数逃逸。所有过程均对XPS谱图有影响。发生光电效应时，样品的状态与电子的结合能符合以下关系式

$$E_B = E_f - E_i \tag{22-9}$$

式中，E_B 为电子能谱中测得的结合能；E_f 和 E_i 分别为待测样品体系的终态和初态能级结构。对大多数样品而言，初态效应是 E_B 变化的主要因素，然而从等式可以看出，终态不同也会导致不同的 E_B 值。

（1）初态效应

初态是光电发射之前原子的基态，如果原子的初态能量发生变化，例如与其他原子化学成键，原子核外层电子的屏蔽效应发生改变，此时原子中的电子结合能就会发生改变从而引起峰位的变化，即化学位移。原子化学环境不同，大体包含两重意思：一是指与它相结合的原子种类和数量的不同；二是原子具有不同的价态。随着元素氧化态升高，光电子从元素中激发出射所需的能量越高，即 E_B 越大。除少数元素（如 Cu、Ag）内层电子化学位移较小，在XPS谱图中不太明显外，一般元素化学位移在XPS谱中均可分辨。利用这种化学位移，则可以进行化学价态分析。图22-10显示不同官能团中 C 1s 信号出峰位置是不一样的，C—C/C—H 键中 C 1s 信号峰值为 284.8eV，C—O 键中 C 1s 信号峰值为 286.5eV，C=O 键中 C 1s 信号峰值为 288.7eV。

（2）终态效应

电离过程中引起的各种激发形成终态对电子结合能的影响称为终态效应。电子从内壳层被电离，原来体系的平衡势场被

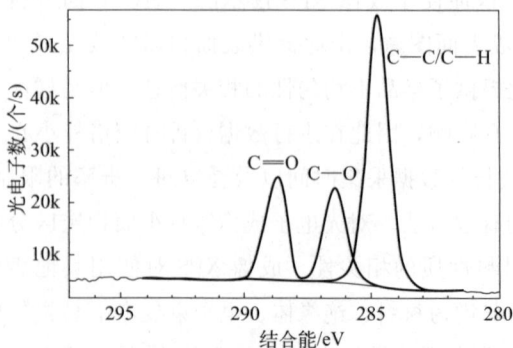

图 22-10　不同化学环境下的 C 1s 峰

破坏，终态离子处于不稳定的激发态，发生弛豫效应（退激发而变成稳定状态），其余轨道电子结构将作重新调整，电子轨道半径将会出现收缩或扩张，变化的幅度在 $1\%\sim10\%$。通过弛豫，离子回到基态同时释放出弛豫能。弛豫过程大体和光电发射同时进行，其加速了光电子的发射，使得电子结合能变小。弛豫能越大引起 XPS 中的伴峰也更多、更强。

事实上电离过程中除了弛豫现象外，还会出现诸如多重分裂、电子的震激和震离等状态。这些复杂现象与体系的电子结构密切相关，它们在 XPS 谱图上表现为除光电子主峰外的若干伴峰，使得谱图出现复杂的精细结构。

22.2.5.2　俄歇电子参数

俄歇电子谱线总是出现在 XPS 谱图中，其具有比光电发射峰更宽和更为复杂的结构，其动能与激发源能量无关。在 XPS 谱中，把由 X 射线激发的俄歇线看作一种伴线，可以观察到 KLL、LMM、MNN 和 NOO 四个系列的俄歇线。俄歇电子峰多以谱线群的形式出现。由于俄歇线的动能与激发源无关，而光电子的动能会随光子能量的增加而增加，因此利用双阳极激发源很容易把 XPS 中的俄歇线区分出来。

XPS 中俄歇电子谱线的化学位移比相应光电子谱线的化学位移要大得多，因此可以对样品分析提供有价值的信息，是 XPS 电子信息的补充，可以用于元素的定性分析。例如，金属钠在 265eV 附近的 Na KLL 强度是 Na 2s 光电子谱线的 10 倍。

C. D. Wagner 提出可以采用最强和最锐的俄歇电子谱线和光电子谱线对应的动能之差来定义俄歇参数。

$$\alpha = E_K^A - E_K^P \quad (22\text{-}10)$$

式中，E_K^A 为俄歇电子谱线对应的动能；E_K^P 为光电子谱线对应的动能。为避免负值，可以修正上式

$$\alpha' = \alpha + h\nu = E_K^A + E_B^P \quad (22\text{-}11)$$

式中，E_B^P 为光电子谱线对应的结合能；α' 可用于表征样品的特征，与 $h\nu$ 以及样品荷电位移、仪器能量零点校正无关。俄歇参数除了可以提供化学态信息，还可以提供晶体结构的信息，而采用修正的俄歇参数还可以提供弛豫能的信息。在直角坐标系中，画出 E_K^A 和 E_B^P 的二维化学状态平面图，可以组建一个图形方格表示俄歇参数，该图称为瓦格纳图。不同化学与物理状态的样品在瓦格纳图上的分布具有一定的规律。图 22-11 是基于 As 3d 和 As LMM 谱线修正的二维化学状态平面图。

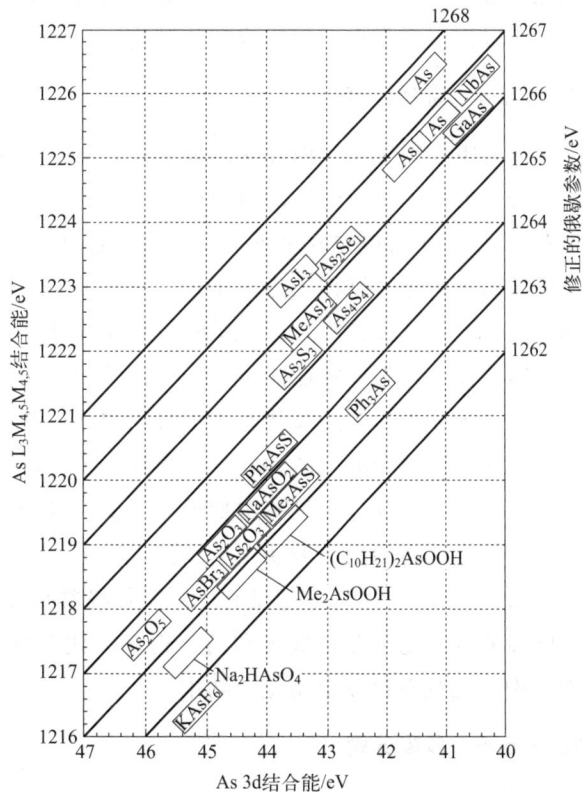

图 22-11　砷的二维化学状态平面图

22.2.5.3　价带谱

两个以上的原子以电子云重叠的方式形成化合物，根据量子化学计算结果表明，各原子内层电子几乎仍保持在它们原来的原子轨道上运行，只有价电子才形成有效的分子轨道而属于整个分子。正因如此，不少元素的原子在不同化合物分子中产生的内层光电子的结合能并没有什么差异，在这种场合下研究内层光电子谱线的化学位移便显得毫无用处，观测它们的价电子谱则有可能根据其位置和峰形变化来判断该元素在不同化合物分子中的化学状态及相关分子结构。譬如，在化学组成类似的化合物尤其在高聚物中，价带谱仍能显出重要的鉴别作用。图 22-12 显示聚丙烯和聚乙烯的价带谱存在着明显差异。价带谱表示样品中价电子激发的能量分布情况，位于靠近费米能级的低结合能区域（0~35eV）。由于 X 射线源线宽的限制和 X 射线在价带区光电离截面很小，价带谱相对内层能级的电子能谱信号强度要弱得多，而且信噪比相对较差，所以谱线紧靠在一起构成带状结构。

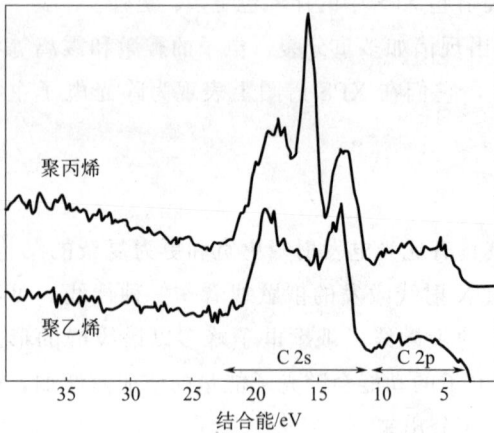

图 22-12　聚丙烯和聚乙烯的价带谱

22.2.5.4　震激伴峰

在光电发射中由于内壳层形成空位，对于外层价电子而言相当于增加了一个核电荷，因为外壳层电子所感受到的有效电荷（Z_{eff}）满足 $Z_{eff} = Z_c - \sigma$（Z_c 为核电荷，σ 为电子屏蔽），原子中心电位发生突然变化将引起价壳层电子的跃迁。如果价壳层电子跃迁到更高能级的束缚态，则称之为电子的震激（shake up），在 XPS 主峰的高结合能（低动能）侧出现一个能量损失峰，即震激峰。对于固体样品尤其是金属，光电发射时在主峰高结合能一侧往往有较强的特征能量损失峰，较弱的震激伴峰一般不易从中分辨出。如果价壳层电子跃迁到非束缚的连续状态成了自由电子，则称此过程为电子的震离（shake off），此时在主峰的低结合能（高动能）侧出现一个伴峰。震激和震离的特点是它们均属单极激发和电离，电子激发过程只有主量子数改变，电子的角量子数和自旋量子数均不变。具有相同化学状态的不同化合物并不一定具有类似的震激伴峰。譬如，CuO 有震激伴峰（如图 22-13 所示），而 CuS 却没有。震激伴峰常可作为"指纹"鉴别化学态，往往比通过化学位移来鉴别化学态时直观和简单得多。化学键合和震激强度之间的相关性早已应用在 XPS 中，尤其在过渡金属化合物中。

22.2.5.5　多重分裂

当原子或自由离子的价壳层拥有未配对的自旋电子（总角动量 $j \neq 0$），那么光致电离所形成的内壳层空位将与价轨道未配对自旋电子发生耦合，壳层能级峰发生分裂使体系出现多个终态，每个终态在 XPS 谱图上将有一条谱线对应，这就是多重分裂。例如，NiO 的 Ni $2p_{3/2}$ 谱线在 853.7eV 附近显示出多重分裂，如图 22-14 所示，而 Ni(OH)$_2$ 中的 Ni $2p_{3/2}$ 则不发生分裂。

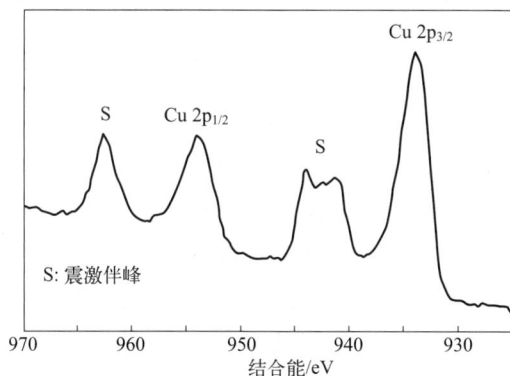

图 22-13　CuO 的 Cu 2p 谱线的震激伴峰

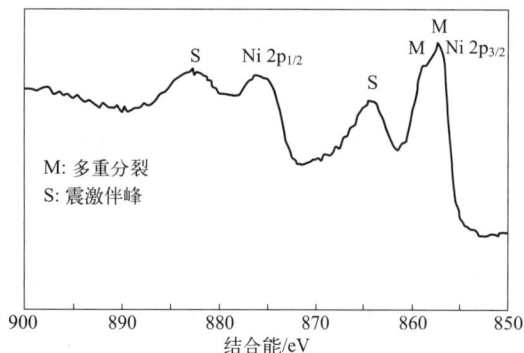

图 22-14　NiO 的 Ni $2p_{3/2}$ 谱线的多重分裂

22.2.5.6　等离子体激元损失峰

等离子体激元是具有足够能量的光电子在穿过固体逃逸时激发导带电子发生集体振荡，使得 AES 和 XPS 谱中出现特征能量损失峰，这在清洁金属表面更容易发生。因材料不同，这种集体振荡的特征频率也不同，所需的激发能亦因之而异。内层光电子峰在高结合能侧的等离子体激元的能量损失峰可以提供有价值的化学效应的信息。图 22-15 是清洁 Al 产生的等离子体激元损失峰。

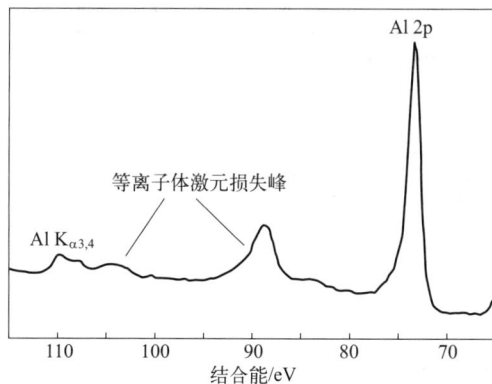

图 22-15　清洁 Al 产生的等离子体激元损失峰

22.2.5.7　定性与定量分析

（1）定性分析

在 XPS 谱图中包含极其丰富的信息，从中可以得到样品的化学组成、元素的化学态、电子结构等。

a. 元素组成的鉴别。通常样品中元素组成鉴别流程如下：宽扫→指认最强峰对应的元素→标出该元素副峰在谱中的位置→寻找剩余峰所属元素。

b. 元素化学态的鉴别。在定性分析中，元素化学态的鉴别是重要的内容，较为直接的鉴别方法是检测化学位移。

（2）定量分析

定量分析的基本原理是把收集的光电子谱线强度（常用峰面积），通过一系列因子（与样品、仪器配置等有关）与样品组分关联起来，即由 XPS 中谱线强度转换为样品表面组分。XPS 是一种半定量分析方法，可以确定样品中不同组分的相对浓度，而并非对绝对含量的测定。首先，采用元素灵敏度因子法进行 XPS 定量分析时，若对这些因子不能准确定量，测试误差可能达到百分之百以上；其次，XPS 测量的准确度不如其他分析测试技术，如电感耦合等离子火焰光度法（ICP）、X 射线荧光法或质谱法等。当然在表面分析中，XPS 的表面灵敏度是非常高的，常可检测到表面 0.1% 原子单层的组成。

22.2.6　XPS 的应用

XPS 已经成为一项用途广泛的现代表面分析技术，应用在诸多科学研究和工程技术领域中，应用对象包括金属、无机物、有机材料等。图 22-16 显示了 2000—2021 年不同研究领域采用 XPS 技术的出版物的数量，XPS 在吸附、氧化、沉积、降解、腐蚀、黏附等方面的研究报道非常突出，在薄膜、催化剂、石墨烯、电极、聚合物、半导体、光致发光材料的表面分析中都有广泛应用。

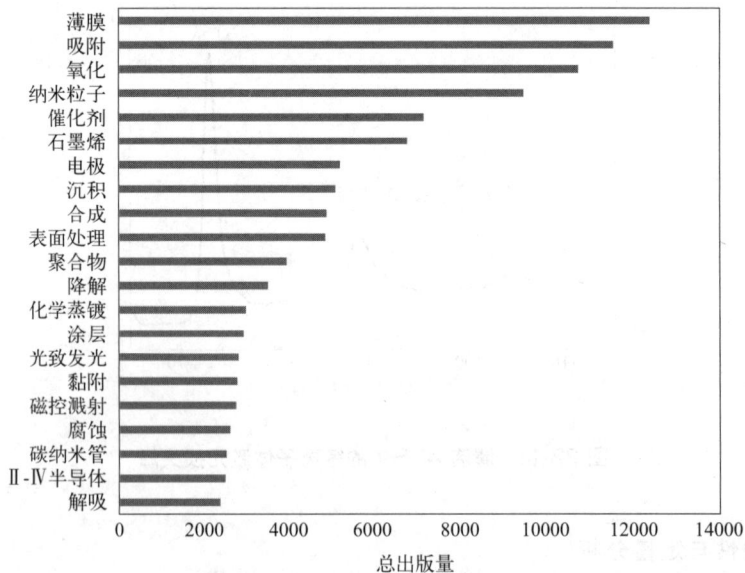

图 22-16　2000—2021 年不同研究领域采用 XPS 技术的出版物的数量

（数据来源于 Scopus 检索）

22.3　二次离子质谱

22.3.1　概况

二次离子的发现可以追溯到 20 世纪初。1949 年 Herzog 和 Viekbock 首次把二次离子发射与质谱联系起来。二次离子质谱（SIMS）是用质谱法分析由荷能一次离子轰击样品衍射产生的正、负二次离子从而得到材料成分信息的分析方法。20 世纪 60 年代 SIMS 有重要发展，出现了两类动态仪器：离子探针和直接成像质量分析器。70 年代初又提出和发展了"静态"SIMS 仪器，成为表面分析的重要手段。其原理见图 22-17。

荷能离子与表面的相互作用涉及一系列过程。从真空端可以观察到一次离子的散射、表面原子、原子团以及正负二次离子的溅射，二次电子和光的发射，等等。在靶上还会发生离子诱导解析，在靶内产生缺陷以及一次离子的注入等。入射离子束还会改变表面性质，如发生表面化学反应、改变表面形貌等。此外，还会发生电荷交换导致中和电离，注入的离子还会再释放，表面上还有热变化等。

粗略估计，一个入射离子与固体表面相互作用引起各种过程的总弛豫时间一般 $< 10^{-12}$ s。假如一个离子与表面相互作用的总截面小于 $10nm^2$，当一次离子束流密度低于 $10^{-6} Å/cm^2$ 时，不同离子对表面的作用不会重叠或互相干扰。因此对于离子束与表面的作用，总可以用单个离子与表面的作用来处理。这可通过图 22-18 说明。

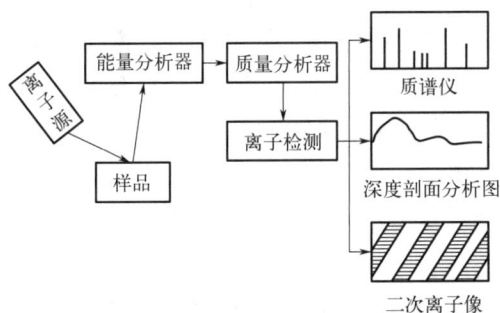

图 22-17　SIMS 原理示意

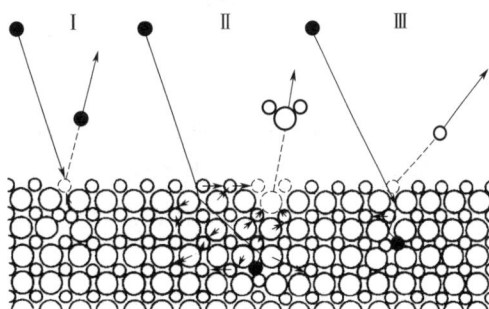

图 22-18　离子束与固体表面相互作用引起的重粒子发射过程

一次离子与表面上的原子或原子团会发生弹性或非弹性碰撞、交换能量和动量。如果改变运动方向朝真空端飞回，为一次离子背散射（back scattering）；表面上的离子受到碰撞会产生振动、位移、激发，以致被注入基体内，叫反弹注入（recoil implantation），如图 22-18 中的 I 所示。

一次离子还可穿入表面，在靶内产生一系列级联碰撞，把其能量逐步转移给周围晶体，最后注入到一定深度，这叫离子注入（ion implantation）。靶内原子，一旦获得高于一定阈值的能量就会产生体内位移，变成撞出原子。它们可再次与周围原子碰撞，使撞出的原子级联增加，且能量又可克服其结合能时，则会产生二次发射，这叫溅射（sputtering），其中大部分原子是中性的，也可能处于激发态，还有一些带有正、负电荷，这就是二次离子。这些二次离子都带有一定初始动能。图 22-18 中的 Ⅱ 描述了这种溅射过程。

还有一部分一次离子和表面原子碰撞，在一次碰撞中把很大一部分能量传递给表面原子，使其以很高的能量发射出去，这叫反弹溅射（recoil sputtering），而一次离子则注入到表面内，如图 22-18 中的 Ⅲ 所示。

此外，离子还会与表面进行电荷交换，导致中和、电离以及二次电子发射等。在各种激发与去激发以及中性化过程中，都可导致光发射。这种过程可以在基体内较深的区域、表面以及基体外发生。

二次离子质谱学的基础是荷能离子与表面的相互作用，其支撑技术是质谱学、超高真空技术、电子技术、电子离子光学、弱信号检测、微机和图像处理技术等。分析对象包括金属、半导体、有机物以及生物膜。应用领域包括化学、物理学和生物学等基础研究，并已遍及到微电子学、材料科学、催化、薄膜等实用领域。

SIMS 的主要优点如下：①在超高真空下得到样品表层的真实信息。静态分析时信息仅来自表面单层，动态分析时信息深度为几个原子层。②可分析包括 H、He 在内的全部元素。③可检测同位素，用于同位素分析或利用同位素提供的信息。④能分析化合物，通过分子离子峰得到准确的分子量，通过碎片离子峰确定分子结构，特别是可检测不易挥发又热不稳定的有机大分子，是一种软电离（soft ionization）技术。⑤可在一定程度上得到晶体结构信息。⑥通过扫描一次束或直接成像，实现微区面成分分析，由于离子束在体内的扩散远比电子束小，因而在同样束斑下，可得到更高的横向分辨率。⑦通过逐层剥离，实现各成分的深度剖析，可完成各成分的三维微区分析。⑧由于质谱法检测的是特定质荷比（m/V）的离子，远比电子能谱的本底噪声小，又可通过检测正、负二次离子及选择不同类型的一次束，使之对各种元素和化合物都有很高的检测灵敏度，已达 10^{-6}，甚至低达 10^{-9} 量级，是所有表面分析方法中检测灵敏度最高的一种，并且有很宽的动态范围。

SIMS 的主要局限性是同一成分的质谱包含丰富的信息，在复杂成分分析时，会遇到质荷比相近峰的质量干扰，造成识谱困难；另外，不同成分的二次离子产生数量变化很大，且常与其周围的化学环境相关。这种基体效应（matrix effects）常造成定量分析的困难，同时，荷能离子对样品有一定的破坏性，一般属破坏性分析。

22.3.2　离子溅射基本规律

描述溅射现象的主要参量分别是：溅射阈能（threshold energy）、溅射产额 S（sputtering yield）和淀积速率 Z_c（deposition rate）。溅射阈能是指开始出现溅射时初级离子的能量。溅射产额表示一个入射离子打到固体表面上溅射出的平均粒子数。通常用淀积速率来表示溅射材料在基片上成膜的快慢。把溅射材料在单位时间内淀积在基片上的厚度定义为淀积速率。

　　溅射规律相当复杂，目前主要靠实验研究。溅射产额主要与以下因素有关，包括：入射离子能量、一次离子入射角、入射离子原子序数、样品原子序数和靶材料的晶格取向等。通常，当入射离子能量在 $500eV \sim 5keV$ 时，溅射产额为 $1 \sim 10atom/ion$。溅射产物 90% 为中性粒子。

　　溅射产生数量总的趋势是随着入射离子原子序数的增加，溅射产生数量增大，惰性气体离子的溅射产生数量极大。如图 22-19 所示，当离子能量超过溅射阈能后，开始有溅射，阈值主要由靶原子的升华热决定。随着离子能量增大，溅射产生数量逐渐增至饱和值，随后又下降。这是因为随着入射离子能量增大，虽然移位原子的数量和能量都增加，但注入深度也增加，而深度移位原子的能量不易传到表面，这两个因素决定了上述关系。

　　如图 22-20 所示，溅射产额随着入射角的逐渐增大，且在 $\theta = 60° \sim 80°$ 时，溅射产生数量最高。当入射角再变大时溅射产额急剧下降。这是因为离子在靶内注入深度为 $R_p\cos\theta$（R_p 为投影过程），斜射（θ 大）时，离子能量更多地耗散在近表区，使溅射产生数量增大，但 θ 过大时，散射的概率增大，能量传给靶，导致溅射的能量相对减少，使溅射产生数量急剧下降。

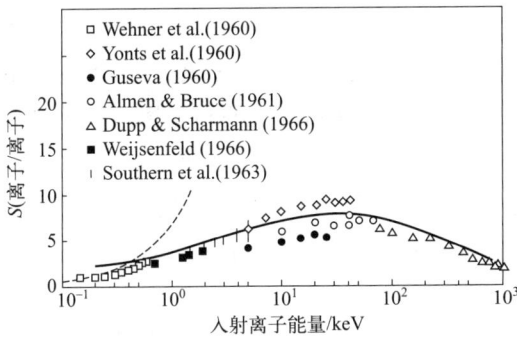

图 22-19　Cu 溅射产生数量与
入射离子（Ar$^+$）能量的关系

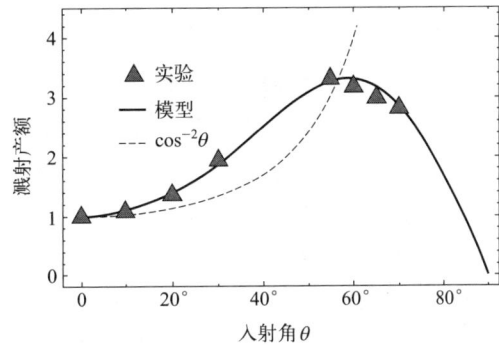

图 22-20　金刚石相对溅射产额与
入射离子（Ar$^+$）角度的关系

　　溅射产生数量与靶原子序数的关系和升华能倒数与原子序数的关系是一致的，升华热越小，靶原子间结合能越弱，溅射产生数量越高。这一点还可以用另一实验现象补充说明，当金属表面形成致密氧化层时，结合能增大，其溅射产生数量确实降低。

　　除上述规律外，实验研究还表明，溅射产生数量与靶材的晶格取向有密切关系，同时靶材的表面状态如粗糙度、化学吸附、氧化及污染等对溅射产生数量也产生强烈影响。

　　对多组分的靶，在离子轰击下各种组分的溅射产生数量不同，发生择优溅射，最后会建立不同于体组分的溅射平衡表面层。不过，不同元素或化合物溅射产生数量差别不大，很少超过 10 倍。

　　溅射速率（sputtering rate）又称剥蚀速率，即在一次离子轰击下，单位时间溅射的深度。方程式为

$$Z = \frac{dz}{dt} = \frac{J_p}{e} S \frac{M}{\rho} = \frac{I_p}{Ae} S \frac{M}{\rho} \qquad (22\text{-}12)$$

式中，z 为溅射速率；t 为溅射时间；S 为溅射产额；J_p 为一次束流密度；e 为电子电荷；I_p 为束流强度；M 为靶原子原子量；ρ 为靶材料的密度；A 为束斑面积。

实际工作中往往通过测量溅射坑深度 Z 来计算速率。坑深一般由台阶仪测量，测量不确定度受限于坑的形状。这个方法的前提是假设溅射速率均匀不变。这在一般情况下近似成立，但有时应根据具体情况来处理。比如在溅射刚开始时，会有一个达到动态平衡的过程，这时溅射速度在变化。在分析多层结构时，不同基体层的溅射速率也常常不同，应分层处理。另外，工作参数（一次束流强度等）的稳定性也会影响溅射速率的均匀性。

22.3.3　二次离子发射的基本规律

二次离子发射的规律不仅是设计仪器、确定工作条件及选择工作参量的主要依据，也是识谱以及定量分析的基础。由于二次离子发射机理十分复杂，目前理论还不成熟，因此掌握、研究其实验规律就显得更为重要。

（1）发射离子的类型

元素的一价离子谱是识别该元素的主要标志，它总是以同位素谱的形式出现并保持其天然丰度比。多荷离子在质谱图上出现在一价离子质量数的 $1/2$、$1/3$…处，此外还有原子团离子。一方面它们提供了丰富的信息，另一方面又常会使谱峰重叠和干扰，造成识谱和定量分析的困难。其中负二次离子质谱丰富了 SIMS 信息，是其重要特色。

对于化合物样品，分子离子（也叫母离子）和碎片离子等谱峰给出了化合物分子量、分子式和分子结构等信息。"静态" SIMS 对复杂的有机大分子也可得到分子离子峰，因而使其成为研究不易挥发、热不稳定以致生物分子的强有力手段。

此外还有一次离子与表面相互作用后生成的离子和表面与环境作用（如吸附）产生的离子质谱。

总之，为了利用这些信息，就必须了解各种二次离子形成的规律和特点，为了定量分析，必须了解二次离子产生数量与表面成分及相关因素之间的关系。

（2）二次离子产生数量

一束一次离子入射到样品表面产生的平均二次离子数叫二次离子产生数量，对正、负二次离子产生数量分别记作 Y^+、Y^-，而

$$Y^{\pm} = S\beta^{\pm} \qquad (22\text{-}13)$$

式中，S 为溅射产生数量；$\beta^{\pm}$ 为电离概率。实验证明，它与一次离子的类型、能量、入射角和样品的性质有关。此外还与样品附近的化学环境关系密切。

① 二次离子产额与靶原子序数的关系　图 22-21 和图 22-22 分别为相对正二次离子产生数量 Y^+ 和负二次离子产生数量 Y^- 随 Z 的变化关系。可以看出，Y^+ 和 Y^- 与 Z 有明显的周期性关系，且 Y^+ 和 Y^- 分别与元素的电离能和电子亲和势有密切关系。一般来说，对于 Y^+，随着电离能的增加而下降；对于 Y^-，随着电子亲和势的增加而增加。此外，从图中可知，整个周期表中各元素的离子产生数量差别很大，超过四个量级。

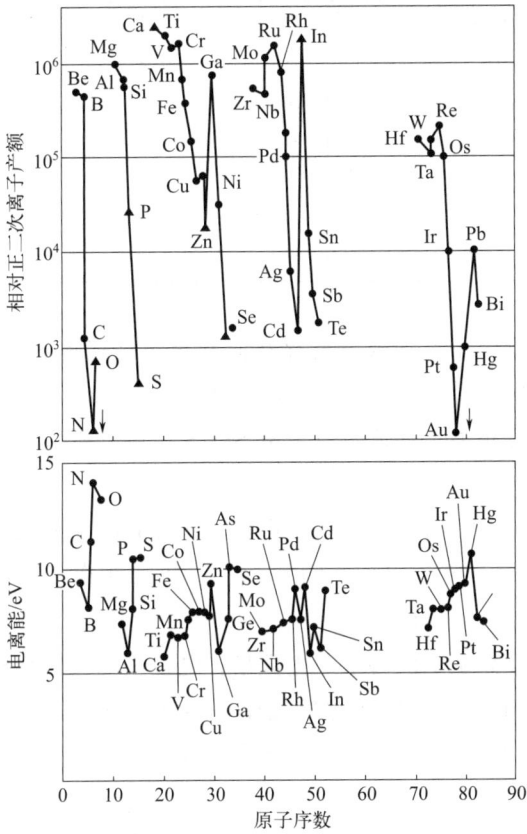

图 22-21　相对正二次离子产生数量 Y⁺ 随靶原子
序数的变化关系（13.5keV，O^-，$\theta = 0°$）

●—由纯元素测得；▲—由化合物测得

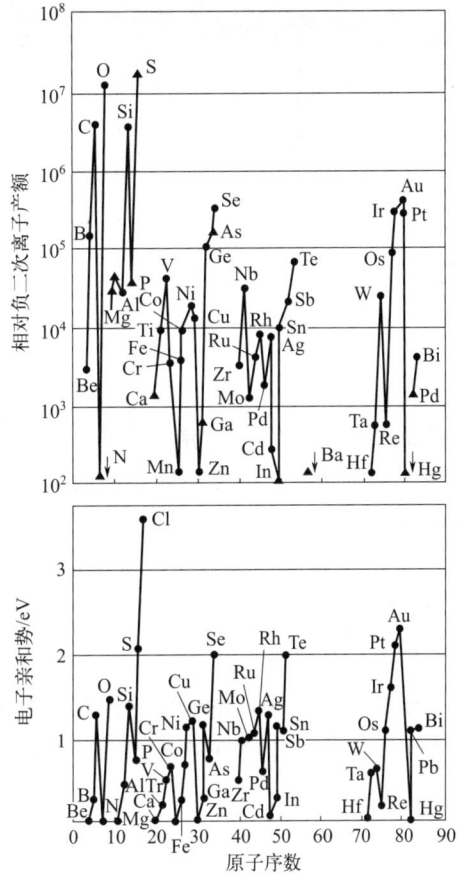

图 22-22　相对负二次离子产生数量 Y⁻ 随靶原子
序数的变化关系（16.5keV，CS^+，$\theta = 0°$）

●—由纯元素测得；▲—由化合物测得

②　二次离子产生数量与化学环境的关系　样品周围的化学环境强烈影响二次离子产生数量的大小。最典型的环境因素是氧（O）和铯（CS）。电负性的氧和电正性的铯分别能显著地提高正、负二次离子的产生数量。它们与化学环境的密切关系对得到稳定重复的实验结果及定量分析十分重要。如表 22-7 所示为几种常见元素的二次离子产生数量：可以看到被氧覆盖前后，纯元素二次离子产额增大 2~3 个数量级。此外还应指出，氧不仅可显著提高二次离子产生数量，还可以使之稳定，易得重复的实验结果，减小不同元素相对灵敏度的差别和基体效应的影响，因此在不涉及分析氧时的测试，可在分析时注氧。

表 22-7　几种常见元素的二次离子产生数量

金属	清洁表面	覆氧表面
Al	0.007	0.7

金属	清洁表面	覆氧表面
Ti	0.0013	0.4
Mg	0.01	0.9
Fe	0.0015	0.35
Ni	0.0006	0.045
Cu	0.0003	0.007
Mo	0.0065	0.4
Si	0.0084	0.58

基体效应：同一元素的二次离子产生数量由于其他成分的存在而变化，这就是 SIMS 中的基体效应。氧会影响金属正二次离子产生数量就是一种典型的基体效应。二次离子发射涉及电子转移，因而与其所处的化学态密切相关。基体效应常给 SIMS 定量分析造成严重困难。

③ 二次离子产额与入射离子种类的关系　入射离子的种类很多，包括惰性气体元素离子，如 Ar^+、Xe^+；电负性离子，如 O^{2+}、O^-、F^-、Cl^-、I^-；电正性离子，如 C_S^+ 等。此外还有原子团离子，如 CF_3^+、C_2F_6、$C_2F_5^+$。

实验研究表明：电负性一次离子可大大提高正二次离子产生数量；电正性的一次离子可大大提高负二次离子产生数量，且它们与靶原子序数变化的规律可相互补充。如对于 Au 元素，Y^+ 很小，Y^- 却很大。这样就可针对分析情况，选用合适的离子束，通过相应正或负离子峰的检测，达到所需灵敏度，满足不同分析要求。

④ 二次离子产生数量与一次离子能量的关系　实验表明，在 SIMS 经常工作的千电子伏能量范围内，与溅射情况类似，二次离子产生数量随一次离子能量上升或接近饱和区域。一次离子能量越大，二次离子产生数量也越高，但信息的深度也越深。

值得注意的是，碎片离子、多荷离子、原子团离子及分子离子随一次离子能量变化的关系常不同，因此改变一次离子能量时，其丰度比常发生变化。

22.3.4　二次离子的能量分布和角分布

从靶面上发射的二次离子带有一定的初始能量分布，其能量一般较低（1～10eV），且与入射离子能量无关。能量分布还有一个较长的拖尾，一直到几百电子伏特。原子离子的拖尾比原子团离子的拖尾长，半高峰宽比原子团离子宽。一般说来，原子团越复杂，其能量分布就越窄，能量就越低。这样通过调节能量分析器（常安装在质量分析器前部）的能量窗口位置，可以排除来自原子团离子对原子离子峰的干扰。

二次离子在空间上也存在初始角分布。对于多晶靶而言，可以用余弦分布近似。对于单晶靶，二次离子的角分布则呈现出明显的晶格效应。

22.3.5　SIMS 分析模式

SIMS 分析模式大致可以分为"动态"和"静态"两大类。一次离子束流密度是划分两种工作模式的主要标准。"动态"SIMS 是最早的 SIMS 分析模式，如图 22-23。

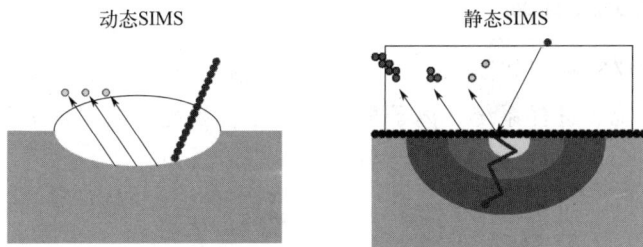

图 22-23 "动态" SIMS 与 "静态" SIMS 对比

22.3.5.1 "动态" SIMS

一次离子束流密度 $>1 \times 10^{-7} A/cm^2$，溅射速率 $>5nm/min$。对表面是动态破坏作用（剥离速率 $100\mu m/h$），且产生的二次离子比率高，因此高溅射速率的检测限较好，常用于深度剖析、成像和微区分析；同时，溅射和分析连续进行，每次只能采集特定的几种元素（与分析器和探测器相关），只适用于深度剖析。离子显微镜和离子微探针都属于这一类，主要应用于电子技术和材料科学的研究。

22.3.5.2 "静态" SIMS

一次离子束流密度 $<1nA/cm^2$，同时把分析室的真空度提高到 $10^{-8}Pa$ 或更高，使残余气体分子撞击到表面形成一个单层的时间增加到几个小时甚至几天（剥离速率 $0.1nm/h$），因此几乎对表面没有破坏作用，也不会受到真空环境的干扰。其次，一次离子的能量降到 $5keV$ 以下，从而使表面在离子溅射下单分子层的寿命从几分之一秒延长到几个小时。因采用脉冲模式分析，且电流小，所以产生的二次离子比率相对少，灵敏度相比"动态"SIMS 弱，但成像和表面分析能力强。

在"静态"SIMS 条件下，由于需极大地降低一次束流密度，所以为保持高灵敏度，需采用较大直径的束斑，采用离子计数方法测量离子流以及选用高传输率的质量分析器，尽可能充分利用所产生的二次离子，实现高灵敏度的"静态"SIMS 分析。图 22-24 对"静态"SIMS 概念作进一步说明，一次离子打在表面上会在限定的区域内产生级联碰撞，只有其中很小一部分能量用于溅射，使表面产生中性或带电粒子发射。一个一次离子会使撞击点附近的表面发生变化并受到损伤，这个相应的表面积称损伤截面。完成一次"静态"SIMS 分析时，表面受干扰的情况可以忽略，这时表面上任何区域受到两次损伤的概率也近似为零。因此，"静态"SIMS 又被称为低损伤 SIMS，常用于气体与表面相互作用的研究。近年来，又发展成为分析不易挥发、热不稳定样品的有效手段。近几年，TOF（飞行时间）-SIMS

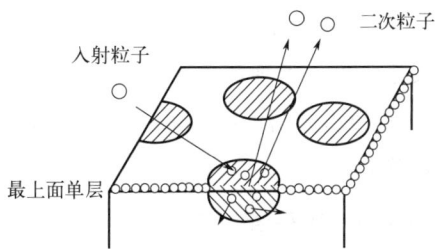

图 22-24 说明 "静态" SIMS 条件的溅射模型

的迅速发展大大促进了"静态"SIMS 的发展。

22.3.6　二次离子质谱仪

二次离子质谱仪实物图如图 22-25，尽管在结构上可以有各种形式，但都包括五个主要部分：真空系统、进样系统、离子枪系统、分析系统、数据采集和处理系统。

图 22-25　二次离子质谱仪的实物图

SIMS 分析对二次离子质谱仪的基本要求：

① SIMS 特别是"静态"SIMS 要求在超高真空状态下工作，还要求带有注氧装置。

② 要求在超高真空状态下能够对样品的任何位置进行机械调节，并且有相应的送样、取样装置，根据样品的类型和分析要求，还应该能对样品进行加热、冷却、断裂和清洁处理等。

③ 为了能进行静态分析，同时能进行面分布及深度剖析以及对表面清洁处理，要求一次束流的大小及束流密度应有较宽的调节范围。为满足不同类型以及对不同成分分析的要求，常常选用不同类型的离子枪，并选用不同种类的一次离子。

④ 要求二次离子分析系统有尽可能高的总流通率，有适当的质量分析范围和质量分辨本领，克服质量歧视效应并有尽可能快的分析速度，还要求能调节质谱仪前二次离子能量窗口的位置和宽度。

⑤ 离子流检测系统应有尽可能高的检测灵敏度、动态范围和响应速度，并应有相应的数据采集、处理和显示系统。

⑥ 为了分析绝缘样品，常带有中和电子枪。为了观察表面形貌，还应有二次电子成像系统。

22.3.6.1　离子源

离子源是 SIMS 仪器中的一个关键部分，它产生一次离子束，并是清洁表面和深度剖析的工具。根据电离方式的不同，常见有四种类型。

① 电子轰击型。高速运动的电子与气体碰撞使之电离，适用于 Ar^+、Xe^+ 等源。离子束斑较大，多用于清洁、剥蚀及"静态"SIMS。

② 双等离子体源。当源中的离子、电子、中性原子数目超过一个极限值后，会形成等离子体。将其中的离子引出作为一次离子源。它的亮度较大（$10^6 \sim 10^7 \, A/m^2 Sr$）。

③ 液态金属场离子发射源。利用液态金属在尖端表面的场发射原理制作，结构见图 22-26。高亮度和小束斑是它的突出优点。它的出现，使 SIMS 亚微米成像成为现实。

④ 表面电离源。这种源通过表面电离产生离子，能发生这种电离的材料种类很有限，Cs 是其中的一种。这种源的能量分散很小。

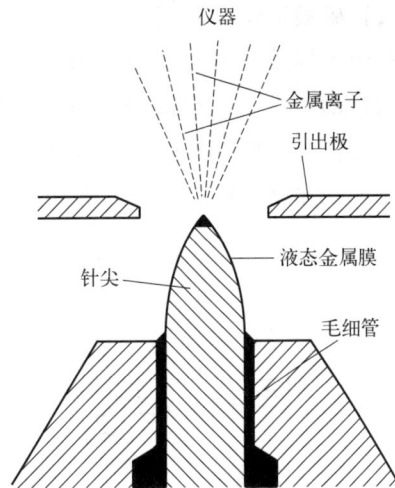

图 22-26　液态金属场离子发射源结构示意

同时，"静态"SIMS 和"动态"SIMS 对离子源有不同要求，如表 22-8。

表 22-8　"动态" SIMS 和"静态" SIMS 对离子源的要求

离子源参数	"动态"SIMS	"静态"SIMS
束流强度	$>10^{-6} \, nm$	$10^{-9} \sim 10^{-7} \, nm$
束斑直径	nm 至 μm	mm
束能量	$5 \sim 30 keV$	$300 \sim 5000 eV$

22.3.6.2　二次离子分析系统

这是 SIMS 仪器的核心部分，用以分离并检测从样品上溅射产生不同质荷比（m/e）的二次离子。该系统包括加速极、质量分析器和离子收集、放大等部分，通常还包括能量分析器。

质量分辨本领（mass resolving power）和质量范围（mass range）是离子质量分析系统的两个重要参数。注意质量分辨本领的不同定义，一般要求 $M/(\Delta M)_{5\%H} = M$，即 $(\Delta M)_{5\%H} = 1$。为了分离干扰峰，有时要求分辨本领达 10^4 以上。对一般元素分析，质量范围 $1 \sim 250\mu$ 即可。对一般化合物分析，则要求扩展到 $500 \sim 600\mu$，而对有机物分析，则要求扩展到 $1000 \sim 10000\mu$ 或更高。

另一个重要参数是 SIMS 的总流通率 F，其定义为

$$F = 经质量分离检测到的 X_n 离子数/从靶上发射的 X_n 离子数 \qquad (22-14)$$

这是 SIMS 仪器的重要总体指标，与质量分析系统对发射二次离子的采集效应、能量分析器窗口位置和通带宽度以及检测器的接收效率等因素有关。F 的数值在 $10^{-5} \sim 10^{-1}$。提高总流通率往往是提高 SIMS 灵敏度的关键。

目前 SIMS 仪器中应用广泛的质量分析器主要有以下三种。

（1）磁质谱仪

利用不同动量的离子在磁场中偏转半径不同，将不同质荷比的离子分开，原理如图 22-27(a)。由于二次离子具有一定的能量分布，采用双聚焦（磁场-电场或电场-磁场等）质谱仪可以提高质量分辨本领。其质量分辨本领可高达 10^4 以上，质量范围也较宽，但成本往往很高，体积庞大，质量扫描速度较慢。

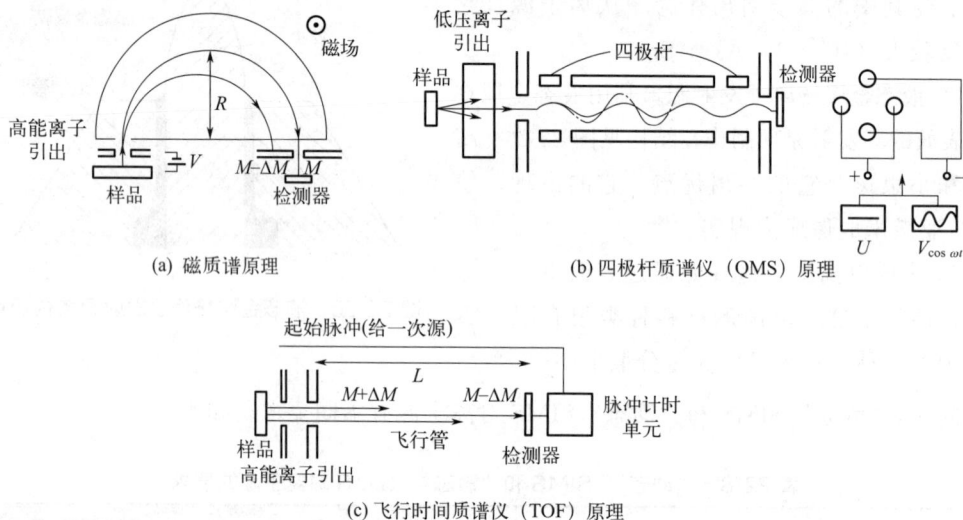

(a) 磁质谱原理　　(b) 四极杆质谱仪（QMS）原理

(c) 飞行时间质谱仪（TOF）原理

图 22-27　磁质谱仪

（2）四极杆质谱仪（QMS）

这是一种路径稳定型质谱仪器，通过射频与直流电场使特定质荷比的离子以稳定轨迹穿过四极场，而质量较大或较小的离子由于轨迹不稳定偏转到四极杆上，从而达到质量分析目的，如图 22-27(b)。

四极滤质器具有很好的超高真空性能，原则上允许入射离子有一定能量范围，没有磁场，结构简单，操作方便，通过改变电参量调整仪器性质（如分辨率本领等）。扫速较快，成本较低，因此广泛用于 SIMS 仪器，特别是"静态"SIMS。但其质量范围不能很高，分辨本领也不很高，且有质量歧视效应（即不同质量范围的流通率不同，一般高质量范围，流通率减小）。增大四极杆的直径可以显著提高质量歧视效应，并提高仪器的总流通率，但代价是射频电源功率增大，这是因为电源功率与四极杆直径的四次方成正比。

（3）飞行时间质谱仪

实物如图 22-28 所示，其原理及技术特点：使用一次脉冲离子轰击固体材料表面，通过表面激发出的二次离子的飞行时间测量其质量，以表征材料表面的元素成分、分子结构、分子键接等信息。TOF-SIMS 的主要原理如图 22-27(c)：采用初级离子源（可以是 Ga^+、Au^+、Bi^+、C_{60} 等），入射到样品表面激发出二次离子，有原子离子和分子离子等；通过给所有激发出的离子相同的动能（3keV）去加速，遵循能量守恒公式，不同质量的离子有不同的速度，越重的离子飞行速度越慢，当飞行距离一定时，其飞行时间就越长，将时间换算成质量来区分不同的成分，所以只用测量每一个离子到达探测器的时间就可以换算出质量数。因此要求离子同时飞行，所以离子源不能用直流（DC）模式，只能用脉冲模式，一次脉冲相当于同时发出离子，等所有离子到达探测器后再进行下一个脉冲；由于电流比较小，脉冲时间为几个纳秒，其他时间都是在收集二次离子，所以通常提到 TOF 就是指"静态"SIMS，对表面几乎无破坏作用。目前现半高峰宽分辨本领已达 10^4，最终受限于一次束脉冲宽度、分析系统的色差和检测系统的时间分辨等。TOF-SIMS 测试样品质量范围原则上不受限制，可以分析有机大分子。流通率很高，且一个脉冲就可得到一个全谱，样品的利用率最高，是理想的"静态"SIMS 分析器。

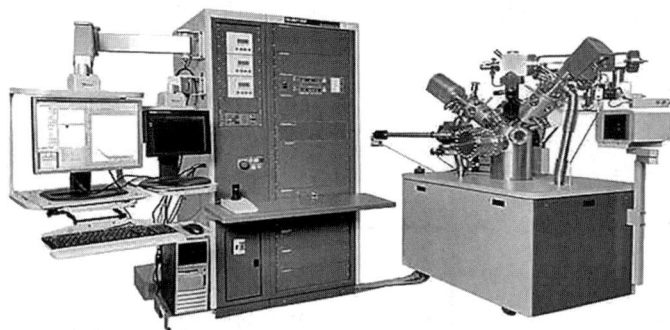

图 22-28　飞行时间质谱仪

TOF-SIMS 分析能力及特点：

如表 22-9 中所示，TOF-SIMS 可以分析所有的导体、半导体、绝缘材料；对于材料/产品表面成分及分布、表面添加组分、杂质组分、表面多层结构/镀膜成分、表面异物残留（污染物、颗粒物、腐蚀物等）、表面痕量掺杂、表面改性、表面缺陷（划痕、凸起）等有很好的表征能力。

表 22-9　TOF-SIMS 与其他几种表面成分分析技术比较表

项目	AES	XPS (ESCA[①])	TOF-SIMS	D-SIMS[②]	SEM-EDS
入射源	电子	光子(X 射线)	离子	离子	电子
分析粒子信息	俄歇电子	电子	离子	离子	X 射线
空间分辨率	$0.008\mu m$	$7.5\mu m$	$0.07\mu m$	$1\mu m$	$0.1\mu m$
采集深度/Å	5～75	5～75	1～10	1～10	1～3(μm)
成分检出限	原子分数 0.1%	原子分数 0.01%	约 1ppm	约 1ppb	原子分数 0.1%
采集信息	元素(Li-U) 部分化学态	元素(Li-U) 化学态	元素(H-U)同位素、化学态、化学成分和结构特性	元素(H-U)	元素(B-U)
适于分析材料	无机材料	有机、无机材料	有机、无机材料	无机材料	无机材料
深度剖析功能	具备	具备	具备	具备	无
定量能力	半定量	半定量	需标准样	需标准样	半定量

① ESCA 指化学分析电子光谱；
② D-SIMS 指动态二次离子质谱。

22.3.6.3 SIMS 分析方法和应用

（1）SIMS 定性分析

SIMS 定性分析的目的是根据所获取的二次离子质量谱图正确地进行元素鉴定。SIMS 在定性分析上成功的关键是识谱，其灵敏度达 $10^{-5} \sim 10^{-6}$。王光普等用 SIMS 分析航天材料上肉眼可见的微量污染物，实现包括元素、同位素和各种化合物在内的指纹鉴别，特别是对样品量有限的航天器污染成分进行了分析，并指出，由于飞行时间二次离子质谱独具的并行质量登录能力，二次离子表面像上每一像素都储存着完整的质谱，任意质量的二次离子像都可重构。因此，飞行时间二次离子质谱更适于复杂航天器污染物的成像分析。

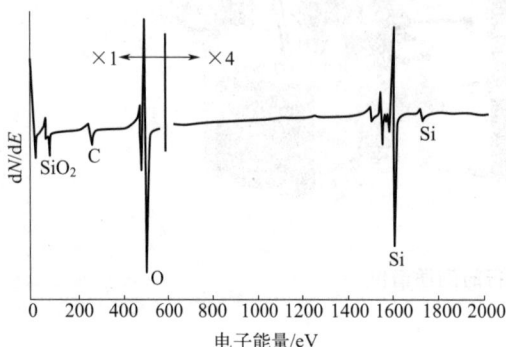

图 22-29　失效 IC 上的 Auger 谱

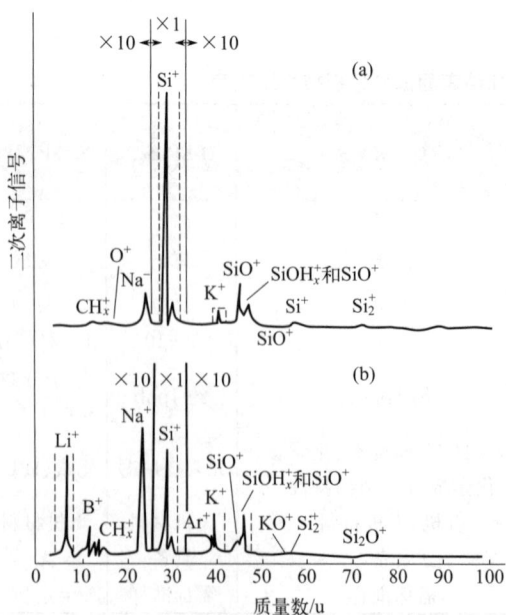

图 22-30　IC 器件上的 SIMS 谱

（2）痕量杂质的分析

SIMS 具有很高的检测灵敏度，很适合于痕量杂质分析，尤其在微电子器件、集成电路（IC）工业中应用较广泛。通过比较质量好的器件和失效器件的 SIMS 谱，可以较快找出失效原因，改进工艺，提高产品质量。

以集成电路上 500nm 厚 SiO_2 薄膜的分析为例说明这个问题。

SiO_2 膜发生了失效，即发现 SiO_2 中有移动电荷。分别用 AES 和 SIMS 表面分析其失效原因。图 22-29 和图 22-30 分别给出相应的 Auger 谱和 SIMS 谱。可见 Auger 谱因检测灵敏度不够而无法应用，而 SIMS 谱则证实此器件失效是由 Na 等元素所造成的。

（3）SIMS 定量分析

由于受到基体效应的影响，SIMS 定量分析难度较大。常用的 SIMS 定量方法有半理论模型法和实验标样校准法。但由于二次离子发射机理尚未清楚，半理论模型的应用受到限制。实际中最常用的是实验参考物质（标样）校准法，即利用一系列成分已知的标样，测出其成分含量与二次离子流关系的标准曲线（或得到相对灵敏度因子），然后用它来确定未知样品中的含量。实验标样校准法对标样的依赖性很强，要求标样与待测样品的基体成分相同。

标样的精度直接影响定量分析结构的精度。常用的参考物质有均匀掺杂和离子注入标样。

（4）深度剖析

在不断的剥离情况下进行 SIMS 分析，可以得到各种成分的深度分布信息，即"动态"SIMS。通过溅射速率将分析时间转化为分析深度，利用校准曲线（或相对灵敏度因子），把检测到的二次离子信号强度转化为元素含量，就可以得到各种成分沿深度方向的分布。如图 22-31 $MAPbBr_3$ 单晶不同深度的表面成分深度分布，可以直观观察到不同深度的 Pb、Br 和 Au 的分布。

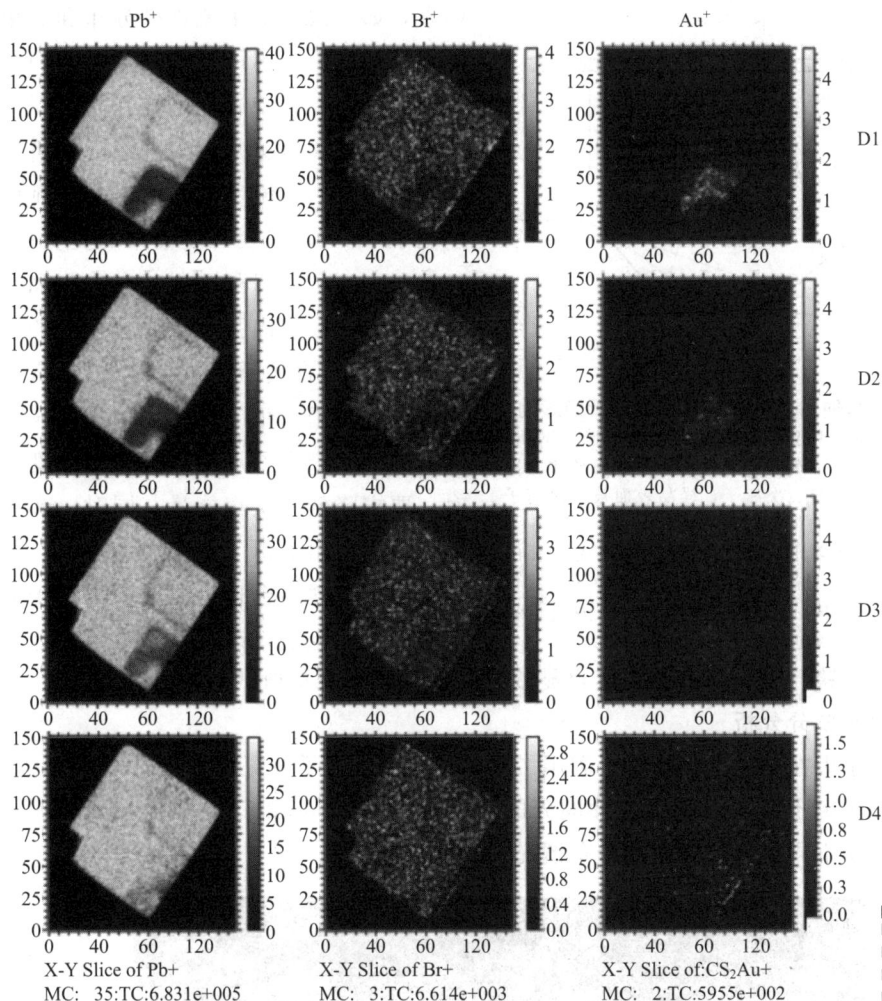

图 22-31　$MAPbBr_3$ 单晶不同深度的 TOF-SIMS 测试

（D1～D4 表示进入晶体的不同深度，其中 D1 对应于剥离电极后的晶体表面）

表征深度剖析的主要指标是深度分辨率（depth resolution）。常用的定义为当深度分布为高斯函数时，离子流强度从 84% 降到 16% 时相应的深度 ΔD 相当于误差函数标准偏差的 2 倍，通常把 ΔD 定义为深度分辨率。入射离子与靶的相互作用是影响深度分辨率的重要原因，另外，二次离子的平均逸出深度、入射离子的类型、入射角、入射离子的原子混合效应和晶格效应都对深度分辨有一定的影响。

然而 SIMS 通常采用化学活性较强的 O^{2+} 或 Cs^+ 作为一次束，界面常存在严重的基体效应，对界面处的深度剖析曲线产生很大影响，此时分辨函数往往偏离高斯函数，因而在 SIMS 中采用 ΔD 定义常有争论。现 ISO 组织正在进行利用 δ 掺杂多层（阶跃层）结构样品评估常规 SIMS 分析条件下深度分辨本领的巡回测试，以期制定出统一的具有物理意义的深度分辨本领定义。

影响深度分布的一个重要方面是仪器因素，如一次束的束流密度分布和总束流的稳定性。由于不可能得到绝对均匀的束流密度分布，会使靶面形成弧坑。弧坑效应及其他相关因素对 SIMS 深度剖析的影响可用图 22-32 说明。其中：来自弧坑底的离子（②），代表深度分布的真实信息。而沉积到弧坑边缘的溅射物（④）和溅射到仪器引出极上向弧坑中心再发射的粒子（⑥）等都会直接干扰深度分布的测量。

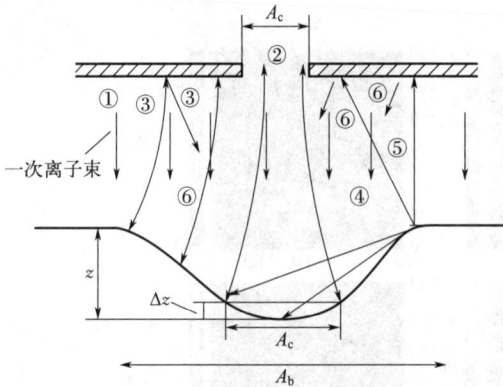

图 22-32　其他因素对 SIMS 深度剖析的影响

（①一次离子束，用于轰击样品表面进行深度剖析；②溅射过程，表示一次离子束轰击样品表面导致的原子或分子的溅射；③二次离子，样品表面被一次离子束轰击后释放出来的带电子；④再沉积，表示在深度剖析过程中，溅射出的物质重新沉积在样品表面的现象；⑤碰撞级联，描述一次离子与样品原子相互作用时产生的复杂碰撞过程；⑥背散射，表示一次离子束与样品原子碰撞后被散射回到表面的现象）

入射离子与靶的相互作用是影响深度分辨的另一个重要原因。高分辨深度剖析时，要求降低一次束能量。同时一次离子类型及入射角对深度分辨也有影响。溅射过程中旋转样品台也可以减少因离子轰击造成的表面粗糙，改善深度分辨，这些都被扫描电子显微镜（SEM）和扫描隧道显微镜（STM）的观察所证实。

(5) 面分布成分分析

当一次离子束在样品上扫描时，利用二次电子或吸收电子像可观察表面的形貌，通过质量分离的二次离子像即可观察各种成分的面分布。图 22-33 的锂电池极片表面成分分布，可直观显示不同成分在表面的分布情况。

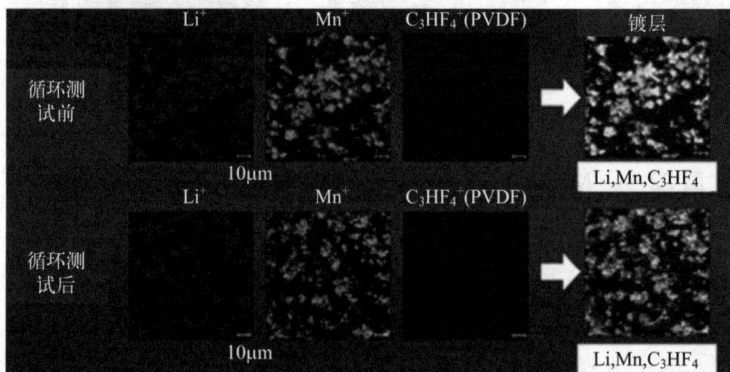

图 22-33　锂电池极片表面成分分布成像

成像质量的一个重要指标是横向分辨率（lateral resolution）。目前最好的横向分辨本领由液态金属离子枪系统得到。

另外，从离子与表面的相互作用来看，由于多次碰撞、位移、二次离子发射的位置会偏离一次离子入射的位置，这个偏离范围大约在 10nm 量级，它是 SIMS 成像横向分辨率的极限。当然，实际中的横向分辨率很难达到 10nm。

由于计算机数字图像技术的发展，已有很多方法来恢复、增强以及从图像中提取定量信息。与此同时 SIMS 成像技术也有很多新进展，空间分辨率已进入亚微米级，最高质量分辨率已达到 10^4。如把两者结合起来就可以从图像中提取丰富的化学成分以及化学结构信息。这是 SIMS 成像技术目前发展的方向，对诸如大规模集成电路的研制等课题无疑有重要意义。

（6）绝缘样品的分析及"中和"问题

SIMS 还可应用于绝缘样品和有机物的分析。在绝缘样品上进行 SIMS 分析，会使表面局部荷电，这使得发射二次离子的数量和能量分布都要变化，并且荷电态不稳定，因此必须"中和"它。最简单的办法是在样品附近加一个热灯丝，与靶同电位。靶面一旦带电，热丝就会把发射电子推向靶面使之中和。最好的办法是用中和电子枪扫描电子束调整其能量与流强，以求得最佳中和。

为了解决绝缘样品录取 SIMS 谱时的荷电问题，发展出了快原子束（fast atom beam，FAB）轰击样品的 SIMS 谱。即入射的一次粒子不荷电，也能产生二次离子，产生 SIMS 谱。不过 FAB-SIMS 的灵敏度不如常规 SIMS 高，约低一个量级。

22.4　扫描隧道显微镜

22.4.1　扫描隧道显微镜概况

扫描隧道显微镜（scanning tunneling microscopy，STM）是由 1986 年诺贝尔物理学奖获得者 G. Binnig 和 H. Rohrer 构思，并由 G. Binnig、H. Rohrer、Ch. Gerber 和 E. Weible 设计完成的。STM 利用电子在针尖和样品间的隧道效应产生的隧道电流，达到了原子分辨率，它的出现使在实空间直接观察到单个原子成为可能。从此以后，个别原子及分子的电子结构成为实空间中可感知的实体。目前具有原子分辨率的科学仪器主要有三种：透射电子显微镜（TEM）、场离子显微镜（FIM）和 STM。TEM 研究的是物体的体性质，且制样有一定难度。FIM 只能研究可制备成极细针尖的固体样品表面原子，因此可研究的样品种类有限。STM 真正第一次实现了在实空间观测样品的表面原子。1983 年 G. Binnig 等人首次给出了 Si(111) 7×7 重构表面的实空间原子像，见图 22-34。

STM 不仅可以在大气环境下工作，而且可以工作在超高真空或液体，包括绝缘液体和电解液中，其工作温度可以在几毫开到 1100 开范围。清洁样品的表面对于研究样品表面性质是至关重要的。在大气中，样品表面易存在物理吸附和化学吸附，STM 很难得到稳定的、真实的样品表面结构图像。因此 STM 在大气中只能对包括高定向热解石墨

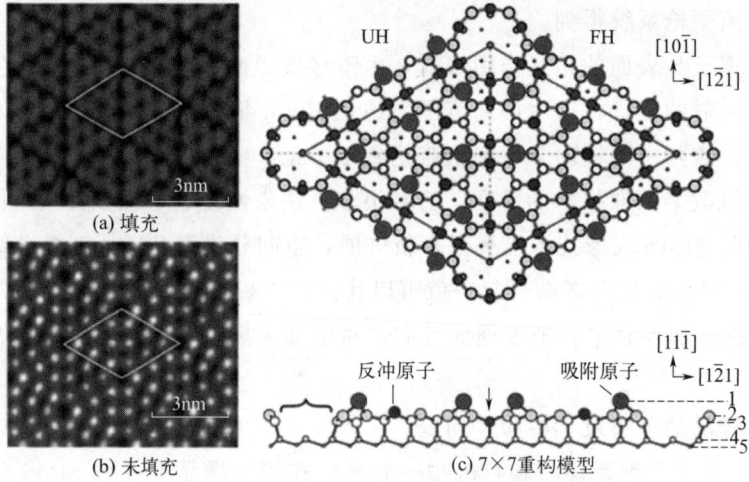

图 22-34　扫描隧道显微镜中观察到的填充和未填充电子状态的
Si（111）面图像，以及 Si（111）面的 7×7 重构模型

（HOPG）等少数几种样品成原子像。而在超高真空环境下，经过适当的样品制备和处理可以得到清洁的样品表面，而且在一定的时间内，残余气体不会覆盖整个表面，同时还可以对针尖进行清洁处理。这样 STM 可以精确地分析清洁样品表面的电子结构和原子结构。在超高真空中沉积样品于基体表面，可以研究样品在基底上的成核、生长以及可控的样品表面吸附过程。此外，通过针尖与样品间的电学和力学作用，可以进行样品表面的原子操纵或纳米加工，构造所需的纳米结构。用 STM 还可以进行信号的写入和读出。由于针尖与样品电场的作用范围很小，写入信号的直径约为 1nm，故可实现超高密度（>10^{12} b/cm^2）信息存储。因此 STM 是研究原子世界局域特性的重要工具。当在不同温度下实时对样品表面成像，研究样品表面原子结构和电子结构变化过程，如样品原子在表面的迁移和表面重构的形成动力学过程等，不仅需要超高真空，还需要可变温度的 STM。

　　在经典隧道结中，隧道电流是样品电子态密度和针尖电子态密度的卷积。虽然 STM 中针尖-样品间的电子隧穿不同于经典隧道结的电子隧穿，在 STM 中隧穿更加局域化从而针尖的局域电子态更加重要，但隧道电流是样品、针尖电子态密度的卷积依然成立。而且因为针尖状态比样品更难控制，所以 STM 图像的解释更加复杂。STM 图像原子分辨率的解释必须考虑针尖的电子态。理论计算表明，针尖电子态对 STM 形貌像的起伏具有放大作用。在常规 STM 运行中针尖-样品间距为 3～7Å，针尖与样品间存在很强的相互作用，针尖-样品间的原子力可能引起样品的形变而且样品的电子波函数也会有畸变。因此，正确解释图像必须考虑针尖的电子态和针尖与样品间相互作用。

22.4.2　扫描隧道显微镜的基本原理

22.4.2.1　隧道效应

　　量子力学中的隧道效应是设计和制造扫描隧道显微镜的物理基础。隧道效应是由微观粒子波动性所确定的量子效应，又称势垒贯穿。在经典力学体系中，粒子是不可能越过高于粒子能量的势垒的；而根据量子力学原理，由于粒子存在波动性，当一个粒子处在一个高于粒子能量的势垒之中时，粒子越过势垒而出现在另一边的概率不为零，这就是隧道效应（图 22-35）。

根据量子力学的波动理论，电子穿过势垒的透射系数为

$$T \approx \frac{16E(U_0 - E)}{U_0^2} \exp(-2kL) \tag{22-15}$$

式中，k 为波矢量。由式(22-15)可见，透射系数 T 与势垒宽度 L、能量差 $(U_0 - E)$ 有着很敏感的依赖关系。随着 L 的增加，T 将指数衰减。量子隧道效应一维模型见图 22-36。

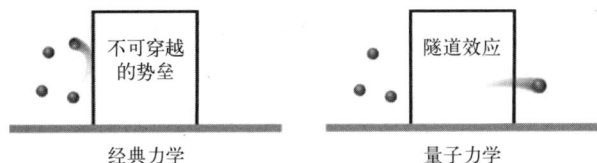

图 22-35　经典力学与量子力学中的粒子行为差异　　图 22-36　量子隧道效应一维模型

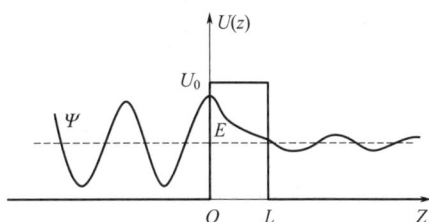

22.4.2.2　隧道电流

STM 是利用隧道效应将原子线度的极细探针和样品的表面作为两个电极，当样品与针尖的距离非常接近时（通常小于 1nm），在外加电场的作用下，电子会穿过两个电极之间的势垒流向另一个电极，形成隧道电流，其公式为

$$I \propto U_b \exp(-A\sqrt{\phi}S) \tag{22-16}$$

隧道电流 I 是电子波函数重叠的量度，与针尖和样品之间距离 S 和平均功函数 ϕ 有关。U_b 是加在针尖和样品之间的偏电压。平均功函数 $\phi \approx \frac{1}{2}(\phi_1 + \phi_2)$，$\phi_1$ 和 ϕ_2 分别为针尖和样品的功函数。A 为常数，在真空条件下约等于 1。因此，根据隧道电流的变化，我们就可以得到样品表面微小的高低起伏变化的信息。

需要指出的是，STM 图像是样品表面原子几何结构和电子结构的综合效应的结果。STM 图像原子分辨率的解释必须考虑针尖的电子态以及针尖-样品间的相互作用。STM 需要结合扫描隧道谱（STS），利用表面功函数和偏置电压与隧道电流之间的关系，才可得到表面电子态和化学特性的有关信息。

22.4.3　超高真空变温 STM 装置

STM 仪器本身主要包括两部分——机械结构和控制系统。机械结构主要包括压电扫描器、振动隔离器、粗调定位器。控制系统主要包括 STM 电路、计算机接口、显示设备

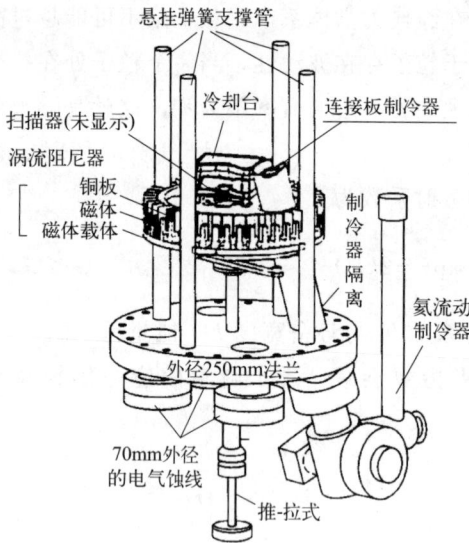

图 22-37　STM 主要部件

悬挂弹簧支撑管
扫描器(未显示)
冷却台
连接板制冷器
涡流阻尼器
铜板
磁体
磁体载体
制冷器隔离
氦流动制冷器
外径250mm法兰
70mm外径的电气蚀线
推-拉式

和控制软件。超高真空变温 STM 还有其相应的真空系统、样品真空传递设备和变温系统。现以德国 Omicron 公司生产的系统为例简述。

22.4.3.1　机械结构

STM 的机械结构示意图见图 22-37。样品在扫描时固定不动，针尖由特制针尖架装在单管扫描器上并随之运动。扫描器 X、Y 和 Z 三个方向的扫描范围可达 $15\mu m \times 15\mu m \times 15\mu m$。压电扫描器装在三维压电惯性步进器上，遥控惯性步进器实现针尖粗调移动，整个过程由 CCD 相机和显示器监控，X、Y 和 Z 三个方向的移动范围可达 $10mm \times 10mm \times 10mm$。振动隔离通过悬挂弹簧和涡流阻尼器实现。

(1) 压电扫描器

压电效应在 1880 年由 Pierre Curie 与 Jacques Curie 兄弟发现。在某些晶片两端施加外力时，在材料内部会产生诱导电场，这一效应具可逆性，即在晶片两端施加一电场，晶片因存在应力而发生形变。线性压电效应只存在于各向异性晶体中。

压电扫描器的压电材料是锆钛酸铅陶瓷 (PZT)，这种陶瓷材料易加工成各种形状而便于使用。其中单管扫描器因具有高的压电元件常数以及高的共振频率，被该仪器所采用。单管扫描器为圆柱形几何结构，在它的内外壁有金属电极，如图 22-38 所示。使用双极、对称的 X 与 Y 电压，压电陶瓷管按径向极化。当压电陶瓷收缩时，扫描管伸长；反之，当压电陶瓷伸长时，扫描管缩短。在 $-X$ 电极加 $-V$ 电压和 $+X$ 电极加 $+V$ 电压时，单管扫描器沿 X 方向偏移。加相反电压，沿 $-X$ 方向偏移。同样 Y 电极的偏移也是如此。

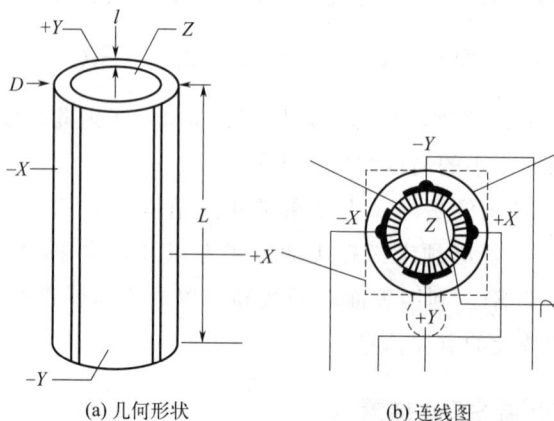

(a) 几何形状　　　　(b) 连线图

图 22-38　单管扫描器

（2）振动隔离系统

有效的振动隔离是 STM 达到原子分辨率的必备条件之一。STM 原子分辨的样品表面像的典型起伏约为 0.1Å，因此外界振动对 STM 的干扰必须降到 0.01Å 以下。消除 STM 振动涉及两个方面：第一，隔离外界传到 STM 的振动；第二，STM 的任何内部振动不影响针尖对样品的测量。

Omicron UHV VT STM 系统的振动隔离系统由弹簧和涡流阻尼器组成。涡流阻尼器由一组铜片和一组磁铁片构成，铜片和磁铁片两两相间。当铜片和磁铁片发生相对运动时，铜片中感生的涡流会产生阻尼力，阻碍它们的相对运动。涡流阻尼器具有很好的可靠性和热稳定性。好的 STM 系统，其 STM 单元的刚性高，即自然振动频率高，而振动隔离系统的自然振动频率低。

（3）粗调定位器

粗调定位器是 STM 系统中重要的部分。STM 压电扫描器的 Z 向伸缩范围一般小于 $2\mu\text{m}$，安全可靠地将针尖-样品间距从毫米减小到微米，是 STM 顺利工作的前提。

在 Omicron UHV VT STM 中，采用压电惯性步进器作为粗调定位器。压电扫描器放置在三维惯性步进器上，既能粗调针尖-样品间距，又能选择样品的扫描区域。

22.4.3.2 变温系统

UHV VT STM 样品的变温范围为 $25\sim1100\text{K}$，具有原子分辨的温度范围为 $25\sim900\text{K}$。换热器通过铜线与样品架相连，利用热传导降低样品温度。可以通过控制液氮流量和电加热功率连续地控制样品温度，在 $15\sim30\text{min}$ 内直接把样品从室温冷却到 25K 中间的任一温度，温漂小于 1K/h。根据样品本身的导热特性，直接加热样品架或间接加热样品架，可使样品从室温变到 1100K。

22.4.3.3 真空系统

真空系统在 170℃烘烤去气 16h 后，真空度优于 $3\times10^{-8}\text{Pa}$。

22.4.3.4 UHV VT STM 控制系统

通过计算机控制 STM 的运行，包括硬件和软件两部分。硬件主要包括 STM 电路、VME 工作站和接口电路。STM 的一切操作，包括 STM 偏压、隧道电流、扫描范围、扫描速率、扫描方向、取样信号等的设定，都由软件完成。运行在 UNIX 操作系统上的 STM 系统软件通过 VME 工作站接口电路控制 STM 电源输出和取样信号的输入。扫描获得的图像处理也在系统软件上进行。

22.4.3.5 STM 针尖制备

STM 中，针尖的重要性是显而易见的。具有原子分辨的针尖的稳定性、可重复性一直是没有完全解决的问题。一般地，STM 实验中使用 Pt/Ir 丝或 W 丝制备的针尖。常用的制备方法为机械剪切法和电化学腐蚀法。前者简单，但剪切针尖的一致性较差。而后者因其条件可控性好，易制备重复一致的针尖。

22.4.4　STM 的工作模式

在一个 STM 实验中，通常有三个主要的工作参数：针尖高度 Z、针尖相对于样品的偏压 U_b 和隧道电流 I_t。根据实验目的的不同，通过选择性地调控这三个参数，STM 可以有多种工作模式。最常见的工作模式有两种：恒流模式和恒高模式。

22.4.4.1　恒流模式

在扫描过程中保持偏压 U_b 恒定，当针尖扫描样品表面时，利用反馈回路通过控制针尖与样品距离，使隧道电流 I_t 保持恒定，记录针尖高度 Z 随样品表面局域结构改变的变化。其原理如图 22-39(a) 所示。

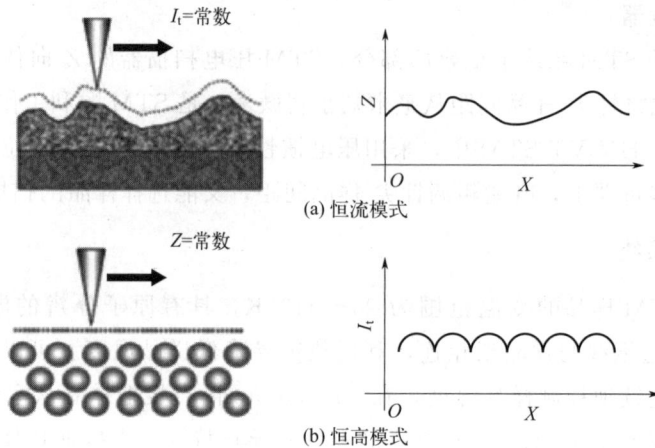

图 22-39　扫描隧道显微镜恒流模式和恒高模式

22.4.4.2　恒高模式

在扫描过程中同时保持偏压 U_b 和针尖的高度 Z 恒定不变，同时关闭反馈回路，使针尖在样品表面上方的一个 Z 值不变的平面内进行扫描，同时记录对应的隧道电流 I_t 值。其原理如图 22-39(b) 所示。由于在恒高模式中扫描信号控制不需要经过反馈回路，因此在恒高模式下可以获得较高的扫描速度。但由于反馈回路的关闭，扫描头以恒定的高度扫描过样品表面，无法对样品表面的形貌变化做出相应的调整，容易出现撞针（探针接触到样品表面），进而损坏探针或者样品的情况。因此恒高模式只适用于扫描表面非常平整的样品。恒流模式中，由于反馈回路的存在，扫描探针可以根据样品形貌变化进行相应调整，因此它已成为目前 STM 成像的主流工作模式，并且能够直接反映样品表面的形貌信息。

思考题与练习题

1. 电子能谱技术为什么是表面分析技术？其测试深度是多少？
2. XPS 有什么特点和优点？适用于分析什么元素？主要应用领域包括哪一些？

3. XPS 仪器由哪些部件构成？有何功用？

4. 为什么表面分析需要在超高真空中进行？

5. XPS、UPS 和 AES 表面分析方法测试原理有何差异？

6. 二次离子质谱分析原理是什么？有何特点？

7. 请说明二次离子质谱的分析范围。

8. 离子溅射基本规律有哪些？

9. SIMS 与其他表面分析技术相比有什么区别和优势？

10. 简述 SIMS 仪器中应用广泛的三种质量分析器及原理。

11. SIMS 分析方法的应用主要有哪些？

12. 扫描隧道显微镜的工作原理是什么？什么是量子隧道效应？

13. 扫描隧道显微镜常用的有哪几种扫描模式？各有什么特点？

14. 隧道电流设置的大小对测试结果有什么影响？

15. 若隧道电流能在 2% 范围内保持不变，试估算样品表面的高度测量的误差。

参考文献

[1] 沃茨. 表面分析（XPS 和 AES）引论 [M]. 吴正龙，译. 上海：华东理工大学出版社，2008.

[2] 陈红，赵纯培，祝晓红，等. X 射线光电子能谱（XPS）中的"鬼线"[J]. 四川大学学报（自然科学版），1999（02）：65-67.

[3] 黄惠忠. 论表面分析 [J]. 现代仪器，2002（01）：5-10.

[4] Seah M P，Dench W A. Quantitative electron spectroscopy of surfaces. A standard data base for electron inelastic mean free paths in solids [J]. Surface and Interface Analysis，1979（1）：2-11.

[5] Artyushkova K，Farrar J O，Fulghum J E. Data fusion of XPS and AFM images for chemical phase identification in polymer blends [J]. Surface and Interface Analysis，2009，41（2）：119-126.

[6] Gryzinski M. Classical theory of atomic collisions I：theory of inelastic collision [J]. Phys Rev A，1965，138（2）：336-358.

[7] Watts J F，Wolstenholme J. An introduction to surface analysis by XPS and AES [M]. Chichester：John Wiley & Sons Ltd，2003.

[8] Vickerman J C，Gilmore I S. Surface analysis-the principal techniques [M]. Chichester：John Wiley & Sons Ltd，2009.

[9] Fan K，Zou H，Lu Y，et al，Direct observation of structural evolution of metal chalcogenide in electrocatalytic water oxidation [J]. ACS Nano，2018，12（12）：12369-12379.

[10] Gilbert J B，Luo M，Shelton C K，et al. Determination of lithium-ion distributions in nanostructured block polymer electrolyte thin films by X-ray photoelectron spectroscopy depth profiling [J]. ACS Nano，2015，9（1）：512-520.

[11] Vohrer U，Blomfield C，Roberts A，et al.，Quantitative XPS imaging-new possibilities with the delay-line detector [J]. Applied Surface Science，2005，252（1）：61-65.

[12] 陆家和，陈长彦. 表面分析技术 [M]. 北京：电子工业出版社，1987.

[13] 季桐鼎. 二次离子质谱与离子探针 [M]. 北京：科学出版社，1987.

[14] 翟秀静，周亚光. 现代物质结构研究方法 [M]. 2 版. 合肥：中国科学技术大学出版社，2014.

22

［15］ Wei Q M，Li K D，Lian J，et al. Angular dependence of sputtering yield of amorphous and poly-crystalline materials ［J］. Journal of Physics D：Applied Physics，2008，41（17）：2329-2342.

［16］ Wang J Z，Senanayak S P，Liu J，et al. Investigation of electrode electrochemical reactions in $CH_3NH_3PbBr_3$ perovskite single-crystal field-effect transistors ［J］. Advanced Materials，2019，31（35）：1902618-1902625.

［17］ Liu Y T，Lorenz M，Ievlev A V，et al. Secondary ion mass spectrometry（SIMS）for chemical characterization of metal halide perovskites ［J］. Advanced Functional Materials，2020，30（35）：2002201.

［18］ 周强，李金英，梁汉东，等. 二次离子质谱（SIMS）分析技术及应用进展 ［J］. 质谱学报，2004（02）：113-120.

［19］ 张德根. Ar^+ 入射 Cu 靶溅射产额的计算与分析 ［J］. 蚌埠学院学报，2015，4（3）：39-41.

［20］ 王光普，黄雁华，陈旭，等. 从飞行时间二次离子质谱像解析航天器污染的信息 ［J］. 真空，2005（06）：47-51.

［21］ 安百江. 二次离子质谱分析研究进展 ［J］. 玻璃，2021，48（12）：25-28.

［22］ 谷亦杰，宫声凯. 材料分析检测技术 ［M］. 长沙：中南大学出版社，2009.

［23］ 拜春礼. 扫描隧道显微术及其应用 ［M］. 上海：上海科学技术出版社，1992.

［24］ 冯异，赵军武，高芬. 扫描隧道显微术研究及其应用 ［J］. 科学技术与工程，2006（13）：1872-1878.

［25］ Takayanagi K，Tanishiro Y，Takahashi S，et al. Structure analysis of Si（111）-7×7 reconstructed surface by transmission electron diffraction ［J］. Surface Science，1985，164（2-3）：367-392.

［26］ Salazar N，Schmidt S，Lauritsen J. Adsorption of nitrogenous inhibitor molecules on MoS_2 and CoMoS hydrodesulfurization catalysts particles investigated by scanning tunneling microscopy ［J］. Journal of Catalysis，2019，370：232-240.

23

无损检测

23.1　无损检测的基本原理

23.1.1　无损检测的定义

无损检测（non-destructive testing，NDT）是一门新兴的综合性应用技术。无损检测是在不损伤被检测对象使用性能的条件下，利用材料内部由于结构异常或缺陷存在所引起的对声、热、光、电、磁等反应的变化，探测各种工程材料、零部件、结构件等内部和表面缺陷，并对缺陷的类型、性质、数量、形状、位置、尺寸、分布及其变化作出判断和评价。

23.1.2　无损检测的目的

无损检测的目的是定量掌握缺陷与性能的关系，评价构件的允许负荷、剩余寿命，检测设备（构件）在制造、使用过程中产生的缺陷情况，以便改变制造工艺、提高产品质量、及时发现故障，保证设备安全可靠运行。

23.1.3　无损检测的本质

综上所述，无损检测技术不仅是产品设计制造过程和最终成品静态质量控制的极重要手段，而且是保障产品安全使用与运行的几乎唯一的动态质量控制手段。因此，可以说无损检测技术应用的必要性贯穿于设计、制造和运行全过程中的各个环节，其目的总结起来就是为了最安全、最经济地生产和使用产品。

必须明确的是，尽管无损检测技术在产品设计、制造工艺控制、质量管理、质量鉴定、安全评价、经济成本、生产效率等方面都显示了极其重要的作用，但是无损检测技术本身并非一种直接的生产技术，对具体某项产品而言，似乎并未直接增加什么内容，即不是所谓的"成形技术"，对产品所期待的使用性能和质量只能在产品制造中达到而不可能在产品检测中达到，无损检测技术的根本作用是保证产品的质量或使用性能符合预期的目标，是一种控制质量和保障产品安全的检测技术。

现在世界上已经普遍接受的概念是无损检测技术水平能反映企业、部门、行业、地区甚至国家的工业与科技水平，可以说无损检测与评价技术对未来的经济发展具有重要的意义。

23.1.4　无损检测技术的应用

现代无损检测技术应用的内容包括了产品中缺陷的检测（俗称"探伤"，包括缺陷的检出及缺陷的定位、定量、定性评定）、材料的力学或物理性能测试（如强度、硬度、电导率等）、产品的性质和状态评估（如热处理状态、显微组织、应力大小、淬硬层或硬化层深度等）、产品的几何度量（如几何尺寸、涂镀层厚度等）、运行设备的安全监控（现场监测、动态监测）及安全寿命评估等，涉及产品、构件的完整性、可靠性、使用性能等的综合评价。

除了人们所熟知的常规金属材料、机械结构与机械零部件产品、复合材料与胶接结构、橡胶制品（如轮胎）、各种类型的涂镀层、建筑钢结构和混凝土桩基，以及混凝土结构、桥梁工程、汽车行业（如铝合金铸造轮毂、车体点焊、汽车发动机零部件）、工业陶瓷制品、电力行业的陶瓷绝缘子及钢结构（如输变电铁塔、手机发射塔）、水下钢结构（如海上石油平台、海底管道）、地下金属管网管道探测及管道超高温超高压应用的钢制件（如人造金刚石反应釜、人造水晶反应釜、超高压锅炉压力容器）、起重设备或其他承载设备使用的钢丝绳、桥梁斜拉索、特种设备（如电梯、大型游乐设施）等物品以外，还涉及高速公路路面（混凝土路面、沥青铺设路面）质量、建筑物内外墙与贴面结合质量、房屋地面和顶盖质量及房屋保温性能（如冷库），甚至包括了玩具行业（如儿童滑轮板、玩具用微型电动机）、民用轻工机械产品与电器（如电风扇的铝合金压铸转子、微波炉磁控管里的铁氧体芯、自行车的铝合金压铸刹车柄、碳纤维复合材料自行车车架、烹饪用的铝合金压力锅直至厨房设施等）、食品行业（如冷冻食品——馒头、包子之类也要求采用无损检测方法检查，因为机械化生产可能使食物中存在金属屑，啤酒纯净度监测，等等）、市政建设（如巨型广告牌立柱、路灯杆管与路灯散热罩、城市公交车站牌立柱等）、电子工业（如电子元器件及印刷电路板的焊接质量，密封电子元件如集成块、开关管等的真空密封性，锂电池质量，等等）、医药机械（如针剂纯净度监测，医疗器械包括植入人体的人造骨头、夹板、螺栓的质量等）、考古（文物鉴定、地下埋藏物探测）等，都对无损检测技术提出了越来越多的需求（不仅是手工检测，还提出了在线自动化无损检测的需求）。

因此，现代无损检测技术的应用范畴已经涉及航空与航天器、兵器、船舶、冶金、机械装备制造、核电、火力发电、水力发电、输变电、锅炉压力容器、汽车、摩托车、海洋石油、石油化工、建筑、铁路与铁路车辆、地铁、高速公路、桥梁工程、电子工业、轻工、食品工业、医药与医械行业，以及地质勘探、安全检查、材料科学研究、考古等，可以说，无损检测技术已经几乎应用于所有行业领域。

23.2 常用的无损检测方法及选择

23.2.1 常用的无损检测方法

无损检测技术是应用物理、电子技术与材料学等各门学科相互渗透和结合的产物。随着无损检测技术应用的日益广泛和伴随着其他基础科学的综合应用，已发展了几十种无损检测方法。表 23-1 为常用无损检测方法的适用范围、优点与局限性。

表 23-1 常用的无损检测方法的适用范围、优点与局限性

方法	用途	优点	局限性
超声波检测	检测锻件裂纹、分层、夹杂，焊缝中的裂纹、气孔、夹渣、未熔合、未焊透；型材的裂纹、分层、夹杂、折叠；铸件中的缩孔、气泡、热裂、冷裂、疏松、夹渣等缺陷及测厚	对平面型缺陷十分敏感，一经探伤便知结果；设备易于携带	为耦合传感器，要求被检测表面光滑；难以探测出细小裂纹；要有参考标准，要求检测人员有较高的素质，不适用于形状复杂或表面粗糙的工件
X 射线检测	检测焊缝中未焊透、气孔、夹渣，铸件中缩孔、疏松、热裂等，并能确认缺陷的位置、大小及种类	功率可调，照相质量比 γ 射线高，可永久记录	仪器成本较高，不易携带，有放射危险，需要素质高的操作人员，较难发现焊缝裂纹和未熔合缺陷，不适用于锻件和型材
涡流检测	检测导电材料表面或接近表面的裂纹、夹杂、折叠、凹坑、疏松等缺陷，能确定缺陷的位置和相对尺寸	经济，简便，可自动对准工件探伤，不需耦合	仅限于导电材料，穿透浅，要有参考标准，难以判断缺陷种类，不适用于非导电材料
微波检测	检测复合材料、非金属制品、火箭壳体、航空部件、轮胎等，测量厚度、密度、湿度等	灵敏度高，绝缘好，抗腐蚀，不受电磁干扰	不能检测金属材料内部缺陷，一般不适用于小于 1mm 的缺陷，空间分辨率较低
激光检测	检测微小变形、夹板蜂窝结构的胶接质量、充气轮胎缺陷、测量裂纹等	检测灵敏度高，面积大，不受材料限制，结果便于保存	仅适用于近表面缺陷检测
磁粉检测、渗透检测	检测铁磁性材料和工件表面或近表面的裂纹、折叠、夹层、夹渣等，并能确定缺陷的位置、大小和形状	简单、操作方便、速度快、灵敏度高	限于磁性材料，探伤前必须清洁工件，涂层太厚会引起假显示，某些应用要求探伤后要退磁，难以确定缺陷深度

23

方法	用途	优点	局限性
CT 工业检测	缺陷检测,尺寸测量,装配结构分析,密度分布表征	能给出检测试件断层扫描图像和空间位置、尺寸、形状,成像直观,分辨率高,不受试件几何结构限制	仪器成本高
γ 射线检测	检测焊接不连续(包括裂纹、气孔、未熔合、未焊透及夹渣)以及腐蚀和装配缺陷。最易检查出厚壁体积型缺陷	获得永久记录。γ 源可以定位在诸如钢管和压力容器之类的物体内	不安全,要保护被照射的设备。要控制检验源的曝光能级和剂量,对易损耗的辐射源必须定期更换,γ 源输出能量(波长)不能调节,成本高,要有素质高的操作和评价人员

上述方法中较为成熟并在工程技术中得到广泛应用的检测方法有 X 射线、超声波、涡流、磁粉、渗透五种。此外,激光全息照相干涉、声发射、微波、红外等无损检测技术已得到日益广泛的应用。

23.2.2　无损检测方法的选择

由于被检测对象非常复杂,不同的材料、不同的加工方法在构件中形成的缺陷也不同,同时无损检测的方法种类多,所以选择无损检测方法、设计无损检测方案是无损检测工作中的重要环节。只有选择了正确的方法,才能进行有效的无损检测。

因此,必须在掌握各种无损检测方法的特点、适用范围及它们之间的相互关系,在综合分析、评价的基础上,对具体的检测对象选择恰当的无损检测方法及检测方案。

一般,选择无损检测方法首先必须搞清楚选择无损检测的原因。主要考虑:①检测内容。②检测对象工件的材质、成型方法、加工过程、使用经历以及缺陷的可能类型、部位、大小、方向、形状等。③选择哪种方法能达到目的。

原因确定后,选择无损检测方法要考虑的主要因素是:缺陷的类型、缺陷在工件中的位置以及工件的形状、大小、材质。材料与加工工艺中的常见缺陷见表 23-2。

表 23-2　材料与加工工艺中的常见缺陷

材料与加工工艺		常见缺陷
加工工艺	铸造	疏松、裂纹、缩孔、气孔、冷隔、夹渣、夹砂
	锻造	疏松、白点、裂纹、偏析、夹杂、缩孔
	焊接	裂纹、夹渣、气孔、未熔合、未焊透
	热处理	开裂、变形、脱碳、过烧、过热等
	冷加工	表面粗糙、深度缺陷层、组织转变、晶格扭曲等

续表

材料与加工工艺		常见缺陷
金属材料	板材	裂纹、夹杂、皮下气孔、龟裂等
	管材	裂纹、折叠、夹杂、翘皮、划痕
	棒材	裂纹、夹杂、皮下气孔、缩孔、折叠、皱纹等
	钢轨	裂纹、白核、黑核
非金属材料	橡胶	气泡、分层、裂纹等
	塑料	气孔、夹杂、分层、粘合不良等
	陶瓷	夹杂、气孔、裂纹、表面残余应力等
	混凝土	空洞、裂纹等
维修检查		疲劳裂纹、应力腐蚀、摩擦腐蚀等
复合材料		未粘合、粘合不良、脱粘、水溶胀、柔化、纤维断裂、基体开裂等

23.3　无损检测技术（数字内容）

23.3.1　利用声学特性（机械振动波）的无损检测技术

23.3.2　利用放射性辐射特性的无损检测技术

23.3.3　利用电、磁和电磁特性的无损检测技术

23.3.4　利用渗透现象的无损检测技术

思考题与练习题

1. 目前无损检测常用的方法有哪几种？如何表示？
2. 简述无损检测的特点。
3. 无损检测发展过程经历了几个阶段？
4. 超声波检测的主要特点有哪些？
5. 简述射线检测技术的特点和适应范围。

6. 工业上 X 射线检测的主要方法有几种？分别详细说明。

7. 什么叫磁粉检测？常用磁化方法有几种？

8. 影响磁粉检测灵敏度的因素有哪些？

9. 渗透检测操作的基本步骤有哪些？

10. 什么叫涡流检测？按探头形式可分为哪几种？

参考文献

[1] 魏坤霞. 无损检测技术 [M]. 北京：中国石化出版社，2016.

[2] 宋天民. 射线检测 [M]. 北京：中国石化出版社，2011.

[3] 刘贵民，马丽丽. 无损检测技术 [M]. 2 版. 北京：国防工业出版社，2010.

[4] Hellier C. Handbook of nondestructive evaluation [M]. New York：McGraw-Hill Professional，2001.